普通高等教育"十三五"规划教材

发电厂动力与环保

主　编　齐立强　李晶欣
副主编　刘松涛　刘　凤

U0352684

北　京
冶金工业出版社
2019

内容提要

本教材分别阐述了火力发电、核能发电、水力发电及新能源发电技术与环保的基本原理和基本知识，介绍了主要动力设备的结构、系统布置和运行方式，以及各类技术发电过程中的环境问题及控制方法。本书共分 4 篇 12 章，主要内容包括火电厂动力与环保、核电站动力与环保、水电站动力与环保、新能源发电技术与环保。

本教材可作为高等院校非能源与动力工程尤其是环境类专业的教材，也可供从事电力相关工程技术人员使用。

图书在版编目（CIP）数据

发电厂动力与环保/齐立强，李晶欣主编. —北京：
冶金工业出版社，2019.2
普通高等教育"十三五"规划教材
ISBN 978-7-5024-8009-7

Ⅰ.①发… Ⅱ.①齐… ②李… Ⅲ.①发电厂—动力
装置—高等学校—教材 ②发电厂—环境保护—高等学校
—教材 Ⅳ.①TM621 ②X773

中国版本图书馆 CIP 数据核字（2019）第 010158 号

出 版 人 谭学余
地 址 北京市东城区嵩祝院北巷 39 号 邮编 100009 电话 （010）64027926
网 址 www.cnmip.com.cn 电子信箱 yjcbs@cnmip.com.cn
责任编辑 于昕蕾 美术编辑 吕欣童 版式设计 孙跃红
责任校对 石 静 责任印制 牛晓波
ISBN 978-7-5024-8009-7
冶金工业出版社出版发行；各地新华书店经销；三河市双峰印刷装订有限公司印刷
2019 年 2 月第 1 版，2019 年 2 月第 1 次印刷
787mm×1092mm 1/16；26.5 印张；641 千字；409 页
58.00 元
冶金工业出版社 投稿电话 （010）64027932 投稿信箱 tougao@cnmip.com.cn
冶金工业出版社营销中心 电话 （010）64044283 传真 （010）64027893
冶金工业出版社天猫旗舰店 yjgycbs.tmall.com
（本书如有印装质量问题，本社营销中心负责退换）

前　言

近年来，我国电源结构不断优化，核电、水电和新能源发电装机占比逐年增加，火电机组也朝着大容量方向发展，国产火电机组单机容量已达1000MW。从事电力工作的技术人员不仅要熟悉火力发电厂的相关知识，对核电站、水电站和新能源发电技术的工作原理，以及发电厂主要动力设备的结构、作用及机组运行调整等方面的知识也要了解。目前我国电力环境保护形势依然严峻，这就要求从事电力工作的非能源与动力工程专业的技术人员，尤其是环境类专业技术人员，除要掌握电能的生产过程外，对各种发电技术过程中的环境问题及控制技术也需要全面、深入的了解。因此，为了适应我国发电行业形势的发展，满足环境类专业的教学要求，本教材首次全面介绍了火力发电、核能发电、水力发电及新能源发电技术的基本原理和主要动力设备的结构、系统布置和运行方式，以及各类技术发电过程中的环境问题及控制方法。

本书编写分工如下：第1章由华北电力大学刘凤编写；第2章由华北电力大学刘松涛编写；第3、4章由华北电力大学齐立强编写；第5~12章由华北电力大学李晶欣编写。本书由齐立强教授、李晶欣老师主编并统稿。

由于编者水平所限，书中难免存在不足之处，恳请读者给予批评指正。

作　者
2019 年 1 月

目　录

第1篇　火电厂动力与环保

第2篇　核电站动力与环保

第3篇　水电站动力与环保

第4篇　新能源发电技术与环保

第1篇

火电厂动力与环保

1 锅炉设备

锅炉是燃煤发电厂的三大主机中最基本的能量转换设备，利用燃料在炉膛内燃烧释放的热能加热锅炉给水，生产足够数量的和一定质量（汽温、汽压）且具有满足要求的洁净过热蒸汽，推动汽轮机做功，进而带动发电机发电输出电能。煤粉锅炉是以 $10 \sim 100 \mu m$ 颗粒的煤粉为燃料的锅炉，具有燃烧效率高，燃料适应性较强，便于大型化等方面的优点。

1.1 锅炉整体

1.1.1 煤粉锅炉工作过程

先把原煤磨制成煤粉，然后送入锅炉燃烧放热并产生过热蒸汽，共进行四个相互关联的工作过程，即煤粉制备过程、燃烧过程、通风过程和过热蒸汽的生产过程。煤粉制备过程的任务是将初步破碎后送入锅炉房的原煤磨制成符合锅炉燃烧要求的细小煤粉颗粒，供锅炉燃烧；燃烧过程的任务是使燃料燃烧放出热量，产生高温火焰和烟气；为了使燃烧过程稳定持续地进行，必须连续提供燃烧需要的助燃氧气和将燃烧产生的烟气即时引出锅炉，即锅炉的通风过程；过热蒸汽产生过程是通过各换热设备将高温火焰和烟气的热量传递给锅炉内的工质。

锅炉是一个庞大而复杂的设备，由锅炉本体和锅炉辅助设备组成。锅炉本体主要包括炉膛、燃烧器、布置有受热面的烟道、汽包、下降管、水冷壁、过热器、再热器、省煤器、空气预热器、联箱等，锅炉辅助设备主要有送风机、引风机、给煤机、磨煤机、排粉机、除尘器及烟囱等。锅炉本体由"锅"及"炉"两大部分组成。"锅"泛指汽水系统，包括水的预热受热面——省煤器，水的蒸发受热面——水冷壁，蒸汽的过热受热面——过热器及对汽轮机高压缸排汽进行再加热的受热面——再热器。锅炉汽水系统的主要任务是将水加热、蒸发并过热成为具有一定压力、温度的过热蒸汽。"炉"泛指燃烧系统，包括炉膛、燃烧器、烟风道以及空气预热器等，其主要任务是使燃料燃烧放热，产生高温烟气，并将其传递给锅炉的各个受热面。以图 1-1 所示的煤粉锅炉及辅助示意图为例，将锅

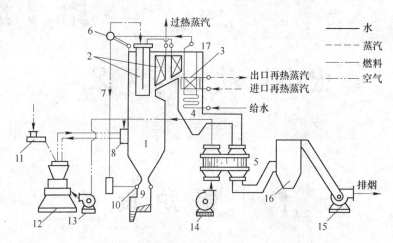

图 1-1　煤粉锅炉及辅助设备示意图

1—炉膛及水冷壁；2—过热器；3—再热器；4—省煤器；5—空气预热器；6—汽包；7—下降管；
8—燃烧器；9—排渣装置；10—水冷壁下联箱；11—给煤机；12—磨煤机；13—排粉风机；
14—送风机；15—引风机；16—除尘器；17—省煤器出口联箱

炉的工作过程概括为燃烧系统和汽水系统的工作过程进行介绍。

1.1.1.1　燃烧系统

由煤仓落下的原煤经给煤机 11 送入磨煤机 12 磨制成煤粉。冷空气由送风机 14 送入锅炉尾部的空气预热器 5 被烟气加热。从空气预热器出来的热空气一部分经排粉风机 13 送入磨煤机中，对煤进行加热和干燥，一部分作为输送煤粉的介质。从磨煤机排出的煤粉和空气的混合物经煤粉燃烧器 8 进入炉膛 1 燃烧。由空气预热器来的另一部分热空气直接经燃烧器进入炉膛参与燃烧反应。

锅炉的炉膛具有较大的空间，煤粉在此空间内进行悬浮燃烧，燃烧火焰中心温度为 1500℃或更高。炉膛周围布置着大量的水冷壁管 1，炉膛上部布置有顶棚过热器及屏式过热器等受热面。水冷壁和顶棚过热器等是炉膛的辐射受热面，其受热面管内分别有水和蒸汽流过，既能吸收炉膛的辐射热，使火焰温度降低，又能保护炉墙使其不致被烧坏。为了防止熔化的灰渣凝结在烟道内的受热面上，烟气向上流动至炉膛上部出口处时，其温度应低于煤灰的熔点。高温烟气经炉膛上部出口离开炉膛进入水平烟道，然后再向下流动进入垂直烟道。在锅炉本体的烟道内布置有过热器 2、再热器 3、省煤器 4 和空气预热器等受热面。烟气在流过这些受热面时以对流换热为主的方式将热量传递给工质，这些受热面称为对流受热面。过热器和再热器主要布置于烟气温度较高的区域，称为高温受热面。而省煤器和空气预热器布置在烟气温度较低的尾部烟道中，故称为低温受热面或尾部受热面。烟气流经一系列对流受热面时，不断放出热量而逐渐冷却下来，离开空气预热器的烟气（即锅炉排烟）温度已相当低，通常在 110~160℃之间。

由于煤中含有灰分，煤粉燃烧所生成的较大灰粒沉降至炉膛底部的冷灰斗中，逐渐冷却和凝固，并落入排渣装置，形成固态排渣。大量较细的灰粒随烟气一起离开锅炉。为了防止环境污染，锅炉排烟首先流经除尘器 16，使绝大部分飞灰被捕捉下来。最后，只有少量细微灰粒随烟气通过引风机由烟囱排入大气。

1.1.1.2 汽水系统

送入锅炉的水称为给水。由给水到送出的过热蒸汽，中间要经过一系列加热过程。首先把给水加热到饱和温度，其次是饱和水的蒸发（相变），最后是饱和蒸汽的过热。给水经省煤器加热后进入汽包锅炉的汽包 6，经下降管 7 引入水冷壁下联箱 10 再分配给各水冷壁管。水在水冷壁中继续吸收炉内高温烟气的辐射热达到饱和状态，并使部分水蒸发变成饱和蒸汽。水冷壁又称为锅炉的蒸发受热面。汽水混合物向上流动并进入汽包。在汽包中通过汽水分离装置进行汽水分离，分离出来的饱和蒸汽进入过热器吸热变成过热蒸汽。由过热器出来的过热蒸汽通过主蒸汽管道进入汽轮机做功。为了提高锅炉—汽轮机组的循环效率，对高压机组大都采用蒸汽再加热，即在汽轮机高压缸做完部分功的过热蒸汽被送回锅炉进行再加热。这种对过热蒸汽进行再加热的锅炉设备叫做再热器，或称二次过热器。

当送入锅炉的给水含有杂质时，其杂质浓度随着锅水的汽化而升高，严重时甚至在受热面上结垢使传热恶化。因此，锅炉的给水必须进行处理。同时，由汽包送出的蒸汽可能因带有含杂质的锅水而被污染，高压蒸汽还能直接溶解一些杂质。当蒸汽进入汽轮机后，随着膨胀做功过程的进行，蒸汽压力下降，所含杂质会部分沉积在汽轮机的通流部分，影响汽轮机的出力、效率和工作安全。因此不仅要求锅炉能提供一定压力和温度的蒸汽，还要求蒸汽具有一定的洁净度。

1.1.2 锅炉的工作原理

锅炉是一种能量转换设备，将燃料的化学能转换为蒸汽的热能。燃料燃烧后，化学能转变为烟气的热能，再将热能传递给水，使水完成预热、蒸发、过热（和再过热）过程，获得一定压力、温度、品质合格的蒸汽。由图 1-2 可以看出不同参数下，预热、蒸发、过热过程的吸热比例。

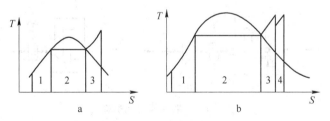

图 1-2　不同参数下温熵图
a—高参数：10MPa，540℃；b—超高参数：14MPa，540℃/540℃
1—预热热；2—汽化热；3—过热热；4—再热热

根据锅炉蒸发系统中汽水混合物流动工作原理进行分类，锅炉可分为自然循环锅炉、强制循环锅炉和直流锅炉三种。若蒸发受热面内工质的流动是依靠下降管中水与上升管中汽水混合物之间的密度差所形成的压力差来推动，此种锅炉为自然循环锅炉；若蒸发受热面内工质的流动是依靠锅水循环泵压头和汽水密度差来推动，此种锅炉为强制循环锅炉；若工质一次性通过各受热面，以泵压头为推动力，此种锅炉为直流锅炉。

1.1.2.1 循环锅炉的工作原理

实际电站锅炉结构非常复杂，现以图 1-3 锅炉简化原理图为例，介绍锅炉蒸汽发生过程，它与图 1-2b 相对应。

　　锅炉本体由炉膛、水平烟道、尾部烟道组成。水冷壁受热面布置在炉膛四侧壁面。辐射式过热器布置在炉膛顶部和水平烟道顶部。对流过热器布置在水平烟道内。再热器、省煤器及空气预热器布置在尾部烟道内。

　　煤粉和空气经燃烧器进入炉膛，在空间悬浮燃烧，形成的烟气流经水平烟道和尾部烟道，成为锅炉排烟。

　　在炉膛内，烟气以辐射传热方式，将热能传递给水冷壁。在水平和尾部烟道内主要以对流传热方式，将热能传递给各受热面。

　　给水进入省煤器后，与烟气进行对流热交换，得到预热后进入汽包。再由下降管进入炉膛各面墙水冷壁。吸收炉内辐射传热，完成蒸发过程。汽水混合物由水冷壁管向上流动，再回到汽包。由于下降管中水的密度大于水冷壁中汽水混合物密度，形成自然循环。在汽包内汽水分离，饱和蒸汽再经过辐射过热器、各级对流过热器，成为达到额定压力、温度和一定流量的蒸汽。由汽轮机高压缸来的蒸汽，在再热器内被加热到额定温度后，再送入汽轮机的中压缸。

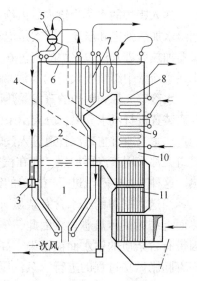

图 1-3　锅炉简化原理图

1—炉膛；2—水冷壁；3—燃烧器；
4—下降管；5—汽包；6—辐射式过热器；
7—对流过热器；8—再热器；9—省煤器；
10—对流尾部烟道；11—空气预热器

　　送风机将锅炉顶部空气吸入，送入空气预热器预热，热风再送入制粉系统干燥煤粉，或送入炉膛助燃，如图 1-4 所示。

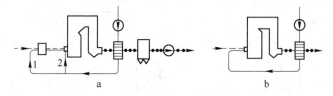

图 1-4　烟气和空气系统

a—平衡通风；b—正压通风
1——次风；2—二次风

　　从锅炉出来的排烟，经过除尘器除去烟气中飞灰，由引风机送入烟囱，排入大气。烟气自炉膛流经水平和尾部烟道、除尘器，是在引风机抽力下克服流动阻力的，最后排入烟囱。锅炉本体烟气侧处于负压状态。

　　由炉膛下部排出的炉渣或除尘器分离出的细灰用水力或气力除灰设备送到灰场。

1.1.2.2　直流锅炉的工作原理

　　直流锅炉是由许多管子并联，然后再用联箱连接串联而成。它适用于任何压力，通常在工质压力不小于 16MPa 的情况，且是超临界参数锅炉唯一可采用的炉型。

　　直流锅炉依靠给水泵的压头将锅炉给水一次通过预热、蒸发、过热各受热面而变成过热汽。直流锅炉的工作原理示意图如图 1-5 所示。

图 1-5 直流锅炉的工作原理示意图

在直流锅炉蒸发受热面中，由于工质的流动不是依靠汽水密度差来推动，而是通过给水泵压头来实现，工质一次通过各受热面，蒸发量 D 等于给水量 G，故可认为直流锅炉的循环倍率 $K=G/D=1$。

直流锅炉没有汽包，在水的加热受热面和蒸发受热面间，及蒸发受热面和过热受热面间无固定的分界点，在工况变化时，各受热面长度会发生变化。

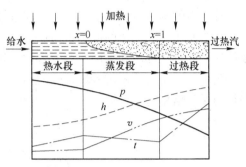

直流锅炉管子工质的状态和参数的变化如图 1-6 所示。由于要克服流动阻力，工质的压力沿受热面长度不断降低；工质的焓值沿受热面长度不断增加；工质温度在预热段不断上升，而在蒸发段由于压力不断下降，工质温度不断降低，

图 1-6 直流锅炉管子工质的状态和参数的变化

在过热段工质温度不断上升，工质的比体积沿受热面长度不断上升。

1.1.3 锅炉类型及规范

1.1.3.1 煤粉锅炉分类

锅炉的分类方法非常多，如按燃料分类，锅炉可分为燃煤炉、燃油炉和燃气炉等。我国火电厂以燃煤为主，所以本书内容仅介绍燃煤锅炉。

A 按蒸汽参数分类

工程热力学将水的临界点状态参数定义为压力 P 为 22.115MPa，温度 t 为 374.15℃。在水的参数达到该临界点时，水的完全汽化会在一瞬间完成，水蒸气的密度会增大到与液态水一样，这个条件叫做水的临界的参数。在临界点，饱和水与饱和蒸汽不再有汽、水共存的两相区。

按照锅炉出口蒸汽压力，可将锅炉分为低压锅炉［出口蒸汽压力（表压，下同）不大于 2.45MPa］、中压锅炉（2.94~4.92MPa）、高压锅炉（7.84~10.8MPa）、超高压锅炉（11.8~14.7MPa）、亚临界压力锅炉（15.7~19.6MPa）、超临界压力锅炉（超过临界压力 22.1MPa）和超超临界锅炉（一般为 25~40MPa）。

B 按排渣方式分类

按锅炉排渣的相态，可以将锅炉分为固态排渣锅炉和液态排渣锅炉。固态排渣是指从锅炉炉膛排出的炉渣为固态。液态排渣锅炉是指从炉膛排除的炉渣呈液态。在我国电厂锅炉中，固态排渣炉占绝对数量。

C 按锅炉蒸发受热面内工质流动的方式分类

蒸发受热面内工质为两相的汽水混合物，它在蒸发受热面内的流动可以是循环的，也可以是一次通过的。因此，按照工质在蒸发受热面内的流动方式，可以将锅炉分为自然循环锅炉、强制循环锅炉、控制循环锅炉、复合循环锅炉和直流锅炉。

　　a　自然循环锅炉

　　如图1-7a所示，给水经给水泵升压后进入省煤器，受热后进入蒸发系统。蒸发系统由汽包3、不受热的下降管4、受热的蒸发管6、下联箱5组成。当给水在蒸发管中受热时，部分水会变成蒸汽，所以蒸发管中的工质为汽水混合物，而不受热的下降管中的工质为水。由于水的密度大于汽水混合物的密度，因而在下联箱5的两侧有不平衡的压力差，在这种压力差的推动下，给水和汽水混合物在蒸发系统中循环流动。水和蒸汽在汽包内被分离，分离出的蒸汽由汽包上部引出，经过过热器7过热成具有一定热度的合格过热蒸汽后供汽轮机使用。分离出的饱和水与通过省煤器2进入锅炉的给水混合后流入下降管继续往复循环。这种循环流动是由于蒸发管的受热而形成，没有借助其他能量消耗，所以被称为自然循环。单位时间内进入蒸发管的循环水量同生成蒸汽量之比称为循环倍率。自然循环锅炉的循环倍率为4~30。

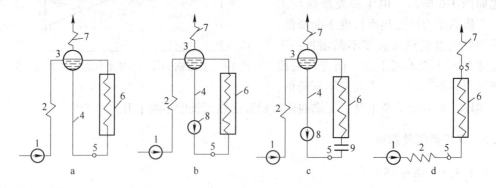

图1-7　燃煤锅炉类型

a—自然循环锅炉；b—强制循环锅炉；c—控制循环锅炉；d—直流锅炉

1—给水泵；2—省煤器；3—汽包；4—下降管；5—下联箱；6—蒸发受热面；

7—过热器；8—循环泵；9—节流圈

　　b　强制循环锅炉

　　如图1-7b所示，强制循环锅炉在蒸发受热面工质循环回路的下降管上装有循环泵8，工质的流动除依靠水与汽水混合物的密度差外，主要依靠循环泵的压头。强制循环锅炉的循环流动压头比自然循环时增强很多，可以比较自由地布置水冷器蒸发面。

　　c　控制循环锅炉

　　如图1-7c所示，控制循环锅炉是在强制循环锅炉的上升管入口处加装不同直径的节流圈9，以调整工质在各上升管中的流量分配，防止发生循环停滞或倒流等故障。控制循环锅炉的循环倍率为3~10，一般为4。

　　自然循环锅炉、强制循环锅炉和控制循环锅炉的共同特点是都有汽包。汽包将锅炉的省煤器、蒸发设备和过热器严格分开，并使蒸发设备形成封闭的循环回路。汽包是锅炉内工质加热、蒸发、过热三个过程的连接中心，也是这三个过程的分界点。但由于汽包实现的是汽水分离过程，因此汽包锅炉只适用于获得亚临界参数下的蒸汽。

　　d　复合循环锅炉

　　随着超临界压力锅炉的发展及炉膛热强度的提高，又发展出一种新的锅炉形式——复合循环锅炉，如图 1-8 所示。复合循环锅炉具有循环回路和再循环泵，同时具有切换阀门，低负荷时按再循环方式运行，循环倍率高于1；高负荷时切换为直流方式运行，即工质一次通过蒸发受热面，循环倍率为1。

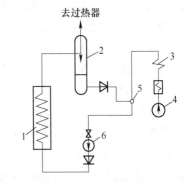

图 1-8　复合循环锅炉
1—蒸发受热面；2—汽水分离器；3—省煤器；
4—给水泵；5—切换阀门；6—循环泵

e　直流锅炉

如图 1-7d 所示，直流锅炉由许多管子并联，没有蒸发受热面循环回路，工质依靠给水泵的压头，按顺序一次性通过加热、蒸发和过热等受热面变为合格的过热蒸汽。直流锅炉的特点是没有汽包，工质一次流过蒸发受热面，全部转变为蒸汽，循环倍率为1。直流锅炉的省煤器、蒸发设备、过热器之间没有固定的分界点，工质的运动靠给水泵的压头来推动，所以受热面都是强制流动。超临界锅炉或超超临界锅炉均应用直流锅炉。

D　按锅炉的燃烧方式分类

a　层燃炉

固体燃料以一定厚度分布在炉排上进行燃烧的方式称为层燃方式，用层燃方式来组织燃烧的锅炉称为层燃炉，见图 1-9a。层燃炉具有炉箅（或称炉排），煤块或其他固体燃料主要在炉箅上的燃烧层内燃烧。燃烧所用空气由炉箅下的配风箱送入，穿过燃料层进行燃烧反应。层燃炉多为小容量低参数的工业锅炉，电站锅炉不使用。

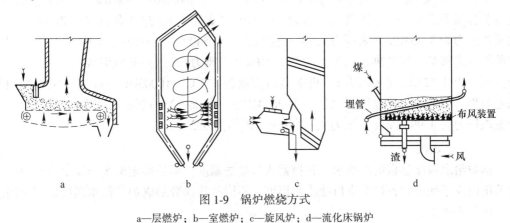

图 1-9　锅炉燃烧方式
a—层燃炉；b—室燃炉；c—旋风炉；d—流化床锅炉

b　室燃炉

室燃炉中，煤粉全部在炉膛内悬浮燃烧，形成火炬，也称火炬燃烧，是电站锅炉主要燃烧方式。其空气动力特点是粉状燃料颗粒随同空气和烟气流做连续的运动，燃料颗粒悬浮在空气和烟气流中，连续流过锅炉空间，并在悬浮状态下着火、燃烧，直至燃尽，所以火室燃烧方式也叫悬浮燃烧方式。煤粉室燃炉是现代大型电厂锅炉的主要形式，见图 1-9b。

c　旋风炉

旋风炉以圆柱形旋风筒作为主要燃烧室，如图 1-9c 所示。旋风筒用水冷壁管弯制而成，内壁敷以耐火材料。旋风筒有卧式和立式两种。由于气流切向进入旋风筒，筒内产生强烈旋转气流。颗粒细微的燃料在筒内悬浮燃烧，较大的煤粒贴附在内壁熔渣膜上燃烧。与煤粉炉相比，旋风筒内温度高，煤粒与空气之间相对流速大。旋风炉燃烧比煤粉炉强烈。但有害气体 NO_x 排放量大，对大气污染严重。

d　流化床锅炉

空气高速通过燃烧室下部的布风板，使煤粒实现流态化，见图 1-9d。在流化床内煤粒上下翻腾，进行燃烧。由于煤粒与空气之间相对速度较大，故燃烧强烈。

1.1.3.2　锅炉的技术规范

锅炉的技术规范可用来说明锅炉基本工作特性的参数指标，包括锅炉容量、蒸汽参数、给水温度、排烟温度及锅炉热效率等。

A　锅炉容量

锅炉容量指锅炉每小时的最大连续蒸发量，简称 MCR，又称为锅炉的额定容量或额定蒸发量，常用符号 D 表示，单位为 t/h。锅炉容量是表征锅炉产汽能力大小的特性参数。例如国产 200MW 超高压汽轮发电机组配用的锅炉容量为 670t/h，国产 300MW 亚临界压力汽轮发电机组配用的锅炉容量为 1000t/h，600MW 超临界压力汽轮发电机组配用的锅炉容量为 1900t/h，1000MW 超超临界压力汽轮发电机组配用的锅炉容量可达 3000t/h。

B　锅炉蒸汽参数

锅炉蒸汽参数通常是指锅炉过热器出口处过热蒸汽压力和温度及再热器出口处的再热蒸汽压力和温度。锅炉蒸汽参数是表征锅炉蒸汽规范的特性参数。蒸汽压力用符号 P 表示，单位为 MPa；蒸汽温度用符号 t 表示，单位为℃。例如国产 300MW 汽轮发电机组配用亚临界压力锅炉，其过热蒸汽压力为 17.3MPa（表压力），过热蒸汽温度为 540℃；再热蒸汽压力为 3.45MPa（表压力），再热蒸汽温度为 540℃。600MW 汽轮发电机组配用的超临界压力锅炉，其过热蒸汽压力为 25.4MPa（表压力），过热蒸汽温度为 571℃；再热蒸汽压力为 4.52MPa（表压力），再热蒸汽温度为 571℃。1000MW 汽轮发电机组配用的超超临界压力锅炉，其过热蒸汽压力为 26.3MPa（表压力），过热蒸汽温度为 605℃；再热蒸汽压力为 4.99MPa（表压力），再热蒸汽温度为 603℃。

C　给水温度

锅炉给水温度是指锅炉给水在省煤器入口处的温度。锅炉额定给水温度是指在规定负荷范围内应予保证的省煤器进口处给水温度。不同蒸汽参数的锅炉其给水温度也不相同。

D　排烟温度

锅炉排烟温度通常是指烟气通过锅炉最末级受热面出口处的温度，一般指空气预热器出口处的烟气温度。锅炉排烟温度的高低在一定程度上反映了炉内燃料燃烧放热被工质吸收的份额。降低排烟温度有利于提高锅炉热效率。锅炉排烟温度的选择取决于燃料特性、受热面布置空间及设备投资等因素。

E　锅炉热效率

锅炉热效率是表征锅炉设备完善程度的性能指标。锅炉热效率的高低充分体现了炉内燃料燃烧放热被工质吸收的份额。锅炉热效率的大小取决于燃料在炉内充分燃烧的程度、炉体的散热程度、排烟热损失等因素。现代电站大型煤粉锅炉的热效率一般均高于 90%。

1.1.3.3 锅炉型号

锅炉型号反映锅炉的基本特征。我国锅炉目前采用三组或四组字码表示其型号。一般中、高压锅炉用三组字码表示。例如 HG-410/9.8-1 型锅炉，型号中第一组字码是锅炉制造厂名称的汉语拼音缩写，HG 表示哈尔滨锅炉厂（SG 表示上海锅炉厂，WG 表示武汉锅炉厂，DG 表示东方锅炉厂，BG 表示北京锅炉厂）；型号中的第二组字码为一分数，分子表示锅炉容量（t/h），分母表示过热蒸汽压力（MPa，表压）；型号中第三组字码表示产品的设计序号，同一锅炉容量和蒸汽参数的锅炉其序号可能不同，序号数字小的是先设计的，序号数字大的是后设计的，不同设计序号可以反映在结构上的某些差别或改进。例如 HG-410/9.8-1 型与 HG-410/9.8-2 型锅炉的主要区别是：1 型为固态排渣、管式空气预热器、两段分段蒸发等；2 型为液态排渣、回转式空气预热器、无分段蒸发等。因此前述 HG-410/9.8-1 型锅炉即表示哈尔滨锅炉厂制造，容量为 410t/h，过热蒸汽压力为 9.8MPa（表压），第 1 次设计制造的锅炉。超高压以上的发电机组均采用蒸汽中间再热，即锅炉装有再热器，故用四组字码表示。即在上述型号的二、三组字码间又加了一组字码，该组字码也为一分数，其分子表示过热蒸汽温度，分母表示再热蒸汽温度。例如 DG-670/13.7-540/540-5 型锅炉即表示东方锅炉厂制造，容量为 670t/h，过热蒸汽压力为 13.7MPa（表压），过热蒸汽温度为 540℃，再热蒸汽温度为 540℃，第 5 次设计的锅炉。

1.1.4 循环锅炉

1.1.4.1 300MW 锅炉

一次蒸汽参数为：汽压为 16.7MPa，汽温为 555℃，容量为 1000t/h。二次蒸汽参数：进出口汽压为 3.51/3.30MPa，汽温为 335/555℃，流量为 854t/h。

锅炉按露天布置设计，燃用烟煤。摆动式直流燃烧器四角布置。炉膛深为 12.83m，宽为 14.71m。水冷壁由 ϕ63.5mm 管子组成膜式结构。在燃烧区域，由于热负荷大，为防止膜态沸腾，采用内螺纹管。

汽包内径为 1778mm，6 根 ϕ508mm 大直径集中下降管，沿汽包长度均匀分布，其下引出分散下降管至各面墙水冷壁下联箱。

过热器系统由顶棚管、尾部烟道包墙管、水平延伸烟道包墙管、低温过热器、全大屏、后屏及高温过热器组成。大屏过热器之前为一级喷水减温。后屏过热器之后为二级喷水减温。再热器由壁式再热器、中温再热器、高温再热器组成。在壁式再热器之后设有一级喷水减温。再热进口设有事故喷水。再热汽温主要调节方式为摆动燃烧器及喷水减温。

煤粉燃烧器布置在炉墙四角。每角有 6 层一次风口，8 层二次风口，一二次风可同步上下摆动 25℃。另有两个机械雾化油喷嘴，8 个高能点火器，用于锅炉点火和低负荷稳燃。

省煤器与空气预热器均单级布置。

1.1.4.2 600MW 锅炉

此炉型系 W 火焰设计的雏形，称为特伯炉膛（Turbo furnace），炉膛具有一个文丘里缩腰，燃烧器向下倾斜布置，一二次风送入下部炉膛，形成首先向下倾斜火焰，增长了火焰行程。相对燃烧器火焰对冲的结果，加强混合，使下部炉膛燃烧更为安全。下部炉膛的燃烧产物，通过文丘里缩腰时得到加速，进一步增强湍流混合，燃烧更为充分，能适用于各种难以燃尽的煤种。600MW 锅炉结构如图 1-10 所示。

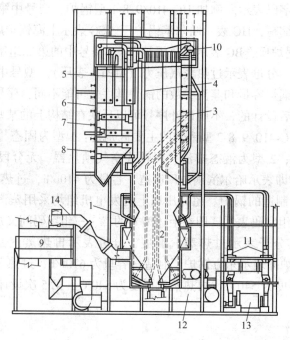

图 1-10　600MW 锅炉

1—燃烧器；2—炉膛；3—屏；4—辐射过热器；5—对流再热器；6—对流过热器；
7—对流再热器；8—省煤器；9—空气预热器；10—汽包；11—给粉机；
12—一次风道；13—筒式球磨机；14—二次风道

过热器由辐射过热器和对流过热器共同组成，当负荷变化，过热蒸汽温度变化更为平稳。

1.1.5　强制流动锅炉

在强制流动锅炉中，依靠泵的压头来克服汽水混合物流经蒸发受热面时的阻力。有多次强制循环锅炉、低循环倍率锅炉、复合循环锅炉、直流锅炉。

1.1.5.1　多次强制循环锅炉

与自然循环锅炉不同，多次强制循环锅炉在下降管系统增加了循环泵，压头为 0.25～0.35MPa，而自然循环运动压头只有 0.05～0.1MPa。蒸发受热面内工质流动主要依靠强制循环。循环倍率一般控制在 3～5。蒸发系统为：汽包→下降管→循环泵→下降管→下水包→水冷壁→汽包。

多次强制循环锅炉有许多优点：水冷壁布置较为自由，可采用较小管径，减小水冷壁的质量，下降管的流通截面也可减少。

1.1.5.2　低循环倍率锅炉

图 1-11 是我国为 600MW 机组设计的亚临界锅炉低循环倍率系统图。锅炉蒸发量为 2050t/h。给水经省煤器 1 进入混合器 2，经过滤器 3、再经循环泵 4 送入分配器 5，然后

将水均匀地送入蒸发区 6。汽水混合物从蒸发区出来，进入汽水分离器 7。分离得到的蒸汽送往过热器。得到的水经再循环管路回到混合器。

再循环泵压头在各种负荷下（0～100%）都大于蒸发区流动阻力。因而总有一定的再循环水回到混合器。正常负荷下，循环倍率很小，$K = 1.25 \sim 2.0$，减轻了分离器的负荷。锅炉负荷越低，循环倍率越高。各种负荷下，蒸发区容积流量接近一个常数。保证蒸发受热在低负荷下得到足够冷却。由于循环倍率低于多次强制循环锅炉，故称其为低循环倍率锅炉。它的优点是在各种不同负荷下，蒸发区工质质量流速变化不大，不会出现膜态沸腾。启动流量小，启动系统简单。采用一次垂直上升，无需中间混合。

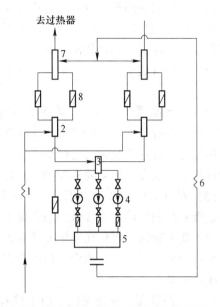

图 1-11　600MW 锅炉低循环倍率系统
1—省煤器；2—混合器；3—过滤器；4—再循环泵；
5—分配器；6—蒸发区；7—分离器；8—逆止阀

1.1.5.3　复合循环锅炉

复合循环锅炉是在直流锅炉和强制循环锅炉工作原理基础上发展起来的。应用于亚临界或超临界参数锅炉。在蒸发受热面中，低负荷时按强制循环方式运行。负荷较高时按直流方式运行。

1.1.5.4　直流锅炉

随着各类技术的发展，直流锅炉在新建电厂的应用越来越多。

A　直流锅炉的特点

直流锅炉的特点具体如下：

（1）结构特点。直流锅炉无汽包，工质一次通过各受热面，且各受热面之间无固定界限。直流锅炉的结构特点主要表现在蒸发受热面和汽水系统上。直流锅炉的省煤器、过热器、再热器、空气预热器及燃烧器等与自然循环锅炉相似。

（2）适用于压力等级较高的锅炉。根据直流锅炉的工作原理，任何压力的锅炉在理论上都可采用直流锅炉。由于中低压锅炉容量较小，仪表较简单，自动化控制水平较低，对给水品质的要求不高，自然循环工作可靠，在经济上采用自然循环较合理，所以实际上没有中、低压锅炉采用直流型。高压锅炉采用直流型也较少，超高压、亚临界压力等级的锅炉可较广泛地采用直流型，而超临界压力的锅炉只能采用直流型。

当压力超过 14MPa 时，由于汽水密度差越来越小，采用自然循环的可靠性降低。自然循环锅炉的最高工作压力在 19～20MPa。

当压力等于或超过临界压力时，由于蒸汽的密度与水的密度一样，汽水不能靠密度差进行自然循环，所以只能采用直流锅炉。

（3）可采用小直径蒸发受热面管且蒸发受热面布置自由。直流锅炉采用小直径管会增加水冷壁管的流动阻力，但由于水冷壁管内的流动为强制流动，且采用小直径管大大降低了水冷壁管的截面积，提高了管内汽水混合物的流速，因此保证了水冷壁管的安全。

在工作压力相同的条件下，水冷壁管的壁厚与管径成正比，直流锅炉采用小管径水冷壁降低了金属耗量。与自然循环锅炉相比，直流锅炉通常可节省20%～30%的钢材。但由于采用小直径管后流动阻力增加，给水泵电耗增加，因此直流锅炉的耗电量比自然循环锅炉大。

（4）给水品质要求高。直流锅炉没有汽包，不能进行锅内水处理，给水带来的盐分除部分被蒸汽带走外，其余将沉积在受热面上影响传热，使受热面的壁温有可能超过金属的许用温度，且这些盐分只有停炉清洗才能除去。因此为了确保受热面的安全，直流锅炉的给水品质要求高。通常要求凝结水进行100%的除盐处理。

（5）对自动控制系统要求高。直流锅炉无汽包且蒸发受热面管径小，金属耗量小，使得直流锅炉的蓄热能力较低。当负荷变化时，依靠自身炉水和金属蓄热或放热来减缓汽压波动的能力较低。当负荷发生变化时，直流锅炉必须同时调节给水量和燃料量，以保证物质平衡和能量平衡，才能稳定汽压和汽温。因此，直流锅炉对燃料量和给水量的自动控制系统要求高。

（6）启停和变负荷速度快。由于没有汽包，直流锅炉在启停过程及变负荷运行过程中的升、降温速度可以快些，这样锅炉启停时间可大大缩短，锅炉变负荷速度提高，因而也具有较好的变负荷适应性。

为了保证受热面的安全工作，且为了减少启动过程中的工质损失和能量损失，直流锅炉须设启动旁路系统。

B　直流锅炉的基本形式

超超临界参数机组能够较大幅度提高循环热效率，降低发电煤耗，但同时需提高对金属材料的要求和金属部件的焊接工艺水平。目前，超超临界机组的蒸汽压力已提高到25～31MPa，温度控制在580～600℃之间。

a　早期直流锅炉的形式

在20世纪20年代，瑞士、德国及苏联就开始采用直流锅炉。由于当时锅炉的容量小，蒸汽参数低，且控制技术和水处理技术差，直流锅炉的发展较慢。直到20世纪60年代，由于锅炉向大容量、高参数发展，且采用了膜式水冷壁和滑参数运行，给水处理技术也得到提高，因此直流锅炉得到较快发展。

直流锅炉的结构特点主要表现在蒸发受热面和汽水系统两方面上，根据蒸发受热面的结构不同。早期直流锅炉有三种基本形式，即多次串联垂直上升管屏式（本生式）、回带管屏式（苏尔寿式）及水平围绕上升管圈式（拉姆辛式）。三种形式直流锅炉的结构图如图1-12所示。

（1）本生式。本生式直流锅炉的蒸发受热面由多组垂直布置的管屏构成，管屏又由几十根并联的上升管和两端的联箱组成，每个管屏宽1.2～2m，各管屏间用2～3根不受热的下降管连接，相互联。

本生式的直流锅炉具有热偏差不大、安装组合率高、制造方便等优点；其缺点为金属耗量较大、对滑压运行的适应性较差。

（2）苏尔寿式。苏尔寿式直流锅炉的蒸发受热面由多行程回带管屏构成。依据回带近回方式的不同，可分为水平回带和垂直回带。

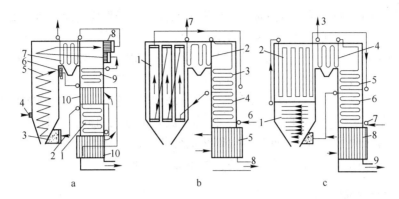

图 1-12　三种形式直流锅炉的结构图

a—水平围绕上升管圈式：1—省煤器；2—炉膛进水管；3—水分配集箱；4—燃烧器；5—水平固绕管；

6—汽水混合物出口集箱；7—对流过热器；8—壁上过热器；9—外置式过渡区；10—空气预热器

b—垂直上升管屏式：1—垂直管屏；2—过热器；3—外置式过渡区；4—省煤器；5—空气预热器；

6—给水入口；7—过热蒸汽出口；8—烟气出口

c—回带管屏式：1—水平回带管屏；2—垂直回带管屏；3—过热蒸汽出口；4—过热器；5—外置式过渡区；

6—省煤器；7—给水入口；8—空气预热器；9—烟气出口

苏尔寿式锅炉具有布置方便、金属耗量较少的优点。其缺点是由于很少采用中间联箱，联箱间的管子很长，管子间及管屏间的热偏差很大；制造困难，垂直升降回带不易疏水排气，水动力稳定性较差。

（3）拉姆辛式。拉姆辛式直流锅炉的蒸发受热面由多根并联的水平或微倾斜管子沿炉膛周界盘旋而上构成。

拉姆辛式直流锅炉具有水动力较稳定、热偏差较小、金属耗量较少、疏水排气方便、适宜滑压运行等优点。其缺点是支吊困难，膨胀问题不易解决，现场组装工作量大。

　b　现代直流锅炉的形式

现代直流锅炉有三种主要形式：一次垂直上升管屏式（UP 型），螺旋围绕上升管屏式，炉膛下部多次上升、炉膛上部一次上升管屏式（FW 型）。

（1）一次垂直上升管屏式直流锅炉（通用压力锅炉）。美国拔柏葛锅炉公司首先采用一次垂直上升管屏式直流锅炉（UP 型），此种锅炉是在本生锅炉的基础上发展而来的，锅炉压力既适用于亚临界也适用于超临界。

水冷壁有三种形式：适用于大容量的亚临界压力及超临界压力锅炉的一次上升型；适用于较小容量的超临界锅炉的上升—上升型；适用于较小容量亚临界压力锅炉的双回路型。

由于一次上升型垂直管屏采用一次上升，各管间壁温差较小，适合采用膜式水冷壁；一次上升垂直管屏有一次或多次中间混合，每个管带入口设有调节阀，质量流速为 $2000\sim3400kg/(m^2 \cdot s)$，可有效减少热偏差；一次上升型垂直管屏还具有管系简单、流程短、汽水阻力小、可采用全悬吊结构、安装方便的优点。但由于一次上升型垂直管屏具有中间联箱，不适合于做滑压运行，特别适合于 600MW 及以上的带基本负荷的锅炉。

（2）螺旋管圈水冷壁直流锅炉。此种锅炉是西德等国为适应变压运行的需要而发展起来的一种型式。水冷壁采用螺旋围绕管圈，由于管圈间吸热较均匀，在蒸汽生成途中可

14

不设混合联箱，因此锅炉滑压运行时不存在汽水混合物分配不均问题。由于螺旋管圈承受荷重的能力差，有时在锅炉上部采用垂直上升管屏。

（3）炉膛下部多次上升、上部一次上升管屏式直流锅炉（FW型）。炉膛下部多次上升、上部一次上升管屏式直流锅炉是美国福斯特·惠勒（FW）公司以本生型锅炉为基础发展起来的一种形式。该类型锅炉的蒸发受热面采用较大管径，由于炉膛下部热负荷较高，通常下部采用2~3次垂直上升管屏，使每个流程的焓增量减少，且各流程出口的充分混合可减少管子间的热偏差；而炉膛上部热负荷低，且工质比体积大，故采用次上升管屏。炉膛上、下部间由于采用了中间混合，故不适合滑压运行。

1.1.6 燃气炉与燃油炉

1.1.6.1 燃烧室的结构特点

燃气炉、燃油炉的炉膛与煤粉炉类似，燃烧器的布置方式也相同，其特点主要是：

（1）平炉底取代了冷灰斗。由于气体燃料和液体燃料没有或只有很少的灰分（A_{ar}为 0.2%~1%），燃烧后没有炉渣，所以它们的炉底可做成具有一定倾斜度（5°~10°）的平炉底。炉底用耐火泥盖住，同时在最低处设有放水孔，如图 1-13 所示，而没有煤粉炉那样的冷灰斗。

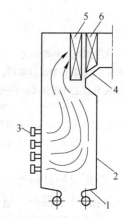

图 1-13 燃油炉的炉膛结构
1—炉底；2—水冷壁；3—燃烧器；
4—折焰角；5—屏式过热器；
6—对流过热器

（2）体积小。由于油、气着火容易，燃烧迅速，又没有结渣问题，所以炉膛容积热负荷 q_V、炉膛断面热负荷 q_A 都比煤粉炉高，炉膛体积和截面比煤粉炉小，如图 1-14 所示。

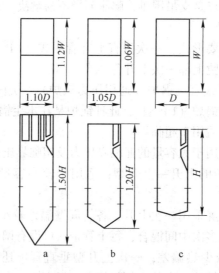

图 1-14 燃天然气、油、煤粉锅炉的炉膛尺寸比例
a—煤粉炉；b—燃油炉；c—燃气炉
H，W，D—炉膛的高、宽、深

1.1.6.2 气体燃料燃烧特点

A 气体燃烧火焰

a 扩散燃烧火焰

燃料和空气无预混合而进行的燃烧。此时燃烧所需的氧气从周围扩散到火焰锋面，燃烧速率取决于扩散速度。

b 无焰燃烧

燃料与空气在燃烧前已进行了充分混合，燃烧时不发光，燃烧速率决定于温度高低。

c 预混燃烧火焰

介于上述两者之间，即燃料燃烧前和一部分空气进行了预混合，一次风份额小于1，燃烧速率取决于温度和扩散速度。

B 稳定燃烧的范围

a 脱火

当燃料-空气混合物的流速大于火焰锋面法线方向的火焰传播速度时，火焰就逐渐远离喷口直到熄灭，这种现象称为脱火。天然气最容易脱火。脱火时的速度称为脱火极限。

为防止脱火，常在燃烧器出口设置炽热的烧嘴砖或稳焰器。另外，提高燃料-空气混合物的温度可以增大火焰传播速度，减少脱火危险。

b 回火

若燃料-空气混合物的速度小于火焰传播速度时，火焰会缩到燃烧器内部，这种现象称为回火。引起回火的最高气流速度称为回火极限。工程上，含氢较多的人工煤气最易回火。为防止回火，可选用小直径喷孔或在喷口处加水冷装置。

c 稳定燃烧范围

处于脱火极限与回火极限之间的气流速度是稳定燃烧范围。

1.1.6.3 气体燃烧器

A 燃气喷口的结构形式

燃气喷口的结构形式见图1-15。

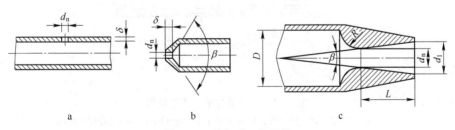

图 1-15 燃气喷口的结构
a—直孔口；b—收缩口；c—拉伐尔喷口

B 天然气燃烧器

a 平流式燃烧器

多枪平流式燃烧器见图1-16，在大容量燃气锅炉中用得较多。

天然气由母管送入集气环，再分配到6~8根喷枪管内。在风道中间的油枪套管上装有稳焰叶轮，在每只气枪头部装有圆盘形高负荷稳燃器。喷枪头部做成楔形，并开有$\phi 8$~

15mm 的喷孔。天然气从切向和横向两个方向从喷孔喷出，速度达 150~230m/s；环形截面上的空气速度为 50~65m/s，两者速度比为 3~3.5，动压比为 10~16。

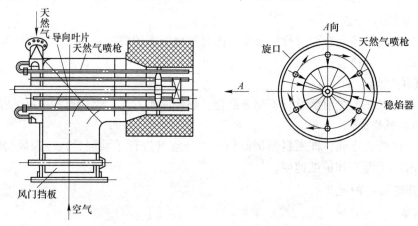

图 1-16　多枪平流式天然气燃烧器

调整喷孔的喷射方向，可改变火焰的发光性。如图 1-16 所示的喷射方向，天然气与空气混合良好，燃烧时产生不发光火焰。若切向煤气射流两两对冲，则混合恶化，会形成黄红色半发光火焰。

图 1-17 所示的是文丘里管平流式燃烧器，在喉口与调风器入口处有较大的静压差，便于较准确地控制风量，实行低氧燃烧。

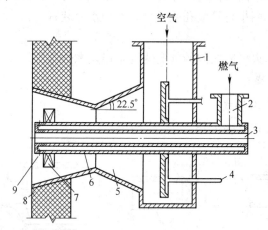

图 1-17　文丘里管平流式燃烧器
1—空气进口管；2—燃气进气管；3—观察孔；4—调风机构；5—文丘里管配风器；
6—燃气分配管；7—稳焰器；8—炉墙；9—燃气喷孔

b　角置缝隙式直流燃烧器

角置缝隙式直流燃烧器（结构如图 1-18 所示）是美国 CE 公司的传统技术，用于气、油或气、油、煤多种燃料一起使用的场所。它将燃气管插入角置的直流风口中，煤气喷嘴的结构见图 1-19。天然气喷孔射流速度为 100~200m/s，空气速度可达 60m/s。

c　高炉煤气燃烧器

高炉煤气含有大量惰性气体，热值低，着火困难，必须采取强化着火措施。图 1-20

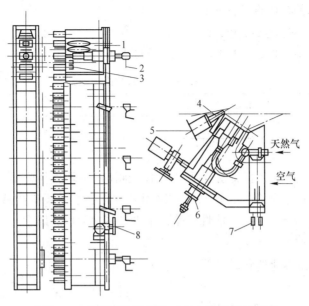

图 1-18　角置直流燃烧器（点火器侧面布置）

1—火焰检测装置；2—油喷嘴；3—缝隙式煤气喷嘴；4—点火器；5—点火器风箱；

6—油喷嘴自动伸入抽出装置；7—风箱挡板；8—喷嘴摆动用的控制传动装置

为高炉煤气无焰燃烧器。预热到 250℃ 左右的煤气和空气进入炉膛前，在燃烧器中进行混合并分成多股片状气流，流经炽热的燃烧通道被加热并着火燃烧。燃烧通道由耐火砖或多孔耐火填料组成。

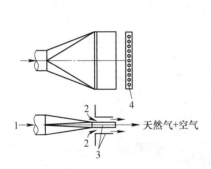

图 1-19　缝隙式煤气喷嘴

1—天然气；2—空气；

3—喷口；4—天然气喷孔

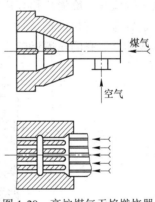

图 1-20　高炉煤气无焰燃烧器

1.1.6.4　油的燃烧特点

油的燃烧特点如下：

（1）油滴的燃尽时间 τ 与油滴的初始直径成正比，即

$$\tau = \frac{\delta_0^2}{k} \times s$$

式中　　δ_0——油滴的初始直径，mm；

　　　　k——油滴燃烧速度常数，mm^2/s。

单个油滴在700~800℃温度下测得的k值见表1-1。

表1-1　k的实验值

油的种类	汽油	煤油	轻柴油	重油[①]
$k/mm^2 \cdot s^{-1}$	1.10	1.12	1.11	0.93

①$\rho = 8641kg/m^3$。

要使油燃烧完全，必须保证雾化质量，不仅油滴的平均直径要小，还要均匀。

（2）燃料油是碳氢化合物，缺氧时在高温条件下会裂解析碳生成炭黑。生成的炭黑直径很小（一般在$1\mu m$左右），活性极差，很难燃尽，会形成黑烟。

1.1.6.5　油燃烧器

油燃烧器通常由雾化器和调风器组成。

A　雾化器

雾化器也称之为油喷嘴，种类繁多，下面介绍的是电站锅炉中主要使用的几种油喷嘴。

a　压力式油喷嘴

压力式油喷嘴也称为离心式喷嘴或机械雾化喷嘴，它又分为简单压力式油喷嘴和回油式油喷嘴。

（1）简单压力式油喷嘴。这种油喷嘴在我国电厂中使用最普遍，其结构如图1-21所示。主要由分流片、旋流片和雾化片组成。油通过分流片的几个小孔后汇合到一个环形槽内，再经过旋流片的切向槽从切向流入旋流室，产生高速旋转，最后从雾化片的喷口喷出，粉碎成油雾。有的喷嘴将旋流片和雾化片做成一体。

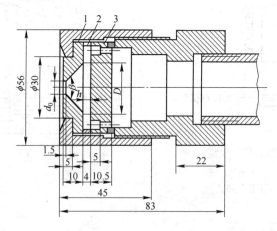

图1-21　简单压力式油喷嘴

（图中尺寸适用于喷油量为1700~1800kg/h，单位为mm）

1—雾化片；2—旋流片；3—分流片

（2）回油式油喷嘴。回油式油喷嘴的结构和雾化原理与简单压力式油喷嘴基本相同，区别在于分流片上开有回油孔并与回油管相通。它又分集中大孔回油和分散小孔回油两种，其构造见图1-22。

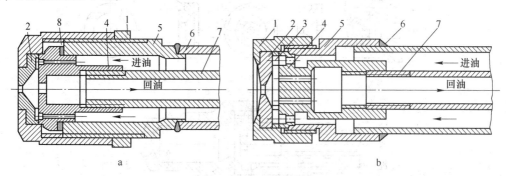

图 1-22　回油式油喷嘴

a—集中大孔回油喷嘴；b—分散小孔回油喷嘴

1—压紧螺母；2—雾化片；3—旋流片；4—分流片；5—喷嘴座；

6—进油管；7—回油管；8—垫片

b　蒸汽（空气）雾化油喷嘴

蒸汽（空气）雾化油喷嘴是利用高速蒸汽（空气）冲击油流，使油雾化，其结构见图1-23和图1-24。蒸汽机械雾化油喷嘴则同时利用高速蒸汽流动和较高的油压使油雾化，其结构见图1-25。

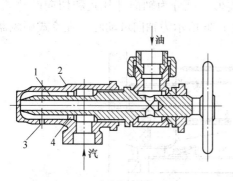

图 1-23　纯蒸汽雾化油喷嘴

1—油管；2—蒸汽管；3—定位螺孔；4—定位块

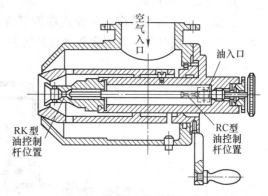

图 1-24　低压空气雾化油喷嘴

B　调风器

调风器也称配风器，其作用是供给油燃烧所需的空气，并形成有利的空气动力场，保证油雾的稳定着火和燃烧。按气流的流动方式，调风器可分为旋流式和直流式两大类。前者喷出的气流旋转，后者喷出的主气流不旋转。

a　对调风器的要求

（1）必须有根部风。为了避免碳氢化合物在高温下热分解，减少炭黑的生成，要有一部分空气送入油雾根部（根部风），在油着火之前即已混入油雾。

（2）应当有一个大小和位置适当的回流区。

（3）前期混合要强烈。每个燃烧器的风量和喷油量要适应，气流的扩散角小于油喷

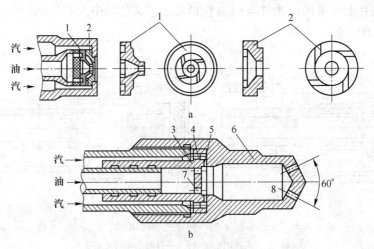

图1-25　蒸汽机械雾化油喷嘴

a—外混式蒸汽机械油喷嘴；b—内混式蒸汽机械油喷嘴

1—油旋流片；2—蒸汽旋流片；3—分油配气嘴；4—汽孔；5—汽槽；

6—内混合室；7—油孔；8—油汽混合物喷口

嘴的雾化角，以使空气流能切入油雾。

（4）后期的扰动也要强烈，以保证炭黑和焦粒的燃尽。

b　旋流式调风器

旋流式调风器的结构与旋流式煤粉燃烧器类似，可分为轴向叶片式和切向叶片式两种，每种形式的叶片又有固定和可动的区别。图1-26所示为轴向可动叶片旋流式调风器。

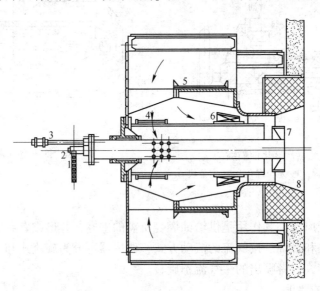

图1-26　轴向可动叶片旋流式调风器

1—回油管；2—进油管；3—点火设备；4—一次风；5—圆筒形风门；

6—二次风叶轮；7—稳焰器；8—风口

一次风即根部风，由稳焰器产生旋转。改变稳焰器的轴向位置可调节一次风的旋流强度。一次风量由装在一次风管进口处的圆筒形风门控制。二次风由二次风叶轮产生旋转，其旋转方向与一次风相同。通过操纵机构使二次风叶轮沿轴向移动，即可改变二次风的旋流强度。

c 直流式调风器

直流式油调风器多布置在炉膛四角，在炉内组织切向燃烧。

（1）纯直流式调风器。图 1-27 是 170t/h 燃油锅炉采用的直流式调风器，一、二次风相间布置，一次风口设置有稳焰器。

（2）平流式调风器。图 1-28 所示为直管型和文丘里管型两种平流式调风器。后者喉口与总风箱间的静压差较大，便于准确测量风量。文丘里管的喉口直径为出口直径的 0.7～0.75 倍，扩压段锥角为 15°～30°，稳焰器距风口的距离 $l = (0.1～0.2)D$。

平流式调风器中的主气流（二次风，占总风量的 80%～90%）是直流风，速度达 60～70m/s。其余空气（一次风或根部风）经稳焰器产生旋转。

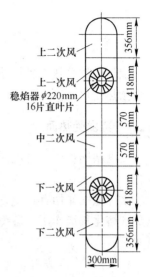

图 1-27 170t/h 燃油锅炉采用的四角布置直流式调风器

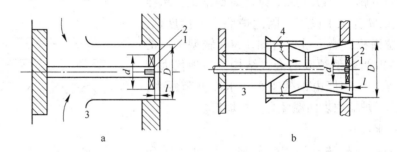

图 1-28 平流式调风器

a—直管型平流式调风器；b—文丘里管型平流式调风器

1—油喷嘴；2—稳焰器；3—大风箱；4—圆筒形风门

d 稳焰器

稳焰器是使一次风产生旋转，形成一个稳定的中心回流区，并使中心风略有扩散，以加强火焰根部的扰动和早期混合。

稳焰器可以采用阻流钝体——如扩流锥。但是钝体上必须开有一定数量的通风槽孔，以便提供根部风。扩流锥稳焰器的结构如图 1-29 所示。

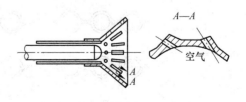

图 1-29 扩流锥稳焰器

1.2 受 热 面

锅炉依靠受热面进行传热，它们是热交换部件。包括蒸发受热面、过热受热面、水和空气预热受热面。

1.2.1 蒸发受热面

在电站锅炉中，对流蒸发受热面已很少见到，主要是辐射式蒸发受热面，亦称为水冷壁。

水冷壁的作用有三个方面：吸收高温火焰的辐射传热，使水蒸发汽化；保护炉墙，防止受到熔化灰渣作用，避免结渣；将炉膛出口烟气温度冷却到要求的允许值，避免对流受热面结渣。

1.2.1.1 水冷壁类型

水冷壁有光管水冷壁、膜式水冷壁、小管径水冷壁、内螺纹管水冷壁和销钉管水冷壁等类型。

A　光管水冷壁

光管水冷壁由不带鳍片光管组成，图 1-30 展示了两种结构。图 1-30a 采用敷管炉墙，受热时炉墙和水冷壁管一起向下膨胀。敷管炉墙为较新型结构，水冷壁节距较小，s/d 为 1.1 以下，因此炉墙表面温度低、炉墙薄，单位面积炉墙重量仅有图 1-30b 轻型炉墙的一半。图 1-30b 为轻型炉墙的老式结构，在现代大型锅炉中已不采用，炉墙由钢架支承。水冷壁节距大，s/d 约为 1.25，炉墙内表面温度高，炉墙厚。

B　膜式水冷壁

膜式水冷壁由带鳍片管焊制而成，如图 1-31 所示。现代大型锅炉都采用此种结构。鳍片顶端焊接在一起，四壁连成一个整体。密封性好，减小炉膛漏风，

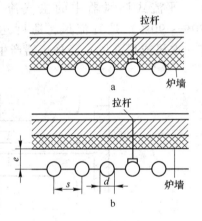

图 1-30　光管水冷壁
a—敷管炉墙；b—轻型炉墙

可防止炉膛结渣。敷管炉墙可不用耐火材料层。只有绝缘层和表面密封层。炉墙很薄，质量很小。

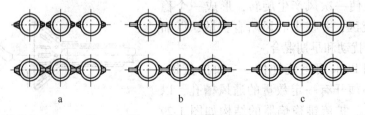

图 1-31　膜式水冷壁
a—鳍片管型；b—扁钢鳍片型；c—一次成型型

C 小管径水冷壁

在国产自然循环锅炉中，水冷壁管径大都为 60mm。如果采用 38mm 或 42mm 的小管径管组成，下降管和汽水引出管截面也可相应缩小。整个水冷壁系统可节约钢材 30%。在强制流动锅炉中，蒸发受热面布置较为自由，管径更小，如国产 300MW 锅炉水冷壁管直径为 22mm，厚度为 5.5mm。

D 内螺纹管水冷壁

在直流锅炉蒸发受热面中易出现传热恶化，管壁温度急剧升高，采用内螺纹管，如图 1-32 所示结构。内螺纹管破坏了管壁内气膜，加强汽水混合物对管壁的放热系数，增强了冷却效果，管壁温度下降。

E 销钉管水冷壁

销钉管水冷壁用来敷设卫燃带，如图 1-33 所示。在燃用难以着火的煤时，在炉膛内敷设部分卫燃带，以减少该区域内水冷壁吸热，提高炉内温度水平，以便煤粉气流喷入很快着火。

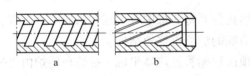

图 1-32　内螺纹管
a—结构 1；b—结构 2

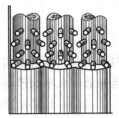

图 1-33　销钉管水冷壁

1.2.1.2　水冷壁布置形式

A　汽包锅炉水冷壁的布置形式

自然循环锅炉和控制循环锅炉均属于汽包锅炉，它们的水冷壁布置形式类似，为减少汽水混合物在上升管内的流动阻力，有利于水循环，四墙水冷壁以垂直布置为主，同时前后墙水冷壁的炉底部分向内收缩形成漏斗形冷灰斗，如图 1-34 所示。冷灰斗可使燃烧中心形成的呈熔化状态的灰渣在下落过程中，由于斗状水冷壁的强烈吸热，而被迅速冷却成为固态，以减少结渣。

后墙水冷壁上部的布置主要有两种方式。早期生产的高压锅炉，后墙水冷壁延伸到炉出口处就将水冷壁拉稀成 2~4 排，这样每排管的横向节距 s_1 就增大了 2~4 倍，一般 s_1/d =4~6，纵向相对节距 $s_2/d \geqslant 3.5$。保持较大的相对节距是为了形成烟气通道，并进一步冷却烟气，使烟气中的飞灰冷凝成固态。即使在非正常运行工况时，这些管子上结渣，也不致堵塞烟气通道，因此它们被称为凝渣管，如图 1-34 中 A—A 剖面所示。

现代高参数大容量全悬吊结构的锅炉，在炉膛出口处布置有屏式过热器，也起到凝渣管的作用，这时接近炉出口的后墙水冷壁管被弯曲成折焰角。折焰角的早期结构如图 1-35a 所示。后墙水冷壁通过分叉管分为两路，一路构成折焰角管，另一路垂直向上，两者在中间联箱汇合。为了使大部分汽水混合物从受热较强的折焰角管通过，在垂直短管上装有节流孔板，新型锅炉的折焰角结构如图 1-35b 所示，它取消了中间联箱和分叉管，水

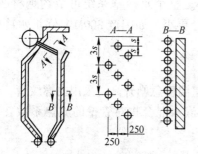

图 1-34　后墙水冷壁上部凝渣管结构

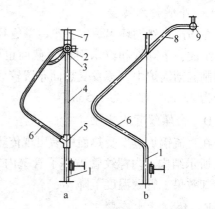

图 1-35　折焰角结构

a—早期折焰角结构；b—新型折焰角结构

1—后水冷壁管；2—中间联箱；3—节流孔板；

4—垂直短管；5—分叉管；6—折焰角管；

7—悬吊管；8—水平烟道底包墙管；

9—水平烟道底包墙联箱

冷壁管全部向炉内弯曲成折焰角，自折焰角后再分开每 3 根中有 1 根作为后墙悬吊管，其余 2 根向后延伸形成水平烟道斜底，以简化斜底的炉墙折焰角结构。

现代大容量锅炉一般采用平炉顶结构，顶由顶棚管过热器组成。折焰角使炉内火焰分布更加均匀，提高了炉膛内烟气流的充满程度，减少了炉膛上部的涡流与死滞区，改善了屏式过热器及对流过热器的冲刷条件，提高了炉辐射受热面的利用程度，防止上部烟气短路。另外，折焰角延长了锅炉的水平烟道，使锅炉在不增加深度的情况下，可布置更多的高温对流受面，满足了高参数大容量锅炉工质过热吸热比例提高的要求。

大容量锅炉的水冷壁管大都采用耐热合金钢。1 台锅炉的水冷壁管子的数量，根据锅炉容量的不同，少则几百根，多则超过千根。水冷壁管由进、出口联箱连接，进口联箱通过下降管支管与下降管连接，而出口联箱通过导汽管连接于汽包。炉膛每侧水冷壁的进、出口联箱分成数个，其个数由炉膛宽度和深度决定，每个联箱与其连接的水冷壁管组成一个水冷壁管屏。图 1-36 所示为 1000t/h 自然循环锅炉水冷壁布置简图，其前墙和后墙各由 8 个管屏组成，而左右侧墙各由 7 个管屏组成。

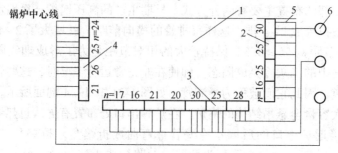

图 1-36　1000t/h 自然循环锅炉水冷壁管屏布置图

1—炉膛；2—前墙水冷壁；3—侧墙水冷壁；4—后墙水冷壁；5—下降管支管；

6—大直径下降管；n—每个水冷壁管屏并联管根数

B　直流锅炉水冷壁的布置形式

直流锅炉的特点主要在蒸发受热面的结构和汽水系统两个方面。直流锅炉与自然循环锅炉在结构上的差异，除了无汽包外，主要在于炉膛部分的水冷壁。在直流锅炉中，给水在给水压头的作用下顺序通过省煤器、蒸发受热面和过热器。由于在蒸发受热面中为强制流动，因此蒸发受热面布置较自由。

水冷壁布置的形式很多。图1-37所示为三种最基本的布置形式，它们是水平围绕管圈型（拉姆辛型）、垂直多管屏型（本生型）和回带管圈型（苏尔寿型）。

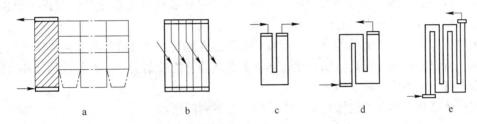

图1-37　直流锅炉水冷壁布置的三种基本形式
a—水平围绕管圈型；b—垂直多管屏型；c～e—回带管圈型

水平围绕管圈型的水冷壁是由多根平行管子组成管带，沿炉膛四周盘绕上升，炉膛的四面墙上至少有一面墙上的管子是倾斜的，即三面水平一面倾斜，也可以是两面水平两面倾斜的双管带盘绕上升。管圈的数目与锅炉容量有关，容量大的锅炉常将管子分成双管圈或多管圈，目的是使每一管圈不致过宽，以减小管子间因受热不均而产生的热偏差。前苏联锅炉最早采用这种水冷壁形式。

垂直多管屏型的水冷壁是在炉膛四周布置多个垂直管屏，每个垂直管屏由若干根并联的垂直上升管及其上下联箱组成，屏宽2～3m，管屏之间由炉外下降管连接，整台锅炉的水冷壁管可串联成一组或几组，工质顺序流过一组内的各管屏，组与组之间并联连接。对于容量较小的锅炉，这种结构可以保证水冷壁内有足够的工质质量流速。联邦德国本生型直流锅炉的水冷壁最早采用此种结构。

回带管圈型的水冷壁是由多行程迂回管带构成的，管带迂回方式分为上下迂回和水平迂回两种。现代直流锅炉的水冷壁形式主要有螺旋管圈型和垂直管屏型两类。螺旋管圈型水冷壁是在水平围绕管圈型的基础上发展而成的，垂直管屏型是在垂直多管屏型的基础上发展而成的。垂直管屏型的典型结构有一次上升型（UP）和上升—上升型（FW）等。

1.2.2　过热和再热受热面

蒸汽过热器是锅炉的重要组成部分，它的作用是把饱和蒸汽或微过热蒸汽加热到具有一定过热度的合格蒸汽，并要求在锅炉变工况运行时，保证过热蒸汽温度在允许范围内变动。

提高蒸汽初压和初温可提高电厂循环热效率，但蒸汽初温的进一步提高受到金属材料热性能的限制。为了提高循环热效率采用较好的合金钢材，过热蒸汽温度可进一步提高，蒸汽初压的提高虽可提高循环热效率，但过热蒸汽压力的进一步提高受到汽轮机排汽湿度的限制，因此为了提高循环热效率及降低排汽湿度，可采用再热器。

汽轮机高压缸的排汽先送到锅炉的再热器中，经再一次加热升温到一定的温度后，返回到汽轮机的中压缸和低压缸中继续膨胀做功。通常，再热蒸汽压力为过热蒸汽压力的20%左右，再热蒸汽温度与过热蒸汽温度相近。我国 125MW 及以上容量机组都采用了中间再热系统。机组采用一次再热可使循环热效率提高 4%~6%，采用二次再热可使循环热效率进一步提高 2%。

随着蒸汽参数的提高，过热蒸汽和再热蒸汽的吸热量份额增加。在现代高参数大容量锅炉中，过热器和再热器的吸热量占工质总吸热量的 50% 以上，因此，过热器和再热器受热面在锅炉总受热面中占很大比例，需把一部分过热器和再热器受热面布置在炉膛内，即需采用辐射式、半辐射式过热器和再热器。

过热器和再热器内流动的为高温蒸汽，其传热性能差，而且过热器和再热器又位于高温烟区，所以管壁温度较高。如何使过热器和再热器管能长期安全工作是过热器和再热器设计和运行中的重要问题。

在过热器和再热器的设计及运行中，应注意下列问题：

(1) 运行中应保持汽温的稳定，汽温波动不应超过 ±(5~10)℃。

(2) 过热器和再热器要有可靠的调温手段，使运行工况在一定范围内变化时能维持额定的汽温。

(3) 尽量防止或减少平行管子之间的热偏差。

根据不同的传热方式，过热器和再热器可分为对流式、辐射式、半辐射式三种形式。

A　对流过热器和再热器

对流过（再）热器一般采用蛇形管式，布置在水平烟道或尾部竖井中，主要吸收烟气的对流放热。对流过（再）热器结构形式较多，下面分别介绍。

(1) 按管子的排列方式，对流过（再）热器可分为错列和顺列两种形式，如图 1-38 所示。顺列布置传热系数小于错列布置，错列布置比顺列布置管壁磨损严重，因此要综合考虑确定。

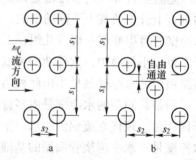

对流过（再）热器的蛇形管外径为 32~57mm，管壁厚度由强度计算决定。大容量锅炉采用的管径多为51mm、54mm、57mm 等规格。为便于支吊，减少灰渣黏结，一般做顺列布置。横向相对节距 $s_1/d = 2~3$，纵向相对节距与管子的弯曲半径有关，通常 $s_1/d = 1.6~2.5$。当进口烟温在 1000℃ 左右时，为防止结焦，

图 1-38　管子的排列方式

a—顺列；b—错列

可将过热器的前几排拉稀成错列布置，拉稀部分的 $s_1/d ≥ 4.5$，$s_2/d ≥ 3.5$。

(2) 按受热面的放置方式，对流过（再）热器可分为立式和水平式两种。

1) 立式过热器。这种布置结构简单，吊挂方便，积灰少，但停炉后产生的凝结水不易排除。图 1-39 所示为一台超高压锅炉的末级过热器，采用立式布置，每排受热面采用 3根蛇形管并联组成，管子外径为 42mm，用管夹固定，下部弯头处装有梳形板，用以保证管排的横向节距。

2) 卧式过热器。这种布置容易疏水，但支吊较复杂，为节省合金钢，常用管子吊挂。这种过热器在塔式和箱式锅炉中使用普遍，在 π 形（U 形）锅炉的尾部竖井中也有

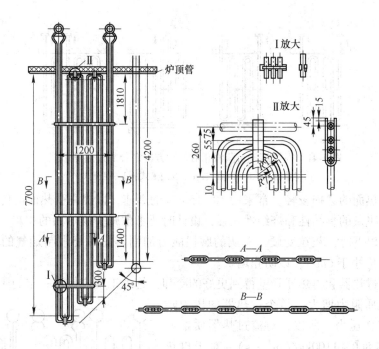

图 1-39 超高压锅炉对流过热器结构（单位：mm）

使用。图 1-40 所示为某亚临界压力自然循环锅炉的低温对流过热器及其吊挂结构图，受热面管子卧式布置，通过悬吊管将重量传递到炉顶的过渡梁上。

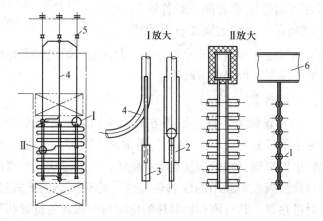

图 1-40 亚临界压力自然循环锅炉低温对流过热器及其吊挂结构
1—管夹；2，3—连接扁钢；4—悬吊管；5—过渡架；6—横梁

（3）按蒸汽和烟气的相对流动方向，对流过（再）热器可分为顺流、逆流、双逆流和混流布置 4 种，如图 1-41 所示。顺流式管壁温度最低，但传热温差小，相同传热量时所需受热面最多，故多应用于高温级受热面的高温段，逆流式则相反，故多应用于低温级受热面；双逆流和混流式的壁温和受热面大小居于前两者之间，多应用于高温级受热面。

对流过（再）热器的烟速要适当，过大则管子磨损严重，过小则传热系数小，不能满足吸热要求。因此，对于布置在炉膛出口之后的水平烟道内的受热面，由于烟温高、灰

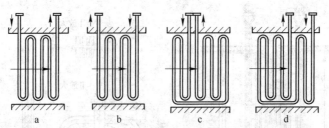

图 1-41　根据烟气与蒸汽相对流动方向划分的过热器形式

a—顺流式；b—逆流式；c—双逆流式；d—混流式

粒较软、对受热面的磨损较轻，常采用 10~15m/s 的烟速，以提高受热面的传热系数。但烟温较高时，飞灰的黏结性和烧结性较强，设计时要考虑减少受热面的积灰。当烟温降低到 600~700℃ 以下时，灰粒变硬，飞灰的磨损能力加剧，此时要限制烟气的流速不大于 9m/s，但也不应小于 6m/s，以防止堵灰。

为了保证过热器和再热器管壁得到更好的冷却，管内工质应保证一定的质量流速，但流速增加使工质阻力增大。整个过热器的压力降应小于 10% 工作压力，所以，对流过热器质量流速一般控制在 800~1100kg/（m² · s）。对于再热器，为了减少压力降，一般要求压力不超过 0.2MPa，蒸汽的质量流速一般采用 250~400kg/（m² · s）。

过热器的蛇形管可制造成单管圈、双管圈和多管圈式，如图 1-42 所示。在烟道宽度有限的情

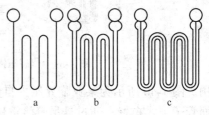

图 1-42　蛇形管圈的形式

a—单管圈；b—双管圈；c—多管圈

况下，为了同时满足烟气流速和蒸汽流速的要求，大容量锅炉过热器蛇形管一般采用多管圈式，在烟速不变的前提下，可降低蒸汽流速。

B　屏式过热器和再热器

屏式过（再）热器布置位置不同，换热方式就不同。布置在炉膛上部，节距较大，以吸收炉膛辐射热为主的屏式过（再）热器，通常称为前屏，又称为大屏或分隔屏。其作用主要是降低炉膛出口烟温，减少烟气扰动和旋转，改善过热蒸汽或再热蒸汽的汽温特性。布置在炉膛出口处，吸收炉膛中的辐射热和烟气的对流热的屏式过（再）热器，通常称为后屏或半辐射过热器。其对流和辐射热的份额与所布置的位置和节距有关。

前屏和后屏的结构形式基本相同，只是横向节距不同，前屏节距较大，一般在 3000~4000mm，后屏比前屏横向节距小，屏与屏之间的节距为 500~1000mm。前屏过热器由外径为 32~42mm 的钢管及联箱组成，每屏中的管数由蒸汽流速决定，一般为 15~30 根，且相邻管子之间的节距 s_2 和管外径之比 s_2/d 为 1.1~1.25。图 1-43 所示为前屏过热器的结构示意图，每片管屏用自身的管子作为夹持管，将管屏夹紧，以免管子从屏的平面凸出，并将内圈管子适当加长，外圈管子缩短，以减少热偏差。管屏之间的横向节距用定位管来保持，定位管内通有冷却介质。管屏也可用自身管子进行定位，由屏的管子拉出形成连接管并与相邻屏中的连接管夹持在一起，以保持各屏之间的节距，并增加屏的刚性，如图 1-44 所示。管屏的重量由联箱支撑。

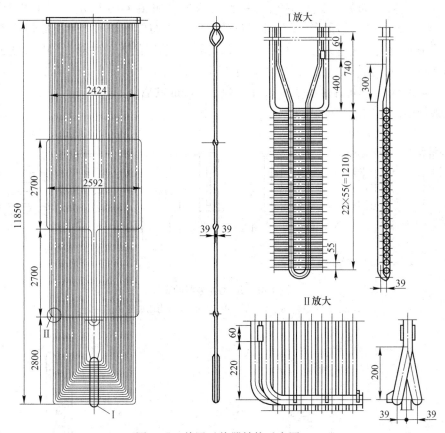

图 1-43　前屏过热器结构示意图

前屏由于受炉内火焰辐射，热负荷较高，因而热偏差较大，特别是外圈管子，受热最强，长度又最长，阻力大，工质流量小，易发生超温现象。除用更好的材料外，在结构上采取如图 1-45 所示的措施，即外圈管子采用较短长度或用较大的管径、内外圈管子交叉等。

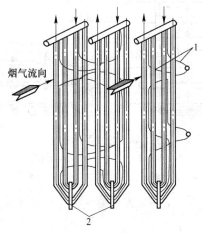

图 1-44　屏式过热器屏间定位
1—连接管；2—加持管

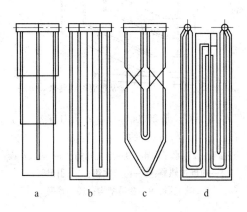

图 1-45　屏式过热器防止外圈管子超温的改进措施
a—外圈两圈管子截短；b—外圈管子短路；
c—内外圈管子交叉；d—外圈管子短路与内外圈管子交叉

　　屏式过热器的布置方式也有立式和卧式两种，如图 1-46 所示。图 1-47 所示为某 2020t/h 亚临界压力自然循环锅炉的前屏过热器，立式布置于炉膛上部，靠近前墙。从低温过热器来的蒸汽，通过连接管 1 和一级减温器进入前屏的入口联箱 2，再通过 5 个垂直布置的联箱 3 进入前屏 5，蒸汽在管内向上流动，最后进入前屏出口联箱 6。前屏有 5 片，其间距 s_1 = 3904mm。每片屏有 126 根外径为 50.8mm 的管子，分成 3 组。图 1-48 所示为某塔式锅炉中使用的卧式屏结构。

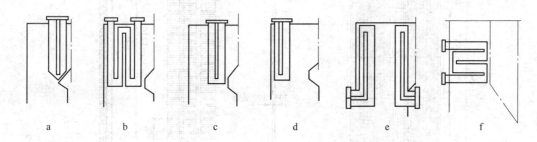

图 1-46　屏式过热器的布置

a—后屏；b—大屏；c—半大屏；d—前屏；e—能疏水的屏；f—卧式屏

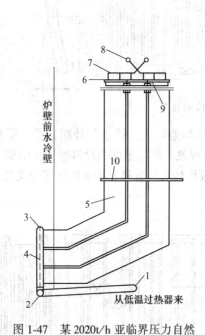

图 1-47　某 2020t/h 亚临界压力自然
循环锅炉的前屏过热器

1—连接管；2—水平联箱；3—竖直联箱；4—均气孔板；
5—前屏过热器；6—出口联箱；7—引出管；
8—减温器；9—悬吊结构；10—管夹

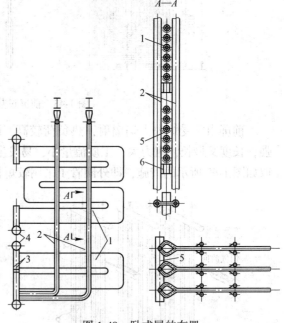

图 1-48　卧式屏的布置

1—卧式屏；2—悬吊管；3—联箱；
4—连接联箱；5—定位块；6—管屏支座

C　壁式过热器和再热器

壁式过（再）热器紧贴炉墙或水冷壁布置在炉膛内，也是辐射式受热面。

a 壁式过热器

壁式过热器也称墙式过热器，其结构和布置方式如图1-49所示，图1-49a所示为紧贴炉墙，和水冷壁管相间布置，多用于控制循环锅炉。图1-49b所示为附着在水冷壁管上，将水冷壁管盖的布置，水冷壁被遮盖部分按不吸热考虑，用于自然循环锅炉，以提高自然循环的运动压头。

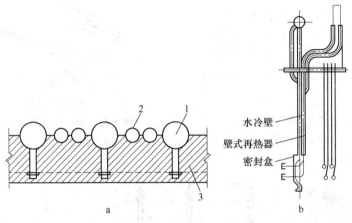

图1-49 壁式过热器结构及布置图

a—贴炉墙布置；b—贴水冷壁布置

1—水冷壁管；2—壁式过热器管；3—敷管炉墙

壁式过热器可以仅布置在炉上部，也可以沿炉腔全高度布置。当沿炉腔全高度布置时，可将壁式过热器布置在任一面墙上。如图1-50所示，可采用单流程、双流程或对称双流程布置方案，具体用何种方案取决于蒸汽的质量流速。

由于受火焰的高温辐射，壁式过热器的管壁温度可能比管内蒸汽温度高 $100\sim120℃$，所以常将它作为过热器的低温段使用，并将管中的质量流速提高到 $1000\sim1500kg/(m^2\cdot s)$，以保证其冷却条件。

b 壁式再热器

壁式再热器用作再热器的低温段，质量流速为 $250\sim400kg/(m^2\cdot s)$。在锅炉启动初期，管内无介质流动，为保证其安全，必须限制炉腔出口烟温。

壁式再热器常布置在炉腔上部前墙或两侧墙上，如图1-51所示。壁式再热器通过连接板、拉杆和圆钢与水冷壁相连，两者可相对移动以保证管间的膨胀量。

D 顶棚过热器和包覆管过热器结构

顶棚过热器布置在炉顶，其管径与对流过热器基本相同，相对节距 $s_1/d\leqslant1.25$，它的吸热量不大，主要用于支撑炉顶的耐火材料，并保持锅炉的气密性。顶棚过热器一般采用图1-52所示的悬吊方法。

包覆管过热器布置在水平烟道和尾部竖井的壁面上，其管径与对流过热器基本相同，对于光管相对节距 $s_1/d\leqslant1.25$，对膜式壁 $s_1/d=2\sim3$。包覆管过热器的主要作用是形成炉壁并成为敷管炉墙的载体。

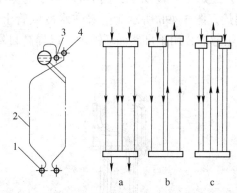

图1-50　壁式过热器连接系统

a—单流程；b—双流程；c—对称布置的双流程

1—中间联箱；2—过热器管；3—进口联箱；4—出口联箱

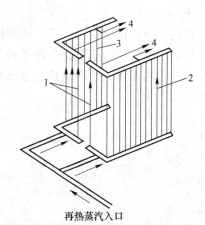

再热蒸汽入口

图1-51　锅炉壁式再热器结构示意图

1—前墙再热器管；2，3—侧墙再热器管；

4—壁式再热器引出管

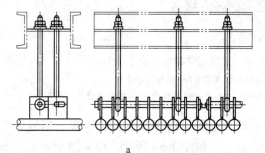

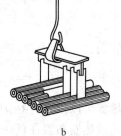

图1-52　顶棚过热器的悬吊结构

a—通过插销悬吊；b—通过吊板悬吊

某锅炉顶棚和包覆过热器的连接系统如图1-53所示，由汽包引出的饱和蒸汽管进入顶棚过热器入口联箱后分成两路。一路经炉膛及水平烟道前部的顶棚管 A_1 进入尾部烟道侧包墙的前部入口联箱，经前部侧包墙管 A_2 吸热后，经底部U形联箱后又分成两部分。一部分经尾部烟道前包墙管 A_{3a} 进入顶棚延伸包墙的入口联箱。另一部分经水平烟道侧包墙管 A_{3b}、A_{3c} 和 A_{3d} 进入顶棚延伸包墙的入口联箱与前一部分汇合后，进入后炉顶管及后墙上包覆管 A_4 吸热后进入低温过热器入口联箱。另一路经顶棚旁路管 B_1 进入尾部烟道侧包墙的后部入口联箱，经后部侧包墙管 B_2 吸热后，经底部U形联箱进入后包墙下部包墙管 B_3 后进入低

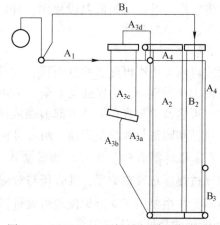

图1-53　SG1025th型锅炉包覆过热器系统

A_1—水平烟道炉顶管；A_2—尾部前侧墙包覆管；

A_{3a}—前墙包覆管；A_{3c}—水平烟道包覆管；

A_{3b}，A_{3d}—蒸汽连接管；A_4—后炉顶管及后墙上包覆管；

B_1—顶棚旁路管；B_2—尾部烟道后侧墙包覆管；

B_3—后墙下包覆管

温过热器入口联箱，与前一路汇合到一起，进入低温过热器。

1.2.3 省煤器

省煤器是利用锅炉尾部低温烟气的余热来加热给水的，降低了排烟温度，提高了锅炉效率。由于传热温差大，传热系数高，所以省煤器成为现代锅炉不可缺少的受热面。钢管省煤器又分为沸腾式和非沸腾式两类。而高压参数以上的锅炉的省煤器都是非沸腾式省煤器。

钢管省煤器由许多平行蛇形管组成，在烟道中呈错列逆流布置如图 1-54 所示。管子外径一般为 25~42mm。管径越小，烟气对管壁放热系数越大，传热效果越好。新设计的锅炉省煤器多为小管径，外径在 25~32mm 范围内。

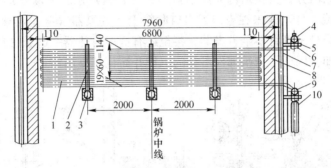

图 1-54　省煤器

1—省煤器蛇形管；2—支承杆；3—支承梁；4—出口联箱；5—托架；
6—U 形螺栓；7—钢架；8—炉墙；9—进口联箱；10—进水管

为了使受热面布置紧凑，缩小受热面所占的空间，力求减少管子节距。但横向节距 s_1 太小，容易产生堵灰，也不易支吊。通常 $s_1 = (2~3)d$。纵向节距 s_2 的减小则受管子弯曲半径的限制，通常 $s_2 = (1.5~2)d$。自从小曲率半径弯管机出现，现代大型锅省煤器布置较为紧凑，一般 s_2 可小于 $1.5d$。

非沸腾式省煤器水速要求不小于 0.3m/s。这是因为水在受热后，未除尽的氧气将析出，为了防止氧气滞留在管内腐蚀管壁，需要有足够高的水速将氧气带走，但水速又不能太高，否则阻力损失很大。

蛇形管在烟道中布置方向，可以垂直于锅炉后墙，也可与锅炉后墙平行，如图 1-55 所示。省煤器布置方向对水速影响很大。一般尾部烟道宽度远大于深度。图 1-55a 布置的蛇形管最多，对于大型锅炉，采用此布置方案，容易达到上述水速要求。图 1-55c 布置的蛇形管数最少，对于小容量锅炉采用此方案。对于容量比较大的锅炉可以采用图 1-55b 方案。当蛇形管垂直于后墙时，管组支承比较容易，在弯头附近的两端支吊即可。但飞灰磨损对此种布置方式不利，烟气自水平烟道到尾部烟道经过 90° 拐弯，因而产生很大的离心力，大部分灰粒集中在炉子的后墙，所有的蛇形管靠后墙弯头都易磨损。所以一般煤粉炉应采用蛇形管平行于后墙布置方案。这时磨损最严重的仅是靠近后墙的几排管子，便于更换。

为了避免积灰，烟气流速不能太低，额定负荷时烟气流速应大于 4~5m/s。同时为了避免严重磨损，应控制烟气流速不大于 7~13m/s。

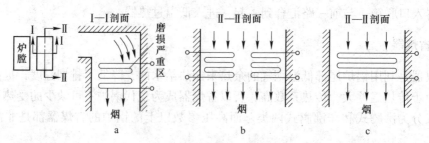

图 1-55　省煤器蛇形管布置

a—蛇形管垂直于后墙；b—蛇形管平行于后墙，双面进水；c—蛇形管平行于后墙，单面进水

省煤器的支吊方式有支承与悬吊两种。中小型锅炉省煤器多采用支承方式。大容量锅炉省煤器则采用悬吊方式，且结构大同小异。如图 1-56 所示，并联蛇形管通过管夹固定，管夹通过吊夹（或吊杆）悬吊在省煤器出口联箱上，省煤器（甚至再热器进口联箱）出口联箱引出管作为悬吊管将整个省煤器，甚至还有低温再热器一起悬吊在炉顶横梁上。悬吊管中有给水冷却，保证了悬吊部件可靠的工作并简化了支吊结构。

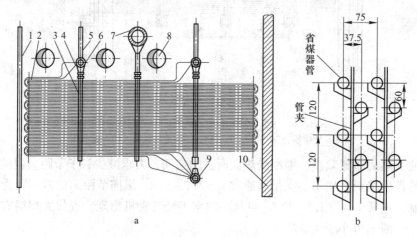

图 1-56　省煤器的悬吊结构

a—悬吊省煤器；b—省煤器布置图

1—后墙管；2—蛇形管；3—支杆；4—吊夹；5—悬吊管；6—出口联箱；

7—再热器进口联箱；8—人孔；9—炉腔；10—进口联箱

1. 2. 4 　空气预热器

目前电站锅炉采用的空气预热器主要有管式和再生式两种形式，再生式空气预热器也称为回转式空气预热器（包括转子回转或风道回转）。

由于空气预热器具有下列作用，它已成为电站锅炉不可缺少的受热面。

（1）改善燃烧。由于送入炉内的空气温度提高，可使燃料迅速着火，保证低荷下燃烧的稳定性，改善或强化燃烧。

（2）进一步降低排烟温度。现代大型锅炉给水温度很高，高压锅炉 215℃，超高压 240℃，亚临界 260℃。若不采用空气预热器，排烟温度比给水温度高。利用温度比给水温度低得很多的空气来冷却烟气，可进一步降低排烟温度。

（3）强化传热。进入炉内热风温度提高后，可提高炉膛温度水平，从而强化了辐射传热。

（4）干燥煤粉。利用热空气在制粉系统中干燥煤粉，作为干燥剂。根据燃烧和干燥煤粉的要求，对不同的燃料或不同的燃烧方式要求热风温度也不相同。层燃炉可不预热空气或采用温度很低的热风（25~200℃）。当燃用液体、气体燃料或燃用挥发分较高的烟煤时，热风温度可以低一些（200~300℃）。当燃用挥发分较低的贫煤、无烟煤或水分较多的褐煤以及采用液态排渣炉时，要求的热风温度较高（350~420℃）。

1.2.4.1 管式空气预热器

通过烟气在管内流动纵向冲刷管壁，空气在管外横向冲刷管壁，进行热交换过程。图1-57为立式管式空气预热器。它由许多直管组成，管子两端焊接在上下管板上。通常管子呈错列布置。受热面外有密封墙板。一组空气预热器是由许多独立的箱体组成。整个管箱通过下管板支承在框架上。

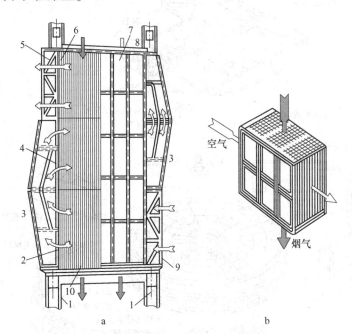

图 1-57 管式空气预热器

a—空气预热器；b—单个管箱

1—锅炉钢架；2—空气预热器；3—空气连通罩；4—导流板；5—热风道法兰；
6—上管板；7—预热器墙板；8—膨胀节；9—冷风道法兰；10—下管板

管子常用直径为 40~51mm，壁厚为 1.5mm 的碳素钢管。管径越小，则传热效果越好，因此所需受热面积可以减小，布置更加紧凑。但管径过小容易堵灰。要使管子布置紧凑，应尽量减小节距 s_1 和 s_2。最小的 s_1 和 s_2 受到工艺条件的限制，通常采取 $s_1 = 60mm$，$s_2 = 42mm$。

为了防止严重磨损，在空气预热器中，烟气流速一般为 10~14m/s。为了保证具有良好的传热效果，空气流速应为烟气流速一半左右。

在燃油炉中，常采用卧式管式空气预热器，它的壁温略高于立式，可防止受热面腐蚀。

1.2.4.2　再生式空气预热器

再生式空气预热器的传热方式属于再生式传热。传热元件为波形板，烟气和空气交替对传热元件放热和吸热，使烟气和空气间产生热交换过程。再生式空气预热器可分为两种，即受热面回转和风道回转，前者常称为容克式空气预热器，后者又称为罗特谬勒式空气预热器。

A　容克式空气预热器

容克式空气预热器由转子、受热元件、外壳、密封装置、传动装置、上下轴承座及其润滑系统、上下连接板、外壳支承座、吹灰和水冲洗装置等组成，如图 1-58 所示。扇形

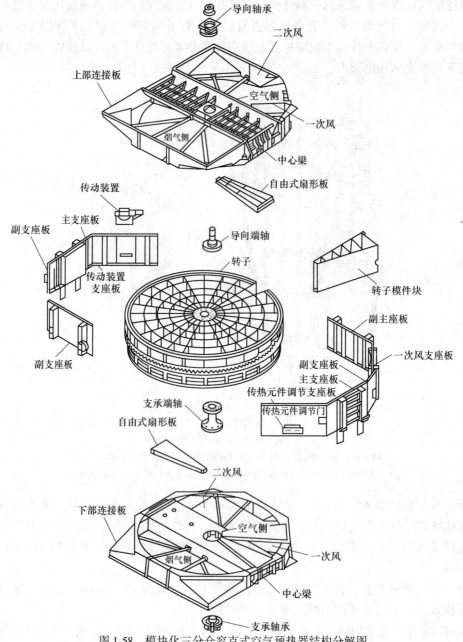

图 1-58　模块化三分仓容克式空气预热器结构分解图

顶板和底板把转子分成烟气通道和空气通道。受热面在烟气侧时，吸取烟气中的热量，温度升高。转到空气侧时，把热量传给空气，温度降低。传热元件由波形板和定位板组成，间隔排列在仓格内。转子的转速为 0.75~2.5r/min。

回转式空气预热器转子与外壳之间，必须有密封装置才能防止漏风。造成漏风的原因一方面是由于转子转动将部分空气带入烟气中。当转速小于 5r/min 时，这种漏风不超过 1%。另一方面，空气侧的压力大于烟气侧，空气从动静之间空隙漏入烟气侧，这是主要的漏风原因。因此一般回转式空气预热器装有三个方向密封装置：径向密封、环向密封和轴向密封。

B 风罩回转式空气预热器

随着锅炉容量增大，回转式空气预热器直径不断增大。为了减小转动部件的质量，出现了风道回转空气预热器。旋转部件质量减少到只有总重的 15%~25%。在图 1-59 中，受热面固定不动称为静子，在静子的上下各有一个"8"字风道。"8"字风道外圈装有转动围带，一般转速为 1~2r/min。

回转式空气预热器具有下列优点：外形

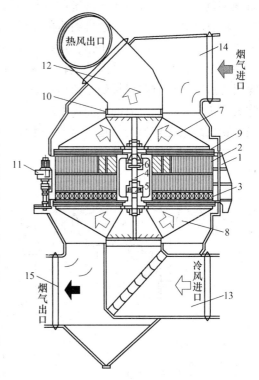

图 1-59 风罩回转式空气预热器
1—静子外壳；2—受热元件；3—受热面冷端；
4—中心轴；5—推力轴承；6—轴承；7—上风罩；
8—下风罩；9—径向密封；10—环形密封；
11—传动装置；12—热风管道；13—冷风管道；
14—进烟气管道；15—出烟气管道

小，质量轻；传热元件允许有较大的磨损；特别适用于大容量锅炉。缺点是：漏风大，结构复杂。

1.3 辅 机 系 统

1.3.1 锅炉制粉系统及设备

1.3.1.1 制粉系统

粉煤制备系统通常被简称为制粉系统，是指将原煤磨碎、干燥，成为具有一定细度和水分的煤粉，然后送入锅炉炉膛进行燃烧所需设备和有关连接管道的组合。常见的制粉系统直吹式和中间储仓式。

A 直吹式制粉系统

所谓直吹式制粉系统，是指磨煤机磨制出来的煤粉，不经过中间停留而直接送往锅炉炉膛进行燃烧。根据排粉机（也称一次风机）的位置不同，直吹式制粉系统又分为正压系统和负压系统两种。正压系统的排粉机装在磨煤机之前，工作时磨煤机处于正压状态。在正压直吹式系统中，通过排粉机的是洁净的高温空气，排粉机不存在叶片的磨损问题，但该系统排粉机在高温下工作，运行可靠性较低。另外，磨煤机处于正压下运行，对其密封性能要求较高，否则易向外喷粉，影响环境卫生和设备安全。负压系统的排粉机装在磨煤机之后，工作时磨煤机处于负压状态，不会向外喷粉，工作环境比较干净，但在负压直吹式系统中，燃烧所需的全部煤粉均通过排粉机输送，排粉机叶片磨损严重。这一方面影响排粉机的效率和出力，增加运行电耗；另一方面也使系统可靠性降低，维修工作量加大。图 1-60 为直吹式制粉系统图。

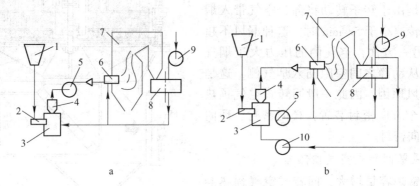

图 1-60　直吹式制粉系统

a—负压系统；b—正压系统

1—原煤仓；2—给煤机；3—磨煤机；4—粗粉分离器；5—排粉机（一次风机）；

6—燃烧器；7—锅炉；8—空气预热器；9—送风机；10—密封风机

现以负压系统为例说明直吹式制粉系统的工作过程。由燃料运输设备送来的原煤首先进入原煤仓，然后再由给煤机根据锅炉负荷的要求，送入磨煤机中；同时由空气预热器来的热空气进入磨煤机对煤进行干燥。煤在磨煤机中被磨制后进入粗粉分离器，粗粉分离器将不合格的粗粉分离出来，送回磨煤机重新继续磨制；合格的煤粉随干燥剂一起进入炉膛燃烧。

直吹式制粉系统的特点是任何时候磨煤机的磨煤量都与锅炉需要的燃料消耗量相等，即制粉量随锅炉负荷变化而变化。因此，锅炉能否正常运行依赖于制粉系统工作的可靠性。因此，直吹式制粉系统宜采用变负荷运行特性较好的磨煤机，如中速磨煤机、高速磨煤机、双进双出钢球磨煤机。配中速磨煤机的直吹式制粉系统结构简单，设备少，布置紧凑，钢材耗量少，投资省，磨煤电耗也较低。但制粉系统设备的工作直接影响锅炉的运行工况，运行可靠性相对较差，因而在系统需设置备用磨煤机。此外，该制粉系统对煤种适应性较差。锅炉负荷变化时，燃煤与空气的调节均在磨煤机之前，时滞较大，灵敏性较差。在低负荷运行时，风煤比较大。由于磨煤机出口即是煤粉分配器，各并列一次风管中煤粉分配均匀性较差，运行中也无法调节煤粉流量。

B　中间储仓式制粉系统

中间储仓式制粉系统一般配置转速较慢的钢球磨煤机，它与直吹式制粉系统相比，增加了细粉分离器、煤粉仓、给粉机、螺旋输粉机等设备。在中间仓储式制粉系统中，原煤由原煤仓出来，经给煤机控制其给煤量后至下行干燥管，在此与干燥用热风相遇，再一同送入磨煤机。原煤在磨煤机中被干燥、磨碎，磨制好的煤粉由干燥剂从出口带出，送往粗粉分离器进行分离。不合格的粗粒由回粉管返回磨煤机重新磨制，合格的煤粉继续由干燥剂携带进入细粉分离器。在细粉分离器中，约有90%的煤粉从煤粉气流中分离出来并由其下部落入煤粉仓中，或经螺旋输粉机送到其他锅炉的煤粉仓中。燃烧用的煤粉，根据锅炉的需要量，由煤粉仓中取出，经可调节的给粉机投入一次风管，由一次风吹送进入锅炉燃烧。

由细粉分离器上部出来的干燥剂（也称乏气），经由排粉机提高压头后，可通过两种途径送入炉膛。一种是将乏气用作一次风，输送煤粉进炉膛燃烧，称为乏气（干燥剂）送粉；另一种是采用热空气作为一次风，称为热风送粉。这时，排粉机出来的乏气，一部分送往炉膛上的专门喷口，喷送到炉膛内燃烧，称为三次风，一部分经再循环管返回磨煤机入口，称为再循环风。中间仓储式制粉系统运行比较灵活、可靠，磨煤机可经常处于经济负荷下运行，但系统较复杂，投资和运行费用高。

1.3.1.2 制粉系统的设备

A 给煤机

给煤机是给煤系统的主要设备，其作用是根据磨煤机或锅炉负荷的需要来调节给煤量，把原煤连续、均匀并可调地送入磨煤机。给煤机的形式很多，有圆盘式、振动式、刮板式、皮带式等。近来大型锅炉多采用刮板式给煤机或电子称重式皮带给煤机，如图1-61所示。

刮板式给煤机有一副环形链条，链条上装有刮板。链条由电动机经减速箱传动。煤从落煤管落到上台板，通过装在链条上的刮板，将煤带到左边并落在下台板上，再将煤刮至右侧落入出煤管送往磨煤机。改变煤层厚度和链条转动速度都可以调节给煤量。

刮板式给煤机调节范围大，不易堵煤，密闭性能较好，煤种适应性广，水平输送距离大，在电厂得到广泛应用。

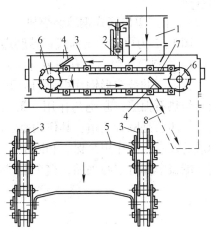

图1-61 刮板式给煤机
1—进煤管；2—煤层厚度调节板；
3—链条；4—导向板；5—刮板；
6—链轮；7—台板；8—出煤管

电子称重式皮带给煤机是一种带有电子称重及调速装置的皮带给煤机，具有自动调节功能和控制功能，可根据磨煤机筒体内煤位的要求，将原煤精确地从原煤斗输送到磨煤机。电子称重式给煤机具有连续、均匀输送的能力，在整个运行过程中，不仅可对物料进行精确称量，显示给煤量瞬时值、累积量，而且根据锅炉燃烧控制系统指令自动调节给煤量，控制给煤率满足锅炉负荷的要求。

B 磨煤机

磨煤机是制粉系统中的主要设备，其作用是将原煤干燥并磨成一定粒度的煤粉。磨煤机磨煤的原理主要有撞击、挤压、研磨三种。撞击原理是利用燃料与磨煤机部件相对运动产生的冲击力作用；挤压原理是利用煤在受力的两个碾磨部件表面间的压力作用；研磨原理是利用煤与运动的碾磨部件间的摩擦力作用。一种磨煤机往往同时具有上述两种或三种作用，但以其中一种为主。

根据磨煤部件的工作转速，燃煤发电厂用的磨煤机大致分为低速磨煤机、中速磨煤机和高速磨煤机三类。

（1）低速磨煤机：转速为 16～25r/min，如筒式钢球磨煤机。筒式钢球磨煤机又分为单进单出钢球磨煤机和双进双出钢球磨煤机。

（2）中速磨煤机：转速为 60～300r/min，如中速平盘式磨煤机、中速钢球式磨煤机（中速球式磨煤机或 E 型磨煤机）、中速碗式磨煤机及 MPS 磨煤机等。

（3）高速磨煤机：转速为 750～1500r/min，如风扇磨煤机、锤击磨煤机等。

磨煤机形式的选择关键在于煤的性质，特别是煤的挥发分、可磨性系数、磨损指数、水分及灰分等，同时还要考虑运行的可靠性、初投资、运行费用，以及锅炉容量、负荷性质等，必要时还进行技术经济比较。原则上，当煤种适宜时，应优先选用中速磨煤机；燃用褐煤时，应优先选用风扇磨煤机；当煤种变化较大、煤种难磨而中、高速磨煤机都不适宜时，一般选用低速磨煤机。我国燃煤电厂目前广泛应用的是筒式钢球低速磨煤机和中速磨煤机。

　　a　单进单出筒式钢球磨煤机

图 1-62 为单进单出筒式钢球磨煤机的结构图。它的磨煤部件是一个直径为 2～4m、长 3～10m 的圆筒，筒内装有许多直径为 30～60μm 的钢球。圆筒自内到外共有五层。第一层是用锰钢制的波浪形钢瓦组成的护甲，其作用是增强抗磨性并将钢球带到一定高度。第二层是绝热石棉层，起绝热作用。第三层是筒体本身，它是由 18～25mm 厚的钢板制作而成。第四层是隔音毛毡，其作用是隔离和吸收钢球撞击钢瓦产生的声音。第五层是薄钢板制成的外壳，其作用是保护和固定毛毡。圆筒两端各有一个端盖，其内面衬有扇形锰钢钢瓦。端盖中部有空心轴颈，整个钢球磨煤机质量通过空心轴颈支承在大轴承上。两个空心

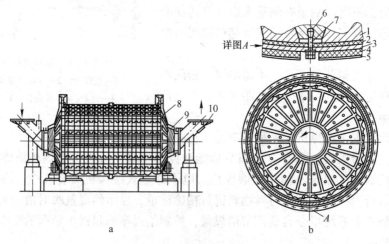

图 1-62　筒式钢球磨煤机

a—纵剖图；b—横剖图

1—波浪形护甲；2—石棉层；3—筒身；4—隔音毛毡；5—薄钢板外壳；
6—压紧用的楔形块；7—螺栓；8—端盖；9—空心轴颈；10—短管

轴颈的端部各接一个倾斜 45°的短管, 其中一个是原煤与干燥剂的进口, 另一个是气粉混合物的出口。

单进单出筒式钢球磨煤机在工作时, 筒身由电动机、减速装置拖动以低速旋转, 在离心力与摩擦力作用下, 护甲将钢球与燃料提升至一定高度, 然后借重力自由下落。煤主要被下落的钢球撞击破碎, 同时还受到钢球之间、钢球与护甲之间的挤压、研磨作用。原煤与热空气从一端进入磨煤机, 磨好的煤粉被气流从另一端输送出去。热空气不仅是输送煤粉的介质, 同时还起干燥原煤的作用。

单进单出筒式钢球磨煤机的主要优点是煤种适应性强, 能磨硬度大、磨损性强的煤及无烟煤、高灰分劣质煤等其他形式的磨煤机不宜磨制的煤。钢球磨煤机对煤中混入的铁件、木屑不敏感, 又能在运行中补充钢球, 能长期维持一定出力和煤粉细度, 可靠地工作, 且单机容量大, 磨制的煤粉较细。其主要缺点是设备庞大笨重、金属消耗多、占地面积大, 初投资及运行电耗、金属磨损都较高, 运行噪声大。特别是它不宜调节, 低负荷运行不经济。因此, 单进单出筒式钢球磨煤机主要用于中间储仓式制粉系统中。

b 双进双出钢球磨煤机

双进双出钢球磨煤机也属于钢球磨煤机的一种。它是从单进单出筒式钢球磨煤机的基础上发展起来的一种新颖的制粉设备。它具有烘干、粉磨、选粉和送粉等功能。

双进双出钢球磨煤机与单进单出钢球磨煤机的主要区别如下:

(1) 在结构上, 双进双出钢球磨煤机两端均有转动的螺旋输煤器, 而单进单出钢球磨煤机则没有。

(2) 双进双出钢球磨煤机在正常运行时进煤出粉是在同一侧同时进行, 而单进单出钢球磨煤机则是一侧进煤一侧出煤粉。

(3) 在出力相同 (近) 时, 双进双出钢球磨煤机比单进单出钢球磨煤机占地要小。

(4) 一般情况下, 在出力相同 (近) 时, 与单进单出钢球磨煤机相比, 双进双出钢球磨煤机电动机容量要小, 单位磨煤电耗要低。

(5) 双进双出钢球磨煤机的热风、原煤分别从两端部进入, 在磨内混合, 而单进单出钢球磨煤机的热风、原煤在磨煤机入口的落煤管内混合。

(6) 从送粉管道的布置上来看, 双进双出钢球磨煤机是双出, 单进单出钢球磨煤机是单出, 一台磨煤机多一倍风粉混合物的出口, 因此从煤粉分配和管道阻力平衡上来看, 双进双出钢球磨煤机要有利。

双进双出钢球磨煤机也是利用圆筒的滚动, 将钢球带到一定的高度, 通过落下的钢球对煤的撞击以及由于钢球与钢球之间、钢球与滚筒衬板之间的研压而将煤磨碎。双进双出钢球磨煤机包括两个对称的研磨回路。

每个回路在工作时, 给煤机将粒度为 0~30mm 的原煤送至料斗落下, 经过混合料箱并在此得到旁路风的预干燥, 通过落煤管到达位于中空轴心部的螺旋输送装置中。输送装置随磨煤机筒体做旋转运动, 使原煤通过中空轴进入磨煤机筒体内, 然后通过旋转筒体内的钢球运动对煤进行研磨。

热的一次风通过中空轴内的中心管进到磨煤机内, 把煤干燥后, 一次风按进入磨煤机的原煤的相反方向, 通过中心管与中空轴之间的环形通道把煤粉带出磨煤机。

煤粉、一次风和混料箱出来的旁路风混合在一起, 进到磨煤机上部的分离器内。双锥形分离器分离出的粗颗粒煤粉在重力的作用下落回到中空轴入口，与原煤混合在一起重新进行研磨，磨好的煤粉悬浮在一次风中，经分离器出口输送入锅炉燃烧器进行燃烧。由于双进双出钢球磨煤机多用于直吹式制粉系统，磨煤机的出力随锅炉负荷的变化而变化。双进双出钢球磨煤机的出力通过磨煤机的通风量进行调整。

作为电厂直吹制粉系统的主要设备，双进双出钢球磨煤具有连续作业率高、维修方便、粉磨出力和细度稳定、储存能力大、响应迅速、运行灵活性大、较低的风煤比、适用煤种广、不受异物影响、无需备用磨煤机等优点，适合碾磨各种硬度和腐蚀性强的煤种，是电厂锅炉直吹式制粉系统中除中速磨煤机、高速风扇磨煤机之外的又一种性能优越的低速磨煤机。

c　中速磨煤机

相对于低速磨煤机，中速磨煤机具有质量轻、占地少、投资省、磨煤能耗低、噪声小、制粉系统管路简单等优点。因此，近年来在大容量机组中得到了广泛应用。中速磨煤机一般用于直吹式制粉系统。目前，发电厂常用的中速磨煤机有平盘中速磨煤机、碗式中速磨煤机、中速钢球磨煤机或称 E 型磨煤机、辊-环式又称 MPS 中速磨煤机四种。

四种形式的中速磨煤机的工作原理与基本结构大致相同。工作时，原煤经由连接在给煤机的中心管落在两组相对运动的碾磨部件表面间，在压紧力作用下受挤压和碾磨而破碎。磨成的煤粉在碾磨件旋转产生的离心力作用下，被甩至磨煤室四周的风环处。作为干燥剂的热空气经风环吹入磨煤机，对煤粉进行加热并将其带入碾磨区上部的分离器中。煤粉经过分离，不合格的粗粉返回碾磨区碾磨，细粉被空气带出磨外。混入原煤中难以磨碎的杂物，如石块、黄铁矿、铁块等被甩至风环处，由于它们质量较大，风速不足以阻止它们下落，而落至杂物箱中。

平盘磨煤机和碗式磨煤机的碾磨件均为磨辊与磨盘，磨盘做水平旋转，被压紧在磨盘上的磨辊，绕自己的固定轴在磨盘上滚动，煤在磨辊与转盘间被粉碎。E 型磨煤机的碾磨件像一个大型止推轴承，下磨环被驱动做水平旋转，上磨环压紧在钢球上。多个大钢球在上下磨环间的环形滚道中自由滚动，煤在钢球与磨环间被碾碎。MPS 中速磨煤机是在 E 型磨煤机和平盘磨煤机的基础上发展起来的，它取消了 E 型磨煤机的上磨环，三个凸形磨辊压紧在具有凹槽的磨盘上，磨盘转动，磨辊靠摩擦力在固定位置上绕自身的轴旋转。中速磨煤机碾磨件的压紧力靠弹簧或液压气动装置进行调整。

d　风扇磨煤机

风扇磨煤机属于高速磨煤机，其结构类似风机，由叶轮、外壳、轴和轴承箱等组成。叶轮上装有 8~12 块用锰钢制的冲击板；外壳内表面装有一层翼护板，外壳及翼由耐磨的锰钢材料制成。风扇磨煤机工作时，叶轮以 750~1500r/min 的速度旋转，具有较高的自身通风能力。原煤从磨煤机的轴向或切向进入磨煤机，在磨煤机中同时完成干燥、磨煤和输送三个工作过程。进入磨煤机的煤粒受到高速旋转的叶轮的冲击而破碎，同样又依靠磨煤机的鼓风作用把用于干燥和输送煤粉的热空气或高温炉烟吸入磨煤机内，一边对原煤进行干燥，一边把合格的煤粉带出磨煤机，经燃烧器喷入炉膛内燃烧。风扇磨煤机集磨煤机与鼓风机功能于一体，并与粗粉分离器连接在一起，使制粉系统十分紧凑。

风扇磨煤机的功率消耗随磨煤出力的增加而增加，相对于筒型钢球磨煤机，它在低于额定出力下工作时比较经济。风扇磨煤机在高于额定出力的负荷下运行时，不仅功率消耗增大，而且会导致煤粉变粗、叶片严重磨损及堵塞情况。风扇磨煤机适合磨制褐煤和烟煤，不宜磨制硬煤、强磨损性煤及低挥发分煤。

风扇磨煤机工作时具有一定的抽吸能力，因而可省掉排粉风机。它本身能同时完成燃料磨制、干燥、吸入干燥剂、输送煤粉等任务，因此大大简化了系统。风扇磨煤机还具有结构简单，尺寸小，金属消耗少，运行电耗低等优点。其主要缺点是碾磨件磨损严重，机件磨损后磨煤出力明显下降，煤粉品质恶化，因此维修工作频繁。此外，风扇磨煤机磨出的煤粉较粗而且不够均匀。同时，由于风扇磨煤机能够提供的风压有限，所以对制粉系统设备及管道布置均有所限制。

C　粗粉分离器

在直吹式中速磨煤机制粉系统、直吹式双进双出钢球磨煤机制粉系统中，粗粉分离器基本都布置在磨煤机出粉口并与磨煤机成为一体，仅在分体式布置的双进双出钢球磨煤机中，粗粉分离器是单独布置的。粗粉分离器的作用是把较粗煤粉颗粒从煤粉气流中分离出来，返回磨煤机重新磨制，并用以调节煤粉细度，以适应不同煤种的燃烧需要。它的基本工作原理是利用重力、惯性力、撞击力、离心力及其他的综合的分离效应把粗粒煤粉分离出来。

a　离心式粗粉分离器

普通型离心式粗粉分离器的结构如图1-63a所示。它由两个空心锥体组成。来自磨煤机的煤粉气流从底部进入粗粉分离器外锥体内，由于锥体内流通截面积增大，气流速度降低，在重力的作用下，较粗的粉粒得到初步分离，随即落入外锥体下部的回粉管。然后气流经内筒上部沿整个周围装设的折向挡板切向进入粗粉分离器内锥体，产生旋转运动，粗粉在离心力的作用下被抛向圆锥内壁而脱离气流。最后，气流折向中心经活动环由下向上进入分离器出口管，气流改变方向时，气流受到惯性力的作用，再次得到分离。被分离下来的粗粉落入内锥体下部的回粉管内。而合格的细煤粉则被气流从出口管带走。由于粗粉分离器分离出来的回粉中，总难免要夹带

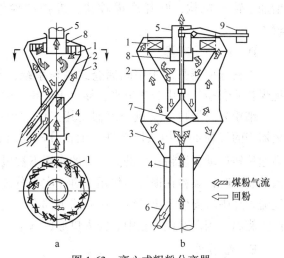

图 1-63　离心式粗粉分离器
a—原型；b—改进型
1—折向挡板；2—内圆锥体；3—外圆锥体；
4—进口管；5—出口管；6—回粉管；
7—锁气器；8—出口调节筒；9—平衡重锤

煤粉气流
回粉

有少量合格的煤粉，这些合格的细粉返回磨煤机后会磨得更细，使煤粉的均匀性变差，同时也增加了磨煤电耗。为此，国内许多发电厂把普通型粗粉分离器改进为图1-63b所示的结构。改进型粗粉分离器取消了内锥体的回粉管，代之以可上下活动的锁气器。由内锥体分离出来的回粉达到一定量时，锁气器打开使回粉落到锥体中，从而使其中的细粉又被吹起，这样可以减少回粉中合格细粉的数量，提高粗粉分离器的效率，达到增加制粉系统出力、降低电耗的目的。改变折向挡板的开度可以调整煤粉细度。关小折向挡板的开度，进

入内圆锥体气流的旋流强度增大，分离作用增强，分离出的煤粉变细。反之，折向挡板开度越大，分离出的煤粉就越粗。变动出口调节筒 8 的上下位置可改变惯性分离作用大小，也可达到调节煤粉细度的目的。此外，通风量的变化对煤粉细度也有影响。通风量增大，气流携带煤粉的能力增强，带出的煤粉也较粗。

　　b　回转式粗粉分离器

　　回转式粗粉分离器的结构如图 1-64 所示。它也有一个空心锥体，锥体上部安装了一个带叶片的转子，由电动机带动旋转。气流由下部引入，在锥体内进行初步分离。进入锥体上部后，气流在转子叶片带动下做旋转运动，在离心力的作用下大部分粗粉被分离出来。气流最后通过转子进入分离器出口时，部分粗粉被叶片撞击而脱离气流。这种分离器最大的特点是可通过改变转子转速来调节煤粉细度，转子速度越高，离心作用和撞击作用越强，分离后气流带走的煤粉颗粒越细。回转式粗粉分离器尺寸小，结构紧凑，分离效率高，通风阻力小，煤粉细度均匀，调节幅度大，适应负荷的能力较强。但增加了转动机构，叶片磨损较快，维护和检修工作量较大。

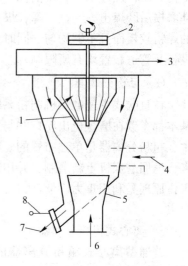

图 1-64　回转式粗粉分离器
1—转子；2—皮带轮；3—细粉
空气混合物切向引出口；
4—二次风切向引入口；
5—进粉管；6—煤粉空气混合物进口；
7—粗粉出口；8—锁气器

　　D　细粉分离器

　　细粉分离器只用于中间储仓式制粉系统，其作用是把煤粉从煤粉气流中分离出来，储存于煤粉仓中。

　　细粉分离器也叫旋风分离器，其工作过程是粗粉分离器来的气粉混合物从切向进入细粉分离器后，在筒内高速旋转运动，煤粉在借助离心力的作用下被甩向四周，沿筒壁落下。当气流折转向上进入内套筒时，煤粉在惯性力作用下再一次被分离，分离出来的煤粉经锁气器进入煤粉仓，气流则经中心筒引至出口管。中心筒下部有导向叶片，它可使气流平稳地进入中心筒，不产生旋涡，因而避免了在中心筒入口形成真空，将煤粉吸出而降低效率。

　　E　给粉机

　　给粉机是中间储仓式制粉系统所特有的设备，其作用是把煤粉仓中的煤粉按照锅炉燃烧的需要量均匀地拨送到一次风管中。发电厂通常使用叶轮式给粉机，它能准确地控制给粉量，并能可靠地防止煤粉自流。叶轮给粉机有两个带拨齿的叶轮，叶轮和搅拌器由电动机经减速装置带动，如图 1-65 所示。煤粉由搅拌器拨至左侧下粉孔，落入上叶轮，再由上叶轮拨至右侧的下粉孔落入下叶轮，再经下叶轮拨至左侧出粉孔。改变叶轮的转速可调节给粉量，为此，叶轮给粉机常采用滑差调速电动机或增设变频调速装置来调节给煤量。

　　F　锁气器

　　锁气器安装在粗粉分离器的回粉管上、细粉分离器的落粉管上以及进入磨煤机的原煤管上。它利用杠杆原理只允许煤粉沿管道落下，而不允许气流通过。常用的锁气器有草帽式和翻板式两种。当翻板或草帽顶上积聚的煤粉超过一定的质量时，翻板或活门被打开，放下煤粉，随后在重锤的作用下，自行关闭，为了避免下粉时气流反向流动，锁气器总是两个一组串联一起使用。草帽式锁气器动作灵敏，下粉均匀，严密性好。但活门容易被卡住而且不能倾斜布置，只能用于垂直管道上。

G 输粉机

输粉机在中间储仓式制粉系统中用于将同炉或邻炉制粉系统连接起来，从而起到不同制粉系统相互支援的作用，提高制粉系统供粉的可靠性。常用的输粉机有埋刮板式、链式和螺旋式。螺旋式输粉机俗称绞龙，借助于螺旋叶片的正转或反转，可以把煤粉输往不同的方向，实现不同制粉系统间煤粉的相互输送。

1.3.1.3 煤粉锅炉通风设备

燃煤锅炉燃烧时，烟风系统必须不断地把燃烧需要的空气送入炉膛，并把燃烧产生的烟气经由烟囱排入大气。燃煤发电厂煤粉锅炉一般采用平衡通风，即系统利用送风机的正压头来克服空气在空气预热器、制粉设备、燃烧器及有关风道流动中的阻力，利用引风机的负压

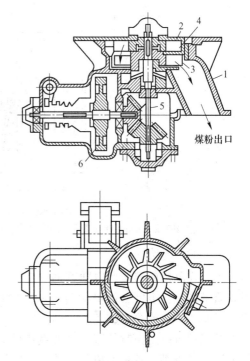

图 1-65 叶轮式给粉机
1—外壳；2—上叶轮；3—下叶轮；
4—固定盘；5—轴；6—减速器

头来克服烟道中各受热面及除尘设备的烟气流动阻力，维持炉膛在微负压（比大气压力低约 50Pa）下运行。这种通风系统，炉膛和烟道的负压不高，漏风较小，环境较清洁。煤粉锅炉配套的风机按其功能分为送风机、引风机和一次风机；按其结构和原理不同，分为离心式和轴流式两种。

A 离心式风机

离心式风机发展历史悠久，具有结构简单、运行可靠、效率较高、制造成本较低、噪声小等优点。但随着锅炉单机容量的增长，离心风机的容量受到叶轮材料强度的限制，不能随锅炉容量的增加而相应增大。离心式风机主要由叶轮、机壳、进气箱、进口导叶调节器等组成，如图 1-66 所示。离心式风机工作时，电动机带动叶轮高速旋转，造成叶轮进口处于负压状态，使外界空气通过进气箱沿轴向进入叶轮入口，在旋转叶轮中获得能量后沿径向流出，然后在机壳与叶轮之间逐渐扩大的通道内流动，同时将动压头转换为静压头，最后在扩压器内降低流速，进一步增大压力能，并使出口气流速度均匀排入风道。

叶轮是离心式风机主要的能量转换部件，它由前盘、后盘、叶片及轮毂组成。按照安装不同，叶片有前弯式、径向式和后弯式。按照叶片形状不同有平板型、圆弧型和机翼型。机翼型叶片具有良好的空气动力学特性，刚性大，效率高，电厂中较多采用。进口导叶调节器是风机的进口风量调节装置。运行中一般通过改变导流器叶片的开度来控制风量。目前大型锅炉多采用变频调速装置，即通过改变电流的频率来控制机轴转速来调节风量。这种调速方式调节效率高，易实现自动控制，但投资多，占地面积大。

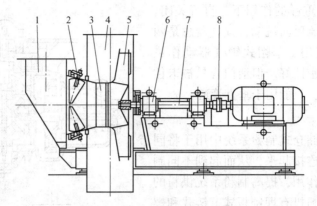

图 1-66　离心式风机结构示意图

1—进气箱；2—进口导叶调节器；3—进风口；4—机壳；5—叶轮；6—轴承座；7—主轴；8—联轴器

B　轴流式风机

轴流式风机的容量可以随着锅炉单机容量的增大而不断增大，而且有结构紧凑、体积小、质量轻、耗电低、低负荷时效率高等优点。轴流式风机主要由叶轮、集风器、整流罩、导叶和扩散筒等组成。

轴流式风机工作时气流在进气室获得加速，在压力损失最小的情况下保证进气速度均匀平稳。气流进入机翼形扭曲叶片，高速旋转的机轴带动叶片使气流沿叶片半径方向获得相等的全压，成为旋转气流，然后经过导叶变为轴向流动的气流，并在扩压器中使气流的部分动压进一步转化为静压，以提高轴流风机的静压。叶轮由轮毂和叶片组成，其作用是实现能量的转换。导叶的作用是改变气流方向，导叶的设置有叶轮前、叶轮后或叶轮前、后均有布置三种情况。前导叶把入口气流由轴向改变为旋向，后导叶将出口气流由旋向全部改变为轴向。大型轴流式风机为适应风机流量和压力的变化，多将动叶片设计为液压可调式。为提高叶片的使用寿命，叶片表面要采用耐磨材料。

1.3.2　锅炉通风

锅炉运行中，为维持燃烧连续进行，必须连续地供给空气，排出生成的燃烧产物。锅炉通风的任务是供给燃料燃烧所需要的空气，排走烟气，克服空气流动和烟气流动过程中的阻力。

锅炉通风方式有自然通风、负压通风、平衡通风和正压通风四种。在现代大型锅炉中，虽然自然通风能力仍然存在，但不是以它作为主要通风手段。对大型燃煤锅炉主要采用平衡通风。在燃油锅炉中，实现微正压燃烧，此时为正压通风。

1.3.2.1　自然通风

烟囱内烟气温度高，约 100℃，密度小。而外界空气温度低，密度大。利用与烟囱同高的冷热气流的密度差，产生自生通风能力，称为自然通风，见图 1-67a。现代大型锅炉为了使烟尘能大范围扩散，立有很高的烟囱。它本身存在一定的自生通风能力，但不足以克服流动过程中全部阻力。

1.3.2.2　平衡通风

在锅炉烟风道系统中同时装有送风机和引风机，见图 1-67b。由图 1-68 可见，利用送风机正压头来克服空气流动阻力，包括风道、空气预热器、燃烧器的阻力。利用引风机的负压头克服烟气的流动阻力，包括烟道和各种受热面流动阻力。并使炉膛出口维持 20 ~ 50Pa 的负压。因炉膛本身具有自生通风能力，所以整个炉膛、水平烟道、尾部烟道、除尘器直到引风机入口，全部处于负压状态。炉膛火焰及烟道中烟尘不致外逸，安全卫生工作环境得到实现。同时负压不是太高，不会产生严重的漏风。

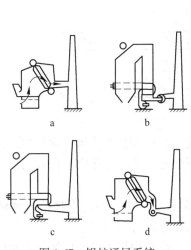

图 1-67　锅炉通风系统
a—自然通风；b—平衡通风；
c—正压通风；d—负压通风

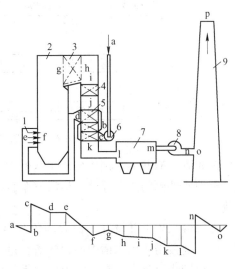

图 1-68　平衡通风各部位风压分布
1—燃烧器；2—炉膛；3—过热器；4—省煤器；
5—空气预热器；6—送风机；7—除尘器；
8—引风机；9—烟囱

1.3.2.3　正压通风系统

正压通风系统仅在锅炉通风系统中装有送风机，利用它的正压头克服烟道和风道的全部流动阻力，见图 1-67c。炉膛处于微正压状态，3000 ~ 5000Pa 正压。所有设备均为正压，从送风机出口至烟囱进口，风压逐渐降低。正压通风系统优点很多：省去在高温下工作的引风机，简化了系统；无漏风，可实现低氧燃烧；无磨损引风机之患，减少大修工作量。

纯负压系统见图 1-67d，几乎在所有的国产锅炉都无应用。

1.3.3　渣处理

煤在炉膛燃烧后，由炉膛下部渣井排出的渣，以及除尘器下部和尾部烟道下部排出的细灰都应及时排走，进行合理处理。火电厂灰、渣输送有气力输送和水力输送两种方式。中、小型电厂可用机械输送。目前 600MW 及以上燃煤发电机组的炉底渣处理系统一般有水封渣斗配水力喷射器方案、湿式刮板捞渣机方案和干式钢带冷渣机方案三种方案。水封渣斗配水力喷射器方案由于其系统复杂，设备繁多，运行费用高等因素，目前正在逐渐被淘汰，仅少数 600MW 机组的电厂采用了该系统；湿式刮板捞渣机方案是一个非常成熟的系统，也是近几年来国内大部分 600MW 及以上机组所广泛采用的炉底渣处理系统；干式钢带冷渣机方案在大容量、大渣量机组的应用上受到一定限制，但由于其系统简单、占地面积小、运行费用低、干渣综合利用价值高等特点，加之近几年国内配套生产能力增强而

48

使造价下降，其应用有逐步递增的势头。

1.3.3.1　湿式刮板捞渣机方案

1000MW 超超临界机组除渣系统通常采用刮板捞渣机加渣仓的连续输送方式，除渣系统工艺流程如图 1-69 所示。

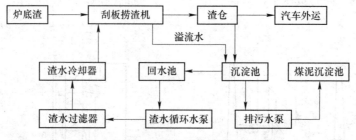

图 1-69　湿式刮板捞渣机除渣工艺流程

炉底渣经渣井落入刮板捞渣机水槽中，冷却粒化后，由刮板捞渣机连续从炉底输送堆放。至炉架外侧的渣仓存储，运渣汽车直接在渣仓下装车，然后外运供综合利用或至灰场堆放。

在每台锅炉下部设置一台大倾角刮板捞渣机，刮板捞渣机的头部直接抬升到渣仓顶部，使从刮板捞渣机水槽中捞出的渣在进入渣仓前有足够的时间脱水。

刮板捞渣机出力可在一定范围内无级调节，从而适应锅炉排渣量变化的需要和延长刮板捞渣机的使用寿命。

每台锅炉设两台有一定储渣容积的钢渣仓，两台渣仓总容积可存储一台锅炉在 B-MCR 工况下燃烧校核煤种时约 21h 的排渣量。

捞渣机溢流水采用闭式循环处理系统。炉渣冷却水由捞渣机溢流口排至沉淀池。沉淀池设为两格，正常情况下两格都运行，运行一段时间后，可将其中一格停运，人工将沉积在池底的积渣清除。经过沉淀池处理的水溢流到回水池后由渣水循环水泵升压，经过渣水过滤器过滤和渣水换热器冷却后，又回到捞渣机中冷却炉渣，从而保证了除渣系统用水的重复利用。沉淀池底部的泥浆通过排污水泵定期打入煤泥沉淀池。

某 1000MW 超临界机组采用的捞渣机的除渣系统如图 1-70 所示。

1.3.3.2　干式钢带冷渣机方案

某火电厂超临界机组的除渣系统采用干式钢带冷渣机方案，该系统按 2×1000MW 机组设计，每台炉为一输送单元。干式钢带冷渣机除渣工艺流程如图 1-71 所示。

炉底渣经过过渡渣斗落入一级钢带冷渣机，在冷渣机内被空气冷却，被加热的空气带着底渣的热量进入锅炉炉膛，冷却后的底渣经碎渣机破碎后，由二级冷渣机输送至斗式提升机，通过斗式提升机提升至渣仓存储。渣仓底部设有两个出口，其中一个接湿式搅拌机，用于干渣调湿后装车供综合利用或送至灰场堆放；另一个接干渣伸缩卸料头，用于干渣直接装车供综合利用。

每台炉炉底设一台干式钢带冷渣机，正常出力为 15~21t/h，最大出力为 58t/h。每台锅炉设一台有效储渣容积为 410m³ 的钢渣仓，可存储一台锅炉在 B-MCR 工况下燃烧校核煤种时约 21h 的排渣量，存储设计煤种约 28.8h 的排渣量。

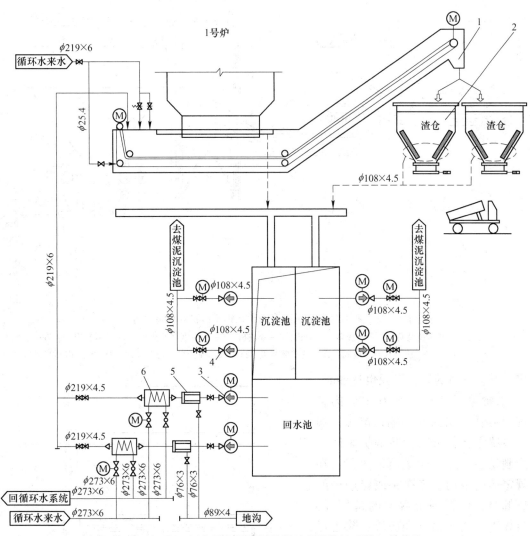

图 1-70 某 1000MW 超临界机组采用的捞渣机的除渣系统（单位为 mm）

1—刮板捞渣机；2—渣仓；3—渣水循环系；4—排污水泵；5—渣水过滤器；6—渣水冷却器

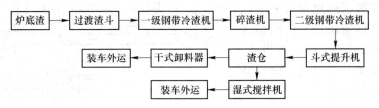

图 1-71 干式钢带冷渣机除渣工艺流程

某 1000MW 机组采用干式钢带冷渣机的除渣系统如图 1-72 所示。

1.3.4 燃料运输

大型火电厂每天燃煤量很大，输煤任务繁重。例如功率为 1200MW 的电厂，即使燃

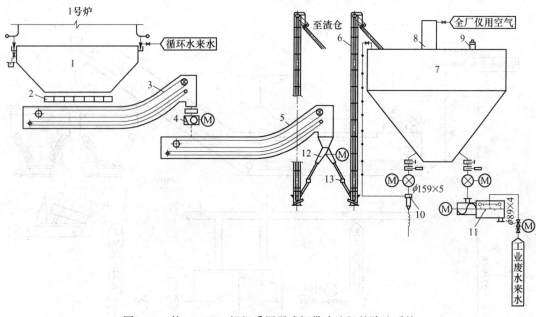

图 1-72　某 1000MW 机组采用干式钢带冷渣机的除渣系统

1—渣井；2—炉底排渣装置；3——一级钢带冷渣机；4—碎渣机；5—二级钢带冷渣机；6—斗式提升机；7—渣仓；
8—布袋除尘器；9—压力真空释放阀；10—汽车散装机；11—双轴搅拌机；12—电动三通；13—电动给料机

烧发热量较高的煤，煤耗也达 568t/h。通常输送能力必须有 10% 的备用，则须有 625t/h 的输送能力。输煤系统主要任务有：向锅炉车间各个制粉系统连续输送所需煤量；在规定的期限内，将铁路或船舶中的煤卸空；储存一定数量的备用煤；对煤进行初步筛分和破碎；除去煤中的铁件和木屑；对煤进行称量和取样，进行量和质的监督。

输煤设备包括卸煤设备和受卸装置、煤场和煤场机械、厂内输送设备、筛分和破碎设备、给煤设备、金属分离和木屑分离设备。输煤系统工艺流程如图 1-73 所示。有 7 条带式输送机，4 个转运站，锅炉车间有 16 个原煤斗。另有两个门式装卸桥。还有卸煤设备、受卸装置、碎煤机间和煤场。各条带式输送机运输方向见表 1-2。

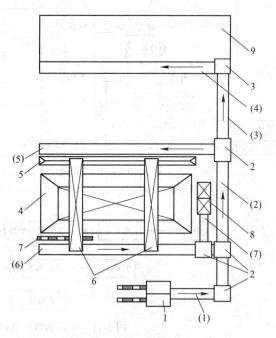

图 1-73　输煤系统工艺流程

1—卸煤设备和受卸装置；2—碎煤机间；3—转运站；
4—煤场；5—地槽；6—门式装卸桥；7—卸煤栈台；
8—地下煤斗；9—主厂房

表1-2　带式输送机运煤方向

编　号	运　煤　方　向
（1）	受卸装置到转运站
（2）	转运站到碎煤机间
（3）	碎煤间到主厂房转运站
（4）	主厂房转运站到锅炉车间原煤斗
（5）	煤场转运到煤场地槽
（6）	煤场装卸口到（2）号带转运站
（7）	地下煤斗到（6）号带转运站

原煤由铁路送进厂内，由卸煤设备1或卸煤栈台7卸下，煤场存煤可通过两种途径实现：第一种用（2）号或（5）号带式输送机上的犁式卸料器，直接卸到煤场。（5）号带式输送机卸料器下方有14m和18m落差，用可伸缩落煤管防止煤尘飞扬。另一种由（5）号带式输送机撒入地槽5，然后由门式装卸桥抓取，堆到煤场上。煤厂上煤可用门式装卸桥抓取，通过装卸桥上的给煤机。送到（6）号输送带上。也可以将煤场上的煤用推土机装到地下煤斗8，由（7）号输送带上煤。经过初步破碎的煤由（3）号带通过主厂房转运站，再送到各个原煤仓去。

1.3.4.1　卸煤设备及受卸装置

卸煤设备是指将煤从各列车厢中清除下来的机械。受卸装置是接受和转运的建筑物和设备的总称。前者要求彻底干净，不损坏车厢。后者要求备有一定货位，将接收的煤尽快转送出去。

A　螺旋卸煤机及长缝煤槽受卸装置

螺旋卸煤机是利用螺旋体的转动将煤从车厢两侧排出。螺纹有单向和双向两种。螺旋直径800mm和1000mm。它运用于小块煤粒，对卸冻煤有一定适应性。主要缺点有卸煤不彻底，易损伤车厢。

采用螺旋卸煤机时，常配合应用长缝式煤槽受卸装置。特点是卸车线长，煤槽容积大。但地下建筑工程量大。

在用底开门车厢卸煤时，常配合使用长缝式煤槽受卸装置。它是整体卸煤方法。卸煤作业快，适用于大的坑口电厂。

B　翻车机及受煤斗

翻车机是目前各种卸车机械中机械化程度最高、卸煤速度最快，而且彻底的一种设备。煤块较大时，它的优点更加突出。翻车机实际卸煤能力与整个机械系统运行方式有关。在我国电厂，将载煤列车解列，再逐个将车厢送入翻车机。一般情况下每小时可翻15~20个车皮，速度最快可翻20~30个车皮。缺点是一次性投资大、耗电量高、易损坏车皮。

1.3.4.2　煤场和煤场机械

为协调厂外来煤与锅炉燃煤量不平衡性，电厂设有煤场，用以储存原煤。按规定，煤场存煤应能满足5~15天的耗煤量。煤场类型不同，各有相应适用范围。煤场必须与煤场机械相互配套。对于大型电站有两种类型，一为条形煤场，抓斗起重机；抓斗起重机可以是桥式、门式、卸桥。二为圆形煤场和轮斗机。

1.3.4.3　筛分破碎设备

磨煤机对原煤尺寸有一定要求。煤块过大影响磨煤机正常工作。电厂来的原煤，一般未经过筛，其中大块煤需要粉碎。为了使破碎机更有效地工作，减轻负荷，破碎前先过筛。常用的破碎机有辊式破碎机、锤击式破碎机和反击式破碎机三种。

A　辊式破碎机

辊式破碎机由两个平行辊子相对回转，煤在两辊之间研磨压碎。两辊直径都相同，一个固定，另一个带有缓冲弹簧，可沿水平移动，用于调整两辊之间的间隙，如图 1-74 所示。

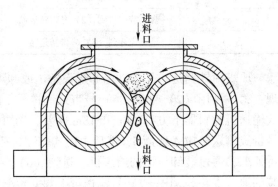

图 1-74　圆辊破碎机

B　锤击式破碎机

锤击式破碎机的转子上固定若干圆盘，在圆盘上挂有锤头。高速旋转的圆盘，以锤头击煤，使之破碎，如图 1-75 所示。

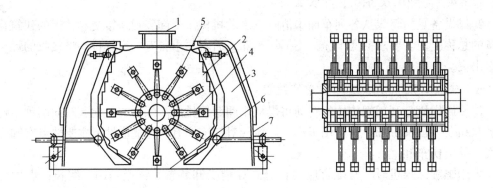

图 1-75　单转子多排锤头的锤式破碎机

1—入料口；2—破碎板；3—壳体；4—锤子；5—转子；6—筛板；7—调节机构

C　反击式破碎机

煤进入打击板的锤头回转范围内，受打击板打击，沿切线方向高速撞击在反击板上。撞击后大颗粒又反弹回来，再次受打击。在此过程中，煤相互撞击。在反击板下部，转子和反击板还有磨碎作用，进一步使煤破碎，如图 1-76 所示。

D　破碎系统

煤从受卸装置，经过带式输送机，送至筛分破碎设备。电厂的破碎设备常用一级破碎系统，如图 1-77a 所示。当煤块过大，一级破碎系统不能满足要求时，还可采用如图 1-77b 所示的二级破碎系统。

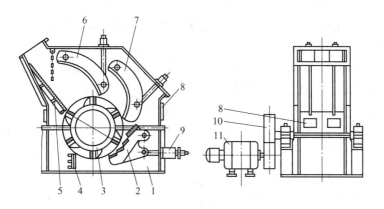

图 1-76　反击式破碎机

1—机体；2—均整板；3—转子；4—打击板；5—板；6—第一反击板；
7—第二反击板；8—门；9—弹簧调整部分；10—带轮；11—电动机

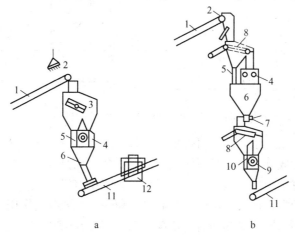

a b

图 1-77　碎煤系统

a——级破碎系统；b—二级破碎系统

1，11—带式输送机；2—磁铁分离器；3，8—煤筛；4，9—碎煤机；
5，10—旁通管；6—煤斗；7—给煤机；12—自动磅秤

1.4　燃烧过程

1.4.1　燃料特性

燃料是指通过燃烧可放出大量热能的物质，对于工程它必须是技术上可行的，经济上是合理的。动力燃料主要有固体燃料，包括煤、油页岩、木材三种。液体燃料包括重油、各种渣油、炼焦油等；气体燃料包括天然气、高炉煤气、发生炉煤气、炼焦煤气等。我国发电厂以煤为主要燃料。

1.4.1.1　煤的组成成分

煤的组成成分有两种分析方法。一是元素分析，可得到煤中的碳、氢、氧、氮、硫、水分、灰分含量（质量分数）。元素分析用于锅炉设计燃烧计算等。二是工业分析，可得到煤中水分、挥发分、固定碳、灰分含量（质量分数）以及煤的发热量。发电厂为了对煤进行监督，每天取样，进行工业分析。此外，为了确定煤的特性，还进行发热量、灰熔点、煤的化学反应性能、灰的组成成分及结渣指数等试验测量。发电厂每天都进行发热量测定，以便确定锅炉机组热效率及燃煤量。由图 1-78 可知元素分析和工业分析之间的关系。

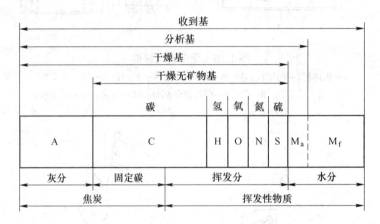

图 1-78　元素分析与工业分析关系

在元素分析中，碳、氢、硫是可燃成分。氧、氮、水分、灰分为非可燃成分。其中碳是煤的最主要的可燃成分。碳不是以游离状态存在的，而是与氢、氧、氮、硫组成很复杂的有机化合物。需特别指出的是硫、水分、灰分是煤中有害成分。

硫分对锅炉运行危害很大，硫的氧化物 SO_2 和 SO_3 与水蒸气作用，生成亚硫酸或硫酸蒸汽。当烟气经过锅炉尾部受热面时，硫酸蒸汽便凝结在管壁上，造成空气预热器腐蚀和堵灰。同时硫的氧化物 SO_x 排入大气后，形成大气中水分的凝聚核心，成为烟雾或酸雨，对人体和植物都有很大的影响，伤害人类呼吸系统并造成严重大气污染。人们需花大量投资，用复杂的设备才能将烟气中的 SO_x 除去。煤中的硫分也是对水冷壁产生高温腐蚀的祸首。对硫分含量超过 2% 的高硫分煤，应引起运行人员重视。

水分是煤中有害成分，它的存在势必减少燃料中可燃物含量，降低了发热量。需消耗部分热量用于水分的汽化，生成的水蒸气随烟气排到大气，增加排烟而引起的热损失。煤气中水蒸气含量过多，也是导致空气预热器腐蚀和堵灰的原因。煤中水分可分为内部水分和外部水分。煤在空气中自然干燥能除去的水分，称外部水分。

灰分是燃料完全燃烧后所形成的固态残余物的统称。它不仅使煤的发热量降低，同时磨损受热面。排入大气后，造成对大气污染，影响碳粒的燃尽。

根据使用目的不同，煤元素分析含量（质量分数）可表示为收到基、空干基、干燥基、干燥无灰基。

收到基就是进入锅炉车间准备燃烧的煤，分析而得到的元素组成成分：

$$C_{ar} + H_{ar} + O_{ar} + N_{ar} + S_{ar} + A_{ar} + M_{ar} = 100\%$$

式中，C_{ar}、H_{ar}、O_{ar}、N_{ar}、S_{ar}、A_{ar}、M_{ar} 分别表示燃料收到基元素分析成分中碳、氢、氧、氮、硫、灰分、水分含量。

燃料中外部水分是经常变动的因素，如下雨、晴天等。同一坑井开采煤，由于外部水分变动，将引起收到基其他因素的含量变化。为了得到比较稳定的成分含量，燃料试样在实验室内自然干燥后分析而得燃料元素分析成分称为空干基：

$$C_{ad} + H_{ad} + O_{ad} + N_{ad} + S_{ad} + A_{ad} + M_{ad} = 100\%$$

用除掉外部水分和内部水分后的煤样为基准，所得到的元素分析成分为干燥基：

$$C_d + H_d + O_d + N_d + S_d + A_d = 100\%$$

燃料中灰分也是不稳定的成分，最稳定的分析成分可用干燥无灰基来表示。除去水分和灰分的煤分析成分：

$$C_{daf} + H_{daf} + O_{daf} + N_{daf} + S_{daf} = 100\%$$

顺便提及英美对各种基没有相应上角标，仅用文字说明。本书无特殊说明皆为收到基。

1.4.1.2 煤的发热量

发热量是煤的主要特性之一，即 1kg 煤完全燃烧时所放出的热量，单位用 kJ/kg 表示。煤的发热量又有高位发热量和低位发热量之分。定压高位发热量是煤的最大可能的发热量，即包括煤的干燥无灰基燃烧所放出的全部热量及燃烧后生成的水蒸气全部凝结成水而放出的汽化潜热。但煤在锅炉中燃烧时，由于锅炉机组排烟温度很高，一般在 110 ~ 200℃，烟气中水蒸气不可能凝结成水，减少了煤实际放出的热量。定压高位发热量中扣除煤燃烧所形成水蒸气的汽化潜热即为定压低位发热量（kJ/kg）：

$$Q_{net,p} = Q_{gr,p} - r\left(\frac{9H}{100} + \frac{M}{100}\right) \tag{1-1}$$

式中　　$Q_{net,p}$——煤的收到基低位发热量；

　　　　$Q_{gr,p}$——煤的收到基高位发热量；

　　　　r——水的汽化潜热，取 2500kJ/kg。

煤的发热量大小取决于煤中的可燃质多少，然而它不等于各种可燃元素发热量之算术和。煤并不是各种元素的机械混合物，它们之间有极为复杂的化合关系，很难给出准确理论公式来计算煤的发热量，主要依靠氧弹测热计来测定。

各种煤的发热量差别很大，为了统计和编制计划方便，采用标准燃料概念。把收到基定压低位发热量 $Q_{ar,net,p} = 29330$kJ/kg 的燃料，称为标准燃料或标准煤。

为了正确地比较各种煤的水分、灰分含量的多少，不是比较 1kg 燃料中水分、灰分的绝对值，而是应比较相对于 1MJ/kg 定压低位发热量为基准的水分和灰分，分别称为折算水分和折算灰分。可写为

$$M_{daf} = \frac{M}{Q_{ar,net,p}} \quad A_{daf} = \frac{A}{Q_{ar,net,p}} \quad S_{daf} = \frac{S}{Q_{ar,net,p}} \tag{1-2}$$

式中，$Q_{ar,net,p}$ 为收到基定压低位发热量，MJ/kg。

1.4.1.3 挥发分与焦炭

煤受热时首先放出水分，当在（900±10）℃下，继续隔绝空气加热 7min 后，燃料中有机物质开始分解，放出的气态物质占试验煤样的质量分数，称为挥发分。用干燥无灰基

来表示记为 V_{daf}。挥发分主要由氢、各种碳氢化合物 C_mH_n、一氧化碳、二氧化碳、氧和氮组成。碳氢化合物主要是甲烷 CH_4。

煤所含挥发分的多少与煤的地质年代有关。地质年代较短的煤，挥发分多，反之则挥发分少。随着地质年代增长，开始析出挥发物的温度增高。

挥发分是煤的重要特征之一，也是煤分类的主要依据，对锅炉设计和运行影响很大。由于挥发分析出之后很快着火，在固体颗粒表面燃烧，故挥发物含量大的煤易着火。挥发分析出之后，煤的内部孔隙增加，增加了煤颗粒与氧进行化学反应的表面积，使剩余焦炭容易完全燃尽。

煤析出挥发分之后的剩余物质，是不挥发的固定碳和全部的灰分，统称为焦炭。煤焦结性能是冶金工业中一个重要指标。不同的煤所得到的焦炭性质也不相同。根据焦炭的外形和强度分为粉状、黏着状、弱黏结、不熔融黏结、不膨胀熔融黏结、微膨胀熔融黏结、膨胀熔融黏结、强膨胀熔融黏结八类。前几类为不结焦或微结焦，呈粉末状或焦炭强度低，最后几类结焦性能好，焦炭强度高。

1.4.1.4 灰熔融性

灰是多种物质的混合物或共晶体，其中有碱性物质，也有酸性物质。由灰的化学分析可得到每个当量氧化物的含量（质量分数）：

$$SiO_2 + Al_2O_3 + Fe_2O_3 + CaO + MgO + Na_2O \tag{1-3}$$

灰没有明确的熔化温度。它的熔融性常用 DT、ST、FT 三个特征温度来表示。DT 为开始变形温度，ST 为软化温度，FT 为液化温度，如图 1-79 所示。灰熔融性测定是在碳管电炉内进行的。将灰制成边长为 7mm 的等边三角形锥底，高为 20mm 的锥体。放在电炉中加热，观

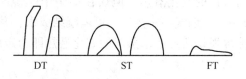

图 1-79 灰锥变化过程

察锥体变化过程。当锥体头部开始变圆或弯曲则为 DT，当锥体弯曲到托板或呈半球形则为 ST；当锥体呈液体，沿平面流动则为 FT。若 FT>1425℃，称为具有难熔灰分的煤，若 FT<1200℃为具有易熔灰分的煤。

灰的熔融性对锅炉运行的经济性和安全性都有影响。当燃烧灰熔点低的煤时，对于固态排渣煤粉炉，很易在水冷壁或炉膛出口部分结渣。一旦结渣，轻则减少负荷打渣，重则被迫停炉。更为严重的是大块焦渣塌落，有可能损坏设备或伤人。

如何保证炉内不结渣，是燃烧设备设计的核心问题之一。首先炉膛内应有足够多水冷壁受热面积，将炉膛出口温度冷却到 DT 为 50~100℃，以保证炉膛出口对流受热面不致结渣。同时还要有适当的炉膛截面热负荷或燃烧器区域热负荷，以保证炉内不结渣。

在有些情况下进一步判断灰渣结渣特性时需要用到另外的结渣指数，它们可以根据灰的成分分析数据计算。

（1）碱酸比定义为

$$\frac{B}{A} = \frac{Fe_2O_3 + CaO + MgO + Na_2O + K_2O}{SiO_2 + Al_2O_3 + TiO_2} \tag{1-4}$$

通常，酸性成分高的煤灰熔点高，而碱性成分很高或很低的煤灰都具有高熔点。对多数灰，若碱酸比在 0.4~0.7 范围内，具有较强的结渣性能。

（2）硅铝比可定义为

$$\frac{SiO_2}{Al_2O_3} \tag{1-5}$$

当比值小于 1.7 时，软化温度和液化温度均升高，当比值大于 2.8 时流动温度明显下降。

（3）当量硅亦称硅比或硅含量，可定义为

$$SP = \frac{SiO_2}{SiO_2 + Fe_2O_3 + CaO + MgO} \tag{1-6}$$

SP 含量范围为 35% ~ 90%。经验表明，当 SP 值增大时，渣的黏度也增加。

1.4.1.5 煤的化学反应动力性能

各种不同的煤参加化学反应，表现出不同的活性和不同的反应能力，因此具有不同的着火和燃尽性能。虽然煤的挥发分大小在某些程度上反映了这种性能，但是不完善。对于难以燃烧的贫煤和无烟煤，希望进一步了解它们的化学反应动力特性，包括热重分析和活化能的测定。

A 热重分析

用精密热分析仪，将一定量的煤的试样，以 20℃/min 速度升温至 910℃，记录样品的失重曲线。该曲线是样品在一定加热条件下水分蒸发、着火、氧化燃烧和焦炭燃尽所需要时间特性的记录。通常取热重分析法中开始明显失重点作为着火点，用来判断各种煤相对着火的难易程度。再将失重曲线微分可得到微商热重曲线，从而求得燃尽特性指数 S，被定义为

$$S = (dW/dt)_{max} / (T_i^2 \cdot T_n \cdot \Delta T_1/3)$$

式中　　T_n——燃尽温度；

　　　　T_i——着火温度；

$\Delta T_1/3$——$(dW/dt)/(dW/dt)_{max} = 1/3$ 时所对应的温度范围。

S 值在某些程度上反映了燃料相对燃尽性能，当 S 值越大，煤的燃尽性能越佳。

B 活化能的测定

A、B 两种物质发生化学反应，首先 A 物质分子与 B 物质分子相互发生碰撞，每次碰撞并不都是有效的，只有本身动能超过一定数值的分子相互碰撞，才能破坏原有分子结构，重新组合，发生化学反应，这种分子称为活化分子。活化分子应具有的最小的动能称为活化能。

煤的活化能及频率因子是在管式沉降炉中测定的，表 1-3 是几种不同煤测定结果。

表 1-3　煤的化学反应动力特性

编　号	煤　种	V_{daf}	频率因子/g·(cm²·s·MPa)⁻¹	活化能/J·mol⁻¹
1	无烟煤	5.15	96.83	85212
2	贫煤	15.18	12.68	55098
3	烟煤	33.40	7.89	45452
4	烟煤	41.02	5.31	38911

1.4.1.6　动力煤的分类

煤的成分随着地质年代长短的变化是有规律的。埋藏年代越久，碳化程度越深，挥发物含量越少，碳的含量越多。

我国煤炭主要根据挥发分并参考水分、灰分的含量来分类。对动力用煤习惯分为四类：无烟煤 $V_{daf} \leqslant 10\%$；贫煤 $V_{daf} = 10\% \sim 20\%$；烟煤 $V_{daf} = 20\% \sim 45\%$；褐煤 $V_{daf} = 40\% \sim 50\%$，甚至达 60%。

A　无烟煤

挥发物含量最低，挥发分的析出温度高，因而着火困难，燃尽也不容易。焦炭无黏结性。含碳量很高，一般 C>40%，最高达 90%。灰分不高，一般 $A = 6\% \sim 25\%$。水分很低，$M = 1\% \sim 5\%$，所以无烟煤的发热量较高，一般 $Q_{net,p}$ 为 25000 ~ 32500kJ/kg。

B　贫煤

贫煤实际上是烟煤中挥发物较少的一种煤。对锅炉用煤，它的燃烧性质接近于无烟煤，难以着火和燃尽。在锅炉设计和运行中应特别注意。贫煤的碳化程度比无烟煤低，发热量较高，一般不结焦。

C　烟煤

烟煤挥发分含量较高，变化范围也较宽。它的碳化程度较无烟煤浅，含碳量 $C = 40\% \sim 60\%$，少数能达到 75%。一般灰分不大，$A = 7\% \sim 30\%$，高者达 50%。水分适中 $M = 3\% \sim 18\%$。发热量也相当高，$Q_{net,p}$ 为 20000 ~ 30000kJ/kg。

烟煤中有一种劣质烟煤，挥发分中等，$V_{daf} = 20\% \sim 30\%$。但水分高，灰分更高，$M = 12\%$，$A = 40\% \sim 50\%$。因而发热量低，$Q_{net,p}$ 为 11000 ~ 12500kJ/kg。这种煤的着火及燃烧均不容易。

由于烟煤范围很宽，在中国煤炭分类中，根据结焦性能又分成若干类。在焦煤精选过程中产生一些副产品，如洗中煤和煤泥常作为锅炉燃料。它们的水分和灰分均较高，发热量较低。对于洗中煤，$M = 10\%$ 左右，$A = 50\%$，$Q_{net,p}$ 为 13000 ~ 20000kJ/kg；对于煤泥，$M = 20\%$ 左右，$A > 40\%$，$Q_{net,p}$ 为 10000 ~ 18000kJ/kg。它们的挥发物随原煤种而异。洗中煤 $V_{daf} = 17\% \sim 40\%$，而煤泥 $V_{daf} > 40\%$。

D　褐煤

褐煤碳化程度较低，呈褐黑色，尚有清楚木纹。易风化成粉末。褐煤挥发物含量高，有的甚至达 60%。开始析出挥发分的温度低。褐煤易于着火和燃烧。褐煤含碳量不多，但含氧量都很高。灰分变化范围很大，$A = 15\% \sim 50\%$。吸水能力强，收到基水分也较大 $M = 17\% \sim 50\%$。褐煤发热量不高。$Q_{net,p}$ 为 10000 ~ 21000kJ/kg。焦炭不结焦。

1.4.1.7　液体燃料

石油是天然液体燃料，但一般不直接用于锅炉燃烧。锅炉燃烧是重油或渣油，它是原油在常压和一定温度下进行分馏，得到汽油、煤油、柴油等轻质油后的残留物。常压重油再经过减压蒸馏，分馏出重柴油、蜡油后，剩余物称为减压重油。我国电厂常用减压渣油。

重油成分变化不大，含碳量为 81% ~ 87%，含氧量为 11% ~ 14%。硫、氧、氮三种元素含量为 1% ~ 2%，水分较低不大于 4%。灰分很少小于 1%。发热量 $Q_{net,p} = 37700 \sim$

44000kJ/kg，是高热值燃料。我国重油牌号见表1-4。重油主要特征指标有：黏度、闪点与燃点、凝固点、硫分、灰分等。

表 1-4　重油牌号及性能

项　　目		重 油 牌 号			
		20	60	100	200
恩氏黏度/°E	80℃，不大于	5.0	11.0	15.5	
	100℃，不大于				5.5
闪点（开口）/℃	不低于	80	100	120	130
凝固点/℃	不高于	15	20	25	36
灰分/%	不大于	0.3	3.0	0.3	0.3
水分/%	不大于	1.0	1.5	2.0	3.0
硫含量/%	不大于	1.0	1.5	2.0	3.0
机械杂质/%	不大于	1.5	2.0	2.5	2.5

（1）黏度。黏度影响燃油的运输和雾化质量。我国通行恩氏黏度，用°E 表示。它是用某温度下 200mL 的油样，从恩氏黏度计中流出的时间与 20℃时 200mL 蒸馏水流出时间之比来表示。表 1-4 中，20、60、100、200 等数字就相当于该重油在油温 50℃下的恩氏黏度。

油的黏度与温度、压力等因素有关，以温度影响最显著。油温升高，油的黏度降低。一般油的黏度在 80~90°E 时，才能保证在油管中顺利输送，要求油温预热至 30~60℃。为了保证燃油良好雾化，要求进入喷嘴时油黏度不大于 3°E。炉前重油加热温度不宜超过 110℃。

（2）闪点与燃点。液体加热到某一温度，它就会产生较多的油蒸汽。当火源移近，液体表面产生短暂的蓝色火焰，这时的温度成为闪点。闪点表示燃油的着火和爆炸性能，是安全防火的重要指标。再继续加热，将火源移近，则燃油表面着火。当火源移走后，燃油仍继续燃烧，这时的温度称为燃点。重油闪点和燃点过低容易产生火灾。我国重油闪点温度在 80~300℃。

（3）凝固点。表征重油丧失流动状态时的温度叫做凝固点。燃油中含蜡越多，凝固点越高。测量时将盛有重油的器皿倾斜 45°角，其中重油的液面在 1min 内保持不变的温度即凝固点。

（4）硫分。重油中的硫分是有害的物质，易引起尾部受热面低温腐蚀。根据含硫量的多少，重油可分为高硫（$S > 2.0\%$）、中硫（$S = 0.5\% \sim 2.0\%$）、低硫（$S \leqslant 0.5\%$）三种。

（5）灰分。重油含灰量很少，一般在 0.3% 以下，主要由盐类组成。虽然含量很少，但很易附着在受热面上，造成积灰。同时重油灰分中的氧化钒（V_2O_5）和硫酸混合后易腐蚀温度较高的受热面，产生高温腐蚀。

1.4.1.8　气体燃料
气体燃料有天然煤气和人工煤气两类，见表1-5。

表 1-5　我国部分煤气特征

煤气种类	煤气平均成分（体积分数）/%											发热量/kJ·m⁻³	
	CH₄	C_mH_n				H₂	CO	CO	H₂S	N₂	O₂	定压高位	定压低位
		C_2H_6	C_3H_8	C_4H_{10}	其他								
气田煤气	97.42	0.94	0.16	0.03	0.06	0.08		0.52	0.03	0.76		39600	35600
油田煤气	83.18		3.25	2.19	6.74			0.83		3.84		44300	38270
液化石油气		50	50									113000	104670
高炉煤气						2	27	11		60		3718	3678
发生炉煤气	1.8				0.4	8.4	30.4	2.2		56.4	0.2	5950	5650

天然煤气分纯气田煤气和油田伴生煤气，简称气田煤气和油田煤气，主要成分是碳氢化合物，同时含有少量的烷属重碳氢化合物。气田煤气的甲烷含量更高些，发热量很高，$Q_{net,p}$ 为 36600~54400kJ/m³，属高发热量气体燃料。天然煤气是宝贵的化工原料，除在产区一般不作锅炉燃料使用。

人工煤气的种类繁多，按获得方法不同有液化石油气、炼焦炉煤气、高炉煤气及发生炉煤气等，除液化石油气之外，均属低发热量煤气。液化石油气主要成分是丙烷及丁烷，发热量 $Q_{net,p}$ 为 104700kJ/m³。高炉煤气是炼铁产生的废气，主要成分是 CO，惰性气体 CO_2 及 N₂ 含量也很高。发热量 $Q_{net,p}$ 为 3000~4000kJ/m³。

发生炉煤气是在缺氧的条件下燃烧的产品，按氧化剂不同有空气煤气、混合煤气、水煤气等。产品成本高，产量低。

1.4.2　燃烧空气量和烟气量

1.4.2.1　燃烧空气需要量

每千克燃料完全燃烧所需要最少空气量称为理论空气需要量，用符号 V° 表示，单位为 m³/kg。燃料中可燃元素是碳、氢、硫，每一种元素完全燃烧需要一定的空气量。理论空气需要量可以从下列各化学反应式计算而得。在计算中认为所有气体都是理想气体，即在标准状态下（0.101MPa，0℃），1mol 气体容积为 22.4L。

碳燃烧时：

$$C + O_2 \Longrightarrow CO_2$$

$$12.01kg\ 碳 + 22.41m^3\ 氧 = 22.41m^3\ 二氧化碳$$

$$1kg\ 碳 + 1.866m^3\ 氧 = 1.866m^3\ 二氧化碳$$

1kg 收到基燃料中包含有 $C/100$kg 碳，因而 1kg 燃料中碳完全燃烧时需要氧气量为 $1.866C/100$m³，并产生二氧化碳 $1.866C/100$m³。

氢燃烧时：

$$2H_2 + O_2 \Longrightarrow 2H_2O$$

$$4.032kg\ 氢 + 22.41m^3\ 氧 = 44.82m^3\ 水蒸气$$

$$1kg\ 氢 + 5.56m^3\ 氧 = 11.1m^3\ 水蒸气$$

1kg 收到基燃料中包含有 $H/100$kg 氢，1kg 燃料中氢完全燃烧时所需要的氧气量

$5.56H/100\text{m}^3$，并产生水蒸气 $11.1H/100\text{m}^3$。

硫燃烧时：

$$S + O_2 =\!=\!= SO_2$$

$$32.06\text{kg 硫} + 22.4\text{m}^3\text{氧} = 22.41\text{m}^3\text{二氧化硫}$$

$$1\text{kg 硫} + 0.7\text{m}^3\text{氧} = 0.7\text{m}^3\text{二氧化硫}$$

1kg 收到基燃料中包含有 $S/100\text{kg}$ 硫，1kg 燃料中硫完全燃烧时需要 $0.7S/100\text{m}^3$ 氧气，产生二氧化硫。

1kg 燃料本身包含的氧气量为 $O/100\text{kg}$，在标准状态下的容积为 $0.7O/100\text{m}^3$。因此 1kg 燃料所需要的氧气量（m^3/kg）应为可燃物燃烧所需的氧气量扣除燃料本身所包含有的氧气量，即为

$$1.866\frac{C}{100} + 5.56\frac{H}{100} + 0.7\frac{S}{100} - 0.7\frac{O}{100}$$

空气中氧的体积占 21%，所以 1kg 燃料完全燃烧理论必需空气量（m^3/kg）为

$$V^\circ = \frac{1}{0.21}\left(1.866\frac{C}{100} + 5.56\frac{H}{100} + 0.7\frac{S}{100} - 0.7\frac{O}{100}\right)$$

$$= 0.0889C + 0.265H + 0.0333S - 0.0333O \tag{1-7}$$

上式写成

$$V^\circ = 0.0889(C + 0.375S) + 0.265H - 0.0333O \tag{1-8}$$

在燃烧中，燃料与空气不可能充分混合。如果供给锅炉的空气量只等于理论空气量，就不能使燃料完全燃烧，因此实际空气量要比理论空气量大。实际空气量 V^k 与理论空气量 V° 之比，称为过量空气系数，用 α 表示，即

$$\alpha = \frac{V^k}{V^\circ} \tag{1-9}$$

1.4.2.2　理论烟气容积

理论烟气容量是指 $\alpha = 1$ 时，1kg 固体或液体燃料供应的空气量等于理论空气量的情况下，完全燃烧时所产生的烟气容积。从碳、氢、硫燃烧化学反应式可知，理论烟气容积除含有二氧化碳、水蒸气、二氧化硫，尚有氮气。包括燃料本身的氮以及供给燃料燃烧空气中的氮。

1kg 燃料完全燃烧所产生的二氧化碳和二氧化硫容积（m^3/kg）分别为

$$V_{CO_2} = 1.866\frac{C}{100} \tag{1-10}$$

$$V_{SO_2} = 0.7\frac{S}{100} \tag{1-11}$$

在进行烟气分析时，属于三原子气体的二氧化碳和二氧化硫一起被测量，故将这两项合并成

$$V_{RO_2} = V_{CO_2} + V_{SO_2} = 0.01866(C + 0.375S) \tag{1-12}$$

烟气中理论氮气的容积（m^3/kg）为

$$V^\circ_{N_2} = 0.79V^\circ + 0.8\frac{N}{100} \tag{1-13}$$

式中，第一项为空气中含有的氮，占空气容积的 79%；第二项为燃料本身所含有的氮。

烟气中水蒸气有四个来源。

（1）1kg 燃料中氢燃烧产生的水蒸气容积为 $11.1\dfrac{H}{100}$。

（2）燃料本身所含水分为 $\dfrac{22.41}{18}\times g \times \dfrac{M}{100}=1.24\dfrac{M}{100}$。

（3）随空气带入炉内的水蒸气为 $\dfrac{1.293V^{\circ}d_{a}}{0.804\times 1000}=0.0161V^{\circ}$。本式中 1.293 为干空气密度，$kg/m^3$；0.804 为标准状态下密度，$kg/m^3$；$d_a$ 是 1kg 空气中含有水蒸气的克数，g/kg。常取 $d_a=10g/kg$。

（4）燃油锅炉，用以雾化重油的水蒸气为 $\dfrac{G_{at}}{0.804}=1.24G_{at}$。其中 G_{at} 是雾化 1kg 重油所需要的蒸汽量，kg/kg。

总之水蒸气的理论容积（m^3/kg）为：

$$V^{\circ}_{H_2O}=0.111H+0.0124M+0.0161V^{\circ}+1.24G_{at} \tag{1-14}$$

烟气的理论容积（m^3/kg）为

$$
\begin{aligned}
V^{\circ}_{g}&=V_{RO_2}+V_{N_2}+V^{\circ}_{H_2O}\\
&=0.01866(C+0.375S)+0.79V^{\circ}+0.008N+\\
&\quad 0.111+1+0.0124M+0.0161V^{\circ}+1.24G_{at}
\end{aligned} \tag{1-15}
$$

1.4.2.3　烟气的实际容积

烟气的实际容积是指 $\alpha>1$ 时，1kg 燃料完全燃烧时的烟气容积。在这种情况下，烟气中不但含有二氧化碳、二氧化硫、氮气及水蒸气，而且还有剩余的氧。同时烟气中的氮气和水蒸气均有增加。

烟气中的三原子气体容积 V_{RO_2} 不因过量空气系数增大而增加。

烟气中氮气的实际容积（m^3/kg）为

$$V_{N_2}=V^{\circ}_{N_2}+0.79(\alpha-1)V^{\circ} \tag{1-16}$$

烟气中氧气的实际容积（m^3/kg）为

$$V_{O_2}=0.21(\alpha-1)V^{\circ} \tag{1-17}$$

烟气中水蒸气实际容积（m^3/kg）为

$$V_{H_2O}=V^{\circ}_{H_2O}+0.0161(\alpha-1)V^{\circ} \tag{1-18}$$

总之烟气实际容积（m^3/kg）为

$$V_{g}=V_{RO_2}+V_{N_2}+V_{O_2}+V_{H_2O} \tag{1-19}$$

或　　　　　$$V_{g}=V_{RO_2}+V^{\circ}_{N_2}+V_{H_2O}+(\alpha-1)V^{\circ} \tag{1-20}$$

或　　　　　$$V_{g}=V^{\circ}_{g}+(\alpha-1)V^{\circ}+0.0161(\alpha-1)V^{\circ} \tag{1-21}$$

或　　　$$
\begin{aligned}
V_{g}=&0.01866(C+0.375S)+0.79V^{\circ}+0.008N+(\alpha-1)V^{\circ}+0.111H+\\
&0.0124M+0.0161\alpha V^{\circ}+1.24G_{at}
\end{aligned} \tag{1-22}
$$

在烟气分析时，常用干烟气实际容积（m^3/kg）为

$$V_{dg}=V_{RO_2}+V^{\circ}_{N_2}+(\alpha-1)V^{\circ} \tag{1-23}$$

1.4.2.4 烟气和空气的焓

烟气量和空气量计算均以 1kg 固体会液体燃料为基准，烟气的焓计算也以 1kg 燃料为基准。任何气体的焓（kJ/kg）均可按下式计算：

$$h = Vc_{dg}t \tag{1-24}$$

式中　V——该气体的容积，m^3/kg；

　　　c_{dg}——温度从 $0\sim t$ 时气体平均比定压热容，$kJ/(m^3 \cdot ℃)$；

　　　t——气体温度，℃。

烟气为各种气体的混合物，它们的比定压热容各不相同，烟气中各气体的焓必须分别计算。根据式（1-24），在温度为 t 时，理论烟气的焓（kJ/kg）可用下式计算：

$$\begin{aligned}
h_g^\circ &= (V_{RO_2}c_{CO_2} + V_{N_2}^\circ c_{H_2} + V_{H_2O}^\circ c_{H_2O})t \\
&= V_{RO_2}(c_{CO_2}t) + V_{N_2}^\circ(c_{N_2}t) + V_{H_2O}^\circ(c_{H_2O}t)
\end{aligned} \tag{1-25}$$

式中，c_{CO_2}、c_{N_2}、c_{H_2O} 分别为二氧化碳、氮气、水蒸气在 0.101Pa 压力下，温度由 $0\sim t$ 的平均比定压热容；$c_{CO_2}t$、$c_{N_2}t$、$c_{H_2O}t$ 分别为标准状态下 $1m^3$ 的二氧化碳、氮气、水蒸气在温度为 t 时的比焓。

由于烟气中二氧化硫含量较少，计算时采用二氧化碳比定压热容。

理论空气的焓（kJ/kg）为

$$h_a^\circ = V^\circ(c_a t) \tag{1-26}$$

式中，$c_a t$ 为标准状态下 $1m^3$ 湿空气（$d_a = 10g/kg$）在温度为 t 时比焓。

过量空气部分焓（kJ/kg）为

$$\Delta h_a = (\alpha - 1)h_a^\circ = (\alpha - 1)V^\circ(c_a t) \tag{1-27}$$

1kg 燃料产生的烟气中，飞灰的质量（kg/kg）为

$$m_{fa} = a_{fa}g \times \frac{A}{100} \tag{1-28}$$

飞灰的焓（kJ/kg）为

$$h_{fa} = a_{fa}g \times \frac{A}{100}(c_{as}t) \tag{1-29}$$

式中　a_{fa}——飞灰占燃料中总灰分的份额；

　　　$c_{as}t$——1kg 灰在温度为 t 时的比焓。

当 $\alpha > 1$ 时，除了理论烟气之外，还有过量空气部分。则烟气焓应为理论烟气焓、过量空气部分焓与飞灰焓之总和（kJ/kg）：

$$\begin{aligned}
h_g &= h_g^\circ + \Delta h_a + h_{fa} \\
&= V_{RO_2}(c_{CO_2}t) + V_{N_2}^\circ(c_{N_2}t) + V_{H_2O}(c_{H_2O}t) + \\
&\quad (\alpha - 1)V^\circ(c_a t) + a_{fa}\left(\frac{A}{100}\right)(c_{as}t)
\end{aligned} \tag{1-30}$$

1.4.2.5 过量空气系数的测量

过量空气系数是锅炉运行中一个重要参数，必须准确而迅速测量它。通常用烟气分析器测定干烟气中各气体含量来确定。由式（1-19）可知除去 V_{H_2O} 则为干烟气，它是由 V_{RO_2}、V_{N_2}、V_{O_2} 三项组成。烟气分析测得 RO_2 和 O_2，可写为

$$RO_2 = \frac{V_{RO_2}}{V_{dg}} \times 100\% \qquad O_2 = \frac{V_{O_2}}{V_{dg}} \times 100\% \qquad (1\text{-}31)$$

式中　RO_2——干烟气中三原子气的含量；

　　　　O_2——干烟气中氧气的含量。

则有

$$N_2 = 100 - (RO_2 + O_2) \qquad (1\text{-}32)$$

式中，N_2 为干烟气中氮气的含量。

　　过量空气系数可按下式来确定：

　　完全燃烧时，

$$\alpha = \frac{21}{21 - 79 \dfrac{O_2}{100 - (RO_2 + O_2)}} \qquad (1\text{-}33)$$

　　不完全燃烧时，

$$\alpha = \frac{21}{21 - 79 \dfrac{O_2 - 0.5CO}{100 - (RO_2 + O_2 + CO)}} \qquad (1\text{-}34)$$

式中，CO 为不完全燃烧时一氧化碳占干烟气体积分数。

　　公式（1-34）可简化成以下两式：

$$\alpha = \frac{21}{21 - O_2} \qquad (1\text{-}35)$$

或

$$\alpha = \frac{(RO_2)_{max}}{RO_2} \qquad (1\text{-}36)$$

式中，$(RO_2)_{max}$ 为三原子气体最大含量。

$$(RO_2)_{max} = \frac{21}{1 + \beta} \times 100\% \qquad (1\text{-}37)$$

式中，β 为燃料特性系数。

$$\beta = 2.35 \frac{H - 0.126O + 0.038N}{C + 0.375S} \qquad (1\text{-}38)$$

　　为了进一步了解，式（1-37）和式（1-38）特做下列推导。

$$\alpha = \frac{V}{V^\circ} = \frac{V}{V - \Delta V} = \frac{1}{1 - \dfrac{\Delta V}{V}} \qquad (1\text{-}39)$$

式中，ΔV 为过量空气部分容积，m^3/kg。

　　一般燃料中含氮量很少，可以忽略。

$$V = \frac{V_{N_2}}{0.79}$$

$$V_{N_2} = \frac{N_2}{100} V_{dg}$$

代入上式后得

$$V = \frac{\frac{N_2}{100}V_{dg}}{0.79} = \frac{N_2}{79}V_{dg} \tag{1-40}$$

$$\Delta V = \frac{VO_2}{0.21} = \frac{\frac{O_2}{100}V_{dg}}{0.21} = \frac{O_2}{21}V_{dg} \tag{1-41}$$

将式（1-41）和式（1-40）代入式（1-39）得

$$\alpha = \frac{1}{1 - \frac{\frac{O_2}{21}V_{dg}}{\frac{N_2}{79}V_{dg}}} = \frac{1}{1 - \frac{79}{21} \times g \times \frac{O_2}{N_2}} = \frac{21}{21 - 79\frac{O_2}{N_2}}$$

将公式（1-32）代入上式得

$$\alpha = \frac{21}{21 - 79\frac{O_2}{100 - (RO_2 + O_2)}} \tag{1-42}$$

在不完全燃烧时：

$$2C + O_2 \stackrel{}{=\!=\!=} 2CO$$

由上式可知，生成 1mol CO 消耗 0.5mol O_2，与完全燃烧相比少消耗 0.5mol O_2。
则

$$\Delta V = \frac{O_2 - 0.5CO}{21}V_{dg}$$

$$N_2 = 100 - (RO_2 + O_2 + CO)$$

代入式（1-39）可得

$$\alpha = \frac{21}{21 - 79\frac{O_2 - 0.5CO}{100 - (RO_2 + O_2 + CO)}} \tag{1-43}$$

式（1-43）经过简化可得到式（1-35）和式（1-36）。

图 1-80 为未简化之前 $\alpha = f(RO_2)$ 及 $\alpha = f(O_2)$ 之间的关系曲线。由曲线可知当燃烧煤时，1、2 曲线误差范围大小。因此简化式（1-35）和式（1-36）的应用是具有误差的。但是燃料种类对 $\alpha = f(O_2)$ 的影响更小，式（1-35）更为精确。因此在 20 世纪 60 年代磁性氧量计得到广泛应用。20 世纪 70 年代又改用氧化锆氧量计，反应更灵敏，且指示准确。

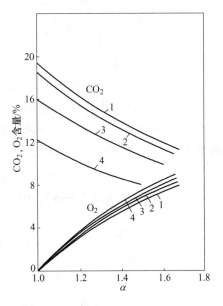

图 1-80　烟气中 CO_2、O_2 含量与
过量空气系数 α 的关系
1—无烟煤；2—褐煤；3—重油；4—天然气

1.5　锅内流动过程

1.5.1　自然循环原理及特性

依靠汽和水的密度差自然形成的循环流动过程，称为自然循环。研究自然循环的根本任务是了解蒸发受热面中水动力流动特性，保证运行安全可靠。

图 1-81 为简单自然循环系统。由汽包、下降管、下联箱、上升管组成。当上升管受热时，部分水蒸发，形成蒸汽。下降管不受热，管中仍然是水。由于蒸汽密度小于水的密度，因而上升管中汽水混合物的密度小于下降管中水的密度，形成密度差。此密度差促使上升管中汽水混合物向上流动，下降管中水向下流动，形成自然循环。工质在管中循环流动，伴随有流动阻力。对于稳定状况，下联箱中心线上 A—A 截面两侧的压强是相等的，可得到压差平衡公式：

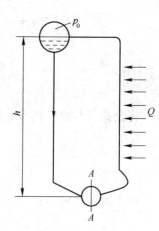

$$H\rho_d g - \Delta p_d = \sum h_r \bar{\rho}_r g + \Delta p_r + \Delta p_{se} \qquad (1\text{-}44)$$

$$H = \sum h_r \qquad (1\text{-}44a)$$

图 1-81　简单自然循环系统

式中　H——循环回路高度，m；

ρ_d——下降管工质平均密度，kg/m^3；

Δp_d——下降管阻力，Pa；

Δp_r——上升管阻力，Pa；

Δp_{se}——分离器阻力，Pa；

$\bar{\rho}_r$——上升管各区段汽水混合物平均密度，kg/m^3；

h_r——上升管各区段高度，m。

式（1-44）中，左侧表示下降管侧压差，右侧表示上升管侧压差，称为自然循环回路压差基本公式。若将压差基本公式改写成下列形式：

$$H\rho_d g - \sum h_r \bar{\rho}_r g = \Delta p_d + \Delta p_r + \Delta p_{se} \qquad (1\text{-}45)$$

上式右端称为运动压头 S_m，即

$$S_m = H\rho_d g - \sum h_r \bar{\rho}_r g \qquad (1\text{-}46)$$

令

$$S_{ef} = S_m - (\Delta p_r + \Delta p_{se}) \qquad (1\text{-}47)$$

则

$$S_{ef} = \Delta p_d \qquad (1\text{-}48)$$

式中，S_{ef} 称为有效压头。

运动压头与循环回路高度以及密度差有关，表示了产生循环流动的动力大小。没有密度差，就不能流动。密度差越大，流动能力越大。

式（1-44）是我国水动力计算标准中的基本公式，式（1-48）为前苏联水动力计算标准中的基本公式。

现以压差基本公式为例，说明简单循环回路计算方法。流经上升管入口截面的质量流量，称为循环流量，用 M_0 表示。并令

$$Y_d = H\rho_d g - \Delta p_d \tag{1-49}$$

$$Y_r = \sum h_r \overline{\rho}_r g + \Delta p_r + \Delta p_{se} \tag{1-50}$$

式中 Y_d——下降管压差，Pa；

Y_r——上升管压差，Pa。

当循环流量增加，上升管各区段汽水混合物密度增加，则式（1-50）右边第一项增加。同时上升管和分离阻力均增加。因此上升管压差随循环流量增加而增加，如图1-82a曲线所示。

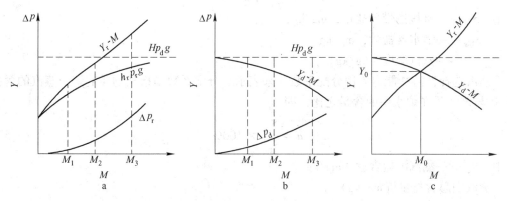

图 1-82 循环回路工作点

a—上升管特性曲线；b—下降管特性曲线；c—循环回路工作点

由于 $H\rho_d g$ 不随循环流量改变而变化，下降管阻力随循环流量增加而增加。所以下降管压差随循环流量增加而下降，如图1-82b所示。

在用压差法进行自然循环计算时，先假定三个循环流量 M_1、M_2、M_3。分别用式（1-49）和式（1-50）计算出三个上升管压差 Y_{r1}、Y_{r2}、Y_{r3} 和下降管压差 Y_{d1}、Y_{d2}、Y_{d3}。绘出 Y_r-M 曲线和 Y_d-M 曲线，如图1-82c所示。两曲线的交点即为循环回路工作点。工作点对应的流量即为循环流量 M。

1.5.2 清洁蒸汽获得

为了保证设备安全经济运行，除保证稳定的汽压、汽温外，还应严格控制蒸汽中盐分，使蒸汽具有合格的品质。我国电厂对蒸汽品质的规定见表1-6。

表 1-6 蒸汽品质

汽泡压力 p_d/MPa	3~6	6~17
蒸汽含盐量 S_{Na^+} /μg·kg^{-1}	凝汽式≤15 供热式≤20	≤10
蒸汽中二氧化硅含量 S_{SiO_2} /μg·kg^{-1}	≤25	≤20

给水虽已经过炉外处理，绝大部分盐分和杂质均已除去，但仍有残余盐分。蒸汽不断蒸发，炉水经过多次循环后，盐分不断浓缩。蒸汽从炉中穿出，携带并溶解部分盐分。若蒸汽中含盐量过高，可以沉积在过热器、主蒸汽管道、阀门及汽轮机的通流部分。过热器

结垢使管壁温度升高，这是不被允许的。阀门结垢后动作失灵或漏气。汽轮机结垢后，通流截面积减少，轴向推力增加，结垢严重会迫使汽轮机降低负荷、汽耗增加。

蒸汽污染的原因有：机械携带和蒸汽溶盐。由于锅水含盐远大于给水，饱和蒸汽从汽包送出时，携带部分炉水，造成盐分的机械携带。高压以上参数的蒸汽，选择性地溶解某些盐分，这是蒸汽污染的另一重要原因。

蒸汽携带水分可用蒸汽湿度 ω 表示，则机械携带含盐量应为

$$S_{sc} = \frac{\omega}{100} S_{bw} \tag{1-51}$$

式中　S_{sc}——机械携带含盐量，mg/kg；

　　　S_{bw}——锅水含盐量，mg/kg；

　　　ω——蒸汽湿度，kg/kg。

蒸汽选择性溶盐能力，用分配系数 a 来表示。分配系数是指某物质溶解于蒸汽的含盐量 S_{ss} 与该物质在炉水中的含量之比，即

$$a = \frac{S_{ss}}{S_{bw}} \times 100\% \tag{1-52}$$

式中　S_{ss}——蒸汽溶盐含量，mg/kg。

蒸汽中总含盐量（mg/kg）：

$$S_s = S_{sc} + S_{ss} = \frac{\omega + a}{100} S_{bw} = \frac{K}{100} S_{bw} \tag{1-53}$$

式中，K 为蒸汽携带系数，100%。

$$K = \omega + a \tag{1-54}$$

1.5.2.1　蒸汽选择性溶盐

由图 1-83 可知，不是所有盐分都能溶解于蒸汽中，只有一部分盐分直接溶解。根据盐分在蒸汽分配系数的大小，可将盐分分成三大类：第一类为硅酸（H_2SiO_3），在高压以上参数锅炉，硅酸在蒸汽中的溶解，成为污染主要原因。第二类为氢氧化钠（NaOH）、氯化钠（NaCl）、氯化钙（$CaCl_2$），分配系数仅次于第一类物质，在超高压以上参数的锅炉，必须考虑这一类盐分的溶解。第三类为硫酸钠（Na_2SO_4）、硅酸钠（Na_2SiO_3）、磷酸钠（Na_3PO_4）等，分配系数很

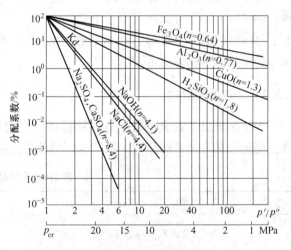

图 1-83　不同物质分配系数

小，对于自然循环锅炉中，可以不考虑这类盐分在蒸汽中的溶解。

随着压力提高，蒸汽与水的密度差减小，蒸汽与水的性质越接近，因而分配系数越大。能溶解在饱和蒸汽中的盐分，都能溶解于过热蒸汽中。并随压力提高而加大。过热蒸汽在汽轮机中膨胀做功，压力降低，蒸汽对盐分的溶解能力也随之降低，盐分沉积在汽轮

机的通流部分。

1.5.2.2 盐分机械携带

图 1-84 可见，锅炉负荷提高，水空间蒸汽含量增加，水位膨胀加剧，蒸汽空间高度减小，蒸汽携带水滴增多。蒸汽湿度与负荷的关系划分为三个区域。第一区域蒸汽流速较低，蒸汽只能带出细小水滴。第二区域蒸汽速度加快，能够携带较大的水滴。第三区域蒸汽本身携带水滴外，还有飞溅出去的水滴。

图 1-85 为蒸汽空间高度对蒸汽湿度的影响。蒸汽中的湿分有飞溅出来的水滴和被蒸汽卷走的水滴两种来源。锅炉水位增高，蒸汽空间高度减小。当蒸汽空间高度小于水滴飞溅高度时，这时不但卷走细小水滴，而且有大水滴飞溅而出。蒸汽空间高度大于水滴飞溅高度时，再增加空间高度，蒸汽湿度降低很少。

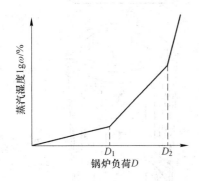

图 1-84 蒸汽湿度 ω 与锅炉负荷的关系

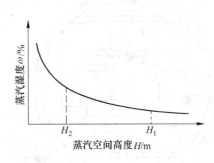

图 1-85 蒸汽湿度与蒸汽空间高度关系

图 1-86 为锅水含盐量对蒸汽含盐量的影响。随锅水含盐量增加，液体动力黏度和表面张力增大，汽包与水之间相对速度减缓。使得水空间含汽量增加，水位膨胀，蒸汽空间高度减少。同时表面张力增加，汽泡浮到水面不易破裂，水面上形成泡沫层。最初由于蒸汽携带水分未变，锅水含盐量和蒸汽含盐量呈线性关系。当锅水含盐量超过临界值时，两者不再为线性关系，因为锅水含盐量增加，蒸汽空间高度明显减少。

随着汽包压力增高，蒸汽与水的密度差减少，汽水分离困难，蒸汽携带水分能力增强，蒸汽含盐量增加。

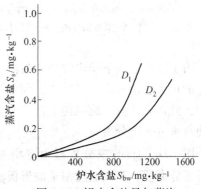

图 1-86 锅水含盐量与蒸汽含盐量之间的关系（$D_1 > D_2$）

通过上述分析可知，为了提高蒸汽品质，需采取下列措施：汽包内装设汽水分离装置，降低蒸汽对水滴的机械携带；对蒸汽进行清洗，减小蒸汽溶盐；增加锅炉排污，降低炉水含盐量；提高给水品质，减少进入锅炉机组的盐分；采用分段蒸发，减少蒸汽中含盐量。

1.5.2.3 汽水分离装置

图 1-87 为高压锅炉汽包内部分离装置图。分离过程分为两个阶段：第一阶段为粗分

离，将蒸汽和水分离，消除它们的动能，蒸汽湿度达 0.5%～1.0%。第二阶段进一步细分离，使湿度达 0.01%～0.03%。内置式旋风分离器为粗分离，百叶窗和受汽孔板为细分离。

图 1-88 的内置式旋风分离器是利用离心力和重力作用来进行分离的。汽水混合物切向进入筒体，产生旋转运动，在离心力作用下将水抛向筒壁。分离出来的水沿筒体壁流入水空间。蒸汽通过顶部波形板分离顶帽，将水滴分离后，进入蒸汽空间。

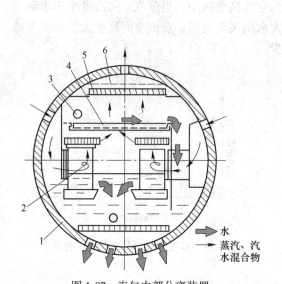

图 1-87　汽包内部分离装置

1—汽包；2—旋风分离器；3—给水管；
4—清洗装置；5—百叶窗分离；6—受汽孔板

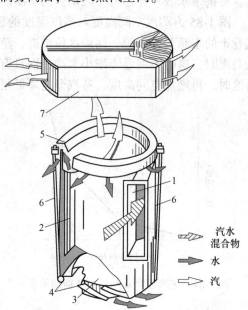

图 1-88　内置式旋风分离器

1—进口法兰；2—筒体；3—底板；4—导向叶片；
5—溢流环；6—拉杆；7—波形板分离顶帽

为了防止水向下排出时中心带汽，筒底中心部分装有圆形底板，水通过四周倾斜导向叶片的环形通道排出，导叶作用使水平稳流向水空间。由于上升汽流是旋转的，速度很不均匀，并带有水分。旋风筒上部装有波形板分离器，其作用既能使出口速度分配均匀，又能使汽水再一次分离。

图 1-89 的百叶窗分离器由密集的波形板组成，又称波形板分离器。蒸汽通过密集波形板曲折通道，蒸汽中的水滴附着在表面水膜上，薄水膜向下流入水空间。由于它能分离细小水滴，因而将它放在清洗设备之后，作细分离用。

受汽孔板也称为顶部多孔板，布置在汽包的顶部蒸汽引出管之前。它的作用是通过节流作用，使蒸汽空间各处负荷均匀，用以均衡百叶窗的蒸汽负荷，提高分离效率。

1.5.2.4　蒸汽清洗

高压以上参数的锅炉，蒸汽污染的主要原因是选择性

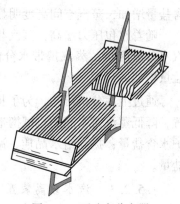

图 1-89　百叶窗分离器

溶盐。为了获得清洁蒸汽，除严格控制锅水含盐量外，还需采用蒸汽清洗的方法。图1-90为蒸汽清洗装置，使蒸汽穿过给水层，由于给水的含盐量，远低于锅水含盐量，蒸汽中部分盐分可扩散到给水中去，从而减少了蒸汽直接溶解的盐分。同时机械携带的盐分也随之减少。蒸汽清洗装置的结构有钟罩式和平板式两种，如图1-91所示。

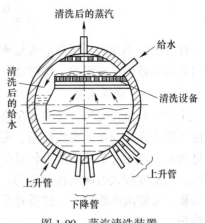

图1-90 蒸汽清洗装置

1.5.2.5 连续排污和定期排污

给水虽经过预先炉外处理，仍含有盐分。进入锅炉后，部分被蒸汽带走，绝大部分留在锅水中。经过多次循环，锅水含盐浓度超过一定数值后，则蒸汽品质急剧恶化。为了保持锅水品质，必须排走部分含盐浓度较高的锅水，而补充较纯净的给水，称为连续排污。它是从汽包水容积接近水面处引出，可同时排走水面上的悬浮物质。为排走锅水中沉淀物质，定期从水冷壁下联箱排走部分锅水，称定期排污。

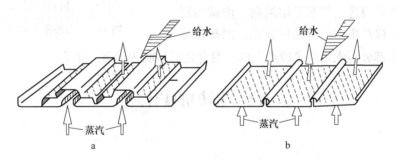

图1-91 清洗孔板的结构
a—钟罩式；b—平板式

图1-92给出锅炉盐量平衡关系，可写成下式：

$$D_{fw}S_{fw} = DS_s + D_{bl}S_{bw} \qquad (1-55)$$

式中　D_{fw}——锅炉给水量，kg/h；

　　　S_{fw}——给水含盐量，mg/kg；

　　　D——锅炉蒸发量，kg/h；

　　　S_s——蒸汽含盐量，mg/kg；

　　　D_{bl}——锅炉排污量，kg/h；

　　　S_{bw}——锅水含盐量，mg/kg。

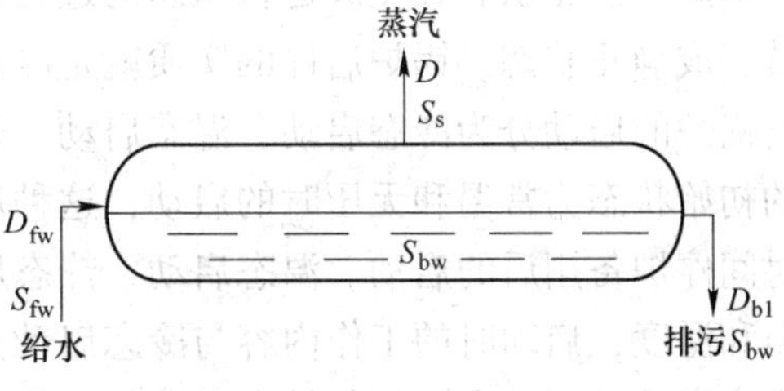

图1-92 盐量平衡图

同时　　　　　　　　　$D_{fw} = D + D_{bl}$　　　　　　　　　　　　　　　$(1-56)$

可得

$$D_{bl} = \frac{DS_{fw} - DS_s}{S_{bw} - S_{fw}} \qquad (1-57)$$

忽略蒸汽带走的盐分，并用相对蒸发量的分数表示排污率 ρ ，则有

$$\rho = \frac{D_{bl}}{D} = \frac{S_{fw}}{S_{bw} - S_{fw}} \times 100\% \tag{1-58}$$

在排污量不变时，提高给水品质，可使锅水含盐量相对减少，蒸汽品质得以提高。我国对超高参数以上机组均采用除盐水。

1.5.2.6　分段蒸发

由式（1-58）可知，排污水含盐越高，排污量越小，可减少工质和热量损失，但锅水浓度不能太高。为保证蒸汽品质，要求锅水浓度越低越好。理想方法是用浓度较低的锅水来产生蒸汽，用浓度较大的锅水作为排污。既可保证蒸汽品质，又能减小热损失。这就是分段蒸发的基本构想。

图 1-93 所示为分段蒸发原理图，用隔板将汽包水空间分成两部分，分别称净段和盐段。各段都有独立的上升管和下降管循环回路。给水送入净段，经过蒸发浓缩以后，再送到盐段，作为盐段的给水。在盐段进一步蒸发浓缩后，由排污管送出。虽然盐段产生的蒸汽品质较差，但盐段蒸

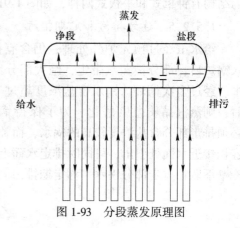

图 1-93　分段蒸发原理图

发量小，绝大部分蒸汽是从净段产生的，混合之后仍能改善蒸汽品质。

1.6　锅炉的启停

1.6.1　概述

1.6.1.1　单元制机组锅炉启停概述

锅炉由静止状态转变成运行状态的过程称为启动。停运是启动的反过程，即由带负状态转变成静止状态。锅炉启停的实质就是冷热态的转变过程。

锅炉的启动分为冷态启动、温态启动、热态启动和极热态启动。所谓冷态启动是指锅炉的初始状态为常温和无压时的启动，这种启动通常是新锅炉、锅炉经过检修或者经过较长时间停炉备用后的启动。温态启动、热态启动和极热态启动则是指钢炉还保持有一定的压力和温度，启动时的工作内容与冷态启动大致相同，它们是以冷态启动过程中的某一阶段作为启动的起始点，而起始点以前的某些工作内容可以省略或简化，因而它们的启动时间可以较短。

对单元制机组而言，锅炉的启动时间是指从点火到机组带到额定负荷所花的全部时间。锅炉的启动时间，除了与启动前锅炉的状态有关外，还与锅炉机组的形式、容量、结构、燃料种类、电厂热力系统的形式及气候条件等有关。

锅炉启动时间的长短，除了上面提到的条件之外，尚应考虑以下两个因素：

（1）使锅炉机组的各部件逐步和均匀地得到加热，使之不致产生过大的热应力而威胁设备的安全。

（2）在保证设备安全的前提下，尽量缩短启动时间，减少启动过程的工质损失及能量损失。

锅炉的启动也可以根据机组中锅炉和汽轮机的启动顺序，或启动时的蒸汽参数，把机组的启动分为定压启动（又称顺序启动）和滑参数启动（又称联合启动）。一般单元制机组都采用滑参数联合启动。

单元制机组锅炉停运有滑参数停运、定参数停运和事故停运三种类型。前两种有时也合称为正常停运。

锅炉的启停过程是一个不稳定的状态变化过程，过程中锅炉工况的变化很复杂。如在启动过程中：各部件的工作压力和温度随时在变化，启动时各部件的加热不可能完全均匀，金属体中存在着温度差，会产生热应力。启动初期炉膛的温度低，在点火后的一段时间内，燃料投入量少，燃烧不容易控制，易出现燃烧不完全、不稳定、炉膛热负荷不均匀，还可能出现灭火和爆炸事故；在启动过程中，各受热面内部工质流动尚不正常，易引起局部超温。如损坏工质流动尚未正常时的水冷壁，未通蒸汽或蒸汽量很小时的过热器和再热器，都可能有超温损坏的危险。

因此，锅炉启动停运是锅炉机组运行的重要阶段，必须进行严密监视，优化各种工况建立最佳的启动停运指标，以保证锅炉安全经济启停。

1.6.1.2　直流锅炉启动概述

根据工质在蒸发受热面内的流动状况，锅炉可分为自然循环锅炉、控制循环锅炉和直流锅炉。直流锅炉的工作原理为工质一次通过各受热面，被加热到所需的温度，其本质特点包括：（1）没有汽包；（2）工质一次通过，强制流动；（3）受热面无固定界限。

对于采用超超临界参数的火电机组，直流锅炉是唯一可以采用的一种锅炉炉型。由于直流锅炉结构和工作原理上的特殊性，使其启动过程也具有一些特殊性；和汽包炉相比，其启动有相近的地方，但也具有一些不同的特点。直流锅炉启动过程的主要特点有下列两点：

（1）为保证受热面安全工作，直流锅炉启动一开始就必须建立启动流量和启动压力，而在启动过程中，顺次出来的工质是水、水蒸气，为减少热量损失和工质损失，装设了启动旁路系统。

（2）自然循环锅炉和控制循环锅炉由于有汽包，升温升压过程进行得慢，否则热应力太大；而直流锅炉没有汽包，升温过程可以快一些，即直流锅炉启动快。

1.6.2　机组的启动方式

1.6.2.1　按机组启动前温度状态分类

机组温度状态通常按汽轮机来划分，可以分为冷态启动、温态启动、热态启动和极热态启动。所谓的冷态启动是指锅炉的初始状态为常温和无压时启动，这种启动通常是新锅炉、锅炉经过检修或者经过较长时间停炉备用后的启动。温态启动、热态启动和极热态启动则是锅炉还保持一定压力和温度，启动时的工作内容与冷态大致相同，它们是以冷态启动过程中的某一阶段作为启动的起始点，而起始点以前的工作内容可以省略或简化，因此它们的启动时间可以较短。

1.6.2.2 按新蒸汽参数分类

机组启动方式按新蒸汽参数不同可分为额定参数启动和滑参数启动两大类。

A 额定参数启动

额定参数启动主要用于母管制中小容量机组。此时，锅炉与汽轮机分开启动。锅炉的升压速度只受汽包、联箱、水冷壁等部件热应力的限制。汽轮机的冲转、升速和带负荷采用母管蒸汽，在额定压力下进行。由于新蒸汽温度高，启动初期新蒸汽与金属部件温差大，必须经节流降压减小蒸汽流量，以缓和加热速度，否则将使汽轮机各部分产生很大的热应力。因而额定参数启动方式需要较长时间暖机，推迟了并网进程，降低了负荷适应性。采用额定参数启动，锅炉在并汽前有大量工质和热量损失。

B 滑参数启动

单元制机组一般都采用机炉联合启动的方式，就是在锅炉启动的同时启动汽轮机。锅炉点火产生蒸汽后首先加热机炉之间的管道（暖管），然后冲动汽轮机转子（冲转），再逐渐加热汽轮机并提高转子的转速（暖机和升速），在达到额定转速后就能并入电网（并网），最后是增加负荷（升负荷）。由于暖管、暖机、升速和带负荷是在蒸汽参数逐渐变化的情况下进行，所以这种启动方式叫滑参数启动。滑参数启动过程中，暖管、冲转、升速、暖机、并网、带负荷及升负荷等与锅炉的升温和升压同时进行，因此这种启动方式要求机炉密切配合，尤其是锅炉产生的蒸汽参数应随时适应汽轮机的要求，即锅炉参数的升高速度主要取决于汽轮机所允许的加热条件。

1.6.2.3 按冲转时进汽方式分类

A 中压缸启动

中压缸启动冲转时高压缸不进汽，由中压缸进汽冲动转子，待汽轮机转速达到一定值（2000～2500r/min）后才逐渐向高压缸进汽。这种启动方式可排除高压缸胀差的干扰，使机组的安全有一定保证；启动初期只有中压缸进汽，中压缸可全周进汽；允许负荷变化大而温度变化率与热应力变化较小，故能适应电网调频的要求。为缩短启动时间，在高压缸进汽前，可打开高压缸排汽止回阀，利用蒸汽倒流进行高压缸暖缸。

B 高、中压缸启动

采用高、中压缸启动时，蒸汽同时进入高压缸和中压缸冲动转子。这种启动方式虽然简单，但因冲转前再热蒸汽参数低于主蒸汽参数，中压缸及其转子的温升速度慢，汽缸膨胀迟缓，故延长了启动时间。对于高中压合缸的机组，可使得分缸处加热均匀。

1.6.2.4 按控制进汽流量的阀门分类

A 调速汽门启动

启动时，电动主汽门和自动主汽门全部开启，由依次开启的调速汽门控制进入汽轮机的蒸汽量。这种方法容易控制流量，但由于只有部分调速汽门打开，机头进汽只局限于较小弧段，属部分进汽方式，因此该部分的受热不均匀，各部分温差较大。

B 自动主汽门预启门启动

启动前，调速汽门、电动主汽门全开，自动主汽门预启门控制蒸汽流量，使得机头受热均匀，但阀门加工比较困难。

C 电动主汽门的旁路门启动

启动前，调速汽门全开，用自动主汽门或电动主汽门的旁路门来控制蒸汽流量。由于阀门较小，便于控制升温速度和汽缸加热。升速过程中，机头全周进汽，受热较均匀。

1.6.3 机组的停机方式

单元机组停机是指机组从带负荷运行状态到卸去全部负荷、发电机解列、锅炉熄火、切断机炉之间联系、汽轮发电机组惰走、停转及盘车、锅炉降压、机炉冷却等全过程，是单元机组启动的逆过程。锅炉停机有滑参数停机、额定参数停机和事故停机三种类型，前两种被合称为正常停机。

1.6.3.1 正常停机

根据电网生产计划的安排，有准备的停机称为正常停机。正常停机有停机备用和检修备用两种情况。由于电网负荷减少，经计划调度，要求机组处于备用状态时的停机即为备用停机。视备用的时间长短，可分为热备用停机和冷备用停机。按预定计划进行机组检修，以提高或恢复机组运行性能的停运叫做检修停机。根据停机过程中蒸汽参数变化的不同，又有定参数停机和滑参数停机。

1.6.3.2 事故停机

因电力系统发生故障或单元制发电机组的设备发生严重缺陷和损坏，使发电机组迅速解列，甩掉所带全部负荷，为事故停机。根据事故的严重程度，事故停机又分为紧急停运和故障停运。紧急停运是指所发生的异常情况已严重威胁汽轮机设备及系统的安全运行，停机后应立即确认发电机已自动解列，否则应手动解列发电机，同时，注意油泵的联启，转速下降至 2500r/min 时应破坏凝汽器真空，以使转子尽快停止转动。故障停运是指汽轮发电机所发生的异常情况，还不会对汽轮发电机组的设备及系统造成严重后果，但机组已不宜继续运行，必须在一定时间内停运。

1.6.4 锅炉的启动和停运

1.6.4.1 锅炉机组启动必须具备的条件

锅炉机组启动必须具备的条件如下：

（1）燃煤、燃油、除盐水储备充足且质量合格。

（2）各类消防设施齐全，消防系统具备投运条件。

（3）各类检修后的锅炉，冷态验收合格。

（4）动力电源可靠，备用电源良好。热工仪表齐全，校验合格。现场照明及事故照明、通信设备齐全良好。

（5）A级检修后的锅炉或改动受热面的锅炉必须经过水清洗或酸洗，必要时进行过热器和再热器蒸汽吹扫。

（6）启动前的锅炉本体和汽水系统检查。锅炉本体检查包括燃烧室及烟道内部的受热面、燃烧器、吹灰器、炉墙、保温、人孔门、楼梯、平台、通道、照明等；汽水系统检查包括汽水阀门、空气门、排污门、事故放水门、再循环门、取样门、表计测点、一次门、安全门、水位计、膨胀指示器、汽水阀门的远方控制装置等。要求各种汽（气）、水、油阀门状态良好，开关位置正确。

（7）锅炉机组正式启动前，所有辅机及转动机械必须经分部试运行合格，主要包括烟风系统的引风机、送风机、回转式空气预热器和冷却风机等，制粉系统的给煤机、磨煤机、一次风机、排粉风机、密封风机和给粉机等，燃油系统的油泵和油循环、油枪进退机构和自动点火装置，燃烧系统的一次风门、二次风门、燃烧器及其摆动机构，压缩空气系统的转动机械，除灰和除渣系统，电除尘器振打装置和电场升压试验等，吹灰系统，烟温探针进退试验，以及与上述各辅机配套的冷却系统、润滑系统及遥控机构都应试运合格。

（8）A、B级检修或因受热面泄漏而检修的锅炉，一般应做额定压力下的水压试验。

（9）热工自动、连锁及保护系统调试合格。炉膛安全监控系统（FSSS）、数据采集系统（DAS）、协调控制系统（CCS）、微机监控及事故追忆系统均已调试完毕，汽包水位监视电视、炉膛火焰监视电视、烟尘浓度监视、事故报警灯光音响均能正常投入。

（10）大、小修后的锅炉，启动前必须做连锁及保护试验。

1.6.4.2　汽包锅炉的启动

A　启动前的准备工作

锅炉在点火之前必须保证所有设备达到启动前所要求的条件，并处于准备启动的状态。冷态启动上水前汽包壁温接近室温，如果温度较高的水进入汽包，则汽包内外壁会产生温差而形成热应力，甚至有可能产生塑性变形。此外，下降管与汽包的接口、管子与联箱的接口、联箱等都会产生热应力，甚至会产生损伤。因此，原则上冷炉的进水温度不得超过90℃，进水速度也不能太快。在汽包无压力的情况下，可用疏水泵或凝结水泵上水。汽包有压力或锅炉点火后，可用电动给水泵由给水操作台的小旁路缓慢经省煤器上水。

对于自然循环锅炉，考虑到在锅炉点火以后，锅水要受热膨胀和汽化，所以最初进水的高度一般只要求到水位计低限附近。对于低倍率强制循环锅炉，由于上升管的最高点可能在汽包标准水位以上很多，所以进水高度要接近水位的上限，否则在启动循环泵时，水位可能下降到水位计可见范围以下。

B　点火及燃烧设备的启动

点火及燃烧设备的启动一般可以分为两个阶段。

锅炉点火前，投入电除尘加热和振打装置，启动引风机、送风机和空气预热器，对炉膛和烟道以大于25%～30%的额定风量，进行5～10min的吹扫，以清除炉内可燃物质，防止点火时发生爆燃。对煤粉管和磨煤机，在投运前也要吹扫3～5min，以清除其中可能积存的煤粉。油枪点火前要吹扫有关油管、喷嘴，保证油路畅通。

煤粉锅炉启动，应先点油后投粉。油枪必须雾化良好，对称投运，根据燃烧及温升情况及时切换，并及时投入空气预热器的吹灰。

煤粉锅炉冷态点火后，需暖炉几十分钟或更长时间，才能投煤粉。投煤粉前，二次风温度不得低于一定数值（因炉而异）。对直吹式制粉系统，启动一次风机和磨煤机后便可开始投煤粉。调整磨煤机进口冷、热风挡板，对磨煤机及其管道加热，待磨煤机的出口温度达到要求时，暖机完成。此时，启动给煤机便可进行投粉。

在投入第一台磨煤机后，可视负荷需要增大其出力，运行中应力求各运行磨煤机出力均等。

C 升温和升压过程中的安全措施

在锅炉的升温和升压过程中,需要采取一系列的措施,保证锅炉的安全。

(1) 在冷态启动前,过热器管内一般都有积水,在积水全部蒸发或排除之前,过热器或某些过热管几乎没有蒸汽流过,管壁温度接近于烟气温度。此后的一段时间内,过热器蒸汽流量很小,冷却作用不大,管壁温度仍接近烟温。因此,为保护过热器,一般在锅炉蒸发量小于10%额定值时,限制过热器入口烟温。

随着汽包压力的升高,过热器的蒸汽流量增大,冷却作用增强,这时就可逐步提高烟温,同时限制出口汽温来保护过热器,此限值通常比额定负荷时低50~100℃。

(2) 自然循环汽包锅炉点火以后,应控制锅水饱和温度温升率符合制造厂要求。运行中要控制汽包任意两点间壁温差不超出制造厂家限额,厂家无规定时可控制在不高于50℃。

通常以控制升压速度来控制升温速度。启动过程中如升温太快,会产生较大的热应力而危及设备的安全。一般来说,启动中除考虑燃烧安全外,还需考虑升温速度。升温速度取决于燃烧率,因此,启动过程中升温速度和燃烧率都有严格的限制,但升温升压太慢又势必拖长启动时间和增加启动损失。因此,应综合各种影响因素,优化锅炉的启动过程。

在升压过程中,汽包壁温差和应力是变化的。升压初期,油枪或燃烧器投入少,炉膛火焰充满程度较差,水冷壁受热的不均匀性较大;同时炉内温度以及各受热面和工质的温度都较低,而工质压力较低时汽化潜热较大,因此水冷壁内产汽量较小,自然循环不良,汽包里的水流速度也很慢。此时汽包的下部与流动缓慢的水接触传热,金属温度升高较慢;而汽包上部与饱和蒸汽接触,蒸汽对汽包壁凝结放热,放热系数比汽包下部大很多,金属温度升高较快,因此在这种条件下汽包上下壁温会产生较大偏差。为保护汽包的安全和使用寿命,在启动过程中,汽包壁任意两点间的温差不许超过50℃,这限制了启动初期锅炉的升温速度。各类锅炉允许的升温速度如表1-7所示。

表 1-7 各类锅炉的允许升温速度

锅 炉 类 型	允许升温速度/℃·min^{-1}
自然循环锅炉汽包内工质	1~1.5
一次上升型直流锅炉下辐射受热面出口工质	2.5
控制循环锅炉汽包内工质	3.7

随锅炉的受热加强,水循环渐趋正常,汽包上下壁温差也逐渐减小。但沿汽包壁径向的内外壁温差始终存在,该温差引起的热应力与温差大小呈线性关系。温差与升温速度亦呈线性关系,工质升温越快,内外壁的温差和由此而引起的热应力也越大,为保证锅炉汽包的工作寿命,升温升压速度也受到限制。

(3) 升压初期,水循环尚未建立,炉膛内热负荷分布不均,连接在同一下联箱上的水冷壁管会受热不均,管子和联箱都要承受热应力作用,严重时会使下联箱弯曲或管子受损,尤其是膜式水冷壁。所以启动过程中应监视膨胀情况,如发现异常,应立即停止升温升压,并采取相应措施进行消除。启动过程中适当更换点火油枪或燃烧器的位置,可使水冷壁受热趋于均匀。对于水循环弱、受热差的水冷壁,可采用下联箱放水(排污)方式,把汽包中较热的水引下来，以加热水冷壁管，同时促进水循环。另外放水可加强汽包的水流动，减少汽包上下壁温差。另一种办法是用外来蒸汽通入下联箱进行炉底加热，促进水循环。

（4）锅炉启动期间，对省煤器要有一定保护措施。启动期间，锅炉耗水量不多，只能采取间断给水方式维持汽包水位。断水期间，省煤器内会因生成少量蒸汽在蛇形管内形成汽塞，而使管壁局部超温。此外，间断的给水会使省煤器管的温度时高时低，产生交变的应力发生疲劳损伤。为了保护省煤器，自然循环锅炉在汽包与省煤器下联箱之间装有再循环管。为了防止给水短路进入汽包，当锅炉上水时，省煤器再循环门应关闭，当锅炉不上水时开启省煤器再循环门。

D　控制循环汽包锅炉的启动特点

控制循环汽包锅炉的冷态启动过程与自然循环汽包锅炉基本相同。锅炉升温升压速度可不受汽包壁温差的限制，但必须符合制造厂家升温升压曲线的要求。一般情况下，启动时要求全部锅水循环泵投入运行。由于锅水循环泵的运行，在各种负荷下蒸发区水冷壁内工质的质量流速变化不大，而且启动初期蒸发段中工质流量相对较大，从点火开始至锅炉带满负荷，水冷壁之间温度偏差相对较小，无须采取特殊措施。

E　直流锅炉启动特点

对于超超临界参数的锅炉，直流锅炉是唯一可以采用的一种锅炉炉型。由于直流锅炉结构和工作原理的特殊性，使其启动过程也具有一些特殊性；和汽包炉相比，其启动有相近的地方，但也具有特点，其主要特点为：

（1）为保证受热面安全工作，直流锅炉启动一开始就必须建立启动流量和启动压力，而在启动过程中，顺次出来的工质是水、水蒸气，为了减少热量损失和工质损失，装设了启动旁路系统。

（2）自然循环锅炉和控制循环锅炉由于有汽包，升温升压过程进行得慢，否则热应力太大；而直流锅炉没有汽包，升温过程可以快一些，即直流锅炉启动快。

1.6.4.3　热态启动

自然循环汽包炉、控制循环汽包炉的热态启动与冷态启动基本相同，只是起点不同，因此可以简化相应的操作。热态启动因点火前锅炉已具有一定的压力和温度，所以点火后升温升压速度可稍快些。视锅炉现有压力情况，合理调整高、低压旁路，有关疏水门开度及炉内燃烧，使蒸汽参数满足汽轮机冲转的要求。

直流锅炉热态启动当给水温度高于104℃时锅炉可上水，并严格控制上水流量。锅炉上水过程中不进行排放及冷态清洗。锅炉通过工质膨胀的操作，在汽轮机冲转前后均可进行，但应避免与冲转同时进行。在先膨胀后冲转时，应控制过热器后烟温不超过500℃。

1.6.4.4　锅炉停运

锅炉机组的停运（停炉）是指对运行的锅炉切断燃料、停止向外供汽并逐步降压冷却的过程。锅炉机组的停运分为正常停运和事故停运两种情况。对于母管供汽的中小机组，机炉停运可以同时进行，也可以分开进行；对于大型单元机组，停炉和停机是同时进行的。

汽包锅炉的正常停运根据不同的停运目的，在运行操作上，汽包锅炉的正常停运有定参数停运和滑参数停运两种方式。

A 定参数停运

这种方式多用于设备、系统的小缺陷修理所需要的短期停运，或调峰机组热备用时。此时，应最大限度地保持锅炉蓄热，以缩短再次启动的时间。在停运或减负荷过程中，基本上维持主蒸汽参数为定值，锅炉逐渐降低燃烧强度，汽轮机逐渐关小调速汽门减负荷。在减负荷过程中，按运行规程规定进行系统切换和附属设备的停运和旁路系统的投入。锅炉停燃料后，发电机负荷减为零时，发电机解列，打闸停机。

汽包锅炉定参数停运时，应尽量维持较高的过热蒸汽压力和温度，减少各种热损失。降负荷速率按汽机要求进行，随着锅炉燃烧率的降低，汽温逐渐下降，但应保持过热蒸汽温度符合制造厂及汽机要求，否则应适当降低过热蒸汽压力。

停运后适当开启高、低压旁路或过热器出口疏水阀一定时间（约30min），以保证过热器、再热器有适当的冷却。

B 滑参数停运

单元机组的计划检修停运，通常采用滑参数停运方式。在汽机调速汽门全开的情况下，锅炉逐渐减弱燃烧，降低蒸汽压力和温度，汽机降负荷。随着蒸汽参数和负荷的降低，机组部件得到较快和较均匀的冷却，缩短了停运后冷却的时间。

（1）通常先将机组负荷减至 80%~85% 额定值，锅炉调整蒸汽参数到运行允许值下限，汽机开大调速汽门，稳定运行一段时间，并进行一些停机准备工作和系统切换，然后再按规定的滑停曲线降温、降压、降负荷。在滑停过程中锅炉必须严格控制汽温、汽压的下降速度，在整个滑停的各阶段中，蒸汽温度、压力下降速度是不同的，在高负荷时下降速度较为缓慢，低负荷时可以快些。一般锅炉主蒸汽压力下降速度不大于 0.05MPa/min，主蒸汽温度不大于 1.5℃/min，再热蒸汽温度不大于 2.5℃/min。主蒸汽和再热蒸汽温度始终具有 50℃ 以上过热度，以防蒸汽带水。

（2）随锅炉负荷降低，及时调整送、引风量，保证各类风的协调配合，保持燃烧稳定。根据负荷及燃烧情况，适时投油，稳定燃烧。

（3）配中间储仓式制粉系统的锅炉，应根据煤仓煤位和粉仓粉位情况，适时停用部分磨煤机。根据负荷情况，停用部分给粉机。停用磨煤机前，应将系统内煤粉抽吸干净，停用给粉机后，将一次风系统吹扫干净，然后停用排粉机或一次风机。配直吹式制粉系统的锅炉，根据负荷需要，适时停用部分制粉系统，并吹扫干净。

（4）根据汽温情况，及时调整或解列减温器。汽轮机停机后，再热器无蒸汽通过时，控制炉膛出口烟温不大于 540℃。

（5）锅炉汽压、汽温降至停机参数，电负荷降至汽机允许的最低负荷时，锅炉熄火。

（6）熄火后，维持正常的炉膛负压及 30% 以上额定负荷的风量，进行炉膛吹扫 5~10min，控制循环锅炉应至少保留一台锅水循环泵运行。

（7）在整个滑参数停炉过程中，严格监视汽包壁温，任意两点间的温差不允许超过制造厂家的规定值；严格监视汽包水位，及时调整，确保水位正常。停炉过程中，按规定记录各部膨胀值。

1.6.4.5 锅炉的事故停运

当锅炉机组发生事故，若不停止锅炉运行就会损坏设备或危及运行人员安全而必须停止锅炉运行时的停运，称为事故停运。

（1）遇有下列情况之一时，应紧急停炉：1）锅炉具备跳闸条件而保持拒动；2）锅炉严重满水或严重缺水时；3）锅炉所有水位表计损坏时；4）直流锅炉所有给水流量表损坏，造成主汽温度不正常，或主汽温度正常但 30min 内给水流量表未恢复时；5）主给水管道、过热蒸汽管道或再热蒸汽管道发生爆管时；6）水冷壁管爆管，威胁人身或设备安全时；7）直流锅炉给水中断时，或给水流量在一定时间小于规定值时；8）锅炉压力升高到安全阀动作压力而安全阀拒动，同时向空排汽门无法打开时；9）所有的引风机（送风机）或回转式空气预热器停止时；10）锅炉灭火时；11）炉膛、烟道内发生爆燃时或尾部烟道发生二次燃烧时；12）锅炉房内发生火灾，直接威胁锅炉的安全运行时；13）直流锅炉安全阀动作后不回座，压力下降，或各段工质温度变化到不允许运行时；14）热控仪表电源中断，无法监视、调整主要运行参数时；15）再热蒸汽中断时（制造厂有规定者除外）；16）锅水循环泵全停或出、入口差压低于规定值时。

紧急停炉时，锅炉主燃料跳闸（MFT）。如 MFT 未动，应将自动操作切换至手动操作；立即停止所有燃料，锅炉熄火；保持汽包水位（不能维持正常水位事故除外）、关闭减温水阀、开启省煤器的再循环门（省煤器爆管除外），直流锅炉应停止向锅炉进水；维持额定风量的 30%，保持炉膛负压正常，进行通风吹扫；如果引风机（送风机）故障跳闸时，应在消除故障后启动引风机（送风机）通风吹扫，燃煤锅炉通风时间不小于 5min，燃油或燃气锅炉不小于 10min；因尾部烟道二次燃烧停炉时，禁止通风；如水冷壁爆管停炉时，只保留一台引风机运行。

（2）遇有下列情况之一时，应请示故障停炉：1）锅炉承压部件泄漏，运行中无法消除时；2）锅炉给水、锅水、蒸汽品质严重恶化，经处理无效时；3）受热面金属壁温严重超温，经调整无法恢复正常时；4）锅炉严重结渣或严重堵灰，难以维持正常运行时；5）锅炉安全阀有缺陷，不能正常动作时；6）锅炉汽包水位远方指示全部损坏，短时间内又无法恢复时。

故障停炉采用逐步减负荷直至锅炉熄火方式，步骤与正常停炉相同，但停炉速度要快些。

1.6.4.6　停炉后的保养

A　防腐蚀

锅炉停运后，若不采取保养措施，溶解在水中的氧以及外界漏入汽水系统的空气中所含的氧和二氧化碳都会对金属产生腐蚀。为减轻锅炉的腐蚀，采用的基本原则是禁止空气进入锅炉汽水系统、保持停用锅炉汽水系统金属表面干燥、在金属表面形成具有防腐蚀作用的薄膜、使金属表面浸泡在含有除氧剂或其他保护剂的水溶液中。锅炉常用的防腐蚀保养方法有气相缓蚀剂法、氨-联胺法（干湿联合法）、热炉放水余热烘干法等。

B　冬季停炉后的防冻措施

冬季应将锅炉各部分的伴热系统、各辅机油箱加热装置、各处取暖装置投入运行。冬季停炉时，应尽可能采用热炉放水干式保养方式，备用设备的冷却水应保持畅通或将水放净，各人孔门、检查孔及所有风门挡板应关闭严密。

2 汽 轮 机

2.1 汽轮机工作原理

汽轮机是以蒸汽为工质,利用其热能做功的旋转式原动机,与其他类型的原动机相比,汽轮机具有转速快、效率高、单机功率大、运行安全可靠等特点。当代的热力发电厂(包括火电厂和核电厂)几乎无例外地采用汽轮机作原动机,而成为从燃料的化学能转换成机械能和电能的动力装置中的中心设备。

2.1.1 汽轮机级的概念及工作原理

蒸汽在汽轮机内流动的过程中,将蒸汽携带的热能转变为动能,然后再将动能转变为旋转轴所输出的机械功,即蒸汽在汽轮机内的流动过程中完成热能到机械功的转变。汽轮机中蒸汽流动的通道称为通流部分,它由一系列叶栅组成,固定在静止部件上的叶栅叫静叶栅(或喷嘴叶栅),固定在转动部件上的叶栅称为动叶栅。一列喷嘴叶栅和其后相邻的一列动叶栅构成的基本做功单元称为汽轮机的级,级是蒸汽进行能量转换的基本单元。喷嘴叶栅将蒸汽的热能转变为动能,动叶栅将蒸汽的动能转化为机械功。实际汽轮机是由许多这样的级组成,称为多级汽轮机,而只有一个级的汽轮机就叫做单级汽轮机。

图 2-1 为汽轮机级的结构及做功过程示意图,如图所示,汽轮机主轴 1,在主轴 1 上套装着工作叶轮 2,在叶轮的轮周上镶嵌着一圈具有一定形状截面的动叶片 3,蒸汽从喷嘴 4 中喷出,冲击在动叶片 3 的腹部,推动叶轮 2 旋转,进而在汽轮机主轴 1 可得到旋转的机械功,可用来驱动发电机或其他机械。在图中只示出一个喷嘴,实际设备应该有一周喷嘴镶在固定的隔板上形成喷嘴叶栅(因其形状像一些栅格),而在工作轮上的所有的叶片组成动叶栅。

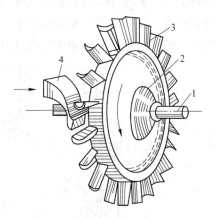

图 2-1 汽轮机示意图
1—主轴;2—叶轮;3—动叶片;4—喷嘴

汽轮机的级根据蒸汽在其中能量转换特点可分为纯冲动级、冲动级、反动级和速度级。其中前三种级统称为单列压力级,以与速度级相区别。这几类级的能量转换过程的主要区别在于蒸汽在动叶栅内的膨胀程度不同,此膨胀程度通称为反动度,用 ρ 表示。

$$\rho = \frac{h_1 - h_{2t}}{h_0 - h_{2t}'} = \frac{H_{bt}}{H_{st}} \tag{2-1}$$

纯冲动级、冲动级与反动级内蒸汽的热力过程如图 2-2 所示。

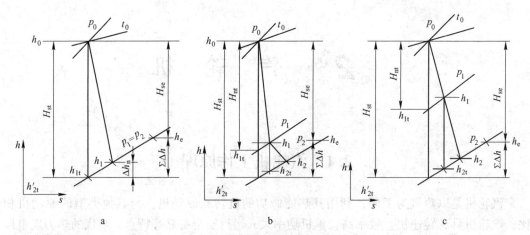

图 2-2　蒸汽在级内的热力过程

a—纯冲动级；b—冲动级；c—反动级

纯冲动级在其动叶栅中仅利用蒸汽射流的冲击力做功。蒸汽在动叶栅中不再膨胀（$p_2=p_1$），即其反动度 $\rho=0$，如图 2-2a 所示。它由一列喷嘴叶栅与一列动叶栅组成。喷嘴叶栅固定在进汽室的出口（第一级）或中间隔板上（中间级）。动叶栅装在工作叶轮的轮缘上，由叶片构成等截面的弯曲流道。工作叶轮套装在轴上或与轴锻成一体。

冲动级主要利用蒸汽射流的冲击力做功，但在动叶栅中还继续进行一定程度的膨胀，即有一定的反动度 $\rho=0.05\sim0.35$，图 2-2b 为其热力过程曲线，图 2-3a 为其结构示意图。

反动级是同时利用冲击力与反冲力做功，但其反动度远大于冲动级，$\rho=0.5$，就是说蒸汽在固定叶栅（也要导向叶栅）中膨胀一半，另一半在动叶栅中进行，其动叶流道与定叶流道（相当于喷管）的几何形状相似，而且 $\beta_{2b}\approx x_{1b}$。图 2-2c 所示为蒸汽在其中的过程曲线。在其他条件相同情况下，反动级的级较冲动级者多，但反动级不必采用隔板和叶轮，而是把导向叶片固定在汽缸内壁或内套环上，工作动叶片装在主轴上的转鼓外缘。

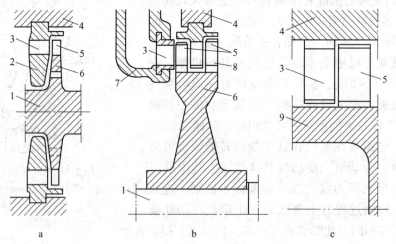

图 2-3　级的结构示意图

a—冲动级；b—双列速度级；c—反动级

1—轴；2—隔板；3—喷嘴叶栅；4—汽缸；5—动叶栅；6—叶轮；7—喷嘴室；8—导向叶栅；9—转鼓

速度级因直接利用蒸汽的速度动能获得机械功而得名，不需要喷嘴叶栅，而只采用一列导向叶栅来控制汽流方向。因此，这种级不能独立工作，一般只装在余速较大的冲动级之后利用其余速做功。一列冲动级与一列速度级可组成一整体的能量转换单元，习惯上也常把此单元统称为速度级，见图 2-3b。为使结构紧凑，常将两列或三列动叶栅装在同一叶轮上构成双列或三列速度级。动叶栅之间用导向叶栅，正因为导向叶栅使蒸汽流动损失较大，而使速度级效率低。因此，虽然在理论上可做成三、四列，但一般只用至双列速度级。为改善其效率，现代汽轮机中采用双列速度级时，制成在导向叶栅与动叶栅中也进行膨胀加速的级，其总反动度约为 0.1。

2.1.2 蒸汽在喷嘴叶栅中的流动和能量转换

蒸汽在喷嘴内流动过程中发生能量转换，必须具备相应的条件。要使蒸汽携带的具有一定条件的热能转换成动能，必须使它通过具有一定几何条件的喷嘴。须满足两个条件：一是蒸汽的能量条件，也就是蒸汽的压力温度等热力学参数，首先必须在喷嘴入口的压力 p_0 要大于其出口压力 p_1，这样才能形成压差，使蒸汽在喷嘴通道中边流动边膨胀，实现能量转换；二是几何条件，是指喷嘴流道截面积的沿程变化必须满足连续方程，且要尽可能减少流动摩擦损失。

2.1.2.1 蒸汽在喷嘴中的能量转换

喷嘴叶栅是由多个喷嘴构成的。我们取一个喷嘴进行研究也就会理解在整个叶栅中的情形。蒸汽在喷嘴中的流动主要靠在喷嘴入口与其出口之间的压差作用进行。一般来说蒸汽通过喷嘴流道，其压力和温度都将逐渐降低，而其体积膨胀（即比容增大）。若喷嘴结构几何形状和尺寸能满足要求，则随着蒸汽的焓值降低，其流速则相应增大，这样就将其热能转换为高速流动的动能。这个转换过程的时间很短，而换热过程是需要时间的，因此蒸汽对外换热量与所转换的能量相比极小，因此，此过程可简化为绝热过程，而且为了研究方便，还可将此流动简化为一维流动，这样就可以取喷嘴流道某截面上的蒸汽参数和流速的平均值进行理论分析。按照稳定流动系统的能量方程，又考虑喷嘴叶栅是固定的，蒸汽不对外做功，蒸汽的焓转换为流速可表示为

$$h_0 - h_1 = \frac{1}{2}(c_1^2 - c_0^2) \tag{2-2}$$

式中，h 为蒸汽的焓，J/kg；c 为蒸汽的流速，m/s；角标"0"与"1"分别表示入口与出口处参数。

我们的分析是建立在假定流动是在绝热下进行，同时先不计流体摩擦损失的理想状况的基础上的。以角标 t 表示此理想状况下的参数，则有

$$h_0 - h_{1t} = \frac{1}{2}c_{1t}^2 - \frac{1}{2}c_0^2 \tag{2-3}$$

$$c_{1t} = \sqrt{2(h_0 - h_{1t}) + c_0^2} \tag{2-4}$$

但在实际情况中，蒸汽在喷嘴中流动时，汽流与管壁以及汽流的各分子微团之间都存在着机械摩擦。因此，在喷嘴出口处的流速不是 c_{1t}，而是小于它的 c_1，即减去摩擦损失的实际流速。理论流速 c_{1t} 与实际流速 c_1 之间的关系常用两者的比值 c_1/c_{1t}，称为喷嘴流速系数，记作 φ。所以

$$c_1 = \varphi c_{1t} \tag{2-5}$$

喷嘴流速系数与喷嘴结构和喷嘴前、后压比 $\varepsilon_1 = p_1/p_0$ 有关，根据经验，$\varphi = 0.95 \sim 0.97$。

蒸汽在喷嘴中流动由于摩擦而造成的损失叫做喷嘴损失，1kg 蒸汽的喷嘴损失 Δh_n 为

$$\Delta h_n = \frac{1}{2}(c_{1t}^2 - c_1^2) = \frac{1}{2}(1 - \varphi^2)c_1^2 \tag{2-6}$$

实际上，摩擦损失又转化成热量，在喷嘴流动中又被蒸汽所吸收，使其焓值由 h_{1t} 增至 h_1，故

$$h_1 = h_{1t} + \Delta h_n \tag{2-7}$$

在汽轮机的蒸汽流通部分中，摩擦损失具有普遍性，由于摩擦而使已转化流动机械能又重新转为热能的现象叫做"重热"。它是使汽轮机内蒸汽膨胀偏离绝热（定熵）过程的重要因素。

2.1.2.2　喷嘴叶栅的结构

以上讨论了蒸汽在喷嘴中的能量变化的关系，同时也提到喷嘴在几何结构上应能满足能量转换的要求。这就意味着喷嘴流道沿汽流方向的截面变化规律应符合一维稳定流动的连续方程。确定喷嘴流道形式的主要依据是喷嘴进出口蒸汽流速 c_0 和 c_1 与其对应的音速 c_a 的关系。当 $c_1 \leqslant c_{1a}$ 时，应采用渐缩形的叶栅通道，见图 2-4a。当 $c_0 < c_{0a}$ 而 $c_1 > c_{1a}$ 时，应采用缩放形通道，见图 2-4b。所谓缩放形喷嘴是指，开始时其截面逐渐收缩，到达一个叫做喉部的位置时，又逐渐扩张。喉部位置与喷嘴形状都需在喷嘴设计中确定。

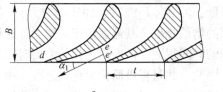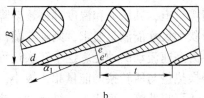

图 2-4　喷嘴叶栅圆周剖面展开图
a—渐缩喷嘴叶栅；b—缩放喷嘴叶栅

喷嘴叶栅设计成圆周布置，并使每个喷嘴都对准叶轮上的动叶栅入口，使其出口汽流方向与动叶栅运动方向之间保持 $\alpha_1 = 10° \sim 18°$ 的夹角。在喷嘴叶栅上喷嘴与喷嘴之间的距离叫做栅距 t，设计时要选用最佳的栅距。叶栅高度 l 不小于 $15 \sim 20$mm。流道的壁面须精细加工保证光滑以降低摩擦损失。

喷嘴出口截面（图 2-4 中的 $e—e'$）要根据喷嘴叶栅的总截面 A_1 由设计工况下通过蒸汽流量 m 决定。由连续方程可得

$$A_1 = mv_1/c_1 \tag{2-8}$$

式中　A_1——喷嘴叶栅出口截面的总面积，m^2；

　　　m——通过喷嘴叶栅的蒸汽流量，kg/s；

　　　v_1——喷嘴出口截面上蒸汽平均比体积，m^3/kg；

　　　c_1——喷嘴出口截面上蒸汽流速，m/s。

根据算出面积 A_1 就可以计算设计工况下的喷嘴叶栅尺寸，当然叶栅上的喷嘴布置还

有全周进汽和部分进汽之分（见图 2-5）。
对于整个圆周上都布置喷嘴的全周进汽时，

$$A_1 = \pi d_1 l_1 \sin\alpha_{1n} \qquad (2-9)$$

式中　d_1——喷管平均直径，m；

　　　α_{1n}——喷嘴蒸汽出口的几何角度。

当喷嘴布置为部分进汽时，可用部分
进汽度 e 来修正，其定义是：布置喷嘴的弧
段长度与全圆周长度的比值，于是

$$A_1 = \pi d_1 l_1 e \sin\alpha_{1n} \qquad (2-10)$$

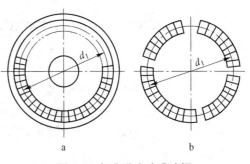

图 2-5　部分进汽喷嘴叶栅

还应指出叶栅上的喷嘴并非完全的直管，它有直管部分，也有在出口截面之后的斜切
部分，因此，还应深入研究这种斜切喷嘴的流动特点：对于渐缩型喷嘴，如其出口蒸汽压
力 p_1 大于临界压力 p_{cr}（这时 $c_1 \leqslant c_{1a}$），则蒸汽只在渐缩流道中膨胀，汽流方向由喷嘴出
口几何角度确定，即 $\alpha_1 = \alpha_{1n}$；若 $p_1 < p_{cr}$（$c_1 > c_{1a}$），则蒸汽压力在渐缩流道中只能降至
p_{cr}，截面 e—e' 处流速达到临界速度 c_{cr}。蒸汽将在斜切部分内继续膨胀而加速，其压力由
p_{cr} 继续下降至 p_1，流速从 c_{cr} 上升至 c_1，这时在斜切部分的膨胀使汽流方向发生偏转，流
道面积逐渐增大，汽流方向角加大到 $\alpha_1 = \alpha_{1n} + \delta_1$ 时才能满足超音速汽流膨胀加速对流道几
何形状的要求。偏转角 δ_1 值由膨胀程度决定，按连续方程，此时有

$$\sin(\alpha_{1n} + \delta_1) = \frac{c_{cr}v_1}{c_1 v_{cr}}\sin\alpha_{1n} \qquad (2-11)$$

式中，v_{cr} 为蒸汽的临界比体积，m^3/kg。

可见，当能量条件具备时，按蒸汽在斜切部分膨胀特性，采用渐缩喷嘴叶栅也可以获
得超音速汽流。当然利用斜切部分进行的能量转换是有限度的。按气体动力学，此斜切部
分膨胀极限压力为

$$p_1 = p_{cr}(\sin\alpha_{1n})^{\frac{2k}{k+1}} \qquad (2-12)$$

因蒸汽在喷嘴斜切部分流向偏转，其流动损失相应地增大，设计时若 $p_1 \leqslant 0.7p_{cr}$，则
应采用缩放式喷嘴叶栅。在这种喷嘴的斜切部分也可能产生膨胀而大幅度增加流动损失，
因此现代汽轮机在设计时都将喷嘴出口压力控制在大于 $0.7p_{cr}$ 的状况，从而避免采用缩放
形喷嘴叶栅。

2.1.3　蒸汽在动叶栅中的能量转换

蒸汽由喷嘴叶栅冲出，进入动叶栅，推动叶栅做圆周运动，而在汽轮机主轴上产生旋
转的机械功。为进一步掌握其能量转换的机理，还应对汽流、动叶栅的作用力进行深入
分析。

2.1.3.1　动叶进出口速度三角形

蒸汽在动叶栅内流动时，与喷嘴叶栅的最大区别在于：喷嘴叶栅是固定不动的，而动叶
栅是随着叶轮一起旋转的，即动叶栅存在一个圆周运动速度 u，蒸汽在动叶栅中的流动是一
个相对运动。根据相对运动的原理，蒸汽的绝对运动速度 $\boldsymbol{c}$、相对动叶栅的运动速度 $\boldsymbol{w}$ 和动
叶栅圆周运动速度 $\boldsymbol{u}$ 之间的矢量关系为 $\boldsymbol{c} = \boldsymbol{w} + \boldsymbol{u}$。可用矢量三角形表示，如图 2-6 所示。

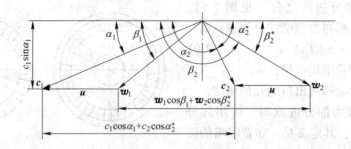

图 2-6　动叶栅进出口速度矢量三角形

A　进口速度三角形

根据刚体在固定轴承上转动的规律，取动叶栅上任意点，其圆周运动速度为

$$u = \frac{\pi d_{\mathrm{m}} n}{60} \qquad (2\text{-}13)$$

式中　d_{m}——动叶栅的平均直径，m；

　　　n——动叶栅的转速，r/min。

沿动叶片高度变化，使旋转半径也随着变化，因此圆周的线速度也不同，计算时需加以简化。对于叶片较短的叶栅，平均直径较大（$d_2/l_2 > 8$），沿叶栅高度各点圆周速度差值较小，可以取其平均直径处的圆周速度作基准进行计算；但对于长叶片的叶栅，其 $d_2/l_2 <$ 8 时，就不能简单地取其平均直径计算。常用的办法是沿叶栅高度分成若干段，以每段的中心点的圆周速度进行多次计算。

进口速度三角形为

$$\boldsymbol{c}_1 = \boldsymbol{w}_1 + \boldsymbol{u}$$

动叶进口相对速度为

$$w_1 = \sqrt{c_1^2 + u^2 - 2uc_1\cos\alpha_1} \qquad (2\text{-}14)$$

动叶进口气流相对方向角

$$\beta_1 = \arcsin\frac{c_1\sin\alpha_1}{\omega_1} \qquad (2\text{-}15)$$

B　出口速度三角形

出口速度三角形为

$$\boldsymbol{c}_2 = \boldsymbol{w}_2 + \boldsymbol{u} \qquad (2\text{-}16)$$

动叶出口绝对速度为

$$c_2 = \sqrt{w_2^2 + u^2 - 2w_2 u\cos\beta_2} \qquad (2\text{-}17)$$

动叶出口绝对速度方向角为

$$\alpha_2 = \arctan\frac{w_2\sin\beta_2}{w_2\cos\beta_2 - u} \qquad (2\text{-}18)$$

式中　w_2——动叶出口汽流相对速度，m/s；

　　α_2，β_2——喷嘴出口汽流绝对速度方向角和动叶出口汽流相对速度方向角。

在动叶栅的出口处，以动叶栅作基准，即把它视为相对静止的，建立相对坐标系，在此坐标系中根据动叶栅为静止的假定就可认为动叶栅没有做功，故在绝热条件下，蒸汽在动叶栅内由于降压膨胀减少的焓，即其焓降转换为以相对速度表示的功能，即

$$h_1 - h_2 = \frac{1}{2}w_2^2 - \frac{1}{2}w_1^2 \tag{2-19}$$

式中　h_2——动叶栅出口蒸汽的焓，J/kg；

　　　w_1——动叶栅出口蒸汽的相对速度，m/s。

若不计流动摩擦损失，蒸汽在动叶栅内定熵流动，其焓与理想焓相对速度的关系为

$$h_1 - h_{2t} = \frac{1}{2}w_{2t}^2 - \frac{1}{2}w_1^2 \tag{2-20}$$

$$w_{2t} = \sqrt{2(h_1 - h_{2t}) + w_1^2} \tag{2-21}$$

其中　　　　　　　　　　　　$h_1 - h_{2t} = h_{bt} \tag{2-22}$

式中，h_{bt}为蒸汽在动叶栅内的理想焓降，J/kg。

如只利用冲击力做功，则有 $p_2 = p_1$，$h_{2t} = h_1$，$h_{bt} = 0$。

考虑蒸汽流动摩擦损失则 w_{2t} 降低成 w_2，以动叶栅的速度系数 ψ 来考虑其降低的程度，而 ψ 值主要与动叶栅流道的几何形状有关，与蒸汽在动叶栅内膨胀程度以及理想相对速度值等因素也有关，根据经验，ψ 一般在 0.88~0.95。

$$w_2 = \psi w_{2t} \tag{2-23}$$

2.1.3.2　动叶栅内损失与其出口蒸汽焓

蒸汽在动叶栅内损失主要是流动摩擦损失，对 1kg 蒸汽，其值为

$$\Delta h_b = \frac{1}{2}w_{2t}^2 - \frac{1}{2}w_2^2 = \frac{1}{2}(1 - \psi^2)w_{2t}^2 \tag{2-24}$$

这部分损失实际上在绝热条件下变成热量又被蒸汽吸收，使其在动叶栅出口焓由理想值 h_{2t} 增高至 h_2（见图 2-7）。

$$h_2 = h_{2t} + \Delta h_b \tag{2-25}$$

2.1.3.3　作用于动叶栅上的力

蒸汽在动叶栅中将所携带的动能转化为推动叶轮旋转的机械功，这种能量转换表现为蒸汽在动叶栅内速度大小和方向的变化。蒸汽流过动叶栅时，其绝对速度的大小和方向的变化是受冲击力与反击力的合力的影响，分析动叶栅进、出口速度三角形可以求得此力。根据牛顿定律，除受动叶栅前、后压差产生的作用力 $\boldsymbol{F}_p$ 外，还承受动叶流道壁面摩擦阻力和迫使汽流改变方向的作用力，这两项都是叶栅对蒸汽的作用力，以 $\boldsymbol{F}_b$ 表示，则

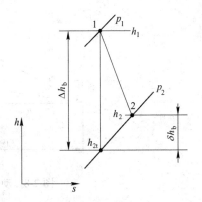

图 2-7　蒸汽在动叶栅中的热力过程

$$\boldsymbol{F}_p + \boldsymbol{F}_b = m\boldsymbol{a} = m\frac{\boldsymbol{c}_2 - \boldsymbol{c}_1}{\tau} = q_m(\boldsymbol{c}_2 - \boldsymbol{c}_1) \tag{2-26}$$

式中　$\boldsymbol{a}$——蒸汽在动叶栅中的平均加速度，m/s²；

τ——蒸汽微团流过动叶栅所需时间，s；

m——在时间 τ 内通过动叶栅蒸汽的质量，kg。

上述作用力必在动叶栅上产生一相等相反的反作用力，即

$$F = - F_b = F_p - m(c_2 - c_1) = F_p + Q(c_1 - c_2) \tag{2-27}$$

$$F_p = \pi d_2 l_2 e(p_1 - p_2) \tag{2-28}$$

由蒸汽压差生成的作用力，F_p 的方向与轴线平行，而速度向量差（$c_1 - c_2$）在圆周方向上的分量为 $c_1\cos\alpha_1 + c_2\cos\alpha_2$，在轴线方向上的分量为 $c_1\sin\alpha_1 - c_2\sin\alpha_2$（见图 2-8），因此作用力 F 在圆周方向分量为

$$F_u = Q(c_1\cos\alpha_1 + c_2\cos\alpha_2) \tag{2-29}$$

在轴向上的分量为

$$F_z = Q(c_1\sin\alpha_1 - c_2\sin\alpha_2) + \pi d_2 l_2 e(p_1 - p_2) \tag{2-30}$$

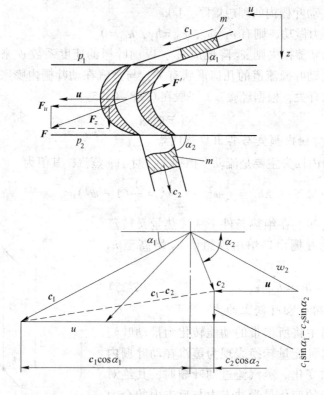

图 2-8　动叶栅内蒸汽的速度向量和力的分解

2.1.3.4　轮周功率与轮周效率

所谓轮周功率是指单位时间内蒸汽冲击着叶栅使其做出的机械功。一般说汽轮机转子转速在稳定工况下运行，应维持常数，即动叶栅做匀速圆周运动。这时的轮周功率 P_u 为

$$P_u = U F_u = Q u(c_1\cos\alpha_1 + c_2\cos\alpha_2) \tag{2-31}$$

轮周功率是汽轮机级的基本功率，这是按照蒸汽作用于动叶栅上的力和其流速计算出的功率，但是由式（2-31）可见，蒸汽离开动叶栅时是以速度 c_2 排出的，它将带走部分动能使它未能转换成汽轮机轴上的转动机械功，而变成损失称为余速损失，对于多级汽轮

机这种余速还有可能被下一级利用，但对单级汽轮机，或虽为多级汽轮机但并未能很好利用，其动能因流动摩擦而又变成热量，重被蒸汽吸收，使蒸汽焓由 h_2 升至 h_c，以 Δh_2 表示余速损失，其中，$\Delta h_2 = \dfrac{1}{2}c_2^2$。

评价蒸汽在动叶栅中能量转换的性能指标为轮周效率，其定义为蒸汽在动叶栅内所做的轮周功与在级内热转换为功的理想能量之比值，用 η_u 表示。对于 1kg 蒸汽，在级内进行转换的理想能量包括蒸汽进入喷嘴叶栅时所具有的动能 $\Delta h_0 = c_0^2/2$ 和蒸汽在级内的理想焓降 H_{st}。轮周效率 η_u 为

$$\eta_u = W_u/(\Delta h_0 + H_{st}) \tag{2-32}$$

在单列压力级内，1kg 蒸汽所做的轮周功按式（2-33）计算，应为

$$W_u = u(c_1\cos\alpha_1 + c_2\cos\alpha_2) \tag{2-33}$$

此轮周功还可用能平衡式计算，即

$$W_u = \Delta h_0 + H_{st} - \Delta h_n - \Delta h_b - \Delta h_2 \tag{2-34}$$

对于双列速度级，蒸汽在两列动叶栅中做功，同时又增加了导向叶栅损失 Δh_s 和第二列动叶栅损失 $\Delta h_b'$，故

$$\begin{aligned} W_u &= u(c_1\cos\alpha_1 + c_2\cos\alpha_2 + c_1'\cos\alpha_1' + c_2'\cos\alpha_2') \\ &= \Delta h_0 + H_{st} - \Delta h_n - \Delta h_b - \Delta h_g - \Delta h_b' - \Delta h_2 \end{aligned} \tag{2-35}$$

式中　c_1'——导叶出口蒸汽速度，m/s；

$\quad\quad \alpha_1'$——导叶出口蒸汽方向角；

$\quad\quad c_2'$——第二列动叶栅出口蒸汽的绝对速度；

$\quad\quad \alpha_2'$——第二列动叶栅出口蒸汽的方向角；

$\quad\quad \Delta h_g$——导向叶栅中焓降，$\Delta h_g = \dfrac{c_1'^2 - c_2'^2}{2}$；

$\quad\quad \Delta h_b'$——第二列动叶栅中的损失，$\Delta h_b' = \dfrac{w_1'^2 - w_2'^2}{2}$；

$\quad\quad \Delta h_2$——余速损失焓降，$\Delta h_2 = \dfrac{1}{2}c_2^2$。

2.1.3.5　影响轮周效率的主要因素

这里我们只讨论两种极端情况的级，即纯冲动级（$\rho = 0$）和反动级（$\rho = 0.5$），对于中间情况便可"举一反三"了。

对于纯冲动级，其反动度 $\rho = 0$，故 $w_{2t} = w_1$，$\Delta h_0 + H_{st} = \dfrac{c_{1t}^2}{2}$，$\beta_{1b} \approx \beta_{2b}$，从动叶栅速度三角形可得

$$w_1\cos\beta_1 = c_1\cos\alpha_1 - u$$
$$c_2\cos\alpha_2 = w_2\cos\beta_2 - u$$

且

$$w_2 = \psi w_1$$

故

$$w_2\cos\beta_2 = \dfrac{\psi w_1\cos\beta_1\cos\beta_2}{\cos\beta_1} \tag{2-36}$$

将上式代入式（2-32）与式（2-33），得

$$\eta_u = \frac{u(c_1\cos\alpha_1 - u)\left(1 + \dfrac{\psi\cos\beta_2}{\cos\beta_1}\right)}{c_{1t}^2/2}$$

$$= 2\varphi^2 \frac{u}{c_1}(\cos\alpha_1 - u/c_1)\left(1 + \frac{\psi\cos\beta_2}{\cos\beta_1}\right) \tag{2-37}$$

对于反动级，$\rho = 0.5$，即 $h_0 - h_{1t} = h_1 - h_{2t}$，喷嘴叶栅与动叶栅流道的几何形状相似，故 $\varphi = \psi$，$\beta_{2b} = \alpha_{1n}$（$\beta_2 \approx \alpha_1$），而且反动级的能量转换一般为串级的，前一级排汽能较顺利地进入下一级，因而各级余速都可以被下一级利用，故 $w_{2t} = c_{1t}$，$w_2 = c_1$。

因此 $\quad W_u = u(c_1\cos\alpha_1 + w_1\cos\beta_1 - u) \approx u(2c_1\cos\alpha_1 - u) = \dfrac{c_{1t}^2 + w_{2t}^2 - w_1^2}{2}$

$$\Delta h_0 + H_{st} = \Delta h_0 + H_u + H_{bt} \approx c_{1t}^2 - \frac{w_1^2}{2} \tag{2-38}$$

又因

$$w_1^2 = c_1^2 + u^2 - 2c_1 u\cos\alpha_1 \tag{2-39}$$

由式（2-38），得

$$\eta_u = \frac{u(2c_1\cos\alpha_1 - u)}{\dfrac{c_1^2}{\varphi^2} - \dfrac{c_1^2 + u^2 - 2c_1 u\cos\alpha_1}{2}} = \frac{2\dfrac{u}{c_1}\left(2\cos\alpha_1 - \dfrac{u}{c_1}\right)}{\left(\dfrac{2}{\varphi^2} - 1\right) + \left(2\cos\alpha_1 - \dfrac{u}{c_1}\right)\dfrac{u}{c_1}} \tag{2-40}$$

由式（2-40）可见，影响轮周效率的因素有喷嘴速度系数 φ、动叶速度系数 ψ、喷嘴出汽角 α_1 和速度比 $x_1 = u/c_1$。当级内蒸汽的理想焓降和反动度确定后，喷嘴叶栅与动叶栅的损失分别随 φ 和 ψ 值的增大而减小。减小 α_1，则轮周功率将增大，余速损失也随之减小，因而可提高轮周效率。其中喷嘴和动叶栅的速度系数是由叶栅结构决定的，而且一般变化范围不大。减小 α_1 时，还可以相应减小相对速度的方向角 β_1，若要减小动叶栅的几何角 β_{1b} 和 β_{2b}，则要随之增大动叶栅流道的弯曲度。但 α_1 太小，反而会减小 ψ 值，所以一般 α_1 的取值范围在 $10° \sim 18°$ 之间。

应该指出在所分析的各因素中，速度比 u/c_1 对轮周效率的影响最大，它可使轮周效率从零到最大值之间变化。然而我们来做一分析，当 $u/c_1 = 0$ 时，$u = 0$，因此轮周功 $w_n = 0$，其效率自然也为零，这是一个极端的情况。另一极端情况是：纯冲动级速度比 $u/c_1 = \cos\alpha_1$，反动级速度比 $u/c_1 = 2\cos\alpha_1$ 时，蒸汽射流作用在圆周方向上的分量等于零，于是轮周功率也等于零，这时蒸汽势能所转化的动能全部地变成余速损失，轮周效率自然也变成零。

这样，在两个轮周效率都等于零的极端情况之间必有其最大值，也就是余速损失最小的最佳点。图 2-9 上的曲线正反映了各种形式的级的轮周效率与速度比的关系。

2.1.3.6　最佳速度比

根据上面的分析，确实存在着最佳的速度比，它是在其他条件都相同的条件下使轮周效率达到最大值的速度比。各种形式的级都有自己的最佳速度比，其数值可用求函数极值的方法算出。

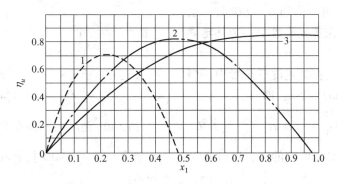

图 2-9 轮周效率和速度比的关系
1—双列速度级；2—纯冲动级；3—反动级

对于纯冲动级，设 φ、ψ，$\cos\beta_2/\cos\beta_1$ 皆为常数，由式（2-40）可知，取 η_u 对速度比 x_1 的导数，令其等于零，

$$\frac{\mathrm{d}\eta_u}{\mathrm{d}x_1} = 2\varphi^2\left(1 + \psi\frac{\cos\beta_2}{\cos\beta_1}\right)(\cos\alpha_1 - 2x_1) = 0 \qquad (2\text{-}41)$$

解出 $x_1 = \dfrac{\cos\alpha_1}{2}$，即对应 η_u 最大值的速度比。

所以纯冲动级的最佳速度比

$$(x_1)_{op} = \frac{\cos\alpha_1}{2} \approx 0.48 \qquad (2\text{-}42)$$

对于反动级，由式（2-40）可见，当 $2x_1(2\cos\alpha_1 - x_1)$ 为最大值时，η_u 也为最大，令 $y = 2x_1(2\cos\alpha_1 - x_1)$。取 y 对 x_1 的微分并令其等于零，

$$\frac{\mathrm{d}y}{\mathrm{d}x_1} = 4(\cos\alpha_1 - x_1) = 0 \qquad (2\text{-}43)$$

即 $x_1 = \cos\alpha_1$ 时，η_u 的值最大。

故反动级的最佳速度比

$$(x_1)_{op} = \cos\alpha_1 = 0.93 \sim 0.96 \qquad (2\text{-}44)$$

对于其反动度 $\rho \neq 0$ 的冲动级，其最佳速度比按其反动度的变化依次分布在纯冲动级与反动级的最佳速度比 $(x_1)_{op}$ 之间。级的反动度越大，则其最佳速度比也最大。

对于双列速度级，若其反动度 $\rho = 0$，按上法可求得其最佳速度比

$$(x_1)_{op} = \frac{1}{4}\cos\alpha_1 \qquad (2\text{-}45)$$

若 $\rho \neq 0$，则其最佳速度比随反动度增大而增大。

2.1.3.7　用速度三角形求取最佳速度比

各种级的最佳速度比还可以用速度三角形进行分析而获得。令 $\varphi = \psi = 1$，对冲动级 $\beta_1 = \beta_2$，$w_2 = w_1$；对反动级 $\alpha_1 = \beta_2$，$c_1 = w_2$。

保持喷嘴出口速度 c_1 不变（即蒸汽在级内理想能量、反动度与喷嘴出汽角都不变），改变动叶栅的圆周速度 u，绘制其速度三角形（见图 2-10）。

从图 2-10 中可见，当 $\alpha_2 = 90°$ 时，余速 c_2 值最小，即余速损失最小，则其轮周效率最大。

对纯冲动级，在其速度三角形中，当 $\alpha_2 = 90°$ 时，$c_1\cos\alpha_1 = 2u$，即

$$(x_1)_{op} = \frac{1}{2}\cos\alpha_1 \qquad (2\text{-}46)$$

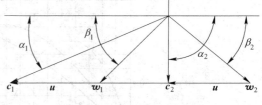

图 2-10　纯冲动级的 u/c_1 对 c_2 的影响

对反动级，其动叶栅的进、出口速度三角形全等，当 $\alpha_2 = 90°$ 时，$c_1\cos\alpha_1 = u$，即

$$(x_1)_{op} = \cos\alpha_1 \qquad (2\text{-}47)$$

2.1.3.8　级的最佳能量转换能力

级的最佳能量转换能力是指在最高轮周效率下级所转换的理想能量。当级的反动度和喷嘴出口几何角都确定时，其最佳速度比也是定值。一旦确定动叶栅的平均直径 d_2 和转子转速 n，则动叶栅的圆周速度 u 也就确定了。要想保证级在最佳速度比下工作，就需要确定蒸汽在级内的理想焓降。其值不得偏离理想值，否则就会导致速度比偏离最佳值，而使轮周效率降低。

纯冲动级，反动级和双列速度级的最佳速度比的比值为 0.5∶1.0∶0.25。如果它们的动叶栅平均直径与转速对应相等，而且都在最佳速度比下工作，则它们的喷嘴叶栅出口蒸汽速度比值为 2∶1∶4，蒸汽在级内理想焓降的比值为 2∶1∶8。

双列速度级的最佳能量转换能力最大，而反动级的最佳能量转换能力最小。设 $d_2 = 1\text{m}$，$n = 3000\text{r/min}$，$\alpha_1 = 14°$，级在最佳速度比下工作，则反动级、纯冲动级和双列速度级的理想焓降分别近似等于 24.5kJ/kg、50kJ/kg 和 209kJ/kg。因此，为了减少级数，简化结构，中、小型汽轮机通常都采用双列速度级作第一级。对于反动级，因其轮周效率在最佳速度比附近不发生明显变化，为了提高级的能量转换能力，而常选用速度比 $x_1 = 0.7$ 左右。

2.1.3.9　对动叶栅在结构上的要求

以上我们做分析的主要是在叶栅中的能量转换的关系，并指出了在此转换中存在着叶栅损失。为了减少这项叶栅损失，对于动叶栅在结构上应提出要求，除了把动叶片截面作成流线形，并按最佳栅距在轮周上布置，使整体叶栅具有良好的几何结构，叶栅流道壁面光滑，要有较高的加工精度等措施，以减少蒸汽流动阻力损失外，还应考虑如何适应能量转换的要求，或者说采用什么形式的能量转换可以减少叶栅损失。

长期的汽轮机制造和运行实践指出，在动叶栅中蒸汽还能进行一定的膨胀加速可以减小相应的动叶损失。这样，在动叶栅内蒸汽就要同时进行两种形式的能量转换，即从热能到动能的转换和由动能到机械能的转换。由于动叶栅入口蒸汽流速小于该处的音速，要使蒸汽在动叶栅内还能膨胀加速并尽可能地将动能转换为机械功，在其结构上应使叶栅流道沿蒸汽流动方向做成弯曲的渐缩形，其出口几何（方向）角 β_2 应小于入口角 β_{1b}。若汽轮机的级为纯冲动式的，即仅利用蒸汽的冲击力做功，蒸汽在动叶栅中不再膨胀，则可采用等截面的弯曲流道，这时 $\beta_{2b} = \beta_{1b}$。

此外，在级内应使动叶栅与喷嘴叶栅相适配，使之协调一致，有利于热能向机械能的转换。两叶栅的高度与平均直径应近似相等（$l_1 \approx l_2$，$d_1 \approx d_2$）。动叶栅的几何角 β_{1b} 与蒸

汽射流相对速度的方向角近似相等（$\beta_{1b} \approx \beta_1$），以利于从喷嘴叶栅出来的蒸汽射流顺利地进入动叶栅。

在稳定工况下，通过喷嘴叶栅和动叶栅的蒸汽流量相等，故两叶栅出口的通流面积（A_1 与 A_2）应相适应，即

$$Q = \frac{A_1 C_1}{v_1} = \frac{A_2 w_2}{v_2} \qquad (2\text{-}48)$$

式中，v_2 为动叶栅出口处蒸汽的实际比体积，$\mathrm{m^3/kg}$。

动叶栅出口通流截面用叶栅的几何尺寸计算：

$$A_2 = \pi d_2 l_2 e \sin\beta_{2b} \qquad (2\text{-}49)$$

式中，e 为喷嘴叶栅的部分进汽度，对于全周进汽的叶栅，$e = l$。

2.1.4 汽轮机级内损失和级效率

2.1.4.1 级内损失

蒸汽在汽轮机级内进行能量转换的过程中，除了在叶栅流道内产生喷嘴损失、动叶损失和排汽引起的余速损失外，由于不同的工作条件、流动状况及其他因素，会产生各种其他级内损失，如叶轮摩擦损失、动叶栅损失、部分进汽损失、泄漏损失、撞击损失以及蒸汽含湿损失等。

A 叶轮摩擦损失

汽轮机的工作叶轮高速旋转，使其轮面与两侧蒸汽发生摩擦阻力，克服它所消耗的机械功，成为叶轮摩擦损失。实验研究的结果，叶轮摩擦损耗的功率与轮缘外径成 5 次方的关系，而与转子转速成 2 次方关系，与蒸汽比体积成反比关系。此外与蒸汽的黏度、叶轮表面粗糙度以及叶轮两侧空间尺寸等也有一定关系。归结为级内 1kg 蒸汽平均消耗的机械功，以 Δh_f 表示。

B 动叶栅的损失

动叶栅损失是由各种原因引起的，如喷嘴的尾缘损失。蒸汽从喷嘴出来，进入喷嘴与动叶栅之间的环形空间，刚从喷嘴中出来时，蒸汽是相互独立的射流，但离开喷嘴后就相互混合，形成均匀汽流，最后形成旋涡，造成湍流损失，叫做脱离喷嘴损失，从而影响其速度，使速度系数值降低，从而使进入动叶栅的汽流紊乱而导致动叶栅中的损失。

C 部分进汽损失

若采用部分进汽，则上述脱离喷嘴损失更显严重，在未布置喷嘴的弧段上，不但没有汽流推动动叶栅，而且它还要带动蒸汽旋转，使汽流混乱而消耗动能。当进入布置喷嘴的弧段，汽流还要冲开停滞在动叶栅中蒸汽，又要消耗动能。这些损失统称为部分进汽损失，以 Δh_e 表示。

D 撞击损失

蒸汽在进入动叶栅通道前，碰到动叶片的前缘，引起气流紊乱而造成能量损失，此项损失与动叶片的入口叶形有关。当 β_1 与 β_{1b} 相同时，入口边圆角半径较大时，汽流撞击损失较小，通常可忽略不计。相对于 1kg 蒸汽的撞击损失用 Δh_{sh} 表示。

E　蒸汽泄漏损失

在级内固定的喷嘴叶栅（或导向叶片）与动叶栅之间必须留出间隙，以防动静部分之间产生摩擦，如隔板内孔与主轴之间，动叶栅顶端与汽缸之间、喷嘴叶栅与转鼓之间都留有间隙，蒸汽在间隙两侧压差作用下，泄漏也造成损失，叫做级间泄漏损失，用 Δh_p 表示。

为减小泄漏损失，常在间隙处加装汽封，一般采用梳齿式曲径汽封，它由若干高低相间的汽封齿和凸肩组成，将原来间隙变成若干间隙，使蒸汽压力逐级降低 Δp_i，而降低压差，从而减少损失。

F　蒸汽含水损失

蒸汽含水多发生在汽轮机尾部叶栅，因其膨胀已进入饱和以至湿蒸汽区，水分子的质量远大于蒸汽分子的质量，因此当蒸汽膨胀加速时，水分子所获得的速度远比蒸汽速度小，两者之间发生摩擦和撞击消耗部分动能。在进入动叶栅时，水分子的相对速度方向角 β_1' 与蒸汽的方向角相差很大，因而蒸汽可顺利地进入叶片的腹部，推动叶片做功，而水分子却撞击在叶片的背弧上，起制动作用，而且撞击后发生的水滴散射，又加剧了与蒸汽之间的摩擦，造成动能消耗，所有这些消耗统称为蒸汽含水损失或叫湿蒸汽损失，用 Δh_x 表示。

水滴撞击叶栅而造成叶片入口边缘损伤，称为冲蚀，冲蚀的后果是使叶片表面变粗糙，又进一步增大损失，长期冲蚀会造成叶片损伤而引起事故。防止措施采取一方面限制蒸汽湿度，另一方面增强叶片的表面硬度，运行规程规定蒸汽含湿量不得超过 13%。对含湿量大的汽轮机（如核电厂以饱和蒸汽作工质的汽轮机）常采用去湿措施，如去湿槽、吸湿缝等。提高叶片表面硬度的方法也很多，常用的方法是表面镀铬、淬硬，电火花硬化、镶焊"司特利"合金片等。

G　扇形损失

在环形喷嘴叶栅与动叶栅所形成的空间内，蒸汽流动速度可分解成圆周运动和轴向直线运动的速度分量，而蒸汽质点做圆周运动时又产生离心作用，由叶根向其顶端挤压，而使喷嘴叶栅出口顶部压力大于其根部。于是沿半径方向，喷嘴的各截面处动能变化，理想焓降逐减，喷嘴出口速度 c_1 随之降低，然而动叶栅沿半径方向各点上的圆周速度却逐渐增大。从而引起沿半径方向各点上的速度三角形变化，使相对速度 w_1 逐渐减低，而方向角 β_1 逐渐增大。由于这种变化在叶栅上只能保证某一点上 $\beta_1 = \beta_{1b}$（即由喷嘴出来的方向角与动叶栅入口方向角一致），其余各截面上全不相等，就难免引起蒸汽撞击损失，而动叶栅出口的相对速度 w_2 也沿半径方向变化，而动叶出口几何角 β_2 不变，必使 α_2 随之增大，因此，也只有一点处 $\alpha_2 = 90°$，其余各点上的余速损失都随之增大，这些现象都造成损失。其原因就在于叶栅结构为环形（其局部为扇形），而组成叶栅的叶片又是等截面的直线形的，因此把这一原因引起的各种损失统称为"扇形损失"。扇形损失与叶片长度有关，叶片越长则此项损失越大，当 $d_2/l_2 > 10$ 时扇形损失较小，仍可采用定截面直叶片，当 $d_2/l_2 < 8 \sim 10$ 时，扇形损失明显增大，需采用扭转叶片。

2.1.4.2　级效率

通过分析级的各项损失，可得出级的内效率。根据能量守恒定律，1kg 蒸汽在级内所转换的理想能量（$\Delta h_0 + H_{st}$）减去级内可能产生的各项损失，便是级内转换的净功 W_{si}：

$$W_{si} = \Delta h_0 + H_{st} - \sum \Delta h = H_{se} \qquad (2\text{-}50)$$

式中，H_{se} 为蒸汽在级内的有效焓降，kJ/kg。

单位时间内通过级的蒸汽所转换的净功为级的内功率，以 P_{si} 表示，

$$P_{si} = Q_s H_{se} \qquad (2\text{-}51)$$

1kg 蒸汽在级内所转换的净功与所消耗的理想能量之比为级的内效率，以 η_{si} 表示

$$\eta_{si} = H_{se} / (\Delta h_0 + H_{st}) \qquad (2\text{-}52)$$

因此，级的内功率还可表示为

$$P_{si} = Q_s / (\Delta h_0 + H_{st}) \eta_{si} \qquad (2\text{-}53)$$

2.2　多级汽轮机

2.2.1　汽轮机的分类和型号

按工作原理汽轮机可分为冲动式汽轮机和反动式汽轮机。由冲击原理构造的级组成的汽轮机称冲动式汽轮机。但其也不是纯冲击式的，各冲动级中都具有一定反动度，以减少在动叶栅中的机械摩擦损失。当代大容量汽轮机最末几级的反动度高达 50%。虽然如此，但因全机中冲动级还占主导地位，而且都采用冲动级的典型结构，故仍不失其为冲动式汽轮机。全机都用反动级组成的汽轮机叫反动式汽轮机。反动式汽轮机除叶栅中反动度的特点外，在结构上也与冲击式汽轮机不同，如其喷嘴叶栅，只做成固定的导向叶片组成的叶栅。动叶栅不装在叶轮上，而是装在转鼓上等，其调节级因不可能采用部分进汽，而采用单列冲击式或双列速度级。

按热力过程特点方法分类，汽轮机形式很多。如凝汽式汽轮机和供热式汽轮机，供热式汽轮机中还有背压式与调节抽汽式汽轮机，此外还有混压式汽轮机、中间再热式汽轮机等。

按蒸汽流动与排汽分类汽轮机可分为轴流式汽轮机和辐流式汽轮机。轴流式汽轮机中组成汽轮机的各级叶栅依次排列，蒸汽流动总方向是平行于轴线的，现代汽轮机绝大多数都采用这种形式。辐流式汽轮机没有固定的喷嘴叶栅或固定导向叶栅，而是用两套动叶栅分别连接在两根轴上，动叶栅中叶片横向布置成圆环形叶栅，两套动叶栅按级交错套装在一起，蒸汽沿辐向依次通过转动方向相反的两套叶栅。

按排汽缸数目分类汽轮机有单排汽汽轮机和多排汽汽轮机。多排汽汽轮机还可采用多种压力凝汽器，使用得较多的是双压凝汽器，可以实现循环水分级加热升温，以降低传热过程的不可逆性损失。

按蒸汽参数汽轮机可分为低压、中压、高压、超高压、亚临界、超临界压力和超超临界压力的汽轮机，它们的进汽参数见表 2-1。

按用途汽轮机可分为发电用汽轮机、工业汽轮机和船用汽轮机。发电用汽轮机主要用于驱动发电机，与之组成汽轮发电机组，按工业频率（50Hz）定转数运行，也称为固定式汽轮机。工业汽轮机用于各工业部门驱动泵与风机等转动机械，其转速可根据需要进行调节，故也可叫变转速汽轮机。船用汽轮机也叫移动式汽轮机，运行中不但转速可变而且旋转方向亦可变以适应倒车的需要。

表 2-1 各类汽轮机的进汽参数

名 称	进汽参数范围		国产机组的进汽参数		额定功率
	压力/MPa	温度/℃	压力/MPa	温度/℃	/MW
低压汽轮机	<1.5	<360	1.27	340	≤3
中压汽轮机	2.0~4.0	370~450	2.35~3.43	390~435	<50
高压汽轮机	6.0~10.0	480~535	8.83	535	25~100
超高压汽轮机	12.0~14.0	535~550	12.75~13.24	535~550	>100
亚临界压力汽轮机	16.0~18.0	535~560	16.16~16.64	535~550	>200
超临界压力汽轮机	>22.5	>560	24~26	538~566	≥300
超超临界压力汽轮机	>25.0	>580	25~26.5	580~600	≥600

国产汽轮机的型号表示方法如下:

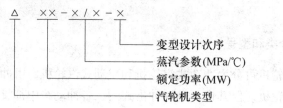

汽轮机类型采用汉语拼音表示,见表 2-2。

表 2-2 汽轮机型号代号

形 式	代 号
凝汽式	N
一次调整抽汽式	C
两次调整抽汽式	CC
背压式	B
抽汽背压式	CB

蒸气参数的表示方法见表 2-3。

表 2-3 新型号中表示蒸汽参数的方法

汽轮机形式	蒸汽参数表示方法	实 例
凝汽式	主蒸汽压力/主蒸汽温度	N100-3.43/435
中间再热式	主蒸汽压力/主蒸汽温度/中间再热温度	N600-16.7/535/535
一次调整抽汽式	主蒸汽压力/调整抽汽压力	C50-8.83/0.118
两次调整抽汽式	主蒸汽压力/高压抽汽压力/低压抽汽压力	CC25-8.83/0.98/0.118
背压式	主蒸汽压力/背压	B50-8.83/0.98
抽汽背压式	主蒸汽压力/抽汽压力/背压	CB25-8.83/0.98/0.118

2.2.2 多级汽轮机结构

汽轮机本体结构由静止和转动两大部分构成,静止部分又称作"静子",转动部分就是指转子。此外,为了维持汽轮机的正常运行,汽轮机还设置了轴封系统、配汽机构等。

多级冲动式汽轮机结构见图 2-11。

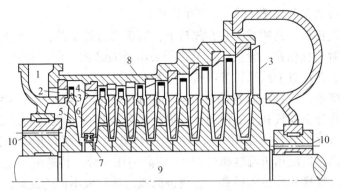

图 2-11 多级冲动式汽轮机结构示意图

1—调节级喷嘴室；2—调节级喷嘴；3—动叶；4—喷嘴；5—叶轮；6—隔板；
7—隔板汽封；8—汽缸；9—转轴；10—轴端汽封

2.2.2.1 汽轮机的静止部分

汽轮机的静止部分包括喷嘴隔板、汽缸、轴承和盘车等主要部件。

A 喷嘴

汽轮机的喷嘴又称静叶（片）。蒸汽流过喷嘴时产生膨胀，压力降低，速度增大，蒸汽的部分热能被转换成动能，使蒸汽以一定的速度进入动叶。为了保证蒸汽按一定的角度进入动叶，喷嘴通常与动叶一样沿轮周方向布置。

由于要求机组具有调峰能力，我国绝大多数汽轮机都采用喷嘴调节，其第一级都被设置成调节级。因为调节级焓降大，且承受的蒸汽压力和温度均较高，所以其喷嘴与后面各压力级喷嘴的构造有所不同，大多数调节级喷嘴都采用合金钢铣制而成。通常，在汽轮机进汽管的汽柜上设置有调节汽门，也称"调节阀"，几个调节阀分别控制几组喷嘴，借以控制汽轮机的进汽量，如图 2-12 和图 2-13 所示。来自锅炉的主蒸汽首先进入主汽门，然后通过汽轮机的调节阀，再流入汽轮机各级中逐级膨胀做功。

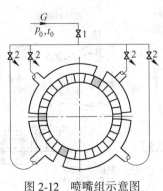

图 2-12 喷嘴组示意图

1—主汽门；2—调节气门

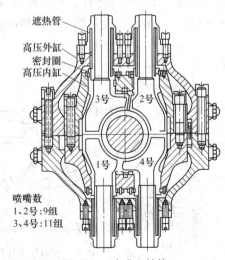

图 2-13 喷嘴室结构

B　隔板（隔板套）与静叶环（静叶持环）

对于冲动式汽轮机，其喷嘴安装在隔板上，隔板则直接安装在汽缸上或通过隔板套安装在汽缸上。而对于反动式汽轮机，由于转子采用转鼓结构，所以喷嘴安装在静叶环上，静叶环则直接安装在汽缸上或通过静叶持环安装在汽缸上。

隔板又称喷嘴板，它将汽轮机的各个压力级分隔开来，是组成工作级的重要部分之一。各级的隔板均分上隔板和下隔板两半。隔板又分成焊接隔板（如图 2-14 所示）和铸造隔板两种。焊接隔板的特点是喷嘴与隔板内外环分别加工再焊接起来，强度和刚度较高，但造价也较高，广泛用于温度超过 350℃ 的高中压部分。铸造隔板是由浇铸隔板体的时候将已经成型的喷嘴叶片放入模具一体浇铸而成，具有成本低的优点，主要用于温度低于 350℃ 的低压部分。

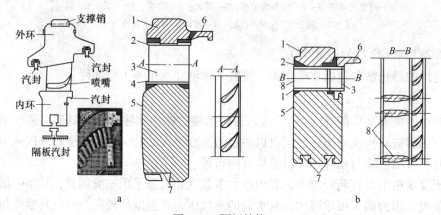

图 2-14　隔板结构

a—普通焊接隔板；b—带加强筋的焊接隔板

1—隔板外环；2—外围带；3—静叶片；4—内围带；5—隔板体；6—径向汽封；7—汽封槽；8—加强筋

为了便于抽汽口的布置，同时尽量减小汽轮机轴向尺寸，有时将相邻几级的隔板镶装在一个隔板套（或静叶持环）里，然后再将隔板套（或静叶持环）固定在汽缸体上。图 2-15 所示为 300MW 汽轮机高中压缸静叶持环结构。

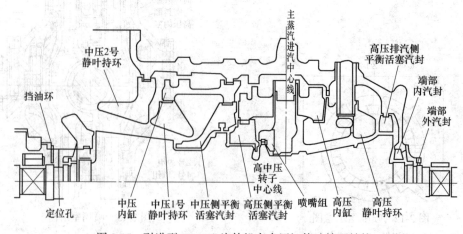

图 2-15　引进型 300MW 汽轮机高中压缸静叶持环结构

C 汽缸

汽缸是汽轮机的外壳。蒸汽在汽轮机中逐级膨胀进行能量转换时，其比体积不断增大，尤其对于高压进汽、高真空排汽的凝汽式汽轮机，蒸汽膨胀到最后，其比体积可能增大数百至上千倍，所以汽缸沿汽流运动方向的尺寸也必须逐渐扩大。

随着蒸汽参数、机组容量以及机组制造厂家的不同，汽缸的结构也有很多种形式。通常，为了便于制造、安装和检修，汽缸一般沿水平中分面分为上、下两个半缸，而上汽缸和下汽缸则通过水平法兰用螺栓装配紧固（如图 2-16 所示）。另外，为了合理利用材料及加工、运输方便，汽缸也常以垂直结合面分为 2~3 段，各段通过法兰螺栓连接紧固。

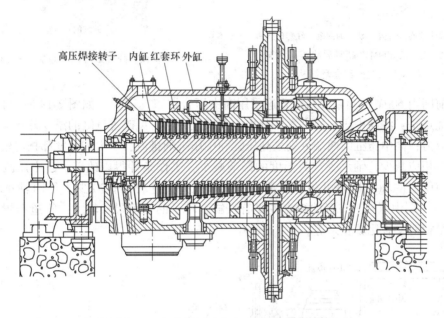

图 2-16　不同的高压缸上下缸的连接方式

根据进汽参数的不同，汽缸可分为高压缸、中压缸和低压缸。对于火电厂大容量汽轮机的高压缸，由于承受的蒸汽温度和压力都很高，加上布置调节级而造成进汽部分结构复杂，使得高压缸在启动、停机和变负荷过程中将产生很大的热应力。随着蒸汽参数和机组容量的不断提高，这种现象日趋严重。因此，为了尽量简化结构，减小热应力，各制造厂在高压缸的设计方面都采用了不同的技术，传统方法包括采用双层缸结构、内外缸之间的夹层冷却等。通过技术引进，国内在汽缸设计方面也出现了一些新进展，如北重-阿尔斯通公司生产的 600MW 超临界汽轮机的内缸采用无水平法兰的红套环结构（如图 2-17 所示）。

图 2-17 右侧表示无水平法兰的红套环结构，对比图 2-16 左右两侧的传统有水平法兰汽缸结构与无水平法兰的红套环结构可知，当采用无水平法兰的红套环结构时，一方面使内缸结构得到很大程度的简化，另一方面减小了外缸尺寸，因而减小了热应力。而上汽-西门子公司生产的 1000MW 超超临界汽轮机外缸采用垂直法兰结构，如图 2-18 所示。

对于火电厂大容量汽轮机的中压缸，虽然压力比高压缸低，但进汽温度与高压缸相当，甚至更高。因此中压缸通常也采用双层缸结构。

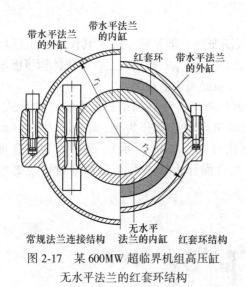
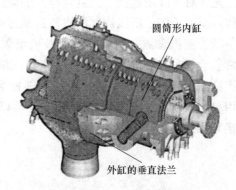

图 2-17　某 600MW 超临界机组高压缸
无水平法兰的红套环结构

图 2-18　高压缸外缸垂直法兰结构

目前国内 600MW 超临界机组普遍采用高中压合缸布置结构（如图 2-19 所示）。这种结构的优点是：将高中压缸的进汽部分集中在汽缸中部，可改善汽缸的温度分布，减小汽缸的热应力；高中压缸的两端分别是高压缸和中压缸的排汽，压力和温度都相对较低，轴端漏汽量相应减少，轴承受汽封温度的影响减少，工作条件得以改善；高中压缸反向布置，高中压缸的轴向推力可相互抵消一部分。此外，这种结构减少了径向轴承的数目（1~2 个）。高中压合缸布置的缺点主要有汽缸、转子的几何尺寸较大，管道布置比较拥挤，机组相对膨胀比较复杂等。

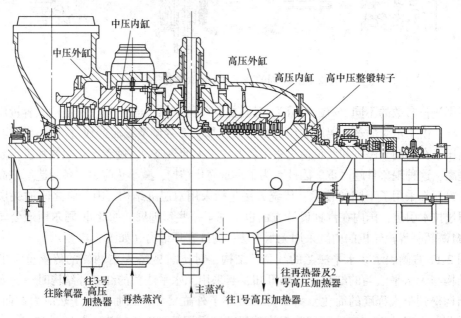

图 2-19　某型 600MW 超临界汽轮机高中压气缸结构

对于大容量汽轮机的低压缸，其蒸汽温度和压力都比较低，但由于蒸汽容积大，低压缸排汽部分的尺寸很大。因此在低压缸的设计中，保证汽缸具有足够的刚度、防止汽缸变形、改善其热膨胀条件是主要需要解决的问题。目前，大容量汽轮机的低压缸均采用双层缸结构。另外，为了提高凝汽式汽轮机低压段各级的通流能力，便于制造，减轻质量，现代大型汽轮机的低压缸常采用蒸汽由中间流入、从两侧排出的分流结构（如图2-20所示）。此外，为使低压缸的巨大外壳温度分布均匀，不致产生翘曲变形而影响动、静部分的间隙，有些大型机组的低压缸采用三层缸结构。

汽轮机受热之后，各零部件都要膨胀。对大型汽轮发电机组，由于其体积庞大，工作蒸汽温度又高，

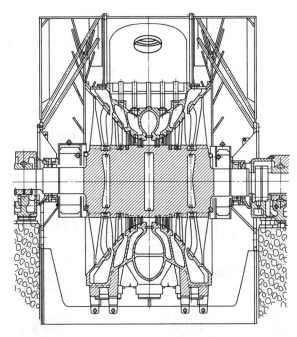

图 2-20 某型 600MW 超临界汽轮机低压缸结构

特别是汽轮机在启动、停机时，蒸汽温度变化较大，其绝对膨胀值较大，必须保证汽轮机能自由热胀冷缩，否则汽缸就会产生热应力和热变形，使设备损坏。但是如果任汽缸随意膨胀而不加以约束，汽缸可能歪斜，造成动、静部件之间的摩擦与碰撞等重大事故。为了使汽缸在长、宽、高几个方向上能够膨胀自如，同时保证汽轮机中心线不变，保证转子与汽缸的正确位置，使汽轮机的膨胀不致影响机组的安全经济运行，汽轮机必须设置一套完整的滑销系统。

滑销系统一般由立销、纵销、横销、角销等组成。立销引导汽缸沿垂直方向自由膨胀，纵销引导汽缸和轴承箱沿轴向自由膨胀，横销引导汽缸横向自由膨胀，角销的作用是防止轴承箱在轴向滑动时一端翘起。基础台板上横销中心线与纵销中心线的交点是机组的绝对死点（如图2-21所示）。

绝对死点相对于运转层是不动的。汽轮机的绝对死点一般都设置在低压汽缸，使机组向调节阀端膨胀。采用这种布置的原因是：由于低压汽缸和凝汽器直接连接，如果低压汽缸位移较大，势必造成巨大的连接应力。同时，低压汽缸又是最重的，且凝汽器也是庞大笨重的设备，它们一起移动很困难，如果强行使机组由高压汽缸向低压汽缸方向膨胀，很可能会因膨胀受阻而导致机组振动。所以设计合理的滑销系统应该能在汽轮机启动、运行和停机时，保证汽轮机各个部件正确地膨胀、收缩和定位，同时保证汽缸和转子正确对中。

D 盘车

汽轮机停机后，由于汽缸的上部与下部存在温差，如果转子静止不动，它便会因为汽缸的上述温差而向上弯曲。对于大型汽轮机，这种热弯曲可以达到很大的数值，并且需要经过几十个小时才能逐渐消失，在热弯曲减小到规定数值以前，不允许重新启动汽轮机。

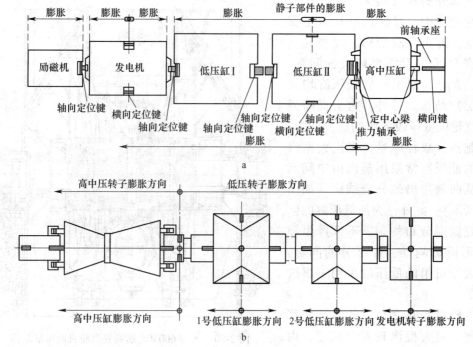

图 2-21　国产 600MW 汽轮机的滑锁系统图

a—单死点；b—多死点

另外，在汽轮机启动过程中，为了迅速提高真空，常常需要在冲动转子以前向轴封供汽。由于过热蒸汽大部分滞留在汽缸内上部，将会造成转子的热弯曲，妨碍启动工作的正常进行，甚至引起动静部分的摩擦。

为了避免转子产生热弯曲，就需要一种设备带动转子在汽轮机冲转前和停机后仍以一定的转速连续地转动，以保证转子的均匀受热和冷却，这种设备称为盘车装置。盘车装置内部结构如图 2-22 所示，主要由电动机、减速用的传动齿轮系统及连锁装置等组成。一般布置在启动力矩比较大的位置，如中（低）压缸处。

盘车的主要作用包括：

（1）在汽轮机冲转前盘动转子，检查汽轮机动静部分是否有摩擦，汽轮机是否具备正常运行条件，并使机组随时可以启动。

（2）在汽轮机冲转前盘动转子，减小转子启动力矩。

（3）停机后盘动转子，使转子均匀受热，避免转子热弯曲。

通常对盘车装置的要求是既能盘动转子，又能在升速过程中当汽轮机转子转速高于盘车转速时自动脱开。

E　轴承

轴承是汽轮机的一类重要组成部件，有支持轴承（即主轴承）和推力轴承两种类型。

支持轴承的作用是：承受转子的重力，由于转子质量不平衡引起的离心力，以及由于振动等原因而引起的附加力等；确定转子的径向位置，保证转子中心线与汽缸中心线一致，从而保证转子与汽缸、汽封、隔板等静止部件之间正确的径向间隙。图 2-23 为某600MW 超临界机组的支持轴承结构。

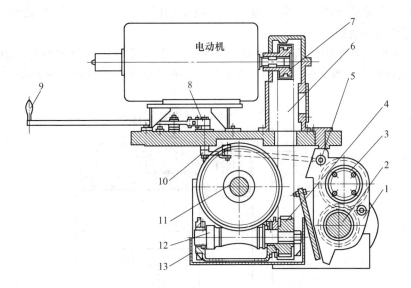

图 2-22 盘车装置内部结构

1—摆动板；2—盘车齿轮与轴；3—轴；4—链轮；5—连杆；6—齿轮链；7—主动齿轮；
8，10—操纵杆；9—手柄；11—涡轮轴；12—蜗杆；13—滤油网框架

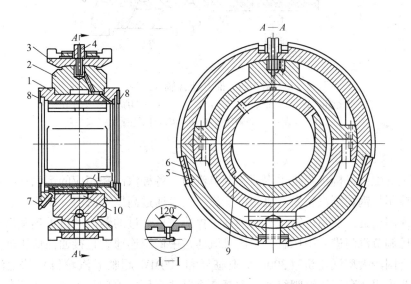

图 2-23 支持轴承结构

1—轴瓦；2—轴承体；3—球面支座；4—温度计插座（定位销）；5—垫铁；
6—调整垫片；7—顶轴油进口；8—挡油环；9—油楔进口；10—油室

　　由于每个轴承都要承受较高的载荷，而且轴颈转速很高，所以汽轮机的轴承都采用以液体摩擦为理论基础的轴瓦式滑动轴承，该轴承借助具有一定压力的润滑油在轴颈与轴瓦之间形成油膜，建立液体摩擦，使汽轮机安全稳定地工作。对轴承正常工作的基本要求是：保持油膜稳定，使轴承平稳地工作，并尽量减少轴承的摩擦损失。

　　随着机组容量的不断增大，在轴承的结构类型上采取了不少改进措施以保证达到上述

要求，目前，汽轮机支持（径向）轴承中广泛采用圆筒形轴承、椭圆形轴承、多油楔轴承及可倾瓦轴承等结构。

推力轴承的主要作用是承受转子的轴向推力，并确定转子的轴向位置。图 2-24 为某 600MW 超临界机组的推力轴承结构。有些机组的推力轴承采用双推力盘结构。

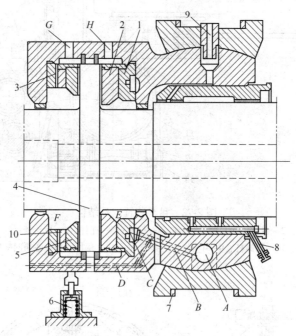

图 2-24　推力-支撑轴承结构

1—工作环；2—工作瓦块；3，7—调整垫片；4—推力盘；5—非工作瓦块；
6—弹簧支座；8—顶轴油进口；9—温度计插座；10—安装环

F　配汽机构

汽轮机的配汽机构主要指主汽门和调节汽门，各种汽门和相应的蒸汽管路系统的作用是传输和控制从锅炉至汽轮发电机组的蒸汽。汽流通过高压主汽门、高压调节汽门及主蒸汽管道进入高压缸，从高压缸排汽回到锅炉再热。再热过的蒸汽通过再热蒸汽管经中压主汽门和中压调节汽门进入中压缸，中压排汽通过中低压连通管直接通往低压缸。

目前，国产大型汽轮机（300MW 亚临界和 600MW 超临界汽轮机）的配汽机构基本相同，普遍采用 2 套高压汽阀组件（包括 2 个卧式高压主汽门配 4 个高压调节汽门）和 2 套中压汽阀组件（2 个中压主汽门配 4 个中压调节汽门）。

对于国产的 1000MW 机组，其配汽机构结构差异很大。如上汽-西门子公司生产的 1000MW 超超临界机组，采用无调节级的全周进汽方式，如图 2-25a 所示，2 个高压主汽门与 2 个切向布置的高压调节汽门配套，此外配备 2 个补汽调节阀，从高压第 5 级前补汽，2 个再热调节汽门也是切向布置结构，低压缸的进汽方向也是切向。这种设计的主要优点是进汽节流损失小。而东方汽轮机厂生产的超超临界 1000MW 机组的调节级采用双流调节级，如图 2-25b 所示。

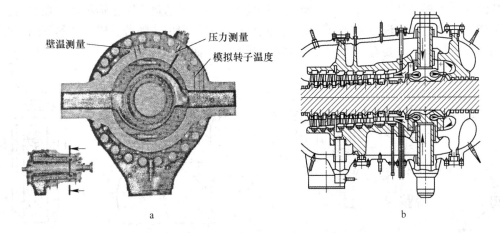

图 2-25　国产 1000MW 机组的高压第一级结构

a—全周进汽的无调节级结构；b—双流调节级结构

2.2.2.2　汽轮机的转动部分

汽轮机的转动部分总称转子，由动叶、叶轮、主轴及联轴器等组成。转子是汽轮机最重要的部件之一，担负着工质能量转换及功率传递的重任。转子工作条件相当复杂，首先，转子处在高温工质中工作；其次，转子以高速旋转时，还承受着叶片、叶轮、主轴本身质量离心力所引起的很大应力，以及由于温度分布不均匀引起的热应力等；再次，不平衡质量产生的离心力还将引起转子振动；最后，转子上的叶轮，主轴和联轴器等部件担负着将蒸汽作用在动叶栅上的巨大力矩传递给发电机或其他工作机的任务，使转子的受力条件更加复杂。因此，设计中要求转子具有很高的强度，均匀的质量和良好的振动特性，以保证其安全工作。运行中特别要注意转子的工作状况。这里主要介绍汽轮机的动叶片、叶轮和转子的主要结构。

A　动叶片

动叶片又称动叶，是汽轮机中数量最多的零件，装在叶轮的轮缘上构成动叶栅。由于动叶栅是完成蒸汽能量转换的部件，工作时受力复杂，工作条件又很恶劣，所以叶片的结构不但应使动叶栅具有高的效率，而且应保证足够的强度。

图 2-26 所示为冲动式和反动式动叶叶型。

叶片由叶型、叶根和叶顶三部分组成，如图 2-27 所示。叶型部分是叶片的工作部分，由它构成汽流通道。根据叶型部分的横截面变化规律，可以把叶片分为等截面叶片和变截面叶片。等截面叶片的截面积和叶型沿叶高是相同的；而变截面叶片的截面积沿叶高按一定规律变化，即叶片绕各横截面形心的连线发生扭转，所以通常又称为扭转叶片。根据工作原理的不同，叶片可分为冲动式叶片和反动式叶片，两者叶型有所不同。

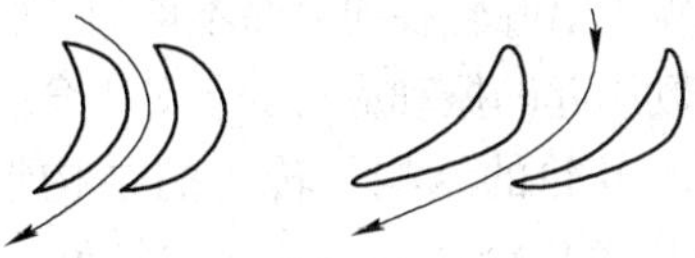

图 2-26　动叶叶型

a—冲动式叶片；b—反动式动叶片

汽轮机的中、短叶片常用围带连在一起构成叶片组，长叶片则用拉筋连成组或互不相干而成为自由叶片。用围带或拉筋把叶片连成组可以减小叶片中汽流产生的弯应力，改变叶片的刚性，提高其振动安全性。围带还构成封闭的汽流通道，防止蒸汽从叶顶逸出，有的围带上还做出径向汽封和轴向汽封，以减少级内漏汽损失。随着成组方式的不同，叶顶结构也各不相同，主要有整体围带和铆接围带两种，如图 2-28 所示。

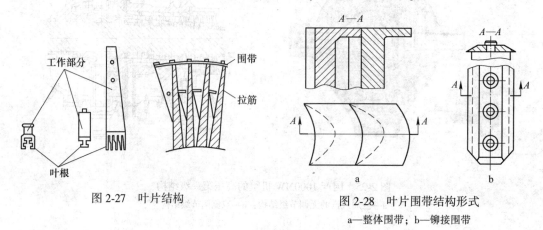

图 2-27　叶片结构

图 2-28　叶片围带结构形式
a—整体围带；b—铆接围带

　　叶根是叶片与轮缘相连接的部分，它的结构应保证在任何运行条件下叶片都能牢靠地固定在叶轮上，同时应力求制造简单，装配方便。叶根的结构形式很多，主要有 T 形或倒 T 形叶根，枞树形叶根和叉形叶根等，如图 2-29 所示。

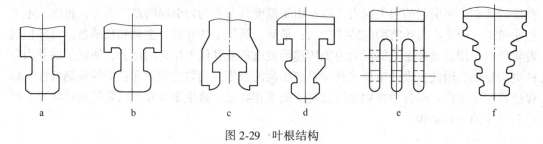

图 2-29　叶根结构

a—T 形叶根；b—外包凸肩 T 形叶根；c—菌型叶根；d—外包凸肩双 T 形叶根；e—叉形叶根；f—枞树形叶根

　　B　叶轮

　　叶轮用来装置动叶，并传递气流力在动叶栅上产生的扭矩。由于处在高温蒸汽内并以高速旋转，叶轮受力情况相当复杂，除承受自身和叶片等零件的质量引起的巨大离心力外，还承受因温度沿叶轮径向分布不均匀所引起的热应力，叶轮两边蒸汽的压差作用力，以及叶片、叶轮振动引起的振动应力等。对于套装叶轮，其内孔还承受因装配过盈产生的接触压力。

　　叶轮的结构与转子的结构形式密切相关。图 2-30 所示为不同叶轮结构的纵截面图。套装式叶轮主要由轮缘、轮面和轮毂三部分组成（图 2-30d）。轮缘上开设叶根槽用以装置动叶片，其形状取决于叶根的结构形式。轮毂是为了减小应力的加厚部分，其内表面上通常开设键槽。轮面把轮缘与轮毂连成一体，过渡处有大圆角，高、中压级叶轮的轮面上通常开设平衡孔，以平衡叶轮两侧的压差，减小轴向推力。轮面的型线主要根据叶轮的工作条件选择。

　　按照轮面的型线，可将叶轮分成等厚度叶轮、锥形叶轮、双曲线叶轮及等强度叶轮等几种形式。

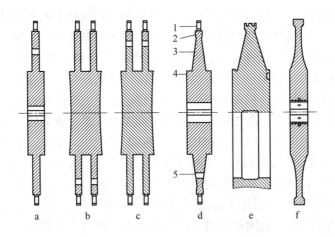

图 2-30　叶轮结构

a，b，c—等厚度叶轮；d，e—锥形叶轮；f—等强度叶轮

1—叶片；2—轮缘；3—轮面；4—轮毂；5—平衡孔

C　转子

按主轴与其他部件之间的组合方式，转子一般可分为套装转子、整锻转子、焊接转子和组合转子四大类，如图 2-31 所示。

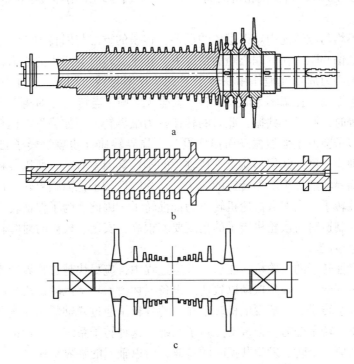

图 2-31　转子结构

a—组合转子；b—有中心孔整锻转子；c—无中心孔整锻转子

套装叶轮转子的叶轮和主轴分别单独加工后，将叶轮加热，当其内孔因受热膨胀变大

时，把叶轮套在主轴上，冷却后叶轮即固定在主轴上。这种转子的特点是加工方便，材料利用合理，叶轮和转子锻件质量容易保证，但在高温运行条件下，叶轮可能松动，快速启动适应性差，故仅用于中、低压小型汽轮机或高参数汽轮机的低压部分。整锻转子的叶轮、主轴及其他主要部件是用一个锻件加工而成的，其优点是不存在高温下的叶轮松动问题，而且强度和刚度都很高，然而由于生产整锻转子需要大型锻压设备，锻件质量较难保证，而且贵重材料消耗量大，故整锻转子常用于高温高压段。整锻转子主要有两类：一类是有中心孔结构，普遍应用于国产 300MW 以下机组（见图 2-31b），主要原因是大型锻件（特别是锻件的中心部位）的锻造质量不易保证，于是人为将转子中心有缺陷的部分车除；另一类是无中心孔结构，目前普遍应用于国产 600MW 以上大型汽轮机的高中低压转子（见图 2-19 和图 2-31c）。采用无中心孔结构的主要原因是目前锻造工艺水平得以提高，而大型有中心孔转子的中心孔附近的离心应力相当大，所以为了避免应力集中，采用无中心孔结构。整锻转子与套装转子的组合被称为组合转子，其特点是在同一转子上，高压部分采用整锻式，中低压部分采用套装叶轮式，如图 2-31a 所示。这类转子同时具有整锻转子和套装叶轮转子两者的优点，因而广泛应用于高压汽轮机上。

焊接转子则由几个锻件焊接加工而成，其主要优点是便于制造，此外这种转子强度高、刚度大、相对质量轻、结构紧凑，故主要用于大直径的低压转子。但焊接转子对焊接工艺要求很高。国产 300MW 亚临界汽轮机的低压转子普遍采用焊接转子。而北重-阿尔斯通公司生产的 600MW 超临界汽轮机的高、中、低压转子均采用焊接结构（见图 2-17 和图 2-20）。

由于材料不均匀或装配中难以避免的误差，转子的重心与回转中心线之间总有一定偏差，也就是存在偏心距。在有偏心距的情况下，转子旋转时会产生离心力，转速越高，离心力越大。该离心力周期性地作用在转子上，其频率与转速相等。在上述离心力的作用下，转子会发生振动。振幅不大时，对转子安全无影响。当转速（即离心力频率）与转子的自振频率相等时，则发生共振，此时的转速称为临界转速。如果汽轮机在临界转速下运行时间过长，转子会发生强烈振动而损坏设备。临界转速（也就是转子自振频率）的大小与转子的粗细、长度、几何形状及支持轴承的刚性等因素有关，所以各种转子具有不同的临界转速。临界转速高于工作转速的转子，称为刚性转子；而临界转速低于工作转速的转子，称为挠性转子，大多数汽轮机转子为挠性转子。因此，为了保证转子过临界转速的振动特性，设计制造时对汽轮机转子的精度要就很高，安装、检修时对叶轮与主轴之间的配合质量要求也很严。

对于具有挠性转子的汽轮机，在启动升速过程中，应尽快越过临界转速，不能在临界转速下停留，否则会发生强烈振动以致造成设备损坏，大功率汽轮机均采用多缸结构，各个汽缸内都有一个转子。包括发电机转子在内的各转子通过联轴器相互连在一起，使若干个单跨距的两支点转子变为一个多支点转子系统，这种转子系统称为轴系。轴系的临界转速是指轴系中任何一个转子发生共振时的转速，所以轴系的临界转速是多个而不是一个。

2.2.2.3 汽封与汽封系统

汽轮机运转时，转子高速旋转，气缸、隔板（或静叶环）等固定不动，因此，转子和静子部分之间需留有适当的间隙，避免相互碰摩，但间隙的存在会导致漏汽（漏气），不仅会降低机组效率，还会影响机组安全运行，为了减少蒸汽泄漏和防止空气漏入，需要有密封装置，通常称为汽封。汽封按其安装位置的不同，可分为通流部分汽封、隔板（或静叶环）汽封、轴端汽封。反动式汽轮机还装有高、中压平衡活塞汽封和低压平衡活塞汽封。

现代汽轮机均采用曲径汽封，或称迷宫汽封，它有以下几种结构形式：梳齿形（图2-32a～d）、J形（又叫伞柄形，图2-32g～i）、枞树形，如图2-32所示。迷宫汽封是在合金钢环体上车制出一连串较薄的环状轭流圈薄片，每一轭流圈后面有一膨胀室。当蒸汽通过轭流圈时，速度加快（但速度不可能超过蒸汽参数所对应的声速），在膨胀室蒸汽的动能转变成热能，压力降低，比体积增大；蒸汽通过下一个轭流圈时，比体积再次增大，压力再次降低。以此类推，蒸汽在通过一连串的轭流圈时，在每个轭流圈的前后压差就很小，其泄漏量就大大减小。

A 汽封

为了保证高的机组热效率，进入汽轮机的蒸汽应尽可能多的通过动静叶片，而不是从动、静部分的间隙旁路通过，因此，在动叶与汽轮机内缸之间、静子与转子之间设置了汽封，如图2-33所示。为了减少叶片尖端损失，在各汽封件之间的空间中，采用能使漏流涡流最佳的汽封结构。汽封件由静止部件与旋转部件中加工过的齿条与嵌缝的汽封片组成。如果因错误的操作条件引起磨损，耐磨汽封片磨损不会产生明显发热。

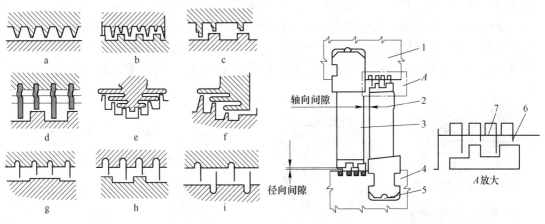

图 2-32 曲径式汽封的结构形式
a—整体式平齿汽封；b，c—整体式高低齿汽封；
d，g，h，i—镶片式汽封；e，f—整体式枞树形汽封

图 2-33 汽封结构示意图
1—内缸；2—动叶片；3—静叶片；4—汽轮机轴；
5，7—压紧件；6—密封条

在高压缸和中压缸部分、动叶和缸体之间、静叶和转子之间的密封采用连锁迷宫式密封，这种连锁迷宫式密封最为有效，且膨胀最小。在高压缸的内部还设置了平衡活塞汽封。在低压缸部分，采用齿对齿密封，这些汽封齿具有堵塞空隙而不会造成损坏的优点。

B 轴封

在汽轮机的高、中、低压缸中，汽缸内外压差较大。正常运行时，高压缸轴封要承受很高的正压差，中压缸轴封次之，而低压缸则要承受很高的负压差，因此，这三个汽缸的轴封设计有较大的区别。为实现蒸汽不外漏、空气不内漏的轴封设计准则，除通过结构设计减小通过轴封的蒸汽（或空气）的通流量外，还必须借助外部调节控制手段阻止蒸汽

的外泄和空气的内漏。因此，汽缸轴封必须设计成多段多腔室结构。为阻止蒸汽外泄到大气，避免轴承的润滑油中带水，应使与大气交界的腔室处于微真空状态；为防止空气漏入汽缸，应使与蒸汽交界的腔室处于正压状态。

另外，还有可调式汽封即布莱登汽封。布莱登汽封弧段结构与传统汽封弧段结构基本相同，只是进汽面上铣出一道引汽槽，其目的是使汽封弧段背面压力（汽封体沟槽内部压力）等于进汽侧压力。而在必要汽封弧段的端面上钻孔装入螺旋圆柱弹簧，其上、下汽封环中间各有两只螺旋圆柱弹簧，共4只。弹簧的推力使得汽封弧段在没有蒸汽压力时呈开启状态；汽封弧段与汽封体之间一般设计3mm的退让距离，故汽封齿与轴就有3mm以上的间隙。因此，布莱登可调式汽封设计不同于原有的传统汽封，主要区别在于布来登汽封用4只螺旋圆柱弹簧取代了12片平板弹簧片（见图2-34）。

当汽轮机尚未运行时，传统汽封环是闭合状态，而可调式汽封是张开状态。汽轮机启动后，蒸汽流量逐渐增加，作用于可调式汽封弧段背面的压力会逐渐大于作用在正面的压力，产生一个压差。当这个压差达到能克服螺旋弹簧的推力时，汽封环就闭合，使汽封齿与轴的间隙变小，达到按设计值而调整的数值。停机时，进汽量逐渐减少，当流量减到一定数值时，螺旋弹簧的推力大于压差、摩擦力、弧段重力等，就使汽封环张开。因此，经过精密计算而设计的各级汽封螺旋弹簧，可以使各级可调式汽封按照需要，在不同的蒸汽流量下，逐一关闭，使整个过程平稳、有序地进行。

1000MW汽轮机轴封有交错汽封片连锁密封和汽封齿式非连锁迷宫密封两种，如图2-35所示。在相对膨胀较小的区域（即推力/径向联合轴承附近区域）采用交错汽封片连锁密封，在相对膨胀较大的区域（低压缸区）则采用汽封齿式非连锁迷宫密封。

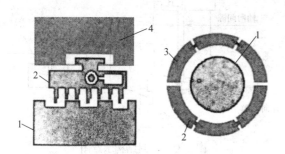

图2-34 布莱登汽封结构示意图
1—转子；2—弹簧；3—汽封片；4—汽封体

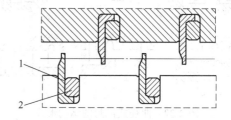

图2-35 轴封的两种结构形式
1—密封条；2—压紧件

C 汽封系统

汽轮机轴端密封装置有两个功能，一是在汽轮机压力区段防止蒸汽外泄，确保进入汽轮机的全部蒸汽都沿汽轮机的叶栅通道前进做功，提高汽轮机的效率；二是在真空区段，防止汽轮机外侧的空气向汽轮机内泄，保证汽轮机组有良好的真空，降低汽轮机的背压，提高汽轮机的做功能力。一般情况下，每一个汽缸都有一组轴封，每组轴封由多段轴封组成，并配有相应的供汽系统。图2-36所示为高低压缸轴端密封的系统示意图。

轴端密封的形式一般分成镶片式汽封和梳齿式汽封两种。镶片式汽封主要是由镶于转子和汽封圈上的梳齿、汽封圈、汽封体组成，汽封圈分段装设在水平中分面的汽封体的T形槽中。这种汽封结构由于制造工艺和材质的原因运行中往往发生汽封被吹倒和局部脱落

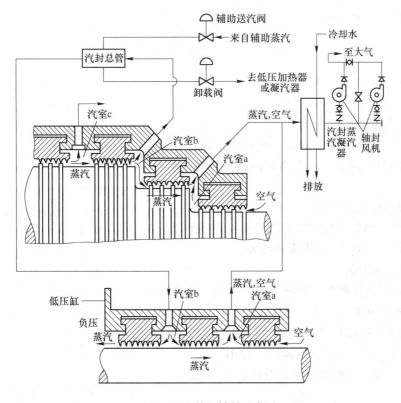

图 2-36　汽轮机轴封示意图

的现象，达不到预期的目的。梳齿形汽封的结构和隔板汽封的结构相同，根据汽封齿安装的位置不同，分成了三类：（1）汽封齿安装在转子上；（2）汽封齿安装在静子上；（3）汽封齿在静、转子上均安装。主要优点是结构简单，便于加工，材质可以选用刚性较高的金属。但这种汽封齿在摩擦时容易使转子局部过热而发生转子弯曲的现象。

2.2.3　多级汽轮机的工作特点

2.2.3.1　重热现象和重热系数

A　重热现象

根据工程热力学的知识，在水蒸气的 h-s 图上，等压线沿着熵增的方向逐渐扩张，即等压线之间的理想比焓降随着比熵的增大而增大。这样上一级的损失将引起熵增，进而使后面级的理想比焓降增大，这相当于上一级损失以热能的形式被后面各级部分利用，这种现象称为"多级汽轮机的重热现象"。图 2-37 所示为具有四个级的汽轮机的简化热力过程线。由图 2-37 可知，若各级没有损失，整机的总理想比焓降 Δh_t 为

$$\Delta h_t = \Delta h'_{t1} + \Delta h'_{t2} + \Delta h'_{t3} + \Delta h'_{t4} \tag{2-54}$$

由于各级存在损失，使各级的累计理想比焓降 $\sum \Delta h_t$ 大于无损失时的整机的总理想比焓降 Δh_t。各级的累计理想比焓降 $\sum \Delta h_t$ 为

$$\sum \Delta h_t = \Delta h_{t1} + \Delta h_{t2} + \Delta h_{t3} + \Delta h_{t4} \tag{2-55}$$

Δh_t 和 $\sum \Delta h_t$ 两者之差，即增大的那部分比焓降与无损失时整机的总理想比焓降之比，

称为重热系数, 用 α 表示, 即

$$\alpha = \frac{\sum \Delta h_{t} - \Delta h_{t}}{\Delta h_{t}} \tag{2-56}$$

对于凝汽式汽轮机, $\alpha = 0.04 \sim 0.08$。

B　影响重热系数 α 的因素

a　多级汽轮机各级的效率

若效率为 1, 即各级无损失, 则重热系数 $\alpha = 0$。级效率越低, 即损失越大, 后面级利用的部分也越多, α 值也就越大。

b　多级汽轮机的级数

级数越多, 则上一级的损失被后面级利用的机会越大, 利用的份额也越大, α 值也就越大。

c　各级的初参数

初温越高, 初压越低, 初始比熵值较大, 使膨胀过程接近等压线间扩张较大的部分, α 较大。另外, 因为在过热蒸汽区等压线扩张程度较大, 而在湿蒸汽区较小, 所以 α 在过热区较大, 在湿汽区较小。

由图 2-37 可知, 整机的相对内效率为

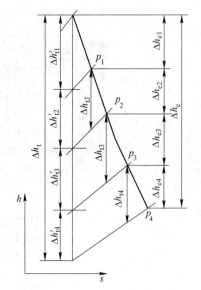

图 2-37　四级汽轮机的
简化热力过程曲线

$$\eta_{ti} = \frac{\Delta h_{e}}{\Delta h_{t}}$$

$$\Delta h_{e} = \Delta h_{e1} + \Delta h_{e2} + \Delta h_{e3} + \Delta h_{e4} \tag{2-57}$$

式中, Δh_{e} 为整机的有效比焓降。

各级的平均相对内效率为

$$\eta_{i,av} = \frac{\Delta h_{e}}{\sum \Delta h_{t}}$$

$$\sum \Delta h_{t} = \Delta h_{t1} + \Delta h_{t2} + \Delta h_{t3} + \Delta h_{t4} \tag{2-58}$$

由此可得

$$\frac{\eta_{ti}}{\eta_{i,av}} = \frac{\Delta h_{e} \sum \Delta h_{t}}{\Delta h_{t} \Delta h_{e}} = \frac{\sum \Delta h_{t}}{\Delta h_{t}} \tag{2-59}$$

从上式可以看出, 由于重热现象的存在, 使整机的相对内效率高于各级的平均相对内效率。需要特别指出的是, 不能从这一结论简单地得出 α 越大, 整机效率越高的结论。这是因为 α 的提高是建立在各级存在损失、各级效率降低的前提下的, 重热现象仅仅是利用了多级汽轮机的一部分损失的能量。

2.2.3.2　多级汽轮机各级的工作特点

在多级汽轮机中, 沿着蒸汽的流动方向, 可以将其分为高压段 (缸)、中压段 (缸) 和低压段 (缸) 三个部分。由于工作条件不同, 各级 (缸) 的工作特点也不一样, 下面分别加以说明。

A　高压级 (缸)

在多级汽轮机的高压级 (缸) 中, 蒸汽的压力、温度很高, 比体积较小, 因此蒸汽

容积流量较小，所需的通流面积也较小。由连续性方程可知，为了减小叶高损失，提高喷嘴效率，并保证高压级（缸）的喷嘴具有足够的出口高度，所以将喷嘴出口汽流方向角 α_1 取得较小。一般情况下，冲动式汽轮机的 $\alpha_1 = 11° \sim 14°$，而反动式汽轮机的 $\alpha_1 = 14° \sim 20°$。

在冲动式汽轮机的高压级，级的反动度一般不大。若动静叶根处的间隙不吸汽也不漏汽，则根部反动度较小。这样，尽管沿叶片高度方向，反动度从叶根到叶顶不断增大，但由于高压级叶片高度较小，因此，平均直径处的反动度仍较小。

在高压级（缸）的各级中，比焓降不大，变化也不大。因此，如前所述，为增大叶片高度，减小叶高损失，叶轮的平均直径较小，相应的轮周速度也较小。同时，为保证各级在最佳速度比附近工作，喷嘴出口汽流速度也必然较小，所以各级的比焓降不大。由于比体积变化较小，各级的平均直径变化不大，所以各级比焓降的变化也不大。

由于高压级（缸）蒸汽的比体积较小，而漏汽间隙也不可能按比例减小，漏汽量相对较大，漏汽损失较大。对于采用部分进汽的级，由于不进汽的动叶弧段成为漏汽的通道，所以漏汽损失将有所增大。同样，由于高压级（缸）蒸汽的比体积较小，叶轮摩擦损失也相对较大。此外，因为高压级（缸）叶片高度相对较小，所以叶高损失也较大，综上所述，高压各级的效率相对较低。对于国产 600MW 超临界汽轮机，高压缸效率为 87.2% ~ 89.0%。

B　低压级（缸）

低压级（缸）的特点是蒸汽的容积流量很大，所以低压各级具有很大的通流面积，叶片高度很大。为避免叶高过大，有时不得不将低压各级的喷嘴出口汽流方向角 α_1 取得很大。

在低压级（缸），采用较大的反动度，其原因有两个：一是低压级叶高很大，为保证叶片根部不出现负反动度，则平均直径处的反动度就必然较大；二是低压级（缸）的比焓降较大，为避免喷嘴出口汽流速度超过临界速度过多，要求蒸汽在喷嘴中的比焓降不能太大，因而要增大级的反动度，保证动叶内有足够的比焓降。

由于低压级（缸）的容积流量大，因此叶轮直径大，级的轮周速度也较大。为了保证有较高的级效率，各级的理想比焓降将明显增大。

从低压级（缸）的损失看，由于低压级的蒸汽比体积很大，所以叶轮摩擦损失很小；由于低压级均是全周进汽，所以没有部分进汽损失；而低压级的叶片高度很大，漏汽间隙所占比例很小，因此漏汽损失很小；另外，由于蒸汽容积流量很大，而通流面积受到一定限制，因此低压级的余速损失较大；由于低压级一般都处于湿蒸汽区，所以存在湿汽损失，而且压力越低该项损失越大。总而言之，对于低压级（缸），由于湿汽损失很大，使其效率降低很多，尤其是最后几级。对于国产 600MW 超临界汽轮机，低压缸效率为 89.72% ~ 91.7%。

C　中压级（缸）

对于中压级（缸），由于其处于高压级（缸）和低压级（缸）之间，其蒸汽比体积既不像高压级（缸）那样小，也不像低压级（缸）那样大，因此其特点包括：（1）漏汽损失较小，叶轮摩擦损失也较小；（2）由于叶片有足够的高度，叶高损失较小；（3）由于中压级（缸）一般为全周进汽，故无部分进汽损失；（4）没有湿汽损失。可见，中压各级的级内损失较小，其效率高于高压级（缸）和低压级（缸）。

中压级（缸）各级的反动度一般介于高压级（缸）和低压级（缸）之间，且随流动方向逐级增大。对于国产 600MW 超临界汽轮机，中压缸效率为 92.14% ~ 94.1%。

2.2.3.3　汽轮机进汽损失和排汽损失

A　进汽节流损失

蒸汽进入汽轮机时，首先流经主汽门、调节阀和蒸汽室。蒸汽通过这些部件时因摩擦而使其压力由力 p_0 降至力 p_0'。由于蒸汽通过这些部件时的散热损失可忽略不计，该热力过程可视为一节流过程，即蒸汽通过汽阀后压力虽然降低，但比焓不变，如图 2-38 所示。若无节流，则整机的理想比焓降为 Δh_t，有调节阀的节流作用，实际的理想比焓降为 $\Delta h_t'$，其差值 $\delta h_0 = \Delta h_t - \Delta h_t'$ 即为进汽节流损失。

汽轮机的进汽节流损失与汽流速度、阀门类型、阀门型线以及汽室形状等因素有关。设计时一般取蒸汽流过主汽门，蒸汽管道等的流速一般为 40~60m/s，使其压力损失控制在 $\Delta p_0 = p_0 - p_0' = (0.03 ~ 0.05)p_0$。对于设计良好的机组，此值可小于 0.03。而对于高压大容量机组，由于两缸之间的连接管道较长，蒸汽通过汽阀的流速较快，因而此项损失可能较大。

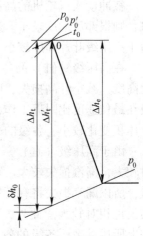

图 2-38　进汽节流损失

限制蒸汽流速只是减小进汽节流损失的一个办法，而改进阀门的蒸汽流动特性才是减小进汽节流损失的根本手段。近代汽轮机普遍采用带扩压管的单座阀，其原因是阀碟和阀座可以设计成较好的型线，而且由于加装了扩压器，将部分蒸汽动能转换成压力能，最终减小了该项损失。

B　排汽节流损失

汽轮机的排汽从末级动叶流出后通过排汽管排入凝汽器。蒸汽在排汽管（缸）中流动时，由于存在摩擦涡流阻力，使其压力降低，如图 2-39 所示，p_c' 表示汽轮机末级动叶出口的蒸汽静压，p_c' 为凝汽器喉部静压，其差值即为压力损失 $\Delta p_c = p_c - p_c'$。压力损失使蒸汽在汽轮机中的理想比焓降由 $\Delta h_t'$ 变为 $\Delta h_t''$，其差值 $\delta h_{ex} = \Delta h_t' - \Delta h_t''$ 被称为排汽节流损失，它使整机的有效理想比焓降减小。

排汽压力损失 Δp_c 的大小取决于排汽管中的汽流速度、排汽部分的结构形式以及排汽管的型线好坏等。Δp_c 一般可用公式估算，即

$$\Delta p_c = \lambda \left(\frac{c_{ex}}{100} \right)^2 p_{ex} \tag{2-60}$$

式中　λ——排汽管的阻力系数；

$\quad\quad c_{ex}$——排汽管中的汽流速度，m/s；

$\quad\quad p_c$——凝汽器内的蒸汽压力，kPa。

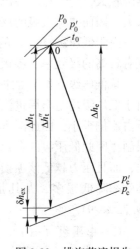

图 2-39　排汽节流损失

对于凝汽式汽轮机，一般取 $100 \sim 120 \text{m/s}$，对于背压式机组一般取 $40 \sim 60 \text{m/s}$。阻力系数 λ 的变化范围较大。一般情况下，凝汽器布置在汽轮机的下方，汽流方向在排汽管中有 $90°$ 的改变，此时排汽损失较大，$\lambda = 0.05 \sim 0.1$。而对于设计良好的排汽管，由于其可有效地利用末级出口的余速动能，所以 λ 值较小，有时可小于 0.05，甚至可以为零，或是负值（动压头转变为静压头，使压力回升）。

对于大型汽轮发电机组，其排汽余速很大，为了将排汽动能变成蒸汽静压（扩压），补偿排汽管中的蒸汽压力损失，所以将排汽管设计成具有较好扩压效果的扩压器。

2.2.3.4 汽轮机装置的评价指标

在火力发电厂的能量转换中，除了不可避免的冷源损失之外，还存在着各种损失，如机械、电气（或其他被驱动机械）等损失，所以蒸汽的理想比焓降不可能全部转换为电能（或有用机械功）。在汽轮机装置中，通常用各种效率来评价其整个能量转换过程的完善程度。

A 汽轮机的相对内效率

由于汽轮机中能量转换存在损失，所以只有蒸汽的有效比焓降才能转换成有用功。有效比焓降与理想比焓降之比称为汽轮机的相对内效率，用 η_i 表示，即

$$\eta_i = \frac{\Delta h_e}{\Delta h_t} \tag{2-61}$$

相应地，汽轮机的内功率 P_i 可表示为

$$P_i = \frac{D_0 \Delta h_t \eta_i}{3.6} = G_0 \Delta h_t \eta_i \tag{2-62}$$

式中，D_0、G_0 分别为以 t/h 和 kg/s 为单位的汽轮机进汽流量。

B 机械效率

运行中，汽轮机需消耗一部分功率克服支持轴承和推力轴承的摩擦阻力，同时还需要消耗一部分功率带动主油泵和调速器。这些多消耗的功率统称为汽轮机的机械损失。考虑机械损失后，汽轮机联轴器端的输出功率（轴端功率）P_a 要小于汽轮机的内功率 P_i，两者之比称为汽轮机的机械效率，用 η_m 表示，即

$$\eta_m = \frac{P_a}{P_i} = \frac{3.6 P_a}{D_0 \Delta h_t \eta_i} \tag{2-63}$$

C 发电机效率

当考虑发电机的机械损失和电气损失后，发电机出线端的功率要小于汽轮机的轴端功率 P_a，两者之比称为发电机的机械效率，用 η_g 表示，即

$$\eta_g = \frac{P_{el}}{P_a} = \frac{3.6 P_{el}}{D_0 \Delta h_t \eta_i \eta_m} = \frac{P_{el}}{G_0 \Delta h_t \eta_i \eta_m} \tag{2-64}$$

D 汽轮发电机组的相对电效率

汽轮发电机组的相对电效率表示 1kg 蒸汽所具有的理想比焓降中有多少能量最终被转换成电能，用 η_{el} 表示，即

$$\eta_{el} = \eta_i \eta_m \eta_g$$

$$P_{el} = \frac{D_0 \Delta h_t \eta_{el}}{3.6} = G_0 \Delta h_t \eta_{el} \qquad (2\text{-}65)$$

E　汽轮发电机组的绝对电效率

汽轮发电机组的绝对电效率表示 1kg 蒸汽理想比焓降中转换成电能的部分与整个热力循环中加入 1kg 蒸汽的热量之比，用 $\eta_{el,a}$ 表示，即

$$\eta_{el,a} = \frac{\Delta h_t \eta_{el}}{h_0 - h_c'} = \eta_t \eta_{el} = \eta_t \eta_i \eta_m \eta_g \qquad (2\text{-}66)$$

式中，h_0 为新蒸汽的比焓；h_c' 为凝结水的比焓，有回热抽汽时为给水的比焓 h_{fw}。

F　汽耗率

汽轮发电机组每生产 1kW·h 电能所消耗的蒸汽量称为汽耗率，用 $d[kJ/(kW·h)]$ 表示，即

$$d = \frac{1000 D_0}{P_{el}} = \frac{3600}{\Delta h_t \eta_{el}} \qquad (2\text{-}67)$$

G　热耗率

汽轮发电机组每生产 1kW·h 电能所消耗的热量称热耗率，用 $q[kJ/(kW·h)]$ 表示，即

$$q = d(h_0 - h_c') = \frac{3600(h_0 - h_c')}{\Delta h_t \eta_{el}} = \frac{3600}{\eta_{el,a}} \qquad (2\text{-}68)$$

对于中间再热机组有

$$q = d\left[(h_0 - h_c') + \frac{D_r}{D_0}(h_r - h_r') \right] \qquad (2\text{-}69)$$

式中，D_0 为汽轮机组的新蒸汽流量，t/h；D_r 为再热蒸汽流量，t/h；h_r' 为再热蒸汽比焓，kJ/kg；h_r 为高压缸排汽焓，kJ/kg。

不同功率汽轮发电机组的各种效率及热经济性指标如表 2-4 所示。

表 2-4　不同功率汽轮发电机组的各种效率及热经济性指标

额定功率/MW	η_i	η_m	η_g	$\eta_{el,a}$	$d/kg·(kW·h)^{-1}$	$q/kJ·(kW·h)^{-1}$
0.75~6	0.76~0.82	0.965~0.985	0.93~0.96	<0.28	>0.49	>12980
12~25	0.82~0.85	0.985~0.99	0.965~0.975	0.30~0.33	4.1~4.7	10880~12140
50~100	0.85~0.87	约0.99	0.975~0.985	0.37~0.39	3.5~3.7	9210~9630
125~200	0.87~0.88	>0.99	0.985~0.99	0.42~0.43	3.0~3.2	8370~8500
300~600	0.885~0.90	>0.99	0.985~0.99	0.44~0.46	2.9~3.2	7810~8100
>600	≥0.90	>0.99	0.985~0.99	>0.46	<3.2	7510~7800
1000	≥0.91	>0.99	0.985~0.99			7317~7383

2.3　凝汽装置与冷却装备

在热力发电厂中，凝汽设备与其冷却装置（冷却塔等）一起构成发电厂的冷端系统，

是保证发电厂安全经济运行的重要环节之一。为了提高蒸汽动力装置的效率，就需要降低汽轮机的排汽压力，从而增大其做功焓降，减少"冷源损失"。凝汽设备是实现这一目的的重要措施。所谓冷源损失是指汽轮机排汽所带走的热量。这个术语来源于热力学第二定律，它指出"单一热源不能实现循环做功"，除热源外还必须有冷源。从根本上取消此项损失是徒劳的，因为违反热力学第二定律，但却可以尽可能地减少它。在本部分将着重介绍凝汽设备工作的基本原理，以及相关系统和设备。

2.3.1　凝汽设备的组成、作用及类型

2.3.1.1　凝汽系统的组成

凝汽设备一般由凝汽器、循环水泵、抽气器（或真空泵）和凝结水泵等主要部件及其之间的连接管道和附件组成。

最简单的凝汽设备示意图如图 2-40 所示。汽轮机 1 的排汽进入凝汽器 3，循环水泵 4 不断地把冷却水送入凝汽器，吸收蒸汽凝结放出的热量，蒸汽被冷却并凝结成水，凝结水被凝结水泵 6 从凝汽器底部抽出，送往锅炉作为锅炉给水。

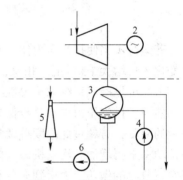

图 2-40　凝汽设备示意图

1—汽轮机；2—发电机；3—凝汽器；
4—循环水泵；5—抽气泵；6—凝结水泵

在凝汽器中，蒸汽和凝结水是两相共存的，蒸汽压力是凝结温度所对应的饱和压力。只要冷却水温不高，在正常条件下，蒸汽凝结温度也不高，一般为 30℃。30℃左右的蒸汽凝结温度所对应的饱和压力为 4~5kPa，远远低于大气压力，因此在凝汽器内形成高度真空。此时，处于负压的凝汽设备管道接口并非绝对严密，外界空气会漏入。为了避免这些在常温条件下不凝结的空气在凝汽器中逐渐积累造成凝汽器中的压力升高，一般采用抽气泵 5 不断地将空气从凝汽器中抽出以维持凝汽器内的真空。

2.3.1.2　凝气系统的作用

凝汽系统的主要作用包括以下几点：

（1）在汽轮机的排汽口建立并保持所要求的真空，起到"冷源"的作用，从而增大机组的理想比焓降，提高其热经济性。

（2）回收排汽凝结而成的凝结水作为锅炉的给水，循环使用。汽轮机组容量越大，给水量也越大，若全部靠软化水，则水处理设备的投资和运行费用将大大增加，回收凝汽器洁净的凝结水可节省锅炉给水处理的投资运行费用。

（3）凝汽器中的负压环境对凝结水起到真空除氧的作用，进而提高凝结水的品质。

此外，凝汽器还起到汇集和储存汽轮机排汽、凝结水、热力系统的各种疏水，以及化学补充水的作用。

凝汽设备直接影响机组的经济性。以东方汽轮机厂生产的 300MW 汽轮机为例，该机组主蒸汽压力 $p_0 = 16.67\text{MPa}$，主蒸汽和再热蒸汽温度 $t_0 = t_{rh} = 537℃$，再热蒸汽压力 $p_{rh} = 3.65\text{MPa}$，其热力循环过程如图 2-41a 所示，循环热效率 η 与汽轮机排汽压力 p_c 的关系如

图 2-41b 所示。若没有凝汽设备，汽轮机的最低排汽压力等于大气压力，即 $p_c = 0.1$MPa，循环热效率只有 37% 左右，而当 $p_c = 0.005$MPa 时，η 为 38.5%，两者相差达约 1.5%。

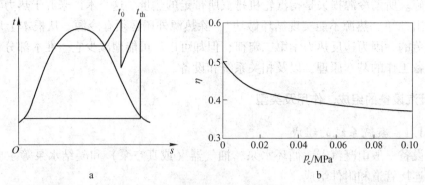

图 2-41　一次中间再热亚临界 300MW 机组的热力循环与热效率
a—热力循环 t-s 图；b—η-p_c 关系曲线

若运行不当使排汽压力比正常值上升 1%，$\Delta\eta/\eta$ 将降低 1% 以上，即机组热耗率的相对变化率将增大 1% 以上。相反，若使汽轮机的排汽温度下降 5℃，则 $\Delta\eta/\eta$ 将增大 1% 以上，由此可见凝汽系统的重要性。

然而，排汽压力也不是越低越好。对于一台结构已定的汽轮机，蒸汽在末级的膨胀有一定的限度，若超过此限度继续降低排汽压力，蒸汽膨胀只能在末级动叶道以外进行，汽轮机功率不再增加。汽轮机做功能力达到最大值所对应的真空称为极限真空。虽然在极限真空下蒸汽的做功能力得到充分利用，但此时循环水泵耗电量维持在较高水平上，而且由于凝结水温降低，最后一级回热抽汽量增加，汽轮机功率相应减小，从经济上说这是不合算的。所谓最佳真空就是提高真空所增加的汽轮机功率与循环水泵等所消耗的厂用电功率之差达到最大时的真空值，这时经济性最好。对于运行中的机组要尽量维持最佳真空，以保证机组的热经济性。

2.3.1.3　凝气系统的类型

按冷却（循环）水一次流过或往返两次流过凝汽器，凝汽器可分为单流程和双流程凝汽器。与单流程者相比，在具有同样性能的条件下，双流程凝汽器具有较大的传热面，因而其冷却水温升高。但双流程凝汽器在采用冷却塔方案时，一般比单流程者更经济，而单流程者一般适用于以天然河流、湖泊或在海滨由厂用海水一次冷却的方案，这些电厂使用双流程以上的凝汽器运行不经济。

按排汽是在一个压力空间中凝结还是在两个压力空间中凝结，凝汽器分为单压力和双压力凝汽器。从热力学观点来看，双压力凝汽器优于单压力凝汽器。但是在设计做决策时须考虑其经济因素。双压力凝汽器的流程与温升特性可与双流程凝汽器相比，但其热效率与双流程凝汽器相比有所改进。因此，双压力凝汽器在所有使用冷却塔的电厂或附近希望有热水供应的电厂的情况下可以采用。在排汽量大的汽轮机组上，凝汽器双压力运行可使全厂热效率优于单压力运行。

2.3.2　表面式凝汽器

表面式水冷凝汽器可以简称为表面式凝汽器，在火电厂和核电厂中均有广泛的应用。

图 2-42 所示为表面式双流程凝汽器的结构示意图，冷却水管 2 安装在管板 6 上，冷却水由进水管 4 先进入凝汽器下部冷却水管内，通过回流水室 7 进入上部冷却水管，再由出水管 3 排出。蒸汽进入凝汽器后，在冷却水管外的汽侧空间冷凝，凝结水汇集在下部热井 5 中，由凝结水泵抽走。

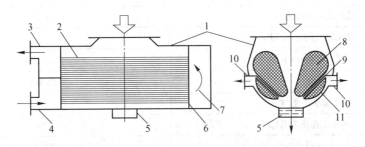

图 2-42 表面式双流程凝汽器结构示意图

1—凝汽器外壳；2—冷却水管；3—冷却水出水管；4—冷却水进水管；
5—凝结水集水箱（热井）；6—管板；7—冷却水回流水室；8—主凝结区；
9—空气冷却区挡板；10—空气抽出口；11—空气冷却区

为了减轻抽气器的负荷，空气与少量蒸汽的混合物在从凝汽器抽出之前，要再进一步冷却以减少蒸汽含量，并降低蒸汽空气混合物的比体积。为此，把一部分冷却管束用挡板 9 与主换热管束隔开，凝汽器的传热面就分为主凝结区 8 和空气冷却区 11 两部分。蒸汽刚进入凝汽器时，所含的空气量不到排汽量的万分之一，凝汽器总压力可以用凝汽分压力代替，直至蒸汽空气混合物进入空气冷却区，蒸汽的分压力才明显减小，和空气分压力在同一数量级上。要维持蒸汽和空气混合物以一定速度向抽气口 10 流动，抽气口处应保持较低的抽汽压力。

2.3.2.1 典型凝汽器 N-40000-1 型凝汽器介绍

N-40000-1 型凝汽器如图 2-43 所示，是哈尔滨汽轮机厂生产的与 600MW 汽轮机配套

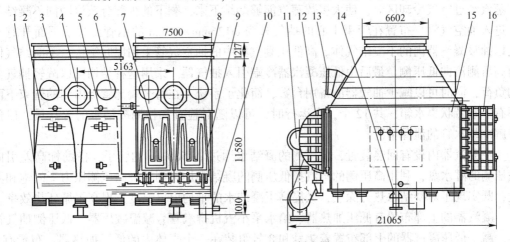

图 2-43 N-40000-1 型凝汽器

1—低压凝汽器下部；2—低压凝汽器上部；3—凝汽器补偿节；4—7 号、8 号低压加热器接口；5—低压侧抽气口；
6—低压旁路减温减压器接口；7—中间隔板；8—高压凝汽器上部；9—高压凝汽器下部；10—凝结水集水箱；
11—连通管；12—后水室；13—小汽轮机排汽接口；14—死点座；15—支撑座；16—前水室

使用的水冷表面式凝汽器，它采用双壳体、双背压、双进双出、单流程、横向布置。凝汽器的特性参数见表 2-5。

表 2-5　N-40000-1 型凝汽器的特性参数

型　号	N-40000
低压侧汽侧压力/kPa	4.2
高压侧汽侧压力/kPa	5.3
凝结汽量/t·h⁻¹	1148.98
冷却水量/t·h⁻¹	58300
冷却水温度/℃	20
水室工作压力/kPa	254
总水阻/kPa	62.4
凝汽器自重/t	1211
运行时质量/t	1944
汽侧满水时质量/t	3273

凝汽器主要由水室、冷却水管、中间隔板、挡汽板抽气管、补偿节、回热装置、低压向高压自流水管（靠标高差）和凝结水集水箱等组成，为全焊接结构。冷却水通过连通管后再进入高压侧，该凝汽器允许半边运行。

凝汽器主凝结区采用加砷锡黄铜管，空气冷却区采用白铜管，管束上部的三排管子等部分管子选用壁厚为 1.65mm 的厚壁管。冷却水管的有效长度为 14707mm，管子规格为 φ28.5mm×1.24mm。冷却水管两端胀接在管板上，并借助中间隔板支撑。管板、中间隔板中心线由进水侧向出水侧按 4‰ 抬高，因而铜管的中心线也随之做相应的抬高，保证了机组在停机时循环水自动从管内流出，以防止铜管腐蚀，同时当铜管振动时可以起到阻尼作用，减小振动。每个管束中心区为空气冷却区，用挡汽板与主凝结区隔开，不凝结气体和蒸汽经过空气冷却区时，使大多数蒸汽能够凝结下来，剩下的少部分蒸汽随同不凝结气体进入抽空气管。布置在管束中心的抽气管为 φ126mm×11mm 的钢管，管子下面开有小孔以抽吸凝汽器内的不凝结气体。高低压凝汽器中的抽空气管采用串联结构，不凝结气体由高压侧流向低压侧，最后由低压凝汽器冷端引入抽气器。采用这种结构可以减轻抽气器的负荷，同时可以减少抽气器的备用台数，简化了系统。在每个端部管板内侧的管束下面焊有一条带状集水箱，共 12 个，在运行时，可以随时检查和检测凝结水的含盐量，以便了解冷却水管的泄漏情况。

在凝汽器内设有回热装置，低压侧的凝结水通过 φ1500mm 的管子，借助标高差引向高压侧的淋水盘，利用高压侧的蒸汽把低压侧的凝结水加热到接近高压侧压力下的饱和温度，既实现了对凝结水热力除氧，又提高了凝结水的平均出口温度，提高了循环热效率。

凝汽器的上部布置有低压加热器、给水泵小汽机排汽管、减温减压器、低压侧抽气管等。高、低压凝汽器的上部布置着 7 号和 8 号组装在一个壳体内的低压加热器，布置有 4 个减温减压器，以接受旁路来的蒸汽，还布置有 5 号、6 号、7 号、8 号低压加热器事故疏水的减温装置等。凝汽器的水室装有可拆卸的水室盖板，便于检修。在水室盖板上设有人孔板，水室外部焊有加强盘。

凝汽器刚性地固定在水泥基础上，每个壳体板下部中心处均设一个死点，允许以死点为中心向四周自由膨胀。凝汽器与排汽缸之间设有橡胶补偿节，以补偿相互间的膨胀。循环水连通管及后水室均设有支架支撑，并允许自由滑动，以适应凝汽器自身的膨胀。后水室处的管板与壳体之间布置有波形补偿节，以补偿铜管与壳体之间的膨胀。

2.3.3 抽气设备

抽气设备是电厂汽轮机的主要辅助设备之一，是凝汽装置不可缺少的匹配设备。其任务是不断抽出凝汽器中的不凝结气体，以维持凝汽器真空。机组启动和正常运行过程中，抽气设备都要投入运行。机组启动时，需要把一些汽、水管路系统和设备当中所积集的空气抽出来，以便加快启动速度。正常运行时，必须用它及时地抽出凝汽器中的不凝结气体，维持凝汽器的额定真空；及时地抽出加热器热交换过程中释出的非凝结气体，保证加热器具有较高的换热效率；把汽轮机低压段轴封的蒸汽、空气及时地抽到轴封冷却器中，以确保轴封的正常工作等。系统中需要抽气的设备和管路有：供水系统中的管路、循环水泵和凝结水泵；主凝汽器和辅助凝汽器；汽轮机的端轴封；其他有关的汽、水管路等。整个抽气设备包括：工作介质的供应、动力泵、管道系统、抽气器、冷却水、补充水和疏水系统、调节阀、安全阀和水池等。

用于电厂系统的抽气器，其工作特点是抽吸真空不高，但抽气量和抽气速率大，且抽吸的介质为汽气混合物，总体上可分为两大类：

（1）机械式抽气器。利用运动部件（回转件或往复件）在泵体内连续运动，使泵腔内工作室的容积变化而产生抽气作用，电厂常用的为水环式真空泵。

（2）引射式抽气器。利用高速流体从喷嘴中喷射出来，在吸入室内形成真空，把压力较低的流体吸走，电厂常用的有射水抽气器和射汽抽气器等。

2.3.3.1 射汽抽气器

射汽抽气器以蒸汽为工作介质，其优点是结构简单紧凑，维护方便，并能在短时间内（5~10min）建立起必要的真空，在小型机组中得到了广泛的应用。图 2-44 所示为射汽抽气器示意图。

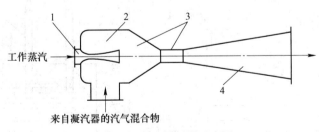

图 2-44 射汽抽气器示意图
1—喷嘴；2—吸入室；3—混合室；4—扩压室

来自主蒸汽管道或其他供汽管道的工作蒸汽，经节流减压后进入喷嘴中进行膨胀加速，之后以很高的流速（约 1000m/s）射入吸入室。吸入室与凝汽器抽气口相连，高速流过的工作蒸汽在吸入室中形成高真空，将凝汽器中的汽气混合物源源不断地抽出。工作蒸汽携带汽气混合物进入混合室，工作蒸汽的动能一部分传递给汽气混合物，最终混合流体的速度逐渐均衡，这一过程通常也伴随着压力的升高。混合流体流出混合室后进入扩压室，压力继续升高。在扩压室出口处，混合流体压力稍高于大气压，得以顺利排入大气。汽气混合物在扩压室中的升压过程可近似认为是绝热压缩过程，在升压过程中，混合物的温度不断升高，比体积也不断增大。为了提高抽气器的效率，常采用带有中间冷却器的两级或多级抽气器。以两级抽气器为例，凝汽器中的汽气混合物由第一级抽气器抽出并压缩到某一低于大气压力的中间压力后，进入中间冷却器。在中间冷却器中，混合物中的大部分蒸汽被冷凝，余下的不凝结气体和未被冷凝的蒸汽进入第二级抽气器。由于大部分蒸汽被冷凝，且余下的汽气混合物的比体积也因温度下降而降低，因此第二级抽气器的耗功大大减小。

图 2-45 所示为两级射汽抽气器与凝汽器连接的示意图。

一般工作蒸汽的汽源取自新汽，亦可取自除氧器的汽平衡管。高压蒸汽经过节流减压装置到达所需的工作压力后进入射汽抽气器工作。凝汽器中凝结水通过凝结水泵加压后进入并联的两个中间冷却器，与抽气器中的汽气混合物进行换热。中间冷却器中被冷凝的蒸汽一部分来自工作蒸汽，另一部分来自从凝汽器中抽出的汽气混合物，冷凝下来的凝结水逐级流出，最后汇入凝汽器，不凝结的空气则被排入大气。

2.3.3.2　射水抽气器

射水抽气器与射汽抽气器一样，均属于引射式抽气器，同样具有结构简单紧凑，维护方便，能在短时间内建立起必要真空的特点。另外，射水抽气器不消耗蒸汽，运行费用低，过载承受能力强，因此比射汽抽气器更为可靠，且在大型机组滑参数启动时，不必像射汽抽气器那样必须设置启动抽气器。

图 2-46 所示为射水抽气器应用于电厂凝汽器抽气系统的示意图。

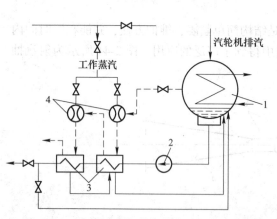

图 2-45　两级射汽抽气器与凝汽器连接示意图
1—凝汽器；2—凝结水泵；3—中间冷却器；4—抽气器

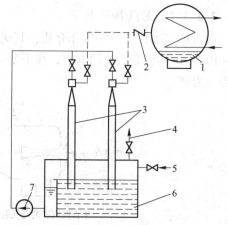

图 2-46　射水抽气器系统连接示意图
1—凝汽器；2—止回阀；3—射水抽气器；4—排气管道；5—补水管道；6—水箱；7—工作水泵

工作水泵（也称射水泵）将水箱中的工作水抽出后打入射水抽气器的喷嘴中，形成高速水流。高速水流周围形成的高度真空将凝汽器中的汽气混合物抽出，与工作水一同进入扩压段升压后排入水箱。运行过程中，若工作水泵突然停用，抽气器中的真空立即消失，此时凝汽器仍处于低压状态，而水箱压力约为大气压力，因此水箱中不洁净的工作水将从扩压管倒流入凝汽器中，污染凝结水。为了防止此类事故的发生，在抽气管道上设有止回阀，阻止工作水进入凝汽器。在射水抽气器中，工作水温要低于被抽出的汽气混合物的温度，因此混合物中的蒸汽凝结后将热量传给工作水，引起工作水温度上升。工作水温的升高将影响射水抽气器的工作性能，因此在闭式循环中需要设置补水管。工作水也可以采用开式供水方式，直接取自凝汽器的循环冷却水。

2.3.3.3 水环式真空泵

水环式真空泵功耗低，运行维护方便，且容易实现自动化。

图 2-47 所示为水环式真空泵的原理图。它的壳体内部形成一个圆柱体空间，叶轮偏心地装在这个空间内，同时在壳体两端面半径处的适当位置上分别开有吸气口和排气口。真空泵的壳体内充有适量工作水（或称密封水），带有若干前弯叶片的转子在泵体内旋转，由于受离心力的作用，水被甩向壳体圆柱表面而形成一个运动着的圆环，称为水环。由于叶轮与壳体是偏心的，转子每转一周，转子上两个相邻叶片与水环间所形成的空间均会形成由小到大，又由大到小的周期性变化。当空间处于由小到大的变化时，该空间产生真空，吸气口便吸入气体。当空间由大变小时，该空间内的气体被压缩而压力升高，经排气管排出。由于转子是由若干叶片组成的，每个相邻叶片与水环

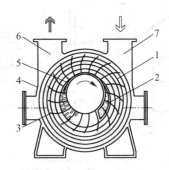

图 2-47 水环式真空泵原理图
1—水环；2—吸气口；3—叶轮；
4—泵体；5—排气口；6—排气管；
7—吸气管

所构成的空间均处于不同的容积变化过程，所以当转子转动时，吸气和排气均为一个连续、不间断的过程。

由于在吸气过程中，叶片间的空间内为真空状态，不可避免地有一部分水被蒸发，也随之排出，因此为了保持水环恒定的径向厚度，在运行过程中必须连续向泵内补水。水环泵所能达到的真空取决于水环的温度，水温越低，能达到的真空越高。为了保持水温恒定，水环中的水是不断流动更新的。

2.3.4 供水系统

热力发电厂供水系统主要是指循环水（冷却水）系统。热力发电厂因为冷却汽轮机排汽使之凝结所消耗的冷却水较多。在其他条件相同的情况下，冷却水量越多冷却效果越好，则凝汽器的压力越低，冷源损失越小。但冷却水量越多，则循环水泵的耗功量越大。技术经济比较的结果表明，每凝结 1kg 蒸汽，消耗 50~80kg 的冷却水（即冷却倍率在 50~80 范围）较为经济。在电厂里，冷却水、锅炉补给水、脱硫工艺水以及其他设备所要的工业水都由专门的供水系统供给。电厂进行厂址选择时，足够的水源是一项极为重要的条件。

电厂冷却水供应方式主要根据厂区自然环境，特别是水源条件与耗水量等情况而定，所谓水源条件首先是水源能提供的流量，其次是水源距厂区的距离等。冷却水供水方式一般可分成两大类：一为直流供水，也叫开式系统，这种供水方式很简单，一般在江河上游建立岸边泵站取水，经循环水系统进入凝汽器升温后的水排放到江河的下游（以保证取

水温度不受影响），这种方式的冷却水只使用一次就排放掉，不重复使用。这种方案系统简单、造价低，运行维护也方便，但必须具备流量足够丰富的天然水源才能采用此方案。图 2-48 为这种直流（开式）供水系统。

循环供水系统也叫闭式系统。在没有天然水源或虽有天然水源但水流量不足，或水源离厂区太远，经技术经济论证，采用开式系统在经济上不合算时，就得采用闭式系统。闭式系统中必须有冷却设施，如冷却水池、喷水池和冷却塔等，当前使用最广泛的是冷却塔。图 2-49 示出这种闭式冷却水系统流程的示意图。

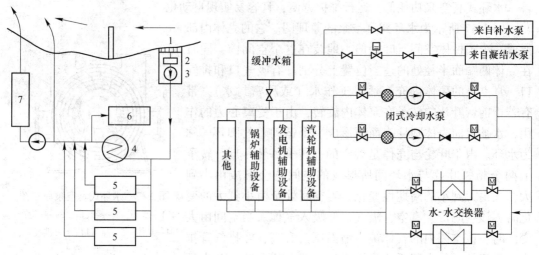

图 2-48　直流（开式）供水系统
1—拦污栅；2—旋转滤网；3—循环水泵；
4—凝汽器；5—其他用水设备；
6—化学水处理；7—水力冲灰

图 2-49　闭式冷却水系统流程示意图

2.3.5　空气冷却凝汽系统

前述凝汽设备与其冷却系统的特点是冷却塔中空气与被冷却的循环水直接接触，其换热方式主要是蒸发冷却。因此，也把这种冷却系统叫做蒸发冷却系统，这种系统换热能力强，但却要损失大量的冷却水，因为在冷却塔中空气所带走的不仅是凝汽器要排放的热量，而且也带走了蒸发而成蒸汽的水。一台 200MW 的汽轮机在额定工况下运行时，冷却塔所损失的水量高达 $1000m^3/h$。这是凝汽式发电厂成为"耗水大户"的主要原因。而且随着机组容量增大，这项损失还会增大。这往往是造成建厂时厂址选择遇到困难的重要原因，常常会出现"万事俱备，只是缺水"的局面，因而不得不放弃这些方案。

干式冷却系统也叫空冷系统，空冷系统又分为直接空冷和间接空冷，经过几十年的运行实践，证明均是可靠的。但不排除空冷系统在运行中存在种种问题，如系统设计不够合理、运行管理不当、严寒、酷暑、大风等情况对机组负荷影响较大等。与传统的湿冷系统相比，空冷系统的主要优点如下：

（1）基本上解除了水源地对厂址和电厂容量选择的限制，使得在缺水地区建造大容量发电机组成为可能。

（2）大幅度降低了水资源的消耗量。湿冷电厂的耗水量十分巨大，而采用空冷技术，冷却水或汽轮机排汽与空气通过金属管壁进行热交换，无水蒸气散入大气，因此节水效果十分显著。

（3）减轻了对环境造成的污染。采用开式循环的湿冷系统，吸收了汽轮机排汽潜热的冷却水直接排入江河等天然水体中，引起水域温度升高，造成热污染；而采用闭式循环的湿冷系统，不但冷却塔有大量的水雾逸出，还存在着淋水装置的噪声污染。

空冷系统的主要缺点如下：

（1）基建投资大，当水价不高时，年运行费用高于湿冷系统。

（2）机组背压高，需配备高中背压空冷汽轮机。

（3）受环境影响大，环境温度及风速风向的改变对机组背压有很大影响，因此汽轮机设计背压相对较高，背压运行范围也大。

（4）采用直接空冷系统时，真空系统庞大。

（5）冬季需考虑散热器的防冻问题。

2.3.5.1　直接空冷系统

汽轮机排汽经管道送到空冷凝汽器的翅片管束中，空气在翅片管外流动将管内的排汽冷凝。得到的凝结水由凝结水泵送至回热系统，凝结水则经汽轮机抽汽加热后作为锅炉给水循环使用，其系统图如图 2-50 所示。

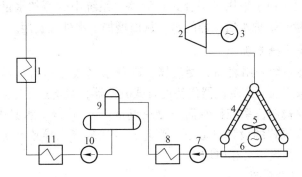

图 2-50　直接空冷系统热力循环

1—锅炉；2—汽轮机；3—发电机；4—直接空冷凝汽器；5—冷却风机；6—凝结水箱；
7—凝结水泵；8—低压加热器；9—除氧器；10—给水泵；11—高压加热器

直接空气冷却方式的优点是：（1）不需要冷却水等中间冷却介质，初始温差大；（2）设备简单，占地面积小，投资少。缺点是：（1）空冷凝汽器体积比水冷凝汽器体积大得多，庞大的真空系统容易漏气；（2）大直径排气管道的加工比较困难；（3）直接空冷大多采用强制通风，因而增加了电厂的用电，同时也增加了噪声源。

2.3.5.2　间接空冷系统

A　混合间接空冷系统

混合式间接空冷系统又称海勒式间接空冷系统，由匈牙利的海勒教授于 1950 年提出。混合式间接空冷系统的凝汽器较为特殊，与湿冷机组凝汽器和表面式间接空冷机组凝汽器不同，汽轮机排汽在混合式凝汽器中与喷射出来的冷却水直接接触进行凝结。蒸汽凝结水与冷却水一起，除用凝结水泵将其中约 2% 的水送到回热系统外，其余的水用循环水泵送到干式冷却塔，由空气进行冷却，然后又被送回混合式凝汽器中与汽轮机排汽进行热交换。为了回收冷却水的部分能量，此系统一般装有与循环水泵同轴的水轮机，其系统图如图 2-51 所示。

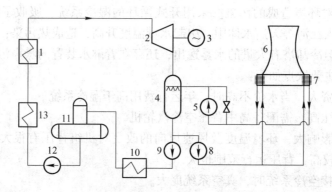

图 2-51　直接空冷系统热力循环
1—锅炉；2—汽轮机；3—发电机；4—混合式凝汽器；5—水轮机；6—空冷塔；7—散热器；8—循环水泵；
9—凝结水泵；10—低压加热器；11—除氧器；12—给水泵；13—高压加热器

该冷却方式的优点是：（1）混合式凝汽器体积小，可以布置在汽轮机的下部；（2）汽轮机排汽管通短，真空系统小，保持水冷的特点。缺点是：（1）系统复杂，设备多，布置也比较困难；（2）由于采用了混合式凝汽器，系统中的冷却水量相当于锅炉给水的 50 倍，这就需要大量与锅炉水质一样的水，从而增加了水处理费用。

B　表面式间接空冷系统

表面式间接空冷系统采用表面式凝汽器，冷却水（或冷却剂）与汽轮机排汽通过金属管壁进行换热。采用表面式凝汽器代替混合式凝汽器，其优点是锅炉给水与循环水的水质不同，减少水处理费用，系统比较简单，缺点是：（1）冷却水必须进行两次热交换，传热效果差；（2）在同样的设计气温下，汽轮机背压较高，导致经济性下降，如果保证同样的汽轮机背压，则投资会相应增大。

a　哈蒙式间接空冷系统

采用表面式凝汽器，冷却水散热器在冷却塔中呈倾斜布置的间接空冷系统又称为哈蒙式间接空冷系统。冷却水进入表面式凝汽器后与汽轮机排汽进行换热，温度升高后的冷却水由循环水泵送往布置在自然通风的空冷塔中的散热器中，与空气进行对流换热，温度下降，随后再次进入表面式凝汽器中与汽轮机排汽进行热交换，其流程图如图 2-52 所示。

哈蒙式间接空冷系统的散热器布置在空冷塔内，因此其换热效果受大风的影响较小。

b　SCAL 间接空冷系统

SCAL 式间接空冷系统与哈蒙式间接空冷的不同之处是哈蒙式间接空冷的冷却水散热器布置在空冷塔中，而 SCAL 系统的冷却水散热器与海勒式间接空冷的散热器布置相同，散热器位于冷却塔的底部，其系统流程图如图 2-53 所示。

c　冷却剂间接空冷系统

采用低沸点工质（如氟利昂、甲苯丙二醇、丁二醇等）代替水作为中间冷却介质的间接空冷系统称为冷却剂间接空冷系统。低沸点冷却介质的沸点接近汽轮机排汽温度，换热过程中部分冷却剂蒸发，吸收大量热量作为汽化潜热，因此换热效果好。吸收了汽轮机

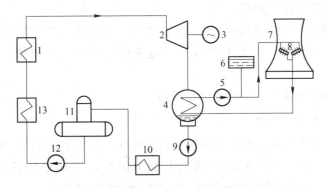

图 2-52　哈蒙式表面间接空冷系统热力循环图

1—锅炉；2—汽轮机；3—发电机；4—凝汽器；5—循环水泵；6—膨胀水箱；7—空冷塔；8—散热器；
9—凝结水泵；10—低压加热器；11—除氧器；12—给水泵；13—高压加热器

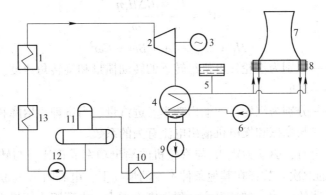

图 2-53　SCAL 散热器系统流程图

1—锅炉；2—汽轮机；3—发电机；4—凝汽器；5—膨胀水箱；6—循环水泵；7—空冷塔；8—散热器；
9—凝结水泵；10—低压加热器；11—除氧器；12—给水泵；13—高压加热器

排汽潜热的冷却剂再进入散热器与空气进行换热，将热量散入大气。采用这种冷却方式可以实现自然循环，省去循环水泵，系统比较简单且传热性能好。但冷却剂价格昂贵，还有一些其他问题有待进一步研究解决，因此这种冷却系统尚处于探讨之中，无应用实例。

2.4　汽轮机的调节与保护

2.4.1　汽轮机调节系统的基本原理

2.4.1.1　汽轮机调节系统的任务

汽轮发电机组的任务是根据用户的用电要求，提供质量合格的电能，而电能一般不能大量储存，因此，汽轮机必须进行调节，以适应外部负荷变化的要求。

电力生产除了要保证供电的数量外，还应保证供电的质量。供电质量的指标主要有两个：一是频率，二是电压，这两者都与汽轮发电机组的转速有一定的关系。发电频率直接取决于汽轮发电机组的转速：转速越高，发电频率就越高；反之则越低。而发电电压除了与汽轮发电机组的转速有关外，还可以通过对励磁机的调整来进行调节。

总之，汽轮机调节系统的任务是：

（1）保证汽轮发电机组能根据电力用户的需要，及时地提供足够的电力。

（2）使汽轮机的转速始终保持在规定的范围内，从而把发电频率维持在规定的范围内。

2.4.1.2 汽轮机调节系统的自调节特性

A 转子力矩自平衡特性

汽轮发电机组在运行中，作用在转子上的力矩有：蒸汽作用在汽轮机转子上的驱动力矩 M_d；转子旋转，叶轮和轴颈等产生的摩擦阻力矩 M_f；发电机转子磁场受到静子磁场的电磁阻力矩 M_{em}。根据刚体转动定律，转子的运动方程式为

$$M_d - M_f - M_{em} = I\frac{d\omega}{d\tau} \qquad (2\text{-}70)$$

$$M_d = \frac{P_d}{\omega} = \frac{G\Delta H_t \eta}{\omega}$$

$$M_f + M_{em} \approx A + B\omega + C\omega^2$$

式中　　$I，\omega$ ——分别为汽轮发电机组转子的转动惯量和旋转角速度；

　　　　τ ——时间；

$P_d，G，\Delta H_t，\eta$ ——分别为汽轮机的输出功率、进汽量、当量理想焓降和内效率；

　　　　$A，B，C$ ——与摩擦和发电机输出电流有关的系数。

在机组结构已定时，驱动力矩 M_d 与汽轮机的输出功率成正比，与转速成反比；摩擦阻力矩 M_f 是转速的二次函数；在其他条件不变的情况下，电磁阻力矩 M_{em} 与发电机输出电流成正比，是转速的函数（转速升高，磁场密度增大，电磁阻力矩增大）。

当功率平衡时，即 $M_d = M_f + M_{em}$（图 2-54 所示 a、c 曲线的交点 1），则 $I\frac{d\omega}{d\tau} = 0$；由于 $I \neq 0$，故 $\frac{d\omega}{d\tau} = 0$，即转子的角加速度等于 0，转子转速为常数（$n_1$）。当用户用电量增加时，电力系统的阻抗减小，发电机输出电流增大，电磁阻力矩 M_{em} 相应增大（图 2-54 中 c 曲线变为 d 曲线）。如果不进行调节，驱动力矩 M_d 不变，则 $M_d < M_f + M_{em}$，$\frac{d\omega}{d\tau} < 0$，转子角速度降低，使电磁阻力矩 M_{em} 和摩擦阻力矩 M_f 减小，而驱动力矩 M_d 增大，在较低的转速（n_2）下力矩达到新的平衡（图 2-54 中交点 2）。反之，当用户用电量减小时，转子角速度 ω 增加，在较高的转速下力矩达到新的平衡。

同理，若驱动力矩 M_d 增大（图 2-54 中 a 曲线变为 b 曲线），则 $M_d > M_f + M_{em}$，$\frac{d\omega}{d\tau} > 0$，转子转速升高，$M_f + M_{em}$ 增大，M_d 减小，在较高的转速下力矩达到新的平衡；反之，若驱动力矩 M_d 减小，转子转速降低，在较低的转速下力矩达到新的平衡。

这种自平衡转速变化很大，使供电频率变化很大，不能满足用户要求，但能够提供一个外负荷变化的信息，即转速降低，表明外负荷增加；转速升高，表明外负荷减小。

B　汽轮机的转速调节

根据转子力矩自平衡特性，机组转速升高，表明汽轮机的输出功率大于外负荷的需求；机组转速降低，表明汽轮机的输出功率小于外负荷的需求。可利用这种特性，以转速变化为调节信号，当外负荷增大、机组转速降低时，通过调节系统开大调节阀，增加汽轮机的进汽量（图 2-54 中 a 曲线变为 b 曲线），使驱动力矩 M_d 增大，在转速 n_3 下达到新的平衡（图 2-54 中交点 3），可使转速变化幅度大大减小。这种调节过程称为转速调节。

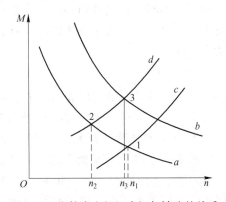

图 2-54　汽轮发电机组力矩与转速的关系

a，b—GH_t 为定值时，$M_d = f_d(n)$ 的关系曲线，
且 $M_{db}(n) > M_{da}(n)$；

c，d—P 为定值时，$M_f + M_{em} = f_e(n)$ 的关系曲线，
且 $P_{od}(n) > P_{oc}(n)$

由于利用转速变化作为调节信号，为保证调节系统的稳定性，要求转速与调节阀的开度一一对应（在进汽参数不变时，转速与机组功率一一对应），故新的平衡转速 n_3 不可能等于 n_1。这种调节称为有差调节，即外界负荷改变，调节系统动作达到新的平衡后，转速与原转速存在一个差值。

根据转速变化进行调节的系统又称调速系统。现代汽轮机不仅根据转速进行调节，还能根据功率、加速度等信号进行调节。对于供热式机组，由于既供电又供热，调节系统中除速度调节部分外，还有压力调节部分。

2.4.1.3　汽轮机的调节方式

汽轮机的调节方式有喷嘴调节、节流调节、滑压调节和复合调节等。

A　喷嘴调节

对于采用喷嘴调节的汽轮机，其第一级的喷嘴叶栅分成进汽互不相通的若干段，分别用调节阀控制各段喷嘴叶栅的进汽量，如图 2-55 所示。在调节过程中，随着各调节阀依

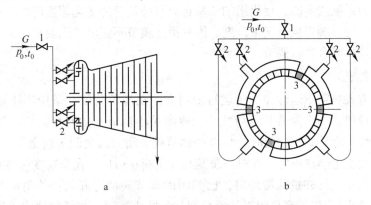

图 2-55　喷嘴调节汽轮机示意图

a—全机示意图；b—调节级示意图

1—自动主汽门；2—调节汽门；3—喷嘴组间壁

次开启，第一级喷嘴叶栅的通流面积逐渐增大，汽轮机的进汽量也逐渐增加；反之，当逐个关闭调节阀时，进汽量则逐渐减少。通常一个调节阀控制一个喷嘴组，喷嘴组一般为 3~6 组。可见，汽轮机第一级的喷嘴叶栅是参与调节的主要部件，此时汽轮机的第一级称为调节级。

B　节流调节

对于采用节流调节的汽轮机，其负荷调节时改变一个（只有一个调节阀）或同时改变几个调节阀的开度（开大或关小），改变调节阀的节流作用（不改变第二级的通流面积），以控制进汽量，如图 2-56 所示。在调节过程中，调节阀关小，节流作用增大，汽轮机第一级前的进汽压力降低，进汽量随之成正比地减少，反之亦然。采用这种调节方式时，进汽调节阀的节流损失与其开度有

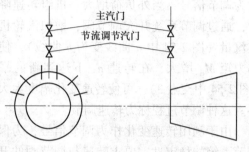

图 2-56　节流调节示意图

关，当调节阀全开时，其节流损失最小。在部分负荷下，节流调节进气全部流经未全开的调节阀；而采用喷嘴调节时，几个调节阀只有一个或两个调节阀未全开。所以在相同部分负荷下，采用喷嘴调节的汽轮机节流损失较小，内效率变化也较小，从经济性的角度考虑，当机组负荷经常变动时，喷嘴调节方式较为合理。对于大型机组，上述两种调节方式可相互切换。

C　滑压调节（滑压运行）

滑压调节的特点是在任何稳定工况下保持调节阀处于全开状态，通过改变锅炉出口的蒸汽压力（尽可能保持蒸汽温度不变），使汽轮机的进汽量和其中蒸汽的理想焓降相应变化，控制机组的功率与外负荷相适应。因此，滑压运行在部分负荷下节流损失最小，但进汽压力降低，使循环效率相应降低，其经济性要具体分析。另外，由于锅炉调节延时较大，在外负荷变化时，响应速度较慢，需要汽轮机进汽调节阀快速动作，瞬间参与调节，利用锅炉和热力系统的蓄能，使机组的功率迅速与外负荷的变化相适应。待锅炉压力变化达到要求值时，调节阀再恢复正常开度。因此滑压调节不能取代汽轮机的调节阀，它实质上是锅炉和汽轮机联合进行调节。

D　复合调节

复合调节方式是定压运行和滑压运行的组合。在高负荷区，采用定压运行（进汽参数为额定值）喷嘴调节，随着外负荷减小，逐渐关小调节阀的开度，使机组功率与外负荷相适应。当负荷降至某一数值时（1~2 个调节阀关闭，其余调节阀全开），机组进入滑压区段，通过改变主蒸汽压力，使机组负荷与外负荷相适应。在负荷变化过程中，调节阀的开度发生动态变化（外负荷增加时，已关闭的调节阀动态开启，外负荷减小时，全开的调节阀动态关小），以提高机组对外负荷变化的响应速度。在任何稳定工况下，调节阀的开度保持不变。当负荷降至锅炉稳定运行的最低允许负荷时，若主蒸汽压力继续降低，则将引起锅炉熄火或水循环破坏。此时锅炉维持最低允许负荷稳定运行，而汽轮机进入低参数定压运行阶段。为保证汽轮机金属周向温度较为均匀，此时宜采用节流调节。由于在

高负荷区，采用额定参数定压运行，喷嘴调节的节流损失不大，循环效率没有降低，对亚临界机组在高负荷区采用额定参数定压运行的经济性优于滑压运行方式。而且相应提高了部分负荷下滑压运行的主蒸汽压力，使循环效率降低较小。同时，由于在中间负荷段滑压运行过程中，可以利用高压调节阀参与动态调节，提高机组对外界负荷变化的适应能力。因此，对于单元机组（尤其是亚临界机组），采用滑压运行时，毫无例外地采用"定—滑—定"的运行方式，以克服纯滑压运行所存在的缺点。由于滑压调节是通过改变主蒸汽压力改变机组功率，因此只有采用一台锅炉对应向一台汽轮机供汽的单元制机组才有条件采用。

2.4.1.4 调节系统的基本工作原理

图 2-57 所示为一简单的具有一级液压放大间接调节系统示意图。该调节系统主要由离心式调速器、油动机、错油门和传动杠杆等组成。

当外负荷增加时，汽轮发电机组转子上的力矩平衡被打破，转速降低，调速器滑环下移，通过杠杆带动错油门滑阀下移，打开控制油口，压力油从错油门的下油口进入油动机的下腔室，而油动机上腔室内的油通过错油门的上油口经排油管排出；油动机活塞在油压差的作用下向上移动，开大调节阀，同时通过杠杆带动错油门滑阀上移，直至回到中间位置，关闭控制油口；此时油动机的活塞和调节阀处于新的平衡位置，使机组的功率和外负荷的变化相适应。当外负荷减少

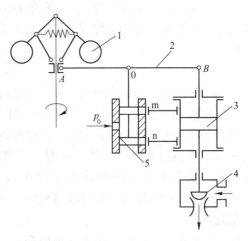

图 2-57 具有一次放大机构的调节系统
1—调速器；2—传动杠杆；3—油动机；
4—调节阀；5—错油门

时，汽轮机转子转速升高，调节系统的动作过程与上述相反，油动机活塞下移，关小调节阀，使机组的功率和外负荷的变化相适应。

汽轮机的调节系统可分成下列四个组成部分：

（1）转速感受机构。也称为调速器，用来感受转速的变化，并将转速变化转变为其他物理量变化的调节机构。

（2）阀位控制机构。也称液压伺服机构，其作用是传递和放大由转速感受机构传来的信号。

（3）配汽机构。也称为执行机构，用于执行经传动放大机构传来的信号，从而改变汽轮机的进汽量。

（4）调节对象。对汽轮机调节来说，调节对象就是汽轮发电机组。

2.4.1.5 调节系统的静态特性和动态特性

在有差调节中，稳定工况下汽轮机功率与转速是一一对应的，较高的转速对应较低的汽轮机功率，较低转速对应较高的汽轮机功率。这种汽轮机的功率与转速之间的对应关系称为调节系统的静态特性。将这种关系绘制成曲线即为静态特性曲线，如图 2-58 所示。速度变动率和迟缓率是衡量静态特性的两个重要指标。

在额定参数下单机运行时，空负荷所对应的转速 n_{max} 和额定负荷所对应的转速 n_{min} 之差，与机组额定转速 n_0 之比，称为调节系统的速度变动率，用 δ 表示，即

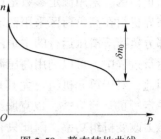

$$\delta = \frac{n_{max} - n_{min}}{n_0} \times 100\% \qquad (2-71)$$

对于大型机组，速度变动率 $\delta = 3.0\% \sim 6.0\%$。

由于调节信号传递过程的延时、各调节部件的阻力和空行程，当外负荷变化使汽轮机转速变化时，机组的功率

图 2-58　静态特性曲线

未及时变化，而是当转速变化到某一数值时，功率才开始变化。例如，机组在 n_a 转速运行，当转速升高至 n_{a1} 时，功率才开始减小；或转速降低至 n_{a2} 时，功率才开始增加。这种不灵敏现象称为调节的迟缓现象，用迟缓率 ε 来度量，即

$$\varepsilon = \frac{n_{a1} - n_{a2}}{n_0} \times 100\% \qquad (2-72)$$

调节的迟缓现象，造成供电功率和频率的波动，因此调节系统的迟缓率越小越好。

汽轮机调节系统的动态特性是指当外负荷变化时（包括甩负荷），机组由原稳定工况过渡到新的稳定工况的特性，通常可以用稳定性、动态超调量和过渡时间来描述。稳定性是指机组在受内、外扰动时，调节系统可以使机组从原稳定工况过渡到新的稳定工况；动态超调量是指动态过程中被调量偏离新稳定工况下稳定值的最大差值 Δn_{max}；过渡时间是指动态过渡过程的时间，一般要求尽可能短，同时转速的波动次数不超过 3 次。

2.4.1.6　再热器对调节特性的影响

再热机组的再热器是串接在高、中压缸间的中间容积。由于此巨大的中间容积的存在，当外负荷增加、机组转速降低，要求增加机组的负荷时，调节系统开大高压缸调节阀，此时，高压缸的进汽量增加，其功率也随之增加。而中低压缸的功率，则是随着再热器内蒸汽压力的逐渐升高而增加的。同时，由于再热蒸汽压力的升高，高压缸前后的压差将逐渐减小，其功率略有下降。因此，汽轮机的总功率，不是随调节阀的开大立即增加到外负荷所要求的数值，而是缓慢增加到外界负荷要求的数值，如图 2-59 所示，导致机组调节时，功率变化"滞后"。

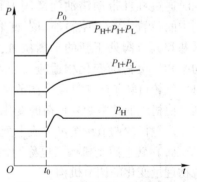

图 2-59　再热机组功率的变化

P_H —高压缸的功率；P_I —中压缸的功率；

P_L —低压缸的功率

在机组甩负荷或跳闸时，即使高压调节汽门快速关闭，再热器内储存的蒸汽量，也能使汽轮机超速 $40\% \sim 50\%$。因此，再热机组必须设置高压调节汽门和中压调节汽门，以便在机组甩负荷时，两种调节汽门同时关闭，以确保机组的安全。增加中压调节汽门后，由于节流损失，机组运行的经济性将有所降低。为了减少机组在运行时中压调节汽门的节流损失，在机组负荷高于 1/3 额定负荷时，中压调节汽门处于全开状态，机组的负荷仅由高压调节汽门来控制；在低于 1/3 额定负荷时，中压调节汽门才参与控制。

2.4.1.7　汽轮机运行对调节系统性能的要求

调节系统在运行中应能满足下列要求：

（1）调节系统应能保证机组启动时平稳升速至 3000r/min，并能顺利并网。即在机组启动升速过程中，能手动向调节系统输入信号，控制进汽阀门开度，平稳改变转速。

（2）机组并网后，蒸汽参数在允许范围内，调节系统应能使机组在零负荷至满负荷之间任意工况稳定运行。即机组在并网运行时，能手动向调节系统输入信号，任意改变机组功率，维持电网供电频率在允许范围内。

（3）在电网频率变化时，调节系统能自动改变机组功率，与外负荷的变化相适应。在电网频率不变时，能维持机组功率不变，具有抗内扰性能。

（4）当负荷变化时，调节系统应能保证机组从一个稳定工况过渡到另一个稳定工况，而不发生较大的和长时间的负荷摆动。对于大型机组，由于输出功率很大，而其转子的转动惯量相对较小，在力矩不平衡时，加速度相对较大。在调节系统迟缓率和中间蒸汽容积的影响下，机组功率变化滞后。若不采取相应措施，会造成调节阀过调和功率波动。抑制功率波动的有效方法是采用电液调节系统，尽可能减小系统的迟缓率，并对调节信号进行动态校正和实现机炉协调控制。

（5）当机组甩全负荷时，调节系统应使机组能维持空转（遮断保护不动作）。超速遮断保护的动作转速为 3300r/min，故机组甩全负荷时，应控制最高动态转速 $n_{max} < (1.07 \sim 1.08)n_0$。为此，大型机组在甩负荷时，同步器自动回零，并设置防超速保护和快关卸荷阀。在机组甩负荷转速达 3090r/min 时，防超速保护和快关卸荷阀动作，使高、中压调节阀加速关闭。

（6）调节系统中的保护装置，应能在被监控的参数超过规定的极限值时，迅速地自动控制机组减负荷或停机，以保证机组的安全。高、中压主汽门也设置有快速卸荷阀，在机组停机时，快速卸荷阀自动打开，使主汽门加速关闭，以防止转速超过 3300r/min。

2.4.2　机械液压调节系统

现代大型汽轮机中基本不采用机械液压调节系统，但其控制原理是理解汽轮机调节的基础，在此介绍一种典型的机械液压调节系统，即基于高速弹性调速器的机械液压调节系统。

高速弹性调速器机械液压调节系统是采用高灵敏度的高速弹性调速器作转速感受机构、随动滑阀和调速滑阀为中间传动放大器、液压型反馈的错油门-油动机为液压伺服执行机构的机械液压调节系统。高速弹性调速器将转速信号转变为调速块的轴向位移，经随动滑阀非接触地转变为跟随调速块的位移，通过杠杆带动调速滑阀改变控制油路的泄油器开度；反馈错油门根据油动机行程改变控制油路进油口的开度，与调速滑阀泄油口开度保持协调变化，在稳定工况下维持控制油路的压力不变。系统组成如图 2-60 所示。

当机组负荷降低使转速升高时，调速器 1 的重锤由于离心力增加向外伸张，使挡油板右移，随动滑阀 2 的喷油嘴排油间隙增大。压力油经节流孔进入随动滑阀左、右侧油室，右侧油室中的油经间隙 S 排向回油。喷管排油间隙增大使得排油面积增加，排油量增大，从而使随动滑阀右侧油室中的油压减小，在压力差作用下，随动滑阀向右移动，通过杠杆作用，使调速滑阀 3 的排油口 A 的面积增大。压力油经过油动机滑阀 4 上的油口 B 和反

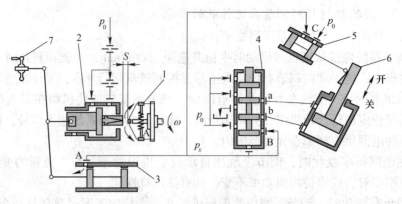

图 2-60　高速弹性调速器调节系统

1—高速弹性调速器；2—随动滑阀（差动滑阀）；3—调速滑阀（分配滑阀）；
4—油动机滑阀；5—反馈滑阀；6—油动机；7—同步器

馈滑阀 5 上的油口 C 进入控制油路，并经油口 A 排出。由于排油口 A 的面积增大，控制油压 p_x 降低。p_x 降低，使油动机滑阀 4 的上、下油压平衡破坏，在压力差作用下，滑阀 4 下移，使油动机上油室与压力油相通，下油室与排油室相通，油动机活塞向下移动，通过传动机构关小调节汽阀，减小汽轮机的功率。在油动机活塞下移的同时，反馈滑阀 5 右移，使油口 C 的面积增大，即增加了控制油的进油量，控制油压 p_x 上升，滑阀居中后，切断了油动机的进、排油路，调节结束，系统稳定在一个新的平衡状态。滑阀上的油口 B 为一动反馈油口，当滑阀下移时，油口 B 开大使 p_x 上升，从而限制滑阀的移动速度，使调节过程比较稳定。当调节过程完结之后，B 油口保持原大小不变，反馈作用消失。由于这种反馈只在调节系统动作时起作用，故称为动反馈。

当汽轮机功率增加而转速降低时，其调节过程相同而动作相反。

高速弹性调速器调节系统的优点是调速器无动、静接触部件，输出信号大、灵敏度高、迟缓小。缺点是随动滑阀与调速滑阀间采用杠杆连接，存在着受旷动间隙影响，要求部件的加工精度较高，滑阀式结构易受液压油污染的影响。

2.4.3　DEH 调节系统

现代大型汽轮机普遍采用数字电液调节系统（Digital Electro-Hydraulic Control System，简称 DEH），它将固体电子器件（数字计算机系统）与液压执行机构的优点结合起来，使汽轮机调节系统执行机构（油动机）的尺寸大大缩小，能够解决日趋复杂的汽轮机控制问题，并且具有迟缓率小、可靠性高、便于组态和维护等特点。

2.4.3.1　DEH 系统的组成

DEH 系统由数字式控制器、操作系统、油系统、液压控制系统和保护系统组成。从功能上可划分为基本控制（BTC）、汽轮机自启停（ATC）和保护装置三部分。它与工作站（操作员站和工程师站）、数据采集系统（DAS）、机械测量系统（TSI）、防超速保护（OPC）、跳闸保护系统（ETS）、自动同期装置（AS）相连接，实现对汽轮机转速和负荷的控制及保护，还留有与锅炉燃烧控制系统（BMS）等的通信接口。DEH 系统又是分布式控制系统（DCS）的一个子系统，可实现机、炉协调控制（CCS）。

DEH 系统也可分成数字与液压两大部分。在 DEH 调节系统中，通过计算机来处理、比较、综合和运算后的数字量，经 D/A 转换成模拟量，再与执行机构来的位移反馈信号进行比较，其输出经功率放大器放大后去控制电液伺服阀（电液转换器），把电信号转换成液压信号。该信号再经过油动机进行末级放大，最后去控制各主汽门和调节汽阀。为便于区分，习惯上都把功率放大器以前的部分称为数字部分，而把电液转换器及其以后的部分称为液压部分，即 EH 系统。

图 2-61 所示为 DEH 系统的原理示意图。

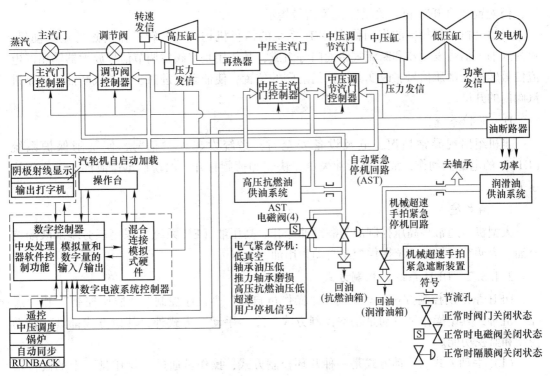

图 2-61 DEH 系统的原理示意图

A 数字式控制器

数字式控制器是 DEH 系统的核心设备，安装在计算机房的控制柜内。它由三台主计算机和若干个微处理器、单片机组成，通过总线进行连接，完成数据处理、通信、运算、监测和控制任务。数字式控制器借鉴分散控制系统的优点，将不同的功能分散到各处理单元，并采用冗余配置，以提高系统的可靠性，且便于调试、维修和扩展。其中两台主计算机的结构和功能相同，互为备用，完成基本控制数据的采集、处理和运算，发出流量请求指令，再经阀门管理器转换为阀门开度指令；另一台主计算机完成运行参数检测、图像生成、转子应力计算和机组自动启动程序控制等任务。

B 操作系统

操作系统主要设备包括工作员站、图像站和调试终端等。工作员站是 DEH 系统的外围设备，也称操作台。图像站包括终端设备、显示器和打印机。它们是操作员运行监视和操作的平台。通过显示界面，运行人员可以了解各系统的组成、运行状态和参数，以及重要参数的变化趋势，进行控制方式的选择和控制参数的设置。调试终端以工控计算机为主体，配置有显示器和打印机，供运行工程师对系统组态和控制程序进行离线或在线的调试和修改，监测数据的储存、复制和表格打印。

C　液压控制系统

液压控制系统也称液压伺服系统，是控制进气阀开度的机构，每一个进汽阀都配置一套液压控制系统。根据各进汽阀的作用不同，该系统分为控制（伺服）型和开关型两种。控制型液压执行机构由电液转换器、单侧进油的油动机、阀位测量和快速卸荷阀等部件组成。开关型液压执行机构，不需要接受调节信号控制，故不配置电液转换器和阀位测量装置，但配置"全开"和"关闭"位置信号指示。

各油动机及其相应的汽阀称为 DEH 系统的执行机构。电液转换器由磁力矩电动机、喷射式油压信号发生器和断流式错油门等组成，其作用是将阀位调节信号放大器输出的电流信号转换为油压信号，改变其错油门滑阀的位置，使油动机进油、排油或断油，控制进汽阀门的开度。

D　保护系统

当机组出现异常情况，危及设备安全时，系统发出保护信号，使跳闸保护系统（ETS）的电磁阀动作，危急遮断油失压，快速卸荷阀打开，油动机迅速泄油，进汽阀快速关闭。

E　油系统

大型机组通常将高压控制油与润滑油分开。高压油（EH 系统）采用三芳基磷酸酯抗燃油，为调节及保护系统提供控制与动力用油。

2.4.3.2　DEH 系统的控制方式

DEH 系统的控制方式有"手动""操作员自动""程序控制""协调控制"和"遥控"五种，其中操作员自动是基本控制方式。除"手动"方式外，其他方式都具有自动控制和监视功能。

（1）手动方式。手动方式是一种开环控制方式，操作员通过"操作盘"上的阀位增或阀位减按钮，直接控制阀门的开度。在下列情况自动进入"手动"方式：系统刚上电、总阀位信号故障、刚并网、转速低于 2980r/min、与执行机构接口的控制卡看门狗超时、按动"手动"按钮等。

（2）操作员自动（OA）方式。在系统正常的条件下，阀位限制未投入，可由"手动"方式切换为"操作员自动"方式。在此方式下，由操作员设定目标转速和升速率，或目标负荷和升负荷率，DEH 系统按此设定自动控制机组启动、停机和变负荷。

（3）程序控制方式（ATC）。该方式也称自动程序控制启动方式。在机组启动时，由"操作员自动"切换为"程控方式"后，DEH 系统按机组的温度状态和预定的程序，以及转子应力水平进行冲转、升速、暖机、并网、带初始负荷。此后自动切换为操作员自动方式，由操作员设定目标负荷和升负荷率，完成升负荷过程。

（4）协调控制方式（CCS）。协调控制是在机、炉自动控制系统均完好，机组已正常运行的条件下投入的运行方式。在此方式下，DEH 系统接受 CCS 主控制器发出的调节信号。若汽轮机为"手动"，则采用"炉跟机"方式；若锅炉为"手动"，则采用"机跟炉"方式。

（5）遥控方式。厂级管理计算机和电网调度均可通过"增/减"负荷按钮，以遥控方式对 DEH 系统发出增、减负荷指令。

2.4.3.3　DEH 系统的主要功能

A　转速自动控制

在机组启动并网前和甩负荷、跳闸后，对机组转速进行自动控制。DEH 系统提供在汽轮机寿命消耗允许条件下，与汽轮机所处不同热状态和蒸汽参数相适应的升速率和目标转速，实现从盘车转速到额定转速的自动升速控制。也可以由操作员设置升速率和目标转速，自动控制升速过程。在甩负荷、跳闸后，控制最大转速小于 3300r/min。

B　负荷控制

系统根据 CCS 主控器或运行人员给出的负荷指令，或外负荷的变化自动调节汽轮发电机组的输出功率，当出现非常工况（如转子应力过大、真空降低、汽压降低、辅机故障等）时，系统可将负荷指令限制到一个适当值，并发出负荷限制报警信号。

C　阀门试验及阀门管理

运行人员可对进汽阀门逐个进行在线活动试验和选择汽轮机的进汽方式。在活动试验时，汽轮机能正常运行；在阀门切换时，扰动值小于额定值的 1.5%。

D　热应力计算和控制功能

系统可计算高、中压转子的热应力，并将实时热应力值与极限值比较，自动设定升速率或变负荷率的允许值。当热应力超过极限值时，发出保持转速或保持负荷的信号，在机组运行过程中，系统还可根据汽轮机转子热应力对其寿命消耗进行计算并累计，计算结果将在 CRT 显示及打印。

E　程控启动

DEH 系统编制有启动自动控制程序，当机组启动冲转条件具备，选择"程控启动"方式时，启动程序按机组的温度状态和应力允许值，设定各阶段的目标转速和升速率，将机组转速由盘车转速提升到额定转速。通过自同期装置进行并网带初始负荷，有些机组的启动程序可以自动将负荷带到额定值。在程控启动过程中，显示启动进程，操作员可随时切换为"操作员自动"或"手动"。

F　保护功能

DEH 系统具有 OPC 防超速和 ETS 跳闸保护功能，以及阀门快关功能。并可通过 DEH 操作员站完成汽轮机超速试验，以保证保护系统性能可靠。

G　储存、显示和打印

可储存运行参数和操作信息，通过 CRT 向运行人员实时提供汽轮机运行中的全部信息（如参数曲线等）及每一步骤的操作指导。

H　自动检测

系统具有检查输入信号的功能，一旦出现异常，发出报警信号，提醒运行人员干预，但仍能维持机组安全运行。该装置具有内部自诊断和偏差检测装置，当该系统发生故障时，能切换到手动控制，并发出报警。

I　容错和切换

DEH 具有冗余设置和容错功能，手动、自动无扰切换功能，功率反馈回路和转速反馈回路的投入与切除功能。

J　人机对话

系统设置操作员选择、操作按钮和数据输入窗口，供操作员对控制过程进行必要的干预。

2.4.4　汽轮机的保护系统

为了防止汽轮机在运行中发生重大损伤事故，机组必须配置完善的自动保护系统，分为预防性保护和危急遮断保护两大类。危急遮断系统，在异常情况下能自动或手动紧急停机，以保护设备和人身安全。预防性保护包括监视参数越限报警、备用辅机切换、运行工况改变等功能。当影响安全运行的参数超限时，预防性保护装置发出报警信号或操作指令；严重超限时，危急遮断系统就关闭全部进汽阀门，实行紧急停机。

2.4.4.1　现代大型机组的保护项目

为了保证汽轮机的安全运行，现代大型机组至少需要实现下列遮断保护：

（1）手动停机（双按钮控制）。

（2）机组超速保护（至少有三个独立于其他系统，且来自现场的转速测量信号）。

（3）主蒸汽温度异常下降保护。

（4）凝汽器低真空保护（至少设三个进口逻辑开关）。

（5）机组轴向位移超限保护。

（6）汽轮机振动超限保护。

（7）转子偏心度超限保护。

（8）胀差超限保护。

（9）油箱油位过低保护。

（10）排汽温度超限保护。

（11）支持轴承或推力轴承金属温度超限保护。

（12）轴承润滑油压力低保护（至少设三个进口油压逻辑开关）。

（13）汽轮机抗燃油压低保护（至少设三个进口油压逻辑开关）。

（14）发电机故障保护。

（15）DEH 断电保护。

（16）MFT（总燃料跳闸）。

（17）汽轮机或发电机制造厂家要求的其他保护项目。

除第（1）、（2）、（15）、（16）项外，其他各项在遮断保护值之前均设越限报警值。另外，回热加热器、除氧水箱、凝汽器水位高也设置越限报警（但无遮断保护）；润滑油和抗燃油压力低保护在遮断前备用泵会自动投入。

2.4.4.2　汽轮机危急遮断系统的要求

（1）设计适当的冗余回路，至少有两个独立的通道，以保证遮断动作无误，提高保护的可靠性。

（2）在每个遮断通道上都提供两个输出，分别用于 DAS 监视系统和硬报警接线系统。

（3）能在线试验遮断功能，在功能测试或检修期间，保护功能依然存在。

（4）当引发遮断保护动作的原因消失后，遮断保护系统需经人工复位，才允许汽轮机再次启动。

（5）遮断保护动作前后，有关的指示信号按时间先后储存，用于鉴别引起遮断的主要原因。

（6）汽轮机危急遮断系统的保护信号均采用硬接线。

2.4.4.3　AST 和 OPC 电磁阀组件

AST 电磁阀是将遮断保护装置发出的电气跳闸信号转换为液压信号的元件，4 只 AST 电磁阀（20/AST-1、2、3、4）两两并联（1、3 和 2、4），再串联组合在一起。OPC 电磁阀是防严重超速的保护装置，也称超速保护电磁阀。2 只超速保护电磁阀（20/OPC-1、2）并联布置，通过 2 个止回阀和危急遮断油路相连接。4 只 AST 电磁阀、2 只 OPC 电磁阀和 2 个止回阀布置在一个控制块内，构成超速保护-危急遮断保护电磁阀组件，这个组件布置在高压抗燃油系统中，如图 2-62 所示，它们是由 DEH 控制器的 OPC 部分和 AST 部分控制的。

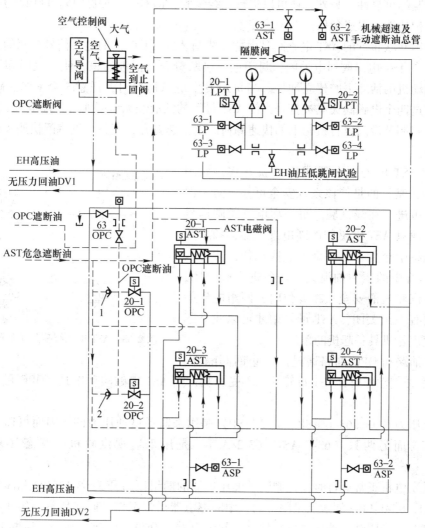

图 2-62　电磁阀及控制块系统图

OPC 电磁阀与 AST 电磁阀在控制油路中的区别为：前者是由内部供油控制的，而后者则由来自高压抗燃油路的外部供油控制。

正常运行时两个 OPC 电磁阀断电常闭，封闭 OPC 母管的泄油通道，使高、中压调节阀油动机活塞的下腔建立油压。当出现下列情况时，OPC 电磁阀通电打开并报警：

（1）转速超过 103% 的额定转速（3090r/min）时。

（2）甩负荷时，中压缸排汽压力仍大于额定负荷的 15% 对应的压力时。

（3）转速加速度大于某一值时。

（4）发电机负荷突降，发电机功率小于汽轮机功率一定值时。

此时使两个 OPC 电磁阀通电被打开，OPC 母管油液经无压回油管路排至油箱。此时各调节阀执行机构上的快速卸荷阀快速开启，使各高、中压调节阀关闭，同时使空气控制阀打开，各回热抽汽的气动止回阀迅速关闭。延时 2s，OPC 电磁阀断电，OPC 母管油压恢复，高、中压调节阀重新开启。

冗余设置的两个 OPC 电磁阀并联布置，即使一路拒动，另一路仍可动作，以提高超速保护控制的可靠性。另外，还可以进行在线试验，即对一个回路进行在线试验时，另一回路有保护功能，以避免保护系统失控。

四个串并联布置的 AST 电磁阀是由危急跳闸装置（ETS）的电气信号控制的，正常运行时这四个 AST 电磁阀通电关闭，封闭危急遮断母管的泄油通道，使主汽门和调节阀执行机构油动机的活塞下腔建立油压。当机组发生危急情况时，任意一个 ETS（跳闸）信号输出，这四个电磁阀失电被打开，使 AST 母管的油液经无压回油管路排至 EH 油箱。这样主汽门和调节汽门执行机构上的快速卸荷阀就快速打开，使各个进汽门快速关闭，机组事故停机。

四个 AST 电磁阀布置成串并联方式，如图 2-63 所示，其目的是使该系统安全可靠，防止误动作，并可进行在线试验。每一项电气跳闸信号同时引入四只 AST 电磁阀的断电继电器，两个并联电磁阀组中至少各有一个电磁阀动作，才可以将 AST 母管中的压力油泄去，使各进汽阀关闭，进而保证汽轮机的安全。在复位时，两组电磁阀中至少要有一组关闭，AST 母管中才可以建立起油压，使汽轮机具备起机的条件。

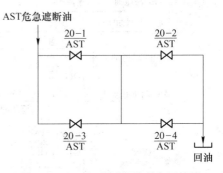

图 2-63　AST 电磁阀串并联布置简图

AST 油路和 OPC 油路通过两个止回阀隔开，当 OPC 电磁阀动作时，AST 母管油压不受影响；当 AST 电磁阀动作时，OPC 母管油压也降低。

两只压力开关（63-1/ASP、63-2/ASP）是用来监视供油压力的，因而可监视每一通道的状态，而另两只（63-1/AST、63-2/AST）是用来监视汽轮机的状态（复置或遮断）的。

汽轮发电机正常运行时，控制轴承油压过低的两组压力开关 63-1/LBO、63-3/LBO 和 63-2/LBO、63-4/LBO 的触点是闭合的，中间继电器正常工作。假如任意一组中有一只压力开关打开，表明轴承油压过低，那么中间继电器就释放，引起自动停机遮断通道泄压，使汽轮机遮断。

2.4.4.4 薄膜阀

薄膜阀也称为隔膜阀，用于连接低压保安油系统和高压危急遮断油系统，并由隔膜阀将两种油路隔开，其结构如图 2-64 所示。当机组正常运行时，低压保安油通入薄膜阀的上腔，克服弹簧力，使隔膜阀保持在关闭位置，堵住 AST 母管的另一排油通道，使高、中压主汽门和高、中压调节阀执行机构的油动机下腔室建立油压正常工作。当汽轮机发生转速飞升使机械式危急遮断器动作或手动前轴承箱侧危急遮断阀时，低压危急遮断油母管泄油，薄膜阀在弹簧力的作用下打开，使 AST 油母管泄油；可通过快速卸荷阀使高、中压主汽门和高、中压调节阀关闭，强迫汽轮机停机。

2.4.4.5 机械超速遮断系统

机械超速遮断系统包括危急遮断器、危急遮断器滑阀及保安操纵装置，如图 2-65 所示。其作用是在下列情况下迅速切断汽轮机的进汽，停止汽轮机的运行并发出报警信号。

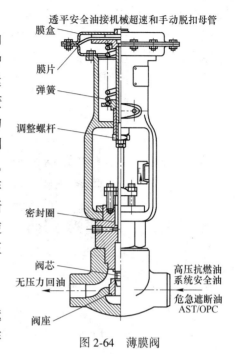

图 2-64　薄膜阀

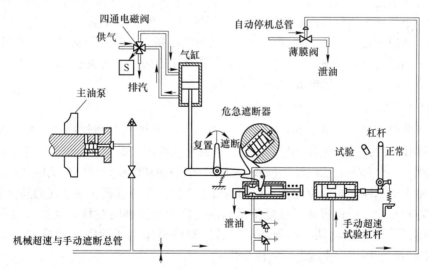

图 2-65　机械超速遮断系统的工作原理图

（1）汽轮机工作转速达到额定转速的 110% 时，机械式危急遮断器动作，关闭高、中压主汽门和高、中压调节阀。

（2）手动跳闸手柄时，关闭高、中压主汽门和高、中压调节阀。

A　危急遮断器

危急遮断器有飞锤式和飞环式，飞锤式机械危急遮断器如图 2-66 所示。它由撞击子和压缩弹簧组成，安装在汽轮机转子延长轴的径向通孔内。一端用螺塞定位，为防止螺塞松动，再用定位螺钉锁定；另一端用可调螺纹套环压紧套在撞击子上的弹簧。撞击子被弹簧力压向定位螺塞，其重心与转子回转中心偏离。在正常转速下，撞击子的不平衡离心力小于弹簧的压力，撞击子保持与定位螺塞接触。此时，危急遮断器控制的危急遮断器滑阀关闭低压保安油的泄油口，低压保安油压正常。

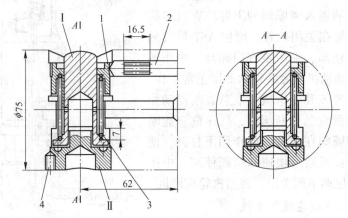

图 2-66 危急遮断器

Ⅰ—撞击子；Ⅱ—平衡块；1—螺纹套环；2—超速挡圈销；3—弹簧；4—螺钉

当汽轮机的工作转速达到额定转速的 109%～110% 时，撞击子的不平衡离心力克服弹簧的约束力，从孔中伸出，其不平衡离心力进一步增大，直至极限位置，打击碰钩，使其绕轴摆动一个角度，使危急遮断器滑阀向右移动，打开低压保安油的排油口，致使薄膜阀迅速打开。高压油系统中的 AST 母管泄油，从而关闭所有主汽门及调节阀，使机组停机。由于撞击子伸出后偏心距增大，弹簧力减小，必须等转速降低到 3050r/min 左右时，撞击子才会复位，而危急遮断器滑阀不能自动复位。

B 危急遮断器滑阀及其操纵机构

危急遮断滑阀是低压危急遮断系统中控制低压保安油压的泄油阀，安装在前轴承箱内。为了在线进行试验和使其动作后复位，以及手动跳闸，设置一个试验隔离滑阀、一个喷油截止阀、一个远方复位气动四通阀，以及一个手动复位杠杆、一个试验杠杆。有的机组单独设置手动遮断滑阀。汽轮机在启动前可远方操作复位按钮，通过气动阀使危急遮断滑阀向左移动复位，或在现场通过复位手柄使危急遮断滑阀向左移动复位（也称挂闸）。在机组跳闸后，要立即启动，必须在转子转速降低至撞击子返回其正常位置的转速后（约为正常转速的 2%），才能进行复位操作。

系统设置远方复位（挂闸）四通电磁阀和挂闸气缸，当它接收到 DEH 的挂闸信号时，电磁阀带电，使气缸上端进气，下端排大气，气缸活塞下行推动危急遮断滑阀的连杆使危急遮断滑阀复位。此时限位开关动作，切断电磁阀电源，空气进入气缸的下端，使活塞返回，复位杠杆也返回到"正常"位置。

转动位于前轴承箱前的手动跳闸-复位手柄至遮断位置，可手动跳闸停机。

C 危急遮断器的超速试验

危急遮断器超速试验的目的是确定其动作转速，在新机试运行和大修后启动都要进行超速试验。超速试验在并网前空负荷工况进行，有的机组要求先并网带 20%~40% 负荷运行 4h 后，降负荷解列，再进行试验。在进行超速试验时，设置目标转速为 3360r/min 和低于 100r/min 的升速率，慢慢升至跳闸转速。在升速过程中，应由专人密切注意转速表，并有一个运行人员始终站在手动跳闸手柄旁，当其不能在规定的转速下自动跳闸时手动进行跳闸停机并检查危急遮断器，以确定撞击子在其壳体里无卡涩现象。检查后重新进行超速试验，如果撞击子仍然不能动作，则可能是弹簧预紧力过大，阻止了重锤在规定的转速内击出。此时，应将压紧弹簧的螺纹套环向外拧出一些，以减小弹簧的预紧力。将螺纹套环拧紧或放松一扣，危急遮断器的动作转速将改变 25r/min。如果机组在低于所要求的转速跳闸时，应将螺纹套环拧紧一些。在对压缩弹簧进行更改后，应重新进行超速试验，直至危急遮断器的动作转速符合要求。

D 危急遮断器的喷油试验

危急遮断器的喷油试验是在正常运行时，活动机械超速跳闸机构，防止其卡涩。在进行喷油试验时，将试验手柄（位于轴承箱前端）保持在试验位置，使试验隔离滑阀将危急遮断滑阀与低压保安油母管隔离。手动打开喷油试验阀，压力油从喷嘴喷出，经轴端的小孔进入危急遮断器撞击子的下腔室，在撞击子的下部建立起油压，推动撞击子克服其弹簧的预紧力向外移动，直至撞击挂钩，模拟超速试验，达到活动撞击子的目的。关闭喷油试验阀停止喷油后，危急遮断器撞击子下腔内的油靠离心力从定位螺塞的小孔逐渐甩出，撞击子复位。通过手动遮断-复位手柄使危急遮断滑阀复位，确认超速跳闸装置油压为正常值后，松开试验杠杆，试验隔离滑阀复位。

在试验过程中，始终用手保持试验杠杆在试验位置十分重要，可防止不必要的停机。

2.4.5 供油系统

汽轮机油系统的主要任务有两个：一是向机组各轴承提供足够的、合格的润滑油；二是向调节保护系统提供压力油，保证调节系统正常工作。此外，在机组停机或启动时还向盘车装置和顶轴油系统供油，对密封油系统提供备用油。

油系统的正常工作对于保证汽轮机的安全运行具有重要作用。如果润滑系统突然中断油流，即使时间很短，也将引起轴承烧瓦，从而诱发严重事故。此外，油流的中断还会使调节系统失去压力油而无法正常动作，结果汽轮机会失去控制，出现更为严重的后果，因此必须保证连续不断地向轴承和调节系统提供压力和温度符合要求、质量合格的油液。

由于汽轮机的蒸汽参数提高，功率增大，蒸汽作用在主汽门和调节阀上的力相应增大，开启阀门所需的提升力也越来越大，因此必须提高压力油的油压以增加油动机的提升力，减小油动机尺寸，改善调节动态特性。但压力油油压提高，泄漏的可能性增大，容易引起火灾。因此，多数大型机组的调节系统采用抗燃油。高压抗燃油是三芳基磷酸酯型的合成油，具有良好的抗燃性能和稳定性，因而在事故情况下若有高压动力油泄漏到高温部件上，发生火灾的可能性会大大降低。但由于高压抗燃油润滑性能差，且有一定的毒性和腐蚀性，不宜在润滑系统内使用，因而需要分别设置控制油和润滑油的供油系统。

2.4.5.1 润滑油系统

润滑油系统的任务是可靠地向汽轮发电机组的支持轴承、推力轴承和盘车装置提供合格的润滑/冷却油，并为发电机氢密封系统提供密封油，以及为机械超速脱扣装置提供压力油。

某 600MW 超临界汽轮机的润滑油系统如图 2-67 所示。系统主要由汽轮机主轴驱动的主油泵、冷油器、注油器、顶轴油系统、排烟系统、集装油箱（主油箱）、润滑油泵、事故油泵、密封油备用泵、滤网、电加热器、阀门、止回阀和各种监测仪表等构成。

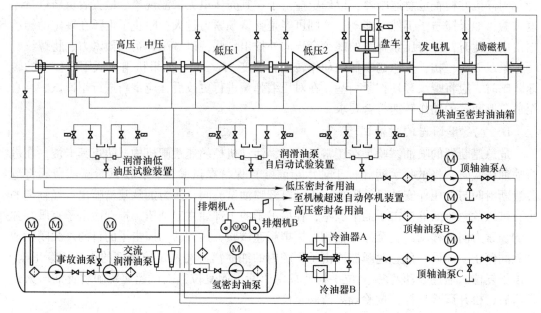

图 2-67　润滑油系统图

润滑油系统使用的是高质量、均质的精炼矿物油，并且必须添加防腐蚀和防氧化的添加剂，但不得含有任何影响润滑性能的其他杂质。

为了保持润滑油的品质，使润滑油系统部件和被润滑的部件不被磨损，对润滑油有一些特殊要求，其中最基本的是油的清洁度、物理和化学特性，恰当的储存和管理，以及相应的加油方法。润滑油的物理和化学特性与其温度有关，如果油箱中油温低于 10℃，油不能在系统中循环，不得启动系统的油泵；如果轴承排出的油温高于 82℃，则机组应停机。汽轮机投运前油系统的冲洗和油取样分析，以及清洁等级的评定均按国家标准执行。

A　润滑油箱

随着机组容量的增加，油系统的耗油量也随之增加，因此油箱的容积也越来越大。为了便于设备的安装、运行和维护，并使设备的布置更加紧凑，大型机组普遍采用集装（组合）式油箱。润滑油箱通常布置在汽轮发电机组前端的厂房零米地面或运行层下面。油箱顶部焊有顶板，交流润滑油泵与直流事故油泵的电动机、备用氢密封油泵、排烟装置、油位指示器、油位开关等都装在顶板上。油箱内装有滤油器、交流润滑油泵、直流事故油泵、注油器、电加热器及连接管道、止回阀等，油箱顶部开有人孔，装有垫圈和人孔盖，安全杆横穿过人孔盖，固定在壳体上的固定块上。

B　主油泵

主油泵一般是蜗壳型离心泵，安装在前轴承箱中的汽轮机外伸轴上，与汽轮机主轴采用刚性连接，由汽轮机主轴直接驱动，以保证运行期间供油的可靠性。离心式主油泵自吸能力较差，必须不断地向其入口供给充足的低压油；在启动升速和停机期间，由交流润滑油泵向其供油；在额定转速或接近额定转速时由注油器向其供油。主油泵出口有管道与油箱内的注油器进口相连，并通过一止回阀与机械超速遮断和手动遮断油总管，以及发电机氢密封油总管相通。

C　注油器

注油器安装在润滑油箱内的液面以下，注油器主要由喷嘴、混合室、喉部和扩散段组成。注油器喷嘴进口和主油泵出口动力油相连，油通过喷嘴加速后到达混合室，通过摩擦和碰撞，将混合室内的存油加速，然后进入注油器喉部和扩散段进行扩压，将油流的动能转换为压力能。混合室内的存油被带走后，在混合室中产生一个低压区，将油箱中的油不断吸入混合室，然后又被高速油带入注油器喉部和扩散段，在扩散段油的动能转换成压力势能。对于设有两个注油器的系统，在正常工作时，一台注油器出口油送往主油泵进油口；另一台注油器出口通过冷油器，由管道送入轴承润滑油母管。对于设一个注油器的系统，这两路油合在一起。注油器扩散段后面各装有一个翻板式止回阀，以防止主油泵在中、低转速时，油从注油器出口倒流回油箱。有些机组采用油涡轮取代注油器。

D　辅助油泵

润滑油系统的辅助油泵设计成能满足自动启动、遥控及手动启停的要求，并且有独立的压力开关，停止—自动—运行按钮控制开关，以及具有能用电磁阀操作油泵自启动的试验阀门的功能。辅助油泵包括交流润滑油泵、直流润滑油泵（事故危急油泵）和氢密封备用油泵（或高压启动油泵）。

E　润滑油冷油器

润滑油的温度由冷油器调节。冷油器通常有两台，在正常运行时，一台投入运行，另一台备用。在某些特殊工况下，两台冷油器可以同时运行。冷油器与润滑油泵和注油器出口连接，不管从哪里来的润滑油，在进入轴承前都经过冷油器，润滑油在冷油器壳体内绕管束外绕流，而冷却水在管内流动。流向冷油器的润滑油由手动操作的换向阀控制，它可使油流向任何一台冷油器，且在切换冷油器时不影响进入轴承的润滑油流量。两台冷油器的进油口通过一根连通管和一个切换阀相连，该阀能使备用冷油器先充满油，以保证备用冷油器能迅速投入运行，再切断原工作冷油器。冷油器的冷却水流量由供水管上的手动操作阀调节，因而冷油器出口油温也是可调节的。正常情况下调整到在进油 $60\sim65℃$ 时，冷油器出口温度为 $43\sim49℃$。

F　顶轴油系统

顶轴油系统的作用是在汽轮机盘车、启动或停机过程中，将高压油送入相应的支持轴承内，将转子顶起，避免在低转速时汽轮机轴颈与轴瓦之间产生干摩擦，同时还可以减少盘车的启动力矩，使盘车电动机的功率减小。

G　油再生系统（也称油净化装置）

在运行过程中，轴封漏汽可能进入轴承箱，冷油器的冷却水可能漏入其油侧，使润滑油含水。另外，管道和设备的磨损和锈蚀，使润滑油受固体污染。因此，润滑油会出现水解、氧化和酸化，而且这种变化是恶性循环。为了保持润滑油的清洁度和理化性能，润滑油系统并联一个油再生系统，用以除去润滑油中的水、固体粒子和其他杂质，从而使过滤后的油质满足机组运行要求，确保机组安全运行，并延长油的使用寿命。

2.4.5.2　高压控制油（EH 油）系统

高压控制油系统的主要任务是为各阀门的油动机提供符合标准的高压驱动油（压力为 14.0MPa 左右）。

高压控制油系统的示意图如图 2-68 所示。由于供油压力高，必须采用电动柱塞油泵，它是一种流量可变的液压泵。泵组根据系统所需流量自行调整，以保证系统的压力不变。采用变量式液压能节省能源，减轻蓄能器的负担，也会减轻间歇式供油特有的液压冲击。正常运行时，通过油泵经过滤网从 EH 油箱中吸入抗燃油，其出口的压力油经过滤油器和止回阀，向调节保护系统供油。泵的出口管上连接有卸荷阀，高压供油母管（HP）上连接有高压蓄能器和溢流安全阀。

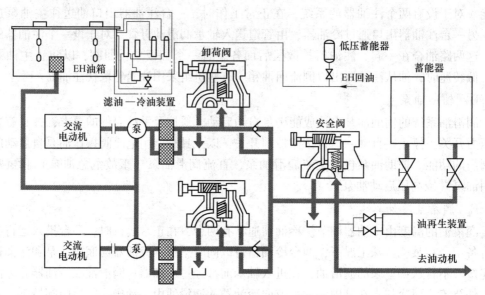

图 2-68　高压控制油（EH 油）系统示意图

高压控制油系统主要由油箱、电动柱塞油泵、卸荷阀、滤油器、蓄能器、循环冷却系统、抗燃油再生过滤系统和一些对油压、油温、油位进行指示、控制和报警的标准设备等组成。

与润滑油系统相比，高压控制油系统的不同之处在于设置了抗燃油再生装置和蓄能器。

A　抗燃油再生装置

油再生装置是保证液压控制系统油质合格必不可少的部分，当油液的清洁度、含水量和酸值不符合要求时，应启用再生装置，改善油质。

抗燃油再生装置有两个滤芯，其中一个为硅藻土滤芯（或活性氧化铝），用以调节三芳基磷酸酯抗燃液的理化特性，以及去除水分及降低抗燃液的酸值；另一个纤维滤芯用以对抗燃液中的颗粒物进行过滤。在每个滤芯的外壳上均有一个压差指示器，当滤芯污染程度达到设计值时，压差指示器发出报警信号，表明该滤芯需要更换。

硅藻土滤芯和波纹纤维滤芯均为可调换式滤芯，关闭相应的阀门，打开过滤器壳体的上盖即可调换滤芯。

B　蓄能器

高压供油母管上接有高压充氮蓄能器，高压蓄能器的功能如下：

（1）积蓄能量。蓄能器在液压执行机构不动作时，将油泵输出的液压油储存起来，在执行机构开启进汽阀门时，向执行机构输送压力油，以降低系统油泵的功率。另外，蓄能器还可以补充系统内的漏油消耗。

（2）吸收高压柱塞油泵出口的高频脉动分量，稳定系统油压。

（3）减少因油泵切换产生的冲击力。

油动机回油管上连接低压蓄能器，每个蓄能器通过截止阀与回油管相接，并通过截止阀与无压回油管相连。其作用是缓解油动机快关时产生的压力冲击，加快排油速度，保护回油滤网。

2.5　汽轮机的启停及运行调整

2.5.1　汽轮机的启动和停运

2.5.1.1　冷态滑参数启动

汽轮机冷态启动是汽轮机从冷状态到热状态、从静止到额定转速转动、从空负荷到满负荷的过程。启动过程如下。

A　启动前的准备工作

a　设备和系统检查

接到机组准备启动命令后，首先要对本机组范围内的设备、系统和各种监测仪表进行检查，确认现场一切维护检查工作结束、设备和系统完好、仪表齐全、各阀门开关位置正确。通知热工和电气部门送电，投入监测仪表和自动控制装置及保护、连锁和热工信号系统。记录汽轮机转子轴向位移、相对胀差和汽缸膨胀量，以及各测点金属温度的初始值。如机组的主、辅设备和各系统均处在正常备用状态，可以投入运行。

b　投入冷却水系统

机组的凝汽器、冷油器、水冷式发电机和锅炉侧部分设备都需要冷却水。对于单元机组，需要先启动一台循环水泵供水，提供冷却用水。

c　向凝汽器和闭式冷却系统注入化学补充水

要求化学车间提前准备足够的符合要求的补给水；启动补水泵向凝汽器补水，使其热井水位达到要求值。对于采用闭式冷却系统的大型机组，同时向闭式冷却系统注入化学补给水，启动闭式冷却泵。

d　启动供油系统和投入盘车设备

为防止转子受热不均，在蒸汽有可能进入汽轮机的情况下，必须投入盘车设备，进行连续盘车。为减小盘车功率，防止轴承磨损，在投入盘车前必须启动润滑油和顶轴油系统。此时启动交流润滑油泵向系统充油，进行油循环，并进行低油压保护试验，试验后直流事故油泵处于备用状态。为了减小盘车功率和避免轴承磨损，大型机组均配有顶轴油泵。在盘车装置投入前，启动顶轴油泵，利用很高的顶轴油压对轴承进行强制润滑。盘车装置投入后，应测取转子偏心率（晃度）的初始值，其变化应小于 $0.02\mu m$。并检查汽轮机动、静部分有无摩擦。

e　除氧器投入运行

对于单元机组，当长时间停机停炉时，除氧器也要停运。因此汽轮机启动之前，要使除氧器投入运行，以便向锅炉供水。

f　检查和排除机组禁止启动的条件

任一操作子系统失去人机对话功能；电厂保护系统 PPS 主要功能失去；EH 工作不正常，影响机组启动或正常运行；高、低压旁路系统工作不正常，影响机组启动或正常运行；调节装置失灵，影响机组启动或正常运行；OTSI 工作不正常，影响机组启动或正常运行；高中压主门、调速汽门或抽汽逆止门卡涩；润滑油系统任一油泵或 EH 高压油泵不正常；主机转子偏心度大于报警值；汽轮发电机组转动部分有明显摩擦声；润滑油油质不合格或主油箱油位低报警；EH 油箱油位低或油质不合格；汽轮机上、下缸温差超限；危急保安器充油试验不合格。

B　轴封供汽

冲转前要建立较高的真空度，需投轴封供汽，以防空气经轴封漏入汽缸。对于大、中型机组，轴封冷却器采用主凝结水冷却，因此在轴封供汽、启动轴封抽气器之前，应投入凝结水系统。凝汽器热井注水后，可启动凝结水泵，打开凝结水再循环阀，进行凝结水再循环。

打开厂用蒸汽母管向轴封供汽联箱供汽暖管，待管内压力合格后，投入轴封供汽压力调节器。启动轴封抽气器，打开供汽阀，向轴封供汽。启动凝汽器抽气泵，建立凝汽器真空。打开各加热器的空气阀，利用凝汽器的真空度，抽出各加热器汽侧的空气。

C　盘车预暖

为了避免启动时产生热冲击，减少转子的寿命损耗、防止转子的脆性断裂，要求进入汽轮机的蒸汽温度要与汽缸、转子金属温度相匹配。为此，有些汽轮机采用盘车预热的方式，即在盘车状态下通入蒸汽或热空气，进行预暖机。一般盘车预热是在锅炉点火以前用辅助汽源进行预热，因而可以缩短启动时间。

D　冲转、升速、暖机

a　冲转

锅炉蒸汽参数达到冲转要求，汽轮机各项指标符合冲转条件，可进行汽轮机冲转。高压缸冲转时有调速汽门冲转、自动主汽门冲转、电动主汽门旁路门冲转三种方式。

调速汽门冲转是在自动主汽门和电动主汽门全开情况下，用 DEH 系统操作调速汽门来冲转、升速、升负荷。该方式可减少对蒸汽的节流，但冲转时只开启部分调速汽门，不是全周进汽，易使汽缸受热不均。优点是启动过程中用调速汽门控制，操作方便灵活。

自动主汽门冲转时，调速汽门全开，冲转时汽轮机全周进汽受热均匀。但自动主汽门处于节流和被冲刷状态，易造成关闭不严，降低了自动主汽门的保护作用。

用电动主汽门的旁路门（或预启门）冲转时，自动主汽门和调速汽门全开、电动主汽门全关，缓缓开启旁路门冲转。这种方法既具有全周进汽、加热均匀的优点，又能避免自动主汽门的冲刷。缺点是在 10%额定负荷左右，需进行由旁路门切换到调速汽门控制的切换。

转子冲动后，应关闭调速汽门，用听针或专业设备进行低速摩擦检查。确认无异常再重启调速汽门，维持在 400~600r/min 转速下，对汽轮机组进行全面检查。

b 升速

低速检查结束后，以 100~150r/min 的升速率，将汽轮机转速升高到中速（1100~1200r/min)，并在此转速下停留进行中速暖机。

中速暖机时，要注意避开临界转速。中速暖机结束后，继续提升转速，通过临界转速时，要迅速而平稳地通过，切忌在临界转速下停留以免造成强烈振动；但也不能升速过快，以致转速失控，造成设备损坏。

升速过程中，润滑油温会逐渐升高，当油温达到 45℃ 时，应投入冷油器维持油温在 40~45℃。

在升速过程中，金属的温度和膨胀量均会增加，所以需要严格控制和监视以下几点。

（1）升速率。一般升速率是根据蒸汽与金属温度的实际情况来确定的，蒸汽温度和金属温度的差值不同，所选用的升速率也不同。

（2）在升速过程中，应由专人监测各轴承的振动值，并与以往启动时的振动值比较。

（3）当接近 2800r/min 时，注意调速系统动作是否正常，检查主油泵的切换和工作是否正常，并进行发电机升压准备。定速后，根据汽轮机各状态参数，决定是否立即并网。

（4）定速后，根据金属温度及温差、胀差、振动情况来决定是否进行额定转速暖机。

c 暖机

暖机的目的主要有两个，即防止材料的脆性破坏和过大的热应力。中速暖机主要是提高转子的温度，防止低温脆性破坏。若暖机转速控制得太低，则放热系数小，温度上升过慢，延长了启动时间；若暖机转速控制得太高，则会因离心力过大而带来脆性破坏的危险。因此，在确定暖机转速时，要两者兼顾，同时还应考虑避开转子的临界转速。

暖机时应注意如下问题：

（1）暖机转速应避开临界转速。

（2）在大型反动式汽轮机中，暖机的主要目的是提高高、中压转子的温度，防止其脆性破坏。暖机转速一般在 1/3 额定转速左右，即 2000r/min 左右，其蒸汽流量为额定转速时的 1/4~1/3，应力为额定转速时的 1/2 左右。

（3）暖机结束后，应检查汽缸总膨胀和中压缸膨胀情况，并检查记录各处的差胀值。

（4）对于自启动的汽轮机，暖机时间应根据实际的热应力和金属温度情况实时确定。

E 并网、带负荷

a 并网

达到额定转速后，经检查确认设备正常，完成规定试验项目，即可进行发电机并网操作。

发电机与系统并网时要求主开关合闸时不产生冲击电流、并网后能保持稳定的同步运行，因此机组并网时必须满足发电机与系统的电压相等、电压相位一致、频率相等。

并网前，通过调整发电机转子的励磁电流来改变转子磁场强度，使其输出电压满足要求；通过调整汽轮机的转速，使发电频率与电网频率相等。而发电机输出电压相位与电网三相电压相位的对应，则要通过调整两者频率的微小差值，逐渐缩小对应相的相位差值来实现。机组并网后，立即带初始负荷。冷态启动时，初始负荷通常为机组额定功率的 5% 左右。

b　初负荷暖机

并网后转子、汽缸的温差将增加，容易出现较大的金属温差及差胀。所以机组并网后，需带一段时间的初负荷，进行初负荷暖机。暖机负荷和暖机时间是根据蒸汽和金属温度的匹配情况来决定的，暖机负荷通常为额定负荷的 5% 左右。

从并网到初负荷暖机，锅炉燃烧状况尽量不变，通过调速汽门开度增大来升负荷。调速汽门开大，部分进汽逐渐加大，调节级汽温上升，此时高压差胀正值增加得很快，因此调速汽门操作要缓慢，调节级汽温上升速率控制在 $1 \sim 1.5℃/min$ 为宜。

在初负荷暖机阶段，除严格控制蒸汽温度变化率和金属温差外，还须监视差胀变化，如发现差胀过大时，应延长暖机时间。同样也应监视振动，发现振动值过大，应延长暖机时间。

c　升负荷

冷态启动升负荷过程，是零件金属被加热的主要阶段。通过控制升负荷率来控制零件金属的温升速度及其内部的温差，从而控制汽缸和转子的热应力和相对胀差。对于冷态启动，在低负荷区，升负荷率控制在每分钟增加额定负荷的 $0.5\% \sim 0.8\%$；在中等负荷区，上述值为 $0.6\% \sim 1.0\%$；在高负荷区，上述值为 $0.8\% \sim 1.2\%$。在滑参数升负荷阶段，升负荷率主要取决于主蒸汽升压速度，通常控制升压速度为每分钟升高额定压力的 1% 左右。金属的温升速度和内部温差，除了取决于升负荷速度之外，还与主蒸汽的温升速度有关。一般在 50% 负荷以下，蒸汽的温升速度为 $1 \sim 2℃/min$，半负荷以上为 $0.5 \sim 1℃/min$，以保证汽缸内、外壁温差不大于 50℃；汽缸法兰内、外壁温差不大于 100℃；相对胀差不大于允许值。根据汽缸内、外壁温差和相对胀差的情况，在低负荷和中负荷区适当安排暖机，暖机时间一般为 $30 \sim 60min$，以使零件内部温差相应减小。在暖机过程中，若汽缸内、外壁温差和相对胀差基本稳定，本次暖机过程结束，可继续升负荷直至满负荷。

滑参数启动与额定参数启动相比有以下的特点：

(1) 采用滑参数启动时，锅炉点火后，就可以用低参数蒸汽预热汽轮机和锅炉间的管道，锅炉压力、温度升至一定值后，汽轮机就可冲转、升速和并网带负荷。随着锅炉参数的提高，机组负荷不断增加，直至带到额定负荷。这样大大缩短了机组的启动时间。

(2) 滑参数启动用较低参数的蒸汽暖管和暖机，加热温差小，金属内温度梯度也小，使热应力减小；另外由于低参数蒸汽在启动时，体积流量大，流速高，放热系数也就大，即滑参数启动可在较小的热冲击下得到较大的金属加热速度，从而改善了机组加热的条件。

(3) 滑参数启动时，体积流量大，可较方便地控制和调节汽轮机的转速与负荷，且不致造成金属温差超限。

(4) 随着蒸汽参数的提高和机组容量的增大，额定参数启动时，工质和热量的损失大。而滑参数启动时，锅炉基本不对空排汽，几乎所有的蒸汽及其热能都用于暖管和冲转、暖机，大大减少了工质的损失。

(5) 滑参数启动升速和带负荷时，可做到调速汽门全开，实现全周进汽，使汽轮机加热均匀，缓和了高温区金属部件的温差和热应力。

（6）滑参数启动时，通过汽轮机的蒸汽流量大，可有效地冷却低压段，使排汽温度不致升高，有利于排汽缸的正常工作。

（7）滑参数启动可事先做好系统准备工作，操作大为简化，各项限额指标也容易控制。

2.5.1.2　热态启动

热态启动前应确认以下条件是否满足：

（1）上、下汽缸温差应在允许范围内；

（2）大轴晃度不允许超过规定值；

（3）主蒸汽温度和再热蒸汽温度，应分别高于对应的汽缸金属温度50℃以上；

（4）润滑油温不低于35℃；

（5）胀差应在允许范围内。

热态启动的特点如下：

（1）交变热应力。在热态启动过程中，转子表面热应力可分为由冷冲击产生的拉应力阶段和加热过程产生的压应力阶段。机组热态启动时，转子初始温度较高，而新蒸汽进入调节级时汽温有所降低，因而汽温低于转子的表面温度受到冲击拉应力；当到一定负荷后，调节级汽温升至与转子温度同步后转子由冷却过程逐渐变为加热过程，表面的热应力转变为压应力，转变点的工况与转子的初始温度有关。在整个热态启停中，转子表面多次承受拉、压应力，在这种交变热应力作用下，经过一定周次的循环，金属表面就会出现疲劳裂纹并逐渐扩展以致断裂。

（2）高温轴封汽源。热态启动前盘车装置连续运行，先向轴端汽封供汽，后抽真空，再通知锅炉点火。因为汽轮机在热态下，高压转子前后轴封和中压转子前轴封金属温度均较高，如果不先向轴封供汽就开始抽真空，则大量的冷空气将从轴封段被吸入汽缸内，使轴封段转子收缩，胀差负值增大，甚至超过允许值。另外还会使轴封套内壁冷却产生松动及变形，缩小径向间隙。因此，热态启动时要先送轴封蒸汽后抽真空，以防冷空气漏入汽缸内。轴封蒸汽应有温度监视设备，投入时要仔细地进行暖管疏水，切换汽源时要缓慢，以防主汽温骤变。

（3）控制热弯曲。汽轮机运行时，转子旋转带动蒸汽流旋转，保证了受热或冷却的均匀。但停机时，当转子静止后，由于上下汽缸温差，使缸内热流不对称，或向轴封送汽不对称，这将使转子产生热弯曲，甚至通流部分产生动静摩擦。转子的弯曲程度由晃动度来监测，如启动前转子的晃动度超过规定值，应延长盘车时间，消除转子热弯曲后，才能启动。

（4）启动速度快。由于热态启动时金属的温度高，因此热态启动应尽快升速、并网、带负荷直至额定负荷，以防止汽轮机出现冷却。热态启动从盘车到转速升至3000r/min，一般只需要10min，从空负荷到满负荷大约需要60min。利用旁路系统，可在较短时间内把主汽温、再热汽温升至热态启动所需的温度值，能够较快、较容易地实现蒸汽温度与汽轮机金属温度的匹配。

（5）控制胀差。在热启动的初始阶段，蒸汽流经进汽管道，又经阀门节流和调节级焓降损失，温度有所降低，转子有较大冷却，长度收缩，因而出现负胀差。对单流程汽缸来说，停机后进汽部分的转子温度较高，它比汽缸向轴承侧的散热强度大，又受较冷的汽封蒸汽冷却，因此使汽轮机转子收缩，甚至到极限位置，这些现象限制了汽轮机的热态启动。如果出现负胀差，可以增加主蒸汽温度，也可以加快升速和增加负荷，加大蒸汽量，使进入汽轮机的蒸汽温度提高，当高于转子温度后转为加热状态，负胀差消失。

（6）启动曲线。热态启动的启动曲线类似冷态启动曲线。根据实际的热状态，找出热态启动的初始负荷，即在冷态启动曲线上找出与之相对应的工况点。如有的机组启动工况点定为高压上缸内壁的某特定金属温度，与该温度相对应的负荷作为热态启动的初始负荷，与这一点相对应的蒸汽参数即为冲转参数。也可以采用专门给出的热态启动曲线。

（7）对于蒸汽参数的要求高。热态启动对主蒸汽参数有一定要求，主汽温应高于高压缸调速级汽室和中压缸进汽室的温度，否则蒸汽将起冷却作用，而在升负荷时又起加热作用，这将产生低周交变应力。因再热器布置在低温烟气区，故再热蒸汽在热态启动时比主蒸汽温升慢。在热态冲转时，要求再热汽温也应与金属温度相适应，并有 50℃ 的过热度，这样应要求主蒸汽温度更高一些。

2.5.1.3 中压缸启动

单元大容量机组，由于锅炉升温升压速度和旁路系统的限制，需加长机组热态启动时间，为此出现了采用旁路系统配合中压缸送汽的启动方式。

中压缸启动在冲转前进行倒暖高压缸，由中压缸进汽冲转，机组带到一定负荷后，再切换到常规的高、中压缸联合进汽方式，直到机组带满负荷，切换进汽方式时的负荷称为切换负荷。有些机组不是在带负荷后切换启动方式，而只是在机组中速暖机后，即切换成高、中压缸联合进汽方式，这种方式也称中压缸启动方式，其目的是满足机组快速启动的要求。

在热态启动时，当达到预定的启动参数后，关闭高压缸使其处于真空状态下，开启中压缸进汽门，进行冲转、升速、并网、带负荷。一般情况下，启动过程由中压调速汽门控制，并在升负荷过程中，逐渐关小低压旁路，以保持再热器压力恒定，一直升负荷到规定数值。或者低压旁路接近关闭，切换到高压缸进汽，直到高压缸内压力增加到稍高于再热器的压力时，高压缸排汽止回阀自动打开。

中压缸启动的主要步骤有：锅炉点火、倒暖高压缸、投入旁路、提高主汽及再热汽温、汽轮机投盘车、维持锅炉参数稳定、中压缸冲转、升速、并网和带负荷、切换到高压缸进汽。

因此，实施中压缸启动有几个必须具备的条件：

（1）控制的要求。中压缸启动时，高、中压主汽门和调门都应能单独启闭；在缸切换开始时，高、中压调门能按比例联合开大关小；切缸时，高压调门必须在较短的时间内达到预定开度。在冲转和切缸过程中，高、中压旁路必须配合高、中压调门的开度变化来维持主蒸汽和再热蒸汽参数的基本恒定。

（2）旁路容量的要求。中压缸冲转和带切缸负荷的蒸汽，需要通过高压旁路提供，而低压旁路又要储备必要的蒸汽流量，在中压缸冲转时为中、低压缸供汽，且维持再热蒸汽压力。所以中压缸启动必须有旁路来配合，旁路容量主要取决于切缸负荷和主蒸汽及再热蒸汽在切缸时的参数。

（3）为高压缸设置专用疏水扩容器。当中、低压缸进汽冲转或在切缸前的初负荷时，高压缸处于负压状态，高压缸及与之相通的管道阀门疏水集中接入一个专用疏水扩容器，与其他管道和中、低压缸疏水分开，这样可以避免其他疏水倒入高压缸。

（4）对中压调门的要求。采用中压缸启动后，汽轮机冲转蒸汽由中压调门控制，所以中压调门必须具有冲转前的严密性和小流量的稳定性。

（5）设置高压缸倒暖阀、真空阀。高压缸抽真空阀用于在汽轮机负荷达到一定水平即切换汽缸之前对高压缸抽真空，以防止高压缸末级因鼓风而发热造成损坏。在冲转及低负荷运行期间切断高压缸进汽以增加中、低压缸的进汽量，有利于中压缸的加热和低压缸末级叶片的冷却，同时也有利于提高再热蒸汽压力。

暖缸阀是在冷态启动时用于加热高压缸的一个进汽隔离阀。汽轮机冲转启动的第一阶段，中压转子和汽缸温度上升较慢，都不会产生过高的应力。而高压缸则不同，高压缸在进汽前必须要先经过预热。当锅炉主蒸汽达到一定温度时，就可以通过预暖阀进行汽轮机的预热。此时，高压缸内的压力将和再热器的压力同时上升，高压缸金属温度将上升到相应于再热蒸汽压力的饱和温度。

（6）监测保护。中压缸冲转初期高压缸未通蒸汽，随着转速升高，叶轮摩擦鼓风损失使其温度升高，因此应采取一定的冷却措施，防止部件超温。另外，高压缸被隔离时，转子轴向推力会比较大，这限制了高压缸被隔离的最大负荷。

中压缸启动参数的选择遵循如下原则：

（1）温度。温度的选择主要考虑蒸汽对汽缸、转子等部件的热冲击，既要避免产生过大的热应力，又要保证汽轮机具有合理的加热速度。一般冷态冲转时推荐冲转的再热蒸汽温度在 $250\sim280℃$ 之间。在汽缸处于温态和热态时，汽温应高出汽缸金属温度 $50\sim100℃$，而且应有 $50℃$ 以上的过热度。切缸时主蒸汽温度应高于高压内缸温度 $70\sim120℃$。

（2）压力。在中压缸冲转至带切缸负荷过程中，中、低压缸带有一定的负荷，此时再热器压力的高低决定了中调门的开度。在切缸负荷流量下，中调门具有 $80\%\sim85\%$ 的开度比较合适。开度过大，再热蒸汽压力偏低，调节性能差；开度偏小则使得在切缸时，与中压调门按比例匹配的高调门开度也偏小，不能保证切缸时的高压缸最小流量。另外，再热蒸汽压力越低，要求低旁容量越大，而压力过高，将造成切缸时高压缸排汽止回阀不容易打开。根据以上要求，中压缸启动的再热蒸汽压力选为 $0.5MPa$ 较为合适。主蒸汽压力的选择主要取决于高旁容量和切缸负荷流量。确定蒸汽温度之后，所选汽压应有 $50℃$ 以上的过热度，所以冲转时主蒸汽压力选为 $4MPa$ 较适宜。

（3）切缸负荷的选择。切缸负荷受到两个条件的限制：一是旁路容量大小的限制，即高旁应能通过切缸负荷下的流量；二是轴向推力，中压缸启动时，高压缸不进汽，汽轮机轴向推力中失去了高压转子的反向推力这一部分，所以中、低压缸的进汽量和负荷受轴向推力的限制。

2.5.1.4　汽轮机的停机

汽轮机停机就是将带负荷的汽轮机卸去全部负荷，发电机从电网中解列，切断进汽使转子静止。汽轮机停机过程是汽轮机部件的冷却过程，停机中的主要问题是防止机组各部件冷却过快或冷却不均匀引起较大的热应力、热变形和胀差。汽轮机停机一般来说可分为正常停机和事故停机。正常停机可根据停机的目的有额定参数停机和滑参数停机之分。额定参数停机是当设备和系统有某种情况时需要短时停机，很快就要恢复运行，因此要求停机后汽轮机部件金属温度仍保持较高水平，在停机过程中，锅炉的蒸汽压力和温度保持额定值。

在额定参数停机降负荷过程中，应注意相对胀差的变化，如出现较大的负胀差时应停止降负荷，待胀差减小后，再降负荷。

滑参数停机在调节门接近全开情况下，采用降低新蒸汽压力和温度的方式降负荷，锅炉和汽轮机的金属温度也随之相应下降。此种停机的目的是为了将机组尽快冷却下来。如果要求的停机时间不长，为了缩短下一次启动时间，则不要使机组过分冷却，应尽量使蒸汽温度不变，利用降低锅炉汽包内蒸汽压力的方法降低负荷。在降负荷时通流部分的蒸汽温度和金属温度都能保持较高的数值，达到快速减负荷停机。

A　额定参数停机

a　停机前的准备

对设备和系统要进行全面检查，并按规定进行必要的试验，使设备处于随时可用的良好状态等。

b　减负荷

关小调速汽门，汽轮机进汽量随之减少，机组所带的有功负荷相应下降。在有功负荷下降过程中应注意调节无功负荷，维持发电机端电压不变。降负荷后发电机定子和转子电流相应减少，线圈和铁芯温度降低，应及时减少通入气体冷却器的冷却水量。氢冷发电机组的发电机轴端密封油压可能因发电机温度的降低改变了轴封结构的间隙而发生波动，所以应做及时调整，氢压也要做相应调整。

在降负荷过程中，要注意调整汽轮机轴封供汽，以减少胀差和保持真空；降负荷速度应满足汽轮机金属温度下降速度不超过 $1\sim1.5℃/min$ 的要求；为使汽缸、转子的热应力、热变形和差胀都控制在允许的范围内，当每减去一定负荷后，要停留一段时间，使转子和汽缸的温度均匀地下降，减少各部件间的温差。在降负荷时，通过汽轮机内部的蒸汽流量减少，机组内部逐渐冷却，这时汽缸和法兰内壁将产生热拉应力，并且汽缸内蒸汽压力也将在内壁造成附加的拉应力，使总的拉应力变大。

c　发电机解列及转子惰走

解列发电机前，应将厂用电切换至备用电源供电。当有功负荷降到接近零时，发电机解列，同时应将励磁电流减至零，断开励磁开关。解列后调整抽汽和非调整抽汽管道止回阀应自动关闭，同时密切注意汽轮机的转速变化，防止超速。停止汽轮机的进汽时须先关小自动主汽门，以减轻打闸时自动主汽门阀芯落座的冲击。然后手打危急保安器，检查自动主汽门和调速汽门，使之处于关闭位置。打闸断汽后，转子惰走，转速逐渐降到零。随着转速的下降，汽轮机的高压部分出现负胀差，而中低压部分出现正胀差。因此，在打闸前要检查各部分的胀差。如果打闸前低压胀差比较大，则应采取措施避免打闸后出现动静间隙消失导致摩擦事故。

B　滑参数停机

大容量汽轮机的停机是分段进行的。从满负荷到90%负荷阶段，汽轮机处于定压运行阶段，主蒸汽参数均为额定值，当关小调速汽门时，会产生较大的节流温度降，为避免产生过大的热应力，应控制减负荷的速度。从90%负荷到35%负荷，汽轮机处于滑压运行的阶段。主蒸汽压力随着负荷的降低而成比例地降低，主汽温度和再热温度基本保持不变。从35%负荷到机组与电网解列阶段，汽轮机又维持在定压运行。

在滑停过程中，一般规定主汽温降速率为 1～1.5℃/min，再热蒸汽温降速率小于 2℃/min。调节级汽温比该处金属温度低 20～50℃ 为宜，但应有近 50℃ 的过热度，最后阶段过热度要大于或等于 30℃。

滑参数停机过程容易出现较大的负胀差，因此在新蒸汽温度低于法兰内壁金属温度时，应投入法兰加热装置以冷却法兰。滑停过程中严禁汽轮机超速试验，以防超速试验时为提高主汽压而出现蒸汽带水。

C 正常停机过程中应注意的问题

正常停机过程中应注意如下问题。

(1) 严密监视机组的参数。对主汽压力、主汽温度、再热蒸汽温度、汽轮机胀差、绝对膨胀、轴向位移、转子振动、轴承金属温度及汽轮机转子热应力等，在停机过程中应严密监视。在减负荷过程中，应掌握减负荷的速度。减负荷的速度是否合适，以高、中压转子的热应力不超标为标准。

(2) 盘车。汽轮机停机后，必须保持盘车连续进行。因为停机后，汽轮机汽缸和转子的温度还很高，需要有一个逐步的冷却过程。在这个过程中，必须由盘车保持转子连续旋转，一直到高、中压转子温度小于 150℃，才可停止盘车。

如果因故障原因停盘车，盘车在再次启动前，必须先手动盘车 360°，确认正常后方可投入盘车；如果手动盘车较紧，必须连续手动盘车盘到轻松后，才可再次投入连续盘车。故障停止盘车的同时，必须同时停止轴封蒸汽和破坏真空，以防造成汽轮机局部收缩和灰尘进入汽轮机。

在盘车的同时要控制真空变化，记录转子惰走时间，以便与原始惰走曲线相比较，判明转子是否处于最佳状态。转子惰走时，轴封送汽不可停止过早，以防大量冷空气漏入汽缸，发生局部冷却。停机后轴封可停止供汽，否则进汽会使上下缸温差增大，造成热变形。

(3) 盘车时润滑油系统运行停机后在盘车运行时，润滑油系统、顶轴油系统必须维持运行。当汽轮机调节级温度达到 150℃ 以下、盘车停止后，润滑油系统、顶轴油系统才可以停止运行。

D 异常停机

a 紧急停机

紧急停机是指汽轮机出现了重大事故，不论机组当时处于什么状态、带多少负荷，必须立即紧急脱扣汽轮机，在破坏真空的情况下尽快停机。

一般在运行过程中，如发生以下严重故障，必须紧急停机：(1) 汽轮发电机组发生强烈振动；(2) 汽轮机断叶片或明显的内部撞击声音；(3) 汽轮发电机任何一个轴承发生烧瓦；(4) 汽轮机油系统着大火；(5) 发电机氢密封系统发生氢气爆炸；(6) 凝汽器真空急剧下降无法维持；(7) 汽轮机严重进冷水、冷汽；(8) 汽轮机超速到危急保安器的动作转速而保护未动作；(9) 汽轮发电机房发生火灾，严重威胁机组安全；(10) 发电机空侧密封油系统中断；(11) 主油箱油位低到保护动作值，而保护未动作；(12) 汽轮机轴向位移突然超限，而保护没有动作。

一旦发生事故，只能采用紧急安全措施，打掉危急保安器的挂钩，并解列。在危急情况下，为加速汽轮机停止转动，可以打开真空破坏阀破坏汽轮机的真空。但一般不宜在高速时破坏真空，以免叶片突然受到制动而损伤。

　　b　故障停机

　　故障停机是指汽轮机已经出现了故障，不能继续维持正常运行，应采用快速减负荷的方式，使汽轮机停下来进行处理。故障停机，原则上是不破坏真空的停机。一般汽轮发电机在运行过程中如发生以下故障，应采取故障停机方式：（1）蒸汽管道发生严重漏汽，不能维持运行；（2）汽轮机油系统发生漏油，影响到油压和油位；（3）汽温、汽压不能维持规定值，出现大幅度降低；（4）汽轮机热应力达到限额，仍向增加方向发展；（5）汽轮机调速汽门控制故障；（6）凝汽器真空下降，背压上升至25kPa；（7）发电机氢气系统故障；（8）发电机密封油系统仅有空侧密封油泵在运行；（9）发电机检漏装置报警，并出现大量漏水；（10）汽轮机辅助系统故障，影响到主汽轮机的运行。

2.5.2　汽轮机的运行方式

　　汽轮机运行的主要任务是：（1）保证汽轮机正常情况下的安全性和经济性；（2）当电网要求机组发电负荷变化时，保证汽轮机能适应电网负荷变化的要求；（3）当发生异常情况时，能进行判断处理；（4）能满足单元机组机炉协调控制的要求。

　　汽轮机启动完成后，各部件的温度分布基本均匀，机组转入正常运行状态。汽轮机带负荷后，随蒸汽参数的升高和流量的增大，汽缸和转子的加热开始加强，至50%~60%负荷时，加热逐渐趋向缓和。此后，汽轮机部件温度虽然有所上升，但各部件的温度分布渐趋均匀，至此汽轮机转入正常运行。

　　汽轮机正常运行过程中，需要根据电网的要求进行负荷调节，根据负荷调节方法的不同，汽轮机的运行方式可分为定压运行和变压运行两种方式。

2.5.2.1　定压运行

　　机组主蒸汽参数保持额定值，依靠改变汽轮机调速汽门开度来适应外界电负荷变化的运行方式，称为定压运行。对于采用节流调节的汽轮机，通过改变调速汽门开度实现负荷改变；对于采用喷管调节的汽轮机，通过依次开启或关闭调节阀实现负荷改变。定压运行方式的机和炉分别控制，相互牵连较少，主要应用在中小型机组和带基本负荷的大型机组。但是，定压运行方式在改变负荷时会产生节流损失。

　　汽轮机带基本负荷定压运行时，调速汽门全开，此时节流损失最小，经济性最高，汽轮机各部位的金属温度处于稳定状态。但在负荷变动时，由于调门的开度变小，节流损失增加，使级的热效率下降，同时使通流部分的蒸汽温度和汽缸金属温度发生变化，尤其是在调节级，会产生一定的热应力。

　　在部分负荷时，调节级部分进汽度一般在0.7以下，最多能到0.8左右，结果会产生汽缸沿圆周方向加热的不均匀。部分负荷时会出现一个调速汽门接近全开而第二个调速汽门尚未开启的情况，此时调节级的焓降最大，而第一喷管组的蒸汽流量也达最大值，使调节级动叶片的应力增大；其次，部分进汽造成的激振力更使动叶的应力急剧上升。

　　部分负荷时，高压缸排汽温度的变化较大，并随负荷的降低而减小，低温再热器冷段进口蒸汽温度降低，从而影响再热蒸汽的吸热和出口温度，这不仅使循环热效率降低，而且还影响到中、低压缸运行的稳定性。

　　因此只有在基本负荷时，定压运行才是最经济的。部分负荷时完全采用定压运行方式不仅使经济性降低，而且也使可靠性下降。

2.5.2.2 变压运行

变压运行，又称滑压运行，是指汽轮机在不同负荷工况运行时，调速汽门保持全开的运行方式。此时机组功率的调节通过汽轮机入口蒸汽压力的改变来实现，而主蒸汽和再热蒸汽温度尽量保持在额定值不变。

A 变压运行的分类

a 纯变压运行

在整个负荷变化范围内，所有调速汽门全开，单纯依靠锅炉主蒸汽压力变化来调整机组负荷。这种方式无节流损失，高压缸可获得最佳效率和最小热应力，给水泵耗能也最小。但该方式运行时汽轮机的负荷变化速度取决于锅炉，因此在负荷调节时存在很大的时滞性，对电网负荷突然变化的适应能力差，因而不能满足电网一次调频的需要，一般很少采用。

b 节流变压运行

为弥补纯变压运行负荷调整慢的缺点，采用正常情况下调速汽门不全开的方法，对主蒸汽保持 5%~15% 的节流作用，当电网负荷突然增加时全开调速汽门，利用锅炉的蓄热量来暂时满足负荷增加的需要，待锅炉蒸发量增加、汽压升高后，调速汽门再关小到原位。这种方式称为节流变压运行。这种方式存在节流损失，但能吸收负荷波动，调峰能力强。

c 复合变压运行

复合变压运行是变压和定压相结合的一种运行方式，在实际应用中又分三种方式。

(1) 变定复合模式。低负荷时变压运行，高负荷时定压运行。一般在高于 85%~90% 额定负荷时定压运行。这种方式既具有低负荷时变压运行的优点，又保证了单元机组在高负荷时的调频能力。

(2) 定—变复合模式。低负荷时定压运行，高负荷时变压运行。这种方式使机组在低负荷时保持一定的主蒸汽压力，从而可保证机组有较高的循环效率和安全性。

(3) 定—变—定复合模式。高负荷和极低负荷时定压运行，在其他负荷区变压运行。一般高负荷区（额定负荷的 100%~85%）保持定压运行，通过调整调速汽门的开度来调节负荷；在中间负荷区（额定负荷的 85%~30%），全开部分调速汽门进行变压运行；在低负荷区（额定负荷的 30% 以下）又回复到低汽压定压运行方式。这是目前单元机组采用比较广泛的一种复合变压运行方式，该方式兼有前两种复合运行方式的特点，在高负荷时满足调频要求，中间负荷时有较高的热效率。

B 变压运行的特点

a 变压运行的优点

变压运行的优点如下所述：

(1) 负荷变化时蒸汽温度变化小。变压运行中，负荷降低时压力同时降低，使工质被加热至同样过热蒸汽温度所需的每千克蒸汽的吸热量减少，因此与定压运行相比，同样蒸汽流量吸收相同烟气热量时，变压运行过程中的温升大。汽压降低，蒸汽比体积增大，流过过热器的蒸汽流速同额定流速相比变化不大；过热器处的烟气温度虽随负荷的降低而降低，但由于蒸汽压力降低后饱和蒸汽温度也相应下降，所以过热器的传热温差变化不大。因此，在变压运行时，过热蒸汽温度可以在很宽的负荷范围内基本维持额定汽温。

（2）汽轮机的内效率较高。变压运行时，主蒸汽压力随负荷的减小而降低，但主蒸汽温度和再热蒸汽温度不变。虽进入汽轮机的蒸汽质量流量减小，但容积流量基本不变，速度、焓降等也保持不变，而蒸汽压力的降低，使湿汽损失减小，所以汽轮机内效率可维持较高水平。

（3）减小了汽轮机高温部分的热应力。变压运行时，汽轮机高压缸各级汽温几乎不变，且为全周进汽，温度分布均匀，因此汽轮机高温部分金属温度变化小，可降低热应力，延长部件的使用寿命，提高了汽轮机的负荷适应能力。

（4）改善了低负荷时中、低压缸的工作条件。变压运行时，由于过热蒸汽温度保持不变，高压缸的排汽温度近乎不变，在降负荷时，锅炉也能维持额定再热汽温。再热汽温的稳定和末级温度的降低，改善了中、低压缸的工作条件。

（5）降低给水泵能耗。变压运行中负荷的调节是通过蒸汽压力的改变来实现的，因此可采用变速给水泵调节给水流量，这样减少了给水调节门的节流损失，降低了给水泵能耗。

（6）可缩短再启动时间。低负荷变压运行时，汽轮机金属温度基本不变，所以汽缸能保持在高温下停用，缩短了再启动的时间。

（7）延长锅炉承压部件和汽轮机调速汽门的寿命。低负荷时压力降低，减轻了从给水泵到汽轮机高压缸之间所有部件的负载，延长系统各部件的寿命。汽轮机调速汽门由于经常处于全开状态而大大减轻了腐蚀和磨损。

b　变压运行的缺点

变压运行的缺点如下所述：

（1）负荷变动时汽包和水冷壁联箱等处产生的附加应力，限制了机组变负荷速度。变压运行时，锅炉汽包压力随负荷的变化而变化，汽包压力下的饱和温度也随之变化，其允许的变化速率是限制负荷变化速率的一个重要因素。

（2）机组的循环热效率随负荷下降而下降。由于主汽压力随负荷的降低而下降，因此朗肯循环效率也随负荷下降而下降，在低于一定压力后，下降幅度更加显著。变压运行的经济性，取决于压力降低使循环效率的降低和汽轮机内效率的提高、给水泵功耗减少以及再热汽温升高而使循环效率提高等各项因素的综合，而且与机组的结构、参数和所采用的变压运行方式也有关，不能简单地认为变压运行一定比定压运行经济。

2.5.3　汽轮机的正常运行维护

汽轮机的运行维护工作是保证汽轮机组安全经济运行的关键，须做好以下维护工作：

（1）经常性对汽轮机的运行进行检查、监视和调整，及时发现设备缺陷并消除；提高设备的健康水平，预防事故的发生和扩大，提高设备利用率，保证设备长期安全运行。

（2）通过经常性的检查、监视及经济调度，尽可能使设备在最佳工况下工作，提高设备运行的经济性。

（3）定期进行各种保护试验及辅助设备的正常试验和切换，保证设备的安全可靠性。

在正常运行维护过程中，安全运行至关重要，涉及安全性的主要运行参数有：（1）

主、再热蒸汽的压力、温度及主、再热蒸汽的温差；（2）高压缸排汽温度；（3）轴向位移及高、中压缸胀差；（4）机组振动情况；（5）轴承油温、金属温度；（6）各监视段压力；（7）转速。

2.5.3.1 监视段压力

在凝汽式汽轮机中，除最后一、二级外，调节级汽室压力和各段不调整抽汽压力与主蒸汽流量成正比，因此，运行中可根据调节级汽室压力和各段抽汽压力监视通流部分工作是否正常，通常把调节级和各级抽汽处的压力称为监视段压力。

当主蒸汽参数、再热蒸汽压力和排汽压力正常时，调节级蒸汽压力与汽轮机负荷近似成正比关系。根据这一正比关系，可以做出负荷与汽压的关系曲线，用以核对功率和限制负荷。一般制造厂都会给出各种型号的汽轮机在额定负荷下的蒸汽流量与各监视段的汽压值，以及所允许的最大蒸汽流量和各监视段压力。实际应用时，针对具体的机组，在安装或大修后，可参照制造厂的数据，实测通流部分的负荷、主汽流量与监视段压力的关系，并绘制成曲线，作为监督标准。

监视段压力可用于检查通流部分有无部件损伤或者严重结垢等。如果通流部分严重结垢，则通流面积减少，其前面监视段压力增大，而后面各监视段压力减小，同时结垢使机组内效率降低，各级反动度增加，轴向推力加大。如果通流部分部件损坏如叶片损伤变形等，也会使监视段压力升高。如果调节级和高压缸各段抽汽压力同时升高，中、低各段抽汽压力降低，则可能是中压调速汽门开度受到了限制。如果某个加热器停运，相应的抽汽段压力也将升高。

2.5.3.2 轴向位移

汽轮机转子在运行中受到轴向推力的作用，会发生轴向位移，又称"窜轴"，监督轴向位移指标，可以了解推力轴承的工作状况及汽轮机动、静部分轴向间隙的变化情况。

转子轴向位移的大小反映了汽轮机推力轴承的工作状况。轴向推力增大、推力轴承结构缺陷或工作失常、轴承润滑油质恶化，都会引起轴向位移的增大，造成推力瓦块烧损，使汽轮机动、静部件摩擦，造成设备的严重损坏。推力轴承监视的项目有推力瓦块金属温度和推力轴承回油温度，一般规定推力瓦块乌金温度不允许超过95℃，回油温度不允许超过75℃。

运行中如发现轴向位移增大时，应对汽轮机进行全面检查：监视推力瓦块温度升高程度，检查和倾听机内声音，检查各轴承振动值等。若运行中发现推力轴承温度显著升高，应及时减小负荷，使轴向位移和轴承温度下降到规定范围内。运行中若因轴向位移超过极限而引起轴向位移保护动作、机组跳闸，应及时解列停机，防止事故扩大。

当机组负荷增大、蒸汽流量增大或蒸汽参数降低、凝汽器真空降低、监视段压力升高等情况出现时，都会引起轴向推力增大，特别是汽缸进水将引起很大的轴向推力。因此，必须加强对轴向位移的监视。

2.5.3.3 机组振动

汽轮发电机组是高速转动设备，正常运行时允许有一定程度的振动，但强烈振动则可能是设备故障或运行调节不当引起的。汽轮机的大部分事故，尤其是设备损坏事故，都在一定程度上表现出某种异常振动，而振动又会加快设备的损坏，形成一种恶性循环。因此运行中要注意监督机组的振动，及时采取措施，保证设备的安全。

发生异常振动时，应及时降低机组的负荷或转速，使振动值降低。在减负荷的同时观察机组状态和蒸汽参数，找到原因，消除障碍，然后才能恢复负荷。当振动值超过规定值，启动振动保护动作，汽轮机跳闸，若保护未动应立即手动打闸停机。

2.5.3.4 胀差

胀差是衡量汽轮机状态的一个重要指标，用来监视汽轮机通流部分动、静之间的轴向间隙。胀差值增大，将引起某一部分的轴向间隙减小，如果相对胀差值超过了规定值，就会使动静间的轴向间隙消失，发生动静摩擦，可能引起机组振动增大，甚至发生叶片脱落、大轴弯曲等事故。因此运行中胀差应小于制造厂规定的限制值。

运行中主蒸汽流量变化及蒸汽温度变化时，要注意胀差的变化，限制负荷变化率和蒸汽温度变化率，能有效控制胀差。

2.5.3.5 轴瓦温度

汽轮发电机组主轴在轴承的支持下高速旋转，引起轴瓦和润滑油温度的升高，在运行中要监视轴瓦温度和回油温度，当发现下列情况时要停止汽轮机运行：（1）任一轴承回油温度超过75℃，或突然升高到70℃；（2）轴瓦金属温度超过85℃；（3）回油温度升高，轴承内冒烟；（4）润滑油压低于规定值；（5）盘式密封瓦回油温度超过80℃或乌金温度超过95℃。

为了使轴瓦工作正常，各轴承进口油温应不低于40℃。为了增加油膜的稳定性，各轴承进口油温应维持在45℃。为保证轴瓦的润滑和冷却，运行中还应经常检查油箱油位、油质及冷油器的运行情况。

2.5.3.6 初参数与终参数的监督

在汽轮机运行中，初终汽压、汽温、主蒸汽流量等参数都等于设计参数时，这种运行工况称为设计工况，又称为经济工况。运行中如果各种参数都等于额定值，则这种工况称为额定工况。在实际运行中，很难使参数严格地保持设计值，这种与设计工况不符合的运行工况，称为汽轮机的变工况。这时进入汽轮机的蒸汽参数、流量和凝汽器真空的变化，将引起各级的压力、温度、焓降、效率、反动度及轴向推力等发生变化，这将影响汽轮机运行的经济性和安全性，所以在正常运行中，应该认真监督汽轮机初、终参数的变化。

A 主蒸汽压力升高

当主蒸汽温度和凝汽器真空不变，而主蒸汽压力升高时，蒸汽在汽轮机内的总焓降增大，末级排汽湿度增加。

主蒸汽压力升高时，即使机组调速汽门的开度不变，主蒸汽流量也将增加，机组负荷增大，这对运行的经济性有利。但如果主蒸汽压力升高超出规定范围时，将会直接威胁机组的安全运行。因此在机组运行中不允许主蒸汽压力超过规定的极限数值。

B 主蒸汽压力下降

当主蒸汽温度和凝汽器真空不变，而主蒸汽压力降低时，蒸汽在汽轮机内的总焓降减少，蒸汽比体积将增大。此时，即使调速汽门开度不变，主蒸汽流量也要减少，机组负荷降低；若汽压降低过多，机组将带不满负荷，运行经济性降低，这时调节级焓降仍接近于设计值，而其他各级焓降均低于设计值，所以对机组运行的安全性没有不利影响。如果主蒸汽压力降低后，机组仍要维持额定负荷不变，就要开大调速汽门增加主蒸汽流量，这将会使汽轮机最末几级特别是最末级叶片过负荷，影响机组安全运行。

C　主蒸汽温度升高

在汽轮发电机组运行中，主蒸汽温度变化对机组安全性、经济性的影响比主蒸汽压力更为严重。当主蒸汽温度升高时，主蒸汽在汽轮机内的总焓降、汽轮机相对内效率和热力系统循环热效率都有所提高，热耗降低，使运行经济效益提高；但是主蒸汽温度的升高超过允许值时，对设备的安全十分有害，主要是调节级叶片可能过负荷、机组振动可能增大等。

D　主蒸汽温度降低

当主蒸汽压力和凝汽器真空不变，主蒸汽温度降低时，主蒸汽在汽轮机内的总焓降减少，若要维持额定负荷，必须开大调速汽门的开度，增加主蒸汽进汽量。主蒸汽温度降低不但影响机组运行的经济性，也威胁着机组的运行安全。其主要危害是：末级叶片可能过负荷、末几级叶片的蒸汽湿度增大、各级反动度增加、高温部件将产生很大的热应力和热变形、有水冲击的可能等。

E　凝汽器真空降低

当主蒸汽参数不变，凝汽器真空降低时，蒸汽在汽轮机内的总焓降减小，排汽温度升高。这对机组的经济、安全运行有较大的影响，主要表现有以下几方面：

（1）汽轮机的排汽压力升高时，主蒸汽的可用焓降减少，排汽温度升高，被循环水带走的热量增多，蒸汽在凝汽器中的冷源损失增大，机组的热效率明显下降；

（2）当凝汽器真空降低时，要维持机组负荷不变，需增加主蒸汽流量，这时末级叶片可能超负荷，对冲动式纯凝汽式机组，真空降低时，若要维持负荷不变，则机组的轴向推力将增大，推力瓦块温度升高，严重时可能烧损推力瓦块；

（3）当凝汽器真空降低使汽轮机排汽温度升高的较多时，将引起排汽缸及低压轴承等部件受热膨胀、机组产生不均匀变形等；

（4）当凝汽器真空降低，排汽温度过高时，可能引起凝汽器铜管的胀口松弛，破坏凝汽器的严密性；

（5）凝汽器真空下降，将使排汽的体积流量减小，对末级叶片的工作不利。

F　凝汽器真空升高

当主蒸汽压力和温度不变，凝汽器真空升高时，蒸汽在汽轮机内的总焓降增加，排汽温度降低，循环水所带走的热量损失减少，机组运行的经济性提高；但要维持较高的真空，在凝汽器循环水进口温度相同的情况下，就必须增加循环水量，这时循环水泵就要消耗更多的电量。因此，机组只有维持在凝汽器的经济真空下运行才是最有利的。另外，真空提高到汽轮机末级喷嘴的蒸汽膨胀能力达到极限时，汽轮发电机组的电负荷就不再增加。所以凝汽器的真空超过经济真空并不经济，并且还会使汽轮机末几级的蒸汽湿度增加，使末几级叶片的湿汽损失增加，加剧了蒸汽对动叶片的冲蚀作用，缩短了叶片的使用寿命。因此，凝汽器真空升高过多，对汽轮机运行的经济性和安全性也是不利的。

3　火电厂热力系统

3.1　给水回热加热系统

回热循环是提高发电厂热经济性的措施之一，所以现代大型热力发电厂都普遍采用了回热循环。在回热循环中，回热加热器是核心部件，它是利用汽轮机抽汽加热锅炉给水（或凝结水）的换热设备。

3.1.1　回热加热器的形式

回热加热器有以下几种分类方法：

（1）按布置方式。按加热器布置方式的不同，分为卧式加热器和立式加热器。卧式加热器的特点是传热效果好。一方面卧式管子外表面的水膜比立式管子的薄，换热效果要好；另一方面卧式加热器在结构上还便于将受热面分段布置，有利于提高热经济性，并且安装、检修方便。因此，大容量机组广泛采用了卧式加热器。

（2）按水侧压力。按加热器水侧压力不同，分为低压加热器和高压加热器。

处在凝结水泵与给水泵之间的加热器，其水侧承受的是凝结水泵出口较低的压力，称为低压加热器；处在给水泵与锅炉之间的加热器，其水侧承受的是给水泵出口较高的压力，称为高压加热器。

（3）按传热方式。按传热方式不同，分为混合式加热器和表面式加热器。

1）混合式加热器。混合式加热器是将加热蒸汽与被加热的水直接混合进行加热的。蒸汽与低温水接触放热后凝结成水，水吸热后温度升高。在混合式加热器中，水可以被加热到加热蒸汽压力下的饱和温度。在加热器出口水温一定时，混合式加热器所用的加热蒸汽压力（抽汽压力）最低。现代电厂中，混合式加热器只用作除氧器。

2）表面式加热器。表面式加热器是通过金属壁面将加热蒸汽的热量传给管束内的水，使水温提高。在传热过程中，由于金属壁面热阻的存在，加热器出口水的温度往往低于加热蒸汽压力下的饱和温度，它们的差值称为加热器的传热端差。端差越大，要加热到同一水温所需的加热蒸汽的压力越高，则加热蒸汽从汽轮机中抽出之前做功越少，降低了发电厂的热经济性。

3.1.2　回热系统的连接

加热蒸汽进入表面式加热器冷凝成凝结水——疏水后，为保证加热器内换热过程的连续进行，必须将疏水收集并汇集于系统的主水流中，疏水的连接方式有以下两种：

（1）疏水逐级自流的连接方式。利用相邻加热器汽侧压差，将压力较高的疏水自流至压力较低的加热器，逐级自流直至与主水流（主给水或主凝结水）汇合。如图 3-1a

所示。

（2）采用疏水泵的连接系统。利用疏水泵将加热器中的疏水送入本级加热器出口的主水流中，如图 3-1b 所示。

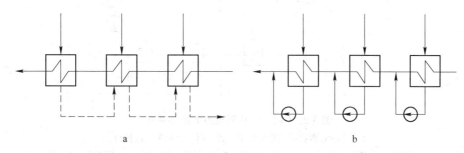

图 3-1　表面式加热器的疏水连接方式

a—疏水逐级自流的连接方式；b—疏水泵的连接方式

由于疏水进入本级加热器出口的主水流中，提高了该级加热器的出口水温，减小了加热器出口端差，热经济性较好。但是该系统复杂，投资大，且需要转动机械，既耗电又易汽蚀，可靠性降低，维护工作量大。大容量机组为了减小冷源损失只在末级或次末级低压加热器上采用。

3.1.3　回热加热器的运行

回热加热器是电厂的主要辅助设备，它的正常运行与否，对电厂的安全、经济运行影响很大。从经济角度看，一般给水温度少加热 1℃，标准煤耗约增加 0.79g/（kW·h）；有些机组少加热 10℃，热耗率约增加 0.4%。为保证机组经济运行，要尽可能地提高加热器的投入率。从安全角度看，加热器停用，若保持锅炉蒸汽量不变，必然要加大燃料量，这样不仅使电厂燃料消耗量增加，而且烟气温度升高，导致过热器、再热器超温。同时，高压加热器全部停运后，回热抽汽量大幅度减少，在机组功率不变的情况下，汽轮机监视段压力升高，各级叶片、隔板及轴向推力过负荷。为保证机组安全，必须限负荷运行。末级低压加热器的停止，还会使汽轮机末几级的蒸汽流量增大，使叶片的侵蚀加剧。

3.1.4　典型机组回热系统介绍

3.1.4.1　C12-35/10 型机组的回热系统

图 3-2 所示为 C12-35/10 型机组的回热系统。该机组采用三级回热抽汽，其中第一级抽汽为调整抽汽。三级抽汽分别进入一台高压加热器、一台除氧器和一台低压加热器。高压加热器的疏水逐级自流入除氧器，低压加热器的疏水逐级自流入凝汽器，轴封加热器和射气抽气器冷却器的疏水也分别自流入凝汽器。

3.1.4.2　N135-13.2/535/535 型机组的回热系统

图 3-3 所示为 N135-13.2/535/535 型机组的回热系统。该机组采用六级回热加热系统，设有两台高压加热器，三台低压加热器，一台除氧。高压加热器的疏水逐级自流入除氧器，低压加热器的疏水逐级自流入 No.5 低压加热器中再由疏水泵送入该加热器出口的主凝结水管道，No.6 低压加热器和轴封加热器的疏水也逐级自流入凝汽器。

164

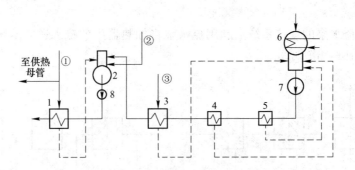

图 3-2　C12-35/10 型机组的回热系统

①~③—分别表示汽轮机的第一级、第二级和第三级抽汽；

1—高压加热器；2—除氧器；3—低压加热器；4—轴封加热器；5—射气抽气冷却器；6—凝汽器；7—凝结水泵；8—给水泵

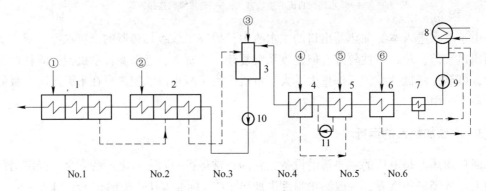

图 3-3　N135-13.2/535/535 型机组的回热系统

①~⑥—分别表示汽轮机的第一级至第六级回热抽汽；

1，2—高压加热器；3—除氧器；4~6—低压加热器；7—轴封加热器；8—凝汽器；

9—凝结水泵；10—给水泵；11—疏水泵

3.1.4.3　CC200-12.75/535/535 型双抽汽凝汽式机组回热系统

图 3-4 所示为 CC200-12.75/535/535 型双抽汽凝汽式机组回热系统。该机组有八级抽汽，第一级抽汽进入 No.1 高压加热器；第二级抽汽经一台外置式蒸汽冷却器适当放热后再进入 No.2 高压加热器；第三级抽汽为调整抽汽，其中一股供工业热用户，另一股作为高峰热网加热器的加热用汽；第四级抽汽经一台外置式蒸汽冷却器适当放热后再进入高压除氧器；第五级抽汽进入 No.4 低压加热器；第六级抽汽为调整抽汽，该调整抽汽分为三股，一股去基本热网加热器，另一股作为加热除氧用蒸汽去补充水除氧器，第三股进入 No.5 低压加热器；第七级抽汽进入 No.6 低压加热器；第八级抽汽进入 No.7 低压加热器。高压加热器的疏水逐级自流入除氧器；低压加热器的疏水逐级自流入 No.6 低压加热器中再由疏水泵送入该加热器出口的主凝结水管道；No.7 低压加热器的疏水也经疏水泵送入该加热器出口的主凝结水管道中。两台轴封加热器的疏水自流入凝汽器。

3.1.5　回热机组的热经济指标

我们知道，采用给水回热加热，提高了机组的热经济性。其实，采用回热循环，真正

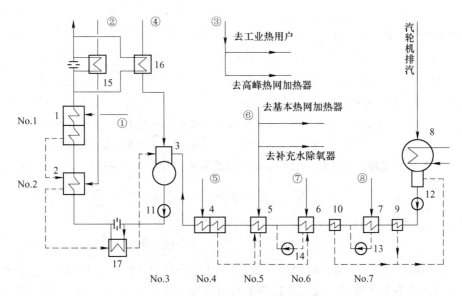

图 3-4　CC200-12.75/535/535 型双抽汽凝汽式机组的回热系统

①~⑧—分别表示汽轮机的第一级至第八级抽汽；

1，2—高压加热器；3—除氧器；4~7—低压加热器；8—凝汽器；9，10—轴封加热器；11—给水泵；

12—凝结水泵；13，14—疏水泵；15，16—外置式蒸汽冷却器；17—外置疏水冷却器

得到提高的是回热循环汽轮机的绝对内效率（锅炉效率、管道效率、汽轮机机械效率和发电机效率等变化不大）。

3.1.5.1　回热循环汽轮机的绝对内效率

图 3-5 所示为单级回热循环装置系统图。

假定进入汽轮机的蒸汽量为 1kg，抽出的回热抽汽量（kg）为 a_c，通向凝汽器的凝汽量（kg）为 a_n，则 $a_c + a_n = 1$kg。通向凝汽器的蒸汽所做的功为 $w_n = a_n(h_0 - h_n)$，抽汽所做的功为 $w_c = a_c(h_0 - h_n)$。

若忽略给水泵的耗功，则 1kg 蒸汽在汽轮机内所做的总功 w_0 为

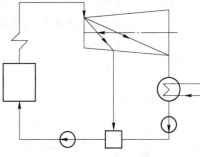

$$w_0 = w_n + w_c = a_n(h_0 - h_n) + w_c = a_c(h_0 - h_c)$$

图 3-5　单级回热循环系统图

式中　　a_n——凝汽份额，$a_n = \dfrac{D_n}{D_h}$；

a_c——抽汽份额，$a_c = \dfrac{D_c}{D_h}$；

h_c——回热抽汽焓，kJ/kg；

h_n——汽轮机排汽焓，kJ/kg；

D_n，D_c，D_h——回热机组的凝汽量、抽汽量和总汽耗量。

如图 3-6 所示，在回热加热器中，抽汽在凝结放热后其焓由 h_c 降低到 h'_{gs}，而凝结水的焓由 h'_n 升高到 h'_{gs}，则有

$$h'_{gs} = a_n h'_n + a_c h_c$$

每 1kg 新蒸汽在锅炉中吸收的热量为

$$\begin{aligned} q_0 &= h_0 - h'_{gs} = (a_n + a_c)h_0 - (a_n h'_n + a_c h_c) \\ &= a_n(h_0 - h'_n) + a_c(h_0 - h_c) \end{aligned}$$

则单级回热汽轮机的绝对内效率 η_{jn}^h 为

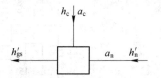

图 3-6　单级回热循环装置系统图

$$\eta_{jn}^h = \frac{w_0}{q_0} = \frac{a_n(h_0 - h_n) + a_c(h_0 - h_c)}{h_0 - h'_{gs}} = \frac{a_n(h_0 - h_n) + a_c(h_0 - h_c)}{a_n(h_0 - h'_n) + a_c(h_0 - h_c)} \tag{3-1}$$

对于多级回热循环（z 级），若忽略给水泵的耗功，则汽轮机的绝对内效率为

$$\eta_{jn}^h = \frac{w_0}{q_0} = \frac{a_n(h_0 - h_n) + \sum\limits_{i=1}^{z} a_{ci}(h_0 - h_{ci})}{h_0 - h'_{gs}} = \frac{a_n(h_0 - h_n) + \sum\limits_{i=1}^{z} a_{ci}(h_0 - h_{ci})}{a_n(h_0 - h'_n) + \sum\limits_{i=1}^{z} a_{ci}(h_0 - h_{ci})} \tag{3-2}$$

据式（3-1）和式（3-2），可以得出两点结论：（1）在其他条件相同的情况下，回热式汽轮机的绝对内效率大于纯凝汽式汽轮机的绝对内效率，即 $\eta_{jn}^h > \eta_{jn}$；（2）回热抽汽做功越多，凝汽做功越少，则汽轮机的绝对内效率越高。

显然，给水回热使汽轮机绝对内效率得到显著的提高。其中包括两方面的原因：（1）给水回热减少了汽轮机的排汽量，减少了冷源损失；提高了给水温度，减少了单位工质在锅炉中的吸热量，从而提高了循环热效率。（2）给水回热改善了汽轮机高压级和低压级叶片的工作条件，因此，汽轮机的相对内效率得到提高。

生产现场上，由于给水被加热后的温升和给水量的限制，使得回热抽汽量不可能太大，一般不超过汽轮机汽耗量的 30%。因此，给水回热提高机组热经济性是有一定限制的，汽轮机绝对内效率增加一般也不超过 10%~20%。

3.1.5.2　回热循环的热经济指标

A　回热机组的汽耗量和汽耗率

根据 $D_d = \dfrac{3600 P_d}{w_0 \eta_j \eta_d}$，对于单级回热机组有

$$w_0 = (h_0 - h_n) - a_c(h_c - h_n) = (h_0 - h_n)\left(1 - a_c \frac{h_c - h_n}{h_0 - h_n}\right) = (h_0 - h_n)(1 - a_c y_c)$$

式中，$y_c = \dfrac{h_c - h_n}{h_0 - h_n}$，称为抽汽做功不足系数。显然，当抽汽压力为新蒸汽压力 P_0 时，$h_c = h_0$，则 $y_c = 1$，无回热收益，因为用新蒸汽加热给水相当于在锅炉中加热给水。当抽汽压力为排汽压力 P_n 时，$h_c = h_n$，则 $y_c = 0$，也无回热效果，因为用汽轮机排汽加热给水，不能使给水温度得到提高。因此，$0 < y_c < 1$。

则单级回热机组的汽耗量 D_h（kg/h）为

$$D_h = \frac{3600 P_d}{(h_0 - h_n)(1 - a_c y_c)\eta_j \eta_d}$$

单级回热机组的汽耗率 d_h（kg/(kW·h)）为

$$d_h = \frac{3600}{(h_0 - h_n)(1 - a_c y_c)\eta_j \eta_d}$$

对于多级回热机组，可以写为

$$D_h = \frac{3600 P_d}{(h_0 - h_n)(1 - \sum_{i=1}^{z} a_{ci} y_{ci}) \eta_j \eta_d}$$

$$d_h = \frac{3600}{(h_0 - h_n)(1 - \sum_{i=1}^{z} a_{ci} y_{ci}) \eta_j \eta_d}$$

由上式可以看出，在其他条件相同的情况下，回热循环汽轮机的汽耗量和汽耗率都要比无回热凝汽式汽轮机的汽耗量和汽耗率大，这是由于用于回热加热而抽出的那部分蒸汽在汽轮机中少做了部分功的缘故。

B 回热凝汽式汽轮机的热耗量和热耗率

如图 3-2 所示，进入回热机组的热流为 $D_h h_0$，流出该机组的热流为 $D_{gs} h'_{gs}$，在不计工质损失的情况下，$D_{gs} = D_h$，即 $D_{gs} h'_{gs} = D_h h'_{gs}$，其热耗量 Q_h（kJ/h）为

$$Q_h = D_h h_0 - D_{gs} h'_{gs} = D_h (h_0 - h'_{gs})$$

回热凝汽式机组的热耗率（kJ/(kW·h)）为

$$q_h = \frac{Q_H}{P_d} = d_h (h_0 - h'_{gs}) = \frac{3600(h_0 - h'_{gs})}{(h_0 - h_n) \eta_j \eta_d (1 - \sum_{i=1}^{z} a_{ci} y_{ci})}$$

在其他条件相同的情况下，回热凝汽式汽轮机的热耗率小于无回热凝汽式汽轮机的热耗率。这是由于采用给水回热加热使给水温度和焓增加的影响大于汽耗率增加的影响。

C 再热回热机组的汽耗量和汽耗率

汽耗量（kg/h）：

$$D_{zh} = \frac{3600 P_d}{(h_0 - h_n + \Delta h_{zr})(1 - \sum_{i=1}^{z} a_{ci} y_{ci}) \eta_j \eta_d}$$

式中 Δh_{zr}——1kg 蒸汽在再热器中的吸热量，kJ/kg；

y_c——再热前 $y_c = \dfrac{h_c - h_n + \Delta h_{zr}}{h_0 - h_n + \Delta h_{zr}}$，再热后 $y_c = \dfrac{h_c - h_n}{h_0 - h_n + \Delta h_{zr}}$。

汽耗率（kg/(kW·h)）：

$$d_{zh} = \frac{D_{zh}}{P_d} \quad \frac{3600}{(h_0 - h_n + \Delta h_{zr})(1 - \sum_{i=1}^{z} a_{ci} y_{ci}) \eta_j \eta_d}$$

D 再热回热机组的热耗量和热耗率

热耗量（kJ/h）：

$$Q_{zh} = D_{zh}(h_0 - h'_{gs}) + D_{zr} \Delta h_{zr}$$

式中，D_{zr} 为进入锅炉再热器的再热蒸汽量，kg/h。

热耗率（kJ/(kW·h)）：

$$q_{zh} = \frac{Q_{zh}}{P_d}$$

3.1.6　影响回热过程热经济性的主要因素

影响回热过程热经济性的主要因素有：（1）给水的最终加热温度 t_{gs}；（2）回热加热级数 Z；（3）多级回热给水总焓升（温升）在各加热器间的加热分配 $\Delta h'(\Delta t)$。

3.1.6.1　给水的最终加热温度 t_{gs}

我们知道，提高给水温度，可以提高给水在锅炉中的平均吸热温度，从而提高循环热效率。但给水温度的高低是与相应的抽汽压力相对应的，给水温度越高，要求的抽汽压力就越高，这会使抽汽做功量减少，凝汽做功量增加，冷源损失增加，反而会降低机组的热经济性。因此给水的最终加热温度应该存在一个最佳值。

A　理论上的最佳给水温度 t'_{gs}

对机组而言，其热经济性的高低用汽轮机绝对内效率表示。根据回热机组绝对内效率的表达式 $\eta_{jn}^h = \dfrac{w_0}{D_h(h_0 - h'_{gs})}$ 可以看出，总存在一个最佳的给水温度 t'_{gs}（对应的焓值为 h'_{gs}）可以使 η_{jn}^h 最大。我们把回热机组的绝对内效率为最大值时的给水温度称为理论上最佳给水温度 t'_{gs}。

B　经济上最有利的给水温度 t_{gs}

给水温度的选择，不仅要考虑回热过程的热经济性，还应考虑其他因素，综合比较各方面的经济效果以确定经济上最有利的给水温度。从技术经济角度来看，提高给水温度，若不改变锅炉的受热面，则排烟温度升高，排烟热损失增大，锅炉效率降低；若不使排烟温度升高，就需要增大锅炉尾部受热面，增加投资。因此，经济上最有利的给水温度要比理论上的最佳给水温度低，一般取为 $t_{gs} = (0.65 \sim 0.75)t'_{gs}$。

表 3-1 所示为国产凝汽式机组的回热级数和给水温度。

表 3-1　凝汽式机组的回热级数和给水温度

电功率	ρ_d/MW	50, 100	200	125	300, 600	300
进气参数	ρ/MPa	8.83	12.75	13.24	16.18	
	$T/\mathcal{C}$	535	535/535	550/550	535/535	550/550
回热级数	$Z/级$	6~7	7~8	7~8		
给水温度	$t_{gs}/\mathcal{C}$	210~230	220~250	247~275		

3.1.6.2　回热加热级数 Z

确定了给水的最终加热温度，可以通过两种方式将给水加热到该数值：一是用单级高压抽汽一次加热给水至给定温度；二是用若干级不同压力的抽汽逐级加热给水至给定温度，如图 3-7 所示。

经计算表明，不同的抽汽压力下每千克抽汽在加热器中凝结放出的热量都相差不多，因此，对于相同的给水最终加热温度，所需的抽汽量与抽汽级数几乎没有关系。在机组功率相同的条件下，采用多级回热加热给水，可以利用较低压力的回热抽汽对给水进行分段加热，使抽汽做功量增加，凝汽做功量减少，从而减少冷源损失，提高机组的热经济性。

图 3-8 所示为在不同回热加热级数下回热循环效率与给水温度的关系。由图 3-8 可

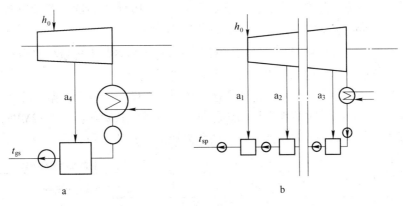

图 3-7 单级加热与多级加热示意图

a—单级加热；b—多级加热

知：（1）随着回热级数的增加，循环热效率是不断提高的；（2）随着回热级数的增加，回热热经济性提高的幅度是递减的（循环热效率的相对提高值 $\Delta\eta_t$ 是逐渐减小的）；（3）一定的回热级数对应一最佳给水温度，且回热级数越多，最佳给水温度就越高；（4）曲线的最高点附近是比较平坦的，这表明实际给水温度少许偏离最佳给水温度时，对系统热经济性的影响并不大。

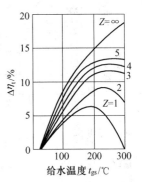

图 3-8 在不同的加热级数下回热循环热效率与给水温度的关系

在实际选择回热级数时，还应考虑到回热加热级数的增加意味着增加设备投资，并使系统复杂。因此回热机组一般也不采用过多的回热级数（国产机组一般不超过 8 级），具体机组所采用的回热级数往往要通过技术经济比较来确定，表3-1列出了部分国产机组的回热级数。

3.1.6.3 多级回热给水总焓升（温升）在各加热器间的加热分配 $\Delta h'(\Delta t)$

当回热级数和给水温度一定时，凝结水在回热系统中的总温升（焓升）就一定了。但给水的总温升（焓升）在各级加热器之间可以有不同的分配方案，其中存在着一种最佳分配方案，使回热过程的热经济性最高。

常用的分配方法有等焓升分配法、几何级数分配法和等焓降分配法。

3.2 给水除氧系统

3.2.1 除氧器管道系统

除氧器不仅具有加热给水和除氧的作用，同时还有汇集蒸汽和水流的作用。除氧器配有一定水容积的水箱，所以它还有补偿锅炉给水和汽轮机凝结水流量之间不平衡的作用。与除氧器相连接的管道与附件称为除氧器管道系统。为了保证在高温下运行的给水泵入口处不发生汽化，要求除氧器放置在较高的位置（一般在 14m 标高以上），放置除氧器的地方称为除氧层。

除氧器管道系统可分为并列运行除氧器管道系统和单元运行除氧器管道系统。

3.2.1.1　并列运行除氧器管道系统

中参数发电厂一般将相同参数的除氧器并列运行。高参数大容量机组因给水量大，为保证除氧器压力稳定，有的机组也采用两台除氧器并列运行。

图 3-9 所示为热电厂并列运行除氧器管道系统。其设有三台除氧器，两台并列运行的高压除氧器（0.49MPa）对给水进行加热除氧，一台大气式除氧器（0.12MPa）对补充水进行加热除氧。在这里，所谓并列运行是两台高压除氧器的并列运行。

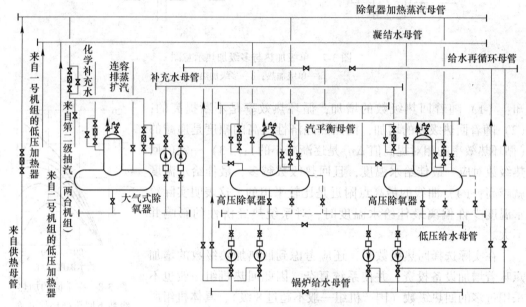

图 3-9　热电厂并列运行除氧器管理系统

为使并列运行除氧器的运行工况一致，两台除氧器给水箱的汽空间和水空间分别设有汽、水平衡管。水平衡管可以单独设立，或为了简化系统也可以用给水泵低压给水母管来代替。每台给水泵出口止回阀接出的再循环管引至再循环母管与除氧器给水箱相通。给水箱下部装有疏放水母管，在发生事故或停机检修时由放水管把水放入疏水箱，放水管应从水箱的最低点引出，以便能将水全部放完。为防止水箱的水过多，在水箱最高水位处装有溢水管，溢水管与放水母管相通。

补充水除氧器为大气式除氧器，其加热蒸汽来自于汽轮机的第二级抽汽，当第二级抽汽压力较低时，也可从高压除氧器加热蒸汽母管引来第一级抽汽，以保证补充水除氧器的除氧效果。未经过除氧的补充水引至除氧器本体上部，该除氧器给水箱的水位通过补充水进口调节阀来调节。锅炉连续排污扩容器的扩容蒸汽从该除氧器水箱上部进入，回收利用扩容蒸汽。

需要说明的是，由于该厂热电机组没有高压加热器，所以本系统未设置高压加热器疏水母管。

3.2.1.2　单元运行除氧器系统

图 3-10 所示为 600MW 机组单元运行除氧器管道系统。

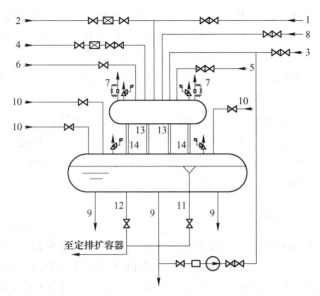

图 3-10　600MW 机组的单元运行除氧器系统

与除氧器相连的汽水管路主要有：

（1）汽轮机第四级抽汽至除氧器，作为加热汽源 1；

（2）辅助蒸汽联箱来的蒸汽作为低负荷及启动汽源 2；

（3）从凝结水系统来的凝结水经 5 号低压加热器进入除氧器 3；

（4）3 号高压加热器来的疏水进入除氧器 4；

（5）暖风器疏水进入除氧器，被回收利用 5；

（6）连续排污扩容器扩容蒸汽进入除氧器，被回收利用 6；

（7）除氧器顶部设排气门，放出给水中逸出的气体 7；

（8）高压加热器连续排汽回收利用于除氧器 8。

与除氧器水箱相连接的汽水管路主要有：

（1）除氧器水箱下部分别引出三根至给水泵前置泵的给水管 9；

（2）给水泵最小流量再循环管分别从三台给水泵的出口引出，返回除氧器水箱顶部 10；

（3）溢水管 11 和放水管 12。

为了在机组启动前，使除氧器水箱中的化学除盐水能被均匀迅速地加热并除氧，缩短启动时间，除氧器配置一台启动循环泵。其进水管从前置泵的进口水管上引出，出水管接至主凝结水进除氧器的管道上。水泵进口装设有一个闸阀和一个滤网，出口装设一个止回阀和一个闸阀。机组正常运行时，除氧器再循环泵的进、出口闸阀全关。

启动除氧器时，先启动凝结水泵或补充水泵向除氧器补水至正常水位，打开除氧器的排气阀，然后启动再循环泵并调节辅助蒸汽进汽阀门开度，将水加热至锅炉上水需要的温度，锅炉上水完成后将辅助蒸汽供汽调节投入自动，保持除氧器压力稳定。在加热期间，应注意控制除氧器的温升速度在规定的范围内，同时注意监视除氧器压力、水位和溶氧量。

除氧器在启动初期和低负荷下采用定压运行方式，由辅助蒸汽联箱来的蒸汽来维持除氧器定压运行。当第四级抽汽的蒸汽压力高于除氧器定压运行压力一定值时，第四级抽汽至除氧器的供汽电动阀自动打开，除氧器压力随第四级抽汽压力升高而升高，除氧器进入滑压运行阶段。机组正常运行时，当第四级抽汽压力降至无法维持除氧器的最低压力时，自动投入辅助蒸汽供汽，维持除氧器定压运行。

3 号高压加热器疏水管道上的调节阀后靠近除氧器处还安装有止回阀，以防止除氧器内的水汽倒流入 3 号高压加热器，造成振动。

除氧器下部设有两根下水管 13 和两根汽平衡管 14 与水箱相连。

除氧器排气装置：除氧器顶部两侧装有排气装置，用于排出从凝结水析出的氧气和其他不凝结气体。为了既要使气体能顺利排出而又不使过多的蒸汽排走，要设置节流孔板。当机组正常运行后，排气经节流孔板排出。

3.2.2　给水系统的作用和组成

从除氧器给水箱经前置泵、给水泵和高压加热器到锅炉省煤器前的全部给水管道，以及给水泵的再循环管道、各种用途的减温水管道和管道附件等组成了发电厂的给水系统。

给水系统的主要作用是把除氧水升压后，通过高压加热器加热供给锅炉，提高循环的热效率，同时提供高压旁路减温水、过热器减温水及再热器减温水等。

因给水泵前后的给水压力相差较大，对管道、阀门和附件的金属材料要求也不同，所以通常分为低压给水系统和高压给水系统。

由除氧器给水箱经下水管至给水泵进口的管道、阀门和附件，承受的给水压力较低，称为低压给水系统。为减少流动阻力，防止给水泵汽蚀，一般采用管道短、管径大、阀门少、系统简单的管道系统。

由给水泵出口经高压加热器到锅炉省煤器前的管道、阀门和附件，承受的给水压力很高，称为高压给水系统。该系统水压高，设备多，对机组的安全经济运行影响大，所以对其要求严格。

3.2.3　给水系统的形式

给水系统的形式与机组的形式、容量和主蒸汽系统的形式有关。主要有以下几种形式：单母管制、切换母管制和单元制。

3.2.3.1　单母管制

单母管制给水系统如图 3-11 所示。单母管制给水系统设有三根单母管，即给水泵入口侧的低压吸水母管、给水泵出口侧的压力母管和锅炉给水母管。其中吸水母管和压力母管采用单母管分段，而锅炉给水母管采用的是切换母管。

备用给水泵通常布置在吸水母管和压力母管的两分段阀之间。按水流方向，给水泵出口顺序装有止回阀和截止阀。止回阀的作用是在给水泵处于热备用状态或停止运行时，防止压力母管的压力水倒流入给水泵，导致给水泵倒转而干扰了吸水母管和除氧器的运行。截止阀的作用是在给水泵故障检修时，用以切断与压力母管的联系。为防止给水泵在低负荷运行时，因流量小未能将摩擦热带走而导致入口处发生汽蚀的危险，在给水泵出口止回阀处装设再循环管，保证通过给水泵有一最小不汽蚀流量，再循环母管与除氧器水箱相连（图 3-11 中未画出），将多余的水通过再循环管返回除氧器水箱。当高压加热器故障切除或锅炉启动上水时，可通过压力母管和锅炉给水母管之间的冷供管供应给水。图 3-11 中

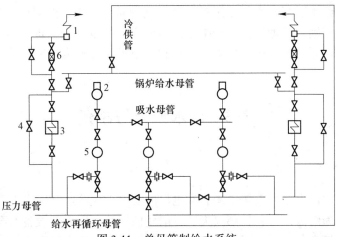

图 3-11 单母管制给水系统

1—锅炉；2—除氧器；3—高压加热器组；4—高压加热器组旁路；5—给水泵；6—锅炉给水操作台

还表示出了高压加热器的大旁路和最简单的锅炉给水操作台。

单母管制给水系统的特点是安全可靠性高，灵活性强，但系统复杂、阀门较多、投资大。供热式机组多采用单母管制给水系统。

3.2.3.2 切换母管制

图 3-12 所示为切换母管制给水系统。低压吸水母管采用单母管分段，压力母管和锅炉给水母管均采用切换母管。

当汽轮机、锅炉和给水泵的容量相匹配时，可作单元运行，必要时可通过切换阀门交叉运行，因此其特点是有足够的可靠性和运行的灵活性。但是，因有母管和切换阀门，投资会增大、阀门增多。

3.2.3.3 单元制

图 3-13 所示为 300MW 机组的单元制给水系统。由于 300MW 机组主蒸汽管道采用的

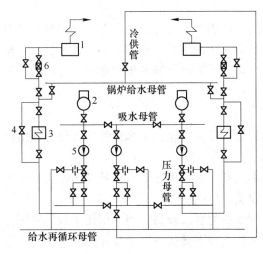

图 3-12 切换母管制给水系统

1—锅炉；2—除氧器；3—高压加热器组；4—高压加热器组旁路；5—给水泵；6—锅炉给水操作台

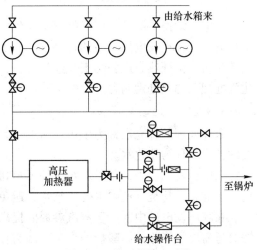

图 3-13 单元制给水系统

是单元制系统，给水系统也必须采用单元制。这种系统简单，管路短、阀门少、投资省，便于机、炉集中控制和管理维护。当采用无节流损失的变速调节时，其优越性更为突出。当然，运行灵活性差也是不可避免的缺点。它适用于中间再热凝汽式或中间再热供热式机组的发电厂。

3.3　汽水损失与补充

3.3.1　发电厂的汽水损失

发电厂存在的汽水损失直接影响着发电厂的安全、经济运行。发电厂的汽水损失，根据损失的部位分为内部损失和外部损失。一般我们把发电厂内部设备本身和系统造成的汽水损失称为内部损失，发电厂对外供热设备和系统造成的汽水损失称为外部损失。

发电厂内部损失的大小，标志着电厂热力设备质量的好坏，运行、检修技术水平及完善程度。其数值的大小与自用蒸汽量、管道和设备的连接方法以及所采用的疏水收集和废汽利用系统有关。发电厂在正常运行时，蒸汽和凝结水的泄漏损失，要求不超过锅炉额定蒸发量的 2%～3%，而技术完善程度较高的发电厂，内部损失可减少至锅炉额定蒸发量的 1.0%～1.5% 的范围内。

外部损失的大小与热用户的工艺过程有关。它的数量取决于蒸汽凝结水是否可以返回电厂，以及使用汽、水的热用户对汽、水的污染情况，其数值变化较大。

发电厂的汽水损失，不仅损失了工质，还伴随着热量损失，使燃料消耗量增加，降低了发电厂的热经济性。例如：新蒸汽损失 1%，则电厂热效率要降低 1%。为了补充汽水损失，就要增加水处理设备，增大了电厂投资，增大电能成本，因此在发电厂的设计和运行中应尽量采取措施，减少汽水损失。

3.3.2　补充水的处理方法

发电厂即使采取了一些降低汽水损失的措施，但仍然不可避免地存在着一定数量的汽水损失。为补充发电厂工质的这些损失而加入热力系统的水称为补充水。为保证发电厂蒸汽的品质，保证热力设备的安全经济运行，补充水必须经过严格处理。处理的方法一般有化学处理和加热处理两种。

3.3.2.1　化学处理法

未经处理的补充水称为生水，借助一系列的化学反应后除去了水中的钙、镁等硬质盐类的补充水称为软化水。

在中压发电厂中，由于对水质的要求相对不太高，常采用化学软化处理法除去水中的钙、镁等硬质盐类，使硬水变成软水，避免了硬垢的生成。

在高压发电厂中，由于蒸汽参数的提高，对水质的要求较高，当采用化学软化处理方法时还需增加能除掉硅酸盐的设备。因为在高参数条件下硅盐可以蒸发并随同蒸汽一道进入汽轮机，当蒸汽在汽轮机内压力温度降低后硅酸盐会沉积在叶片上，减少汽轮机的通流面积，限制机组出力，同时还将增大汽轮机的轴向推力。

随着新蒸汽压力的不断提高，超高压、超临界（超超临界）压力直流锅炉的应用，对水质的要求更高了，不但要求除去水中的钙、镁等硬质盐类，而且还要除去易溶解于水中的钠盐，因此，必须采用化学除盐设备来处理补充水。

3.3.2.2 加热处理法

用蒸发器产生的蒸馏水作为补充水的水处理方法称为加热处理法。蒸馏水的品质接近于凝汽器中的凝结水的品质，但这种方法的初投资和运行费用一般比化学处理法贵一些，在系统连接上要降低汽轮机组的热经济性。因此只有在特殊条件下，如生水品质很差、用化学处理法不能保证热力设备可靠地工作时，才考虑采用加热处理法。

3.4 火电厂全面性热力系统

发电厂全面性热力系统反映整个发电厂能量的转换过程，是在发电厂初步设计中就应拟定的系统图。它按设备的实际数量进行绘制，并标明一切必需的连接管路及其附件。在发电厂设计工作中它是编制热力设备总表、各类管道及其附件汇总表的依据，也是发电厂各管道系统和主厂房布置的依据。

发电厂全面性热力系统图是发电厂设计、施工和运行中非常重要的技术资料，其形式的不同影响着发电厂的投资和钢材耗量、设计施工工作量的大小和工期的长短、运行中工质损失和散热损失的大小。从全面性热力系统图中还可了解在发电厂运行工况改变及设备检修时，进行各种切换的可能性及备用设备投入的可能性，从而可看出发电厂运行的安全可靠性、运行调度灵活性和生产的经济性。

拟定全面性热力系统的原则是：首先应保证发电厂生产安全可靠，其次是保证发电厂运行调度灵活方便；第三是要求系统布置简单明了、便于扩建，投资和运行费用少。全面性热力系统拟定是复杂而且专业技术性很强的工作，在设计中需要经过分析、计算和技术经济性比较后才能确定最佳方案。

绘制完成的全面性热力系统图中，至少要有一台锅炉、汽轮机及其辅助设备的有关汽水管道上需要标明公称压力、管径和管壁厚度。图的右侧通常附有该图的设备明细表，并标明设备名称、规范、型号单位及其数量和制造厂家或备注。

4 火电厂环境保护

火电生产的工艺决定了随之产生的烟气、污水、灰渣及噪声会对环境带来不利影响。电力环境保护工作具有政策性强、涉及面广、技术难度高等特点。

4.1 火电厂废水处理

4.1.1 火电厂废水及其水质特征

4.1.1.1 水污染的形式

水是火力发电厂中最重要的能量转换介质。水在使用过程中，会受到不同程度的污染。在火力发电厂中，大部分水是循环使用的。水除用于汽水循环系统传递能量外，还用于很多设备的冷却和冲洗，如凝汽器、冷油器、水泵、风机等。对于不同的用途，产生污染物的种类和污染程度是不一样的。

水污染有以下几种形式：

（1）混入型污染。用水冲灰、冲渣时，灰渣直接与水混合造成水质的变化。输煤系统用水喷淋煤堆、皮带，或冲洗输煤栈桥地面时，煤粉、煤粒、油等混入水中，形成含煤废水。

（2）设备油泄漏造成水的污染。

（3）运行中水质发生浓缩，造成水中杂质浓度的增高。如循环冷却水、反渗透浓排水等。

（4）在水处理或水质调整过程中，向水中加入了化学物质，使水中杂质的含量增加。如循环水系统加酸、加水质稳定剂处理；水处理系统加混凝剂、助凝剂、杀菌剂、阻垢剂、还原剂等；离子交换器、软化器失效后用酸、碱、盐再生；酸碱废液中和处理时加入酸、碱等。

（5）设备的清洗对水质的污染。如锅炉的化学清洗、空气预热器、省煤器烟气侧的水冲洗等，都会有大量悬浮物、有机物、化学品进入水中。

4.1.1.2 火电厂废水的种类、特征

火力发电厂废水的种类多，水质、水量差异大，有机污染物少，除了油之外，废水中的污染成分主要是无机物，另外，间断性排水较多。

按照废水的来源划分，火力发电厂的废水包括循环水排污水、灰渣废水、工业冷却水排水、机组杂排水、含煤废水、油库冲洗水、化学水处理工艺废水、生活污水等。

按照流量特点，废水分为经常性废水和非经常性废水。经常性废水指的是火力发电厂在正常运行过程中，各系统排出的工艺废水，这些废水可以是连续排放的，也可以是间断性排放的。火力发电厂的大部分废水为间断排放，连续排放的废水较少。连续排放的废水

主要有锅炉排污水、汽水取样系统排水、部分设备的冷却水、反渗透水处理设备的浓排水；间断性排水包括锅炉补给水处理系统的再生废水、凝结水精处理系统的再生排水、锅炉定时排污水、化验室排水、冷却塔排污及各种冲洗废水等。非经常性废水是指在设备检修、维护、保养期间产生的废水，如化学清洗排水（包括锅炉、凝汽器和热力系统其他设备的清洗）、锅炉空气预热器冲洗排水、机组启动时的排水、锅炉烟气侧冲洗排水等。与经常性排水相比，非经常性废水的水质较差而且不稳定。火电厂工业废水的种类及其主要污染因子见表4-1。

表 4-1　火力发电厂工业废水种类和污染因子

种　类	废水名称	主要污染因子
经常性废水	生活、工业水预处理装置排水	SS
	锅炉补给水处理再生废水	pH 值、SS、TDS
	凝结水精处理再生废水	pH 值、SS、TDS、Fe、Cu 等
	锅炉排污水	pH 值、PO_4^{3-}
	取样装置排水	pH 值、含盐量不定
	化验室排水	pH 值与所用试剂有关
	冲灰废水	SS
	烟气脱硫系统废水	pH 值、SS、重金属、F^-
非经常性废水	锅炉化学清洗废水	pH 值、油、COD、SS、重金属、F^-
	锅炉向火侧清洗废水	pH 值、SS
	空气预热器冲洗废水	pH 值、COD、SS、F^-
	除尘器冲洗水	pH 值、COD、SS
	油区含油污水	SS、油、酚
	停炉保护废水	NH_3、N_2H_4
	主厂房地面及设备冲洗水	SS
	输煤系统冲洗煤场排水	SS

4.1.2　火电厂各类废水处理技术

电厂废水的种类较多，水中可能的污染物有悬浮物、油、联氨、清洗剂、有机物、酸、碱、铁等，十分复杂。从排放角度讲，经常性废水的超标项目通常是悬浮物、有机物、油和 pH 值。一般经过 pH 值调整、混凝、絮凝、澄清处理后即可满足排放标准，为此，大多数火力发电厂的废水集中处理站都建有一套混凝澄清处理系统，主要用于经常性废水的处理，也用来处理经过预处理的非经常性废水。非经常性废水的水质、水量差异很大，需要先在废液池中进行预处理，除去特殊的污染组分后再送入混凝澄清系统处理。

下面分别讨论经常性废水和非经常性废水的处理工艺。

4.1.2.1　经常性废水的处理

A　经常性废水处理的典型流程

火电厂经常性排水种类多，杂质成分也比较复杂，目前主要通过混凝、澄清、过滤、中和（pH 值不合格时）等处理后，回用或直接排放。处理的典型流程如图 4-1 所示。

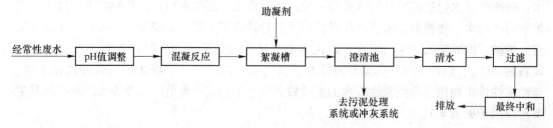

图 4-1　经常性废水处理的典型流程

该处理系统会产生一些泥渣，产生的泥渣可以直接送入冲灰系统；也可以先经过泥渣浓缩池浓缩后再送入泥渣脱水系统处理，浓缩池的上清液返回澄清池（器）或者废水调节池。

　　B　化学水处理酸碱废水的处理

化学水处理过程中产生的酸碱废水，主要来自锅炉补给水处理系统和凝结水精处理系统阳离子交换剂和阴离子交换剂的再生过程。这部分的酸碱废水是间断性排放的，其水质特点是含盐量很高、悬浮物含量较低，呈酸性或碱性。

由于此类废水的酸碱含量都很低，所以回收的价值不大，大多是采用自行中和法进行处理。此种方法是先将酸性废水（或碱性废水）排入中和池（或 pH 值调整池）内，然后再将碱性废水（或酸性废水）排入，搅拌中和，使 pH 值达到 6~9 后排放。运行方式大多为批量中和，即当中和池内的废水达到一定体积后，再启动中和系统。若 pH>9，加酸；若 pH<6，加碱；直至 pH 值达到 6~9 的范围，然后排放。

对于单独收集的酸碱废水，一般直接在废液池内进行中和处理。废液池中有加酸管、加碱管和空气混合管，见图 4-2。

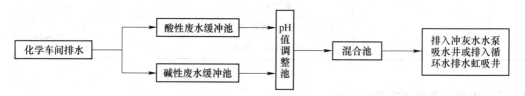

图 4-2　酸碱废水中和处理流程

酸碱废水的排放量与除盐水处理系统的形式、出力以及原水水质等因素有关。例如，如果在除盐系统中有反渗透装置，则离子交换器再生时所产生的酸碱废水量就小得多。如果没有反渗透，则对于相同的离子交换除盐系统，原水的含盐量越高，产生的再生废水量就越大。采用反渗透预脱盐系统的水处理车间，由于反渗透回收率的限制，排水量较大。比如，反渗透的回收率为 75% 时，其排水量就相当于进水的 25%，废水量远大于离子交换系统。

为保证酸碱废液的充分中和，以及满足酸碱废水的体积容纳，一般情况下，中和池（或 pH 值调整池）的水容积应不小于一台最大的阳离子交换设备和一台最大的阴离子交换设备一次再生全过程所排出的酸、碱性废水量之和。在水处理设备台数较多的情况下，中和池的水容积应不小于两台阳离子交换设备与两台阴离子交换设备再生所排出废水量的总和，这样就能保证在同一时刻内有两台阳离子交换设备或两台阴离子交换设备相继再生时酸性废水和碱性废水的充分混合。

除了采取上述方法对酸碱废水进行中和处理外，为了减少中和处理中酸碱的耗量，还可以采取下述方法处理酸碱废水。

通过对离子交换器的再生进行调整，也可以减少甚至消除中和阶段新鲜酸、碱的消耗。再生时通过合理地安排阳床和阴床的再生时间和酸碱用量，使阳床排出的废酸与阴床排出的废碱基本上可以等量反应，能够自行中和，就可以不用向废液中加新鲜酸或碱。有些火力发电厂在再生阳床、阴床时，有意地增加阴床的碱耗或者阳床的酸耗（可以提高离子交换树脂的再生度，增加周期制水量），使得再生废液混合后的 pH 值基本维持在 6~9 之间。

另外，还可采取弱酸树脂处理废酸和废碱液的方法。此方法是将废酸和废碱液交替地通过弱酸树脂，当废酸液通过钠型弱酸树脂时，它就转为 H 型，除去废液中的酸；当废碱液通过时，弱酸树脂将 H^+ 放出，中和废液中的碱，树脂本身转变为盐型。使用此种方法时，废酸与废碱液的量应基本相当。但是一般除盐系统中使用脱碳塔脱除碳酸，所以废碱液量少得多。弱酸树脂在离子交换过程中，对 H^+ 的选择性较高，Na 型时水解呈碱性，H 型时仍能将部分中性盐交换，出水呈酸性，因此在实际应用中应严格控制 pH 值在 6~9 的范围内，且需要一定量的钙、镁型树脂，以起缓冲作用。为此，一般设计时要考虑两台弱酸离子交换器，当一台交换器排水 pH<6 或 pH>9 时，立即将另一台只有钙、镁型弱酸树脂交换器投运，使出水继续符合排放标准。弱酸树脂处理废水，具有占地面积小，并可作前置氢离子交换器使用，降低阳床消耗等优点，其缺点是投资大。

C 脱硫废水的处理

脱硫废水中主要含有 SS、还原性无机物、F^-、Cl^- 及少量重金属等杂质。宜单独进行处理，处理方法有多种，其中曝气、石灰沉淀法为首选工艺。石灰沉淀处理具有运行费用低、处理范围广的优点，既可以除去废水中的重金属离子，又可以除去悬浮物、氟化物、过饱和的还原性无机盐等。

对不同组分的去除原理分别是：

（1）重金属离子——化学沉淀；

（2）悬浮物——混凝沉淀；

（3）还原性无机物——曝气氧化、絮凝体吸附和沉淀；

（4）氟化物——生成氟化钙沉淀。

下面讨论石灰沉淀处理对脱硫废水中几类主要的污染组分的去除方法及工艺流程。

a 脱硫废水中各种杂质的去除方法

（1）悬浮物的去除。悬浮物是脱硫废水的主要污染物之一，主要是烟气中的细灰和脱硫吸收浆液中已沉淀的盐类。脱硫废水中的悬浮物浓度很高，可达 20000mg/L。其中大部分可直接沉淀，沉淀物呈灰褐色。

将水样放置 30min，容器底部就有大量的沉淀物，直接沉降后的水样仍然很浑浊，说明水中还含有大量不能直接沉淀的悬浮物微粒。

由于悬浮物浓度很高，在进行化学沉淀处理时，必须配合混凝处理，以去除水中大部分的悬浮物。混凝生成的活性絮体，可以将水中存在的细小金属氢氧化物絮粒如

[$Cr(OH)_3$]吸附在一起共同沉淀，增加了金属氢氧化物的沉淀速度和去除效率。如果投加助凝剂，沉淀效果会更好。

（2）还原性物质的去除。COD是脱硫废水中的主要超标项目之一，其主要组分是还原态的无机物，这类物质浓度的高低与吸收塔的氧化程度有关，降低COD是脱硫废水处理的一个难题。

在石灰沉淀处理时，COD也有一定程度的降低，主要是在此过程中，废水中的过饱和亚硫酸盐会以沉淀的形式被除去。

如果在对废水进行曝气、石灰处理过程中，用PAC或$FeCl_3$作混凝剂，处理后废水中的COD可以降至250mg/L以下，去除率可以达到30%以上，可以满足GB 8978—1996中三级排放标准，但未能达到一级和二级标准。如果要提高废水处理标准，必要的情况下，可以投加氧化剂进行处理。

（3）F^-的去除。采用石灰沉淀法处理脱硫废水时，F^-也可以被除去一部分，其原理是Ca^{2+}与F^-反应生成CaF_2沉淀。在难溶盐之中，CaF_2的溶解度相对较高。在脱硫废水中，由于含盐量很高，处理后F^-浓度远远高于理论计算值。因此采用石灰沉淀工艺时，即使CaF_2完全沉淀，水中的F^-浓度也可能超过排放标准。

脱硫废水中的F^-主要来自燃煤，由于烟气中的HF被脱硫浆液吸收后会转化为CaF_2沉淀，所以脱硫废水中F^-浓度大小的决定因素并不是煤中含氟量的高低，而是废水中CaF_2的溶解情况。

要想改善除去F^-的效果，可以考虑采取投加氯化钙和调整pH值的措施。

b　脱硫废水处理工艺

一套完整的脱硫废水处理系统应包括以下物理化学过程。

（1）匀质：通过搅拌、缓冲，使不同时段排出的废水均匀混合，稳定水质和水量，以利于后续处理。

（2）碱化处理：提高废水的pH值，形成金属的氢氧化物沉淀。

（3）混凝处理：消减$CaSO_4$等难溶盐的过饱和度，使各种结晶固体、悬浮物沉淀。

（4）加入硫化物，形成重金属的硫化物沉淀并析出，以补充氢氧化物沉淀的不足。

（5）絮凝反应：使形成的多种沉淀物凝聚并进行沉降，分离出泥渣并进行浓缩。

（6）对泥渣进行脱水。

脱硫废水处理常见工艺流程：废水先进入废液池，在此进行曝气，然后依次经过pH值调整、凝聚、化学沉淀和絮凝，进入澄清器，使形成的泥渣和水分离。一部分泥渣送去脱水，另一部分泥渣回流。理论上，含有石膏晶体的回流泥渣提供了结晶表面，有助于消减石膏的过饱和度，但实际上，由于脱硫废水中的悬浮物浓度较高，有时候并不一定需要泥渣回流。清水经过加酸调整pH值后直接排放或回用。

在pH值调整池中，加入$Ca(OH)_2$将pH值调节到9~9.5，这是废水中大部分金属离子能够发生沉淀反应的pH值范围。如果水中存在酸性条件沉淀的离子，单级沉淀残留浓度值较高，则需要两级沉淀处理。

如果废水的含汞量较高，仅仅碱化处理往往不能达标，有时需要添加硫化物（常用有机硫化物）使汞沉淀。

D   循环水系统排污水处理

由于水在循环过程中水质发生了浓缩，使其水质具有以下特点：（1）含盐量高；（2）水质安定性差；（3）对反渗透膜有污染的组分种类多、浓度高；（4）水温随发电负荷变化大，不利于水处理系统的运行等。

可见，循环水系统排污水水质复杂，处理难度极大：既要努力地降低水的过饱和度，防止在继续浓缩分离阶段结垢，又要尽量地减少各种有机杂质和胶体杂质，使污染指数（SDI）满足反渗透的要求，减轻对反渗透膜的污染，所以必须进行脱盐处理。又由于其水量大，所以处理规模大。这就使得处理系统比较复杂，运行费用很高。

根据其水质及水量特点，常用的循环水排污水处理的系统包括化学沉淀软化预处理或混凝澄清预处理、膜过滤处理（反渗透、微滤、超滤等）。

膜分离技术是利用一种特殊的半透膜将溶液隔开，使溶液中的某种溶质或溶剂（水）渗透出来，从而达到分离溶质的目的。废水处理中常用的膜为离子交换膜。使溶剂透过膜的方法称为渗透，使溶质透过膜的方法称为渗析。根据溶质或溶剂透过膜的推动力不同，膜分离法可分为：（1）以电动势为推动力的电渗析和电渗透；（2）以浓度差为推动力的扩散渗析和自然渗透；（3）以压力差为推动力的压渗析、反渗透、超滤、微孔过滤。其中最常用的是电渗析、反渗透和超滤，其次是扩散渗析和微孔过滤。

某火电厂循环水排污水脱盐处理系统流程如图4-3所示。

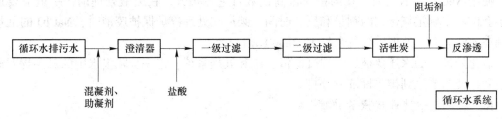

图4-3   某火电厂循环水排污水脱盐处理工艺流程

E   生活污水的处理

电厂生活污水水质与工业废水水质不同，其化学成分主要有蛋白质、脂肪和各种洗涤剂，且COD含量很高，水量也远远少于工业废水。根据其水质特点，生活污水的处理一般除利用一级处理，如沉降澄清、机械过滤等工艺和消毒处理除去可沉降悬浮固体和病毒微生物之外，更主要的是降低有机物的含量。由于生活污水中有机物的成分比较复杂，其降解的难易程度也相差比较悬殊，一般认为 BOD_5/COD 大于0.3时，易于用生物转化降解。它可除去生活污水中90%的BOD和悬浮固体。实践表明，生活污水通过二级生物转化处理之后，其 BOD_5 和悬浮固体均可达到国家和地方的水质排放标准。目前有些火力发电厂的生活污水（包括厂区生活污水和居住区生活污水）采用了生物转化处理。经处理后多用作冲灰水或达标后排至下水道。对生活污水的主要监控项目为悬浮物、COD及 BOD_5。

4.1.2.2   非经常性废水的处理

与经常性排水相比，非经常性排水的水质较差且不稳定。通常悬浮物、COD和含铁量等指标都很高。由于废水产生的过程不同，各种排水的水质差异很大。有些废水的悬浮物浓度很高，而有些则 COD 很高。在这种情况下，需要针对不同来源的废水采取不同的处理工艺。例如，停炉保护排出的高联氨废水，化学清洗和空预器冲洗排出的高铁、高有机物、高色度废水，其处理工艺就不同。下面分别讨论几种非经常性废水的处理工艺。

A　停炉保护废水的处理

联氨是一种还原性的物质，在火力发电厂中是一种传统的锅炉给水除氧剂。联氨有毒，还是一种疑似的致癌物质。1985 年美国职业安全健康管理局（OSHA）将其归为"危险药品"类，要求产品包装中必须注明是可疑的致癌物，并禁止含有联氨的蒸汽与食品接触。

停炉保护废水中含有较高浓度的联氨，因此需要进行处理。联氨废水一般采用氧化处理，利用联氨能被氧化的性质将其转化为无害的氮气。

从锅炉排出的停炉保护废液首先汇于机组排水槽，然后再用废水泵送入废水集中处理站的非经常性废水槽，在此进行氧化处理。

联氨废水的处理过程是：

（1）将废水的 pH 值调整至 7.55~8.5 的范围；

（2）加入氧化剂（通常使用 NaClO）并使其充分混合，维持一定的氧化剂浓度和反应时间，使联氨充分氧化。反应式为

$$N_2H_4 + 2NaClO == N_2\uparrow + 2NaCl + 2H_2O$$

使用 NaClO 作氧化剂，其剂量通常高达数百毫克每升。在废液处理前，一般需要通过小型试验来确定氧化剂的剂量和反应时间。某厂在处理停炉保护废液时，NaClO 的剂量控制在 400mg/L。处理后维持余氯 1~3mg/L。

氧化处理后的水还要被送往混凝澄清、中和处理系统，进一步除去水中的悬浮物并进行中和，使水质达到排放标准后外排。

B　锅炉化学清洗废水的处理

锅炉启动前化学清洗和定期清洗废水的特点是排放废液大，排放时间短，排放液中有害物质浓度高。因此，对这类排放废液一般需设置专门的储存池，针对不同的清洗工艺，采用不同的废液处理方法，也有与其他生产废水（除含油废水及生活污水外）合并成化学废水经处理系统进行处理。

锅炉化学清洗一般包括碱洗、酸洗、漂洗、钝化等几个工艺环节，清洗时，各环节都有不同类型的废水产生，废液将大量连续排出。由于化学清洗废水的成分极其复杂，未经处理的酸、碱及其他有毒废液，是严禁排放的。排放废液的方式不得采用渗坑、渗井和漫流。为此，在事先设计废液处理设施时，应留有足够的容量。

从化学组成方面来讲，化学清洗废液含有的杂质主要是：

第一类，钙、镁和钠的硫酸盐、氯化物；

第二类，铁、铜和锌的盐类以及氟化物和联氨；

第三类，有机物、铵盐、亚硝酸盐、硫化物等。

污水排放标准对第二类和第三类中的很多成分都有限制，因此酸洗废水的处理目标是除去第二类和第三类中的杂质。

为了有效地去除这些杂质，需要将氧化工艺和混凝澄清处理联合使用。通过氧化处理（氧化剂通常采用 NaClO，有时采用强氧化剂过硫酸铵），一方面分解废水中的有机物，

降低 COD 值；另一方面又将废水中大量存在的 Fe^{2+} 氧化成 Fe^{3+}，使之形成 $Fe(OH)_3$，在后续的混凝澄清阶段通过沉淀除去。

a 盐酸酸洗废液的处理

经典的处理方法是中和法。其反应式如下：

$$HCl + NaOH == NaCl + H_2O$$

$$FeCl_3 + 3NaOH == Fe(OH)_3\downarrow + 3NaCl$$

另外盐酸酸洗废液还可采用氧化与石灰沉淀工艺联合处理。图 4-4 为其处理工艺流程，具体如下：（1）酸洗废液首先排入机组排水槽，用压缩空气将废液混匀。（2）用 30%~40% 的浓碱液将废液中和至 pH=2 左右。（3）再用废液泵送入非经常性废水槽，加入石灰粉，混合，使水的 pH 值升至 10~12。因为酸洗废液的 pH 值很低，需要的石灰粉投加量很大（如 $1kg/m^3$）。石灰粉的剂量可以通过小型试验确定。（4）用空气连续搅拌 2~3d，使水中的 Fe^{2+} 全部氧化成 Fe^{3+}。（5）再加入强氧化剂过硫酸铵 $[(NH_4)_2S_2O_8]$，用空气搅拌 10~12h。此过程可以将废水中的有机物和其他还原态无机离子进行氧化。过硫酸铵的剂量可以通过小型试验确定。（6）经过上述处理后，将水中大量的 $Fe(OH)_3$ 沉淀和其他悬浮物，送入混凝澄清系统处理。

因为酸洗废液总量很大，混凝澄清处理系统的处理流量相对较小，所以需要较长的处理时间。

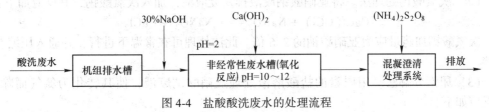

图 4-4 盐酸酸洗废水的处理流程

b 柠檬酸清洗废液的处理

柠檬酸清洗废液是典型的有机废水，COD 很高，对环境的污染性很强。该种废液有如下几种处理方式：

（1）利用柠檬酸可以燃烧的性质，将废液与煤粉混合后送入炉膛中焚烧。焚烧后有机物全部转化为 CO_2 和水，随烟气排出。

（2）利用煤灰的吸附能力和灰浆的碱性，将废液与煤灰混合后排至灰场。

（3）采用空气氧化、臭氧氧化或其他氧化方式进行氧化处理。氧化处理时，一般需要将 pH 值调至 10.5~11.0 的范围内。因为在 pH=10 时，铁的柠檬酸配合物可以被破坏；而 pH>11 时，铜、锌的柠檬酸配合物会被破坏。有时为了促进 Cu^{2+} 和 Zn^{2+} 沉淀，需要加入硫化钠。在氧化处理后，因为悬浮物浓度还很高，需要送入混凝澄清处理系统进行进一步处理。

c EDTA 清洗废液的处理

EDTA 清洗是配位反应，配位反应是可逆的。EDTA 是一种比较昂贵的清洗剂，因此，可以考虑从废液中回收。回收的方法有直接硫酸法回收、NaOH 碱法回收等。

d 氢氟酸清洗废液的处理

氢氟酸清洗废液中所含的氟化物浓度很高，一般采用石灰沉淀法处理后排放。处理原理是在废液中加入石灰粉后，废液中的 F^- 与 Ca^{2+} 反应生成沉淀 CaF。其反应式如下：

$$2HF + Ca(OH)_2 \Longrightarrow CaF_2 \downarrow + 2H_2O$$

该反应是常见的沉淀反应，在难溶盐中 CaF_2 的溶解度比较大，要达到规定的氟化物排放标准，单靠石灰沉淀处理是比较困难的。氟化物为二类污染物，可以与其他废水混合后再排放。一般氢氟酸溶液中残留的游离氟离子含量小于 10mg/L 即可。在具体操作时，石灰的理论加入量为氢氟酸的 1.4 倍，实际加入量应为氢氟酸的 2.0~2.2 倍，所用石灰粉的 CaO 含量应不小于 30%，最好在 50% 以上。

锅炉清洗废水中还含有亚硝酸钠和联氨等组分，联氨的处理方法同前，此处介绍亚硝酸钠废液的处理。

亚硝酸钠废液不能与废酸液排入同一池内，否则会生成大量氮氧化物 NO_x 气体，形成滚滚黄烟，严重污染空气。

亚硝酸钠废液的处理法有下列几种：

（1）氯化铵处理法。将亚硝酸钠废液排入废液池内，然后加入氯化铵，其反应如下：

$$NaNO_2 + NH_4Cl \Longrightarrow NaCl + N_2 \uparrow + 2H_2O$$

氯化铵的实际加药量应为理论量的 3~4 倍，为加快反应速度可向废液池内通入 0.78~1.27MPa 的蒸汽，维持温度在 70~80℃。为防止亚硝酸钠在低 pH 值时分解，造成二次污染，应维持 pH 值为 5~9。

（2）次氯酸钙处理法。将亚硝酸钠废液排入废液池，加入次氯酸钙，其反应如下：

$$CaCl(OCl) + NaNO_2 \Longrightarrow NaNO_3 + CaCl_2$$

次氯酸钙加药量应为亚硝酸钠的 2.6 倍。此法处理可在常温下进行，并通入压缩空气搅拌。

（3）尿素分解法。用尿素的盐酸溶液处理亚硝酸钠废液，使其转化为氮气而除去，其反应如下：

$$2NaNO_2 + CO(NH_2)_2 + 2HCl \Longrightarrow 2N_2 \uparrow + CO_2 \uparrow + 2NaCl + 3H_2O$$

处理后，应将溶液静置过夜后再排放。

C　空气预热器、省煤器等设备冲洗排水的处理

在机组大修期间，有时需要对锅炉设备的烟气侧进行冲洗，以除去附着在炉管外壁上的灰。需要冲洗的设备有空气预热器、省煤器、烟囱、送风机和引风机等。冲洗排水的水质特点是悬浮物和铁的浓度很高，而 pH 值较低。如果是燃油机组，则废水中的油、重金属钒等杂质的浓度会较高。

D　含油废水的处理

含油废水的量比较小，一般通过分散收集后送入含油废水处理装置处理。

含油废水的处理方式按照原理来划分，有重力分离法、气浮法、吸附法、粗粒化法、膜过滤法、电磁吸附法和生物氧化法等。其中，膜过滤法、电磁吸附法和生物氧化法在火力发电厂中不常用，火电厂中通常采用浮力浮上法。所谓浮力浮上法，就是借助水的浮力，使废水中密度小于或接近于 $1g/cm^3$ 的固态或液态污染物浮出水面，再加以分离的处理技术。根据污染物的性质和处理原理不同，浮力浮上法又分为自然浮上法、气泡浮上法和药剂浮选法三种。

a　自然浮上法

利用污染物与水之间存在的密度差，让其浮升到水面并加以去除，称为自然浮上法。

废水中直径较大的粗分散性可浮油粒即可用此法去除，采用的主要设备是隔油池。

隔油池的工作原理是利用油的密度比水小的特性，在较稳定的流动条件下使油水发生分离。隔油池只能除去浮油和粒径较大的分散油，油粒的粒径越大，越容易去除。对于乳化油和溶解油，隔油池没有去除能力。在火力发电厂中，隔油池主要用于油罐区、燃油加热区等高含油量废水的第一级处理。

b　气泡浮上法

气泡浮上法简称气浮法，是利用高度分散的微小气泡作为载体去粘附废水中的污染物，使其随气泡浮升到水面而加以去除。因此，实现气浮处理的必要条件是使污染物能够粘附于气泡上。

在废水处理中采用的气浮法，按气泡产生的方式不同，可分为充气气浮、电解气浮和溶气气浮三种类型。

充气气浮是利用扩散板或微孔布气管向气浮池内通入压缩空气，也可利用水力喷射器和高速旋转叶轮向水中充气。

电解气浮是利用水的电解和有机物的电解氧化作用，在电极上析出细小气泡（如 H_2、O_2、CO_2、Cl_2 等）而分离废水中疏水性污染物的一种方法。

溶气气浮是使空气在一定的压力下溶于水中并呈饱和状态，然后使废水压力突然降低，这时空气便以微小气泡的形式从水中析出并上浮。根据气泡从水中析出时所处的压力不同，溶气气浮又分为两种：一种称真空溶气气浮，它是将空气在常压或加压下溶于水中，而在负压下析出；另一种称加压溶气气浮，它是将空气在加压下溶于水中，而在常压下析出。前者的优点是气浮池在负压下运行，空气在水中易呈过饱和状态，而且气泡直径小、溶气压力较低，缺点是气浮池需要密闭，在运行管理上有一定困难。

溶气气浮在含油废水处理中，通常作为隔油池处理后的补充处理或生物处理前的预处理。如经隔油池处理后出水含乳化油有 50~60mg/L，再经混凝和气浮处理则可降至 10~30mg/L。气浮的处理对象是乳化油及疏水性细微固体总悬浮物。

c　药剂浮选法

药剂浮选法简称浮选法，是向废水中投加浮选药剂，选择性地将亲水性油粒转变为疏水性油粒，然后再附着在小气泡上，并上浮到水面加以去除的方法，它分离的主要对象是颗粒较小的亲水性油粒。

火力发电厂的含油废水，经隔油池和气浮处理之后，有时仍达不到排放标准，这时还应采用生物转化处理或活性炭吸附处理，从而进一步降低油污染物的含量，使出水水质提高，达到排放要求。

通常，含油废水的处理工艺是采用几种方法联合处理，以除去不同状态的油，达到较好的水质。对于分散油和浮油，一般采用隔油池就可以除去大部分；而对于乳化油，则要首先破乳化，再用机械方法去除。

含油废水常用的处理工艺有以下几种：

（1）含油废水—隔油池—油水分离器或活性炭过滤器—排放；

（2）含油废水—隔油池—气浮分离—机械过滤—排放；

（3）含油废水—隔油池—气浮分离—生物转盘或活性炭吸附—排放。

186

E　含煤废水的处理

含煤废水的外观呈黑色，悬浮物浓度变化比较大。悬浮物主要由煤粉组成。其中一部分粒径较大的煤粒可以直接沉淀，而大量粒径很小的煤粉基本不能直接沉淀，而是稳定地悬浮于水中。煤中含有很多的矿物质，主要有铁、铝、钙、镁等金属元素的碳酸盐、硅酸盐、硫酸盐和硫化物。与飞灰具有极强的化学活性不同，煤中的矿物质比较稳定，常温下在水中的溶解度不大。所以无烟煤可以作为水处理用的滤料，磺化煤可以作为离子交换剂。含煤废水的电导率并不高，悬浮物、SiO_2 的浓度和 COD 值比较大。在收集废水的过程中有时会漏入一些废油，因此，含煤废水有时含油量较高。

利用煤粉的密度大于水的密度，在重力的作用下，沉淀下来从而与水分离。但由于煤粉颗粒细小，纯粹利用重力很难全部与水分离，因此加药进行混凝，利用药剂的吸附、架桥作用，废水中的细小煤粉颗粒通过吸附架桥作用、电中和作用及沉淀物网捕作用，形成较大的颗粒，再通过沉淀实现与水分离。

随着微滤水处理技术的普及，近年来，在国内的一些火力发电厂已开始采用微滤装置来处理含煤废水。微滤作为膜处理的一种，具有占地面积小，处理后水的悬浮物浓度比沉淀、澄清或气浮要低的优点。但其处理成本要高于沉淀或澄清处理，主要是运行维护成本较高。比如微滤滤元、控制单元的自动阀门、控制元件等需要定期更换，而且需要定期进行化学清洗。

另外还有一种 JYMS 智能型一体化含煤废水处理设备，其核心是过滤器。加药混凝后的含煤废水进入过滤器，在混凝剂的作用下。煤粉絮凝形成较大的颗粒，通过过滤与水分离，处理后的清水送入清水池回用。

4.1.3　火电厂废水的回用

如图 4-5 所示，火电厂的生活污水经厂区生活污水排水管排入生活污水处理站进行消毒。消毒后的水通过水泵升压经焊接钢管分别送入 1、2 号机组和 3、4 号机组的除灰动力泵清水箱，供除灰用水。

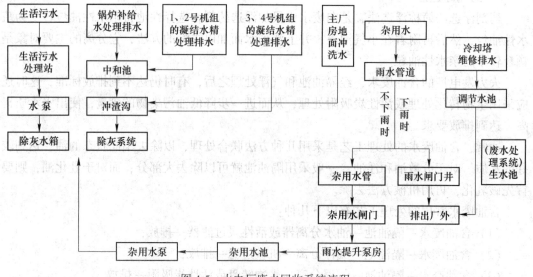

图 4-5　火电厂废水回收系统流程

　　酸碱废水回收系统：锅炉补给水处理排水排入中和池，经中和池中和调节后排入除灰系统。1、2 号机组的凝结水精处理排水也经中和池中和调节后排入除灰系统；3、4 号机组的凝结水精处理排水直接排入冲渣沟。

　　主厂房地面冲洗水回收系统：主厂房地面定时冲洗排水排入冲渣沟，而后进入除灰系统。

　　杂用水回收系统：杂用水主要是指主厂房设备、管道检修时的排放水和汽车冲洗水。这些废水均为间断不定时排水，排入雨水管道。在雨水管道干管上设有雨水闸门井。平时将雨水干管上的阀门关闭，使废水经杂用水管排入干管再流入雨水（杂用水）提升泵房，将杂用水提升至容积为 2000m³ 的杂用水池，然后再用雨水（杂用水）水泵升压排入冲灰系统。下雨时将雨水干管上的闸门打开，关闭杂用水排水干管上的闸门，杂用水和雨水排出厂外。

　　冷却塔检修排水：当任何一座冷却塔需要检修排水时，则将冷却塔内的水排入农灌水调节水池。开启外排泵房内农灌水泵，将水打入农灌渠或经农灌水泵提升后通过外排水管上的支管排入弱酸系统内的生水池，经处理后补入循环水系统。若系统内的排水管道需要清污检修，则需要将水塔排水临时排入雨水管道，并将各塔通往农灌水系统和弱酸处理水系统的管道阀门关闭，同时打开排入雨水管道上的阀门，将水排出厂外。

4.2　火电厂大气污染控制

4.2.1　火电厂排放的大气污染物及其危害

　　火电生产是以燃烧矿物燃料为基础的一个能量转换过程，所排放的大气污染物主要有以下几种：

　　(1) 颗粒污染物。颗粒污染物是指固体粒子、液体粒子或它们在气体介质中的悬浮体，又称为气溶胶状态污染物。根据颗粒污染物的粒径大小，颗粒污染物又可以分为飘尘、降尘、烟、雾、飞灰、黑烟等不同类型。大气监测中将粒径小于 $100\mu m$ 的所有固体颗粒称为总悬浮微粒（即 TSP）。

　　颗粒污染物被吸入人体，引起呼吸系统疾病。如果煤烟中附有各种工业粉尘（如金属颗粒），则可引起相应的尘肺等疾病。颗粒物质还可以作为酸性气体的载体，形成酸雾，影响植物的生长发育和造成建筑物的腐蚀。

　　(2) 硫氧化物（SO_x）。燃料燃烧放出来的主要是二氧化硫。二氧化硫浓度为 1～5$\mu L/L$ 时可闻到臭味，长时间吸入可引起心悸、呼吸困难等心肺疾病。重者可引起反射性声带痉挛，喉头水肿以至窒息。

　　若形成硫酸烟雾，则对人的皮肤、眼结膜、鼻黏膜、咽喉等均有强烈刺激和损害。严重患者可并发胃穿孔、声带水肿、心力衰竭或胃脏刺激症状，甚至有生命危险。

　　SO_x 在大气中的积累，造成环境酸化，是形成酸雨、酸雾的主要原因之一，污染土壤和水体，腐蚀建筑物，使农作物减产、影响动植物的生长发育。

　　(3) 氮氧化物（NO_x）。主要指 NO 和 NO_2。NO 不稳定极易氧化为 NO_2。NO_x 是几种量大面广的大气污染物之一，NO_x 对人体的致毒作用是对深部呼吸道的损害，重者可导致肺坏疽，对黏膜、神经系统以及造血系统均有损害，吸入高浓度 NO 时可出现窒息现象。

作为一种酸性气体，NO_x 具有和 SO_x 一样的对生态环境的破坏作用。另外，NO_x 与碳氢化合物一起还可以形成光化学烟雾。

氮氧化物中的 N_2O 主要是造成高层大气的污染，参与臭氧层的破坏，此外它还是一种温室气体。

（4）碳氧化物（CO_x）。CO 对血液中的血色素亲和能力比氧大 210 倍，能引起严重缺氧症状即煤气中毒。浓度约 $100\mu L/L$ 时就可使人感到头痛和疲劳。CO_2 是最重要的一种温室气体，它对温室效应的贡献达 50%，CO_2 的大量排放导致全球变暖，海平面上升和未来气候的变化。温室效应造成气候的改变将对地球的生态系统、经济发展、人类生存状态产生不可估量的危害，严重时甚至会引发社会动荡。

污染物进入大气后，在一定条件下会发生物理化学反应、迁移转化产生二次污染，火电厂排放的污染物产生的二次污染有多种，其中最主要的是酸沉降和光化学烟雾。

（1）酸沉降。硫氧化物 SO_2 和氮氧化物 NO_2 在大气中和大气中的水分化合生成硫酸或硝酸，随着液滴或尘粒沉降到地面的现象称为酸沉降。

（2）光化学烟雾。光化学烟雾是在强阳光照射下，NO_x、C_mH_n 与氧化剂共同反应生成的蓝色烟雾。这种污染发生时，轻则使人的眼睛感到刺激，重则破坏人的中枢神经。对植物生长也有严重的破坏作用。

4.2.2　烟气除尘技术

4.2.2.1　静电除尘

A　电除尘器的工作原理

电除尘器是利用高压电源产生的强电场使气体电离，即产生电晕放电，进而使悬浮尘粒荷电，并在电场力的作用下，将悬浮尘粒从气体中分离出来的除尘装置。电除尘器有许多类型和结构，但它们都是由机械本体和供电电源两大部分组成的，都是按照相同基本原理设计的。图 4-6 所示为管式电除尘器的工作原理。接地金属圆管叫做收尘极（也称阳极或集尘极），与直流高压电源输出端相连的金属线叫做电晕极（也称阴极或放电极）。电晕极置于圆管的中心，靠下端的重锤张紧。在两个曲

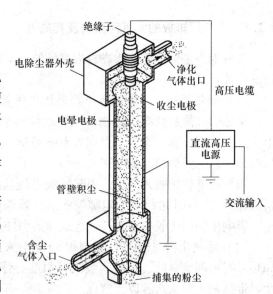

图 4-6　管式电除尘器的工作原理示意图

率半径相差较大的电晕极和收尘极之间施加足够高的直流电压，两极之间便产生极不均匀的强电场，电晕极附近的电场强度最高，使电晕极周围的气体电离，即产生电晕放电，电压越高，电晕放电越强烈。在电晕区，气体电离生成大量的自由电子和正离子；在电晕外区（低场强区），由于自由电子动能的降低，不足以使气体发生碰撞电离而附着在气体分子上形成大量负离子。当含尘气体从除尘器下部进气管引入电场后，电晕区的正离子和电

晕外区的负离子与尘粒碰撞并附着其上，实现了尘粒的荷电。荷电尘粒在电场力的作用下向电极性相反的电极运动，并沉积在电极表面，当电极表面上的粉尘沉积到一定厚度后，通过机械振打等手段将电极上的粉尘捕集下来，从下部灰斗排出，而净化后的气体从除尘器上部出气管排出，从而达到净化含尘气体的目的。

实现电除尘的基本条件是：（1）由电晕极和收尘极组成的电场应是极不均匀的电场，以实现气体的局部电离；（2）具有在两电极之间施加足够高的电压，能提供足够大电流的高压直流电源，为电晕放电、尘粒荷电和捕集提供充足的动力；（3）电除尘器应具备密闭的外壳，保证含尘气流从电场内部通过；（4）气体中应含有电负性气体（如 O_2、SO_2、Cl_2、NH_3、H_2O 等），以便在电场中产生足够多的负离子，以满足尘粒荷电的需要；（5）气体流速不能过高或电场长度不能太短，以保证荷电尘粒向电极驱进所需的时间；（6）具备保证电极清洁和防止二次扬尘的清灰和卸灰装置。

B　电除尘器的分类

由于各行业工艺过程不同，烟气和粉尘性质各异，对电除尘器提出了不同要求，因此出现了各种类型的电除尘器。

根据电场烟气的流动方向可分为立式和卧式，根据电极形状可分为棒帏式和板式，根据是否需要通水冲洗电极可分为干式和湿式，根据电场数或室数可分为单室、双室和 π 电场，根据电极间距可分为窄间距（150mm）和宽间距（>160mm）。

4.2.2.2　袋式除尘

袋式除尘器是一种使用广泛的干式除尘设备。在袋式除尘器中，含尘气体单向通过滤布，尘粒被截留在滤布的含尘气体侧，而干净气体通过滤布到干净气体侧，当滤布上的积尘达到一定厚度时，借助于机械振动或反吹风等手段将积尘除去，从而达到净化气体的目的。

袋式除尘器的过滤机理主要有下列几种：

（1）截留。当尘粒到纤维的距离小于尘粒的半径时，在流动过程中被纤维所捕获。

（2）惯性沉降。当含尘气流通过纤维时，由于尘粒的惯性作用，尘粒将不随从流线的弯曲而射向纤维并沉降到纤维表面。

（3）扩散沉降。当含尘气流通过纤维时，由于尘粒的布朗运动，尘粒从气流中可以扩散到纤维上并沉降到纤维表面。

（4）重力沉降。由于重力影响，尘粒有一定的沉降速度，结果使尘粒的轨迹偏离气体流线，从而接触到纤维表面而沉降。

（5）静电沉降。袋式除尘器中的纤维和流经过滤器的尘粒都可能带有电荷，由于电荷间库仑力的作用，也同样可以发生尘粒在纤维上的沉降。尘粒在纤维上的沉降是几个捕获机理共同作用的结果，其中有一两个机理占优势。

4.2.3　硫氧化物控制技术

为了控制硫氧化物的排放，可以在燃烧前、燃烧中、燃烧后进行脱硫。燃烧前脱硫，主要是采用物理法对煤进行洗选；燃烧中脱硫，主要是采用流化床方式燃烧；燃烧后脱硫，即烟气脱硫（Flue Gas Desulfurization，FGD），是目前火电厂应用广泛而有效的脱硫方式。

4.2.3.1　燃烧前脱硫

燃烧前脱硫技术包括物理的、化学的、生物的方法，其中物理法是较为成熟的方法。物理法主要包括重力分选、浮选、电磁分选等。其中重力分选又包含跳汰分选、重介质分选、空气重介质流化床干法分选、风力分选、斜槽和摇床分选等。

工业上采用物理方法能脱除的主要是硫铁矿硫。其中硫铁矿中硫颗粒的嵌布形态直接影响脱硫方法的选择及脱硫效果。重力分选法可以经济地去除煤中大块硫铁矿，但不能脱除煤中有机硫，对硫铁矿硫的脱除率也不高，一般在 50% 左右。因此，为了获得更洁净的燃料，应进一步研究利用煤和硫铁矿性质的差异，使它们能采用有效的分离方法，以降低煤中的全硫含量。

4.2.3.2　燃烧中脱硫

煤燃烧过程中加入石灰石（$CaCO_3$）或白云石（$CaCO_3 \cdot MgCO_3$）粉作脱硫剂，$CaCO_3$、$MgCO_3$ 受热分解生成 CaO、MgO，与烟气中 SO_2 反应生成硫酸盐，随灰分排出，从而达到脱硫的目的。在我国，燃烧中脱硫的方法主要有型煤固硫、循环流化床燃烧脱硫等。

循环流化床锅炉具有以下几方面的特点：（1）不仅可以燃烧各种类型的煤，而且可以燃烧木材和固体废弃物，还可以实现与液体燃料的混合燃烧；（2）由于流化速度较高，使燃料在系统内不断循环，实现均匀稳定的燃烧；（3）由于采用循环燃烧的方式，燃料在炉内停留时间较长，使燃烧效率高达 99% 以上；（4）燃烧温度较低，NO_x 生成量少；（5）由于石灰石在流化床内反应时间长，使用少量的石灰石（钙硫比小于 1∶5）即可使脱硫效率达 90%；（6）燃料制备和给煤系统简单，操作灵活。由于循环流化床锅炉比传统煤粉炉和常规流化床锅炉有较大的优越性，因此受到了足够的重视，目前已成为重要的洁净煤燃烧技术。

4.2.3.3　燃烧后脱硫

燃烧后脱硫即烟气脱硫技术（FGD）。烟气脱硫技术的分类方法很多，按照操作特点分为湿法、干法和半干法，按照生成物的处置方式分为回收法和抛弃法，按照脱硫剂是否循环使用分为再生法和非再生法。根据净化原理分为两大类：（1）吸收吸附法，用液体或固体物料优先吸收或吸附废气中的 SO_2；（2）氧化还原法，将废气中的 SO_2 氧化成 SO_3，再转化为硫酸或还原为硫，最后将硫冷凝分离。前者应用较多，后者还存在一定的技术问题，应用较少。

FGD 工艺湿法脱硫有石灰石/石灰—石膏法、海水法、双碱法、氨法、氧化镁法、磷铵法、氧化锌法、氧化锰法、钠碱法和碱式硫酸铝法等，半干法脱硫有喷雾干燥、增湿灰循环、烟气循环流化床等方法，干法脱硫有炉内喷钙、炉内喷钙尾部烟气增湿活化、管道喷射烟气、荷电干式吸收剂喷射、电子束照射、脉冲电晕烟气脱硫等方法。

4.2.3.4　湿式石灰石—石膏法烟气脱硫

A　脱硫原理

湿式石灰石—石膏法的化学过程如下：

在有水存在的情况下，气相 $SO_2(g)$ 溶解在水中形成 $SO_2(aq)$ 并离解成 H^+、HSO_3^- 和 SO_3^{2-}，反应式如下：

$$SO_2(g) \longrightarrow SO_2(aq)$$

$$SO_2(aq) + H_2O \longrightarrow H^+ + HSO_3^-$$

$$HSO_3^- \longrightarrow H^+ + SO_3^{2-}$$

产生的 H^+ 促进了 $CaCO_3$ 的溶解，生成一定浓度的 Ca^{2+}，反应式如下：

$$H^+ + CaCO_3 \longrightarrow Ca^{2+} + HCO_3^-$$

Ca^{2+} 与 SO_3^{2-} 或 HSO_3^- 结合，生成 $CaSO_3$ 和 $Ca(HSO_3)_2$，反应式如下：

$$Ca^{2+} + SO_3^{2-} \longrightarrow CaSO_3$$

反应过程中，一部分 SO_3^{2-} 和 HSO_3^- 被氧化成 SO_4^{2-} 和 HSO_4^-，反应式如下：

$$SO_3^{2-} + 1/2O_2 \longrightarrow SO_4^{2-}$$

$$HSO_3^- + 1/2O_2 \longrightarrow HSO_4^-$$

最后吸收液中存在的大量 SO_3^{2-} 和 HSO_3^-，可以通过鼓入空气进行强制氧化转化为 SO_2，最后生成石膏结晶，反应式如下：

$$Ca^{2+} + SO_4^{2-} + 2H_2O \longrightarrow CaSO_4 \cdot 2H_2O$$

脱硫反应的关键是 Ca^{2+} 的生成，Ca^{2+} 的产生与溶液中 H^+ 的浓度和 $CaCO_3$ 的存在有关，这点与用石灰作脱硫剂不同，石灰脱硫系统中 Ca^{2+} 的产生仅与氧化钙的存在有关。因此，控制合适的 pH 值是保证脱硫效率的关键。石灰石系统在运行时其 pH 值较石灰系统低，美国国家环保局的实验表明，石灰石系统的最佳操作 pH 值为 5.8~6.2，石灰系统约为 8。

综上所述，脱硫过程主要分为下列步骤：(1) SO_2 在气流中扩散；(2) SO_2 扩散通过气膜；(3) SO_2 被吸收，由气态转入溶液生成水合物；(4) SO_2 的水合物和离子在液膜中扩散；(5) 石灰石颗粒表面溶解，由固相转入液相；(6) H^+ 与 HCO_3^- 中和；(7) SO_3^{2-} 和 HSO_3^- 被氧化；(8) 石膏结晶分离。

B　脱硫效率的影响因素

影响脱硫率的因素很多，如吸收温度、进气 SO_2 浓度、脱硫剂品质和用量（钙硫比）、浆液 pH 值、液气比和粉尘浓度等。

a　浆液 pH 值

浆液 pH 值可作为提高脱硫率的细调节手段。低 pH 值有利于石灰石的溶解、HSO_3^- 的氧化和石膏的结晶，但是高 pH 值有利于 SO_2 的吸收。pH 值对 WFGD 的影响是非常复杂和重要的。工业 WFGD 运行结果表明较低的 pH 值可降低堵塞和结垢的风险。因此，在石灰石—石膏湿法烟气脱硫中，pH 值控制在 5.0~6.0 之间较适宜。

b　钙硫比

钙硫比指进入吸收塔的吸收剂所含钙的物质的量与烟气中所含硫的物质的量之比。它的大小表示加入到吸收塔中的吸收剂量的多少。从脱除 SO_2 的角度考虑，在所有影响因素中，钙硫比对脱硫率的影响是最大的。

根据湿式石灰石—石膏法脱硫的运行经验，Ca/S 的值必须大于 1.0，当 Ca/S 在 1.02~1.05 范围时，脱硫效率最高，吸收剂具有最佳的利用率；当 Ca/S 低于 1.02 或高于 1.05 时，吸收剂的利用率均明显下降；而且当钙硫比大于 1.05 以后，脱硫率开始趋于稳定。如果 Ca/S 增加得过多，还会影响到浆液的 pH 值，使浆液的 pH 值偏大，不利于石灰石的溶解，进而会影响脱硫反应的进行，使脱硫效率降低。

c　吸收剂

石灰石浆液的实际供给量取决于 $CaCO_3$ 的理论供给量和石灰石的品质。其中影响石灰石品质的主要因素是石灰石的纯度。石灰石是天然矿石，石灰石矿中的 $CaCO_3$ 含量从 50% 至 90% 不等。送入等量的石灰石浆液，纯度低的石灰石浆液难以维持吸收塔罐中的 pH 值，使脱硫效率降低；若为了维持 pH 值送入较多的石灰石浆液，则会增加罐中的杂质含量，容易造成石膏晶体的沉积结垢，影响到系统的安全性。因此脱硫系统一般要求石灰石中 $CaCO_3$ 的含量要高于 90%。另外石灰石的化学成分、粒径、表面积、活性等性能也会影响系统的脱硫效率。如石灰石中 $MgCO_3$ 的含量越高石灰石的活性越低，影响系统的脱硫性能及石膏的品质。石灰石粒径及比表面积同样是影响脱硫性能的重要因素。粒度大的颗粒难溶解，比表面积小，接触反应不彻底，脱硫率低。一般要求 90% 的石灰石粒度均小于 $44\mu m$。

d　液气比

液气比（L/G）是一个重要的 WFGD 操作参数。它是指洗涤每立方米烟气所用的洗涤液量，单位是 L/m^3。

实验结果表明脱硫率随 L/G 的增加而增加，特别是在 L/G 较低的时候，其影响更显著。增大 L/G，气相和液相的传质系数提高，从而有利于 SO_2 的吸收，但另一方面随着液气比的提高也会产生以下不利影响：（1）停留时间会减少，从而削减了传质速率提高对 SO_2 吸收有利的强度；（2）出口烟气的雾沫夹带增加，给后续设备和烟道带来玷污和腐蚀；（3）循环液量的增大带来了系统设计功率及运行电耗的增加，使得运行成本提高较快。因此，在保证一定的脱硫率的前提下，应尽量采用较小的液气比，通常 L/G 操作范围为 15~25。在实际应用中，对于反应活性较弱的石灰石，可适当提高 L/G。

e　进塔烟温

根据吸收过程的气液平衡可知，进塔烟温越低越有利于 SO_2 的吸收，降低烟温，SO_2 平衡分压随之降低，促进气液传质，有助于提高吸附剂的脱硫率。但进塔烟温过低会使 H_2SO_3 与 $CaCO_3$ 或 $Ca(OH)_2$ 的反应速率降低，使设备庞大。

f　粉尘浓度

经过吸收塔洗涤后，烟气中大部分粉尘都会留在浆液中，其中一部分通过废水排出，另一部分仍留在吸收塔中。如果因除尘、除灰设备故障，引起浆液中的粉尘、重金属杂质过多，则会影响石灰石的溶解，导致浆液 pH 值降低，脱硫率将下降。大多数脱硫装置在实际运行中发现，由于烟气粉尘浓度过高，脱硫率可从 95% 以上降至 70%~80%。若出现这种情况，应停用脱硫系统，开启真空皮带机或增大排放废水流量，连续排除浆液中的杂质，脱硫率即可恢复正常。

g　烟气流速

提高吸收塔内烟气流速可以增强气液两相的湍动，减小烟气与液滴间的隔膜厚度，提高传质效果，同时使喷淋液滴的下降速度相对减小，增大传质面积。但是气流增速会减小气液接触时间，又会导致脱硫率下降。一般流速控制在 3.5~4.5m/s 比较合适。

4.2.4 烟气脱硝技术

4.2.4.1 概述

燃煤电厂中产生的氮氧化物主要有 NO、NO_2、N_2O 等几种，其中 N_2O 主要产生在燃烧温度较低的锅炉中，如流化床锅炉中。在煤粉燃烧锅炉中，主要是氮氧化物（NO_x），其中 NO 约占整个 NO_x 的 95%，其毒性不是很大，不过 NO 在大气中可氧化为 NO_2，它比较稳定，其毒性为 NO 的 4~5 倍。空气中 NO_2 含量为 3.5μL/L，持续 1h，开始对人有影响；含量为 20~50μL/L 时，对人眼有刺激。N_2O 参与光化学烟雾的形成，其毒性更强。

大气中的氮氧化物对农业和林业的损害也是相当大的，可能引起农作物和森林树木枯黄，农作物产量降低、品质变差，随着污染物质的扩散可危及广大地区。

4.2.4.2 氮氧化物的生成机理

煤与空气在高温燃烧时会释放出氮氧化物，统称为 NO_x。NO_x 主要包括一氧化氮（NO）、二氧化氮（NO_2）以及氧化亚氮（N_2O）。煤粉锅炉燃烧释放出来的 NO_x 一般为 NO 和 NO_2，其中 NO 占 95%，NO_2 占 5%。毒性不大的 NO 排放到大气中继续氧化生成具有较大毒性的 NO_2，NO_2 在一定的条件下会进一步生成 N_2O。实际上，在燃煤锅炉中煤粉燃烧时，NO_x 的形成途径具有多种方式，按照生成 NO_x 的机理不同，一般划分为热力型 NO_x、快速型 NO_x 和燃料型 NO_x。热力型 NO_x 是煤粉燃烧时空气中的 N_2 在高温下氧化生成的氮氧化物。快速型 NO_x 是燃料挥发分中的碳氢化合物高温下分解形成的 CH 自由基撞击 N_2 分子，生成 CN 类化合物，再进一步以极快的速度与氧化合而生成氮氧化物。而燃料型 NO_x 是燃料中的有机氮化合物在燃烧过程中氧化生成的氮氧化物。

4.2.4.3 氮氧化物的控制手段

对燃烧过程中生成的氮氧化物实施控制是一项较为复杂的技术。由于氮氧化物的生成机理不同，影响其生成量的因素也各不相同，同一控制因素对它们的影响程度也各有差异，甚至一项控制因素对一类氮氧化物可以实施有效控制，而对另一类氮氧化物的控制则完全无效。

A 低氮燃烧技术

低氮燃烧技术有多种，概括起来可分为两类，即改善运行条件和改进燃烧方法。

a 改善运行条件

改善运行条件的主要方法有三种，分别是：（1）低过量空气系数运行；（2）降低助燃空气预热温度；（3）部分燃烧器退出运行。

低过量空气系数运行是一种优化装置燃烧、降低氮氧化物生成量的简单方法。它不需要对燃烧装置进行结构改造，并有可能在降低氮氧化物排放的同时，提高装置运行的经济性。但是，电站锅炉实际过量空气系数不能做大幅度的调整。对于燃煤锅炉而言，限制主要来自于过量空气系数低时会造成受热面的沾污结渣和腐蚀、汽温特性的变化以及因飞灰可燃物增加而造成经济性下降。

降低助燃空气预热温度可降低火焰区的温度峰值，从而减少热力型 Nq 的生成量。这一措施为消极措施，一般不宜用于燃煤锅炉，这样会给锅炉的燃烧稳定带来负面影响。

部分燃烧器退出运行这种方法适用于燃烧器多层布置的电站锅炉，其具体做法是停止最上层或几层燃烧器的燃料供应，只送空气。这样，所有的燃料从下面的燃烧器送入炉内，下面的燃烧器区实现富燃料燃烧，但这样会出现锅炉效率不高的问题。

　　b　改进燃烧方法

所谓改进燃烧方法，就是通过采用一系列特殊燃烧方法，以达到抑制氮氧化物生成的目的。目前已采用的此类方法很多，如烟气再循环法、分级燃烧法、浓淡燃烧法、低 NO_x 燃烧器、燃料分级等，通过一项或几项技术的并用，可使氮氧化物的控制效果达到 50% 左右。

　　(1) 炉膛内烟气再循环。把烟气掺入助燃空气，降低助燃空气的氧浓度，是一种降低燃煤液态排渣炉，尤其是燃气、燃油锅炉 NO_x 排放的方法。

　　通常的做法是从省煤器出口抽出烟气，加入二次风或一次风中。加入二次风时，火焰中心不受影响，其唯一的作用是降低火焰温度，有利于减少热力型 NO_x 的生成。对固态排渣锅炉而言，大约 80% 的 NO_x 是由燃料氮生成的，这种方法的作用就非常有限。

　　(2) 分级燃烧法。分级燃烧法的原理是把供给燃烧器的空气量减少到理论空气量以下，使燃烧在燃料过浓的条件下进行，不仅使燃烧在还原性气氛中进行以抑制 NO_x 的产生，同时由于燃料无法完全燃烧，使得火焰温度较低，同样起到抑制 NO_x 产生的效果。燃料完全燃烧需要的空气通过专门的喷口送入炉内，与燃料过浓燃烧生成的烟气混合，完成整个燃烧过程。由于空气分两次供给燃烧，因此称为分级燃烧。从炉内主燃烧区上方加入的空气常被称为"燃尽风"，因此有的资料又将这种方法称为"燃尽风"法。

　　(3) 浓淡燃烧技术。这种方法是让一部分燃料在空气不足的条件下燃烧，即燃料过浓燃烧；另一部分燃料在空气过量的条件下燃烧，即燃料过淡燃烧。无论是过浓燃烧还是过淡燃烧，其过量空气系数 α 都不等于 1。前者 $\alpha<1$，后者 $\alpha>1$，故又称为非化学当量燃烧或偏差燃烧。

　　浓淡燃烧时，燃料过浓部分因氧气不足、燃烧温度不高，所以，燃料型 NO_x 和热力型 NO_x 都会减少；燃料过淡部分因空气量过大、燃烧温度降低，热力型 NO_x 生成量也减少。总的结果是 NO_x 生成量低于常规燃烧。

　　(4) 燃料分级。燃料分级是一种燃烧改进技术。它用燃料作为还原剂来还原燃烧产物中的 NO_x，燃料分级也称为再燃烧。再燃烧技术是目前新兴的技术，其因降低 NO 排放的效果显著、有利于工业推广而成为非常具有发展前景的技术。

　　B　烟气脱硝技术

下面介绍选择性催化还原技术和选择性非催化还原技术这两种烟气脱硝技术。

　　a　选择性催化还原技术

选择性催化还原技术是工业上应用最广的一种脱硝技术，可应用于电站锅炉、工业锅炉、燃气锅炉、化工厂及炼钢厂等，理想状态下，可使 NO_x 的脱除率达到 90% 以上。此法效率较高，是目前最好的可以广泛用于固定源 NO_x 治理的技术。

反应机理　低温下 NO_x 的简单分解在热力学角度上是可行的，并且反应能够进行，但反应非常缓慢；为了使 NO_x 转化为 N_2，需要在反应过程中加入还原剂。还原剂有 CH_4、H_2、CO 和 NH_3 等。其中，NH_3 是当今电厂 SCR 脱硝中广泛采用的还原剂，现在几乎所有的研究都一致认为在典型 SCR 反应条件下的化学反应式为

$$4NH_3 + 4NO + O_2 = 4N_2 + 6H_2O$$

$$2NH_3 + NO + NO_2 \Longrightarrow 2N_2 + 3H_2O$$

通过使用适当的催化剂，上述反应可以在 200～450℃ 的温度范围内有效进行。反应时，排放气体中的 NO_x 和注入的 NH_3 几乎是以 1:1 的物质的量之比进行反应，可以得到 80%～90% 的脱硝率。在反应过程中 NH_3 可以选择性地和 NO_x 反应生成 N_2 和 H_2O，而不是被 O_2 所氧化，因此反应又被称为"选择性"反应。

SCR 反应器的布置方式　SCR 的布置有高尘布置方式和低尘布置方式。高尘布置方式是将反应器布置在省煤器与空气预热器之间；低尘布置方式又分两种：一种是将反应器布置在电除尘后（中温低尘布置），另一种是将反应器布置在湿法脱硫后（低温低尘布置）。

中温低尘烟气段布置，反应器安装在静电除尘器之后。其优点是进入反应器的烟气含尘量低。缺点是一般电除尘无法在 300～400℃ 的温度下正常运行，因此电除尘器后的烟气温度一般在 120～150℃ 之间，不适合催化剂的反应温度，需要采用昂贵的烟气加热器对烟气进行加热，投资成本高；烟气中的飞灰颗粒较细，虽磨损减轻，但易导致催化剂堵塞，使催化剂表面沾污积灰，影响脱硝效率。

低温低尘尾部烟气段布置，反应器安装在湿法脱硫装置的下游。其优点是进入反应器的烟气含尘及 SO_3 量极低，催化剂被磨损和堵塞的概率小，可采用比表面积较大的细孔径催化剂，烟气流速可设计得高一些，因此催化剂体积用量少、使用寿命长。缺点是烟气经过 FGD 后进入反应器的温度较低（55～70℃），需采用昂贵的烟气加热器对烟气再加热，投资运行成本高，综合经济性差。

高尘布置方式中，反应器直接安装在省煤器与空气预热器之间、静电除尘器前面。其优点是进入反应器的烟温为 320～430℃，适合催化剂所要求的工作温度。由于烟温很高，因此不需要再加热。这种布置初投资及运行费用较低、技术成熟、性价比最高，在新建及改造电厂中应用最为广泛。其缺点是此段烟气飞灰含量高，易引起催化剂表面磨损，催化剂孔径易被飞灰颗粒和硫酸氢铵晶体堵塞，且飞灰当中的重金属（镉、砷）易引起催化剂中毒，使表面失去活性。克服的办法是需要时不时对催化剂进行硬化处理，并为反应器配备吹灰器，对催化剂表面进行定期吹扫。

b　选择性非催化还原技术

反应机理　选择性非催化还原技术（Selective Non-Catalytic Reduction，SNCR）方法不设置催化剂，主要使用含氮的还原剂在温度区域 870～1200℃ 范围内喷入炉膛，发生还原反应，以脱除 NO_x，生成氮气和水。在一定温度范围内，有氧气存在的情况下，还原剂对 NO_x 的还原，在所有其他的化学反应中占主导地位，表现出选择性，因此称为选择性非催化还原。

SNCR 技术应用在大型锅炉上，短期示范期内能达到 75% 的脱硝效率，典型的长期现场应用能达到 30%～50% 的 NO_x 脱除率。在大型锅炉（300MW 机组锅炉）上运行，通常由于混合的限制，脱硝率低于 40%。

影响 SNCR 脱硝效率的因素　影响 SNCR 脱硝效率的因素有：

（1）反应温度。反应温度是影响 SNCR 过程的主要因素，温度过高或过低都不利于对污染物排放的控制。温度过高时，NH_3 的氧化反应就会占主要地位，尿素溶液分解出来的 NH_3 没有还原 NO_x 反而和 O_2 反应生成 NO_x，温度过低时，反应速度下降，还原剂未反应就直接穿过锅炉，造成氨穿透。由于炉内的温度分布受到负荷、煤种等多种因素的影响，因此温度窗口随着锅炉负荷的变化而变动。根据锅炉特性和运行经验，最佳的温度窗口通常出现在折焰角附近的屏式过热器、再热器处及水平烟道的末级过热器、再热器所在的区域。

（2）合适的停留时间。因为任何反应都需要时间，所以还原剂必须和NO_x在合适的温度区域内有足够的停留时间，这样才能保证烟气中的NO_x还原率。还原剂在最佳温度窗口的停留时间越长，则脱除NO_x的效果越好。NH_3的停留时间超过1s，则可以出现最佳NO_x脱除率。尿素和氨水需要$0.3 \sim 0.4s$的停留时间，以达到有效地脱除NO_x的效果。

（3）适当的NH_3/NO_x摩尔比。NH_3/NO_x摩尔比对NO_x还原率的影响也很大。根据化学反应方程，NH_3/NO_x摩尔比应为1，但实际上都要比1大才能达到较理想的NO_x还原率。已有运行经验显示，NH_3/NO_x摩尔比一般控制在$1.0 \sim 2.0$之间，超过2.5对NO_x还原率已无大的影响。NH_3/NO_x摩尔比过大，虽然有利于增大NO_x还原率，但氨逃逸加大又会造成新的问题，同时还增加了运行费用。在实际应用中，考虑到NH_3的泄漏问题，应选尽可能小的NH_3/NO_x摩尔比值，同时为了保证NO_x还原率，要求必须采取措施强化氨水与烟气的混合过程。

（4）还原剂和烟气的充分混合。还原剂和烟气的充分混合是保证充分反应的又一个技术关键，是保证在适当的NH_3/NO_x摩尔比下得到较高NO_x还原率的基本条件之一。大量研究表明，烟气与还原剂快速而良好混合对于改善NO_x的还原率是很必要的。

（5）氧量。合适的氧量也是保证NH_3与NO还原反应正常进行的制约因素。随着氧量的增加，NO还原率不断下降。这是因为存在大量的O_2，使NH_3与O_2的接触机会增多，从而促进了NH_3氧化反应的进行。烟气中的O_2在数量级上远大于NO，在还原反应中微量的O_2可大大满足反应的需求，因此从氧量对于NO还原率的影响来看，氧量越小，越有利于NO的还原。

SNCR工艺所用的还原剂类型　SNCR工艺所用的两种最基本的还原剂是液氨和尿素。液氨是易燃、易爆、有毒的化学危险品，氨水挥发性强且输运不便；尿素运输和储存方便，在使用上比氨水和液氨安全，是良好的NO_x基还原剂，国际上SNCR常选用它。

SNCR脱硝系统的组成　SNCR脱硝系统主要包括尿素溶液配制系统、在线稀释系统和喷射系统三部分。

（1）尿素溶液配制系统。尿素溶液配制系统实现尿素储存、溶液配制和溶液储存的功能。由汽车运送来的袋装尿素经搬运系统搬运至自动拆包系统后送至尿素料仓，料仓中的尿素由螺旋输送机送至带搅拌的配料池。配料池中定量加入自来水，并通入适量蒸汽以加快尿素溶解。配制成一定浓度的尿素溶液，用输送泵送至尿素溶液储罐储存待用。

（2）在线稀释系统。在线稀释系统的功能是根据锅炉运行情况和NO_x排放情况在线稀释成所需的浓度，送入喷射系统，尿素溶液储罐里的尿素溶液由输送泵泵送，输送泵出口处设有稀释水路，根据运行要求将尿素溶液稀释到一定浓度，稀释后的尿素溶液再经不锈钢伴热管送至炉前喷射器，通过不锈钢软管与喷枪连接。

（3）喷射系统。喷射系统实现各喷射层的尿素溶液分配、雾化喷射和计量。喷射器一般分层布置在炉膛燃烧区域上部和炉膛出口处，根据锅炉负荷的高低，灵活投运不同层的喷枪组合。每只喷枪都配有电动推进器，实现自动推进和推出SNCR喷枪的动作。推进器的位置信号接到SNCR控制系统上，与开/停雾化蒸汽和开/停尿素溶液的阀门动作联动，实现整个 SNCR 系统的喷枪自动运行。

4.3 火电厂固废处理与资源化

4.3.1 概况

燃煤电厂灰渣是排放量巨大的固体废弃物，一般包括从炉膛底部出来的大块底渣和由除尘器收集的飞灰两部分。以前，灰渣仅作为废弃物堆积，不仅占用土地资源，还污染环境。目前，灰渣综合利用不仅缓解了我国固体废弃物对环境的污染，同时，废弃物的资源化利用还节约了资源，符合可持续发展的理念。

经过多年的研究和实践，现已开发出多种灰渣综合利用技术。灰渣主要应用在建筑工程、建材建工、道路填筑、农牧林业、环保以及化学工业等方面。在建材方面，灰渣主要用作水泥和制砖原料；在建工方面，灰渣用于制作混凝土和砂浆等；在筑路方面，灰渣用于路面基层、路堤等方面的修筑；在填筑方面，灰渣用来填筑废矿井、坑道、采煤面等；在农牧林业方面，灰渣中特有的碱性物质可用于改善土壤酸碱性，同时还可以制作肥料和肥料载体；在化工方面，灰渣用来提取金属和玻璃微珠等，同时还可生产吸附材料，用于处理废水等。

煤中的氧化物主要是二氧化硅。二氧化硅是粉煤灰中玻璃体的主要原料。煤中的矿物在煤粉燃烧过程中发生相变或反应，使矿物有了新的活性和性质，这为粉煤灰的应用提供了条件，其应用方面及用量实例如表 4-2 所示。

表 4-2　粉煤灰应用方面及其用量实例

类　别	用　途	应用方面	应用实例
高容量/低技术	筑路工程	需求不稳定，应用地点变化	路基材料、路基填料
	回填材料	应用地点稳定	废矿井、废坑道填充
	灌浆	应用地点不确定	大桥桥台回填、采煤区填充
	农牧林业	需求稳定	改良土壤、生产肥料、覆土造田
中容量/中技术	生产水泥	需求稳定	混合物原料
	墙体材料	特定应用对象，用量稳定可靠	粉煤灰烧结砖等
	混凝土掺混料		代替沙作砌筑材料
低容量/高技术	金属提取	产品附加值高，经济效应好	电解铝材料
	制造岩棉制品		保温材料
	磁化粉煤灰		土壤磁性改良材料
	粉煤灰艺术制品		代替石膏
	吸收、吸附材料		分子筛原料、吸附材料炭黑、活性炭材料

4.3.2 灰渣的综合利用方式

4.3.2.1 粉煤灰在建筑工程中的应用

粉煤灰在建筑中可作为基础、墙体、楼地面和墙壁等的建筑材料，其中应用较多的是生产混凝土。粉煤灰可作为混凝土的廉价填充剂和补充剂，粉煤灰具有火山灰活性、球形颗粒和需水量少的特点，在生产混凝土时具有比普通填充剂更大的胶结活性、更低的渗透率和水化热，同时，掺混粉煤灰可以提高混凝土的表面光滑度、可加工性和抗腐蚀能力。粉煤灰掺入混凝土时，其中的碳含量将对混凝土强度等产生影响，因此，粉煤灰混凝土对粉煤灰的烧失量有较高要求。

粉煤灰掺入混凝土中，可使水化热降低。这在大体积混凝土浇筑中非常有利，如大坝混凝土浇筑工程等，同时，混凝土养护简便，加快了施工进度，也降低了成本。粉煤灰混凝土的抗渗透性好，在需要浇筑防水混凝土内部腐蚀钢筋，使大桥寿命显著提高。同时，添加粉煤灰使得混凝土浇筑过程中具有更好的流动性和可泵性，从而可长距离输送混凝土浆液，方便施工。

粉煤灰混凝土可以提高抗碾压能力，在高等级公路的路面材料中应用，可显著提高混凝土强度。且在建造过程中用水少、造价低、工程进展迅速。

粉煤灰可用来生产蒸压加气混凝土，这种材料可减轻建筑材料的质量，同时具有隔声、隔热等性能。

粉煤灰掺混水泥作建筑砂浆时，可节约水泥用量，且砂浆结合性能好、裂缝少；用作抹面砂浆时，可明显减少因砂浆干缩造成的裂纹，且易于施工。

粉煤灰用于建筑结构的回填或者用作地基材料时，可明显提高回填的强度和地基强度，降低基础的沉降，提高地基的承载能力。

4.3.2.2　粉煤灰在建材制品中的应用

A　生产粉煤灰砖

当前开发的粉煤灰砖有粉煤灰烧结砖、蒸压粉煤灰砖、免烧粉煤灰砖、空心砖等。

粉煤灰烧结砖是以粉煤灰和黏土为原料混合，经搅拌、成型、干燥、烧结而成。粉煤灰是无塑性材料，其掺和量需根据黏土的性质确定。粉煤灰烧结砖具有质轻、绝热、力学性能好等优点，利用粉煤灰生产烧结砖可处理大量粉煤灰并节能和节约土地资源。用粉煤灰制作烧结砖时，由于粉煤灰中含有未燃尽的炭粒，这部分碳燃烧可为砖坯烧结提供热量，因此可减少砖坯中的固体燃料掺混量。

自然养护的粉煤灰砖是将粉煤灰和矿渣混合，再配以适量的水泥、石膏和黏结剂，经混合成型后自然养护而成，不用烧结，能耗少。自然养护粉煤灰砖的技术要求较低，投资少，因此，目前在国内城乡建设方面有一定应用。

目前，蒸压粉煤灰砖生产量较大，其原料与自然养护粉煤灰砖基本相同，不同的是蒸压粉煤灰砖是利用蒸汽进行养护，而非自然养护。蒸汽养护粉煤灰砖生产效率较高，比自然养护需要的场地小，因此在国内的生产量大。

B　生产粉煤灰陶粒

粉煤灰陶粒是以粉煤灰为主要原料生产的，目前主要有焙烧粉煤灰陶粒和蒸养粉煤灰陶粒两种。焙烧粉煤灰陶粒是由粉煤灰和黏土、页岩、煤矸石等配合固化剂以及固体燃料等，经混合、成球，再高温（1200~1300℃）焙烧而成。蒸养粉煤灰陶粒是在粉煤灰中掺入激发剂（石灰、石膏、水泥等），经混合、成球后自然养护或蒸汽养护而成。

粉煤灰陶粒是一种应用非常广泛的建筑材料，具有容重轻、强度高、热导率低、耐火温度高、保温、防冻、抗腐蚀、抗冲击等优点，因此，粉煤灰陶粒需用来配置高强度轻质混凝土、陶粒空心砌块等。

粉煤灰陶粒代替普通石子，在混凝土中应用能够起到轻骨料作用，并且由于其自身密度小且强度高，因此可显著降低混凝土的容重并提高混凝土的强度。粉煤灰陶粒还可用作混凝土砌块的原材料，生产的空心砌块强度高，保温性能和隔音效果都优于常规空心砌块。

粉煤灰陶粒可用于生产耐火材料，用于普通窑炉。此外，还可用于生产滤料、吸声材料等。

C　生产粉煤灰砌块

粉煤灰砌块是指以粉煤灰为主要材料，与一定量集料、水泥和水混合，经坯料制备、成型、养护，最终形成的一种新型建筑材料。

粉煤灰砌块已在目前的建筑工程中得到应用，以粉煤灰砌块代替黏土砖，可显著降低墙体的质量，提高建筑的抗震性能，减轻建筑自重，使钢筋混凝土框架结构的安全系数更大。同时，粉煤灰空心砌块可成倍提高施工效率，节约砂浆用量，并且使工程造价减少 3% ~ 10%。空心粉煤灰砌块，由于其独特的空心结构，具有保温隔热作用，因此使用粉煤灰空心砌块代替黏土砖，可节省房屋空调、暖气等费用，减少建筑能耗。此外，粉煤灰空心砌块还具有隔声功能，使建筑的隔声效果更佳。

D　生产粉煤灰水泥

粉煤灰水泥有多种形式，如以粉煤灰为混合料，与硅酸盐水泥熟料和石膏混合而成的粉煤灰水泥，利用粉煤灰代替黏土配料烧制熟料的水泥，利用粉煤灰作混合材料的双掺水泥，或者用粉煤灰生产的彩色水泥、少熟料水泥或无熟料水泥等。

粉煤灰水泥的强度与粉煤灰的掺量有关，混凝土早期的强度随粉煤灰掺量的升高而下降，当粉煤灰掺量小于 25% 时，早期强度下降较小；当粉煤灰掺量超过 30% 时，早期强度下降较快。然而，工程实践表明，粉煤灰水泥早期强度虽然比普通硅酸盐水泥强度低。但粉煤灰水泥后期强度却较高，某些情况下甚至会超过普通硅酸盐水泥。

4.3.2.3　粉煤灰在化学工业中的应用

A　从粉煤灰中提取氧化铝

煤中硅酸盐矿物质大多含有铝元素，在碳燃烧后，铝元素在粉煤灰中的含量提高很多，氧化铝在粉煤灰中的含量仅次于二氧化硅，已达到工业提取的含量要求，因此，从粉煤灰中提取铝将有助于铝业的发展，实现变废为宝并产生良好的社会效益。

B　从粉煤灰中提取稀有金属

粉煤灰中的金属有 Al、Fe、Ti、Mg、Ba、Sr、V、Cr、Ni、Mn、Ge、Ga、Mo 等，某些金属元素在粉煤灰中的含量已经达到工业提取的水平，因此，粉煤灰是一种重要的稀有金属资源，从粉煤灰中提取稀有金属能取得较好的经济效益，同时也体现了建设可持续发展社会的理念。目前，从粉煤灰中提取稀有金属的工艺主要有沉淀法、还原法、萃取法等。

C　粉煤灰分子筛

应用粉煤灰制作分子筛，主要是由于粉煤灰的矿物组成中含有较多的氧化铝和硅酸盐。在制造分子筛的过程中，需要根据粉煤灰中的矿物含量，适量添加氢氧化铝，以达到分子筛物料的矿物比例。应用粉煤灰制造分子筛，可显著降低分子筛的制造成本，生产1t粉煤灰分子筛可节约0.4~0.5t氢氧化铝、1.2t硅酸钠和0.6t氢氧化钠，且工艺简单，不需要稀释、沉降、浓缩、过滤等过程，反应设备也较为简单。粉煤灰分子筛质量好，其主要指标甚至优于化工原料合成的分子筛。因此特别适合于氧气分离工艺。

D　粉煤灰拒水粉

拒水粉是一种建筑用的防水、防漏材料。以粉煤灰为主要原料，混合一定比例的有机硅聚合物和固化剂，加上一些化学助剂，便可生产出粉煤灰拒水粉。生产粉煤灰拒水粉时，粉煤灰颗粒上会生成一种有机硅高聚合物薄膜的憎水性物质，利用这种物质的强憎水性可以得到防水性能很好的粉煤灰拒水粉。粉煤灰拒水粉具有耐水、耐酸、抗氧化、耐老化等优点，可应用于房屋顶层、地面、地下工程等需要防水处，并能取得很好的防水效果。

E　粉煤灰高分子填充材料

将粉煤灰作为填充材料添加到塑料橡胶制品等高分子材料中，可降低成本，且能提高某些方面的性能。粉煤灰应用于塑料，其中的玻璃微珠能提高塑料溶化时的流动性，从而更易于加工。粉煤灰掺入塑料制品，可提高塑料制品的硬度与耐磨性。

4.3.2.4　粉煤灰在环境保护中的应用

粉煤灰主要通过吸附、絮凝和过滤作用来处理废水中的有害物质。粉煤灰颗粒细小、比表面积大、表面能高，且其中存在许多矿物质所组成的吸附活性点，因此通过物理吸附和化学吸附即可处理废水中的重金属离子和有机物。物理吸附取决于粉煤灰的比表面积，比表面积越大，物理吸附能力越强；化学吸附主要依靠吸附剂上的吸附活性点进行。在粉煤灰中，由于存在大量的硅元素和铝元素，因此，在粉煤灰表面存在大量的 $Si-O-Si$ 键和 $Al-O-Al$ 键。这两种键都能与具有极性的分子形成偶极—偶极键之间的吸附，或者是阴离子与粉煤灰中次生的带正电荷的硅酸铝、硅酸钙和硅酸铁之间形成的离子交换与离子对的吸附。粉煤灰中含有 Fe^{3+} 离子、Al^{3+} 离子和 Ca^{2+} 离子，与水作用呈碱性，这些离子和废水中的重金属离子在水中与 OH^- 结合生成胶体，这些胶体将一起絮凝沉淀，从而达到污水处理的目的。

4.3.2.5　粉煤灰在农林牧业方面的利用

A　粉煤灰用于改良土壤

粉煤灰具有较高的活性，其中很多金属元素能在有水的条件下溶解而进入水体，某些微量元素则能为植物生长提供充足的营养元素。

粉煤灰中含有农作物生长所需的营养元素，如钙、镁、钠、钾、硼、锌、钼、锰、磷等。在不同的土壤条件下，土壤改善效果不同，其效果与土壤和粉煤灰的性质有关。美国纽约州立大学 Malachuk 的研究得出：在某些条件下施用粉煤灰，则连藕中钙、镁浓度的增加不明显，但硼锌浓度则随粉煤灰施用量的增加而增加。在种植蔬菜的试验中得到，粉煤灰用量在0~12%范围内时，随着施用量增加，作物中的铁、锌含量下降，而钼、锰含量却有所上升。研究结果可以得出，施用粉煤灰来改善土壤时，受土壤酸碱性的影响较大，并且粉煤灰的状态及其酸碱性也对土壤的改良有较大影响。当土壤为酸性时，施用粉煤灰能调节土壤的酸碱性；然而，施用碱性化合物含量高的粉煤灰时，土壤中的 pH 值会升高，从而造成土壤中磷、锌等元素的缺乏（土壤水中溶解量减小）。因此，在改良土壤时，粉煤灰必须有针对性地施用，否则可能造成某些元素的缺乏。

粉煤灰还能改善土壤性质，它具有容重低、孔隙率大等优点。粉煤灰与土壤混合后，使土壤孔隙率增加，能改善土壤的透气性，增大土壤的导水率。土壤容重减小，膨胀率就下降，有利于保持水土，防止水土流失，同时还增加了土壤的含水量和亲水性，使改良后的土壤含水量多，有利于抗旱。

B　覆土种植

在废弃的采矿地区，植被遭到破坏，进行矿山修复的过程中可采用粉煤灰对采矿坑洼或者塌陷地进行填充，或者用粉煤灰对被制砖企业毁坏的田进行恢复。粉煤灰覆土种植后，可恢复耕地生产，也可在覆土地上进行林木种植，防止水土继续流失并恢复绿化。

粉煤灰中含有多种植物生长所需的元素，并且在种植过程中，粉煤灰中所含的重金属元素在植物中也未造成污染，因此，覆土种植是粉煤灰综合利用的有效途径。

C　生产粉煤灰肥料

粉煤灰中虽含有多种植物生长所必需的元素，然而直接施用粉煤灰来改善土壤却受到土壤酸碱性和粉煤灰本身性质的影响。因此，将粉煤灰用以生产肥料，不仅解决了上述直接施用粉煤灰造成的困难，还可以减少施用量，使肥力快速见效。

粉煤灰中的氧化镁、氧化钙等碱性氧化物会与磷酸氢二铵发生反应，生成具有枸溶性的盐（枸溶性是相对于水溶性而言的）。枸溶性的盐不易被水溶解，在土壤中，其有效成分被缓慢释放出来，因此可以保持较长时间的肥力。枸溶性盐包裹在碳酸氢铵的表面，形成一层外壳，这层外壳延缓了碳酸氢铵的分解和吸潮，使元素 N 缓慢释放出来。利用长效肥，可有效降低施肥量，使作物生长良好；同时，长效肥能较好地被作物吸收，因此，农业排水中的 N、P 浓度明显减少，这样有助于降低江河湖泊的富营养化，减少赤潮的发生，对自然生态环境有益。

4.4　火电厂噪声污染与防治

4.4.1　火电厂的噪声源

火电厂产生噪声的设备有多种，其中主要的噪声有：（1）球形磨煤机工作时产生的噪声；（2）流体在管道中流动时压力变化产生的噪声；（3）水泵、风机、汽轮机运转时产生的噪声；（4）压力设备的安全阀、减压阀开启时产生的噪声；（5）冷却塔水流滴水产生的噪声等。

4.4.2　火电厂控制噪声的措施

火电厂的主要设备及噪声允许级见表 4-3。厂内控制噪声的措施主要有：（1）采用低噪声设备；（2）消除或减弱设备振动；（3）采用吸声或隔声材料做成防护体将声源包裹；（4）厂区建立隔声带（如加强绿化建设）；（5）给工作人员配备耳塞、耳罩等。发电厂对设备的噪声控制主要采取消声器和隔声罩的形式，表 4-4 给出了消声设备及降噪量。

表 4-3 火电厂的主要设备及噪声允许级

设　备	噪声允许级/dB	设　备	噪声允许级/dB
球磨机	95~105	引风机（进风口前 3m 处）	85
高、中、低速磨煤机	86~95	送风机（吸风口前 3m 处）	90
汽轮机	90	发电机及励磁机（距离 1m 处）	90
汽动给水泵	101	排粉机（距离 1m 处）	85

表 4-4　消声设备及降噪量

消声设备	需要消声设备	降噪量/dB
消声器	锅炉汽包安全阀	>25
	锅炉排气阀	35~40
	再热管	40
	锅炉吹管	23
	送风机	32~43
	引风机	10
	循环水泵	7~10
隔声罩	空气压缩机	16
	磨煤机	15~20
	给水泵	10
	汽轮机	5~7
	发电机、励磁机	7~12
	导汽管	10

4.4.3　球磨机的噪声控制

　　燃煤电厂采用的钢球磨煤机噪声大、声能强，必须采取有效措施控制其噪声。目前，火电厂的球磨机都采用隔离的方式处理球磨机噪声，即在球磨机的外围增加隔声罩，使球磨机的噪声降低 15~20dB，仅部分传出隔声室，从而大大降低了噪声强度。

　　球磨机降噪另一个有效措施是降低机械振动强度。

　　（1）利用橡胶衬板取代球磨机的金属衬瓦。由于橡胶的吸振能力强，因此可降低球磨机运行时筒体的振动，使噪声降低 15~20dB。但利用橡胶衬板代替金属衬瓦，球磨机的磨煤效率将有所下降，且橡胶衬板容易磨损。

　　（2）衬瓦采用螺旋线布置方式。衬瓦的布置由水平布置改为螺旋线布置，可降低噪声 8~12dB，且可提高磨煤机的效率，降低能耗。

　　（3）改变钢球形状。采用 18 面体或 24 面体钢球代替原有的圆形钢球，可降低噪声 5~8dB。

4.4.4　风机水泵等噪声的控制

　　燃煤电厂中大型风机的噪声级达 85~99dB，因此风机降噪是电厂必须采取的措施，具体措施如下：

（1）采用低噪设备和消声器。目前电厂所使用的电动机均为低噪声、高性能电动机。安装消声器是风机降噪的一个非常有效的措施，在风机进出口处加装消声器，可降噪 10～20dB。

（2）设置隔声罩。风机多采用设置隔声罩的方法降噪。隔声罩一般是采用钢板、塑料板、木板或者砖墙混凝土墙等建造，钢板建造的隔声罩外壁添加一层高阻尼的材料，能显著降低噪声，降噪量可达 34dB。在隔声罩内壁添加一层多孔纤维吸声材料，也可降低噪声 12～17dB。

（3）建造消振基础。降低风机振动可使用消振基础。建造风机基础时，采用橡胶、软木等弹性材料为风机减振，可使风机传递给地面基础的振动减小，从而降低噪声。

（4）降低振动的产生。降低风机自身振动可采用调速电动机，节约电能的同时还可避免风机喘振。使用近似径向单板的弧形叶片，增大叶片出口安装角，减小飞灰在叶片上的沉积，避免因积灰而破坏风机转动平衡，均可降低振动，降低噪声。防止叶片积灰的另一个方法是采用叶片吹扫装置清扫积灰，或者改进风机叶片及流道的动力学缺陷，减少因气流流动造成的叶片、流道振动，从而从声源处降低噪声。

4.4.5　安全阀、排气阀的噪声控制

安全阀是电站系统中必需的设备，其作用是保证压力容器不超压。随着技术的进步，现今燃煤电厂的安全可靠性得以提高，安全阀开启的频率大大降低。安全阀开启时，高压气体经加速进入空气，引起空气强烈振动而形成很强的噪声。对于安全阀的降噪，主要是在安全阀出口安装消声器，以有效降低安全阀排气过程中产生的噪声。消声器有多种形式，常采用的是阻性消声器、抗性消声器、阻抗复合消声器和微孔消声器等。

4.4.6　炉膛振动噪声的控制

锅炉运行过程中，切换燃料或改变锅炉负荷时会造成炉膛内部着火不稳定，引起烟气波动，从而引发压力波动、炉膛振动而发出噪声。炉膛振动的危害较大，电厂必须避免。

炉膛振动噪声的控制措施主要有：（1）改变燃烧器固有频率，以减低燃烧产生的涡流；（2）提高燃烧器的稳定性，防止火焰摆动；（3）设置屏式过热器，改变燃烧自振频率；（4）改变炉墙、刚性梁或水平平台的刚性，从而改变其固有频率，控制炉膛振动，防止振动对炉膛产生破坏，从而降低噪声的产生。

第2篇

核电站动力与环保

5　核电站系统与设备

5.1　核电站概述

核电厂是一个能量转换系统,将原子核裂变过程中释放的核能转化为电能,目前世界上核电厂使用的反应堆有压水堆、沸水堆、重水堆和改进型气冷堆以及快堆等。对于不同类型的反应堆,相应的电厂的系统和设备有较大差别,使用最广泛的是压水堆。压水堆是以普通水作冷却剂和慢化剂,它是从军用堆基础上发展起来的最成熟、最成功的堆型,本文将以压水反应堆核电厂为例,简要介绍核电厂一回路系统的设备和工作原理。

核电厂通常分为核岛和常规岛两大部分。核岛包括核蒸汽供应系统、核辅助系统和放射性废物处理系统,常规岛是指核岛以外的部分,包括汽轮发电机组及其系统、电气设备和全厂公用设施等。

压水堆核电厂主要由核反应堆、一回路系统、二回路系统、电气和厂用电系统及其他辅助系统所组成。图5-1所示为压水堆核电厂一回路和二回路系统的原理流程。

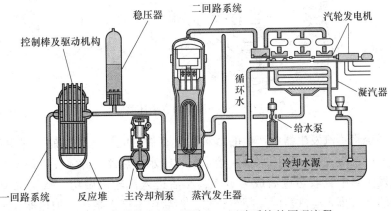

图5-1　压水堆核电厂一回路和二回路系统的原理流程

核反应堆是核电厂关键部件,同时它又是放射性的发源地。反应堆安装在核电厂主厂房的反应堆大厅内,通过环向接管段与一回路的主管道相连。反应堆的全部重量由接管支座承受，即使发生大的地震，仍能保持其位置稳定。在进行核电厂选址时，也要求当地的地质条件满足稳定性的要求，即使发生大地震，核电厂的地基应该保持稳定，核反应堆内装有一定数量的核燃料，核燃料裂变过程中放出的热能，由流经反应堆内的冷却剂带出反应堆，送往蒸汽发生器。

　　一回路系统由核反应堆、主冷却剂泵（又称主循环泵）、稳压器、蒸汽发生器和相应的管道、阀门及其他辅助设备所组成。高温高压的冷却水在主循环泵的推动下在一回路系统中循环流动。当冷却水流经反应堆时，吸收核燃料裂变放出的热能，随后流入蒸汽发生器，将热量传递给蒸汽发生器管外侧的二回路给水，使给水变成蒸汽，冷却水自身受到冷却，然后流到主冷却剂泵入口，经主冷却剂泵提升压头后重新送至反应堆内。如此循环往复，构成一个密闭的循环回路。一回路系统的压力由稳压器来控制。现代大功率压水堆核电厂一回路系统一般有多个回路，它们对称地并联连接到反应堆。以 900MW 的某种压水堆核电厂为例，它的一回路系统包括三个环路，分别并联连接在反应堆上，每一个环路由一台主冷却剂泵、一台蒸汽发生器和管道等组成，稳压器是各个环路共用的，如图 5-2所示。

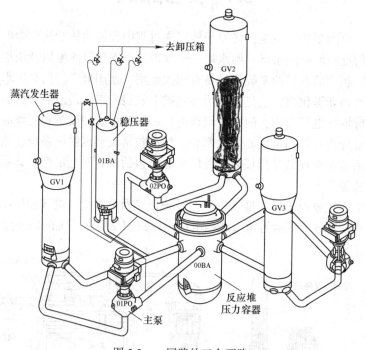

图 5-2　一回路的三个环路

　　二回路系统将蒸汽发生器中产生的蒸汽所具有的热能转化为电能。它由汽水分离器、汽轮机、发电机、凝汽器、凝结水泵、给水泵、给水加热器、除氧器等设备组成。二回路给水在蒸汽发生器中吸收热量后成为蒸汽，然后进入汽轮机做功，汽轮机带动发电机发电。做功后的乏汽排入凝汽器内，凝结成水，然后由凝结水泵送入加热器，加热后重新返回蒸汽发生器，构成二回路的密闭循环。因此，核电厂的二回路系统与常规火力发电机组的动力回路相似。蒸汽发生器及一回路系统（通常称为"核蒸汽供应系统"）相当于火电厂的锅炉系统。但是，由于核反应堆是强放射源，流经反应堆的冷却剂带有一定的放射性，特别是在燃料元件破损的事故情况下，回路的放射性剂量很高，因此，从反应堆流出来的冷却剂一般不宜直接送入汽轮机，否则将会造成汽轮发电机组操作维修上的困难，所以，压水堆核电厂比常规火力发电机组多一套动力回路。

由于核电厂发电功率大，需要的蒸汽量大，同时蒸汽发生器产生的蒸汽是微过热蒸汽（由于反应堆一回路冷却剂温度的限制），蒸汽的温度和压力都比较低，做功能力较低，所以与火电厂汽轮机相比，核电厂中使用的汽轮机体积庞大、抗冲蚀等技术要求高、转速一般较低。火电厂汽轮机转速均为 3000r/min，核电厂汽轮机转速有的为 1500r/min，有的为 3000r/min。

反应堆、蒸汽发生器、主冷却剂泵、稳压器及管道阀门等设备集中布置在一个立式圆柱状半球形顶盖或球形的建筑物内，这个建筑物通称为反应堆安全壳。它的作用是将一回路系统中带放射性物质的主要设备和管道包围在一起，防止放射性物质向外扩散。即使核电厂发生最严重的事故，放射性物质仍能全部安全地封闭在安全壳内，不致影响到周围的环境。

为了保证核电厂一回路系统和二回路系统的安全运行，核电厂中还设置了许多辅助系统，按其所起的作用，大致可以分为以下几类：

（1）保证反应堆和一回路系统正常运行的系统有化学和容积控制系统、主冷却剂泵轴密封水系统等。

（2）提供核电厂一回路系统在运行和停堆时必要的冷却系统有停堆冷却系统、设备冷却水系统等。

（3）在发生重大失水事故时保证核电厂反应堆及主厂房安全的系统有安全注入系统、安全壳喷淋系统等。

（4）控制和处理放射性物质，减少对自然环境放射性排放的系统有疏排水系统、放射性废液处理系统、废气净化处理系统、废物处理系统、硼回收系统、取样分析系统等。

除一、二回路主厂房和辅助厂房外，核电厂还设有循环水泵房、输配电厂房和放射性三废处理车间等。放射性三废处理车间是核电厂特有的车间，该车间对核电厂在正常运行或事故情况下排放出来的带有放射性的物质，按其相态不同及剂量水平的差异，分别进行处理。放射性剂量降低到允许标准以下的放射性物质才排放出去或储存起来，以达到保护核电厂周围环境的目的。

5.2　核电站一回路系统和设备

5.2.1　一回路系统主要设备

一回路系统是核电厂中最重要的系统，具有以下功能：

（1）将反应堆堆芯核裂变产生的热量传送到蒸汽发生器，并冷却堆芯，防止燃料元件烧毁，蒸汽发生器产生的蒸汽供给汽轮发电机。

（2）水在反应堆中既作冷却剂又作中子慢化剂，使裂变反应产生的快中子降低能量，减速到热中子。

（3）冷却剂中溶解的硼酸，可以吸收中子，控制反应堆内中子数目（即控制反应堆反应性的变化)。

(4) 系统内的稳压器用于控制冷却剂的压力,防止冷却剂出现不利于传热的沸腾现象。

(5) 目前采用的核燃料是二氧化铀陶瓷块,它是防止放射性产物泄漏的第一道屏障;核燃料元件的包壳是第二道屏障;当核燃料元件出现包壳破损事故时,一回路系统的管道和设备可以作为防止放射性产物泄露的第三道屏障。

5.2.1.1　反应堆

反应堆是以铀(或钍)作为燃料实现可控制的链式裂变反应的装置。压水堆是以低浓缩铀为燃料,用轻水作慢化剂和冷却剂。反应堆由安全壳、堆内构件、堆芯、控制棒驱动机构组成,如图 5-3 所示。

A　安全壳

反应堆安全壳是一个圆柱形的容器,分为上下两个部分,底部是带有焊接半球形封头的圆柱体,上部是一个可拆卸的半球形上封头,容器有三个进口接管和三个出口接管,分别与一回路系统的三环路相连。安全壳内部放置堆芯和堆内构件,顶盖上设有控制棒驱动机构。为保持一回路的冷却水在 350℃ 时不发生沸腾,反应堆安全壳要承受 140~200atm❶ 的高压,要求在高浓度硼水腐蚀、强中子和 γ 射线辐照条件下使用 30~40 年。

B　堆内构件

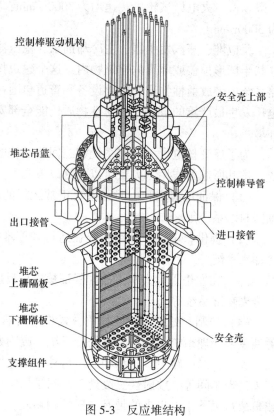

图 5-3　反应堆结构

反应堆的堆内构件使堆芯在安全壳内精确定位、对中及压紧,以防止堆芯部件在运行过程中发生过大的偏移,同时起到分隔流体的作用,使冷却剂在堆内按一定方向流动,有效地带出热量。

堆内构件可分为两大主要组件:上部组件(又称压紧组件)和下部组件(又称吊篮组件)。这两部分可以拆装。在每次反应堆换料时,拆装压紧组件后,这两个组件可以重新装配起来。

上部组件是由上栅隔板、导向管支撑板、控制棒导向筒和支承柱等主要部件组成。下部组件由吊篮筒体、下栅隔板、堆芯围板、热屏层、幅板、吊篮底板、中子通量测量管和二次支承组件等部件组成。

这些部件结构复杂,尺寸大,精度和粗糙度要求高,而且辐照条件下,要求这些部件

---

❶　1atm = 101325Pa。

必须能够抗腐蚀和保证尺寸稳定，不变形。

C 反应堆的堆芯

反应堆的堆芯是原子核裂变反应区，它由核燃料组件、控制棒组件和启动中子源组成，通常称为活性区。核燃料组件是产生核裂变并释放热量的重要部件，压水反应堆中使用的铀，一般是纯度为 3.2% 的浓缩铀。核燃料是经高温烧结成圆柱形的二氧化铀陶瓷块，即燃料芯块，呈小圆柱形，直径为 9.3mm。把大量的芯块装在两端密封的锆合金包壳管中，包壳内充入一定压力的氦气，成为一根长约 4m、直径约 10mm 的燃料元件棒。然后按一定形式排列成正方形或六角形的栅阵，中间用定位格架将燃料棒夹紧，构成棒束型的燃料组件，如图 5-4 所示。

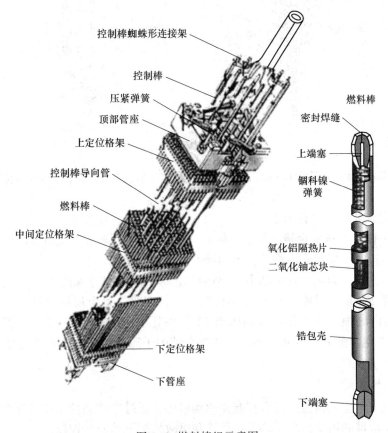

图 5-4 燃料棒组示意图

控制棒是中子的强吸收体，它移动速度快，操作可靠，使用灵活，对反应堆的控制准确度高，是保证反应堆安全可靠运行的重要部件。在运行过程中，控制棒组件可以控制反应堆核燃料链式裂变速率，实现启动反应堆、调节反应堆功率、正常停堆以及事故情况时紧急停堆之目的。压水反应堆中普遍采用棒束控制，即在燃料组件中的导管中插入控制棒。通常用银-铟-镉等吸收中子能力较强的物质做成吸收棒，外加不锈钢包壳，棒束的外形与燃料棒的外形相似，用机械连接件将若干根棒组成一束，然后插入反应堆的燃料组件内，如图 5-5 所示。

根据功能和使用目的不同，压水堆核电厂中的控制棒可以分成三类。

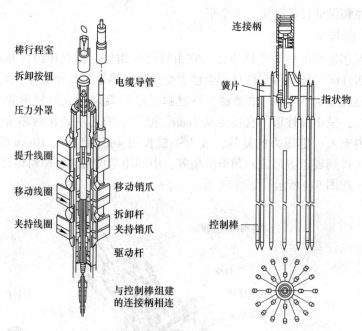

图 5-5　控制棒组示意图

（1）功率补偿棒（简称 G 棒）。用于控制反应功率，补偿运行时各种因素引起的反应性波动。

（2）温度调节棒（简称 R 棒）。用于调节反应堆进出口温度。

（3）停堆棒（又称安全棒，简称 S 棒）。用于在发生急事故工况时，能迅速使反应堆停堆，正常运行时停堆棒提出堆外，接到停堆信号后迅速插入堆芯。

以大亚湾核电厂为例，其电功率为 900MW。每个燃料组件采用 17×17 正方形栅格排列，上面装有 264 根燃料棒、24 根控制棒及一个仪表管，每个反应堆使用 157 个燃料组件，总共有 41448 根。堆中共有控制棒组 53 个，其中功率补偿棒 28 组，温度调节棒 8 组，停堆棒 17 组。此外，在几个棒束中含有启动中子源，启动中子源在首次启动时为反应堆提供中子。

　　D　控制棒驱动机构

在反应堆安全壳的顶盖上设有控制棒驱动机构，通过它带动控制棒组件在堆内上下移动，以实现反应堆的启动，功率调节、停堆和事故情况下的安全控制。

对控制棒驱动的动作要求是：在正常运行情况下棒应缓慢移动，行程约为 10mm/s；在快停堆或事故情况下，控制棒应快速下插。接到停堆信号后，驱动机构机件松开控制棒，控制棒在重力作用下迅速下插，要求控制棒从堆顶全部插入到堆芯底部的时间不超过 2s，从而保证反应堆的安全。

控制棒在反应堆中的位置，用"步"（step）来表示。在某 900MW 压水堆核电厂中，当控制棒位于反应堆底部时，step 的数值为零；当控制棒位于反应堆顶部，step 的数值为 225。

5.2.1.2　蒸汽发生器

蒸汽发生器是一种热交换设备，它将一回路中水的热量传给二回路中的水，使其变为蒸汽用于汽轮机做功。由于一回路中的水流经堆芯而带有放射性，所以蒸汽发生器与一回路的压力容器以及管道构成防止放射性泄漏的屏障。在压水堆核电厂正常运行时，二回路中的水和蒸汽不应受到一回路水的污染，不具有放射性。

压水堆核电厂的蒸汽发生器有两种类型，一种是直流式蒸汽发生器，另一种是带汽水分离器的饱和蒸汽发生器。大多数核电厂采用带汽水分离器的饱和蒸汽发生器，下面重点介绍此种蒸汽发生器的结构形式。

大多数饱和蒸汽发生器是带内置汽水分离器的立式倒 U 形管自然循环的结构形式。由反应堆流出的冷却剂从蒸汽发生器下封头的进口接管进入一回路水室，经过倒 U 形管，将热量传给壳侧的二次侧水，然后由下封头出口水室和接管流向冷却剂循环泵的吸入口。在蒸汽发生器的壳侧，二回路水由上筒体处的给水接管进入环形管，经下筒体的环形通道下降到底部，然后在倒 U 形管束的管外空间上升，被加热并蒸发，部分水变为蒸汽。这种汽水混合物先进入第一、二级汽水分离器进行粗分离，继而进入第三级汽水分离器进一步进行细分离。经过三级汽水分离后，蒸汽的干度大大提高。具有一定干度的饱和蒸汽汇集在蒸汽发生器顶部，经二回路主蒸汽管通往汽轮机。根据核电厂饱和蒸汽汽轮机的运行要求，蒸汽发生器出口的饱和蒸汽干度一般应不小于 99.75%，汽轮机入口处的蒸汽干度约为 99.5%，图 5-6 所示为蒸汽发生器结构。

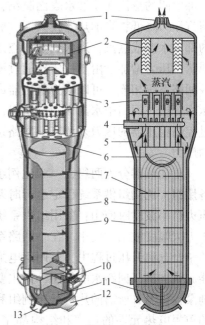

图 5-6　蒸汽发生器结构

1—蒸汽出口管嘴；2—蒸汽干燥器；
3—旋叶式汽水分离器；4—给水管嘴；
5—水流；6—防振条；7—管束支撑板；
8—管束围板；9—管束；10—管板；
11—隔板；12—冷却剂出口；
13—冷却剂入口

5.2.1.3　稳压器

稳压器用于稳定和调节一回路系统中冷却剂——水的工作压力，防止水在一回路主系统中汽化。在正常运行期间，压水堆的堆芯不允许出现大范围的饱和沸腾现象。如果水在一回路系统中发生汽化沸腾，水中产生大量的气泡，单相水变成汽水混合物，汽水混合物的冷却效果远远低于单相水的冷却效果。当汽水混合物流经堆芯燃料棒时，造成燃料棒的冷却效果变差，使燃料棒过热甚至发生烧毁的事故。因此，要求反应堆出口水的温度低于饱和温度 15℃左右，以保证燃料棒的冷却效果。另外，稳压器还可以吸收一回路系统水容积的变化，起到缓冲的作用。

现代大功率压水堆核电厂都采用电热式稳压器，一般采用立式圆柱形结构。它是一个立式圆筒，上下分别是半球形的封头，内表面有不锈钢覆盖层，高约 13m，直径为 2.5m。正常运行时稳压器内是两相状态的，上部空间是饱和蒸汽，下部空间是饱和水，水和汽都处于当地压力下对应的饱和温度。稳压器底部以波动管与一回路管道相连，上部蒸汽空间的顶端安装有喷淋阀，电加热元件安装在下部水空间内，依靠喷淋阀喷淋和电加热器的加热进行压力调节。稳压器顶部还设有安全阀组，用于提供稳压器的超压保护。稳压器结构如图 5-7 所示。

　　正常运行期间，稳压器内部液相和汽相处于平衡状态，当冷水通过喷淋阀喷淋时，上部空间的蒸汽在喷淋水表面凝结，从而使蒸汽压力降低；当加热器投入后，底部空间的部分水变成蒸汽，进入到蒸汽空间，从而使蒸汽压力增加。由于稳压器通过波动管与一回路系统相连，可以认为稳压器内的蒸汽压力等于一回路中水的压力，所以，可以通过控制稳压器的压力来调节一回路系统中水的压力。

　　电加热器分为两组，一为比例组，二为备用组。比例组供系统稳定运行时调节系统压力微小波动时使用；备用组供系统启动和压力大幅度波动时使用。在一回路系统启动的整个升温升压过程中，备用组电加热器也能起到加热一回路水的作用，但主要靠冷却剂泵提供温升所需的热量。比例组和备用组的单根电热元件的功率和结构都完全相同，但备用组的电加热元件数量多，总功率大。

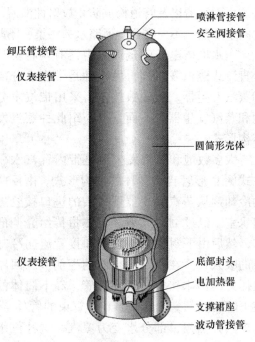

图 5-7　稳压器结构

5.2.1.4　主冷却剂泵

　　主冷却剂泵又称主循环泵，它是反应堆冷却剂系统中唯一的高速旋转设备，用于推动一回路中的冷却剂，使冷却剂水以很大的流量通过反应堆堆芯，把堆芯中产生的热量传送给蒸汽发生器。

　　主冷却剂泵是大功率旋转设备，工作条件苛刻。泵的关键是保持轴密封，以免堆内带放射性的水外漏。核电厂的主冷却剂泵除了密封要求严以外，由于泵放在安全壳内，处于高温、高湿及 γ 射线辐射的环境下，要求电机的绝缘性能好。它是核电厂中的关键设备。

5.2.2　一回路的辅助系统

　　一回路辅助系统的主要作用是保证反应堆和一回路系统能正常运行及调节，在事故情况下提供必要的安全保护，防止放射性物质扩散。下面简要介绍几个主要的辅助系统。

5.2.2.1　化学和容积控制系统

核电厂的化学和容积控制系统的作用如下所述：

（1）容积控制。调节一回路系统中压稳器的液位，以保持一回路水的容积。

（2）反应性控制。调节一回路水中的硼酸浓度，以补偿反应堆运行过程中反应性的缓慢变化。

（3）化学控制。通过净化作用及添加化学药剂保持一回路的水质。

　　A　容积控制

容积控制的目的是吸收稳压器不能全部吸收的一回路水的容积变化，将稳压器水位维持在设定值。水容积变化的原因在于水温度的变化，由于水温度随反应堆功率变化，导致水的比体积变化，从而使一回路中水的体积发生改变。

当核电厂一回路处在稳定功率运行时，一回路中高温高压的水从下泄管路流经化学和容积控制系统中的再生热交换器与下泄节流孔，降低水的温度和压力，再经过下泄热交换器进一步降温，以达到离子交换树脂床的工作温度。然后经过过滤器除去水中颗粒杂质，进入混合床净化离子交换器，去除以离子状态存在于水中的裂变产物和腐蚀产物。

从离子交换器出来的下泄流，经过过滤后，喷淋到容积控制箱内，在喷淋过程中除去其中的气体裂变产物。通过上述过滤、离子交换和喷淋除气，使冷却剂的放射性低于允许水平。

容积控制箱的底部与上充泵的吸入口相连，水经上充泵加压后，大部分经过再生热交换器加热后回到主回路冷却剂系统中去，少部分被送到主冷却剂泵轴封水系统用作轴密封水。

B　反应性控制

硼是吸收中子能力很强的一种物质，硼溶解在水中形成硼酸溶液。反应性控制的目的是调节一回路水的硼浓度，以控制整个反应堆的反应性。反应性控制的措施包括：

（1）加硼。增加一回路中硼的浓度，在反应堆停堆、换料及补偿氙的衰变所引起的反应性增加时，需要向一回路水中注入浓硼酸溶液，并将相应数量的水排放到硼回收系统中去，以提高一回路系统冷却剂的硼浓度。

（2）稀释。降低一回路水中的硼酸浓度，随着反应堆的启动运行，一回路水的温度上升、核燃料的燃耗、裂变产物积累等引起反应性下降，需要降低硼酸浓度来调整反应性。这种方法是将除盐水充至一回路水中，将下泄流排放到硼回收系统中去。

（3）除硼。用离子交换树脂吸附一回路水中的硼。在反应堆堆芯寿期后期，由于水中硼酸浓度很低，如仍采用稀释的方法会使排放到硼回收系统的水量大大增加。因此，另设有除硼离子交换器，在大量稀释时将下泄流通过除硼离子交换器，以降低水中硼酸的浓度。

C　化学控制

一回路中水的温度高，会使水中含氧量增加，而且水的 pH 值较低，这些因素都将导致一回路系统中部件的腐蚀。冷却剂流经堆芯时，可能带出从核燃料包壳破裂处泄漏的裂变产物，因此需要通过化学控制，维持一回路水的化学性质在规定的范围内。化学控制的方法包括注入化学试剂、过滤、通过离子交换去除离子杂质（即容积控制中的离子交换树脂床）。

5.2.2.2　余热冷却系统

核电厂的余热冷却系统又称为反应堆停堆冷却系统，主要作用有两个：

（1）反应堆停堆时，先由蒸汽发生器将一回路热量带走，然后通过余热冷却系统将反应堆停堆后的余热带走，使堆芯冷却剂温度降低到允许温度，并使其保持到反应堆重新启动为止。

（2）在一回路系统发生失水事故时，在某些堆型中该系统作为低压安全注射系统执行专设安全功能，将硼酸水注射到堆芯中去。

214

除了上述的系统之外，一回路辅助系统还包括反应堆硼和水补给系统、设备冷却水系统和重要厂用水系统，这里不再进行介绍。

5.3　核电站汽轮机系统与设备

5.3.1　汽轮机系统概述

压水堆核电厂核岛系统产生的热量加热二回路的给水，使其变成蒸汽，用来驱动常规岛的汽轮机，从而带动发电机转动产生电能。蒸汽在汽轮机中做功后被凝结，经给水设备再输回蒸汽生产系统。发电机产生的电能由电气系统输送到电网，满足用户的要求。因此，压水堆核电厂常规岛又可以划分为生产电能的二回路、提供冷却的循环冷却水系统（又称三回路）和输送电能的电气系统及厂用电设备三大部分。

5.3.1.1　汽轮发电机系统的主要功能

汽轮发电机系统的主要功能如下：

（1）将核蒸汽供应系统产生的热能转变成电能。

（2）在停机或事故情况下，保证核蒸汽供应系统的冷却。

二回路系统的流程如图 5-8 所示（图中实线为汽，粗虚线为给水，点划线为疏水）。蒸汽发生器中的给水吸收了一回路高温高压水的热量，变成饱和蒸汽，蒸汽推动汽轮机转动，带动发电机发电。做功后的乏汽进入凝汽器凝结成水，称为凝结水。经凝结水泵加压后凝结水进入低压加热器加热。在除氧器中凝结水含有的氧气被去除，经给水泵升压后进入高压加热器加热，然后给水进入蒸汽发生器，汽水重新开始循环。

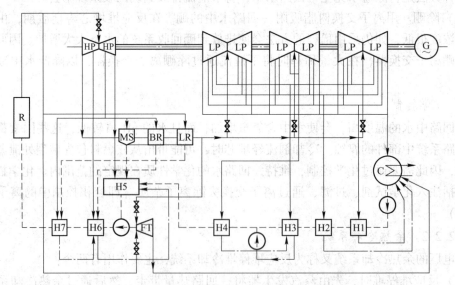

图 5-8　二回路系统流程图

R—反应堆；HP—高压缸；LP—低压缸；G—发电机；MS-BR-LR—汽水分离再热器；
C—凝汽器；H1~H7—各级加热器；FT—汽动给水泵

二回路系统主要由主蒸汽系统、汽轮机系统、汽水分离系统、汽轮机轴封系统、凝结水抽取系统、凝汽器真空系统、给水除氧器系统、低压给水加热系统、高压给水加热系统、汽动和电动给水泵系统、给水流量调节系统、蒸汽发生器排污系统、蒸汽发生器辅助给水系统、汽轮机调节系统、汽轮机保护系统、汽轮机的润滑顶轴和盘车等系统构成。

常规岛的三回路系统，即循环水冷却系统的主要功能是向凝汽器提供冷却水，确保汽轮机凝汽器的有效冷却。其流程如图 5-9 所示。三回路的循环水是河水或者海水，流经凝汽器管路系统之后，循环水又流回河里或者海里。

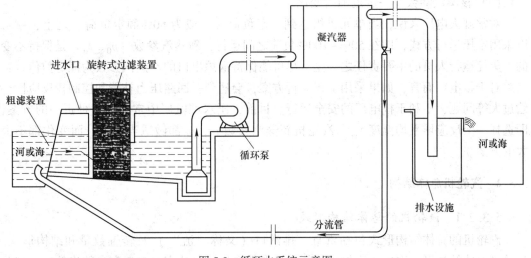

图 5-9　循环水系统示意图

5.3.1.2　核电厂汽轮机的特点

核电厂汽轮机的特点介绍如下：

（1）新蒸汽参数低，且多用饱和蒸汽。对于压水堆核电厂而言，二回路新蒸汽参数取决于一回路的温度，而一回路温度又取决于一回路压力。提高一回路压力将使得反应堆压力壳的结构及其安全保证措施复杂化，尤其是当反应堆压力壳尺寸很大时。因此，压水堆核电厂汽轮机的新蒸汽压力，应该按照反应堆压力壳设计的极限压力和温度选取，一般不超过 6.0~8.0MPa。

（2）理想焓降小，容积流量大。一般饱和蒸汽汽轮机的理想焓降比高参数火电厂汽轮机的理想焓降约小一半。因此，在同等功率下，核电厂汽轮机的容积流量比高参数火电厂汽轮机大 60%~90%。由于这一点，使得核电厂汽轮机在结构上有以下特点：

1）进汽机构的尺寸增大（包括管路）。

2）功率大于 500~800MW 的汽轮机高压缸做成双分流。

3）由于叶片高度大，所以前面的几级叶片沿叶高做成变截面。

4）调节级的叶片高度大，所以叶片中弯曲应力大，因此采用部分进汽困难，也就是不容易采用喷嘴配汽。

5）因为低压缸通流量大，所以需要增大分流数目，一般采用低转速。

（3）汽轮机中积聚的水分多，容易使汽轮机组产生超速。与火电厂中的中间再热式汽轮机一样，核电厂汽轮机各缸之间也有大量蒸汽和延伸管道，所以在甩负荷时会使转子升速。另外，在使用湿蒸汽的汽轮机中，还要考虑在转子表面、汽水分离器及其他部件上的凝结水分的再沸腾和汽化而引起的加速作用。计算和经验证明，由于这一原因，在甩负荷时，水膜汽化可使机组转速增长 15%~25%。为了减少核电厂汽轮机转速飞升，可采取以下措施：

1）在汽水分离再热器后蒸汽进入低压缸之前的管道上装设专用的截止阀。

2）缩小高低压缸之间的管道尺寸，即提高分缸压力，将分离器和再热器连在一起。

3）完善汽轮机和管道的疏水。

（4）核蒸汽参数在一定范围内变化。

对常规火电厂来说，当单元机组达到一定负荷（一般为50%额定负荷）之上，就可以采用定压运行方式，即在50%~100%负荷之间运行，新蒸汽参数（p_0、t_0）是保持不变的。集控运行人员的主要责任之一是，尽可能保持锅炉出口的新蒸汽参数为额定数值。

对于核电厂而言，如果采用上述运行方案，会遇到一回路压力补偿和控制棒反应性补偿过大等问题，不利于核电厂的安全运行。目前，压水堆电厂中常采用一种折中的方案，即选择一个反应堆平均温度 t_{av} 和汽轮机新蒸汽参数 t_0，p_0 都做适当变化，而变化都不太大的方案。

5.3.2 汽轮机总体结构

5.3.2.1 汽轮机的总体结构形式

汽轮机的总体结构形式包括汽缸、排汽口（又称"流"）及转轴数量和结构形式。汽轮机总体结构形式取决于汽轮机的新蒸汽参数和汽轮机功率。对于高参数汽轮机，其蒸汽比焓降大，级数多，进汽和排汽比体积相差大，导致高压和低压部分流通截面相差悬殊，因此必须采用双缸或多缸结构。对于大功率汽轮机，低压部分往往采用双缸或多缸，排汽口相应增加。

5.3.2.2 核电厂饱和蒸汽汽轮机的总体配置

核电厂大多使用饱和汽轮机，为了降低发电成本，单机容量已增加到 1.6GW 级。在总体配置上，饱和汽轮机组一般设计成一个高压缸和一组低压缸串级式配置，在进入低压缸前设置有汽水分离再热器。核电厂大功率汽轮机的所有低压缸都设计成双流的，且并联设置两个或更多的低压缸。如大亚湾核电厂采用的是图 5-10a 的配置。还有在高压缸两端对称地每端布置两个低压缸的设计（见图 5-10b），我国田湾核电厂就采用这种汽轮机配置。图 5-10c 所示为我国某在建 1GW 级核电厂拟采用的半速机组的 3 缸、4 排汽口配置。

5.3.3 核电厂汽轮机特点

5.3.3.1 核汽轮机组的一般特点

对于轻水堆核电厂，多数采用饱和蒸汽汽轮机，从而使轻水堆核电厂汽轮机具有以下特点：

（1）新蒸汽的参数在一定范围内变化。火电厂汽轮机的蒸汽参数（压力 p_0，温度 t_0）在运行期间是不变的。在压水堆核电厂一般采用反应堆进口水温基本不变，反应堆冷却剂平均温度随负荷增加而上升，蒸汽温度随负荷增加而有所降低的方案。以大亚湾核电厂为例，从零负荷到满负荷汽轮机主汽阀前压力分别约为 7.6MPa 和 6.43MPa。

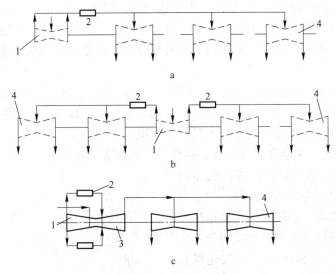

图 5-10 核电厂汽轮机的典型配置

a—4 缸、6 排汽口形式；b—5 缸、8 排汽口形式；c—3 缸、4 排汽口形式
1—高压缸；2—汽水分离再热器；3—中压缸；4—低压缸

（2）蒸汽参数低。压水堆核电厂采用间接循环，反应堆冷却剂通过蒸发器传热管将二回路给水蒸发为饱和蒸汽。因此二回路新蒸汽参数受一回路温度限制，而一回路温度又与一回路压力密切相关，一回路压力还受到反应堆压力容器的结构设计限制，因此反应堆冷却剂温度提高的潜力已很小（堆芯出口平均温度一般不超过 330℃），二回路蒸汽一段为 5~7.8MPa 的饱和汽。与火电厂的高蒸汽参数汽轮机相比，核汽轮机的蒸汽可用比焓降仅为火电厂机组的一半左右，因此有以下体现和要求：

1）汽耗率约比常规电厂高 1 倍。

2）与高参数汽轮机相比，低压缸发出的功率较大，达到整个机组功率的 50%~60%；而高参数机组中，低压缸仅占 20%~30%。这样，低压缸的效率对整机的效率有更大的影响。

3）排汽速度损失对效率有较大影响，这要求增大排汽流通截面以降低排汽速度。

（3）体积流量大。由于蒸汽参数低，蒸汽可用比焓降小，加之为了降低投资将单机功率取得很大，这都导致核汽轮机组的体积流量大，因而对核汽轮机配置和结构有以下要求：

1）600~800MW 以上核电机组高压缸也做成双流。

2）通常只设高压缸和若干低压缸，不设中压缸。

3）低压缸体积流量大，要求增加排汽口数和排汽截面以及采用更长的末级叶片。

考虑到汽轮机轴长度限制，低压缸排汽口不多于 8 个，因为排汽口再多，轴长度增加导致较大的径向相对膨胀间隙会使效率降低。

（4）核汽轮机组多数级工作在湿汽区。饱和汽轮机组需采取除湿措施，以提高效率和保障安全运行。高压缸中的湿度是核汽轮机特有的，高压缸内除湿、水滴分布等问题尚需进一步研究。

（5）采用汽水分离再热。由于新蒸汽是饱和汽，膨胀后即进入湿汽区，为保证汽轮机安全经济运行，在蒸汽经过高压缸后，对高压缸排汽进行汽水分离再热，以保证低压缸的效率和安全性。因而，饱和汽轮机组无例外地设有汽水分离再热器，这也是与火电机组的重要区别之一。

（6）易超速。由于核汽轮机组多数级工作在湿蒸汽区，通流部分及管道表面覆盖一层水膜，导致机组甩负荷时，压力下降，水膜闪蒸为汽，引起汽流速骤增，这是核汽轮机组易超速的主要原因。为防止超速，可采取下列措施：

1）完善汽轮机的去湿和疏水机构，减少部件和通道中凝结水。

2）在汽水分离再热后蒸汽进入低压缸前的管道上装备快速关闭的截止阀。汽水分离再热器及连通管道容积较大，在机组甩负荷时，再热器及连接管表面的水膜闪蒸成为超速的主要原因。图 5-11 给出的汽轮机超速试验结果表明，在低压缸进口处装快速关闭阀，可使核汽轮机的超速水平与常规机组相近（6%~8%）。

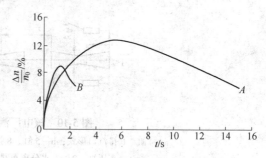

图 5-11　核汽轮机超速曲线

A—无中间快速关闭阀，但有超速保护系统的核汽轮机超速率；B—设有中间快速关闭阀的核汽轮机超速率

5.3.3.2　核汽轮机组的转速选择

核汽轮机组蒸汽参数低、流量大、提高经济性的要求又使得核电机组向大容量方向发展。大的流通面积和长叶片带来的材料应力矛盾十分突出，这使得采用半速汽轮机在核电界得到发展。半速机是指汽轮机组额定转速是全速机的一半，在 50Hz 和 60Hz 的电网频率下，半速机的额定转速分别为 1500r/min 和 1800r/min。

对核汽轮机组转速选择的考虑因素如下：

（1）可靠性。理论上，选用相同长度的叶片，全速与半速离心应力之比为 4∶1。实践中往往是先按选定的叶片和转子材料确定其许用应力，然后再根据机组转速和功率确定叶片和转子的结构尺寸，所以，实际情况是，全速汽轮机转子离心应力比半速大 1.1~2 倍。

减少叶片在湿汽中的侵蚀损坏对提高叶片可靠性很重要。侵蚀因子与圆周速度的三次方、四次方成正比，故低速下叶片抗侵蚀性能较高。

半速机由于转速较全速机低、转子重、转动惯量大，因此其对激振力的敏感程度比全速机低，抗振性能比全速机好。

（2）热效率。半速机叶片较长，拟于我国某在建核电厂采用 ALSTOM 公司的 Arabelle1000 型半速机末级叶片长度为 1430mm，相对岭澳的全速机（末级叶片 945mm），可以提高通流部分效率、降低排汽损失，仅此一项，即可使出力相对提高 3.5%。通过加大循环水流量和凝汽器换热面积，将凝汽器压力从 7.5kPa 降低至 5.5kPa，可使出力相对提高 1.5%。此外，通过改变汽轮机配置，减少在高、中压缸的二次流损失及排汽口损失，使出力还相对提高 1.5%。Arabelle1000 型半速机的热耗修正曲线表明，当凝汽器压力由 5.5kPa 降至 5kPa 时，热效率尚有提升空间，更适于在北方地区采用。而岭澳机组的最佳设计背压为 7.5kPa，背压再降低时对提高效率没有多大帮助。可见，Arabelle1000 型半速机设计适用地域广。

（3）质量、材料消耗和锻造。在相同功率等级的情况下，半速汽轮机由于体积大，在相同的容量下汽轮机转子质量是全速机的两倍左右，这就给锻造带来一定的难度；但是由于其转速降低，故锻造转子的力学性能要求比全速机低。另外，半速机的材料消耗量要比全速机多，一般超过两倍。但采用半速机后由于末级通流面积增加，低压缸的数量比全速机减少，因此对于整台机组来说半速机的质量仅是全速机的 1.2～2.4 倍。就汽轮机总体尺寸而言，岭澳汽轮机总长 45.85m，Arabelle1000 型的汽轮机总长为 38.185m。

（4）运行的灵活性。半速机由于转子直径大、质量大，高压缸的汽缸壁较厚，导致热应力增大，在快速启动和变负荷适应性方面比全速机稍微差些。

（5）功率和造价。采用半速机可以提高机组的极限功率。由于核电站选址要求严格，而且投资成本比较高，为了降低单位功率造价，在同样的厂址面积范围内，增大单机的功率是降低造价的发展趋势。从我国持续发展核电工业的政策出发，我国核电的本地化制造，也要向 1.3GW、1.7GW 甚至更高系列发展，这样，半速机有更好的适应性，机组的安全可靠性更容易得到保证。

（6）发电机。对于发电机部分，全速（二极）和半速（四极）汽轮发电机的基本原理相同，但全速和半速发电机的固有电磁场分布不同，由此决定的发电机基本有效尺寸不同，但没有给发电机的制作带来难度。

根据对世界上 400 多台核电机组进行的统计表明，使用全速机的核电机组约为 1/4，其单机容量多在 400MW 以下，而世界上已投运的单轴 1GW 级及以上的核电机组大约共有 219 台，其中半速机 209 台，全速机 10 台。在电网频率是 60Hz 的国家（美国等），几乎全部采用半速机组；在电网频率为 50Hz 的国家（法国、英国、德国、俄罗斯等），全速机和半速机都有使用但绝大多数为半速机。我国大陆已投运的核电机组中，只有秦山三期的汽轮发电机组为半速机，其余为全速机。但是在建的二代改进型核电厂的汽轮发电机组普遍改成半速机了。从各大核汽轮发电机组制造商的产品来看，西门子（西屋已被其收购）、三菱、日立、东芝生产的 1GW 级以上的核汽轮发电机组全部为半速机，ABB 和ALSTOM 既生产半速机又生产全速机。俄罗斯生产全速机。从当前核电机组的发展趋势来看，对于 1GW 及其以上等级的汽轮发电机组，大多采用半速机。对半速机的设计、制造、运行经验远比全速机丰富。

总之，1GW 级半速汽轮发电机在安全、可靠性方面较全速汽轮发电机有一定优势。容量越大，其优势越明显。

5.3.4 汽水分离再热器

在压水堆核电厂，推动汽轮机的是饱和蒸汽。如果不采取措施，饱和蒸汽在汽轮机内膨胀做功后，低压缸末级排汽湿度将达到 24%，大大超出了 12%～15% 的允许值。因此，在压水堆核电厂中，汽轮机高、低压缸之间都设有汽水分离再热器。汽水分离再热器可以去除高压缸排汽中的水分并对其加热，提高进入低压缸蒸汽的温度，使其具有一定的过热度。其目的是为了降低低压缸内的湿度，改善汽轮机的工作条件，提高汽轮机的相对内效率，减少湿蒸汽对汽轮机零部件的腐蚀。

大亚湾核电厂汽水分离再热器的结构和布置见图 5-12，它由三部分组成，即汽水分离器、第一级再热器和第二级再热器，这三部分安装在一个圆筒形的压力容器中。筒体下部是汽水分离器，中间为第一级再热器，上部为第二级再热器，汽水分离再热器布置在汽轮机高压缸和低压缸之间，高压缸的排汽（冷再热蒸汽）经管道分别进入两台汽水分离再热器，蒸汽由底部首先进入汽水分离器，将蒸汽中的水分去除，然后向上流动，在经过第一级再热器时，被汽轮机抽汽加热，继续上行进入第二级再热器，被新蒸汽加热。此时的蒸汽成为热再热蒸汽，由 3 根管道送至汽轮机低压缸做功。

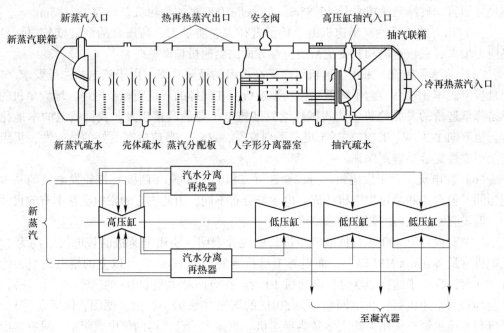

图 5-12　汽水分离器再热器结构和布置

5.3.5　汽轮机旁路系统

汽轮机旁路系统的主要作用是在汽轮机突然甩负荷或者跳闸的情况下，能够继续对蒸汽发生器以及反应堆进行冷却，排走蒸汽发生器内产生的蒸汽，避免蒸汽发生器安全阀动作；在热停堆和最初冷却阶段，能够排出由裂变产物或运转泵所产生的热量，直到余热排出系统投入使用。汽轮机旁路系统排放容量通常在 50%～100% 范围内，明显高于常规火电机组的旁路容量（30%左右），这主要是基于安全方面的要求。汽轮机旁路系统由凝汽器蒸汽排放系统、除氧器蒸汽排放系统及大气蒸汽排放系统组成。

某核电厂凝汽器蒸汽排放系统流程如图 5-13 所示。凝汽器蒸汽排放系统的排放总管连接在汽轮机入口阀门前的主蒸汽管道上，由排放总管引出 12 根进汽管送到各个凝汽器。每个凝汽器有 4 根进汽管，每边各 2 根。每根进汽管上装有一个手动隔离阀和一个旁路排放控制阀。蒸汽排放管进入凝汽器后与安装在凝汽器颈部的扩压器相连。除氧器蒸汽排放系统由从排放总管上引出的 3 根管道组成。每根管道上安装有一个手动隔离阀和一个控制阀，在蒸汽进入除氧器之前，3 根排放管与除氧加热用的新蒸汽管和抽汽管相连。

大气蒸汽排放系统由 3 根独立的管道组成。每根管道连接在对应的主蒸汽管道上，它布置在反应堆安全壳外，处在主蒸汽隔离阀上游。在每根管道上装有一个电动隔离阀和一

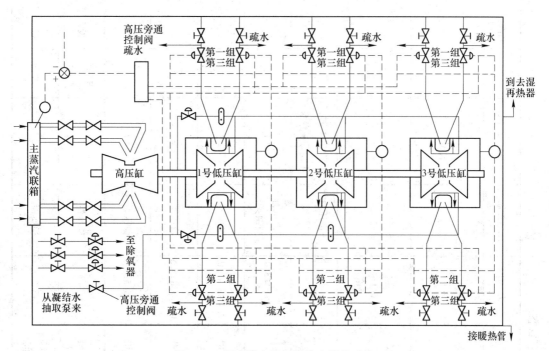

图 5-13　凝汽器和除氧器蒸汽排放系统

个气动控制阀，气动控制阀后装有一个消声器，以降低蒸汽通过时产生的噪声。

常规岛汽轮机系统的子系统众多，还包括汽轮机轴封系统、给水除氧系统、高低压给水系统、汽轮机调节油系统、凝汽器真空系统、汽轮机调节系统、汽轮机保护系统等，这里不再一一介绍。

5.4　核电站运行

5.4.1　核电站的标准状态

5.4.1.1　核电站的标准状态定义

核电厂的标准状态是指包括堆芯反应性、反应堆功率水平、反应堆冷却剂平均温度等参量的组合所对应的电厂运行状态。每一座核电厂的技术规范（又称为技术规格书，technical specification）都对标准运行状态做明确的规定。不同的核电厂对运行状态的定义不同，有时即使是相同的名称所定义的电厂状态也不一样。表 5-1 给出了大亚湾核电厂的标准运行状态。表中堆功率水平不包括剩余功率，PCM 是核电厂运行中常用的反应性单位，$1\mathrm{PCM} = 10^{-5}\Delta k/k$。

表 5-1 中 9 种标准运行状态中，有三种冷停堆状态。这些工况的特点是：一回路冷却剂平均温度比较低，在 $10 \sim 90\,^{\circ}\mathrm{C}$ 之间，压力在 1atm 与 3.0MPa 之间。在这些状态下，一定要保证足够的次临界度。三种标准状态中，维修冷停堆和换料冷停堆状态下所有控制棒全部插入堆内。因此，要求的次临界度不小于 5000PCM。正常冷停堆因为安全棒已提至堆顶，所以要求的次临界度不小于 1000PCM。此外，正常冷停堆工况下压力范围比较大，

表5-1　大亚湾核电厂的标准运行状态

序号	工况	反应堆的反应性	堆功率	一回路平均温度/℃	T_{av} 控制	稳压器状态	压力/MPa	压力控制	主泵运行台数	汽轮发电机组	凝汽器
1	换料冷停堆	次临界度≥5000PCM 硼质量分数>2100×10⁻⁶	0	$10 \leq T_{av} \leq 60$	余热排出系统，无燃料池冷却系统备用	满水	0.1		0		
2	维修冷停堆	次临界度≥5000PCM 硼质量分数>2100×10⁻⁶	0	$10 \leq T_{av} \leq 70$	余热排出系统，无燃料池冷却系统备用	满水	0.1		0		
3	正常冷停堆	次临界度≥1000PCM	0	$10 \leq T_{av} \leq 90$	余热排出系统	满水	$p \leq 3.0$	下泄压力控制阀	$T_{av} \geq 70℃$时，至少开1台泵		
4	单相中间停堆	次临界度≥1000PCM	0	$90 \leq T_{av} \leq 180$	余热排出或辅助给水系统	满水	$2.4 \leq p \leq 3.0$	下泄压力控制阀	≥1		
5	过渡中间停堆	次临界度≥1000PCM	0	$120 \leq T_{av} \leq 180$	余热排出或辅助给水系统	汽水二相	$2.4 \leq p \leq 3.0$	稳压器	≥1		
6	正常中间停堆	次临界度≥1000PCM	0	$160 \leq T_{av} \leq 291.4$	余热排出或辅助给水系统	汽水二相	$3.0 \leq p \leq 15.5$	稳压器	≥2		
7	热停堆	临界		$T_{av} = 291.4$	蒸汽排放、主给水或辅助给水系统	汽水二相	15.5	稳压器	≥2		
8	热备用	临界	<2%P_R（额定功率）	$T_{av} \approx 291.4$	蒸汽排放、主给水或辅助给水系统	汽水二相	15.5	稳压器	3	并网或不并网	投入
9	功率运行	临界	$2\%P_R \leq P \leq 100\%P_R$	$291.4 \leq T_{av} \leq 310$	主给水系统	水位在20%~64%之间	15.5	稳压器	3	并网	投入

可以高达 3.0MPa，除维修和换料操作外，一般故障和事故后要求将堆带入正常冷停堆工况，即进入了安全状态。

中间停堆状态有三种。这些工况的特点是：反应堆的次临界度不小于 1000PCM，冷却剂平均温度在 90~291.4℃ 之间，压力在 2.4~15.5MPa 之间。所不同的是单相中间停堆状态时稳压器处于满水状态，余热排出系统运行；过渡中间停堆状态时稳压器已建立汽腔，余热排出系统运行；而正常中间停堆时余热排出系统已退出运行，一回路的冷却由蒸汽发生器承担。

热停堆状态下，反应堆处于次临界，一回路温度为 291.4℃．压力为 15.5MPa，温度和压力已具备使反应堆趋于临界的条件。

热备用状态下，反应堆已处于临界，且已具有一定功率，但 $P<2\%P_R$（额定功率）。蒸汽发生器由辅助给水泵供水。一回路压力为 15.5MPa，温度约为 291.4℃。

功率运行状态下，反应堆的热功率 $P \geqslant 2\%P_R$。根据功率水平，这种状态又可以细分为低功率运行状态和功率运行状态。

（1）$P \leqslant 15\%P_R$ 的功率运行状态为低功率运行状态。这种情况下，控制棒手动控制 $291.4℃ \leqslant T_{av} \leqslant 292.4℃$；蒸汽排放系统取压力控制模式；蒸汽发生器水位靠手动或自动调节给水旁路阀维持（大多数核电厂在此功率水平下手动调节，也有一些核电厂可自动调节，如大亚湾核电厂）；汽轮发电机组可用（并网或不并网）；安全设施系统可用。

（2）$P>15\%P_R$ 的功率运行状态为典型的功率运行状态。这种情况下，控制棒可以自动或手动控制 $292.4℃ \leqslant T_{av} \leqslant 310℃$，蒸汽排放系统处于平均温度控制模式，蒸汽发生器水位靠手动或自动调节主给水调节阀维持，汽轮发电机组已并网，安全设施系统可用。

5.4.1.2 技术限制

在每一种标准工况下，一回路的温度和压力都受到系统和设备在工艺和技术上的限制。只有遵守这些限制，才能保障系统及设备的安全。图 5-14 给出了按照一回路系统压力和温度表示的大亚湾核电厂的 9 个标准运行工况。下面对各边界线的意义予以解释。

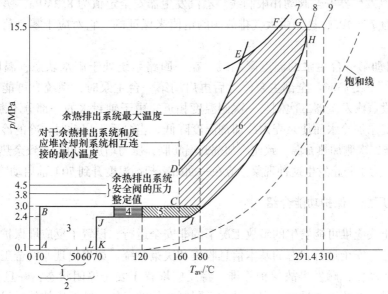

图 5-14　大亚核电厂的 9 个标准运行工况在 p-T 图的表示

（1）饱和线。稳压器工作在饱和线上。在一回路靠稳压器调节系统压力的情况下，稳压器的压力就是一回路的压力。

（2）一回路运行温度上限线。按照设计，一回路除稳压器外，其他任何地方都不允许出现饱和沸腾，为防止主泵发生汽蚀，也需要冷却剂具有一定欠热度。所以限制一回路堆入口温度应具有 50℃ 欠热度，这就限制了一回路平均温度（*IH*）。

（3）一回路运行温度下限线。考虑到连接稳压器与一回路主管道的波动管两端的温差应力，一回路运行温度最低不能比一回路压力对应的饱和温度低 110℃（*DE*）。

（4）一回路额定运行压力线。一回路的额定运行压力为 15.5MPa，它的规定受回路设计的限制，在图上体现在 *FG* 线段。

（5）蒸汽发生器一、二次侧最大压差限制线。蒸汽发生器 U 形管的管板是开有多个孔的平板，由于受到机械强度和应力的限制，管板两侧的压差限制为 11MPa。管板一回路侧的压力就是稳压器的压力，二次侧压力在蒸汽发生器无功率输出的情况下就是一回路冷却剂平均温度对应的饱和压力。该限制线（*EF*）为 $p_1 = p_s(T_{av}) + 11$。

（6）主泵启动的最低压力限制线。主泵启动前必须能使 1 号轴封两个端面分离。这需要轴封两侧的压差大于 1.9MPa。此时 1 号轴封泄漏量大于 50L/h 才能满足对泵径向轴承的润滑。另外，主泵入口压力应避免发生汽蚀。因此，主泵最低启动压力规定为 2.4MPa（*JI*）。

（7）余热排出系统运行参数限制线。余热排出系统设计的最高运行温度为 180℃，运行压力为 3.0MPa（BC）。但余热排出系统退出运行的最低温度为 160℃，以便在低温时由余热排出系统的安全阀（两个安全阀定值点分别为 4.0MPa 和 4.5MPa）对一回路进行超压保护，从而防止反应堆压力容器在整个寿命期内发生脆性断裂的可能。

（8）硼结晶温度限制线。硼酸在水中的溶解度随温度升高而增加。为了防止低温时水中硼酸结晶析出，限制一回路水温不得低于 10℃（*AB*），在 10℃ 时，水中最大硼质量分数为 6140μg/g。

（9）蒸汽发生器安全阀动作限制线。蒸汽发生器安全定值为 8.3MPa，蒸汽发生器最高运行压力为 7.6MPa，这是由大气排放阀的定值来保证的。它对应于零负荷时一回路的平均温度。

（10）启动第一台主泵的温度限制线。在一回路系统处于满水状态，温度已上升到 70~130℃ 之间或更高时，全部主泵停运后再启动第一台主泵时，系统有可能超压。其原因是，这阶段蒸汽发生器二次侧与一次侧温度相近，由于轴封水的一部分不断流入泵壳，向一回路系统添加冷水而使泵壳内冷却剂温度降低。当泵重新启动时，冷的冷却剂流经蒸汽发生器时被二次侧加热升温，致使冷却剂升温膨胀，压力增加，可能导致余热排出系统的安全阀开启。为了防止发生这种现象，应在一回路冷却剂温度升到 70℃ 前启动第一台主泵。

5.4.2　核电厂控制保护功能介绍

为了防止反应堆可能发生的事故工况下的非安全运行，设置了反应堆保护系统。它是保证核电厂处于安全运行状态的基本信息收集和决策系统。如果出现非安全工况，反应堆保护系统就要动作，触发事故保护停堆，将反应堆置于安全停闭状态；一旦真发生了事故，反应堆保护系统还通过触发安全设施，限制事故的发展，减轻事故的后果。本节仅就

900MW 级电功率压水堆核电厂保护参数做一汇总及必要的解释，以便更好地理解后续的内容，详细的内容可参阅有关反应堆控制保护的书籍。

5.4.2.1 停堆保护功能

表 5-2 给出了 900MW 级电功率压水堆核电厂停堆保护参数。表中表决方式（又称符合度）指测量通道中达到定值的通道数。如 1/2 是指两个通道中有一个通道的测量值达到保护定值。

当反应堆保护系统发出停堆指令时，控制棒驱动机构的动力电源被断开，所有的安全棒和调节棒，不管其在何位置，均在约 2s 内靠其自重全部落入堆芯，反应堆迅速进入次临界状态。

表 5-2 900MW 级电功率压水堆核电厂停堆保护参数

保护参数			保护功能	表决方式	连锁作用
中子注量率	源量程中子注量率高		启动和停堆时的功率保护，防止启动时功率异常升高	1/2	P-8 以下手动闭锁，P-10 以上自动闭锁，P-10 以下自动复原
	中间量程中子注量率高		启动和停堆过程中的高功率事故保护		P-10 以上自动闭锁，P-10 以下自动复原
	功率量程中子注量率	高整定值	正常运行时功率保护	2/4	P-10 以上自动闭锁，P-10 以下自动复原
		低整定值	防止启动过程中连续提棒事故	2/4	
		高中子注量率变化率	正值高变化率防止中等功率时发生低值控制棒弹出事故；负值高变化率防止两个以上控制棒落下事故	2/4	
热功率	超温 ΔT 高		堆芯的偏离泡核沸腾保护	2/3	
	超功率 ΔT 高		超功率保护	2/3	
冷却剂系统	冷却剂流量低		冷却剂流量丧失，堆芯过热保护	一个环路 2/3	P-8 以上流量低（2/3）停堆
				两个环路 2/3	P-7 以上流量低（2/3）停堆
	泵开关断开		防止冷却剂丧失事故	2 台主泵 1/1	P-7 以上开关断开（1/1）停堆
				1 台主泵 1/1	P-8 以上开关断开（1/1）停堆
	主泵低低转速		防止冷却剂流量低事故	2 台主泵低低转速 1/1	P-7 以下自动闭锁
蒸汽发生器	蒸汽发生器水位低（1/2）并且蒸汽给水流量失配（1/2）		防止堆芯失去热阱	2×1/2	
	蒸汽发生器低低水位		防止堆芯失去热阱	2/4	
	1 台蒸汽发生器高高水位		保护汽轮机	2/4	P-7 以下自动闭锁

	保护参数	保护功能	表决方式	连锁作用
稳压器	稳压器压力高	防止冷却剂系统过压	2/3	
	稳压器压力低	防止堆芯出现偏离泡核沸腾	2/3	P-7 以下自动闭锁
	稳压器水位高	防止稳压器安全阀泄放水	2/4	P-7 以下自动闭锁
其他	汽轮机脱扣信号	防止汽轮机脱扣影响一回路温度、压力的过度变化	2/3	P-7 以下自动闭锁
	安全注射信号	防止冷却剂系统事故，防止堆芯烧毁		
	手动停堆信号	由运行人员根据事故判断停堆	1/2	

5.4.2.2　安全设施触发信号

表 5-3 给出了 900MW 级电功率压水堆核电厂安全设施系统触发信号及阈值。

表 5-3　安全设施触发信号及阈值

名　称	功　能	阈值及表决方式
稳压器低-低压力	触发安注；安全壳 A 阶段隔离	2/3，11.93MPa
安全壳高压（2）	触发安注；安全壳 A 阶段隔离	2/3，0.14MPa
1 台蒸汽发生器压力比其他两台低	触发安注；安全壳 A 阶段隔离	2/3，0.7MPa
2 台蒸汽发生器高流量同时压力低	触发安注；安全壳 A 阶段隔离	高流量[①]：2/3；压力低 3.55MPa
2 台蒸汽发生器高流量同时一回路平均温度低	触发安注；安全壳 A 阶段隔离	高流量：2/3；一回路平均温度低于 284℃
安全壳高压（4）	触发安全壳喷淋；安全壳 B 阶段隔离	2/3，0.24MPa
安全壳高压（3）	主蒸汽管道隔离	2/3，0.19MPa
蒸汽管道低-低压力	主蒸汽管道隔离	2/3，3.1MPa
冷却剂平均温度低，P-4 出现	主给水隔离	295.4℃
一台蒸汽发生器高高水位	主给水隔离；汽机脱扣，启动主给水泵脱扣；紧急停堆	75%窄量程
一台蒸汽发生器低低水位且持续 8min	启动电动辅助给水泵（1 台蒸汽发生器低低水位）；	15%窄量程
一台蒸汽发生器低低水位同时给水流量低	启动汽动辅助给水泵（2 台蒸汽发生器低低水位）	6%额定给水流量
主泵低低转速	启动汽动辅助给水泵	2/3，91.9%额定转速
凝结水泵母线电压低	启动电动辅助给水泵启动应急柴油机组	电压低于 65%额定电压，持续 3s

①定值随负荷变化，当负荷为 20%P_R，流量为额定流量的 40%时为高流量；当负荷为额定功率，流量为额定流量的 120%时为高流量。

5.4.2.3　允许

允许是一种信号，在电厂状态满足了一定的条件时，这种信号允许操纵员或某一系统执行某种功能，从而使电厂运行更具灵活性。允许信号按反应堆状态允许或禁止某些停堆保护功能，能实现按反应堆不同功率水平完成相应的保护动作。

例如，中子功率测量有三个不同量程（源量程、中间量程和功率量程），为了保证反应堆安全，在与此相应的各量程都装有相应的功率高紧急停堆。在正常启动过程中，如果中子注量率测量指示是正常的，在到达相应的定值点以前，操作员必须手动闭锁相应源量程停堆信号 1 个，间量程停堆信号 1 个，以使提升功率能正常运行。

这些允许信号，当功率重新下降后，能自动将这些保护功能闭锁解除。表 5-4 为允许信号表。

表 5-4　允许信号表

信号	说　明	阈值	动　作
P-4	停堆断路器打开（P-4 出现）		（1）汽轮机脱扣； （2）在一回路低平均温度时，关闭给水主控阀； （3）允许快速打开头两组蒸汽排放阀，闭锁第三组
P-6	中间量程 1/2 中子注量率高（P-6 出现）	10^{-10}A 电流	允许闭锁源量程高中子注量率停堆，切断源量程探测器电源
P-10	功率量程 2/4 中子注量率高（P-10 出现）	$P>10\%P_R$	（1）手动闭锁功率量程中子注量率高（低定值点）停堆； （2）允许手动闭锁中间量程中子注量率高停堆，闭锁提棒（C-1）； （3）闭锁源量程高注量停堆，以及切断源量程探测器电源（P-4 出现除外）； （4）设置 P-7
P-7	P-10 或 P-13 出现	$P>10\%P_R$	允许下列停堆保护功能： （1）一回路流量低停堆或 2/3 个环路主泵断路器脱扣停堆； （2）主泵流量低低停堆； （3）稳压器低压力停堆； （4）稳压器高水位停堆； （5）三个蒸汽发生器之一出现高高水位停堆； （6）允许主泵低速运转带厂用电运行
P-8	2/4 功率量程中子注量率高	$P>30\%P_R$	允许在一回路低流量和主泵脱扣时停堆
P-11	2/3 稳压器压力通道低	13.9MPa	（1）允许手动闭锁稳压器压力低的安注； （2）闭锁主泵 1 号密封泄露隔离阀的自动关闭； （3）允许手动强制打开稳压器安全阀的隔离阀
P-12	主回路 2/3 温度通道平均温度低于设定值	284℃	（1）与高蒸汽流量符合启动安注，启动主蒸汽管道隔离； （2）允许手动闭锁高蒸汽流量与低低平均温度或低蒸汽压力符合引发的安注启动； （3）允许手动闭锁由低低蒸汽压力引起的主蒸汽管线隔离； （4）闭锁所有处在关闭位置的蒸汽排放阀； （5）允许手动闭锁蒸汽排放系统向凝汽器排放
P-13	1/2 压力通道测出汽轮机第一级压力高		执行 P-7 功能

信号	说　　明	阈值	动　　作
P-14	1 台蒸发器 2/4 水位测量通道高高	75%	(1) 汽轮机主给水泵脱扣，关闭主给水阀及旁通阀； (2) 与 P-7 符合则停堆
P-16	2/4 功率量程通道中子注量率高	$P>40\%P_R$	允许通过汽轮机脱扣引发停堆

5.4.2.4　禁止信号

禁止信号又称为联锁信号（C 信号），是在某一条件存在时禁止执行某种动作或功能的信号或装置。

有两类禁止信号：一类针对控制棒，另一类针对汽轮机设备。表 5-5 所示为禁止信号表。

表 5-5　禁止信号表

信号	说　　明	阈　值	动　　作
C-1	1/2 中间量程通道中子注量率高	$20\%P_R$	闭锁调节棒组 R 和功率棒组 N1，N2，G1 和 G2
C-2	1/4 功率量程通道中子注量率高	$103\%P_R$	动作同 C-1，避免 $109\%P_R$ 停堆
C-3	2/3 通道测出超温 ΔT	比超功率 ΔT 停堆保护定值低 3%	(1) 闭锁调节棒提升； (2) 汽轮机降负荷
C-4	2/3 通道测出超功率 ΔT	比超温 ΔT 停堆保护定值低 3%	(1) 闭锁调节棒提升； (2) 汽轮机降负荷
C-7	汽轮机第一级压力下降 15% 及压力下降 50%，1/1 通道		(1) 准许头两组蒸汽排放阀打开，汽轮机负荷瞬变 $15\%P_R$，或以 $7.5\%P_R$/min 速度降功率 2min 以上； (2) 在压力下降 50% 时，准许后两组蒸汽排放阀打开，瞬时甩负荷 $50\%P_R$，以 $25\%P_R$/min 速率降功率 2min 以上
C-8	汽轮机跳闸		(1) 闭锁后两组蒸汽排放阀开启； (2) 准许头两组蒸汽排放阀打开
C-9	1/2 测量通道测出冷凝器压力	$p_c<50$kPa	闭锁最后和最先一组蒸汽排放阀打开
C-11	1/1 通道测出功率棒在高位	225 步	(1) 闭锁所有棒提升； (2) 主控室报警
C-20	1/4 功率通道通量低	$P<8\%P_R$	闭锁调节棒组自动提升
C-21	运行点超出运行图给定范围（G 模式）		汽轮机降负荷，旁路远距离调频，汽轮机调节过渡到"直接方式"，以 $200\%P_R$/min 速率每 14.4s 降 0.4s 汽轮机负荷，直到信号解除
C-22	平均温度低（G 模式）（堆芯过冷）		动作同 C-21，同时闭锁功率棒，以防止进一步过冷，直到手动解除

这些联锁信号中一部分用来限制堆功率提升，以避免停堆，所以是一种低于停堆保护的保护措施。例如，在出现超过额定功率水平的瞬变时，当一个功率量程通道测得功率达到103%额定功率时，系统闭锁自动提棒，从而终止功率异常增长，避免功率达到109%额定功率时发生紧急停堆。另一部分用于保护汽轮机组设备。

5.4.3　核电厂的启动

压水堆核电厂的正常启动可以分为冷态启动和热态启动两种。反应堆停闭了相当长的时间，温度已降至60℃以下的启动称为冷态启动；而热态启动则是反应堆短时间停闭后的启动，启动时反应堆温度和压力等于或接近于工作温度和压力。

5.4.3.1　核电厂的冷启动

下面以一个完成换料操作的核电厂为例，简要地描述一下机组启动的主要步骤。

（1）从换料冷停到维修冷停。这一过程的主要任务是排堆腔换料水和盖压力容器封头。堆腔的换料水用乏燃料冷却和净化系统的泵送回换料水箱，反应堆压力容器封头随堆腔水位的下降逐渐落下，两者下降的速度基本保持相同，水位下降到高出压力容器法兰1m时，水位可先行下降，进而压力容器封头才落到法兰面上。反应堆压力容器封头盖好之后，机组便进入了维修冷停运行模式。在此过程中，二回路不进行任何操作。

（2）从维修冷停堆到正常冷停堆。这一过程的主要任务是对一回路进行充水、静排气、升压及动排气。

向一回路补充的水来自换料水箱，经补给系统的硼酸泵、上充泵升压后输送至一回路。硼和水补给系统中的含硼水管路的阀门隔离，以防误稀释操作。

静排气时，反应堆冷却剂泵、反应堆压力容器和稳压器顶部的排气阀全部打开，发现有水从排气阀冒出时才关闭。稳压器顶部的排气阀最后关闭。

完成静排气后，用上充泵借助调节上充流量调节阀和下泄压力控制阀给一回路升压。达到主泵启动条件时，启动一台主泵，运转20~30s后停这台泵。降压至0.4MPa，等待2h，打开排气阀，直至发现有水从排气阀连续溢流时再关闭。如此重复，分别完成三个环路的排气任务。然后三个环路主泵都启动，进行联合排气，直至一回路残存气体达到规定指标为止。

若一回路温度大于70℃，必须至少保持一台主泵运行。在进行一些有关检查和试验后，将安全棒提至堆顶，其余控制棒提升5步。这时，对补给水系统阀门的隔离可以解除，机组从此进入了正常冷停堆状态。

在此过程中，二回路可以不进行任何操作。

（3）对一回路升温、净化。启动三台主泵和稳压器的加热器对一回路水进行加热，升温速度由余热排出系统控制在28℃/h，利用化学和容积控制系统的除盐装置对一回路水进行净化，同时注意监测一回路水质。

在二回路，开始启动准备。若蒸汽发生器处在干保养状态，则用辅助给水系统的一台电动辅助给水泵向一台蒸汽发生器供水，将水位保持在窄量程34%水平，同时开始化验水质；若蒸汽发生器处在湿保养状态并已加过化学药品，则将水位维持在34%水平，并由辅助给水系统向三台蒸汽发生器供水。

当一回路温度升至80℃时，开始加联氨除氧。用联氨除氧必须在低于120℃的条件下完成，如果一回路达到120℃而水中氧含量不满足要求，用余热排出系统冷却以维持合适的温度。

在一回路水的含氧量合格之前，容积控制箱气空间充氮；水的含氧量合格后，容积控制箱气空间改充氢气，以保持一回路水中有足量的氢浓度。

为了控制水的 pH 值，需添加氢氧化锂。加氢氧化锂可以在完成了对一回路水的硼质量分数调节后进行，以便节省化学药品。

（4）稳压器建立汽腔。当稳压器的温度达到系统压力（2.5~3.0MPa）对应的饱和温度时，用减少上充流量的方法建立稳压器汽腔。汽腔形成过程中要关闭喷淋阀，同时使下泄压力控制阀保持一个合适的开度，以便在稳压器汽腔形成过程中顺利地排出过量的水。这个过程中稳压器的升温速率要控在56℃/h以下，以免汽泡生成时压力上升太快。用来判断稳压器汽腔形成的征兆是，下泄流量突然增加，且下泄流量与上充流量不匹配；稳压器的水位指示也可以证实稳压器汽腔已形成。当稳压器的水位降低到零功率对应的水位时，将上充流量调节阀置于自动方式。从此，一回路压力控制由稳压器承担。

（5）余热排出系统隔离。当一回路温度达到160~180℃，压力达到2.4~2.8MPa时，可以用蒸汽发生器来控制一回路的温度，将余热排出系统隔离，以便继续对一回路升温升压。隔离余热排出系统之前要求至少一台主泵运行，且蒸汽发生器可用，同时稳压器已完成建汽腔操作，可以控制一回路压力，将二回路大气排放阀定值为零功率时一回路平均温度对应的饱和压力，并将大气排放控制器置于"自动"。

余热排出系统停运过程主要包括余热排出系统的降温、隔离、降压和压力监测等操作。压力监测的目的是确保余热排出系统入口隔离阀不漏。

（6）继续对一回路加热升温至热停堆。一回路升温至180℃以后，温升带来的水的容积的增加比较显著，过量的冷却剂导入硼回收系统，这一过程中往往出现水的体积膨胀过快与下泄量小的矛盾，导致稳压器水位上升。理论上可以投入过剩下泄以加大下泄量，但是过剩下泄容量有限，效果不明显；再有就是过剩下泄热交换器的冷源是设备冷却水，水温较低，冷水进入过剩下泄热交换器，在温度应力作用下过剩下泄热交换器容易泄漏。基于上述两条原因，实际运行中不投入过剩下泄，而是减小升温速率，使水的膨胀与正常下泄相匹配，另外在可能的情况下可提高一回路压力，使经孔板的下泄流量增加。

在升温升压过程中，必须通过调整二回路的蒸汽排放来控制一回路升温速率不超过28℃/h，三个环路之间的温度差不超过15℃，要注意安全保护系统及有关设备应处于良好工作状态，例如，当一回路压力达到7.0MPa时，核实蓄压箱的氮气压力，并打开安全注射箱与一回路冷管段间的电动隔离阀；一回路压力达到8.5MPa时，关闭一个下泄孔板隔离阀；当压力达到14.4MPa时，核实 P-11 信号消失；一路平均温度达到284℃时，核实 P-12 信号消失，以便使安注系统置于安全注射准备状态。

在整个升温升压过程中，必须定期调节主泵轴封水流量控制阀，维持正常供水范围，保持进入三台主泵轴封水的大致平衡。

当系统达到正常运行压力和温度时，切断稳压器的备用加热电源，将压力控制投入自动控制方式，至此，达到热停堆状态。

图 5-15 给出了核电厂的加热升温过程曲线。

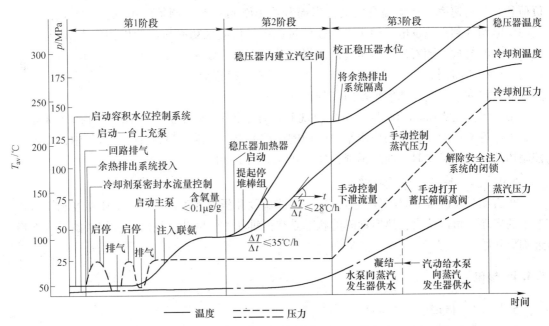

图 5-15　核电厂的一回路加热升温过程曲线

（7）使反应堆趋近临界。在确认所有运行限制条件都满足后，按操作规程使反应堆趋近临界。

必要时，反应堆冷却剂的硼质量分数在反应堆启动前调节到一个预定值，然后手动提棒，同时密切监测中子注量率的增长。趋近临界的初始阶段，由源量程测量通道来监测中子注量率变化，一旦中子注量率水平达到中间量程测量通道的监测阈值（P-6 出现），就要手动闭锁源量程中子注量率停堆保护，此操作同时使源量程中子注量率探测器高压电源断电。当反应堆功率上升到 10^{-8} A 电流，且启动率稳定在零时，反应堆达到临界。

（8）实现由主给水系统供水。反应堆临界后，后面的工作是提升功率以便启动主汽轮机，但直至现在，蒸汽发生器还是由辅助给水系统供水。辅助给水系统供水能力有限，应在反应堆功率达到 $2\%P_R$ 时，改由主给水系统供水。在确认主给水水质满足要求后，启动主给水泵，并用小流量调节阀控制给水流量。一般采用手动调节流量维持蒸汽发生器水位。停运辅助给水泵后，应将其调节阀置于全开位置，做好供水准备。

（9）手动提升反应堆功率至 $15\%P_R$。手动提棒，缓慢提升功率，当反应堆功率达到 $10\%P_R$ 时，手动闭锁中间量程高中子注量率停堆和功率量程中子注量率低定值停堆。继续升功率至 $15\%P_R$，在这一过程中，反应堆功率的提升应与二回路排热协调一致，使一回路平均温度与参考温度相接近，在控制棒自动提升禁止信号消失（C-20），且一回路平均温度与参考温度之差小于规定值时，将控制棒投入自动。

（10）汽轮发电机组正常启动和升负荷。在完成对主蒸汽管暖管和暖机等操作后，使汽轮机按规定的速度升速到额定转速。在汽轮机升速过程中，应密切监视汽轮机转子偏心度、振动和轴承温度变化，并以高升速率通过共振区。反应堆功率升至约 $10\%P_R$，在满足同步条件时，完成并网操作，从而汽轮机由速度控制方式变为负荷控制方式。设置目标负荷和升负荷速率，自动提升负荷，当提升约 10% 负荷时，调整厂用电供电方式，从外电源供电切换到汽轮发电机组供电。在此过程中，反应堆功率与汽轮机功率应协调一致，以减少蒸汽排放。随着汽轮机负荷的缓慢提升，蒸汽排放阀最后全部关闭。当汽轮机功率负荷升至约 15% 时，将蒸汽排放从压力控制模式切换至温度控制模式，并将蒸汽排放压力定值设定在一回路零功率温度对应的饱和压力。

堆功率升至 30% 和 40% 时，分别出现 P-8 信号和 P-16 信号，至此，允许系统接通功率量程通道提供的、在低功率水平被闭锁的保护通道。在提升到满负荷的过程中，要关注控制棒的位置，必要时，通过稀释，使之在合适的范围内。

5.4.3.2　核电厂的热启动

热启动是反应堆短时间停闭后，在一回路温度和压力等于或接近于工作温度和压力状态下的启动。可以认为，热启动时的状态是热停堆状态。因此，热启动过程从使反应堆趋近临界开始。

5.4.4　核电厂停闭

5.4.4.1　概述

核电厂停闭是指把反应堆从功率运行水平降低到中子源功率水平，停闭运行有两种方式，即正常停闭和事故停闭。正常停闭又分为热停闭和冷停闭两种。

A　热停闭

核电厂的热停闭是短期的、暂时性的停堆。这时，一回路系统保持热态零功率的运行温度和压力，二回路系统处于热备用状态，随时准备带负荷运行。

反应堆处于热停闭状态时，反应堆的功率降到零，所有的调节棒组全部插入，停堆棒组可以插入或抽出，反应堆处于次临界状态，$K_{ef}<0.99$。

在热停堆状态期间，一回路的平均温度靠蒸汽排放来维持，一回路的热量来自主泵和剩余发热功率。这一期间，应至少有一个源量程测量通道和一个中间量程测量通道投入运行，以监视反应堆停闭后反应性的变化。如果反应堆在热停闭状态超过 11h，氙毒反应性减少，必须向冷却剂加硼，以保证在热停闭期间 $K_{ef}<0.99$。

B　冷停闭

反应堆只有经过热停闭后，才能进入冷停闭。冷停闭时，所有的控制棒组全部插入，并向一回路加硼，以抵消从热态到冷态过程中因负温度系数引入的正反应性，维持反应堆的足够次临界度。只有在反应堆冷却剂加硼到冷停闭要求的质量分数后，才能进行冷却降温，直至达到所需的冷停堆状态。

C　事故停闭

当核电厂发生直接涉及反应堆安全的事故时，安全保护系统动作，紧急停堆，所有控制棒组快速插入堆芯。事故严重时（如失水事故、主蒸汽管道破裂事故等），则需向堆芯紧急注入含硼水。事故停闭后，必须保证对反应堆的继续长期冷却。

5.4.4.2　从功率运行到冷停堆的主要过程

A　汽轮发电机组的停运

在取得电网调度中心的同意，并接到停运汽轮发电机组的指令后，即可进行汽轮发电机的减负荷，在汽轮发电机组的自动负荷控制方式下，输入目标负荷和适当的减负荷速率来降低汽轮机负荷。在降负荷过程中，应密切监视汽轮发电机组的有关参数，如汽轮机转子偏心度、振动及汽轮机轴承温度的变化等。要求所监视值均在规定的限值内，同时要保持高、低压缸轴封蒸汽的压力在规定值上。当汽轮发电机组的负荷降到 700MW 时，应确认汽水分离再热器通往凝汽器的排汽阀处于开启位置。汽轮发电机组的负荷降至 350MW 时，应确认汽水分离再热器新蒸汽备用控制隔离阀开启，并核对抽气管线阀门及其止回阀处于关闭位置。此时可以停运一台汽动给水泵。汽轮发电机组的负荷降至 300MW 时，核对回路管道和蒸汽联箱的汽水分离疏水器旁路阀已开启，确认汽水分离再热器新蒸汽温度控离隔离阀开启而其旁路阀已关闭。当负荷降低至 200MW 时，通知电网调度中心汽轮发电机组即将解列。这时按下停机按钮，并继续降负荷。当发电机负荷降至 5MW 时，汽轮发电机组自动解列。此时应立即确认所有的汽轮机进汽阀门全部关闭，发电机出口负荷开关已断开。这时，汽轮机已从额定转速开始下降，交流润滑油泵自动启动。若此时交流润滑油泵未能自动启动，则立即手动启动之。还应确认所有通向给水加热器管线上的抽汽隔离阀已自动关闭，确认低压加热器疏水泵和汽水分离再热器疏水泵已自动停运。当汽轮机转速下降到 2400r/min 时，核对空气侧交流密封油泵已启动，发电机励磁已自动切断。若空气交流密封油泵未启动，应立即手动启动之。当汽轮机转速下降到 250r/min 时，应检查顶轴油泵和电动盘车已自动启动。当汽轮机转速下降到 37r/min 时，核对汽轮发电机电动盘车装置已投入，同时核查汽轮机转子偏心度处于电动盘车所规定的正常值范围。

B 反应堆的停运

降低反应堆功率与上述汽轮机降负荷过程是同时进行的。反应堆功率控制系统自动跟踪负荷变化，控制棒自动下插。在减负荷期间，应监测反应堆轴向功率分布情况，使轴向功率偏差在允许范围内，同时通过稀释或硼化使调节棒处于合适范围。当核功率降至 40% 以下时，核实 P-16 信号灯亮；当核功率降至 30% 以下时，核实 P-8 信号灯亮；当核功率降至 20% 左右时，将蒸汽旁路系统手动控制器的定值器定在一回路零负荷温度对应的饱和压力，并确认此时蒸汽排放阀的开度为零，然后将蒸汽排放控制方式选择开关从温度控制模式转换到压力控制模式；当核功率降至的 18% 时，核对主给水调节阀已关闭，同时极化控制系统已触发，并核对蒸汽发生器水位通过给水旁路阀保持在规定值上，然后将主给水隔离阀关闭。

在继续降负荷过程中，汽轮机负荷低于 10% 时，达到 P-13 允许阈值；当功率量程核功率小于 10% 时，达到 P-10 和 P-76 阈值，应确认功率量程低定值和中间量程高中子注量率停堆功能已恢复。

此后，将控制棒控制方式切换到手动控制方式，继续降低汽轮机负荷，核对凝汽器旁路是否开启。当汽轮机负荷降至 5MW 后，汽轮机停机，将 C-21 和 C-22 信号闭锁，继续手动插入控制棒，使反应堆达到次临界。当功率水平降到 P-6 以下时，核对源量程中子注量率高保护停堆保护和音响记数率通道自动投运。为了达到热停工况，将控制棒组插入到 5 步位置，同时使停堆棒完全提出到堆顶。必要时，应调节硼的质量分数使堆次临界度大于或等于技术规范规定的范围。至此，核电厂进入了热停堆状态。

C　从热停堆过渡到冷停堆

a　降温降压方式

一回路降温降压过程大致可分为两个阶段，第一个阶段是从热停堆状态到一回路温度 180℃、压力 2.8MPa，此阶段一回路由蒸汽发生器冷却，蒸汽发生器由辅助给水系统供水，产生的蒸汽由蒸汽排放系统排出；第二个阶段为一回路温度 180℃、压力 2.8MPa 以下，将余热排出系统投入运行，堆芯余热经余热排出系统的热交换器传给设备冷却水，设备冷却水再将热量传给核岛重要厂用水系统，从而将余热排入环境。

降压要与降温协调一致进行。第一阶段稳压器内存在汽空间，一回路的压力调节是通过稳压器的加热器和喷淋系统来完成的，因而降低一回路压力就是增大稳压器的喷淋水流量；第二阶段的降压是稳压器内汽腔消失后同时由余热排出系统冷却时，一回路压力由化学和容积控制系统的下泄压力控制阀来调节一回路压力。

b　降温降压过程主要操作

当反应堆冷却剂平均温度达 284℃，P-12 允许信号出现，手动闭锁平均温度低与其他信号所引起的紧急停堆及安全注入等保护信号。

一回路压力下降至 P-11 信号出现时，手动闭锁一回路低压引起的安全注入信号。

一回路温度在 160~180℃，压力低于 2.8MPa 时，停止降温降压操作，将一回路维持在此状态，准备投入余热排出系统。取样测量余热排出系统的硼质量分数，如余热排出系统的硼质量分数低于一回路硼质量分数，则进行加硼操作，使余热排出系统的硼质量分数不低于一回路硼质量分数，以免对一回路造成硼稀释，同时对余热排出系统进行升温升压，使其与一回路的水温和压力基本均衡，减小系统投入时对余热排出系统的热冲击。投入余热排出系统时，要保证一台蒸汽发生器可用，作为余热排出系统后备。

实现由余热排出系统冷却一回路后，二回路压力开始阶段仍由稳压器控制，在一回路平均温度降到 120℃前，通过增加上充水流量，使上充流量大于下泄流量，从而使稳压器水位逐渐上升，直至汽腔完全消失。要注意在汽腔完全消失前，使上充流量略大于下泄流量，谨慎控制汽腔消失速度，同时将化学和容积控制系统下泄压力控制阀控制转换到主回路压力控制，以避免稳压器汽腔消失、一回路完全为单相水时可能出现的超压危险。当一回路水温为 90℃，压力为 0~2.9MPa 时，电厂即到达正常冷停堆状态。

c　过渡阶段的注意事项

降温降压过程中，为防止各种不可控因素导致的正反应性引入，须保持一定的负反应性裕度，因而，安全停堆棒要提到堆顶。一回路压力降到要隔离安全系统时，首先要检查硼质量分数是否满足要求。硼质量分数应高出热停堆所要求硼质量分数 300μg/g 才能隔离安全系统。

一回路的超压保护要连续，在投入余热排出系统过程中，一定要在余热排出系统完全投入后再关闭稳压器上的 3 个安全阀。

一回路降温速率不得超过 28℃/h，稳压器中水的降温速率不得超过 56℃/h，以减小一回路材料的热应力。

当一回路温度高于 70℃时，至少有一台主泵运行，稳压器内的硼质量分数与一回路相差不超过 50μg/g，当一回路硼质量分数变化大于 20μg/g 时，应将喷淋流量调至最大，以保证整个回路硼质量分数均匀。

图 5-16 给出了一回路的冷却降温过程曲线。

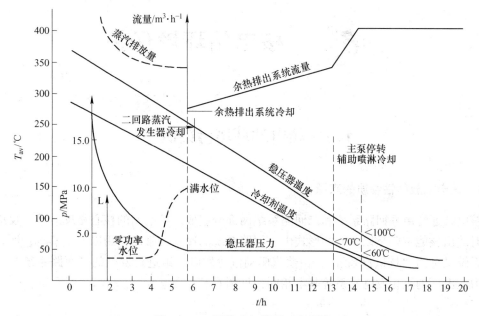

图 5-16　一回路冷却降温过程曲线

6 核电站环境保护

6.1　核电站环境污染概述

6.1.1　核电站放射性物质的来源

　　核电站通常由一回路系统和二回路系统两部分组成。核电站的核心是反应堆，反应堆工作时放出核能主要是以热能的形式由一回路系统的冷却剂带出，用以产生蒸汽，所以一回路系统又称为"核供汽系统"；由蒸汽驱动汽轮发电机组进行发电的二回路系统与一般的火力发电厂的汽轮发电机系统基本相同，见图 6-1。

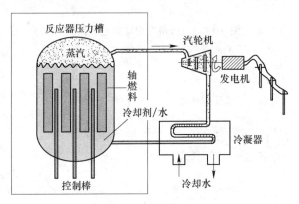

图 6-1　核能发电

　　在核工业生产、核能利用、同位素应用和核物理、核化学研究实验中，都会产生放射性气体、液体和固体废物，即放射性核废物。《中华人民共和国放射性污染防治法》规定：放射性废物，是指含有放射性核素或者被放射性核素污染，其浓度或者比活度大于国家确定的清洁解控水平，预期不再使用的废弃物。

　　核电站反应堆燃料在燃烧期间有大量裂变产物积累，这就相当于一个巨大的放射源，从而对环境构成隐患。因此，必须先对放射物质的来源有所了解。

6.1.1.1　放射性核素

　　在核电站运行中，应着重考虑氚、氪-85、氙-133、锶-90、铯-137、碘-131、钴-60 等具有较大影响的放射性核素。

　　（1）氚（T 或 ^{3}H）。氚是氢元素的放射性同位素。它的原子核由一个质子与两个中子组成。它主要来自可裂变重核的三分裂变，即一次裂变重核分成三块裂变碎片。在压水堆中，氚的主要来源是因冷却剂的水中含有一定浓度的硼，水与控制棒一起控制和补偿堆的反应性而产生的。

高温条件下，氚极易透过金属。燃料中生成的氚，在反应堆的工作条件下，约有80%从不锈钢包壳内泄漏出去。不过，从锆合金包壳中泄漏的氚仅有1%。

氚的半衰期为12.3年。它在水中的平均射程为0.56μm，在人体软组织中的最大射程仅为6μm，而一般人体皮肤的敏感层为70μm，因此氚对人体的外照射可忽略不计。在堆内产生的氚进入环境，大多是以氚水的形式存在。因而它具有与普通水完全相似的性质，所以很容易与普通水一起进入人体组织，在人体内均匀分布，体内的有效半衰期为10天。通常氚在人的各种食物链中的浓度并不比在环境中的浓度高。

（2）氪-85（^{85}Kr）。氪-85是核燃料在裂变时生成的气体裂变产物中半衰期最长的一种，为10.3年。它主要是一个β射线发射体。因为氪-85是稀有气体氪的一种同位素，且半衰期又长，通常是不进行处理而直接排放到大气中稀释。随着核工业的日益发展，大气中的氪-85会随之逐渐累积。虽然短期内对人体的影响微不足道，但是从长远观点考虑，应该控制氪-85的排放。

氪-85与其他稀有气体同位素一样，几乎不被人体吸收，对人体的主要影响是外照射。因此，氪-85对人体皮肤的照射99%是β射线所致，而对人体全身与生殖器官的照射有95%是γ射线及轫致辐射所致。

（3）氙-133（^{133}Xe）。氙-133与氪-85一样，也是核燃料在裂变过程中的一种气态裂变产物。氙本身也是一种稀有气体，几乎不被人体组织所吸收，也不参与人体内的新陈代谢过程。因此，按放射性的毒性分类标准，它与氪-85同属于低毒核素，对人体的照射也是以外照射为主。

当前，在核电站中，对氙-133通常是采用储存滞留的方法来处理，待其放射性衰减到一定程度后，再排放到大气中。

（4）锶-90（^{90}sr）。核素锶-90是在核燃料裂变过程中产生的固体裂变产物。锶-90金属的熔点为1360℃，半衰期为27.7年，属高毒性核素。其可在一些食物链中富集，当进入人体后又通常积聚在骨骼，不易通过新陈代谢排出体外，在骨骼中的有效半衰期为6400天。

尽管在核电站的三废排放物中，锶-90的排放量在总排放量中所占份额不高，但综合它的各种特征，往往不能忽视它对环境的影响。

（5）铯-137（^{137}Cs）。和锶-90一样，核素铯-137是在核燃料裂变过程中产生的固体裂变产物。铯-137金属的熔点为660℃，半衰期为30年，属高毒性核素，可在食物链中富集，进入人体后又通常积聚在肌肉中，不易通过新陈代谢排出体外，在全身肌肉中的有效半衰期为70天。

尽管核素铯-137在核电站的三废排放物中所占份额不高，但考虑它的各种性质特征，不能忽视它对环境的影响。

（6）碘-131（^{131}I）。碘-131也是核燃料裂变的产物之一。单质碘的熔点低，所以极易蒸发。显然，在反应堆的工作温度下，碘-131都是以气态形式存在的，所以很容易从有缺陷的元件棒中泄漏出去。进入环境中的碘通常以元素碘和甲基碘的形式存在。

碘-131属于高毒类的放射性核素，很容易被吸入或食入到人体，并积聚在甲状腺。同时在食物链有明显的富集作用。

（7）钴-60（^{60}Co）。钴-60是冷却剂回路中的腐蚀产物，在中子辐照下活化生成核素

$[^{59}Co(n,\gamma)^{60}Co]$，钴-60 的半衰期为 5.26 年。它也属于高毒类放射性核素，进入人体后，胃肠中剂量最大。

核电站排放的几种重要核素的特性及照射途径见表 6-1 和表 6-2。

表 6-1 核电站排放的放射性核素特性

核素	主要射线能量		半衰期/年	裂变产率/%	毒性分类
	β 射线最大能量/MeV	γ 射线最大能量/MeV			
氚	0.018	—	12.3	10^{-2}	低毒
氪-85	0.67	0.514	10.3	0.3	低毒
氙-133	0.346	0.081	2.27	6.5	低毒
锶-90	0.546	—	27.7	5.9	高毒
铯-137	0.514	0.662	30.0	5.9	中毒
钴-60	0.608	0.364	8.05	2.9	高毒
碘-131	0.319	1.17	5.26		高毒

表 6-2 核电站排放的放射性核素照射途径

核素	排放形式	主要照射途径	关键器官	在关键器官中的有效半衰期/年
氚	大气稀释	吸入、暴露在空气中	全身、皮肤	2
	水	饮水、食用食物	全身	12
氪-85、氙-133、锶-90	大气稀释	暴露在空气中	全身	
	水	饮水、食用鱼等	骨	6.4×10^3
碘-131	由空气载带	地面沉降	全身甲状腺	7.6
	水	饮水，食用鱼及其他生物	甲状腺	
铯-137	由空气载带	地面沉降吸入、草—牛—奶（或肉）	全身	70
	水	饮水、食用鱼类等	全身	
钴-60	水	饮水、食用鱼类	胃肠道	

6.1.1.2 裂变产物

在裂变过程中，发生裂变的原子内许多轨道电子都被射出，结果使得裂变碎片具有很强的电荷。轻碎片平均带有大约 20 单位的正电荷，而重碎片带有大约 22 单位的正电荷。这些粒子以 10^9 cm/s 的速度移动，因而在通过物质时能够产生较大的电离作用。由于它们的巨大质量和电荷，比电离值是很高的，因此它们的射程比较短。已经观察到的轻重两组裂变碎片在空气中的射程分别为 2.5cm 和 1.9cm 左右。这差不多和由放射性源发出的 α 粒子射程属于同一数量级。

裂变碎片在各种物质中的射程对于反应堆设计是很重要的，因为必须阻止它们由燃料元件逸出到周围媒质内（例如作为冷却剂或液态减速剂的水）。作为一种实用的近似值，在各种媒质内裂变碎片的射程可以取作等于 4MeV（1eV ≈ 1.60217×10^{-19} J，下同）的 α 粒子的射程。

几乎所有的裂变碎片都具有放射性，都发出负 β 粒子。而生成的直接衰变产物常常仍然具有放射性，而且，虽然有些衰变链较长，有些较短，但平均每一碎片要经过三次衰变才能生成稳定的物质。由于裂变中产生大约 80 种放射性同位素，而每一种平均又是其他两种的先驱元素，因此，在裂变后的短时间内，裂变产物中将存在 200 种以上的放射性同位素。在放射性裂变产物中，大部分不会对环境构成危害，因为它们有的量很小，有的寿命很短，很快就衰变成无害的物质。少数放射性产物，由于寿命长、产率高以及其化学性质的缘故，如果不慎排到环境中，会对公众构成威胁。危险物的半衰期及其辐射类型见表 6-3。

表 6-3　危险物的半衰期及其辐射类型

放射性产物	元素符号	辐射类型	半衰期	放射性产物	元素符号	辐射类型	半衰期
氪-85	^{85}Kr	β、γ	10a	锌-65	^{65}Zn	β、γ	245d
锶-90	^{90}Sr	β	28a	钴-60	^{60}Co	β、γ	5a
碘-131	^{131}I	β、γ	8d	铁-59	^{59}Fe	β、γ	45d
铯-137	^{137}Cs	β、γ	30a	氚（氢-3）	^{3}H	β	12a
碳-14	^{14}C	β	5770a				

表 6-3 所列的辐射除来自裂变产物外，还有活化产物。由于反应堆核燃料裂变放出热量和大量中子，使反应堆堆芯成为一个强中子源。当冷却剂反复流经堆芯带走热量的同时，要受到中子辐射而被活化，生成放射性同位素。同样，冷却剂所携带的杂质、腐蚀产物也会受到中子辐射而产生一系列放射性物质，通常称为活化产物。

大部分放射性裂变产物除了发射 β 粒子之外还发射 γ 射线。这就是所谓延发裂变 γ 辐射。它们之中多数的能量不大（小于 2MeV），但有少数裂变产物也放出高能光子。后者对于许多屏蔽问题和其他方面问题是很重要的。

6.1.2　电离辐射量的法定单位

剂量学中的量是描述辐射对物质的现实效应和潜在效应的量。这些量既依赖于辐射场的强弱，又依赖于辐射与物质的相互作用。因此，它们可以用上述两者的乘积计算，也可通过测量直接得到。

剂量学中的量有照射量、比释动能、吸收剂量、照射量率和吸收剂量率等。下面分别介绍三个常用量及其单位。

（1）照射量。照射量是一种用来表示 X 或 γ 辐射在空气中产生电离能力大小的物理量。它只适用于 X 或 γ 辐射，不能用于其他类型辐射（如中子、电子束），也不能用于其他物质。照射量的单位为库仑/千克（C/kg）。

（2）吸收剂量。吸收剂量 D 是用来表示任何单位质量物质中吸收各种类型电离辐射能量大小的物理量。吸收剂量的单位是戈［瑞］（Gy）。

（3）剂量当量。辐射防护的量有剂量当量、剂量当量率、吸收剂量指数和剂量当量指数等。剂量当量 H 定义为：在组织内被研究的一点处的 D、Q 和 N 之乘积，单位为希（Sv），即

$$H = DQN$$

式中，D 为吸收剂量；Q 为品质因数，与射线在物质中的线能量转移（LET）的值有关；N 为由国际辐射防护委员会规定的所有其他修正因数之和，对于外照射，$N=1$。

所谓线能量转移，是指粒子在单位长度路径上由能量转移小于某一个特定值 Δ 的碰撞所造成的能量损失，通常用 LET 表示。若 $\Delta \to \infty$，则又称为线性碰撞阻止本领。可见不同粒子、能量和物质，线能量转移（LET）值是不同的。表 6-4 列出了品质因数 Q 与线能量转移（LET）的关系，表 6-5 列出了不同射线的品质因数。

表 6-4　品质因数 Q 与线能量转移（LET）的关系

线能量转移，在水中每微米损失的能量/keV	品质因数 Q
≤3.5	1
7	2
23	5
53	10
≥175	20

表 6-5　不同射线的品质因数

照射种类	射线种类	品质因数 Q	照射种类	射线种类	品质因数 Q
外照射	X 射线、γ 射线	1	内照射	β^-、β^+、γ、X、e	1
	热中子及能量小于 0.005MeV 的中能中子	3		α	10
	中能中子（0.02MeV）	5		裂变过程的碎片，α 发射过程中的反冲核	20
	中能中子（0.1MeV）	8			
	快中子（0.5~10MeV）	10			
	重反冲核	20			

在选取品质因数 Q 时，除应考虑相对生物效应因数外，还应考虑到只有在较高的剂量水平下才能对人体的效应直接加以评定，所以剂量当量的极限是根据较高的吸收剂量外推而来的。因此，Q 值对于其他能观察到的效应来说不一定能代表相对生物效应系数。例如，在低剂量的随机效应与高剂量的非随机效应中就是这种情况。鉴于这个原因，剂量当量不应该用于评价由严重事故性照射引起的人体早期效应。

6.1.3　放射性核素的循环与人体健康

6.1.3.1　放射性核素的循环

放射性是某些元素原子核裂变时发生的能量以电磁辐射或快速粒子形式进行的释放过程。元素的同位素物质可散发射线的称为放射性核素（radionuclide）或放射性同位素（radiosotope）。放射性的辐射源有天然和人工两大类。天然的辐射源来自宇宙射线、土壤、水域和矿床中的射线。人工的辐射源主要是医用射线源、核武器试验及原子能工业排放的各种放射性废物。

放射性核素可在多种介质中循环，并能被生物富集，不论裂变或不裂变，通过核试验或核作用都能进入大气层，然后通过降水、尘埃和其他物质以原子状态回到地球上（见图 6-2）。放射性物质由食物链进入人体，随血液遍布全身，有的放射性物质在体内可存留 14 年之久。

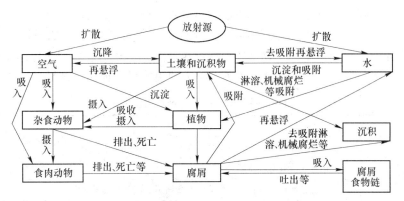

图 6-2   放射性核素在生态系统中的迁移过程

6.1.3.2   核辐射对人体的危害

科学研究表明，α、β、γ 射线对人体的伤害程度主要由粒子的能量而定，但也与射线特性的综合影响有关。一般说来，机体吸收粒子的能量后，便在机体内消耗掉其能量而产生一些效应，这与射线种类及其能量的大小有关。射线特性不同，对生物体产生的作用也不同。

α 射线对人生理上的影响是显著的。由于它的电离作用很大，能在不大的吸收层（约 1μm）内产生这种作用，所以生物细胞一死便是一团，且不易恢复。在 α 射线外部辐射时，因它不能透过皮层，致伤程度能减至很小，但能引起皮肤烧伤或发炎。可是，当 α 射线通过呼吸道、食道与皮肤伤口进入人体内部时危害就很大。

β 射线的电离本领很大，对人生理影响也很明显，但小于 α 射线。它的危害程度之所以小于 α 射线，主要是因它电离作用的范围在几毫米之内，对人体伤害不像 α 射线那么集中。当受 β 射线外部辐射时，因被皮层与皮下的一些细胞吸收可引起皮炎等疾病，但危害小于 γ 射线。

γ、X 射线主要的特点是穿透性很强，电离作用或多或少是均匀的。通常，γ 射线外照射危害程度最大，易引起人体内的各种疾病。不过，γ 射线内照射的危害却小于 α、β 射线。

人体器官组织的基本单位是细胞。当核辐射通过人体时，就会与细胞发生作用。而核辐射对细胞的作用是通过辐射能量在细胞遗传物质上的沉积造成的。这种遗传物质的主要功能是细胞的繁殖，由于核辐射能通过某种途径影响细胞的分裂，因此人体细胞会受到严重的损伤甚至引起生殖细胞减少或功能丧失。这些细胞也可获得异常的生殖能力，能完全脱离正常的调节机制的控制，例如肿瘤的生长就反映了这种特征。

A   躯体效应与遗传效应

辐射的生物效应有两种，即躯体效应和遗传效应。躯体效应是对受照射的人本身的效应，包括癌发病率增加和寿命缩短。由于与核电生产和利用有关的照射量均为低水平，躯体效应可以忽略不计。遗传效应是受照个人通过遗传基因传给后代的效应。

　　实验证明，当人体遭受到相当数量的剂量当量照射后，便可观察到躯体效应。通常把受照射后几分钟到几周之内出现的效应称为早期效应（或称为急性损伤），把经历较长潜伏期的效应称为晚发效应。

　　早期效应的临床表现有白细胞减少、食欲衰退、呕吐、恶心、发烧、腹泻、出血、脱发、感染、惊厥、震颤、嗜睡，直至死亡。躯体的早期效应除明显地与辐射的性质或类型、生物机体的吸收剂量率与生物受照射的部位有关外，也与受照射个体的年龄、性别与身体的状况有关。多年分析研究得出表 6-6 所示的辐射早期损伤与剂量当量的关系。

表 6-6　辐射早期损伤与剂量当量的关系

剂量水平/Sv	躯　体　效　应
小于 0.25	仅在实验室中可以检验出有少许变化
小于 1	稍有或没有寿命缩短
小于 2.5	出现急性辐射病和可以察觉到寿命缩短，极个别出现死亡
3.5	在辐射后 60d 内有一半受辐射者死亡，其余一半逐渐恢复，但带有永久性损伤
10	不到 30d 内全部死亡

　　虽然目前还不能准确地得出早期死亡与剂量当量之间的关系，但试验发现，辐射的早期效应是有明显阈值的，大约为 2Gy。当人体接受超过阈值的剂量时，死亡的可能性就随剂量的增加而增大。例如，死于骨髓放射病或肠型与脑型等放射病。此外，死亡的可能性还与射线类型、照射的不均匀性、照射时间以及治疗措施有关。

　　一般情况下，若核辐射造成早期死亡的概率为 50%，则早期死亡剂量为 3.5Gy（350rad）。鉴于这种情况，在评价核电厂风险中，可建议在正常医疗条件下，以 60 天之内 50% 死亡率的剂量值为 3.5Gy；在进行急救医疗的情况下，为 5.5Gy。

　　受辐射的机体晚发效应主要指各种癌症、白内障、不育症与早亡等。晚发效应通常有较长的潜伏期，很容易与其他因素（如一般工业对空气或水的污染）混淆，不能准确地判明效应引起的原因。另外，核工业仅有几十年的发展历史，不可能积累更多的技术资料，特别是在较小剂量与剂量率的条件下，更缺乏充足的数据，因此目前尚不能得出有关晚发效应的定量分析。但是，从现有的动物试验结果与遭受原子弹爆炸受害者的损害资料以及对高本底地区居民的调查和从事 X 射线工作者的调查资料来看，辐射能增加人体发生癌症、不育症及寿命缩短等晚发效应的概率。

　　遗传基因发生的突变与人体的晚发效应一样，既可由核辐射诱发，也可由一般的工业污染等因素诱发。虽然试验与统计资料能说明核辐射增加了遗传基因突变的发生概率，但尚不能确定遗传效应是否存在一个临界值，因而也就不能在小剂量与小剂量率的条件下与遗传效应之间建立精确的定量关系。

　　B　随机效应与非随机效应

　　辐射效应分为随机效应与非随机效应两类。随机效应是指机体的晚发效应中各种癌症与遗传效应。这种效应的发生概率与受照剂量有关，而效应的严重程度与受照剂量无关，且这种效应不存在剂量的阈值，因而也就意味着任何微小的剂量都有可能引起随机效应，只是效应的发生概率极微小而已。非随机效应包括一切机体效应的中早期效应与眼晶状体的白内障等晚发效应。这种非随机效应的严重程度与机体受辐照的剂量有关，并存在着阈值。当机体受辐照的剂量超过这个阈值时，机体才能产生这种非随机效应。

根据 1997 年国际放射防护委员会（ICRP）第 26 号报告，对随机效应仍然沿用过去 20 多年对小剂量或间断性小剂量照射条件下，任一种效应出现的概率与剂量之间存在着线性无阈值关系的假设。同时还指出，为慎重起见，从对辐照危害做定量评价的角度出发，认为线性无阈值假设是可行的一种简化假设。此外，线性无阈值假设还意味着效应出现概率的增加与剂量呈线性关系，并与过去的照射史无关。因此，这样的假设，意图就是允许把人体的一个器官或组织所遭受到的若干次照射简单地相加作为总危险度的度量。

另外，ICRP26 号报告还认为，线性剂量响应系按高剂量获得数据作线性外推得来的。对低线能量转移的辐射，真实的剂量响应可能是"S"形的。在几戈瑞以下时，可用下述表达式表征：

$$E = aD + 2bD$$

式中，E 为随机效应发生率；a、b 为常数；D 为所受的剂量。

显然，这比由高剂量数据线性外推得到的估量要低。

该线性无阈值的假设不考虑在小剂量或小剂量率的情况下，人的性别、年龄的差异，器官与组织在辐照作用后的修复与正常细胞对受损伤细胞的替代等情况。因此，国际放射防护委员会认为线性无阈值的假设是趋于保守的。

6.1.3.3　放射性核素与人体健康

各种放射性核素在环境中经过食物链转移进入人体，其进入人体的速度和对人体的作用受到许多因素的影响，包括放射性核素的理化性质，气象、土壤等环境因素，动植物体内的代谢情况及人们的饮食习惯等。

放射性核素进入人体后，其放射线对机体产生持续照射，直到放射性核素蜕变成稳定性核素或全部被排出体外为止。就多数放射性核素而言，它们在机体内的分布是不均匀的。因此，常可观察到一定剂量下某些器官的局部效应。

核电站排出的放射性物质一般放射活性很低。来自核电站水中的放射性污染使水中微量元素被激活，产生放射性同位素。大部分放射性同位素以废物形式被处理，遗留下来的很快分解，残存剂量多在检测水平以下，正常情况下，不会对人体造成危害。

人和生物既可直接受到环境放射源危害，也可因食物链带来的放射性污染而间接受害。从事放射性工作或长期接受小剂量电离辐射是否对人体有害，会不会诱发恶性肿瘤和遗传性疾病，这已成为普遍关注的一个问题。

我国对天然放射性高本底地区调查表明，居民中未出现突变性疾病增加的现象。我国从 20 世纪 70 年代开始对广东省阳江天然放射性高本底地区调查，到目前为止，还没有发现长期接受小剂量电离辐射会影响人体健康的情况。调查发现这个本底地区平均年照射量率为 3.3×10^{-2}Gy，为一般本底地区（一般本底地区平均为 1.14×10^{-2}Gy）的 3 倍。经调查累计观察了该地区和对照地区近 200 万人·年（1 人观察 1 年为"1 人·年"），恶性肿瘤死亡率不高于对照区和全国平均水平，同时调查的 26000 名 12 岁以下儿童遗传性疾病和先天性畸形的总患病率，也无显著差异。

从核电的发展初期，科研人员就对核电的安全防护问题进行了深入研究，各国也相应制定了法律、法规，以保障工作人员与居民的健康和安全。根据近 40 年来大约 4000 个反应堆的年运行统计证明，现代核电是一种比较安全、清洁和经济的能源。但由于核电站的系统比较复杂，一次投资比较高，建造周期比较长，特别是由于美国三里岛和前苏联切尔诺贝利核电站发生事故，在一定程度上影响了世界核电的发展。由此可见，要使核电健康、稳步的发展，除了需要继续提高核电站的安全性和其他各种性能外，还需要加强对公众的解释、宣传工作，不断提高公众对核电的认识和接受能力。

6.2　核电站放射性气体治理

核电站在正常运行时对人的辐射影响，主要是通过气态与液态的形式把放射性核素排放到环境中。气态中的放射性核素主要有碘-131、铯-134、铯-137、钴-58、钴-60、锶-90、铈-144、氪与氙的放射性同位素。

6.2.1　放射性气体来源

6.2.1.1　压水堆废气

压水堆核电站的废气来源主要是主回路及其辅助系统。

压水堆的废气系统主要是收集主回路冷却水所溶解的气体、系统容器内的覆盖气体与设备运行时的呼排气。因主回路密封良好，所以在运行期间废气系统收集的废气是很少的，放射性物质仍留在主回路中。只有当主回路设备及其系统发生泄漏时，放射性物质才会泄漏到安全壳内。

从主回路收集到的反应堆冷却剂中除去的气体、罐的覆盖气体、设备的呼排气等废气，通过废气压缩机进入衰变储存罐内储存 60~90 天，以使除氪-85 以外的所有放射性裂变气体几乎全部衰减，然后经微尘过滤器过滤，由烟囱排入大气稀释。这时，排入大气的放射性气体主要是氚、氪-85 与氙-133 等半衰期较长的气体产物。

6.2.1.2　沸水堆废气

核电站沸水堆的废气来源主要是由主回路冷凝器的空气喷射泵带出来的不凝气体。这种气体除了含有裂变产物外，还有活化产物，其中也包括冷却水本身的活化产物氮-16、氮-17 等。

沸水堆的废气处理系统与压水堆相似，但流量很大，所以很难做到长时间的衰变储存，沸水堆的衰变储存通常只有 20~30min。因此，最终排放到大气中的废气还含有不少中等半衰期的放射性核素，如氪-85、氪-87、氪-88、氙-133、氙-135 等。所以沸水堆核电站向环境排放的废气要比压水堆核电站多很多，见表 6-7。

由于不同堆型的核电站都采取了适当的废气处理系统，所以向环境中排放的放射性气体通常是小于允许排放标准的。

6.2.2　废气处理

在核电站正常运行时，气态排放物主要是气态放射性核素（氪、氙、氩、氮）、挥发性卤素（溴、碘）和一些放射性气溶胶颗粒。通常反应堆的废气处理系统对不同的组分采取不同的处理方法。常采用的方法有以下几种。

表 6-7　沸水堆与压水堆废气与废液排放量比较

核电站堆型	废气排出量/Bq·（GW·h）$^{-1}$		废液排出量/Bq·（GW·h）$^{-1}$	
	带活性炭滞留装置	不带活性炭滞留装置	不包括氚在内	氚
沸水堆（欧洲平均）	$7.1×3.7×10^{10}$	$473×3.7×10^{10}$	$3.7×3.7×10^{10}$	$36×3.7×10^{10}$
沸水堆（美国平均）		$189×3.7×10^{10}$		
压水堆（不包括英国在内的欧洲平均）	$2.8×3.7×10^{10}$		$2.9×3.7×10^{10}$	$330×3.7×10^{10}$（不锈钢包壳）
压水堆（美国）	$2.1×3.7×10^{10}$			$31×3.7×10^{10}$（锆包壳）
气冷堆（欧洲大陆）	$1.5×3.7×10^{10}$		$3.1×3.7×10^{10}$	

6.2.2.1　稀有气体的放射性核素的消除

稀有气体氪和氙从燃料包壳裂缝向外泄漏是很难控制的。稀有气体从反应堆的一次冷却剂边界逃逸时，既可以通过冷却剂或慢化剂系统、主冷凝器排气、二次冷却排放物等排出，也可以通过不凝气体连续排出。

从一次冷却剂边界逃出的稀有气体，直接向环境释放的仅为一小部分，而大量的是通过反应堆的烟囱排出去。因此，除向环境释放的小部分以外，大部分放射性气体仍要由气体放射性废物处理系统处理。低温系统、活性炭吸附系统和各种化学方法，都能用于稀有气体的分离并能抑制其逃逸。

现代沸水堆核电站一般采用在常温或低温条件下工作的活性炭等具有选择吸附能力的吸附剂，使吸附气体放射性核素滞留在衰减器内。这种废气处理装置具有体积小、效率高的优点。

不同种类的活性炭在不同工作压力、不同温度以及不同含水量的气体中，其吸附特性也不同，其中温度影响最大，温度越低吸附系数 K 值越大。另外，不同气体的 K 值比氦气大 10~20 倍。因此，利用活性炭的吸附特性可以改进废气处理系统。

沸水堆的废气处理系统所采用的活性炭滞留装置对稀有气体放射性核素的消除效率很高，能大量减少沸水堆的气态放射性核素排放量。但是仍不能去除半衰期较长的惰性气体氪-85，不过氪-85 在核电站中的数量不大，不需专门处理。

6.2.2.2　碘的消除

由于碘极易挥发，又常常出现在废气中，且碘-131 与其放射性同位素对生物都具有较大危害，所以核电站系统中碘的消除至关重要。

废气中的碘常以分子态碘蒸气的形式出现，或者以吸附在气流中含有的一些微尘颗粒形成碘的气溶胶形式出现。另外，在一些特殊场合，还能形成一部分有机形态的碘化合物——甲基碘。正常情况下，分子态碘蒸气与气溶胶的比例为 1∶1，而在事故情况下，则假定分子态碘、气溶胶碘与甲基碘的比例为 91∶5∶4。

消除碘多采用活性炭吸附的方法。活性炭制作的碘过滤器可达 98%~99.9% 的除碘效率，现已广泛应用于核电站的处理系统。但是普通活性炭去除甲基碘的效率很低，采用稳定的同位素碘（如碘化钾）或用三亚乙基二胺来浸渍的活性炭，消除甲基碘的效率可达 90% 以上。在载气的相对湿度大于 90% 时，吸附甲基碘的效率会迅速下降，为解决此问题，现已研制成一种掺杂银的分子筛作为碘的吸附剂。这种吸附剂对碘的吸附具有物理与化学两种吸附机理。无论是对分子态碘还是对甲基碘，即使在很高的湿度下仍有很高的吸附效率。

6.2.2.3　氚的消除

氚与氢这两种同位素气体性能极其相似，因而单独消除氚是很困难的。但由于氚气的放射性毒性较小，故在核电站正常运行时，一般不对其进行专门处理。特别是在压水堆的废气中含氚量比废水中要少，不会危害人的安全。

6.2.2.4　放射性气溶胶的去除

在核电站排放的废气流中，常有一种放射性微尘（气溶胶），其直径从零点几微米到几十微米不等。目前对放射性气溶胶多采用过滤的去除方法。例如纤维材料或微孔材料作滤料制成的过滤器。这种过滤器对于大于 $0.4\mu m$ 的微尘颗粒消除效率能达到 99% ~ 99.99%。由于其高处理效率，又被称为高效绝对过滤器。

6.3　核电站放射性液体治理

6.3.1　放射性废液来源

在核电站正常运行时，放射性排放物主要来源于冷却剂。冷却剂中放射性物质的外泄形式随堆型的不同而不同。

6.3.1.1　压水堆废液

压水堆核电站的放射性废液一般分为四类。

（1）放射性废液。放射性废液来源于有压的一次回路系统与辅助系统中的化学容积控制装置。这些装置流出少量的冷却剂或水。在正常运行工况下，包含在冷却剂中的各种放射性核素是废液中放射性物质的主要来源。通常，冷却剂中的放射性物质有裂变产物、活化产物与氚三种。这一类的废水都是低电导率的洁净废水，水质较好，只要经过适当处理后，取样检验符合反应堆冷却水水质的放射性化学管理标准后，即可再返回一次回路系统循环使用。不过，有时为保证氚的平衡浓度，可排掉一部分。

（2）具有中等电导率的脏废液。它主要来源于反应堆厂房和放射厂房清洗地面时的排水、实验室的废水与排水、取样处的排水以及各种来源的地面废水。这类脏废液的放射性核素含量的变化很大，必须经废水处理后，方可排放或重复使用。

（3）蒸气发生器的排污水。汽轮机乏气冷凝后通常不需经任何净化处理便返回蒸汽发生器。但因冷凝器和蒸汽发生器都有可能出现泄漏，所以蒸汽发生器需要定期排污，以确保水质达到运行标准。而此同时，为确保二次回路的水所要求的化学性质，即规定的总溶解固体量与氯根的含量等，还需对二次回路采取处理措施。另外，对排污水在排放前也进行处理，以做到达标排放。

（4）含有洗涤剂的废水。它来源于特种洗衣房的废水与工作人员和设备去污用的废水，以及冲洗厂区内因运输放射性物质所污染的道路用水。这类废水一般先存放于储水池中，然后排入排水渠中，与其他无放射性的废水混合稀释，达到标准后排放；或者送入废水处理系统与其他被污染的废水一起处理。

燃料元件储存池的水也是具有放射性物质的废水来源之一。池水中所含有的活性主要来自燃料元件外壳的腐蚀。在运行中，为尽量减少腐蚀和防止因水中杂质活化而形成放射性物质，对储水池总的水需预先脱盐。此外，对储水池排出的废水，除必须消除放射性物质外，还需去除因水呈碱性吸收大气中的 CO_2 而生成的碳酸盐。

6.3.1.2　沸水堆废液

典型的沸水堆与压水堆冷却剂中所含放射性物质的浓度有所不同，见表6-8。

表6-8　沸水堆与压水堆冷却剂中放射性核素浓度比较

同位素		半衰期	沸水堆浓度/Bq·mL^{-1}	压水堆浓度/Bq·mL^{-1}
惰性气体	氪-83^m	1.86h	$6\times10^{-3}\times3.7\times10^4$	$4\times10^{-2}\times3.7\times10^4$
	氪-85^m	4.4h	$4\times10^{-3}\times3.7\times10^4$	$0.2\times3.7\times10^4$
	氪-85	10.8h	$1\times10^{-5}\times3.7\times10^4$	$2\times10^{-2}\times3.7\times10^4$
	氪-87	76min	$1\times10^{-2}\times3.7\times10^4$	$0.1\times3.7\times10^4$
	氪-89	2.8h	$1\times10^{-2}\times3.7\times10^4$	$0.4\times3.7\times10^4$
	氙-133	5.27d	$5\times10^{-5}\times3.7\times10^4$	$6.5\times3.7\times10^4$
	氙-135^m	16min	$15\times10^{-3}\times3.7\times10^4$	$5\times10^{-2}\times3.7\times10^4$
	氙-135	9.2h	$15\times10^{-3}\times3.7\times10^4$	$2\times3.7\times10^4$
	氙-137	3.8min	$8\times10^{-2}\times3.7\times10^4$	$0.2\times3.7\times10^4$
	氙-138	14min	$5\times10^{-2}\times3.7\times10^4$	$0.2\times3.7\times10^4$
碘	碘-131	8.05d	$5\times10^{-3}\times3.7\times10^4$	$0.4\times3.7\times10^4$
	碘-132	2.3h	$4\times10^{-3}\times3.7\times10^4$	$0.1\times3.7\times10^4$
	碘-133	21h	$3\times10^{-2}\times3.7\times10^4$	$0.5\times3.7\times10^4$
	碘-135	67h	$4\times10^{-2}\times3.7\times10^4$	$0.25\times3.7\times10^4$
裂变产物	锶-90	28.8a	$1\times10^{-4}\times3.7\times10^4$	$1\times10^{-2}\times3.7\times10^4$
	锆-95	65d	$3\times10^{-5}\times3.7\times10^4$	$6\times10^{-5}\times3.7\times10^4$
	钼-99	66h	$8\times10^{-3}\times3.7\times10^4$	$4\times10^{-1}\times3.7\times10^4$
	钌-103	39.6d	$2\times10^{-5}\times3.7\times10^4$	$4\times10^{-5}\times3.7\times10^4$
	钌-106	1a	$6\times10^{-6}\times3.7\times10^4$	$1\times10^{-5}\times3.7\times10^4$
	碲-131	25min	$1\times10^{-3}\times3.7\times10^4$	$5\times10^{-3}\times3.7\times10^4$
	铯-134	2.07a	$3\times10^{-4}\times3.7\times10^4$	$2\times10^{-2}\times3.7\times10^4$
	铯-136	13d	$1\times10^{-4}\times3.7\times10^4$	$1\times10^{-2}\times3.7\times10^4$
	铯-137	30.2a	$2\times10^{-4}\times3.7\times10^4$	$2\times10^{-2}\times3.7\times10^4$
	钡-140	12.8d	$5\times10^{-3}\times3.7\times10^4$	$1\times10^{-2}\times3.7\times10^4$
	铈-144	290d	$2\times10^{-5}\times3.7\times10^4$	$2\times10^{-4}\times3.7\times10^4$
活化产物	铬-51	28d	$5\times10^{-4}\times3.7\times10^4$	$8\times10^{-4}\times3.7\times10^4$
	铁-55	2.6d	$15\times10^{-4}\times3.7\times10^4$	$15\times10^{-4}\times3.7\times10^4$
	钴-58	71d	$3\times10^{-3}\times3.7\times10^4$	$6\times10^{-3}\times3.7\times10^4$
	钴-60	5.2a	$3\times10^{-4}\times3.7\times10^4$	$1\times10^{-3}\times3.7\times10^4$

从表6-8可知，压水堆冷却剂中惰性气体、碘、裂变产物的浓度远高于沸水堆，有数量级的差别，活化产物也略高，但属于同一数量级。

通常压水堆与沸水堆冷却水的水质管理标准也有所不同，表 6-9 列出了日本核电站的具体实例，压水堆和沸水堆核电站在正常运行时的废液来源和平均流量见表 6-10。

表 6-9　日本核电站压水堆与沸水堆冷却水水质管理标准

指　　标	压　水　堆	沸　水　堆
电导率/S·m^{-1}	1~10	<1
pH 值	4.5~10.5	5.6~8.6
DO/mg·L^{-1}	<0.1	<0.4
Cl$^-$/mg·L^{-1}	<0.15	<0.1
F$^-$/mg·L^{-1}	<0.15	—
水中溶解氢（标态下）/mg·L^{-1}	25~35	—
硼/mg·L^{-1}	0~4000	<1
硅/mg·L^{-1}	—	<1
不溶物/mg·L^{-1}	<0.1	<0.5

表 6-10　日本核电站压水堆与沸水堆废液来源和平均流量

来　　源		流量/L·d^{-1}	占一次性冷却剂中放射性的份额
压水堆废液	安全壳大厅集水池	151	1
	辅助厂房地面排水	757	0.1
	实验室排水与废水	1520	0.002
	取样排水①	133	1
	汽轮机厂房地面排水②	29800	主蒸汽的放射性③
	其他各项来源	2650	0.01
沸水堆废液	反应堆厂房设备排水	7570	0.01
	干井设备排水池	22000	1
	放射性废物厂房设备排水	3800	0.01
	汽轮机厂房设备排水	21600	0.01
	反应堆厂房地面集水池	7570	0.01
	干井设备地面集水池	10100	1
	反射性废物厂房地面排水	3800	0.01
	汽轮机厂房地面排水	7570	0.01
	实验室排水	1890	0.02
	冷凝液除盐装置	6800④	主蒸汽的放射性③
	超声波清洗树脂	56900	0.05
	除盐装置反洗和树脂输送	15900	0.002

①连续净化循环使用，净化流量 567L/d。

②对单程蒸汽发生器系统以 12096L/d 计。

③放射性水平系根据树脂上吸附的放射性核总量，利用树脂对冷凝液的去污系数和树脂的再生效率确定。

④基于一个除盐装置每 5d 再生一次。

6.3.2 废液处理

放射性核素与普通含有毒性的物质不同，区别在于放射性核素不能用化学、物理或生物化学等方法来清除。在没有外在因素的作用下，不管其形态如何变化，仅能通过其本身固有的衰变逐渐减弱放射性活度。因此，目前主要是把废液中的放射性核素富集后再安全处理。

首先把废液按照物化性质、放射性活度进行分类，然后分别加以处理。对于核电站净化后的废液，除要求尽可能循环使用外，还应考虑给予稀释，以降低放射性水平，减少对周围环境的影响。

虽然核电站的堆型不同，但是它们产生的放射性废液基本属于国际原子能机构（IAEA）建议的中低等放射性废液等级。对于此类废液，可根据具体情况，利用本身自然衰变储存和稀释，另外还可采用各种浓缩净化措施降低排水的放射性浓度。

对于电站废液的处理，常用的方法有衰变储存、化学处理、蒸发浓缩、离子交换净化等。

6.3.2.1 衰变储存

这是利用废液中的放射性核素自然衰变，使其降低到符合排放标准的方法。因为该法仅能处理半衰期短的核素，所以通常作为预处理的一种方法，放射性废液在储存器中的停留时间一般为 24~48h。

这种方法的净化效率取决于废液中各种核素的半衰期、浓度与废液的产生率，若冷却水中因燃料元件破裂而出现极微量的长寿命核素，就必须增大储存容积，延长停留时间至几年甚至几十年，任其自然衰变。

6.3.2.2 化学处理

放射性废液中的核素多呈高度稀释的胶体状态，可以加入足够量的混凝剂或絮凝剂加以处理。混凝剂水解后形成的絮体比表面积大，吸附能力强，能沉降，可吸附废液中的微量放射性核素，再通过过滤或沉淀等方法将其从废液中分离出来，以达到处理达标的目的。

目前常用的混凝剂有无机和有机两大类。有机物混凝剂常用的有传统铝盐和铁盐混凝剂，混凝机理主要有压缩双电层、电中和等。无机物混凝剂以高分子聚合物混凝剂为主，例如聚合氯化铝、聚合氯化铁等，除具有电中和能力之外，还因其在水中形成的高分子结构具有较强的吸附桥联功能，更进一步提高了混凝处理效果。

对于絮凝剂，各种离子型的聚丙烯酰胺有较好的作用。相对于混凝剂而言，由于与无机盐混凝机理不同，絮凝剂处理效果受水样 pH 值影响较小，对胶体的去除能力通常比传统混凝剂好。

上述的化学处理法的缺点是净化效率不太高，而且产生较多不易处理的化学污泥。但相对于其他方法，化学法具有成本低廉、工艺简单、便于间歇操作等优点，因而在中、低放射性废液处理中仍被广泛采用。

6.3.2.3 蒸发浓缩

蒸发浓缩是借助煮沸将溶液或泥浆浓缩的一种方法。由于废液中的放射性核素特别是非挥发性的放射性核素都被保留在残液中，所以经蒸发产生的冷凝液中放射物的含量很低，可直接达标排放，或经处理后排放。

蒸发后的残液体积很小，由于核素被大大浓缩，所以放射性较高，通常用沥青、水泥将其固化后，再进行最终的安全处理。

蒸发器是一种用于液相分离的传热装置。在选择使用蒸发器类型时，必须考虑如下因素：（1）溶解物质（大部分属非放射性）成分和含量及其盐析、结垢、腐蚀与起泡的特性；（2）每小时处理废液的指标与每天运行时间；（3）蒸残液的体积浓缩倍数与去污系数；（4）维修便易；（5）装设场地的使用面积；（6）经济指标和价格。

利用蒸发单元处理放射性废液，由于存在的核素不同，蒸发效率有很大差异。在设计浓缩放射性废液蒸发器时，传热、减容等相对来讲不怎么重要。蒸发法对于大多数的核素分离效率高，常用于处理固体含量高的高、中放射性废液。该法去污效率高，但是一般要受到雾沫夹带、起泡、喷溅、溶液挥发以及结垢等因素影响，所以应考虑投加化学消泡剂、装设辅助雾沫分离器、控制液位与 pH 值、调节溶液氧化还原电位等措施。

6.3.2.4　离子交换

离子交换剂的交换容量随物理状态的不同而差别很大，由于离子交换材料与技术的发展，离子交换法已成为核电站废液处理中较为经济实用的方法。

离子交换剂按主要性能可分为无机离子交换剂与离子交换树脂。离子交换树脂根据交换基团的性质，又可分为阳离子交换树脂和阴离子交换树脂。

由于离子交换树脂是一种具有大分子量的高聚物，当树脂颗粒用水浸泡装入离子交换树脂装置后，通入放射性废液，废液中核素与树脂可发生离子交换反应。典型的离子交换反应式如下：

$$2HR + {}^{90}Sr(NO_3)_2 \longrightarrow R_2\,{}^{90}Sr + 2HNO_3（阳离子反应）$$

$$RCl + Na^{131}I \longrightarrow R^{131}I + NaCl（阴离子反应）$$

式中，R 为树脂中的有机网状骨架。

在离子交换中，离子交换选择性具有以下规律：（1）优先交换原子价高的离子；（2）当原子价相同时，原子序数越大的离子越容易被交换；（3）H^+ 与 OH^- 的交换选择性与树脂的交换基团酸性及碱性的强弱有很大关系。

对强酸性的阳树脂来说，水中阳离子交换的选择性顺序为

$$Fe^{3+} > Al^{3+} > Ca^{2+} > Ca^{2+} > Na^+ > H^+ > Li^+$$

而对弱酸性的阳树脂，阳离子交换的选择性顺序完全相反。

对强碱性的阴树脂来说，水中阴离子交换的选择性顺序为

$$SO_4^{2+} > NO_3^- > Cl^- > OH^- > F^- > HCO_3^- > HSiO_3^-$$

同理，对弱碱性的阴树脂，阴离子交换的选择性顺序完全相反。

上述规则适用于常温下废液中的微量核素。离子交换法的去污系数较大，在 $2 \sim 10^5$ 之间，在核电站废液处理中，可用于混凝沉淀单元的后续处理。

如果离子交换剂完成了它们的使命，不再有别的用途，应从以下几个方面考虑处置的问题：

（1）离子交换剂。离子交换剂一般为高稳定性合成树脂，不易燃，而且有非常稳定的抗化学腐蚀性。

（2）构成元素。离子交换剂一般可能含有 C、H、O、S、N 及 Ca^{2+}、Mg^{2+}、Na^+、Cl^-、SO_4^{2-} 等离子，甚至可能含有有害于环境的元素和化合物（核回路的调节化学药品中的核裂变产物）。

（3）必须储存在地下废料池中，用特殊设备运送和储存，并且都要进行防浸固化。可用水泥、沥青或塑料封闭，这些附加物的质量和体积很大程度上决定着最终的处理费用，而固化类型主要取决定于操作设备的费用和安全。

（4）合成离子交换树脂可在高温下焚烧，但必须密切关注具有危险性的各种辐射物。

（5）离子交换树脂本身的分解产物也具有易挥发性和腐蚀性。

6.3.2.5 生物吸附

生物吸附剂技术是 20 世纪 80~90 年代发展起来的一项新技术。该吸附剂的基质材料取自高担子菌的子实体，具有对放射性核素的强选择性吸附能力。前苏联在对生物吸附剂的研制、改型技术及其应用领域获得的成果具有独到的特点，并在该领域处于国际技术领先地位。

生物吸附剂的组分中壳多糖占有重要地位。在壳多糖分子中含有组成乙酰氨基族的氮，因此壳多糖及其衍生物具有强吸附性能。壳多糖的主要吸附机制是螯合。它实际上能吸附所有的重金属和放射性核素，而对 K、Na、Ca 等碱金属和碱土金属几乎不吸附。因此，它可用于在高含盐量核废液中吸附放射性核素。

应用生物吸附剂技术处理核废液具有以下一系列的优越性：

（1）强选择性吸附能力。在生物吸附剂基质材料的基础上，经改型后获得的不同型号吸附剂产品可分别用于吸附 Cs、Sr、U、Pu、Am 等核素，且都具有很强的选择性吸附能力，均获得良好的吸附效果。只是在应用中，对于不同型号的吸附剂需选定相应的最佳吸附条件。

（2）减容效果好。生物吸附剂基材的灰分含量仅为 1%。在正常用于处理核废液的条件下吸附剂的消耗量小于 1g/L。与传统用于处理核废液的方法相比，该项技术的应用将获得极好的减容效果。例如，按传统水泥固化法处理 $1m^3$ 核废液将获得约 $14m^3$ 的水泥固化体，应用吸附技术处理 $1m^3$ 核废液（按吸附其中 Sr、Cs 两种核素的要求），仅需 14kg 吸附剂，最终对饱和吸附了两种核素的吸附剂进行水泥固化后，仅获得很小体积的固化体。

（3）经济效益显著。基于生物吸附剂技术的强减容效果，处理核废液后的固化体与传统方法相比，其体积仅约为后者的 1/200。而后续储存、运输和处置费用在相当程度上将取决于这些水泥固化体的体积。处理核废液后的固化体体积越小，越节省后续储存、处置经费。应用吸附技术产生的固化体后续储存、运输、处置费用相当于或少于 10% 的水泥固化法所需的后续相应费用。此外，生物吸附剂取材于高担子菌，后者可广泛人工培植，而菌类生长速度快，故物源丰富。在制作生物吸附剂的过程中也不产生污染环境的产物。在此意义上，它属于一种绿色产品，且成本低廉。

作为一项新技术，生物吸附剂技术能否尽快用于工业规模处理中低放射性核废液，除了必须满足具有显著经济效益的前提条件外，从技术的角度取决于两个关键点，即吸附剂的选择性强吸附能力与安全可靠的工业规模处理核废液的设备。

目前有多种可供选择的设备类型，其中一种称之为多级逆流搅拌吸附系统的设备较为引人注意。它是 20 世纪 90 年代后期在俄罗斯研制的，结构示意图如图 6-3 所示。

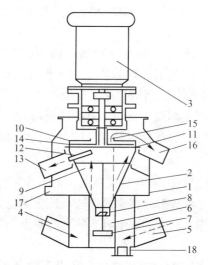

图 6-3　多级逆流搅拌吸附系统单级部件结构示意图

1—部件底座；2—转子；3—电动机；4—吸附剂引入通道；5—核废液引入通道；6—混合室；7—搅拌器；
8—逐份输入混匀吸附剂的废液的器件；9—分离室；10—吸附剂排放室；11—水压密制垫；12—核废液分离排出管；
13—经吸附去污后的核废液排出管道；14—吸附剂排放管；15—转子顶部开口；16—吸附核素后的吸附剂排出管道；
17—控制混合室废液量的溢流管道；18—排放管开口

6.4　核电站放射性固体治理

6.4.1　放射性固体来源

　　核电站运行时，会产生放射性的气体、液体和固体废物。废液和废气处理后可以排放或循环使用，但其间会产生一定量的浓集物，例如蒸发残渣、过滤滤芯、过滤泥浆、废树脂等，这些固体废物需要进行进一步处理，才能做最终处置，如图 6-4 所示。

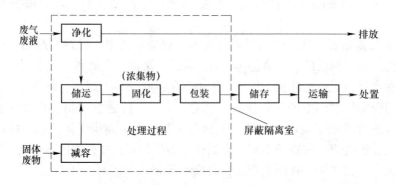

图 6-4　核电站放射性固体废物处理流程

　　如图 6-4 所示，固体废物先要尽可能减容，可燃性固体要通过焚烧或压缩打包使体积减小然后把它们转化为适于储存或处置的稳定固化体，才能最终处置或埋藏。

6.4.2　固化方法

对放射性废物进行有效的固化处理可以达到 3 个目的：一是使液态的放射性物质转变成便于安全运输、储存和处置操作的固化体；二是将放射性核素固结，阻挡放射性核素进入人类生物圈；三是减少废物的体积。已经发展起来的放射性废物固化处理方法有很多，对于中低放射性废物，主要有水泥固化、沥青固化和塑料同化；对于高放射性废物，主要有玻璃固化以及现在极具发展潜力的人造岩固化。

6.4.2.1　水泥固化

在放射性废物的固化处理方面，水泥固化技术开发最早，至今已有 40 多年的历史。水泥固化中低放射性废物已是一种成熟的技术，已被很多国家的核电站、核工业部门和核研究中心广泛采用，在德国、法国、美国、日本、印度等都有大规模工程化应用。我国的秦山核电站、大亚湾核电站等都采用了水泥固化工艺。

水泥固化法是将放射性废物接入到水泥中，利用水泥与水的反应而转化为放射性固体废物的一种方法。这种方法具有设备简单、生产能力大、建设投资与运行维护费用低、原料易得、工作温度低以及无废气产生等特点。

用于放射性废物固化的水泥有碱矿渣水泥、高铝水泥、铝酸盐水泥、波特兰水泥等，可以根据放射性废物的种类和性质进行选择。但是在用水泥固化放射性废物时，废物中的各种盐、酸和碱等可能会妨碍水泥的水化过程，造成水泥硬化后对固化物的损伤，为避免出现此类情况，应采用多种添加剂，以保证水泥水化过程的正常进行，从而改善水泥固化体的性能。蛭石、沸石等因其良好的吸附性与离子交换能力，常用作添加材料。

A　主要工艺

水泥固化法通常有三种工艺：吸收法、桶内搅拌法和桶外搅拌法。

（1）吸收法。吸收法是把水泥与某种轻质的吸收剂预先混合好，再将废液加入此混合物中，使混合物能像海绵一样吸收废液。这种方法的优点是不需要搅拌，设备简单，混合器不存在去污问题。缺点是被固化产品的强度低，浸出率高。

（2）桶内搅拌法。桶内搅拌法是把水泥与放射性废液按一定的比例加入到桶内，在桶内插入搅拌器，通过搅拌器的旋转或振动搅拌均匀。这种方法的优点是设备简单，无去污问题，与吸收法类似，混合容器可作处置容器。但是要注意控制物料加入顺序、混合配比与搅拌速度，而这些都要通过测试确定，不能在搅拌与输送过程中出现溢流。

（3）桶外搅拌法。采用桶外搅拌法，应预先将废物、水泥等加入搅拌容器混合均匀后，再排入处置容器。桶外搅拌法与桶内搅拌法的区别在于混合容器与处置容器分开。普通的混凝土搅拌机可作为混合容器使用，为了便于去污，这种容器应用不锈钢制造。处置容器可选用 200L 的钢桶，也可设置处置池。该法的优点是，易于搅拌均匀，处置容器利用率高。缺点是处理后需要去污和清洗，洗涤水也需要进行适当的处理处置。

B　性能

当放射性水泥固化后，固化体应具有如下性能：（1）抗辐照能力较强；（2）强度较高，可在深海处置；（3）不会自燃，热稳定性较好；（4）对含有 30%$NaNO_3$ 的水泥固化体，在吸收剂量为 10^7Gy 的辐射下，强度与浸出率无明显变化；（5）只有当 1L 固化体的

放射性活度小于 3.7×10^{10} Bq 时，才不考虑辐射分解气体的影响。

C　特点

水泥固化的优点是：（1）工艺简单，对含水量较高的废物可以直接固化而不需要彻底的脱水过程；（2）设备简单，设备投资费用和日常费用低，固化处理成本低；（3）水泥固化体的机械稳定性、耐热性、耐久性均较好。

缺点主要是：（1）水泥固化体的致密度较差，浸出率较高；（2）水泥基固化的产品一般要比废物原体积增大 $1.5 \sim 2$ 倍，减容效果不显著，从而增加了处置费用。

6.4.2.2　沥青固化

1960 年，比利时首先提出放射性废物的沥青固化技术，法国、联邦德国、美国、苏联等相继开展了这方面的研究工作。我国从 20 世纪 60 年代末期开始进行硝酸钠体系废液的沥青固化技术研究，1984 年在国营八二一厂建成了沥青固化试生产厂房及其配套设施。在早期的固化处理中，沥青固化工艺得到了广泛的应用。

A　主要工艺

沥青固化是将放射性废液与溶化的沥青在边混合边加热的情况下，不断蒸发水分减容，形成不溶于水的固化物的一种工艺。沥青固化工艺通常包括废物预处理、掺和与二次蒸汽处理三部分。这种工艺关键是沥青和废物的掺和。按照掺和装置的不同可分为以下三种形式：

（1）釜式蒸发固化工艺。釜式蒸发器是沥青固化工艺初期使用的装置。该工艺的混合操作温度为 $150 \sim 230 ℃$。这种工艺的优点是设备简单，能处理多种放射性废物。缺点是只能间歇操作，生产效率低；加热时间长，易使沥青老化；进行大型沥青固化与尾气净化有困难。

（2）刮板式薄膜蒸发器工艺。这是一种带有搅拌设备能连续操作的装置。它利用电动机带动刮板或转子，紧靠着圆筒形传热表面运动，使放射性废料与沥青经分配盘分配至传热表面形成液膜，而液膜在蒸发器内做螺旋下降，同时蒸去水分。最后将混在沥青内的放射物与废物中的盐分通过排料阀排进处置容器。这种工艺的优点是传热效率高，蒸发速度快，可防止放射性废物与沥青在高温区长时间停留。缺点是操作温度太高，一般在 $200 ℃$ 以上。

（3）螺杆挤压器固化工艺。把沥青与放射性废物分别放入挤压器内，由电动机带动螺杆转动，经旋转的螺杆不断搅拌与揉和，沿外桶内壁向前推进，水分被加热蒸发，随后将掺有放射性废物与盐分的沥青混合物排进固化容器内。这种工艺被固化的物体性能较好，但是设施的建造成本较高。

沥青在固化工艺过程中可能出现燃烧或沥青固体自燃，为防止这些情况发生，必须注意控制操作温度、放射性活度和沥青的吸附性与膨胀性对固化物的影响。

B　特点

沥青固化工艺的主要优点有：（1）原料易得且便宜；（2）固体浸出率低；（3）减容性能好；（4）可处理的放射性废物种类较多。该工艺的主要缺点是操作工艺及设备比水泥固化法复杂，特别是在固化放射性废物时会产生放射性废气。

6.4.2.3　塑料固化

20 世纪 70 年代，美国开始研究和应用塑料固化处理放射性废物技术，所用的塑料包括热塑性塑料和热固性塑料两大类。

塑料固化技术与沥青固化技术相似，但它采用的是适于向海洋投弃处理的固化剂。塑料比沥青的化学性能稳定，尤其是塑料品种繁多，可按其需要选择不同类型的塑料来固化放射性废物，所以塑料固化比沥青固化更为安全可靠，且适用范围较广。

A 工艺

目前国内外较成熟的塑料固化工艺有热塑性固化法、热固性固化法和水泥塑料固化法等。热塑性塑料固化与沥青固化相似，是利用热塑性塑料与放射性废物在一定温度下混合，产生皂化反应，将放射性废物包容在热塑性塑料中，形成稳定固化体。热固性塑料固化是利用热固性塑料在加热条件下通过交链聚合过程使小分子变成大分子，并由液体转变为固体，同时将放射性废物包容在固化体中。这些方法只适合于中低放射水平的废物固化处理。核电站正常运行时产生的大都属于中、低水平的放射性废物，故都可用以上三种工艺进行处理。

塑料固化所用的设备是通常的化工设备，根据辐射防护的要求，需要设屏蔽和气密系统，产生的尾气和二次废液需要适当的去污净化。

B 特性

与水泥固化相比，塑料固化有以下优点：（1）核素浸出率较低，比沥青固化略低，比水泥固化低 2~4 个数量级，这对实现长期安全隔离有着重要意义；（2）包容废物量较高，固化产品数量少，处置费用减少。

但与水泥固化相比，塑料固化也有以下缺点；（1）工艺和设备相对复杂，固化处理的成本较高；（2）与沥青固化一样，塑料固化体的化学稳定性和抗老化性能均较差；（3）固化工艺的安全性较差。

6.4.2.4 玻璃固化

玻璃固化是将无机物与放射性废物以一定的配料比混合后，在高温（900~1200℃）下煅烧、熔融、浇注，经退火后转化为稳定的玻璃固化体。用于固化处理高放射性废物的玻璃主要有两类：硼硅酸盐玻璃和磷酸盐玻璃，以硼硅酸盐玻璃用得最多。近年来，玻璃固化技术得到了很大发展，人们不仅用它来固化处理高放射性废物，而且还用它来处理中低放射性废物、超铀元素废物等。

A 工艺

经过几十年的发展，玻璃固化高放射性废物的技术已发展了四代熔制工艺。第一代熔制工艺——感应加热金属熔炉，一步法罐式工艺。罐式工艺熔炉是法国和美国早期开发研究的玻璃固化装置，如法国的 PIVER 装置。20 世纪 70 年代，中国原子能科学研究院开展了罐式法工艺的研究工作。罐式工艺熔炉寿命短，只能批量生产，处理能力低，已经逐渐被淘汰，现在只有印度在使用。第二代熔制工艺——回转炉煅烧+感应加热金属熔炉两步法工艺，法国的 AVM 和 AVH 及英国的 AVW 都属于这种工艺。第三代熔制工艺——焦耳加热陶瓷熔炉工艺，它最早由美国太平洋西北实验室所开发，原联邦德国首先在比利时莫尔建成 PAMELA 工业型熔炉，供比利时处理前欧化公司积存的高放废液。目前，美国、俄罗斯、日本、德国和我国都采用焦耳加热陶瓷熔炉工艺。第四代熔制工艺——冷坩埚感应熔炉工艺，法国已经在马库尔建成两座冷坩埚熔炉，将在拉阿格玻璃固化工厂热室中使用这种熔炉，意大利引进法国的玻璃固化技术并用来固化萨罗吉亚研究中心积存的高放废液、法国和韩国正在合作开发冷坩埚熔炉处理核电厂废物，美国汉福特的废物玻璃固化也考虑选择该技术，俄罗斯已在莫斯科拉同联合体和马雅克核基地建冷坩埚玻璃固化验证设施。此外，等离子体熔炉和电弧熔炉等还在开发中。

B　特性

玻璃固化的优点是：（1）可以同时固化高放射性废物的全部组分；（2）高放射性废物的玻璃固化技术比较成熟。

其缺点主要有：（1）玻璃属于介稳相，在数百摄氏度高温和潮湿条件下，玻璃相会溶蚀、析晶，浸出率迅速上升，这要求对处置库做降温和去湿处理，以保证固化体的安全，但处置成本无疑大大增加；（2）一些偶然因素造成玻璃固化体碎裂或粉化后，浸出率会大幅度提高；（3）处理的过程中会产生大量有害气体。

6.4.2.5　人造岩石固化

自然界中的一些矿物，尤其是那些天然含有放射性核素的矿物，在经历了几百万年甚至上亿年的地质作用后，仍然保持着原来的结构、成分和形态，这些矿物的化学和机械稳定性已不言而喻。进一步的实验研究表明，矿物晶体的确是十分理想的高放射性废物载体，因此，人造岩石固化放射性废物具有良好的理论基础。人造岩石是利用矿物学的类质同象替代，通过一定的热处理工艺获得热力学稳定性能优异的矿物固溶体，将放射性核素包容在固溶体的晶相结构中，从而获得安全固化处理。高放射性废物的大部分元素直接进入矿相的晶格位置，少数元素被还原成金属单质，包容于合金相中，晶粒小于 $1\mu m$（一般为 $20\sim50nm$）。

自1978年澳大利亚科学家 Rinwood 等发明人造岩石固化方法以来，日本、美国、前苏联、英国、德国等相继开展了这方面的研究工作。由于人造岩石固化体的优越性能，它被广泛认为是第二代高放射性废物固化体，受到世界各国的高度重视。澳大利亚科学家对其同化机制、制备工艺、配方组成、微结构、物理性能、浸出率和辐照性能等方面做了较为广泛深入的研究和评价。中国原子能科学研究院在1993年建成人造岩石固化实验室，开展了高钠高放射性废液和锕系核素的人造岩石固化的研究。

A　工艺

由于人造岩石固化体具有优良的化学稳定性、机械稳定性、辐射稳定性，人造岩石固化处理放射性废物得到了日益广泛的研究，除用于固化处理高放射性废物外，还用于处理从中分离出来的锕系元素和长寿命核素锶、铯等。

人造岩石固化工艺过程中，均匀混料对固化体的物相组成及性能的影响很大，混料方法有机械研磨法、醇盐法和溶胶法等。煅烧方法有回转炉煅烧、喷雾煅烧和流化床煅烧等，澳大利亚采用回转炉煅烧。煅烧过程中还原条件的控制对防止形成可溶性铯相是特别重要的。烧结方法主要有单向压力烧结、热等静压烧结和空气热压烧结等。

B　特性

与玻璃固化相比，人造岩石固化有以下优点：（1）固化体孤立隔离放射性核素的能力强、浸出率低；（2）固化体能耐潮湿和高温，在潮湿和高温环境中，人造岩石固化体不会受到严重损害，自退火作用增强，浸出率不会显著增加；（3）固化体的高放射性废物荷载量高，最终固化体体积小；（4）人造岩石固化体地质处置的防护要求较低，处置成本低。

但它也有以下缺点：（1）人造岩石的单一矿物只能固溶部分高放射性废物组分，固化介质材料在处理放射性废物时存在一定的局限性；（2）人造岩石属于结晶物质，部分矿物辐射损伤（主要为辐射）较大，浸出率升高，体积膨胀，这给地质处置带来了一定困难。

6.4.3　最终处置

6.4.3.1　概况

核废弃物的最终处置方法大体上可分为两大类：第一类是经过工艺再处理即在工厂经过水泥、沥青、玻璃或塑料固化后，再埋入地下储存库或装入容器后抛入海洋做最终处置；第二类是将液体废料直接注入地下深地层中做最终处置。第二类方法又分为两种，一种是深地层注入法，即将液体废物注入孤立的深含水层，使之长期被禁锢在地下；另一种是深地层注浆固化法，即将液体废物与水泥和其他添加剂混合以后注入深部地层的不含水的岩石裂缝中，使之长期与岩石固结，再将液体废物直接注入地层中做最终处置的方案，比将液体废物经过工艺再处理后以固体废物形式埋入地下库或抛入海洋做最终处理的方案要优越得多。其基本优点有：（1）对环境保护有利，核废物在生物环境中循环步骤最少，相应减少了排入生物环境的放射性物质；（2）没有复杂的地面核处理设备。

6.4.3.2　选址

处置是指废物不再被回收，所以对处置场地有特殊要求，核废物处置的首要工作是处置场地的选择，好的场址是提高核废物处置安全系数极其重要的一个因素，选择场地必须有一套相应的规范准则。然而拥有核能国家的具体条件不同，选择标准也不尽相同。国际原子能机构于1982年发表了核废物处置库选址要考虑的一些因素。美国核废物处置库选址工作进行得较早，标准也较为详细，我国目前没有详细的法规规定，一般沿用美国的选址标准。核废物处置，无论浅埋还是深层储存，其处置场地选择都需要综合考虑以下因素：

（1）区域地壳稳定性。应选择相对稳定地带，远离活动地带、地震易发区等。美国规定场址应远离大裂隙、构造活动地带至少300m。

（2）岩层（或岩体）完整性。岩层应厚度稳定，工程地质性质优良，裂隙节理少，抗热变性强，阻滞核素迁移能力强。

（3）水文地质条件适宜。浅埋处置时，要求地下水位埋藏深，饱水带渗透性弱；深层处置场，则要求无导水断层，透水性差，地下径流微弱，地下水补给量少，水质少腐蚀性。

（4）地表水体小，径流少，腐蚀作用微弱，无洪水淹没场地可能。

（5）气候干旱少雨，强蒸发。

（6）易于保护生物圈，不会伤及自然保护区或珍稀动植物群，一定时期不伤及人。

（7）人口稀疏，远离大、中城市人口稠密区。

（8）可利用的自然资源少，远离人类活动区（如建筑、旅游、采矿）。

（9）交通相对方便，新建专用运输线易于施工，易于修建核设施、运输核废料。

（10）易于解决法律及土地所有权问题，还应考虑各级政府与公众舆论的因素。

6.4.3.3　固化后最终处置方法

固化后最终处理处置方法有浅地层埋藏、深地层埋藏和海洋处置。

A　浅地层埋藏

浅地层埋藏通常采用混凝土壕沟、混凝土井、混凝土结构的地下窑洞等作为放射性废物固化物的最终处置地。该法具有投资少、简单方便、易于处置以及安全性能高等优点。

当壕沟填满放射性固化物时，在沟上铺设 1~3m 的土壤覆盖层。覆盖层通常堆积成山形还设有集水沟，必要时可将水排出。为安全管理与使用处置场地，需采取以下措施：（1）每条壕沟设立永久性标志，记录总体积与放射性废物的填埋情况；（2）壕沟覆盖后可铺设植被，以防止水土流失与侵蚀；（3）在场地周围设置安全篱笆及缓冲区，控制进出入口；（4）设废物的接受和人员照射情况记录。

当场地停止填埋封场后，还需提出一个有效持久的管理计划，其中包括维护、检修与环境监测的项目。

B　深地层埋藏

深地层埋藏通常利用地下盐矿以及地下核爆炸试验形成的洞穴等埋藏放射性废物。该法除要求场地地质构造十分稳定外，还要求被埋藏的放射性废物与周围环境、土地、水源和空气之间具有很好的隔离岩层，使放射性废物不致泄漏。

但是矿区所处地区的水文、地质条件通常较复杂，开采后的废矿井可能存在裂缝、间隙与地下水，这显然不适合埋藏放射性废物，所以要选用地质条件良好的废矿井，同时还应注意预防对地下水的污染。

进行核电站废物处置场地设计时，应充分考虑建立气象与大气沉降物、水源与污水的监测系统，以便确定放射性废物是否会对环境产生不利影响。

C　海洋处置

海洋处置法在国际上有争议，到 1982 年已基本终止此法。大量科学研究表明向海洋投弃放射性固体废物会对环境形成潜在危害，它会污染大片海区，且范围不断扩大。虽然核电站正常运行时产生的放射性废物都为中低等放射物，但是固化后进行了一定放射性浓集，所以利用该法进行核电站废物的处置需谨慎从事。

6.4.4　深地层固化处置

6.4.4.1　原理

深地层固化处置的基本原理，是借用油气开采技术（水力压裂岩石法）和钻孔中的应力测量技术，在地下 500~1000m 深度内，用高压水使围岩产生裂隙，将高放射性废物蒸发浓缩，与黏土、水泥和其他添加物混合成灰浆，用高压泵注入到钻孔中，使其沿裂隙面扩散。注入的浆液在岩层中凝固成一层纵横数十米乃至数百米的薄的、几乎是水平的固化浆片，永久固化在深部岩层中，在深部不透水岩层的屏蔽下，与生态隔绝，使其自然衰变。

深地层固化处置的基本特征是将放射性核素固定在与地面环境隔绝的地质岩层内。该法的另一特征是即使处置岩层的隔绝受到破坏，放射性核素还能得到继续包容，固化浆片包含的关键放射性核素的浸出率是十分低的。即使少量放射性核素可能被浸出，也将在处置区域被这种离子交换容量高的页岩截留住。因此，这种处置方法目前被国际上认为是一种安全、经济的处置中低放射性废液的理想方法，并认为有进一步研究、开发处置高放射性液体废物的可能。

6.4.4.2　优点

深地层固化处置中低放射性核废物不仅具有第一种处置法的优点，还具有以下优点：

（1）在安全上是可靠的。它有较其他处置方法更为优越的三重保险的安全防护措施：二三百米厚的岩层作为防护屏蔽层；液体废物被水泥固化、充填在深部岩层的裂缝中不再流动扩散；固化物的放射性浸出率很低，并且是将其填充在不含水并且渗透性也很差的岩层内，放射性物质的迁移几乎是不可能的。

（2）在技术上是成熟的。它的工艺流程、注入技术及关键性设备，除需要采取防护和隔离操作的技术措施以外，均可直接沿引石油开采技术。

（3）在经济上是便宜的。这已经为美国橡树岭的实践所证实，据估计，大约只相当于采用经工艺处理后再埋入地下的第一类处置方法处置费用的40%。

6.4.4.3　选址

深地层固化处置中低放射性核废液，由于处置工艺的要求，一般只能在废液产生地附近进行处置，不可能在离废液产生地较远的地区去寻找合适的场地来处置这种中低放射性核废液。同时，深地层固化处置对受纳地层（即接受掺和废液浆液的地层）的要求又不同于放射性废液地下埋藏对受纳地层的要求。因此，深地层固化处置中低放射性核废物场址的选择，只能是围绕放射性废液产生地周围选找并证实可能适合的受纳地层，不是一般概述的选址。当然，也可以进一步认为在核工程厂址选择中对这一方面有所考虑是必须的。

（1）一定岩性的地层条件。地层应透水性弱，离子交换吸附容量较高，易于压裂（例如页岩、黏土岩，乃至富含黏土颗粒的其他岩层等）。

（2）一定地层的分布条件。具备一定岩性条件的地层分布面广，厚度大，埋深数百米（例如200m以下）。

（3）一定的地质构造条件。岩层产状较平缓，无断裂通过，竖向节理不发育等。

（4）一定的水文地质条件。不含水、不透水或透水性弱，无地下水活动。

6.4.4.4　场址岩土工程稳定性的论证依据

A　建设或开挖期（露天或部分回填的坑道）

论证依据包括：

（1）岩石的负荷承受能力不会由于应力（包括热致应力）改变而受到削弱。

（2）在挖掘作业期间或之后，不论是在地下开挖工程内还是在地面上，都没有任何可能严重影响坑道可使用性或地面建筑安全性不允许的变形率或蠕变率出现。

（3）由热致负荷产生矿物（如通过脱水作用）的程度，必须不会导致危及主岩的完整性。

B　运行后阶段（全部充填的坑道）

论证依据包括：

（1）即使经过漫长的时期，应力改变（可能的破裂形成作用）、矿物分解和腐蚀作用的结果都不能削弱主岩的完整性。

（2）热力诱发的卤水迁移和地下水运动必须不会激发核素任何不能允许的释出。

6.4.4.5　深地层固化处置的地质勘察试验

包括以下项目的试验：

（1）钻试验井。靠近井底做 γ 射线测井记录和电测井记录。

（2）岩芯分析试验。取岩芯样品进行测孔隙率、压碎强度和流动与渗透性试验。

（3）矿物分析。取岩芯样品进行矿物学、离子交换容量和酸溶解成分的分析。

（4）地热测量。测量处置层地温。

（5）地下水测量。

6.4.4.6　施工

A　钻孔

钻孔设备选用常规的深井钻孔设备即可。

深地层固化处置需打三种孔：注射井、γ 射线监测井和浅层岩石覆盖层监测井。注射井用于注射废液——水泥浆液；γ 射线监测井用于标绘出各注入浆层的位置，深度与注射井相似；覆盖层监测井用于定期检查覆盖岩层完整性、渗透性，深度较小。三种钻井都需设套管，地表套管直径较大，下部套管直径较小，套管外壁通过水泥与钻井壁紧密结合。

深地层固化处置打孔的基本特点是："不打孔不行，打多了孔也不行；不打深孔不行，孔打深了也不行。"因为孔打多了、打深了，在高压注浆的情况下容易形成竖向通道，重者会引起注入浆液冒出地面的严重事故。对于孔数、孔深及其布置，必须根据场地条件和设计方案周密考虑，一般是把深的勘探孔、试验性注射孔和处置性生产孔合二为一考虑，并且还需考虑浅的勘探孔同时用作试验和生产期间的监测孔。

B　浆液配置

浆液配置即放射性废液与水泥、水、外加剂的比例问题，水灰比一般为 $1:1\sim1:1.5$，要求既要满足施工工艺要求，还要提高核废物的排放率。外加剂种类的选择也很重要，合适的外加剂还能起到对核废物的屏蔽作用。膨润土有良好的抗渗性，离子交换容量小，可以适量掺加。

C　水力压裂

水力压裂形成水平裂隙，其水压力一般认为要大于上覆岩层的重力。岩层内定范围的水平裂缝，可以由上覆和下垫的岩层压缩而成，这似乎需要在原有压力上再加大压力。一般说来，岩层必须支撑上覆盖层的重量，这似乎要求裂缝中流体压力大于覆盖层的重力。一个扩大的水平裂缝会使覆盖层抬升，这样看来就要求这个压力至少等于覆盖层的重力。水压力小于上覆层重力时，能否产生水平裂隙，目前还受争议。

D　浆液注入

采用袖套管法注浆。废液从储罐泵送到混合器与水泥固体配料进行掺和，形成注射浆，以一定的压力在套管开槽处注入地下岩层。注射一定量浆液后，自下而上间隔一定距离（一般为几米）将套管再次开槽后再行注入。

6.4.4.7　安全技术措施

深地层固化处置的安全技术措施具体如下：

（1）废液输送到压裂场的地下管线是双道防护，并可监测有无泄漏，压裂厂房内所有废液和注入浆输送管线与设备都设计有第二道防护（包容），设备室和混合器为设备通风和尾气排出系统，以防气溶胶泄漏污染。

（2）若注射过程的末尾发生井口破裂，大量注入浆会往上返，这样的事故极少，但也是有可能的。因而，主厂房下面设置有事故废物池，能收集和存放预计最大的回流浆，将事故后果减至最小。

（3）当注入浆凝固时，通常会分离出少量的水分，这种水将含有一些放射性核素，则从注射井抽出来，返送到废液罐。

第3篇

水电站动力与环保

7 水电站发电系统与运行

水力发电是水力（能）利用的主要形式，它是利用河流中以水的落差（水头）和流量为特征值所积蓄的势能和动能，通过水轮机转换成机械能，然后带动发电机发出电能，通过输电线将强大的电流输送到用电部门。

7.1 水力发电原理

7.1.1 水力及其转换

7.1.1.1 水力（能）

在奔腾湍急的河川水流中，蕴藏着巨大的水力能量。开发和利用这些能源为社会主义现代化建设服务，是水力发电的主要目的。

为了利用河川所蕴藏的能量，在河段的适当地段修建大坝，将上游的来水拦住，使水位提高，整个河段的落差在此集中，水的能量也就被集中蓄存起来，如图7-1所示。水坝上下游水位之差叫做落差，通常称为水力发电站的水头，也是水力发电的位能（势能）。

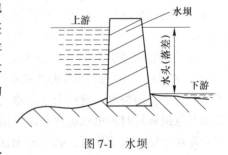

图 7-1 水坝

7.1.1.2 水力（能）的转换

水力（能）的利用主要通过转换成电能来实现。要把集中起来的水力（能）转换成电能，需要在坝的下游修建水力发电站（简称水电站）。在水电站里，被集中起来的水力（能）通过水轮机转变成机械能，然后带动发电机就变成电能。

$$水力（能）\xrightarrow{（水轮机）}机械能\xrightarrow{（发电机）}电能$$

水电站的发电能力是由河段集中起来的水流能量的大小来确定。

7.1.1.3 水电站发电功率

水电站的发电功率与河流的流量和水头（落差）密切相关。因此，首先介绍水力学上的几个名词。

流量（Q）：表示每秒钟流过某一断面的水体积，单位为 m^3/s；

水头（H）：表示两断面之间水面的垂直高差（高程差），单位为 m；

水的密度（ρ）：表示单位体积中所含水的质量，单位为 kg/m^3（$1m^3$ 水的密度一般近似地取 $\rho = 1000kg/m^3$）；

如果有一股水流，每秒钟流入上游断面和流出下游断面的体积都是 $1m^3$（即流量 $Q = 1m^3/s$），上下两断面间跌落的高程差是 1m（即落差 $H = 1m$），那么，这股水流的功率（N）为

$$N = Q\rho gH = 1 \times 1000 \times 9.81 \times 1 = 9810W = 9.81kW$$

式中　N——水流功率，W 或 kW；

　　　Q——单位时间内下泄的流（水）量，m^3/s；

　　　ρ——水的密度，kg/m^3；

　　　H——水头，m。

即 $1m^3$ 水在 1s 内跌落 1m 高度所具有的功率。

如果流量 Q、水头 H 不等于 1，水流的功率（kW）计算式可简化为

$$N = 9.81QH$$

由上式可知，当流量 Q 越大，水头 H 越大，功率 N 也越大。

1 千瓦（kW）的功率，工作 1 小时（h），即 3600 秒（s）所做的功，叫做 1 千瓦·时（kW·h），就是 3600 千焦耳（kJ），也是人们常说的 1 度电。

对一条河流来说，因为流量沿程有变化，落差沿河的分布也不均匀，计算河流的水能蕴藏量时，经常按流量和落差沿程的变化情况，把河流分成若干河段，每个河段取上下两个断面的水面高差作为落差（水头）H，用上下断面多年平均流量的平均值作为流量 Q，用上式计算这个河段所蕴藏的功率，把各河段的功率加起来，就是这条河流的总功率，称为这条河流的水能理论蕴藏量，理论蕴藏量乘以一年小时数（8760h），就是这条河流一年所做的功，也就是一年可以释放的能量。因为是用多年平均流量计算出来的，所以理论蕴藏量是表达平均的状态。实际上每年多多少少都是有变化的。

水从上游通过引水管道流经水轮机时，水流能量做功，使水轮机旋转，产生机械功（能），水轮机在单位时间内所做的功称为功率，也称为水轮机的出力。水轮机的出力小于水流功率，因为水在流经引水管道及水轮机工作过程中都存在能量的损失，同样水轮机带动发电机旋转时发电机也存在能量损失，所以发电机的出力也小于水轮机的出力。因此在计算水电站发电功率时，必须考虑这些能量损失的因素。

在工程上常用效率来衡量能量的损失，因此，就分别引入了引水管道建筑物的效率 η_C、水轮机的效率 η_T 和发电机的效率 η_G 来估算各部分的损失。水电站的发电（装机）动率 N_A（容量，kW）可用下式表示：

$$N_A = N\eta_C\eta_T\eta_G$$

式中，$\eta_C = 95\% \sim 99\%$，$\eta_T = 91\% \sim 95\%$，$\eta_G = 96\% \sim 98\%$。上述各种能量损失中，水轮机的能量损失为最大。因此，水轮机的性能对电站发电（装机）功率（容量）的影响较大。为了充分利用水流能量，应尽可能地提高水轮机的效率，这也是水力发电中的主要研究课题。

7.1.2　水力发电及其特点

7.1.2.1　水力发电过程

如上所述，水力发电就是以河流中水的落差和流量来积蓄势能和动能的。在一条河流上选择一个适当的部位（地段），修建一座大坝，将它的上游筑成一个可供蓄水的水库，提高上游水位。然后将水库中的水经引水钢管引入水轮机内冲动水轮机转动，由于水轮机轴与发电机轴是相互连接的，因此带动了发电机的旋转，旋转的发电机就发出电来。图7-2为葛洲坝水电站外景。

发电机发出的电，经由母线，通过低压断路器接至升压变压器，将发电机的电压升高到一定的高压，然后接入电网输电系统，由电网输电系统再输送到各用电部门。

图 7-2　葛洲坝水电站外景

7.1.2.2　发电机基本工作原理

由于水轮机带动了发电机的旋转，旋转的发电机就发出电来。其发电的基本原理如下：

电机是一种将能量或信号进行变换的电磁装置，从物理学中知道，当导体在磁场内做切割磁力线运动时，在导体内会产生感应电势；反之，带电导体在磁场内会受到力的作用，这就是电磁感应定律和电磁力定律，电机就是依据这两个基本定律进行工作的。

图7-3为一台两极同步发电机。外圈静止部分称为定子，它主要由硅钢片叠装成铁芯，在铁芯部分开有槽，槽内安放3个线圈（A-X、B-Y、C-Z），代表三相绕组，它们彼此之间在空间互相相差120°电角度（此时等于120°几何角度），中间转动部分称为转子。转子磁极铁芯上装有线圈L，称为激磁绕组。当电机工作时，激磁绕组内通以直流电流后，在电机内就会建立磁场，这个磁场对转子而言是不随时间变化的，即为一个恒定磁

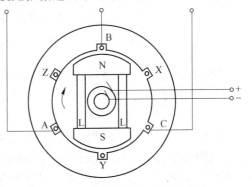

图 7-3　同步发电机工作原理图

场，如果用原动机（水轮机）把转子拖动旋转，则转子磁场切割定子铁芯内的导线，由

电磁感应定律可知，定子三相绕组中就会感应出三相电势。由于三个相的绕组相同而且是
对称布置，所以各相的感应电势大小相等，它
们之间的相位彼此互差 120° 电角度。如果在
同步发电机的三相定子绕组上接通三相对称负
载（用电的用户），则三相定子绕组就会有交
流电流，且三相电流是对称的，即各相电流大
小彼此相等，相位互差 120° 电角度。上述电
机的工作过程就是发电机的基本工作原理。

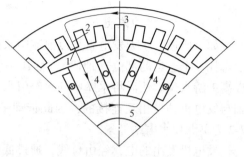

图 7-4　电机磁路
1—空气隙；2—定子齿（或磁极）；3—定子磁轭；
4—磁极（或转子齿）；5—转子轭

　　磁路是电机的主要组成部分，也是电机建
立磁场必不可少的条件。一般旋转电机的磁
路，如图 7-4 所示。

　　各类电机的磁路可分为以下各段：（1）空
气隙；（2）定子齿（或磁极）；（3）定子轭；（4）磁极（或转子齿）；（5）转子轭。

　　水轮发电机是一种凸极式的同步发电机，图 7-5 为水轮发电机的结构剖面图。

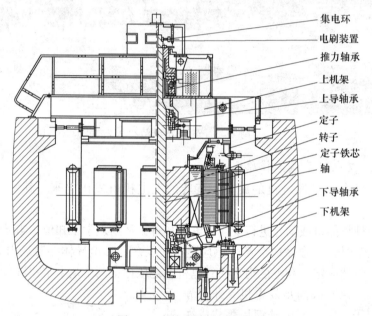

图 7-5　水轮发电机剖面图

　　图 7-5 中，定子为水轮发电机的静止部分，主要由机座、铁芯和电枢绕组（定子线
圈）组成；转子为转动部分，由磁极、转子绕组和转轴组成；它们构成了水轮发电机的
两个主要部分。由于两部分都装有绕组（线圈），由其电流产生耦合磁场。水轮发电机的
结构布置必须使耦合磁场储能为转子角位移的函数，才能在旋转中产生持续的电机能量转
换。具体地说，定、转子绕组中一个是励磁（激磁）绕组即转子绕组，通过转轴上的集
电环和电刷装置将直流电流引进，引进的电流在转子磁极上产生主磁通并形成主极磁场；
另一个是电枢绕组（定子线圈），装在气隙的另一边使其与主磁场间具有相对运动。当水
轮机拖动发电机转轴（转子）旋转时，转子主极磁场旋转，切割电枢绕组（定子线圈），
这样在绕组中感应出电势，当电枢绕组（定子线圈）与外界三相对称负载接通时，电枢

绕组（定子线圈）内将有交流电流，工作的全过程就是水轮发电机的基本工作原理。

水力（能）发电就是通过其动能推动水轮机带动发电机旋转，发电机经过能量变换的电磁装置，最终将水力（能）转变为电能，发出电来。

7.1.2.3 水力发电的特点

水力发电所用的河川水流是取之不尽、用之不竭的能源，与其他能源的开发相比，不需要昂贵的燃料开采、运输等复杂环节，因此发电的成本低。与此同时水电的应用还节约了大量煤炭、石油、天然气、原子能等重要原料，并有利于减少污染，保护环境。它是一种清洁的，可再生的能源。

水电站不仅同其他类型的电站一样，可以成为电力系统的骨干电站。由于水电机组具有启动快、开停机迅速、机组平均效率高等优点，因此很适宜于担任系统的调频、调峰任务。这样水电站不但保证了电力系统的电能质量，而且也能够使火电厂在高效率区稳定、经济地运行。同时，当电力系统发生故障时，由于水电机组发电、调相、开停机比较灵活迅速，可以很快地投入备用机组，对电力系统的稳定运行极为有利。

水电站的运行取决于水流情况和电力系统负荷。在汛期水量特别丰富时，一般水电均满发以充分利用水能，同时还可顶替火电工作容量而使火电机组有检修的机会。

随着现代化建设发展的需要，水力发电对电力系统起着举足轻重的作用。因此，应充分发挥水力发电的特点，大力加快水电基地的建设，以满足日益增长的电力市场的需求。但建设水电站一次性投资大，建设周期较长，并且伴随的移民和淹没田地等复杂工作需要妥善处理。

7.2 水力发电开发方式和电站类型

7.2.1 水资源综合利用规划

电力工业是国民经济的先行工业，农村电气化是农业现代化很重要的一个方面，全国的水力发电资源又是提供工业和农村电力的良好能源。多年来在国家和地方各级政府的支持下，调动了各方面的力量，治水办电紧密结合，充分利用水资源，水力发电取得了蓬勃发展。

对一条河流而言，要开发它所蕴藏的水能资源，首先就要查明它的蕴藏量，了解它的开发条件，选择具体的开发对象，进而制定全河流的水电开发规划。

一般来说，构成水能资源开发条件主要有两个：落差（水头）和流量。开发水能资源，就是想方设法尽量利用这两个条件，设计并修建水电站。

7.2.1.1 统筹兼顾合理安排

21 世纪的头 20 年是中国经济社会发展的重要战略机遇期，水电的规划必须在 2020 年中国经济实现翻两番这个总目标指导之下制定。国民经济的增长必然伴随着对能源电力需求的增长。因此，对水资源的规划必须根据地区规划（国土规划，包括农业、工业、交通、城镇建设规划和水利基本建设规划等）和能源（电力）规划，来进行河流（流域或河段）规划，在河流规划基础上，制定水电站规划。在河流规划时，要解决好以下关系：整体与局部，近期与长远，工业与农业，除害与兴利，干流与支流，上游与下游，大中型与小型，水电与火电，发电与用电，蓄与泄，发电与航运、渔业等关系，以及利用水源与保护水源等关系，根据地区的资金、物资和劳力，发挥地区优势，量力而行。

因地制宜，综合利用是水资源开发规划的基本原则。就是说必须根据当地的自然情况和经济条件，考虑防洪、发电、灌溉、航运、漂木、给水（包括居民用水）等国民经济许多部门对水资源综合利用的要求，统筹兼顾，合理安排，使其最大限度地发挥水资源的效益。同时，还应分清主次、轻重、缓急，分期分批、分水平，有计划、按比例地进行建设。

例如对山高坡陡、河谷狭窄、耕地分散、落差比较集中的山区河流，水资源的开发和综合利用，应以小型水力发电为主，一方面利用天然落差，尽量采用引水式小型水力发电；另一方面应在河流上游，人口、耕地稀少的地区选择合适的建库地点，修建水库，以调节径流，减少汛期弃水，增加枯水期出力，更好地利用水力资源。这样，不仅具有水库的水电站发电可适应用电的要求，而且在其下游一系列水电站也能减少弃水、增加枯水期出力和发电量。

对山低坡缓、耕地成片，土地潜力大、但水资源短缺的地区，水资源的开发和利用，应以灌溉为主，结合防洪和发电，在所建水库和渠道跌水等有条件发电的地点，都可建小水电站。

在平原地区，河道坡缓，两岸人口和耕地密集，因建水库淹没损失很大，故一般只能建造低水头径流式水电站。

在水资源综合利用规划时，除了发电、防洪、灌溉之外，对航运和木材流送，城镇及工矿给水，发展养鱼和水产事业，均应予以重视。

要特别注意对自然环境、天然资源（例如天然生物资源：鱼类、野生动物、植物等）的保护以及生态平衡，还要考虑就业问题。

在制定综合利用规划时，要认真考虑河流上、中、下游和点、线、面的结合问题，应力求做到"一水多用，一库多利"。上游具有较大水库的梯级开发方案比较理想，这样可以"一库建成，多站受益"，因为在上游或支流上，修建治水办电结合的水库或小水库群，不但能截蓄上游山洪，拦堵泥沙，保护下游地区免受或减轻洪水威胁，减轻下游大中型水库的泥沙，而且还能灌溉下游农田，增加下游各梯级水电站的保证出力和发电量，以及有利于水资源的其他综合利用事业。

总之，分散修建在上游或支流上的治水办电结合的水力发电水库群，在水资源综合利用规划时应首先考虑，因为它淹没损失很小或没有，几乎没有环境保护和生态平衡等问题，而且工程量不大，投资省，工期短，易于施工，便于群众自办，收益快。这样，还可以为山区不富裕的乡镇，创造积累资金的条件，以水力发电促进农业、乡镇工业和农村其他企业、事业的兴办。

7.2.1.2　河流梯级开发和近期工程选择

河流梯级开发方案和近期工程选择，是水资源综合利用规划的重要内容。为了正确选定近期工程，必须研究河流的梯级开发方案，以体现整体与局部、近期与远景等相结合的原则。

在一条河流上，由于各河段的地形、地质和水文等自然情况的不同以及地区经济条件的不同，需要因地制宜地选择水力发电站址和库址，组成几个不同的梯级开发方案，进行技术经济比较，选择最优梯级布置，使水资源综合利用效益最大。这样选择出来的站址或库址均应有较好的技术经济指标。

在上述前提下，尽量使梯级级数较少，每级尽可能集中较大水头。

然后，拟定各级电站（或水库）上下游的水位，使其尽可能相互衔接，以充分利用河流的落差。

有时，为了避免过多的淹没，不得不使上下梯级之间布置间断，允许存在不利用的河段。有时，为了充分利用下游水库良好的建库条件和改善上游梯级电站的运行条件，提高下级水库的正常蓄水位，超过上级电站的下游水位，即允许上下梯级水位重叠。其重叠程度应以不淹没上游电站厂房为限。

在所拟定的河流梯级开发方案中的各级水电站或水力枢纽，有一个先后开发的次序，不可能也不必要都同时修建。选择的近期开发工程必须能满足当前迫切需要解决的供电水资源综合利用的要求，而且这些工程的技术经济指标都必须比较优越。

7.2.2　水力发电开发方式

水电站的出力和发电量是与水头和流量（水量）成正比的，在所开发河流的一定的流量条件下，水头高低是决定性的因素，水头越高发电能力越大，而且往往更经济。因此，必须在水电站上、下游集中一定的落差构成发电水头。水电站的开发方式按照集中落差的方式，可分为引水（道）式、堤坝式和混合式三种，堤坝式水电站和混合式水电站具有水库，能起到径流调节的作用。

7.2.2.1　引水（道）式水电站

在河流坡降较陡、落差比较集中的河段，以及河湾或相邻两条河流河床高程相差较大的地方，利用坡降平缓的引水道引水与天然水面形成要求的落差以发电（图7-6）。

我国的小水电绝大多数位于山区、半山区，那里的天然河道坡降大、流量小，因此大都采用这种引水（道）式开发电站。特别在我国的南方地区，如福建闽清县有一电站建在天然坡降达1/8的山区河段，建造了人工引水明渠，获得了毛水头124m左右。

位于山区、半山区的水电站常常利用一根长达几十米，甚至几百米的压力钢管引水入厂房，并由此可获得发电水头。

7.2.2.2　堤坝式水电站

在河流地形、地质条件适当的地方修建拦河坝，抬高上游水位（同时形成水库）与下游河流天然水位形成要求的落差以引水发电（图7-7）。

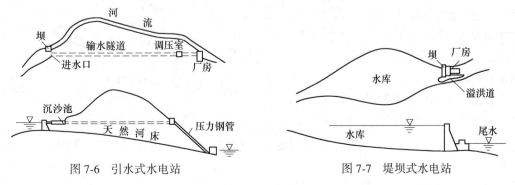

图7-6　引水式水电站　　　　　　　图7-7　堤坝式水电站

堤坝式电站又可分为坝下式水电站和河床式水电站。坝下式水电站的发电厂房在大坝的下游侧，厂房不承受上游的水压力。而河床式水电站的厂房则为大坝的一部分，它既拦挡水流又承受上游面的水压力，而且还是水电站的发电厂房，一般适用于低水头的情况。

7.2.2.3　混合式水电站

部分利用拦河坝、部分利用引水道以集中落差发电（图7-8）。在山区，混合式水电站大都与防洪、灌溉相结合，少数以发电为主。

7.2.3　水电站的类型

根据因地制宜、综合利用的原则，水电站主要取决于当地的地形、地质、水文、建材和经济条件，采用合适的类型进行建造。

7.2.3.1　天然瀑布型水电站

天然瀑布本身具有相当大的落差，这种水电站的特点往往在短距离内获得相当大的水头。图7-9是天然瀑布的利用图。图7-9a表示瀑布的天然情况；图7-9b表示利用瀑布的上游建一个高坝而集中一定的落差，就是混合式水电站；图7-9c表示建筑一个低坝，只能起挡水作用，则为引水（道）式水电站。

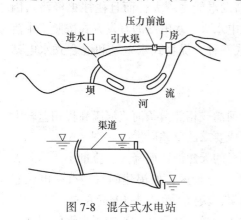

图7-8　混合式水电站

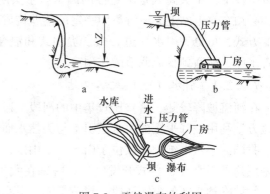

图7-9　天然瀑布的利用

a—瀑布天然情况；b—混合式水电站；c—引水（道）式水电站

7.2.3.2　急滩或天然跌水河段型水电站

在山区的河滩上，常可利用几米或更大一些落差的急滩或天然跌水，建造引水式水电站，如引水流量大和进水条件好，可不建大坝或筑低堰，急滩的利用如图7-10所示。但应考虑适当的防洪措施，以防止山洪对厂房和引水渠等建筑物的冲击。

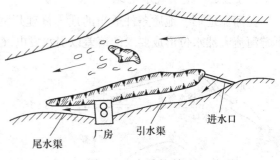

图7-10　急滩的利用

7.2.3.3　灌渠跌水型水电站

利用上、下游灌渠的跌水面落差而修建的水电站。图7-11就是利用灌溉渠道上的跌水修建的水电站示意图。跌水上、下的水面差就是水电站的毛水头。

利用灌溉渠跌水的水电站只需在原有灌渠建筑物的基础上，增建厂房即可。工程简单，投资少，是适合农村需要的一种建站类型。

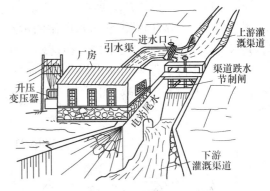

图 7-11 利用灌溉渠跌水的水电站

7.2.3.4 河湾型水电站

某些山区的河流的沟谷河曲十分发育，几乎形成环状河湾，而且坡降陡峻。这种天然条件，可以利用引水道将环口联通，裁弯取直，建造比沿河引水短得多的渠道，就能获得较大的水头，如图 7-12a 所示。当河湾绕高山而流，除了可以建造盘山渠道引水外，也可以用更短的隧洞引水的方案，如图 7-12b 所示。

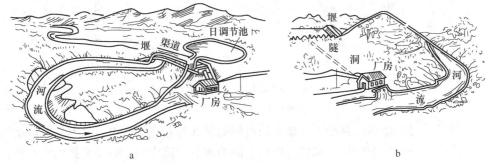

图 7-12 利用河湾建造水电站示意图

a—明渠引水；b—隧洞引水

7.2.3.5 跨河（或跨流域）引水型水电站

在山区各河流和大、中型灌区河网之间，当有两条相邻河流的局部河段非常靠近且有相当的水位差时，可以考虑从高河道向低河道引水发电，水电站厂房一般建在低河道岸边，跨河引水示意如图 7-13 所示，在这种情况下，发电尾水不再流回原河道，因此，高河道下游水量减少，低河道下游水量增加，所以，在规划时必须根据两条河道下游的灌溉、航运、供水、养鱼和其他需水部门的用水情况，并研究跨河引水时对两条河道上已建和拟建工程效益的影响，统筹考虑，全面规划。

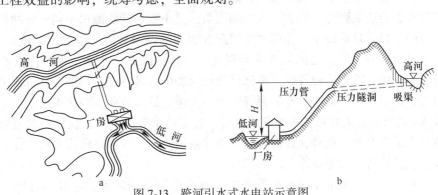

图 7-13 跨河引水式水电站示意图

a—布置示意图；b—剖面示意图

7.2.3.6　高山湖泊型水电站

图 7-14 是利用高山湖泊建造水电站的示意图，图中离高山湖泊不远处有一河流或湖泊，其水位低于高山湖泊的水位，在这种情况下，可从高山湖泊引水发电。如引取湖水后，湖泊水位下降，但因湖面积相应缩小而蒸发损失也随之大为减少。当湖水位降到某高程时，由于引水量相当于减少的蒸发损失，有可能不再消耗湖中的存水，从而保持湖水位不变。

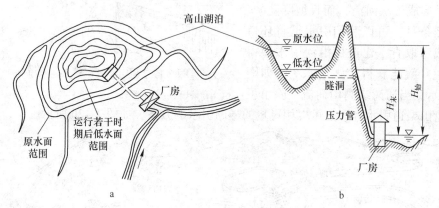

图 7-14　高山湖泊型水电站示意图

a—平面示意图；b—剖面示意图

另一种情况是利用高山湖泊下游原有河道的流量和落差建站发电，并不从湖泊增加引用流量，因而也不改变湖泊原有水位。但由于湖泊调节径流作用，好像天然水库一样，故下泄流量比较稳定。

除了上述 6 种类型的水电站外，还有利用潮汐水位，在合适的港湾或河口建造潮汐电站，这里就不一一叙述了。

7.2.4　水力发电水能设计简述

7.2.4.1　装机容量

水电站装机容量是各机组额定容量（发电机铭牌功率）的总和。在一般情况下，是水电站最大出力的极限值。

水电站装机容量是水电站规模和生产能力的标志。它关系到水电站经济效益的好坏。装机容量过大，会造成财力、物力、人力的浪费；过小则水能资源得不到充分的利用。

小水电的装机容量取决于河流的水文情况和水库的调节性能，以及用电负荷的需要。通常，用电（如工业、居民用电）要求全年比较稳定，因此枯水期能保证提供的发电能力，具有重要作用。首先按设计保证率选择设计代表年，进行径流调节计算，算出枯水期的保证出力，并根据水电站所具有的调峰能力，为满足最大负荷需要而确定出水电站最大工作容量 N_{T}。当主要供电对象为排灌用电时，应安排季节所能保证提供的发电能力来确定水电站最大工作容量，此外，还需要装设部分备用容量，以满足负荷突然变化、替代检修机组和事故停机机组的需要。

在一般情况下，小水电不考虑负荷备用容量和事故备用容量，除非具有较大调节水库，而且靠近负荷中心，才予以考虑。

除了最大工作容量以外，有时为了利用丰水期的多余水量，增发季节性电能而多装一些容量，称为重复容量或季节容量，这部分容量在枯水期可作为检修备用容量或负荷备用容量。这种多装的容量所发出的电能必须有销路，而且必须经过经济计算（即在经济上合理），否则就不宜装置这部分容量。

7.2.4.2 设计保证率

河流的天然径流量是变化的，各年之间和年内各月之间的变化都是相当大的。对水能资源的利用也就存在丰枯不均的问题。对于无调节的径流电站，枯水期出力取决于枯水流量，往往很小，对于具有水库的电站，可以蓄洪补枯提高枯水期出力，但由于地形条件、工程造价和淹没损失等方面的原因，小水电水库的调节库容一般相当有限的，枯水期出力仍然比其他时期少，在水能规划设计中，并非以最小枯水日（或枯水期）出力为依据，而是以某个枯水日（或枯水期）出力为标准，多年间有 90% 时间的出力不小于它，称其保证率为 90%（如有 80% 时间的出力不小于它，其保证率为 80%），即有 10%（或 20%）时间的出力小于它，不能达到标准。

一般预先规定某一保证率的数值，目的在于使工程（水电）投入运行后，保证其工作可靠性达到其预期的标准，这个标准称为设计保证率，可用保证正常工作的时间与总工作时间之比值来表示，即

$$P_{设} = \frac{正常工作时间}{总工作时间} \times 100\%$$

选择设计保证率时，应根据电网所在地区负荷的重要性，设计电站的规模（装机容量），该电站在电网中的比重和地位以及出力减少后的补救措施和后果，并参照相似电站或邻近地区有关这方面的经验，进行综合分析来确定设计保证率。

一般小型水电站可参照以下建议，选定设计保证率：

（1）对小水电网中的骨干电站，当其担负常年连续生产的较大的工业负荷（如化肥厂、水泥厂）时，其设计保证率应选大些。因为如电站供电不能保证，将对地方的工农业生产带来严重的影响。这种水电站的设计保证率可取 85%~90%。

（2）对担负一般地方工业和农村负荷，装机容量 1000~12000kW 的小型水电站设计保证率可取 80%~85%。

（3）装机容量 100~1000kW 的小型水电站，设计保证率一般可取 75%~80%。

（4）对那些在枯水期可以得到网内火电站或其他电源补偿的水电站，其设计保证率可适当选低些。

（5）在水力资源丰富的地区，设计保证率可选取较高的，以提高供电的可靠性；而在水力资源较少的地区，则可选取较低的，以提高水能利用程度。

（6）至于那些容量很小的微型电站，一般只负担附近农村的用电负荷或就地销售，其设计保证率可以是相当低的。

7.2.4.3 水能设计简述

A 无调节水电站水能设计

山区引水式水电站，大都为无调节的径流式水电站。这类水电的工作仅取决于天然来水，故水能计算相当简单。

a　保证出力

在计算无调节水电站的保证出力时，一般要绘制日平均流量历时（保证率）曲线。可按选出的丰水年、中水年、枯水年 3 个设计代表年的日平均流量来绘制。因其总历时为 3 年，即 1095 日，故不小于最小日平均流量的时间为 1095 日，其频率为

$$\frac{m}{n+1} \times 100\% = \frac{1095}{1095+1} \approx 100\%$$

；不小于最大日平均流量的时间为 1 日，其频率为

$$\frac{m}{n+1} = 0.091\%$$

，其余类推。式中，n 是 3 年的总天数，m 是按日平均流量大小排列

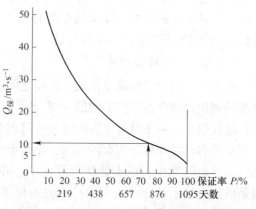

图 7-15　日平均流量历时（保证率）曲线

的顺序。图 7-15 为某电站的日平均流量历时（保证率）曲线。

根据设计电站要求的保证率，从这条曲线上查得保证流量 $Q_保$。例如按保证率 75%，在图 7-15 上查得 $Q_保 = 10 \text{m}^3/\text{s}$。

由于无调节水电站上游水位基本上不变，下游水位根据保证流量，在下游水位-流量曲线上查得，而上下游水位之差，即为与保证流量 $Q_保$ 相应的水头 H。然后按下式计算出水电站的保证出力

$$N_保 = AQ_保 H$$

式中，A 为系数，一般为 7~8。

装机容量 1000~12000kW 的电站 A 取 8；装机容量 100~1000kW 者 A 取 7。

在这种情况下，保证流量的保证率也就是电站保证率。对于引水式水电站，可以认为水电站的水头不变，例如所设计水电站的水头为 60m，保证流量 $Q_保 = 10 \text{m}^3/\text{s}$，则其保证出力为

$$N_保 = 8Q_保 H = 8 \times 10 \times 60 = 4800 \text{kW}$$

对于低水头径流电站，由于水头变化对出力影响较大，应计算并绘制日平均出力历时（保证率）曲线，求算出保证出力。日平均出力历时（保证率）曲线的绘制可按日计算出每天的日平均出力，按大小顺序排列，并计算出各出力的频率（即保证率 $P = \dfrac{m}{n+1} \times 100\%$），即可绘制出日平均出力保证率曲线。

设计装机容量 1000~12000kW 的水电站，通常根据中水年、丰水年、枯水年 3 个设计代表年进行计算，绘制出 3 个代表年的日平均出力保证率曲线。例如根据图 7-15 同样的资料，计算 3 个代表年的日平均出力保证曲线，如图 7-16 所示。按设计保证率 $P = 75\%$，在此图上查得日平均保证出力为 4750kW，两种算法结果相当接近。但后者的方法因为考虑了流量损失（包括水面蒸发、渗漏等）和水头损失，而且逐日计算电站的净流量和净水头，故较为精确。对于低水头电站，因水头变化较大，两种算法的差别就更大了。

b　多年平均年发电量

水电站在不同年份内的发电量不一样，丰水年多，枯水年少。因此，水电站年发电量

指标常用多年平均年发电量来表示。

c 无调节水电站装机容量的确定

由于无调节水电站（径流式电站）不能对径流进行任何调节，即不能担任调峰任务。因此，这种电站的保证出力 $N_{保}$ 通常就是其为满足电力用户（或电网）最大负荷需要而设置的最大工作容量 $N_{工}$，即 $N_{保}=N_{工}$。

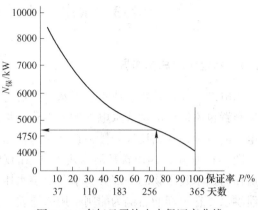

图 7-16　多年日平均出力保证率曲线

也就是说，水电站的装机容量，至少应等于最大工作容量，对于无调节水电站，应等于或至少等于保证出力。在这种情况下，丰水期将有大量弃水不能利用。有些无调节水电站为了利用丰水期的水能，而增加季节容量（重复容量），但必须注意季节容量所发出的季节性电能必须有季节性电能用户，而且在经济上应是合算的。

季节性电能用户在农业上有电力提灌、排涝、农副业加工等，在工业上有电炉冶金、炼铝、拔丝、水电解化肥、电石等大耗电企业。这些季节性用电户，也要求一年中有相当时期（如几个月）可以持续供电，对于洪峰时短暂的忽有忽无的电能，是很难利用的，一般不予利用。

B 日调节水电站水能设计

利用蓄水池（日调节水池或水库）调节一日内的天然流量，以满足在一日内用电负荷变化的水电站，称为日调节水电站，即在用电负荷较小时进行蓄水。而在用电负荷较大时集中放水，多发电。

这种水电站的最大工作容量可以大于枯水期日平均出力（保证出力），即 $N_{工}>N_{保}$ 究竟大多少，这要看设计水电站在日负荷图上的工作位置。如担任基荷，则 $N_{工}=N_{保}$；如担任峰荷，则 $N_{工}$ 等于数倍的 $N_{保}$。

日调节的小型水电站在丰水季节为了避免弃水或减少弃水，尽量利用天然水能，一般均应担任基荷。这时就要考虑电网中其他电站（如火电厂）担负峰荷。

C 年或季调节水电站水能设计

年或季调节水电站具有较大的库容，不仅能进行一日之间的流量调节，而且能进行一年内各季之间的流量调节，把丰水季的多余水量蓄存在水库内，在枯水季河流天然来水量不足时，从水库放水，以增大流量（$Q_{调}>Q_{天}$），从而提高了枯水期的保证出力，这样能较好和较充分地利用天然水能资源。

年或季调节水电站水能设计的方法和步骤基本上与日调节水电站的相似。首先，从径流（流量）系列中选出一些枯水季流量较枯的年份，以旬（或月）为时段进行计算，计算出这些年份枯水季的调节流量（将枯水期天然来水量与水库调节库容之和，除以枯水期的时间即可得出），并计算其保证率，符合于水电站保证率的枯水期调节流量，即为设计年枯水段。然后计算各旬（或月）平均出力（$N = (7 \sim 8)Q_{调}H$），将其中供水期（枯水期）各旬（或月）平均出力再进行总平均，所得值即为保证出力 $N_{保}$，这种水电站可以担任部分的负荷备用和事故备用容量。

7.3　水电站主要水工建筑物概述

7.3.1　水电站的总体布置

　　水电站主要由挡水、泄水、引水、厂房等各种建筑物组成。随着各种不同开发方式其总体布置也不同。堤坝式水电站的各项建筑物比较集中，形成水力枢纽；引水式和混合式水电站的各项建筑物比较分散，包括引水枢纽（首部枢纽）、引水道和厂房枢纽。

　　图 7-17 所示是四川省某河床式水电站的总体布置图。电站装有 2 台 5000kW 的机组，厂房作为挡水建筑物的一部分，承受上游水压力。泄水建筑物为块石砌成的滚水坝，用来宣泄洪水。在大坝的右侧为船闸，用来通航。为了在宣泄洪水时，避免对水电站下游水位的影响，在厂、坝之间筑有分流墩（或称隔水墩）。变电站位于电站厂房左端的山坡上。

　　上面说的是堤坝式水电站的水力枢纽建筑物。有坝引水式电站的引水枢纽，由很低的堤坝、滚水坝或溢流堰以及引水口（进水口）等建筑物组成。此外，还有引水道口和远离引水枢纽的发电厂房。如图 7-18 所示，是浙江省某一电站三级无压引水式水电站的厂区总体布置图（厂房枢纽布置图）。装有 3 台 800kW 的卧式机组。图上可以看到厂房、压力水管、变电站、泄水建筑物等。

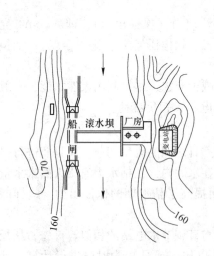

图 7-17　四川省某河床式水电站总体布置图

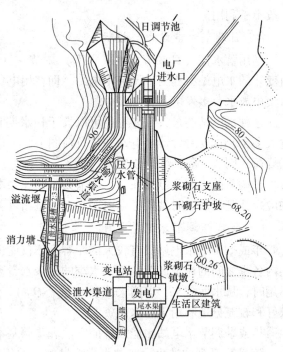

图 7-18　浙江省某一电站三级无压
引水式水电站的厂区总体布置图

　　上面介绍的水电站都有挡水、泄水、输水（引水）和厂房建筑物，有的还有通航、过鱼、过木等需要，而相应地建造了船闸、鱼道、筏道（或过木设施）等建筑物。

　　各座水电站根据具体条件和要求，把上述各种水工建筑物进行合理的布置，协调相互之间的位置。要求整个工程的投资省、施工方便、运行安全可靠、经济效益高。

7.3.2　挡水和泄水建筑物

挡水建筑物就是拦河坝，它把河流拦断，以控制水流，为人类服务。堤坝式水电站的拦河坝，一方面抬高上游水位，形成落差；另一方面形成水库，以调节径流。引水式水电站的低坝或溢流堰，仅起拦住水流，把水引向引水道的作用。

拦河有各种形式，小水电为了就地取材，便于群众施工和运行，往往选用具有当地特色的坝型，如土坝、砌石坝、堆石坝、土石混合坝等的当地坝型。大型电站拦河坝则根据水利的具体条件进行设计。

必须强调指出拦河坝是最重要的建筑物，必须安全可靠，不允许失事。万一垮坝，其灾害比天然洪灾大得多，将给下游造成严重灾难。

7.3.2.1　土坝

土坝是一种古老的坝型，至今仍被广泛采用。土坝便于就地取材，施工简单方便，而且施工面大，可以开展群众性施工。

土坝的上下游坝坡取决于筑坝材料的抗滑稳定，一般坝坡较缓，如 1：2.5～1：3.5 等。

土坝对于地基的地质要求不高，但要防止坝基、坝肩和坝体本身的渗漏，小的渗漏会逐渐扩大成为管涌，如任其发展，就有垮坝的危险。

施工质量好的土坝是坚固耐久的。

土坝与其他坝型相比，坝体方量相当大，所需劳力较多，而且为了施工期间的安全度汛，必须在汛前抢进度，使土坝达到一定高度，土坝的坝顶一般不能溢流，必须另修建岸边溢洪道或泄洪闸等建筑物，其大小应能宣泄可能发生的最大洪水，如泄洪能力不足，就有可能漫顶冲毁，这是土坝失事的主要原因之一。溢洪道的泄洪能力，要根据实测洪水资料和历史调查洪水，分析其可能发生的各种频率的洪水，并按照水电站规模和万一失事后对下游可能造成的灾难，确定设计洪水标准，以建设合乎标准的泄水建筑物，保证安全。

土坝的主要类型有均质土坝、心墙坝和斜墙坝等几种。本书不做详细叙述。

7.3.2.2　浆砌石重力坝

依靠坝体自身重力来抵抗外力的水坝，称为重力坝。重力坝的主要外力是呈三角形分布的上游水压力，所以重力坝的基本剖面是个三角形，如图 7-19 所示的 abc。因为考虑到施工期和运行期的要求，需要在基本剖面形式 abc 上，做适当的修改，成为重力坝的实用剖面，如图 7-19 实线所示。

较高的重力坝常用混凝土浇筑，而小水电站大部分为低坝，通常采用浆砌石重力坝，以节省水泥和发挥当地石匠的作用。

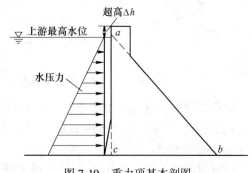

图 7-19　重力项基本剖图

浆砌石重力坝可以做成挡水的非溢流坝，也可做成溢流坝。溢流坝的长度由安全泄洪

278

的要求来确定，当不需要全河宽度溢流时，靠河岸的坝段可做成非溢流坝。

重力坝上游面一般是直立的，也可以做成 $1:0.1\sim1:0.25$ 的斜坡，可以自坝顶起坡，也可以从 $1/3\sim2/3$ 坝高处起坡。下游坡常用 $1:0.65\sim1:0.80$。坝底宽度约为坝高的 $0.75\sim1.0$ 倍。因坝基承受的压力（包括坝体本身的自重和水压力等外压力）较大，故对其地质要求较高，若坝基地质较差，坝底就要宽些。

浆砌石溢流重力坝的上游坝面与非溢流坝的相同。坝顶和下游坝面因需要溢流，一般应做成圆滑的曲面，使水流平顺地沿坝面下泄，以提高泄流能力，在其后还要做消能设施。当坝很低且泄洪量很小时，坝顶可做成平面。

由于溢流坝与非溢流坝的下游坝坡往往是不一致的，因此在它们的交接处应修建导水墙或分流墩（隔水）来隔开。小型的溢流坝顶一般没有闸门而采用自由溢流。如在溢流坝顶设置闸门，可增加调节库容，但需要增加闸门的投资，并要保证闸门启闭灵活，蓄水时能及时关闭，泄洪时能及时开闸。

7.3.2.3　浆砌石拱坝

浆砌石拱坝是一种省料的砌石坝。它在平面上向上游弯曲成拱形，通常修建在岩石较好的狭窄河谷上。拱坝所承受的水压力、泥沙压力等外力，借拱的作用大部分传到两岸岩石上，所以对拱坝两端拱座的地质要求很高。拱坝与同等规模的浆砌石重力坝相比，一般可节省坝体工程量的 $1/3\sim1/2$。因此，拱坝具有工程量少、投资省、工期短等优点。四川、湖南、浙江、河北等省建成了不少的浆砌石拱坝。有的还建成了浆砌石双曲薄拱坝，即不仅在平面上呈拱面，而且在垂直面上也呈拱形。这种坝体的工程量更省，但设计和施工的质量要求更高。图 7-20 是浙江省某电站的混凝土砌石双曲薄拱坝。

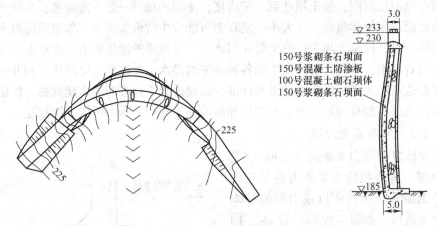

图 7-20　浙江省某电站的混凝土砌石双曲薄拱坝

修建拱坝需要有合适的地形和地质条件，按一般经验，坝顶高程处的河谷宽度 L 与高度 H 的比值 L/H 为 $1.5\sim3.5$ 时较好。当 $L/H>7\sim8$ 时，修建拱坝就不一定优越了，应考虑其他合适的坝型。

理想的河谷形状是狭而陡的 V 形或 U 形，两岸对称，岸坡平顺无突变，在不对称的河谷中，适当改造地形，例如将深槽用混凝土或浆砌块石填平，将突出部分挖掉，或在一岸河滩地上修建重力墩（人工拱座），使拱坝接近对称。

因为拱坝的稳定，主要靠拱座下游两岸岩体来支撑，所以拱坝应布置在河谷缩窄部分

稍前的位置，使拱端落在天然可靠的支
承岩体上，同时，应使拱轴线与开挖的
等高线达到正交或接近正交，以使岩体
更好地支承拱座并减少开挖量，拱轴线
位置如图 7-21 所示，理想的地质条件，
是两岸和河床的岩石坚固完整，透水性
小，耐风化和变形小，河谷边坡稳定。

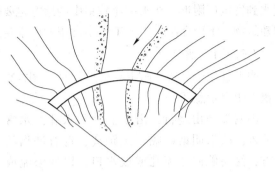

图 7-21　拱坝拱轴的位置

拱坝承受超载的能力比较大，根据
一些工程的实践，表明坝破坏时承受的
荷载，比设计荷载大得多。此外，拱坝
还具有较强的抗震能力。

拱坝可分为非溢流拱坝和溢流拱坝，一般小型拱坝大都采用坝顶溢流，但也有采用中
孔泄洪的拱坝。

7.3.2.4　其他当地材料坝

A　圬工硬壳坝

利用干砌石或砂卵石堆石体作坝体，外包以水泥砂浆砌石或混凝土硬壳，以节省浆砌
所需水泥用量。圬工硬壳坝适于建在岩基上，因为这种坝型要求地基沉陷量及不均匀沉陷
较小，并为不易风化的岩基。当有砂、石料而缺少土料时，可以考虑这种坝型，建造
低坝。

B　干砌石坝

干砌石坝不需用水泥砂浆等胶结材料，坝的外部用干砌石，内部用堆石或填筑砂卵
石，便于就地取材，群众自办，适用于低坝。广东、四川、山西等省修筑干砌条石或卵石
坝已有 500~800 年的历史。目前各地已建成多种形式的干砌石坝。

C　照谷型土石坝

由土和石块组成的土石混合坝（简称土石坝），也是在小水电站建设中应用较多的一
种简易坝。过去这种坝型的坝顶不能溢流。后来改进，在岩基上修建了许多坝顶可以少量
溢流的土石混合坝，称为照谷型土石坝。

D　堆石坝

堆石坝是抛石堆筑的当地材料坝，一般不溢流。坝坡不做护面的堆石溢流坝只能做
3m 以下的低堰。

7.3.3　引水建筑物

引水建筑物的作用，是从河流或水库中，把水引到发电厂房中的水轮机去发电。引水
建筑物可以分为无压引水和有压引水两类。无压引水建筑物有明渠、无压隧洞；有压引水
建筑物有压力水管和有压隧洞，其中最简单的是明渠，在小型水电工程中广泛采用。它作
为无压引水道，输送水流到发电厂，如需要穿过高山峻岭引水时，则可修建隧洞。小水电
隧洞如穿过完好的岩层，可不衬砌，或局部衬砌，或首部和尾部衬砌。

堤坝式水电站由上游引水到下游的厂房，常用压力水管，引水式水电站由明渠或隧洞

引水到发电厂附近，在水头比较集中的地方也要用压力水管，所以，压力水管是重要的引水建筑物。下面介绍小水电工程中常用的引水建筑物。

7.3.3.1　明渠

明渠最便于群众性施工和就地取材，图7-22为盘山明渠示意图。

因明渠环山绕行，山坡上的雨水和泥水常有流入，故沿明渠每隔一定距离，选有冲沟的地方，修建侧向溢流孔或放水口，以便溢流或开闸排沙。

明渠线路选择的一般原则如下：

（1）明渠要尽可能短，以减小水量和水头损失，且降低工程造价。

图 7-22　盘山明渠示意图

（2）根据明渠进水口的水面高程和水位变化情况，渠的线路应尽可能选在较高的地方，以获得较大水头，并能适应自流灌溉的需要。明渠一般沿等高线绕山而行。明渠坡度和断面要选择合适，尽可能减少引水道的水头损失。

（3）渠道线路应避免过大的挖方和填方，最好做到挖填方量接近平衡，或挖方稍大于填方。渠道线路应选择在地质较好的地带，防止滑坡，减少渗漏和冲刷。

（4）渠道线路经过山沟、河流或山谷时，常需修建倒虹吸管（即地面或地下埋管）或渡槽等建筑物，增加工程投资。渠道线路绕山而行，虽可避免上述缺点，但大大增长渠道线路，增加挖填方量，故要进行方案比较。

（5）渠道线路最好避开已建工程，例如公路或其他建筑物，以减小涵管等建筑物的投资。

选择渠道线路往往不能全部满足上述要求，故需要进行不同线路的方案比较，找出最优的渠道线路。

明渠的末端设置"前池"，用来连接明渠与压力水管。前池的宽度应比明渠宽得多。前池的作用是把来水分配给压力水管，并设有闸门以便停机关闭或关闸检修；由于前池具有一定的容积，有短时调节水量和平稳水头的作用；如有排沙排冰需要，则应在前池设置排沙孔或排冰道；前池通常都有溢流堰，以便在电站停机时，水流可溢出，送往下游，满足下游用水需要，图 7-23 为前池示意图。

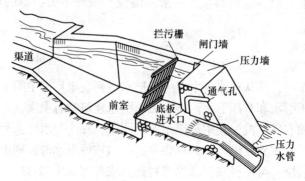

图 7-23　前池示意图

7.3.3.2 隧洞

经过山区引水，在地质条件许可和经济合理的情况下，可凿隧洞，隧洞的断面一般为圆形或马蹄形，其水流条件和岩石应力条件较好。

(1) 无压隧洞。无压隧洞内水不满流，有自由水面，水力学特性与明渠一样。

(2) 有压隧洞。有压隧洞内全部过水，水力学特性与水管一样。隧洞内各处的内水压力相当于进水口自由水面高程与该处高程之差。隧洞排空时要承受山岩的外压力。

(3) 调压井。当有压隧洞较长和利用水头较高时，有时需要在有压隧洞与压力水管之间设置调压井，以减小机组启闭时的水击压力。小型水电站很少采用调压井，而采用替代措施，例如空放阀、水电阻等。

7.3.3.3 压力水管

由前池、隧洞或水库向厂房内水轮机输水的管道，称为压力水管。其工作特点是承受相当高的内水压力，其中还包括了水击压力。

在设计、制造、施工、安装，以及在运行中，必须充分保证压力水管的安全可靠。

(1) 压力水管的类型。压力水管有钢管、钢筋混凝土管、铸铁管和木管，我国最广泛采用的是预应力钢筋混凝土管。微型农村小容量电站就地取材，采用木管、陶瓦管、石管、竹管或其他当地材料的管子。只有在高水头、大直径（即流量大时）的情况下，才考虑采用钢管。在我国小水电工程中，普遍采用钢筋混凝土预制管。在较高水头下，广泛采用的是离心法生产的预应力钢筋混凝土管。

(2) 预应力钢筋混凝土管。用离心法制造的预应力钢筋混凝土管，在我国已广泛地用作水库压力涵管、水轮泵站或抽水站的出水管以及小型水电站压力水管等。

用离心法生产的预应力钢筋混凝土管具有强度高、防渗性能好、内壁光滑、养护费少，造价低，而且节省钢材、水泥和木材等原料的优点。这种高压水泥管耗用钢材一般仅为同规格钢管的 $1/4 \sim 1/3$，低压管为 $1/15 \sim 1/8$。比现场浇筑的钢筋混凝土管可节省 50% 的钢材和水泥。

用离心法生产的预应力钢筋混凝土管，工艺过程比较简单，而且乡镇的机械工厂或农机厂均可自制这些设备。

7.3.4 水电站厂房

如上所述，水流经过压力水管，进入厂房内的水轮机，水轮机将水能转化为旋转的机械能，带动发电机旋转而转化为电能。可见厂房是水电站最重要的生产车间。它在工程上要求牢固、可靠、投资少，维护简单；在生产运行上要求安全经济发供电。在容量较大的水电站，发电机厂房又分为主厂房和副厂房，主厂房内安装水轮发电机，副厂房内安装辅助和控制设备。除了发电厂房之外，厂区内还包括变电站，把电压升高，以便通过高压线输出，当输送电压较高时，通常把主变压器与高压开关装置分开布置。主变压器布置在紧靠厂房的地方，称为主变场；高压开关装置可布置在离开厂房较远的比较平坦的地方，称为开关站。

根据地形的不同和进厂公路位置的不同，厂区的布置可有不同的形式。图 7-24 为引水式水电厂厂区布置图。

小型水电站一般采用一台变压器，一般不超过两台。由于山区地形窄，主变压器一般

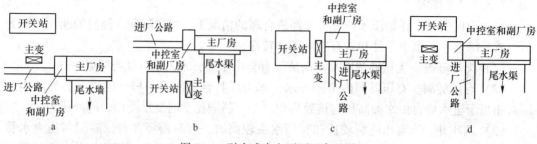

图7-24　引水式水电厂厂区布置图

布置在厂房的一端，以减小开挖量和工程投资，如图7-24a、b所示，如果进厂公路从厂房下游侧进入，布置可如图7-24c、d所示，其优点是不可能发生货车直接撞运行机组的事故。

装机容量在1000kW以下的小水电站，不分主副厂房，所有主机、辅助和控制设备都安装在一个厂房内。变电站也比较简单，可将主变压器与高压开关装置布置在一起。

厂房本身的布置主要取决于机组主轴的布置形式、水轮机的型号和台数。其次，与电气主接线和传动方式有关，还受到水电站总体布置、地质、地形和防洪等因素的影响。

按主轴的布置形式，一般分为卧轴机组厂房和立轴机组厂房两类。

7.3.4.1　卧轴机组厂房

小型水电站采用卧轴机组的较多，因为卧轴机组体积较小较轻，安装拆卸方便，一般带有厂家制造的金属蜗壳。水轮机与发电机由卧轴相连，都安装在发电机层上。机组的安装高程取决于水轮机的安装高程，其值等于由尾水渠的设计最低水位加上水轮机制造厂给定的吸出高度。由尾水管的要求，确定出基础开挖深度。根据起吊机组最大部件的需要，确定出吊车轨顶面高程和厂房高程。

厂房布置因水轮发电机组轴线布置的不同，而有以下3种布置方式：

（1）机组轴线与厂房轴线平行。这种布置可以减少厂房宽度，但有时会增加厂房的长度。当机组台数不多时，例如一台或两台时，采用这种布置方式往往是经济合理的，因为此时厂房长度增加不多，尤其是在厂址地形狭长的情况下，更显有利。

（2）机组轴线与厂房轴线垂直。这种布置方式一般适宜于机组台数多（3台以上）的情况，这样可使厂房宽度增大不多，而其长度大大缩短，是相当有利的。

（3）机组轴线与厂轴线斜交。这种厂房布置方式简单，一般为小型水轮发电机组采用，没有中央控制室和辅助房间，也不在厂房内布置固定的水泵、压气机等设备。因为平时不需要这些辅助设备，只要在检修时临时运入就可以。

7.3.4.2　立轴机组厂房

A　立轴机组厂房布置

立轴机组的发电机装在水轮机的上面，它的厂房布置比卧轴机组的要复杂些，其特点是厂房结构具有数层，除了发电机层以上的上部结构之外，还有水轮机层和蜗壳、尾水管层等下部结构。

立轴机组厂房的水轮机高程，取决于水轮机的安装高程，即尾水渠的设计最低水位加上水轮机制造厂给定的吸出高度，发电机层在水轮机层之上，取决于立轴的长度。最好设在设计洪水位以上，并与进厂公路相平。根据吊车起吊最长、最大、最重部件（一般为发电机转子带轴）的需要，确定吊车轨顶面高程，由此再确定上部的屋架高程、房顶高程等。根据水轮机制造厂的技术要求，确定蜗壳和尾水管的安装高程，以及尾水管出口处高程。计算厂房基础板厚度，就可确定厂房基础开挖高程。

图 7-25 为湖南某一引水式水电站立轴机组厂房横剖面图，电站设计水头为 30.5m，设计流量为 37.8m³/s。装有 2 台单机容量 3200kW 的立轴式机组。电站由于单机容量和装机容量较大，出线回数也较多，故设置中央控制室和主要的辅助房间（开关室、蓄电池室、空气压缩机室、油处理室、集水井和水泵室），厂房内装有桥式吊车，设置了安装间。

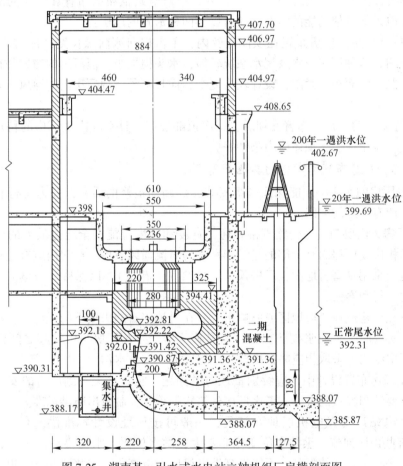

图 7-25　湖南某一引水式水电站立轴机组厂房横剖面图

B　立轴机组厂房形式

立轴机组厂房形式及规模主要取决于水电站的主要参数（水头、流量、装机容量、装机台数、机型等）以及自然条件（地形、地质），有时还要取决于某些特殊要求。立轴机组常见的厂房形式有以下几种：

（1）地面户内式厂房。发电机组及其主要附属设备均布置在室内。这种厂房在运行管理方面比较方便，且不受雨、雪、风沙和日晒的影响，通常大中型水轮发电机组均采用这种形式厂房。

（2）河床式厂房。厂房建于河床，为整个挡水建筑物的一部分，适合于河流流量大，水头相对低的电站，通常装设轴流式机组。

（3）露天式厂房。主厂房的水上部分完全没有围护结构（围墙及屋顶），适合于少雨地区修建，发电机应考虑防潮、防冻的要求。一般露天式厂房都设有活动的外罩，以保护发电机。

（4）地下式厂房。厂房全部布置在地下，防护能力较好，而且在特定的条件下还可获得一定的经济效益。地下厂房在枢纽布置上比较灵活、紧凑，与其他建筑物的矛盾较少。特别适宜于山区峡谷河流修建，设计地下式厂房时必须重视通风和防潮。

（5）其他类型厂房。除上述厂房形式外，针对电站枢纽的布置和厂房的部位以及厂房承担除发电外的其他功能的需要，还有以下两种形式的厂房：

1）坝内式厂房。厂房布置在坝体空腔内，不占据河床前缘长度，特别适合流量大、河床窄的枢纽，这种厂房引水及尾水系统较短，水头损失小，但厂房的布置往往要受到坝内空腔的限制，因而布置紧凑，设计较为复杂，而且必须重视厂房内的通风、防潮以及照明等问题。

2）溢流式厂房。厂房布置在坝后，厂房顶部溢流。具有坝内式厂房的特点。但厂房与坝体分开，位于坝后，坝体应力条件好。

7.3.4.3　厂房布置需考虑的其他问题

（1）主厂房的大小必须能保证机组安装、拆卸和检修的需要，并为运行和操作的方便和安全，留有一定的空间。

（2）厂房大门要与进厂公路直接相通，宽度和高度应能安全通过最大的机电设备部件，窗户面积应使厂房内有足够的光线和良好的对流通风条件。厂房内应有足够的照明设备。厂房地板采用水磨石地面，厂房顶采用吊顶（天花板），以保持厂房整洁，并有利于机电设备的运行和寿命。

厂房不允许建造在滑坡地区或回填土上。在易掉碎石的山坡下的厂房，应尽可能事先清除危石，必要时干砌或浆砌防护墙，以屏蔽厂房，并在厂房与山坡脚之间留有一定距离；或在厂房结构上采取相应防护措施。厂房四周应有排水沟。

（3）在厂房布置设计中，应特别重视防洪问题，它直接关系到厂房的安危。通常应按电站的重要性和容量的大小，考虑厂房建筑物的等级，制定出防洪标准。

小型水电站厂房发电机层地面高程，一般可按厂址设计标准洪水位，加高 0.3 ~ 0.5m，但有些山区河流，洪枯水位变化非常大，洪水位比尾水位要高得多，而水轮机又往往受到允许吸出高度的限制，不能提高发电机层地板高程。在此情况下，也可考虑把发电机层地板高程定在设计标准洪水位以下，如果洪水位不太高，则可把窗子下缘的厂房墙壁做成不透水的（与进、出水有关的部位也应严格防漏，在门洞上临时安装插板抵挡洪水），或在厂房周围加筑防洪堤。如尾水管较长时，可考虑加宽加高尾水平台，按防洪墙来设计方案。此外，在某些小型水电站，采用防洪钢窗，平时开窗通风、采光，在洪水期则关窗防洪。

（4）在压力水管的末端与水轮机进水管之间，通常装设阀门，以便在调速器、导水机构发生故障时紧急关闭阀门，截断水流；在有分叉管时，如需检修机组，也可利用阀门关闭其水流，而不致影响其他机组的运行。

进入厂房的压力水管轴线，一般与厂房轴线垂直。但在水头特别高的露天压力水管的情况下，为了安全，最好使厂房轴线与压力水管轴线平行，或在压力水管进入厂房之前，修建堵水墙（兼作镇墩）或防冲泄水渠，以防压力水管万一爆破，高压水流可以有出路，不致冲坏厂房。

（5）在裸母线出线处应采用金属网或其他防护措施，以免蛇、鼠等进入，引起短路事故。

（6）主升压变压器应尽可能靠近厂房，以节省比较贵的电缆和减少电能损耗。引水式水电站的主变压器一般布置在厂房的一端，堤坝式水电站的主变压器布置在上游侧或尾水平台上。开关站可布置在主变压器附近或稍稍远离主厂房的合适地形处。

7.4　水电站主要机电设备

水电站，主要是由水工建筑物和机电设备两大部分组成。水工建筑物包括大坝、堰堤、进水闸门、起重设备、引水管道及电站的厂房建筑等。这是投资的主要部分，而且建设周期较长。机电设备主要包括水轮发电机组、一次回路输电设备和二次回路控制设备等，所有这些设备在一个电站中的布置情况及其相互关系可参考图7-26。从图上还可以看到从水进来到电发出去的电力生产过程。图7-26中空白的箭头方向表示水流的流通途径，实心箭头方向表示电力的流通方向。

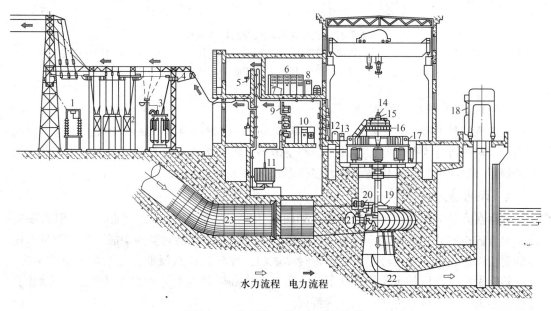

图 7-26　从水到电的电力生产流程

7.4.1　水轮机及其辅助设备

7.4.1.1　水轮机的主要组成

水轮机是一种以水力为动力的原动机，利用水力推动水轮机转动，再带动发电机发电。一般在大型水电站的厂房内很难看到水轮机的全部面貌。图7-27为一台混流式水轮机的总体布置图。

由图 7-27 可知，水轮机有转动部分和固定部分。

（1）转动部分。主要部件是转轮和主轴，转轮是水轮机的关键部件，它直接关系到水轮机的性能。

（2）固定部分。主要是埋入部分和导水机构等。埋入部分的主要部件是蜗壳和座环。因为它们都埋在电站的混凝土基础内，所以称为埋入部分。蜗壳是水轮机的引水部件，它的外形像一个蜗牛的外壳。座环则是承受整个水轮发电机组重量的支撑部件。导水机构部分所包括的部件较多，主要有顶盖、底环、导叶及控制机构等。

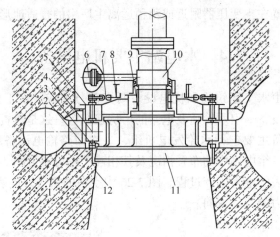

图 7-27　混流式水轮机的总体布置图

1—蜗壳；2—座环；3—底环；4—导片；5—顶盖；6—接力器；7—传动机构；8—控制环；
9—导轴承；10—主轴；11—转轮；12—尾水管

7.4.1.2　水轮机的分类

水轮机的种类很多，7.4.1.1 节介绍的是其中一种，称为混流式水轮机。按水力作用原理，水轮机可分为两大类，即冲击型和反击型。根据水流流经水轮机的方向及转轮结构上的特征，这两大类水轮机又可分为多种形式，如图 7-28 所示。

A　冲击型水轮机

贮存在高处的水含有一定的位能。如图 7-29 所示，把具有一定位能的水流引入喷嘴时，水流的位能转化成压能，当水流从喷嘴射出时，又由压能转变为动能。当这股呈水柱状的射流以一定速度冲击转轮时，转轮转动做功，即转换成机械能传送给发电机发出电。通过转轮做完工以后的水流便排到下游。把水能全部以动能形态由转轮转换成为机械能，这就是冲击型水轮机水力作用的基本特征。

冲击型水轮机又可分为水斗式、斜击式和双击式 3 种。

a　水斗式水轮机

水斗式水轮机是早期发展起来的水轮机之一。由喷嘴喷射出来的水柱是以与转轮圆周相切方向冲击到装在转轮四周的水斗上，使转轮旋转。由于转轮外缘均匀地分布着若干呈瓢状的斗叶，所以称这种水轮机为水斗式水轮机。

该类水轮机适用于从 100m 左右直至近 2000m 的中、高水头水电站，使用范围较宽，但单机容量一般不大。

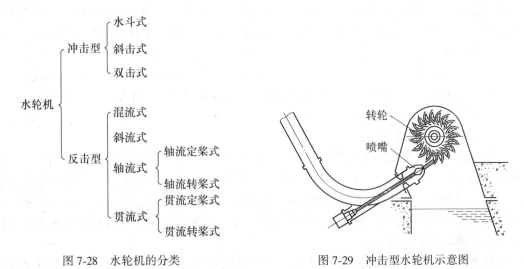

图 7-28　水轮机的分类　　　　　图 7-29　冲击型水轮机示意图

水斗式水轮机还可分成多种不同形式。如按水轮机轴的布置方式有立式、卧式两种。卧式布置中还可按水轮机的转轮数分成单轮、双轮等，至于每个转轮上的喷嘴则有一、二、四、六等多种形式。

b　斜击式水轮机

斜击式水轮机主要组成部分与水斗式类似，有喷嘴、转轮也带斗叶。但喷嘴成斜向布置，水流从喷嘴射出时，射流与转轮所在平面成一个斜射角，所以称为斜击式，转轮上的斗叶也近于瓶状。它适用水头范围为 25~300m，单机容量一般在 4000kW 以下。大型机组一般不采用。

c　双击式水轮机

在双击式水轮机中，水流由喷嘴射出，先沿转轮叶片流向中心，并将 70%~80% 的水能传给转轮。然后水流穿过转轮内部空间再次流到叶片上，沿叶片从中心流向外缘，将剩余的水能传给转轮。水流两次沿转轮叶片流动，即两次冲动转轮，所以称为双击式。这类水轮机适用水头范围为 5~80m，其效率较低，但结构简单，一般用于小型水电站。

B　反击型水轮机

在使用救火水龙时，当高压水从水管中向前喷出时，会感到有个向后的反作用力。如果将若干喷管组成如图 7-30 的转轮，当压力水流以一定速度从各喷管喷出时，在水流的反作用力推动下，转轮便会按箭头方向转动起来，图 7-30 是早期反击型水轮机转轮旋转示意图，用来说明反击型水轮机最基本的水力作用原理。

与冲击型水轮机不同，反击型水轮机的转轮位于水流流经的通道之中，具有一定位能的水流流入转轮之前，仅仅一小部分能量转换为动能，而大部分转换为压能，反击型水轮机转轮叶片形状复杂，呈空间曲面。水流从叶片与叶片之间穿过，称

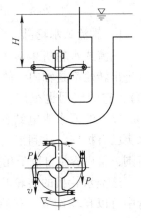

图 7-30　水流的反作用

为过流通道。流道的形状特殊，加之转轮又要旋转，因而水流进入转轮后，它的流动情况是相当复杂的。流道中水流的压力分布尽管较复杂，但是它维持着一定的压力，所以水流始终充满了流道，不会出现大气压下的自由水面。如果测量一下叶片工作面及背面上的压力，可以得到如图 7-31 所示的压力分布。由图可见，叶片工作面上的压力大于背面上的压力。叶片两面的压力差便是构成转动力矩的条件，促使转轮转动起来。简单地说，水能主要以压能形态由转轮转变为机械能，这就是反击型水轮机水力作用的基本特征。

反击型水轮机有以下 4 种。

a　混流式水轮机

混流式水轮机是目前发展较为完善的一种机型，它是近代应用最广泛的一种水轮机，水流先沿辐向流进转轮后，转为轴向流出，故称为混流式（图 7-32），它的适用水头范围一般为 2~450m，近年来已扩展至 600m。单机容量由几十千瓦直到 70 万~80 万千瓦，最小的混流式水轮机直径仅 250mm，质量仅数千克。现在最大的混流式水轮机的直径已超过 10m，质量也超过 500t。

在不同的水头，混流式水轮机转轮的形式亦有所改变，叶片进、出水边与转轮下环交接处的圆直径 D_1 和 D_2，它们之间的关系也随着应用水头的高低而有所变化。

目前大、中型混流式水轮机多为立式布置，小型则常采用卧式布置。

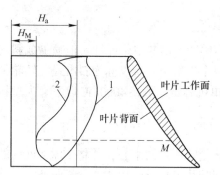

图 7-31　叶片表面的压力分布

1—叶片工作面压力分布曲线；2—叶片背面压力分布曲线；
H_M—叶片背面 M 点的压力曲线（叶片背面最低点压力）；
H_a—大气压

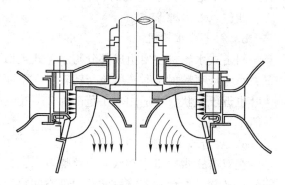

图 7-32　混流式水轮机示意图

b　轴流式水轮机

轴流式水轮机也属于反击型，由于水流进出转轮都是轴向，故称轴流式（图 7-33），它的应用也很广，特别适用于水头 40m 以下的低水头电站。但近年它的应用水头已有扩展，达到混流式水轮机适用的范围，单机容量自数千瓦直至 20 多千瓦。

这类水轮机的转轮叶片角度有的在运行中可以自动调节，有的不可调节。前者称为轴流转桨式，后者称为轴流定桨式。

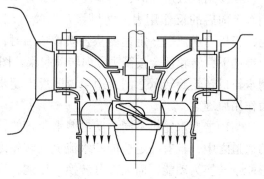

图 7-33　轴流式水轮示意图

两种形式的比较，轴流转桨式较定桨式具有平均效率高的优点，因而近年它的发展很快，应用的范围也扩大了。

c　斜流式水轮机

斜流式水轮机是近年发展起来的新型反击型水轮机。水流方向介于辐向与轴向之间，斜向流入通过转轮，所以称为斜流式（图7-34），从适用水头范围及其机组性能看，它是介于混流式与轴流式之间的一种独特类型的水轮机，适用水头范围40～200m。目前最大的斜流式水轮机单机容量已达到数万千瓦。

d　贯流式水轮机

通过贯流式水轮机的水流几乎是沿轴向直贯到底（图7-35）。整个水轮机采取卧式布置，个别有斜轴布置。它是在轴流式水轮机基础上发展起来的，贯流式是一种适于低水头（2～30m）的水轮机，多用于小型水电站，特别适用于潮汐电站。由于它的结构紧凑，所需空间小，适于装置在地下或坝内。贯流式水轮机的转轮和轴流式并无两样，亦可分为贯流转桨式和贯流定桨式两种。

水轮机的品种虽然很多，目前用得最普遍的是混流式和轴流式两种，其次是水斗式。分别适用于中、高水头，中、低水头和高水头。

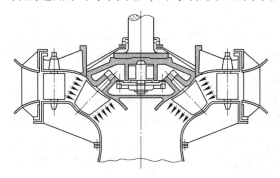

图7-34　斜流式水轮机示意图

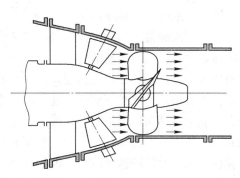

图7-35　贯流式水轮机示意图

7.4.1.3　水轮机的主要特性和参数

由于各电站的地理条件不同，所以电站的选择与电站中所用的机组选择常随着自然条件的不同而不同。在进行机组选型时，就要考虑机组的有关技术特性和参数。下面简要介绍这些特性和参数对机组选型的影响。

A　水轮机的基本参数

前文已对功率、效率、水头和流量等名词的概念做了解释，在此补充说明一下。

（1）水轮机的功率和效率。水轮机在单位时间内从主轴上输出的功率称为水轮机的功率，一般用 N 表示，单位为 kW。

水流中所含有的能量并不是全部都转换成机械能。往往由于阻力、摩擦、漏水等而使部分水能消耗掉。效率就是水轮机的输出与输入之间的能量比，用百分比表示。现代大型水轮机的效率已经超过94%了。

（2）水头。在流体力学中水头的含义是：单位质量流体所具有的能量。电站上、下游的水位差称为电站的装置水头。这个水头并不能全部被水轮机利用，一部分被电站的建筑物的阻力所消耗。真正为水轮机所利用的水头应是水轮机进口处断面与尾水渠处断面之间的单位质量流体能量差，即所谓水轮机工作水头，通常用 H 表示，单位为 m。

（3）流量。单位时间内通过的水量称为流量，用 Q 表示，单位为 m^3/s。

输入到水轮机的功率（kW）与工作水头及通过水轮机的流量的关系为

$$输入功率 = 9.81 \times 工作水头 \times 流量$$

而水轮机的输出功率（kW）为

$$输出功率 = 9.81 \times 工作水头 \times 流量 \times 水轮机效率$$

（4）转速。水轮机的转速用 n 表示，单位为 r/min。因近代水轮机通常都是直接与水轮发电机连接的，所以水轮机的额定转速必须符合发电机同步转速的要求。我国电网采用的标准频率为 $f=50Hz$，当发电机的磁极对数为 p 时，它的同步转速为

$$n = \frac{60f}{p} = \frac{3000}{p}$$

根据水轮发电机极对数不同，可得到一系列同步转速值，机组的额定转速就从这些同步转速中选取。

（5）转轮直径。转轮直径是水轮机中最重要的几何特征尺寸，通常用 D_1 表示。不同形式的水轮机转轮的标称直径 D_1 其标注的位置也是不同的。

B　水轮机的相似准则

对一台水轮机除必须保证结构、工艺、材料、强度、刚度等各方面的合理性外，更主要的是必须保证水力性能的合理。所以水轮机的设计包括水力设计和结构设计两部分，水轮机的水力设计任务和目的是要发挥水能的最大作用。由于水在水轮机中的流动情况十分复杂，单靠理论计算是不能圆满地完成水力设计任务的。另外，目前水轮机的尺寸也做得很大，加上电站条件的限制，要通过电站现场测试来全面地确定水轮机的水力性能，也较难做到。所以一般都采用从模型试验研究入手并与理论计算相结合的方法，水轮机的模型试验就是水力设计的科学依据，但是模型并不是原型水轮机，因此必须找出模型与原型水轮机相互关系的规律性。通过科学实验得知，模型水轮机与原型水轮机之间有着许多相似性，把这些共同点归纳起来，找出其中规律便得到水轮机的相似规律。遵照这些准则就可以从模型试验的结果推导出原型水轮机的各项特性，水轮机的相似准则也是模型试验研究的理论基础。

水轮机的相似准则是根据流体力学的相似原理而得来的。为了使模型水轮机的试验结果能够代表原型水轮机的真实情况，一般遵循 3 个条件：（1）几何相似；（2）运动相似；（3）动力相似。

直接利用上述 3 个条件来判断模型与原型相似与否显然不方便，如果能利用上面讲过的水轮机基本参数 N、H、Q、D_1、n 有关的某些量来表达出相似条件，那么应用时就会简便得多。就此需要介绍 3 个概念。

（1）单位转速：转轮直径为 1m 的水轮机，在水头为 1m 时的转速，用 n_1' 表示。

（2）单位流量：转轮直径为 1m 的水轮机，在水头为 1m 时通过转轮的流量，用 Q_1' 表示。

（3）单位功率：转轮直径为 1m 的水轮机，在水头为 1m 时所发出的功率，用 N_1' 表示。

上述 3 个概念量分别与水轮机基本参数 N、H、Q、D_1，m 之间存在一定的关系。

在满足上述 3 个相似条件时，模型水轮机与原型水轮机的单位转速、单位流量、单位功率分别等于某个常数。根据这个规律，就可以把从同一个模型水轮机上所获得的试验数据用来判别几何形状相似但是直径尺寸不同的各个水轮机的技术特性。

把几何形状相似、尺寸大小不同的水轮机（转轮）归并在一起，就形成了水轮机（转轮）的系列。把各种水轮机系列归并在一起，经过编制就形成水轮机型谱。

C　比转速

开始设计一台水轮机时，往往只给出了功率 N、水头 H 和转速 n 等。水轮机转轮直径 D 尚待选定。因此，如果能再进一步用这些已知数据来表达几何相似的水轮机在相似工作条件下的判别数，则会更方便。它就是水轮机的比转速，用 n_s 来表示，几何相似的水轮机在相似的工作条件下，它们的比转速相等，对同一系列水轮机如果只计效率最高时的比转速值，那么同一系列内的水轮机就只具有一个比转速值，所以比转速成了表征该系列水轮机的一个重要参数。再明确点表示，在有效水头 1m，发出功率为 1kW 时，具有某个尺寸的水轮机的转速值就是该水轮机的比转速，如编号为 220 的水轮机，它的比转速为 221。亦即有效水头为 1m，具有某个尺寸的该水轮机发出功率为 1kW 时，其转速就是 221r/min。由分析可知，转轮的尺寸随着比转速的增高而减小。因此，现代的水轮机发展的一个方面就是倾向于采取高比转速的转轮。

D　水轮机的汽蚀特性和吸出高度

汽蚀是水轮机的一个重要特性，也是一个较复杂的问题。本书不做详细叙述，仅做一般概念性介绍。

a　汽蚀现象和汽蚀破坏

一般水电站水库的平均水温为 20℃ 左右，此时水的饱和蒸汽压力相当于 0.24m 水柱，如果水轮机中某处水流压力达到 0.24m 水柱，那么此处的水就会汽化，放出大量气泡，气泡随着流水被带到高压区时，气泡内的水蒸气将因压力增高又凝结为水。同时气泡周围的水在高压作用下，以高速向气泡中心撞击，致使气泡破裂或使水流互相碰撞。在气泡产生和再凝结过程中所引起的一系列物理现象，称为汽蚀现象。若在金属表面附近发生汽蚀现象，上述的碰撞便会直接作用于金属表面，造成金属表面呈海绵状的机械破坏。这种现象称为汽蚀破坏。

b　汽蚀系数和吸出高度

汽蚀系数是表示水轮机转轮汽蚀性能的一个系数，通常用 σ 来表示。吸出高度是水轮机转轮中心与电站下游水面之间的高度差，通常用 H_s 表示。由分析得知，当水轮机的汽蚀系数 σ 越大，吸出高度 H_s 就越小，装机就越深，厂房开挖量就越大，电站造价就越高。反之，σ 越小，H_s 越大，开挖量就越小，造价就越低。关于 H_s 的大小与减小水轮机汽蚀系数的意义由此可见。

E　水轮机特性曲线

水轮机特性曲线主要包括水轮机模型综合特性曲线和水轮机运行综合特性曲线。

a　水轮机模型综合特性曲线

该曲线主要把从模型试验中所取得的数据汇总起来绘成图表就得到了水轮机模型综合特性曲线，如图 7-36 所示。

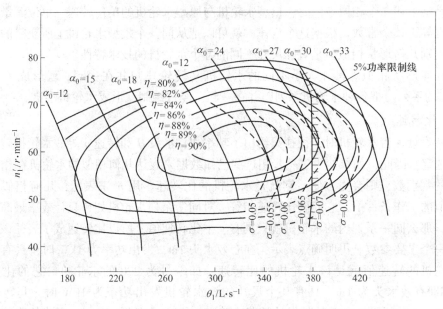

图 7-36   混流式水轮机模型综合特性曲线

根据水轮机相似准则，同一系列的水轮机在相似工作条件下，单位转速 n_1' 和单位流量 Q_1' 都是常数，反过来说，一定的 n_1' 和 Q_1' 值代表着该系列水轮机运行的工作条件，一般称为运行工况。模型综合特性曲线就是以 n_1'、Q_1' 为纵、横坐标轴绘制成的曲线。每一对 n_1' 和 Q_1' 值代表着水轮机的一个运行工况。因此，某系列水轮机的运行工况范围究竟多大？水轮机在任一工况下工作时，它的效率、汽蚀系数究竟等于多少？这些问题都可以从模型综合特性曲线上得到解答。

b   水轮机运行综合特性曲线

尽管模型水轮机模拟得十分好，但是它较之原型水轮机毕竟还有尺寸大小的差别，它的效率值也就不会相等（因为能量的损耗不可能完全按尺寸比例变化），而原型水轮机的效率常要高于模型。所以必须按一定方法予以修正，而且应在事先做好。其次，用于实际的水轮机的转速 n 虽是确定了，但在运行中水头 H 和功率 N 却是经常变化的，此时如以 H、N 来表示运行工况就要方便得多。所以针对某台实际应用的水轮机，绘制出它的运行综合特性曲线将是非常有益和必要的。运行综合特性曲线是以 H、N 为纵、横坐标轴绘制成曲线。它是根据模型综合特性曲线和水轮机的基本参数，经过换算并予以必要的修正而做出的，见图 7-37。

F   水轮机的飞逸特性

水轮机带动发电机发出电力送往用户，而用户用电的情况是时刻变化的，所以发电机的负荷也是时刻在变化的。如果电力系统发生故障，会使发电机突然失去全部负荷（通称甩负荷）。这时水轮机主轴输出的功率除一小部分消耗在机械损耗之外，其余大部分功率将驱使水轮发电机组的转速上升，在转速上升的过程中，如调速器的功能正常，它就迅速作用，关闭导水机构，切断水流，阻止机组转速上升。此种转速一般限制在额定转速的140%左右，如果甩负荷转速上升的过程中，又发生调速器故障，不能正常关闭导水机构，这时机组的转速将会超过上述过速范围。根据水轮机形式的不同，这个转速可能达到额定

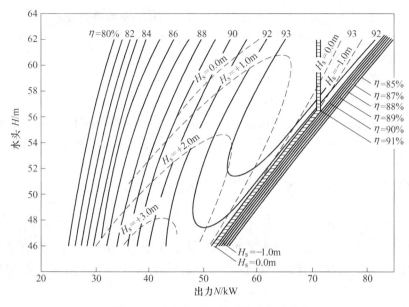

图 7-37　水轮机运行模型综合特性曲线

转速的 165%~260%，这时称为飞逸转速。

飞逸特性是通过模型试验测定的。飞逸转速不会达到无穷大，它的大小与水轮机形式、导叶开度值和水头值有关。对转桨式水轮机它还与叶片转角值有关。

7.4.1.4　水轮机结构

不同类型的水轮机，结构上具有不同的特点，现简单介绍常用的几种类型水轮机的结构。

A　混流式水轮机

混流式水轮机是最常用的一种水轮机，图 7-27 为大型立式混流式水轮机的一种较典型结构，现结合该图简要介绍水轮机各主要部件的特点和结构。

a　蜗壳与座环

蜗壳是水轮机的引水部件，由它将水流引导到水轮机导水机构四周。它的断面渐次收缩，其目的就是要使供水均匀，同时使水流形成环流。低水头电站，可用混凝土蜗壳，其断面形状为梯形，40m 水头以上的大、中型机组，都用钢板焊接蜗壳，其断面形状为圆形和椭圆形。中、小型水轮机有用铸铁或铸钢蜗壳的。

座环主要用来承受整个水轮发电机组的重量以及水轮机转轮的水推力。由于蜗壳引进的水流流经座环后才进入导水机构，因此它的承载支柱的截面应设计成流线型。承载支柱又称为固定导叶，它的数量一般为导水机构导叶数目的 1/2，如系铸造蜗壳，则座环与蜗壳铸成一体，钢板焊接蜗壳中，座环与蜗壳分别制造，座环本身又有整铸、铸焊、全焊等不同结构，图 7-38 为全焊接结构蜗壳与座环。

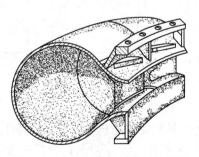

图 7-38　全焊接结构的蜗壳与座环

b　导水机构

导水机构有 3 大功用：

（1）调节导叶开度 α_0 可以改变水流方向及过流面积，从而调节流量。

（2）使水流在进入水轮机转轮前，形成必要的环流，特别对非蜗壳形引水装置的水轮机，完全靠导叶形成环流。

（3）导叶全关闭时起到阀门机构作用，可以切断水源。

导水机构一般有 3 种形式：

（1）径向式导水机构。这种结构最简单，广泛地应用在混流式和轴流式水轮机上。

（2）轴向式导水机构。这种结构中，导叶的布置类似轴流式转轮的叶片，常用于贯流式水轮机中。

（3）圆锥式导水机构。这种结构常用在斜流式、贯流式水轮机中，在轴流式水轮机中有时也采用。

导水机构部件包括顶盖、底环、导叶、控制环及传动构件等，导叶的数目随机组由小到大选用 12、15、23 或 31。接力器推动控制环转动，控制环再通过连杆式传动机构使导叶转动。接力器用油压操纵。根据接力器缸的形状可分为直缸接力器和环形接力器两种。

c　尾水管

尾水管也是反击型水轮机中一个很重要的组成部分。其主要的功能是：

（1）将转轮出口的水引向下游。

（2）当吸出高度为正时，能利用从转轮到下游水面的这段水头 H_s。

（3）转轮出口处的水流动能得到回收，并加以利用，从而提高水轮机的效率，对高比转速水轮机这点尤为突出。

常用尾水管有两种形式：

（1）直锥形尾水管（图 7-39）。一般用于小型水轮机和贯流式水轮机。

（2）弯肘形尾水管（图 7-40）。可分 3 段：进口管段（直锥扩散管）、肘管段、出口管段（矩形水平扩散管）。形状复杂，用于大、中型水轮机。

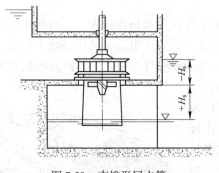

图 7-39　直锥形尾水管

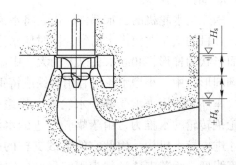

图 7-40　弯肘形尾水管

d　转轮

转轮是水轮机中最重要的部件，混流式水轮机的转轮由 3 部分组成，即上冠、叶片和下环（图 7-41）。叶片的数目一般为 14~17 片。转轮有整体铸出的，也有上冠、下环、叶片分别铸出，再焊成整体的，由于运输条件的限制，一般直径在 4.5m 以上的转轮都采用分瓣结构，转轮同主轴用螺栓连接，扭矩传递靠销或键。

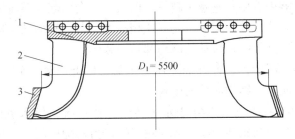

图 7-41   提式水轮机轮
1—上冠；2—叶片；3—下环

e   导轴承

水轮机导轴承与发电机导轴承一样，用来防止旋转部件的摆动及承受径向负荷，卧式水轮机的导轴承与其他机械设备所采用的轴承相仿，立式水轮机导轴承按润滑剂的不同，导轴承可分为 3 种：

（1）水润滑导轴承。用清洁水作为导轴承的润滑剂。轴瓦用硬橡胶压制在金属瓦上，再组成轴承。我国许多老式水轮机采用此种轴承。

（2）稀油润滑导轴承。用稀油（一般用透平油）作为导轴承的润滑剂。此类轴承的结构形式很多，但基本上与发电机导轴承一样。

（3）甘油润滑导轴承。以润滑脂（俗称干油）作为润滑剂，轴瓦材料亦为轴承合金。结构简单，但需要一套自动添加润滑脂装置，目前较少采用。

B   小型卧式混流式水轮机

卧式混流式水轮机除卧式布置特点外，主要部件及其功能与立式混流式水轮机一样。小型卧式水轮机的转速一般较高，和它直接连接的发电机的尺寸较小，质量较轻。发电机转动部分的转动惯量往往不能满足要求，所以有时需要配加飞轮，以增大转动惯量值。

C   轴流转桨式水轮机

图 7-42 为立式轴流转桨式水轮机的一种结构，这类水轮机除转轮外其他结构与混流式水轮机大同小异，轴流转桨式水轮机的一个显著特点是它的转轮叶片可以在运行中调节角度，它的作用是在一定水头下，使转轮叶片和导水机构导叶按一定的关系协调动作，以获得在该工况下较高效率。

（1）转轮结构。轴流转桨式水轮机转轮系由叶片、转轮体、叶片操作机构和泄水锥等组成（图 7-43）。叶片数目随着应用水头的提高由少而多。转轮体与叶片配合段做成球体，转轮体球面部分

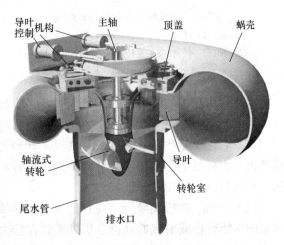

图 7-42   轴流转桨式水轮机结构

的直径 d_g（一般称轮毂直径）与转轮直径 D_1 的比值 d_g/D_1 是一个特性参数，称为轮毂比。

从水力性能和汽蚀性能来看要求它越小越好，但太小了会引起在转轮体内腔中布置叶片操作机构困难，因而随着叶片数的增多，轮毂比相应增大。转轮的结构形式很多，主要是叶片操作机构的变化。但操作叶片转动的原理都是一致的。

转轮体内腔充满了润滑油，而外面是压力水流，因此叶片与转轮体之间的密封很重要，一般采用密封性能好，结构简单的密封。

（2）转轮叶片操作系统。图 7-44 表示了转轮操作系统，导水机构导叶动作的同时，转轮叶片协调动作机构的凸轮装置动作，控制转轮接力器配压阀，使高压油经过压力油管进入受油器，再流经操作油管至转轮接力器的一腔，高压油推动活塞，接力器的另一腔的油则顺着另一条路线返回至配压阀，图 7-44 所示油路（箭头标志）为叶片开启时的进、回油路线，叶片关闭时则反之。

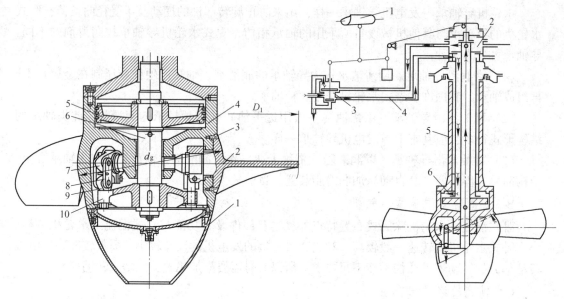

图 7-43　轴流转式水轮机转轮结构

1—泄水锥；2—叶片；3—密封；4—转轮体；5—活塞；
6—操作轴；7—转臂；8—连杆；9—耳柄；10—操作架

图 7-44　轴流转桨式水轮机转轮叶片操作系统

1—凸轮装置；2—受油器；3—配压阀；4—压力油管；
5—操作油管；6—转轮接力器

D　水斗式水轮机

水斗式水轮机的结构见图 7-45，主要由以下几部分组成：

（1）转轮。转轮呈圆盘状（见图 7-45），外缘均匀布置若干个斗叶，一般为 17~23 个。转轮可整体铸出，也可将中心盘与斗叶分别铸出，再将斗叶用螺栓连接或焊接在中心盘上。

（2）喷嘴。喷嘴由喷管、喷针组成。由喷嘴将水流的压能转换成射流的动能，借助喷针在接力器作用下的移动，改变喷出射流的直径，调节射流流量使之适应外界负荷的变化。喷针移至全关位置则起关闭机构作用。

图 7-45　水斗式水轮机转轮

（3）折向器。水斗式水轮机的引水压力钢管往往相当长，当机组甩负荷时，若快速关闭喷针，压力钢管内的水压力将上升很高，钢管难以承受。关得太慢，速度又会上升过高达到飞逸转速。因此采用折向器，在机组甩负荷时，折向器快速动作，改变射流方向，不使水流喷射到水斗上，从而控制转速上升。同时喷针缓慢关闭，可以避免压力钢管内的压力上升。

折向器和喷针通过凸轮及控制机构协调动作。

E　斜流式水轮机

斜流式水轮机与混流式水轮机使用水头范围相似。它适用于水头和负荷变化幅度较大的水电站，由于叶片倾斜布置，而且要求转动，所以结构较复杂，制造工艺要求较高。

转轮叶片轴线与主轴中心线倾斜角一般为45°，转轮叶片操作机构动作为一空间运动，要求叶片轴线、滑块销孔中心线及主轴中心线交于一点。这种水轮机的转轮叶片与转轮室之间间隙很小，如转轮下沉则有可能与转轮室发生摩擦撞碰，因而要设有转轮轴向位移监视的保护装置。

7.4.1.5　水轮机辅助设备

与水轮机成套生产供应的辅助设备，除了调速器、油压设备和水电自动化元件之外，还有装设在水轮机前的进水阀门和空放阀等设备。

当引到水轮机的压力水管距离较短，水压不高，那么利用水管进水口处的阀门便足以控制水流了，通常在进水口处设有所谓快速闸门，它可以在2min左右的时间内，从全开到全关，切断水源。

如果引水的压力钢管较长，那就要在水轮机的进水口处装设阀门。它的作用是，当水轮发电机组因紧急事故停机过程中，而导水机构又因某种原因不能关闭时，就要用这个阀门来切断水源，使机组停机，在正常停机过程中，如停机时间不长，这个阀门可不关闭。下次机组启动时间就短，此外，它还可供检修时切断水源之用。在此种情况下要求阀门的密封性能好，保证不漏水。

常用的阀门有两种，一种是供中、低水头用的称为蝴蝶阀，另一种是球形阀，它的作用与蝴蝶阀相同，适用于高水头电站。

蝴蝶阀和球形阀的开启和关闭可以通过控制柜自动操作。

当水轮机导水机构快速关闭时，会使压力水管内的水压力突然上升，这种现象称为"水锤"作用，严重时甚至会使进水压力钢管爆破，造成电站重大事故。解决水锤的途径有如下方法：

（1）采用调压井。即在进水压力管路上的适当部位设置一个竖井，当进水压力管内压力突然上升之际，竖井内水位升高，消除管内压力的猛增。

（2）设置空放阀。它的作用是当水轮机导水机构快速关闭时，活塞迅速开放，把压力水管内的水流排到下游，因而降低了压力水管内的压力。

7.4.2　发电机及其辅助装置

7.4.2.1　水轮发电机分类

A　立式与卧式

按水轮发电机转轴布置的方式不同可分为立式与卧式两种。转轴与地面垂直布置为立式，转轴与地面平行布置为卧式。一般小型水轮发电机和贯流灯泡式、冲击式机组都设计成卧式结构，现代大、中型水轮发电机，由于尺寸大，如果设计成卧式机组不仅不经济，反而造成结构上困难重重，所以通常都设计成立式结构。

立式水轮发电机还可以按轴承布置的位置不同，分成悬式和伞（半伞）式两种不同形式，图 7-46 表示两种不同形式轴承的布置方式。

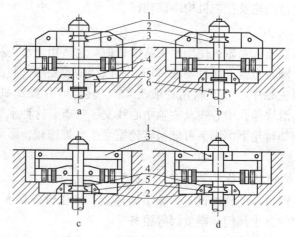

图 7-46　悬式、伞（半伞）式示意图
1—上导轴承；2—推力轴承；3—上机架；4—下导轴承；5—下机架；6—水轮机导轴承

B　空冷与内冷

按照冷却方式不同，水轮发电机可分为空气冷却和内冷却两种。利用空气循环来冷却水轮发电机内部所产生的热量，这种冷却方式称之为空气冷却。空气冷却水轮发电机一般又可分为 3 种类型：封闭式、开启式和空调冷却式。目前大、中型水轮发电机多数采用封闭式，小型水轮发电机采用开启式通风冷却，空调冷却式现在很少采用，仅在一些特殊条件下才采用。内冷却水轮发电机目前有两种，一种是采用水冷却，即将经过处理的冷却水通入定子和转子线圈的空心导线内部，直接带走电机产生的损耗进行冷却，定子、转子线圈都进行水冷却的电机称为双水内冷却水轮发电机，由于这种冷却方式转子设计制造技术比较复杂，所以一般不采用。目前大容量水轮发电机都采用定子线圈水冷却，发电机转子仍采用空气通风冷却称之为半水冷却水轮发电机。内冷却的另一种方式为蒸发冷却方式，即将冷却介质（液态）通入定子空心铜线，通过液态介质的蒸发，利用汽化热传输热量进行电机冷却。这种冷却技术是我国自主知识产权的一项新型冷却方式，目前处于世界领先地位。

C　常规与非常规

按照水轮发电机的功能不同，可分为常规水轮发电机和非常规的蓄能式水轮发电机（发电电动机）两种，常规水轮发电机为一般同步发电机。蓄能式水轮发电机用于抽水蓄能电站，这种发电机具有两种功能，即可作为水轮机和发电机组合发出电能供给电力系统，又可以作为水泵和电动机组合，将下游水库的水抽回到上游蓄水库。在此种情况下，它的转动方向与发电机运行时相反，为了配合水轮机作水泵运行，通常要求具有较高的转速。有时还需有两种不同的转速，可通过改变转子极对数和定子接线来实现。

7.4.2.2 水轮发电机总体布置

A 卧式机组轴承布置

卧式机组轴承布置方式主要有四轴承、三轴承和两轴承三种结构布置形式。

a 四轴承布置方式

发电机轴两端各延伸装设一个水轮机转轮和轴承，在发电机与水轮机间又各装设一个轴承，整个轴系为 4 个轴承布置方式。

b 三轴承布置方式

在发电机轴一端延伸装设水轮机转轮和一个轴承，在发电机的两侧又装设两个轴承，此种布置结构为三轴承布置方式，见图 7-47。

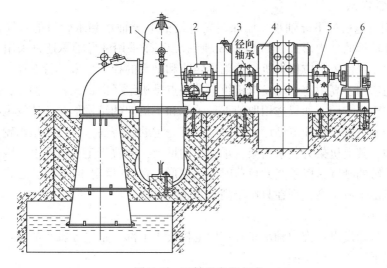

图 7-47 三轴承布置方式

1—水轮机；2—径向推力轴承；3—飞轮；4—水轮发电机；5—径向轴承；6—励磁机

c 两轴承布置方式

发电机的一端延伸后装设水轮机转轮但并不增设轴承，称之为两轴承布置方式，在小型卧式机组中采用较多，见图 7-48。

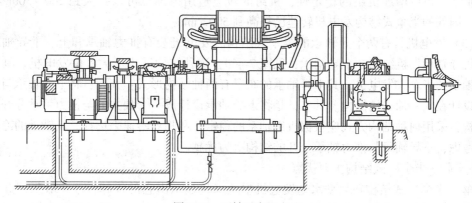

图 7-48 两轴承布置方式

两轴承结构的轴向长度短，结构紧凑，安装调整方便，应优先考虑采用，但当其轴系临界转速不能满足要求或轴承负荷较大时，则应考虑采用三轴承或四轴承结构布置。

B　立式机组轴承布置

立式机组的轴承布置方式主要有悬式和伞式两种结构布置形式。

a　悬式结构

水轮发电机推力轴承布置在发电机转子上部，把整个发电机组转动部分悬挂起来，所以称为悬式结构。悬式结构水轮发电机有两种结构类型：

（1）在上机架中装有上导轴承，如图 7-5 所示；也有在推力头外缘装有上导轴承，同时在下机架中还装有下导轴承，连同水轮机的水导轴承，组成了所谓三个导轴承的结构形式，如图 7-46a 所示。

（2）取消发电机的下导轴承，而保留发电机的上导轴承和水轮机的水导轴承，组成了所谓两个导轴承的结构形式，如图 7-46b 所示。至于采用两导轴承还是采用三导轴承以及上导轴承的放置位置，应根据机组的临界转速和轴系的稳定性来进行选择。

悬式结构适用于高中速水轮发电机组，其优点是机组径向机械稳定性好，推力轴承损耗较小，维护检修方便，如果选用取消下导轴承和下机架的结构形式，使发电机的高度降低，从而减轻发电机质量和电站厂房高度，具有一定的经济性。但是大型水轮发电机如果选用悬式结构，其上机架为负重机架，承受总的推力，并置于定子机座上。因此，要求定子机座应有足够的刚度，以承受此负荷时不致变形。在 20 世纪 50 年代，悬式结构曾被广泛地应用，但由于成本高，现在只用于高速水轮发电机。

b　伞式结构

伞式结构水轮发电机推力轴承布置在发电机转子下部，根据导轴承的数量和布置的位置，可分为以下 3 种结构类型：

（1）全伞式结构。机组装有推力轴承、发电机下导轴承和水轮机导轴承，机组共 2 个导轴承，如图 7-46c 所示，此种结构又称全伞式结构，主要适用于转速 150r/min 以下的低速大容量发电机。

（2）半伞式结构。机组装有推力轴承、发电机上导轴承和水轮机导轴承，机组共 2 个导轴承（图 7-49），这种结构可以扩大伞式结构的适用范围，因为在机组的上部设有一个导轴承，可以增加机组的稳定性，机组的转速适用范围也可以扩大到 200~300r/min，目前，国外的半伞式结构发电机转速已提高到 500r/min。

（3）发电机具有两个导轴承的半伞式结构。发电机装有推力轴承和上、下导轴承及水轮机导轴承，机组共 3 个导轴承，见图 7-46d，这种结构适用于大容量发电机。具有两个导轴承的半伞式发电机，其下导轴承的布置有两种结构形式：其一，将下导轴承与推力轴承设计在同一油槽内结构。其二，是将下导轴承设计成一个独立的与推力轴承分开的油槽结构，采用何种结构方式应根据机组轴系的稳定性和临界转速来选择。从轴承的冷却和循环考虑，下导轴承与推力轴承分开的结构更为优越。

c　伞（半伞）式结构主要优点

伞（半伞）式结构在大型水轮发电机中越来越显示出它的优越性。一般采用此种结构发电机转子可以设计成分段轴结构（即所谓的"无轴"结构），这种结构的最大优点是可以解决由于机组大而引起的大型铸锻件问题，同时也可减轻转子起吊质量和降低起吊高

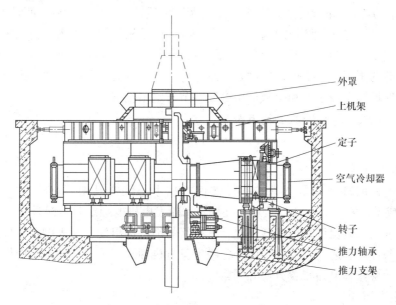

图 7-49　半伞式水轮发电机总体布置

度，从而降低电站厂房高度，给电站投资带来一定的经济性。此外，这种结构对一些发电机还可以设计成推力头与大轴为一体，便于在车床上一次加工，既保证了推力头与大轴之间的垂直度，又消除了推力头与大轴之间的配合间隙，免去镜板与推力头配合面的刮研和加垫，使安装调整以及找摆渡十分方便。

　　伞（半伞）式结构的另一个优点是可以减轻定子和负重机架的质量从而减轻发电机质量。但伞（半伞）式结构因其推力轴承直径较大，故轴承损耗比悬式结构的大，典型全伞式水轮发电机总体布置如图 7-50 所示。

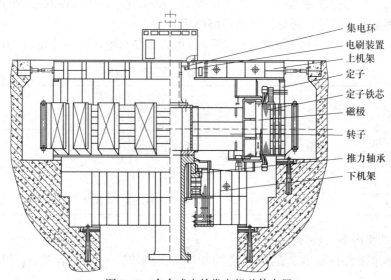

图 7-50　全伞式水轮发电机总体布置

　　d　伞（半伞）式结构推力轴承放置方式

　　大型伞式（半伞式）机组推力轴承放置的方式，主要有两种方式，即放置在发电机下机架上（图 7-50）和通过推力支架放置在水轮机顶盖上（图 7-49），两种方式的选择，由设计人员根据机组的具体情况选定，主要选择原则是根据机组推力负荷和水轮机的机坑尺寸大小来选取。因为，这两个原则构成了设计人员选择的基本要素：既要保证推力轴承支架具有足够的刚度，又要保证电站安装维修有一定的空间，同时还要考虑有效压缩机组轴向尺寸，保证轴系稳定性和降低厂房高度，节省电站投资。

7.4.2.3　水轮发电机基本技术数据

A　规格数据

a　额定容量（S_N）

水轮发电机的额定容量通常在招标文件或技术协议中已做明确规定，常用兆伏安（MV·A）或千伏安（kV·A）表示，在确定水轮发电机的额定容量时首先应考虑水电站水能的综合利用，以保证系统正常供电，从机组的经济性出发，对大型水轮发电机还应该考虑其运输条件和制造的可能性。此外，设定发电机额定容量时，还要考虑机组运行调度的灵活性以及检修和电站布置方便等因素。

b　额定电压（U_N）

额定电压是一个综合性参数，它与机组容量、转速、冷却方式、合理的槽电流以及发电机电压配电装置和主变压器的选择等都有密切的关系。

对发电机本身来说，在其容量、转速、并联支路数、槽数不变的情况下，选高电压不仅消耗较多的有效材料和绝缘材料，而且使发电机定子铁芯长度增长，给制造、运输和安装带来困难。此外，高的电压将使定子线圈的防晕问题更为复杂化。

从电机的经济性考虑，应尽量选择较低的电压，但过低的电压将造成发电机电流增大，从而增加绕组连接线、铜环引线及发电机与变压器之间的连接母线的自身电能损失及发热，同时给主变压器及电站电气设备的设计制造带来困难。

总而言之，发电机额定电压的选取应从发电机电磁设计的经济性及电站配套设备制造的可能性等因素，予以综合考虑后才能最终确定。

按照 GB/T 156《标准电压》标准，不同发电机容量与电压的关系见表 7-1。

表 7-1　发电机额定容量与额定电压的关系

额定容量 S_N/MV·A	额定电压 U_N/kV
20 以下	6.3 及以下
20~80	10.5
70~150	13.8
130~300	15.75
300 以上	18 及以上

c　额定功率因数（$\cos\phi_N$）

发电机功率因数是发电机的额定有功功率 P_N（kW）与额定容量 S_N（kV·A）的比值：

$$\cos\phi_N = \frac{P_N}{S_N}$$

发电机额定功率因数的确定与电厂接入电力系统的方式、采用的电压等级、送电的距离、系统中无功配置与平衡以及发电机造价等因素有关，总之，在满足电力系统要求的前提下应尽量降低发电机本身的造价，节省电站的投资。

从发电机本身来说，在输出一定有功功率的条件下，提高发电机有效材料的利用率，减轻发电机质量和提高发电机的效率及部分性能参数以及降低发电机的投资来看，发电机功率因数越高越有利。但是在决定发电机的功率因数时，还应考虑其对系统稳定性的影响。一般认为，功率因数降低，对系统的稳定性有利，但是随着无功调节手段的日益完善和采取相应的措施，以及远距离超高压输电线路对地电容增大，大量的充电功率迫使发电机的功率因数提高，以降低发电机的功率因数来增强系统的稳定性，已失去了实际意义。

此外，水电站的输电方式和电力系统的无功平衡以及地方负荷对发电机功率因数的要求等，这些都将直接影响发电机功率因数的选择。

按照标准 GB/T 7894《水轮发电机基本技术条件》，发电机容量与功率的关系见表7-2。

表 7-2 发电机容量与功率因数的关系

发电机容量/MV·A	功 率 因 数
50 及以下	不低于 0.8（滞后）
大于 50 但不超过 200	不低于 0.85（滞后）
大于 200	不低于 0.9（滞后）

d 额定转速（n_N）

发电机的额定转速是根据水轮机的转轮形式、工作水头、流量以及效率等因素来确定的，就发电机本身而言，其额定转速的选择主要与发电机的额定电压、并联支路数、合理的槽电流以及发电机的冷却方式密切相关。因此，为了满足发电机电磁设计与结构布置更加合理，需采用几种可能的额定转速进行分析比较后最终确定。根据标准 GB/T 7894《水轮发电机基本技术条件》，推荐优选的水轮发电机额定转速见表7-3。

表 7-3 水轮发电机标准额定转速与极数

2P	4	6	8	10	12	14	16	18	20	24
$n_N/\text{r·min}^{-1}$	1500	1000	750	600	500	428.6	375	333.3	300	250
2P	28	30	32	36	40	42	44	48	52	56
$n_N/\text{r·min}^{-1}$	214.3	200	187.5	166.7	150	142.9	136.4	125	115.4	107
2P	60	64	68	72	80	84	88	96	100	
$n_N/\text{r·min}^{-1}$	100	93.8	88.2	83.3	75	71.4	68.2	62.5	60	

e 飞逸转速（n_y）

当水轮发电机组在最高水头下运行而突然甩去负荷，如果水轮机的调速系统及其他保护装置都失灵，导水机构发生故障致使导叶开度在最大位置，在此种工况下机组达到的最高转速称为飞逸转速。

飞逸转速通常与水轮机转轮的形式和最高水头有关，飞逸转速与额定转速之比值称为飞逸系数（K_y），不同形式水轮机的飞逸系数如表7-4所示。

表 7-4　不同形式水轮机的飞逸系数

水 轮 机 形 式	飞 逸 系 数
混流式水轮机	1.65~1.8
冲击式水轮机	1.85
转桨式水轮机当保持协联关系时	1.9~2.2
转桨式水轮机当破坏协联关系时	2.4~2.6

注：转桨式水轮机转轮叶片可以随着负荷变化与导水机构协联动作，使水轮机保持在高效率下运行。

　　B　电磁数

　　a　直轴瞬变电抗（X_d'）

　　发电机直轴瞬变电抗（X_d'）值对电力系统的稳定有较大影响，X_d'越小，动态稳定极限越大，瞬变电压变化率越小。制造厂在发电机电磁设计时应根据招标文件或技术规范的要求尽可能予以满足。

　　直轴瞬变电抗（X_d'）与定子线负荷（AS）和气隙磁通密度 B_δ 有以下关系：

$$X'_d \propto \frac{AS}{B_\delta}$$

　　由上式可知，一般水轮发电机的 B_δ 变化范围很小，可近似地认为不变，如要减小 X_d'，则需减小 AS 值，同时

$$\frac{D_i^2 l_t n_N}{P} \propto \frac{C_A}{ASB_\delta}$$

式中　D_i——定子铁芯内径；

　　　　l_t——定子铁芯长度；

　　　　n_N——额定转速；

　　　　P——额定功率；

　　　　C_A——电机常数。

　　由上式可知，当 AS 减小，则 $D_i{}^2 l_t$ 要增大，从而引起定子铁芯尺寸和质量的增加，使电机成本提高。

　　一般空气冷却水轮发电机的 X_d' 在 0.24~0.38 范围内。

　　b　直轴超瞬变电抗（X_d''）

　　发电机直轴超瞬变电抗（X_d''）值的大小主要影响短路电流的数值，这样就涉及电站高压变电设备的选择，特别是高压断路器的选择，从电气设备选择来看，希望 X_d'' 大些，短路电流小一些。然而，X_d'' 主要取决于发电机阻尼绕组漏抗，而阻尼绕组漏抗本身就比较小，因此，X_d'' 不可能在很大范围内变动，所以从电机设计的角度考虑，此参数不宜提得过高，从已运行电机的统计资料分析，此参数（X_d''）一般在 0.16~0.26 范围内。

　　c　短路比（K_C）

　　短路比是水轮发电机的一个重要参数，它与发电机的同步电抗 X_d 成反比：

$$K_C \propto \frac{1}{X_d}$$

　　而

$$X_d \propto \frac{AS}{B_\delta} \times \frac{\tau}{\delta}$$

式中　X_d——直轴同步电抗；

AS——定子线负荷，A/cm；

$B_δ$——气隙磁通密度，Gs 或 T；

$τ$——极距，cm；

$δ$——气隙长度，cm。

由上两式可知，K_C 越大，则 X_d 越小，发电机的过载能力大，负载电流引起电压变化较小，但这样必须减小 AS 值，增大发电机尺寸或增大气隙长度（$δ$），同时转子绕组安匝数也增加，其结果都使发电机材料增加，成本提高，造价上升。反之，减小 K_C，则 X_d 增大，由此将影响发电机的过载能力和电压变化率，影响电力系统的静态稳定和充电容量。所以制造厂在发电机电磁设计时应根据招标文件或技术规范的要求，与有关设计单位及电力系统共同商榷合理的 K_C 值。

水轮发电机短路比一般在 0.8~1.3 范围内。

C　机械参数

a　飞轮力矩（GD^2）

水轮发电机的飞轮力矩是发电机转动部分的质量（G）与其惯性直径（D）平方的乘积，用 GD^2 表示，也称为水轮发电机的转动惯量。

水轮发电机的飞轮力矩是表明电力系统出现大干扰时，水轮发电机组转动部分仍保持原来运动状态的能力，所以对电力系统的暂态过程和动态稳定有很大影响。飞轮力矩对水轮机调节保证计算也影响很大，一般飞轮力矩大，机组甩负荷后的转速上升率如果保持一定值，则允许较大的压力上升率，从而可以减小引水钢管直径或允许增加钢管长度，甚至不设调压井。但增加发电机的飞轮力矩，将要增加发电机的质量和造价，与此同时需延长机组的启动时间。通常，水轮发电机设计时为了将机组的转速上升值控制在一定的范围内，要求水轮发电机具有一定的飞轮力矩。

机组的飞轮力矩主要取决于发电机部分的飞轮力矩值，这是因为水轮机的飞轮力矩相当小，一般仅为发电机飞轮力矩的 5%~8%。

b　机械（惯性）时间常数（T_{mec}）

机械时间常数是表示发电机在额定转矩作用下，把转子从静止状态加速到额定转速（n_N）所需要的时间，一般按下式计算：

$$T_{mec} = \frac{27.4GD_i^2 n_N^2}{10^4 P_N}$$

式中，P_N 为额定功率，kW。

机械时间常数与发电机的额定转速的关系见表 7-5。

表 7-5　机械时间常数与转速的关系

$n_N/\text{r} \cdot \text{min}^{-1}$	750~428.6	375~200	<200
T_{mec}/s	3~6	4~8	6~10

注：通常内冷水轮发电机 GD^2 比空气冷却的小，因此其 T_{mec} 应取下限。

7.4.2.4　水轮发电机励磁系统

从水轮发电机的工作原理得知，由于转子主极磁场转动所产生的旋转磁场切割定子绕组（电枢绕组）而产生了交流电势，所以，在发电机转子绕组内必须引入一个直流电源用以产生磁场，这个直流电源通常称为励磁（激磁）电源，它由直流励磁机或交流电源通过整流变成直流后供给。通常将励磁绕组（转子绕组）、励磁机或其他助磁电源、灭磁装置以及自动和手动磁调节装置的总体称为励磁系统。该系统是水轮发电机的重要组成部分，其运行性能将直接影响发电机及系统运行的可靠性和稳定性。

A　励磁系统的基本结构

励磁系统由励磁主电路及励磁调节电路两部分组成，励磁主电路包括同步发电机的励磁绕组、励磁电源、整流装置及灭磁电路；励磁调节电路包括自动及手动励磁调节装置等。基本结构框图，如图 7-51 所示。

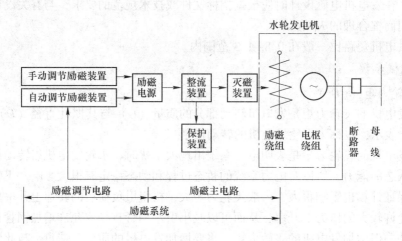

图 7-51　励磁系统基本结构方框图

（1）励磁主电路。将励磁电源输出的交流电，经整流装置变换成直流后，通过灭磁装置，供给同步发电机励磁绕组的整体电路。除励磁绕组外，励磁主电路还包括励磁电源、整流装置和灭磁装置等部分。

（2）励磁调节电路。该电路能按机组及电网的运行情况，自动或手动调节励磁，以满足正常或事故状态下机组所需励磁电流。励磁调节分自动调节装置和手动调节装置两种。

B　励磁方式

可供发电机作直流励磁电源的方式很多，如用直流励磁机直接供给，由交流励磁机或发电机端变压器经可控的或不可控的整流器整流后供给。但归纳起来大致可分为以下两种方式。

（1）用励磁机的他励方式。这种励磁方式的励磁电源来自其他与发电机同轴或不同轴的励磁机。

（2）由主发电机经变压器供电的静止自励方式。在这类方式中，水轮发电机的励磁电源不是由励磁机供给，而是取自主发电机端的变压器。经可控或不可控整流器整流之后再送给发电机转子绕组，取消了旋转励磁机，故称之为静止自励方式。因没有励磁机，也就无噪声，同时可缩小机组尺寸，但设备要占用一定的厂房面积。

发电机的自励方式，还可以分为自并励系统和自复励系统两种。此外，近年来还发展了励磁电源取自水轮发电机定子副绕组的谐波副绕组和基波副绕组的自励方式。

7.5　水电站运行

水电站运行是要在经济合理地利用水力资源、满足电能质量的基础上，全面实现安全、满发、经济、多供的要求。

水利枢纽一般都承担综合利用的任务。水库的运用要综合考虑防洪、发电、航运、灌溉、渔业、工业及生活用水等各方面的要求，根据历史水文资料，以及水文、气象预报经过计算以水库调度图的方式表明水库运行方式。水库调度应包括洪水调度、发电调度等。水电站的运行是参照水库调度图，根据上级单位和电力系统运行调度的命令进行的。

由于不同的水文特性的河流之间可以进行补偿调节，一条河流梯级开发时可以进行径流调节，而电力系统中的水电站、火电站还可以进行电力的补偿调节，这些都影响到水电站的运行方式。

水电站由于机组启动快、操作简单、效率高、成本低等特点，在系统中担任调频、调峰、调相、备用等任务，起着重要的作用。一般在洪水期间应充分利用水量，使全部机组投入运行，做到满发、多供，承担电系统的基荷，而供水期间运行时，尽量利用水头，担任电力系统的腰荷和尖峰负荷，充分利用可调出力以起到电力系统的调频、调峰和事故备用作用。

水电站的辅助设备简单，易于实现全电站的自动化，而且由各特征参数选定的水轮机、发电机一般都具有相同的类型和特性，可以实现全厂的成组调节，在统一的功率和频率信号作用下，采用导水叶均衡开度、转子电流均衡等办法进行有功、无功成组调节而使机组负荷得到合理经济的分配，使各机组运行在高效率区，以达到全厂的经济运行。

水电站运行操作包括正常运行、特殊运行和异常运行，包括正常的测量、监视、控制、维修等和事故的处理。随着通信、遥测、遥控、遥调和计算机等设备的应用，电力系统可以按预定的负荷曲线通过装置实现对水电站或水轮发电机组的控制和调节，在异常和事故情况下，由计算机做出逻辑判断自动处理事故，这样，水电站的安全经济运行将更有保障。

水电站机组的检修安排在枯水季节，并在洪水来到之前完成。正常的检修和验收工作，电气设备的预防性试验，继电保护和自动装置的检验等设备试验是保证安全运行的重要措施。水电站需严格执行所有的规章和制度。这些措施和制度对完成安全、满发、经济、多供的要求提供了有效的保证。

7.5.1　水电站水轮发电机运行

7.5.1.1　水轮发电机的正常运行

A　开停机与带负荷

水轮发电机组的开停机灵活、方便，可以自动与手动进行，自动开停机可通过机组自动操作回路来实现。手动开停机则通过值班人员手动操作来实现。手动开停机大部分是在现场检修、试验时进行，而自动开停机则是水电站的正常操作。

自动开机是值班人员对所有的机械、电气设备恢复备用操作而具备启动前的一切条件时进行的。当值班人员在中控室远方操作发出开机脉冲，机组就按启动的程序自动开机，将转速和电压升至额定值，并按预先选定的同期方式并入电力系统。自动停机分正常解列停机与事故解列停机，正常解列停机是值班人员将机组有功、无功负荷调至零，操作出口断路器，同时通过自动停机操作程序来实现停机。而事故停机则有断电保护控制，同时发出解列和事故停机脉冲信号，由操作程序控制自动停机。

水电机组往往是在远方通过功率给定装置来实现机组的带负荷。

B　冷风温度变化时的运行

在保持发电机定子和转子温度不超过允许值的条件下，随着冷却风温的变化，发电机的负荷允许做相应的变化。

最低的冷风温度以空气冷却器不凝结水珠为限。发电机在冷却风温变动时运行，还应根据发电机的容量和结构以及通风条件，最好通过现场试验所获得的数据进行。

C　电压变化时的运行

按 GB/T 7894《水轮发电机基本技术条件》规定，允许发电机在额定转速及额定功率因数时，电压与额定值的偏差不超过±5%情况下长期运行。但在实际运行中往往会出现不符合此项要求，而出现不正常的运行状态，在此种情况下对发电机有一定的影响。因此，发电机电压变化时的运行，必须按照水轮发电机基本技术条件给予重视。

D　频率变化时的运行

按照国家规定电力系统的频率应保持在 49.8~50Hz 的范围内运行，即允许偏差为 0.2Hz。但电机在实际运行中可能会超出此范围，使发电机的频率产生较大的波动，导致发电机不正常运行。

发电机的频率过高，转速增加会使发电机转子部分的离心力增大，随之带来机械部件的应力增大，对发电机的安全运行造成威胁。同时会使发电机定子铁芯的磁滞、涡流损耗增大，因为此项损耗与发电机的频率成 1.3 次方的关系，就此引起定子铁芯温度上升。同样，由于频率增大，会使定子绕组的附加损耗增加，影响定子绕组的温度。

发电机运行中频率过低时，其出力就要受到限制。因为频率降低会导致发电机转速下降，发电机的风量一般与电机的周速平方成正比，由于发电机转速下降，周速就此变小，使发电机总风量减小，它将直接影响发电机冷却。

如果一些老机组采用同轴励磁机励磁，因为发电机的电势与频率成正比，频率降低，必然会导致电势下降，则发电机的端电压也降低，要维持正常电压就必须增大转子的励磁电流，它会使转子及励磁回路的温度升高。

因此，在频率波动时，运行人员必须严密监视发电机电压，定子、转子绕组和铁芯温度，不能超过允许值，并须调整频率在允许范围内。

E　功率因数变化时的运行

发电机在运行时若功率因数与额定值有出入时，发电机的负荷应调整到使定子和转子电流不超过在该冷却风温所容许的数值。功率因数小于额定值时，必须降低有功功率和发电机容量。功率因数减少，无功功率增加，功角减小，对稳定运行是有利的。当功率因数减小至零时，开始进入调相运行。

当功率因数大于额定值时，无功功率减少，由于水轮机对有功功率的限制，总的发电机容量也要减少，功率角增大，对稳定运行不利。当功率因数增加到1时，开始进入进相运行。

F　水轮发电机不对称运行

实际上发电机在运行中不可避免地会存在三相不对称的状态，GB/T 7894《水轮发电机基本技术条件》对不对称运行做出了具体规定：水轮发电机在不对称电力系统中运行时，如任一相电流不超过额定电流 I_N，且其负序电流分量（I_2）与额定值之比（标么值）为下列数值时应能长期运行：

（1）额定容量为 125MV·A 及以下的空气冷却水轮发电机不超过 12%。

（2）额定容量为大于 125MV·A 的空气冷却水轮发电机不超过 9%。

（3）在上述范围内如长期不对称运行，其振动值不能超过规定的考核值。

7.5.1.2　水轮发电机特殊运行

A　调相运行

水轮发电机作调相运行时，先以水轮发电机运行方式投入电力系统，然后关闭水轮机导叶，并把压缩空气通入水轮机室将水压下，尾水管的水面应保持在水轮机室下面的一定距离，使水轮机在空气中运行，再凭借励磁调节作用，向电力系统输出无功功率，起到调整电力系统电压的作用。在停止调相运行时，只要放出水轮机室压缩空气，水轮发电机组与系统解列，以水轮发电机组正常方式进行停机。

利用水轮发电机进行调相运行的特点是启动快，消耗电力系统功率小，转换方式灵活。如果水轮发电机组是安装在负荷中心附近，则作调相运行的效果将会更好。

水轮发电机调相运行时的容量是按转子励磁绕组的允许温升确定（由电磁计算中专门进行核算）。根据经验，水轮发电机做调相运行时，水轮发电机定子电流应降至相当于额定转子励磁电流时的对应数值，此时如果额定功率因数为 0.8 的水轮发电机组，其定子电流大约降低 20%。因为水轮发电机的调相容量的确定也与额定功率因数有关，通常水轮发电机的调相容量范围大约为其额定容量的 65%~80%。

B　进相运行

近年来，大容量发电机日益增多，相应输电线路的电压等级也随之增高，输电距离也越来越长，加之许多配电网络使用了电缆线路，从而引起了电力系统电容电流的增加，相应地增大了无功功率。尤其是在节日、深夜等低负荷情况下，由线路引起的剩余无功功率，就会使系统的电压上升，以致超过容许的范围。过去常用并联电抗器或利用调相机来吸收此部分剩余无功功率，但有一定的限度，且增加了设备投资。目前，最经济的办法是在电力系统内选择适当的发电机做进相运行，以吸取电网多余的无功功率，进行电压调整。研究表明，进相运行是一项切实可行的方法，不需要额外增加设备投资，只要改变发电机励磁工况即可达到预期调压目的。同时还具有明显节能效果。

进相运行就是将励磁电流减少到空载励磁电流以下，人为造成发电机从系统吸收无功功率。

为保证进相运行时的安全，发电机的进相深度应经试验确定，除考虑原动机出力和定子电流的限制外，还应注意静态稳定、定子铁芯端部发热、厂用电压的下降等。

7.5.2　水轮发电机组经济运行

水电站的经济运行，应根据电力系统对水电站分配的负荷，合理选择机组的运行台数和机组间负荷的经济分配，用较少水，发出较多的电能。同类型同容量的水轮发电机组，因制造工艺上的差异或运行时间的长短不同，其效率也不尽相同，特别是大型机组的效率相差一个很小的数值，会引起经济效益的很大差别。如一台 10 万千瓦的机组，效率提高 1%，按年运行 4000h 计算，则每年就可多发电 400 万千瓦·时。

水轮机在不同水头运行具有不同的耗水率。因此，合理调度、保持高水位运行是经济运行的主要措施。

在同一水头下，不同的开度具有不同的耗水率，在一定负荷下，合理地选择开机台数，控制机组在高效率区运行或以有功功率、无功功率成组调节装置按机组性能进行调节，可以获得较为经济的运行结果。

节省厂用电、减少电能损耗也是水电站经济运行的一个方面。

随着大型水电站的建立，经济运行的意义将越来越大。应用计算机综合水位、流量、电力系统负荷、各机组参数等各种参量，按照经济运行程序自动控制将是发展的方向。

7.5.3　水轮发电机组的事故

水轮发电机组在运行中受水力、机械、电磁等的影响和各方面的原因，可能导致机组事故。

7.5.3.1　水轮机事故

A　严重汽蚀损坏

水轮机设计不良（如叶型不准、选材不当）或长期偏离设计工况运行（如低水头、低负荷和超出工厂要求的吸出高度等），均可能造成汽蚀。

为防止汽蚀事故应进行充分调查分析，在此基础上，合理选择水轮机的参数和材料，提高制造工艺以及改善运行条件。

B　导轴承烧瓦

甘油润滑轴承由于供油的油质不合格，或含有杂质，油压过高或过低，油量不足，冷却水量不足或水温过高均可造成烧瓦事故。水润滑轴承一般由于水量不足或含有过量的硬质泥沙导致磨损轴瓦事故。

C　调速器失灵

调速器系统油质不良，油中含有水分和杂质易造成电液转换器等部件发卡。电气元件质量不良等都会造成调速器失灵。

水轮机除了以上的事故外，还有如破断销折断、抬机等事故，本书不做详细介绍。

7.5.3.2　发电机事故

A　主绝缘击穿

发电机经多年运行后，由于线棒绝缘的局部缺陷或绝缘的老化都会使主绝缘击穿，造成发电机线棒破压，引起发电机事故。

B　股线短路与断股

发电机定子线棒是由多股股线组成，同时在槽部编织换位。但是由于制造工艺或在下线过程中意外的损伤，都会使线棒的股线短路，严重时产生股线断股。股线短路后产生环流，在短路点发热，使股线温度升高，严重时直接影响线棒绝缘老化，甚至击穿。

C 定子线棒接头焊接不良

发电机定子线棒接头的开焊引起线圈着火是发电机事故中最严重的一种事故，每次着火事故都需要更换大量的线棒，还有大量的线棒的表面绝缘需要局部处理，由于浇水灭火，接头绝缘内部进水使云母盒的绝缘变质，需要重新处理。

目前，定子线棒接头的连接采用新结构和新工艺后，此种事故很少发生。

D 转子接地和匝间短路

造成转子接地和匝间短路的原因很多，长期运行的发电机转子温度较高，加上机械振动的作用，使铜线暴露，造成接地和匝间短路。转子匝间短路使转子励磁电流增大，短路点可能温度增加造成局部过热。有些电机在运行中整个磁极短路，引起机组振动迫使机组紧急停机。

水轮发电机组在运行中会出现的事故是多方面的，上面仅列举一部分，本书不一一列举。

7.6 抽水蓄能电站

7.6.1 抽水蓄能电站的功用与开发方式

抽水蓄能发电是水力发电的另一种利用方式。它利用电力系统负荷低谷时的剩余电量，用抽水蓄能机组把水从低处的下池（库）抽送到高处的上池（库）中，以位能形式储存起来，当系统负荷超出各发电站的可发容量时，再把水从高处放下，驱动抽水蓄能机组发电，用于电力系统调峰。

抽水蓄能电站根据开发方式不同有 3 种类型。

（1）纯抽水蓄能电站。纯抽水蓄能电站的发电量绝大部分来自抽水蓄存的水能。发电的水量基本上等于抽水蓄存的水量，水在上、下池（库）之间循环使用。它仅需少量天然径流，也可来自下水库的天然径流。

（2）混合式抽水蓄能电站。混合式抽水蓄能电站既设有抽水蓄能机组，也设有常规水轮发电机组。上水库有天然径流来源，既可利用天然径流发电，也可从下水库抽水蓄能发电。其上水库一般建于河流上，下水库按抽水蓄能需要的容积觅址另建。

（3）调水式抽水蓄能电站。调水式抽水蓄能电站的上水库建于分水岭高程较高的地方，在分水岭某一侧拦截河流建下水库，并设水泵站抽水到上水库。在分水岭另一侧的河流设常规水电站，从上水库引水发电，尾水流入水面高程最低的河流。这种抽水蓄能电站的特点是：1）下水库有天然径流来源，上水库没有天然径流来源；2）调峰发电量往往大于填谷的发电量。

7.6.2 抽水蓄能电站的分类

7.6.2.1 按抽水蓄能电站的蓄能方式分类

A 季调节

季调节即利用洪水期多余的水电或火电将下游水库中的水抽至上游水库，以补充上水库在枯水期的库容并加以利用，从而增加季节电能的调节方式。当上游水库高程较高，下游又有梯级水电站时，就更为有利。

B　周调节

周调节即利用周负荷图低谷（星期日或节假日的低负荷）时抽水蓄能，然后在其他工作日放水发电的方式。显然，如能利用天然湖泊或与一般水电站相结合，将更为经济，其示意图见图 7-52b。

C　日调节

日调节即利用每日夜间的剩余电能抽水蓄能，然后在白天高负荷时放水发电的方式。在以火电和核电站为主的地区修建这种形式的抽水蓄能电站是非常必要的，其示意图见图7-52a。

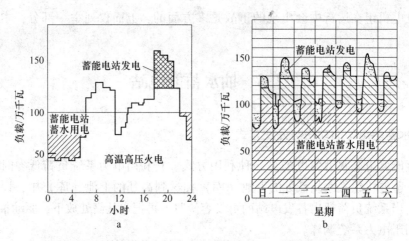

图 7-52　抽水蓄能电站在电力系统中的日、周调节示意图

7.6.2.2　按机组装置方式分类

A　四机式或分置式

这种方式的水泵和水轮机是分开的，并各自配有电动机和发电机。抽水和发电的操作完全分离，运行比较方便，机械效率也较高，但土建及机电设备投资比较大，不够经济，现已很少采用。

B　三机式

这时电动机和发电机合并成一个机器，称为发电电动机，但水泵和水轮机仍各自独立，且不论横轴和立轴布置，三者均直接连接在一根轴上。由于三机式可采用多级水泵，抽水的扬程较高，故在很高的水头下也能应用。

C　二机式

当水泵与水轮机也合二为一成为可逆式水泵水轮机时，即形成所谓的二机式。当机组顺时针转动时为发电运行工况，逆时针转动时则成为抽水运行工况。由于二机式的机组比三机式高度要低，厂房尺寸也较小，可节省土建投资，故可逆式机组得到了很大的发展。

7.6.3　抽水蓄能机组

前已述及，抽水蓄能机组有三机式的，也有二机式的。

三机式机组由 1 台水轮机、1 台水泵、1 台兼作发电机和电动机的电机同轴连接，两种运行工况的旋转方向相同。其优点主要是机组运行方式转换快，但结构复杂，一般在水头大于 500m 时才考虑使用。

二机式机组不仅把发电机与电动机转为一体发电电动机，也将水泵与水轮机转为一体水泵水轮机。该机组向一个方向旋转可发电，反方向旋转可抽水，结构紧凑，造价较省。转轮设计应考虑水泵工况，效率比单一的水泵和水轮机低，但已有较大进步。

水泵水轮机的形式及使用范围见表 7-6。

表 7-6　水泵水轮机的形式及使用范围

形　式	适用水头/m	比转速/m·kW	特　　点
混流式	20~700	70~250	—
斜流式	20~200	100~350	适用于水头变化大的蓄能电站
轴流式	15~40	400~900	适用于水头较低且水头负荷变化大的蓄能电站
贯流式	<30	—	适用于潮汐和低水头蓄能电站

近年来，国际上大量兴建抽水蓄能电站，可逆式水泵水轮机发展迅速，可逆式混流机组应用最广，水头为 600~700m 以下的采用单机水泵水轮机，超过 700m 时大多采用多级水泵水轮机或三机式机组。

7.6.4　抽水蓄能电站的特点

抽水蓄能电站实际上是一种储存并转换能量的设施，其主要特点如下：

(1) 启动、停机迅速，运转灵活，在电力系统中具有调峰、调频、调相和紧急备用功能。当电力系统负荷处于低谷时，抽水蓄能，消耗系统剩余电能，起到"填谷"作用；发电时，则起到"削峰"作用。这种电站可使火电或核电机组保持负荷稳定，处于高效、安全状态运行，减轻或消除锅炉及汽轮机在低出力状态下的运转，以提高效率，降低煤耗，在某些情况下可将部分季节性电能转换为枯水期电能。

(2) 站址选择比较灵活，容易取得较高的水头，一般引水道比较短；在靠近负荷中心和大型火、核电站附近选址，可以一水多用，调节系统电压，维持系统周波（频率）稳定，提高供电质量；能减少水头损失和输电损失，提高抽水发电的总效率，另外，在开发梯级水电站时，在上一级装设抽水蓄能机组，可增大以下梯级电站的装机容量和年发电量。

(3) 抽水蓄能电站开发的趋向是采用大型和高水头的机组，相对来说，其效率高，尺寸小，流量小，要求库容不大，与同容量的一般水电站比较，水工建筑物的工程量小，淹没土地少，单位千瓦投资也少，发电成本低，送电容量不受天然径流量丰枯的影响。

(4) 目前制造的可逆机组单机容量已达 300~350MW，运用水头达 222~600m，压力水管直径最大已达 10m，因此，管道设计与制造的难度较大，应适当增加管道中心的流速，以使管径不至于太大，有压引水道中水流为双向流动，对进（出）水口形状设计要求更为严格，为了减少水头损失，要求进（出）水口断面上流速分布均匀且不宜过大，不发生回流和脱流；要防止水库低水位时发生水流漩涡，或整个水库发生环流而引起不良后果。

（5）抽水蓄能电站先将电能转换为水能，然后将水能转换成电能，经过 2 次转换，其总效率为 0.7~0.75。

7.6.5　抽水蓄能电站的发展简况

瑞士苏黎世的奈特拉抽水蓄能电站建于 1882 年，是世界上最早的抽水蓄能站，该电站抽水扬程 153m，容量 515kW，是一座年调节抽水蓄能电站。

20 世纪 50 年代以后，随着核电站和大容量火电机组的大批投产，为了提高电力系统电源的调峰能力和减少调峰费用，兴建了许多抽水蓄能电站，电站的技术水平也不断提高，机组由四机式发展到二机式。单机混流式水泵水轮机组可试用的水头不断增大，如日本的葛野川抽水蓄能电站的单级混流可逆式机组的抽水扬程已达 778m，发电最大水头 728m，该电站单机最大输出功率 412MW。利用水头最高的是奥地利的赖斯采克抽水蓄能电站，采用四机式机组，水头 1773m。

20 世纪 80 年代，单机规模最大的是美国的巴斯康蒂抽水蓄能电站，装机容量 6×350MW。到 20 世纪末，中国广州抽水蓄能电站建成投产，总装机 2400MW，为当时最大的单机抽水蓄能电站。

中国抽水蓄能电站建设起步较晚。1968 年在岗南水库安装了第 1 台斜流可逆式机组，由日本制造，单机 11MW。1975 年在密云水库安装了 2 台中国制造的单机 11MW 的可逆式机组，转轮直径 2.5m，最大水头 64m。国家实行改革开放以来，抽水蓄能电站的开发速度不断加快，据初步统计，自 1985 年起到 2018 年，已建成和拟建设的规模较大的抽水蓄能电站如表 7-7 和表 7-8 所示。

表 7-7　我国已建成的规模较大的抽水蓄能电站

站　名	站　址	总装机容量/MW
明湖抽水蓄能电站	台湾日月潭风景区	1000
明潭抽水蓄能电站	台湾日月潭西岸	1600
十三陵抽水蓄能电站	北京市十三陵风景区	800
宝泉抽水蓄能电站	四川省广元市	700
天荒坪抽水蓄能电站	浙江省安吉县	1800
西龙池抽水蓄能电站	山西省五台县	1200
广州抽水蓄能电站	广州市从化县	2400
响水涧抽水蓄能电站	安徽省芜湖市繁昌县	1000
泰安抽水蓄能电站	山东省泰安市西郊	1000
张河湾抽水蓄能电站	石家庄市井陉县	1000
桐柏抽水蓄能电站	浙江省天台县	1200

表 7-8　我国拟建规模较大的抽水蓄能电站

站　名	站　址	总装机容量/MW
梅州抽水蓄能电站	广东省梅州市	2400
阳江抽水蓄能电站	广东省阳江市	2400

站　名	站　址	总装机容量/MW
丰宁抽水蓄能电站	河北省丰宁满族自治县	3600
易县抽水蓄能电站	河北省易县·	1200
文登抽水蓄能电站	山东省文登市	1800
宁海抽水蓄能电站	浙江省宁海县	1400
绩溪抽水蓄能电站	安徽省绩溪县	1800
洛宁抽水蓄能电站	河南省洛宁县	1400

到 2017 年底，全国抽水蓄能电站在运规模 28490MW，在建规模达 38710MW，预计到 2020 年，运行总容量将达 40000MW。2018 年，在建的抽水蓄能电站已布满我国的天南海北，北起内蒙古自治区，南至海南省，共计 11 个省、自治区、直辖市，有 16 个在建的抽水储能电站项目，共投资 1361 亿元。其中，广东省在建的抽水蓄能电站项目有 3 个，装机容量达 6000MW，为国内在建抽水蓄能电站规模最大的省份。河北省投资建设的两个项目分别为丰宁和易县抽水蓄能电站，装机容量达 4800MW，其中丰宁抽水蓄能电站是目前世界上在建装机容量最大的抽水蓄能电站项目，总装机容量为 3600MW。

7.6.6　抽水蓄能电站举例

7.6.6.1　勒丁顿抽水蓄能电站

勒丁顿抽水蓄能电站是纯抽水蓄能电站，它位于美国东北部密执安湖东岸，距勒丁顿市 9.4km，装机容量 1872MW，抽水年用电量 39.2 亿千瓦·时，年发电量 28.2 亿千瓦·时，总效率 72%，用 345kV 输电线接入密执安电力系统。该工程于 1969 年 4 月开工，1973 年 1 月 1 台机组投入运营，1974 年 1 月竣工。

A　水库

上水库布置在离密执安湖不远的山顶上，用土堤围成，水库面积 3.4km²，正常蓄水位 287m，相应库容 1.02 亿立方米，消落深度 20m，调节库容 6660m³，可进行周调节。下水库利用天然的密执安湖，平均湖水位 176.8m。上下水库之间的净水头为 110m。

上水库围堤长 9.6km，最大堤高 52m，平均堤高 33m，内外边坡均为 1:2.5，填筑土方 2880 万立方米，堤基和库盘均为沙土层，防止渗漏是上水库设计的重点。土堤的迎水面用沥青混凝土护面，面积达 60 万平方米，护面下设碎石透水层，并设潜水泵排水。库盘用黏土铺盖防晒，厚 0.9~1.5m，土从 10km 以外取得。

B　引水系统

进水口设护坦、翼墙，并在上游 9km 处设一道胸墙，以控制漩涡和防止冰凌进入。进水闸为 6 孔，各宽 8m，高 8m。工作闸门由 125t 固定式启用机控制，可遥控操作，每孔进水闸接 1 条压力钢管，向 1 台机组供水。压力钢管穿过土堤部分，长 150m，外包混凝土。下接斜管段长 246m，埋在沙内。管径在顶部为 8.5m，至坡脚缩小为 7.3m。管壁厚由 12.7mm 增至 36.5mm。6 条压力钢管共用钢材 12900t。引水道长 396m，与利用水头之比为 3.6:1。

C　厂房

厂房为露天式，设在密执安湖湖畔，长 176m，宽 52m，高 32m。厂内安装 6 台可逆式混流机组，每个机组段长 25m，安装间长 18m。厂房建筑大部分在地面以下。厂房顶高出平均湖水位 6.1m，顶上设起重量为 340t 的门式起重机，用于安装和检修时起吊机组部件。主变压器设在厂房后面，开关站位于厂房左侧。尾水管出口处装有拦污栅和工作闸门。尾水渠建有 2 条深入湖内的翼墙，长 500m，离翼墙末端 340m 处，还设有一道垂直于尾水渠的防浪堤。

D　机组

抽水蓄能发电机组为二机式机组，水泵水轮机的转轮直径为 8.23m，水泵水轮机的安装高程低于平均湖水位 8m。水泵工况：抽水扬程 93~114m，单机最大抽水流量 315m³/s，6 台机组的抽水能力共达 1890m³/s。发电工况：水头为 87~108m，水轮机额定出力为 312MW，最大出力为 343MW。发电电动机容量为 325~388MV·A，转速为 112.5r/min，功率因数为 0.85，电压为 20kV，频率为 60Hz。

7.6.6.2　潘家口抽水蓄能电站

潘家口抽水蓄能电站是混合式抽水蓄能电站，它位于河北省迁西县栖河桥镇上游 10km 处的滦河干流上，电站设计总装机容量 420MW，多年平均年发电量 5.64 亿千瓦·时，抽水蓄能发电量为 2.08 亿千瓦·时。电站用 220kV 输电线路向京津唐电力系统供电，具有削峰填谷作用，每年发电 1411h，抽水 1071h。潘家口水利枢纽水源还是天津市、唐山地区城市生活及工农业供水的主要水源之一，并兼有防洪作用，工程分两期建设，一期工程包括主坝、副坝、坝后式厂房及 1 台常规机组；二期工程包括 3 台抽水蓄能机组、下水库低坝、下水库电站及相应设施。一期工程于 1975 年 10 月开工，常规机组于 1981 年投产。二期工程于 1984 年动工，3 台抽水蓄能机组均于 1992 年末投入运行。

A　水库

上水库为潘家口水库，坝址以上流域面积为 3.37 万平方千米，多年平均年净流量为 24.5 亿平方千米。正常蓄水位 222m，相应库容 20.62 亿平方千米。主坝为混凝土宽缝重力坝，最大坝高 107.5m，坝顶长 1039.11m。溢流坝段设 18 个溢洪孔，用弧形闸门控制。孔口尺寸为 15m×15m。此外，底孔坝段还设置了 4 个深式泄水孔，孔口尺寸为 4m×6m，用弧形闸门控制。

B　厂房

抽水蓄能电站厂房为坝后式厂房，长 128m，宽 26.2m，高 31.7m，内装单机容量为 150MW 的常规混流式水轮发电机组 1 台和单机容量为 90MW 的可逆抽水蓄能机组 3 台。用坝内埋没的压力钢管引水，两种机组所用的管径分别为 7.5m 和 5.6m，管长分别为 85.84m 和 91.33m。进水口设快速闸门，下水库坝左侧建有 1 座河床式厂房，长 45m，宽 49.53m，高 20.5m，内装有 2 台单机容量为 5MW 的灯泡式贯流机组。

C　抽水蓄能机组

混流可逆式水泵水轮机转轮直径为 5.53m，水泵有两种转速：扬程为 65.1~85.7m 时，转速为 142.8r/min；扬程为 36~66.4m 时，转速为 125r/min。扬程为 70.11m，流量为 119.5m/s 时，输入功率为 59.7MW。水轮机运行工况：水头最大（85m）时，出力为

100MW；水头最小（36m）时，出力为 26.95MW；水头为额定值（71.6m）时，出力为 90MW，流量为 145.4m³/s。

发电电动机为两种同步转速的变极电机。发电机运行时，额定功率为 91MW，电机效率为 98.05%。电动机运行状况：42 级时输入功率为 96MW，转速为 142.8r/min；48 级时输入功率为 59.5MW，转速为 125r/min。

7.6.6.3　慈利跨流域抽水蓄能工程

该工程是调水式抽水蓄能电站，建于湖南省慈利县境内，工程的大体布局如图 7-53 所示，该工程在阮江直流白洋河上源渠溶溪设水泵站，引水送至赵家垭水库，年抽送水量 1670 万立方米。赵家垭水库下面设 3 级水电站，总装机容量 12300kW。其尾水流入支流零溪河，该工程年抽水量为 340 万千瓦·时，年发电量为 1390 万千瓦·时，关键是在用电低峰时抽水，用电高峰时发电。

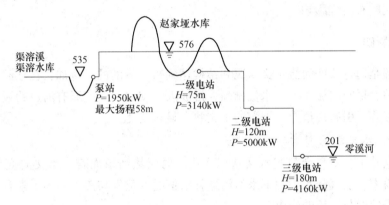

图 7-53　慈利跨流域抽水蓄能工程示意图

8 水电站环境保护

8.1 水电站对水环境的影响与保护

水力发电站对水环境的影响是多方面的。它影响水文、淤积与冲刷、水温、水质等。此外，由于水利水电工程种类的不同，影响的内容也不同。例如蓄水式侧重于对上下游的影响，引水式则有沿程影响。

8.1.1 水文影响

水电工程是通过改变河流水文状况和结构达到兴利目的的。例如，在江河上建造蓄水式水力发电站，拦断河流使上游水位壅高，形成人工湖泊，改变原有河道的天然状态，从而改变水文形式，引起河道上、下游的水文状态显著变化。

8.1.1.1 水文影响因素

水力发电站工程本身会引起水文状态变化。对天然河道而言，水文的变化与流域面积、植被覆盖率、大气降水、地下水对河道补给情况、蒸发与渗透率等因素有关，而流速与流量主要受地形与地貌的约束。

水工建筑都将天然河道水文状态改变为人工控制的水文状态，而这种改变必然使水文情势产生显著变化。

8.1.1.2 特征

水力发电站引起的水文状态的变化主要有下述特征：

（1）拦河建库后，上游的径流受到抑制，在一定的距离内水面与容积发生变化。一是水面面积的变化与水位有着密切关系。二是水库容积与水面面积及深度有关系。两者均与水文状态密切相关。

（2）蓄积水量越大，径流调节的程度越高，就越增加淹没范围并扩大浸没面积。

（3）在多泥沙河流上蓄积水量容易产生淤积。

（4）筑坝蓄水改变了原有的来水、来沙过程，改变了下游河床的冲淤特性。

8.1.1.3 对策

在水工设计中，通常要全面考虑防洪、发电、灌溉、航运与供水等方面的要求，以确定下泄流量。

首先，下泄流量与河床冲淤的特性表现在下泄水流与冲淤的平衡上。最理想的情况是，既使下泄水流恰好满足下游冲淤平衡，又不改变下游河床的水文、水力特性。实际上，在季节变换中，对大、中型水利水电工程来说，完全不改变下游河床水文、水力特性是不可能的。因此，需要在设计规划中尽量考虑如何减小水文、水力特性的变化。

其次，从对水利工程更深层次的要求来说，确定下泄的最小流量，还涉及水资源的综合利用与维持环境、生态与经济效益的统一问题。比如，为改善下游河道的水质，在水库调度时就应研究如何改变供水方式；为防止血吸虫病，应使下泄量变化幅度不大；为改善水产养殖条件，应对大坝阻断洄游性鱼类的洄游通道进行研究，为洄游鱼类产卵创造条件。这些要求都应在确定最小泄放量时考虑。

8.1.2 淤积与冲刷影响

在水利工程中，淤积与冲刷是常遇到的实际问题。可能产生淤积的环节是输水工程的渠道，蓄水工程的水库库区，水电站的前池、引水口与尾水放流处等；而可能产生冲刷的主要有输水工程的渠道、蓄水工程的下游及水电站的尾水放流处。

8.1.2.1 影响因素

影响淤积与冲刷的因素如下：（1）岩石风化程度、崩坍情况；（2）植被的种类与分布、覆盖层厚度、地形高度与坡度；（3）河流的流量、河床的坡降及输沙特性；（4）森林采伐、道路兴建、植树造林、拦河与治山等人类活动。

8.1.2.2 影响作用

淤积与冲刷的影响作用如下：（1）库区的淤积减少了水库有效容积，抬高了水库末端河床，阻塞会减少引水量，对库区周围土地村庄也构成威胁；（2）淤积减少输水工程的有效引水量；（3）淤积发生在发电厂的尾水放流处则降低发电厂的发电量；（4）冲刷导致渠系建筑物的废弃和沿程下切，造成两岸淘刷，最终破坏输水工程。

例如埃及的阿斯旺大坝，兴建大坝时形成的巨大的纳赛尔湖，由于泥沙的自然淤积，水库的有效库容逐渐缩小，因而导致水库的储水量下降。大坝工程的设计者未能准确估计库区泥沙淤积的速度和过程。根据阿斯旺大坝水利工程设计，这个水库26%的库容是死库容，而每年尼罗河水从上游夹带6000~18000t泥沙入库，设计者按照尼罗河水含沙量计算，结论是500年后泥沙才会淤满死库容，以为淤积问题对水库的效益影响不大。可是大坝建成后的实际情况是，泥沙并非在水库的死库容区均匀地淤积，而是在水库上游的水流缓慢处迅速淤积；结果，水库上游淤积的大量泥沙在水库入口处形成了三角洲；这样，水库兴建后不久，其有效库容就明显下降，水利工程效益大大降低。此外，浩大的水库水面蒸发量很大，每年的蒸发损失就相当于11%的库容水量，这也降低了预计的水利工程效益。

8.1.3 水温影响

在温带，水体水温随季节更替而有很大差异。春季开始，气温升高，日照增强，水库表面水温升高。夏末，水库表面水温达到最高值，水温呈上层高而下层低的状态，但同一高程上水温基本相同。秋天气温下降，库水放热，表面水温下降，密度增大，向下沉降，引起上下剧烈的掺混，因而在水库上层形成温度均匀的掺混层，厚度随着时间逐渐增强。到冬天，水温分布又逐渐趋于均匀。

目前，在划分水库是否产生分层状态时，一般可利用下式作为判别标准：

$$\alpha = \frac{年总流入量}{水库总库容}$$

$$\beta = \frac{一次洪水流入量}{水库总库容}$$

根据现有观测资料进行估计，标准如下：

当 $\alpha<10$ 时，为稳定的分层型；当 $\alpha>20$ 时，为混合型。

对分层型水库，若遇 $\beta>1$ 的大洪水，往往会形成临时的混合型；若遇 $\beta<0.5$ 的洪水，一般对水库的水温结构没有大的影响。

分层型水库的特点是，夏季库水从垂直方向分为三层，即温水层、斜温层与冷水层。由于水库内部的等温面基本上是水平的，而温差主要在铅直方向，因此可忽略水平方向的温度变化，按一维计算模型计算水温年变幅。

水温年变幅在水库表面最大，并随深度递增而逐渐减小。而库水中的化学变化又随水温不同而明显改变。库水较深时，温度的差异导致水体划分为库面动荡层、变温层（即跃温层）与库底静水层。实质上，库面动荡层是营养物质生成层，而静水层是营养物质分解层。正是这几层的厚度对比关系深刻地影响水体的化学过程。

水温分层将使水库下层的水体水温常年维持在较稳定的低温状态。水库的低温水下泄对农作物、鱼类和珍稀濒危水生生物将会造成不利影响，有时会严重影响水坝下游水生动物的产卵、繁殖和生长。特别是连续的高坝大库梯级开发，将使河道的水温更难以恢复。对于缓解水库分层现象带来的生态影响，可采取的措施有：（1）在工程设计时考虑采用分层取水措施，如在表层取水；（2）合理利用水库洪水调度运行方式；（3）采用防空洞泄洪，改善库区水体水温结构；（4）尽量采用宽浅式过水断面的灌溉渠道。

8.1.4　水质影响

兴建水利水电工程能使水质得到改善。例如，水库能降低 SiO_2 的含量，减少浑浊度，削减溶解矿物质，减少生化耗氧量，能起到稀释净化的作用。但是，对水质也会产生不利影响。这些不利影响有以下几点：（1）库内流量减小使稀释自净能力减小，故物理变化、化学反应速率减慢，生成物容易积聚；（2）库水按温度分层后，使底部冷水层变成因终年得不到光合作用缺氧的"死水"，此层成为厌氧微生物层；（3）大坝阻拦来水下泄，使水体内不溶解的固态物质不断沉降，其中有毒物质使水质恶化；（4）库水下泄都会改变水的物理性质，使下游农田得不到含有有机质的肥水，而影响农作物的产量。

8.1.5　气象影响

一般情况下，地区性气候状况受大气环流所控制，但修建大、中型水库及灌溉工程后，原先的陆地变成了水体或湿地，使局部地表空气变得较湿润，对局部小气候会产生一定的影响，主要表现在对降雨、气温、风和雾等气象因子的影响。

8.1.5.1　对降雨量的影响

对降雨量的影响表现在以下几个方面：

（1）降雨量有所增加。这是由于修建水库形成了大面积蓄水，在阳光辐射下，蒸发量增加引起的。

（2）降雨地区分布发生改变。水库低温效应的影响可使降雨分布发生改变，一般库区蒸发量加大，空气变得湿润。实测资料表明，库区和邻近地区的降雨量有所减少，而一定距离的外围区降雨则有所增加，一般来说，地势高的迎风面降雨增加，而背风面降雨则减少。

（3）降雨时间的分布发生改变。对于南方大型水库，夏季水面温度低于气温，气层稳定，大气对流减弱，降雨量减少；但冬季水面较暖，大气对流作用增强，降雨量增加。

8.1.5.2 对气温的影响

水库建成后，库区的下垫面由陆面变为水面，与空气间的能量交换方式和强度均发生变化，从而导致气温发生变化，年平均气温略有升高。同时，水库建成蓄水后形成了一个广阔的水域。水库的蒸发量大，能得到太阳辐射热的调节，使库区及邻近区的气温和温度场等要素发生改变从而引起区域小气候变化。

水利水电工程（特别是大型工程）对局部气候的影响主要反映在改变气温、湿度等方面。例如，空气湿度增大，气温变化缓慢，即将大陆性气候改变为带有海洋性特征的气候。

水库引起周围气候的变化在很大程度上取决于水面的大小和当地的气象条件。水库水面越大，影响范围越大；反之，影响甚微。例如，俄罗斯西伯利亚永久冻土地带的高70m车尔尼雪夫斯基大坝，在上游形成400km长的水面，库容为100亿立方米，使该地区的年平均气温由-8.5℃上升至-7.0℃；冬季最低气温由-60℃上升至-50℃以上；夏季的湿度提高了33%，气候变得较温和了，夏令季节变长了，使永久冻土的上层土壤解冻，水库沿岸动、植物明显增加。

8.1.6 化学影响

8.1.6.1 盐分

水体的盐分不仅影响水的用途，而且影响水的化学反应。一般来说，若河水与水库水体内盐分适中，则对水体的影响不大，反之，会对水质产生很大影响。

实测资料表明，影响水体矿化度与盐类组成及含量的主要是流域内的地理化学环境和人为因素。地理化学环境中，岩石、土壤及生物变化起着主要作用。不同岩石与土壤成分对水体矿化度影响的差异很大。例如，在有石灰岩层的流域内，水体中碳酸盐所占的比重就很大；当有硫化泉水注入河流时，水体中硫酸盐含量较大，变化范围在12~1660mg/L之间。人为的影响主要是指厂矿、城市与农田排水中化学物质所引起的。

河川径流变化对水体矿化度与盐类浓度有一定影响。当径流来自矿化度强的地区时，虽然水体矿化度增高，但这种变化一般都有规律。

水库水体矿化度和盐类的变化还与水体分层有关。不同水温度的矿化度与盐类含量不同，而且不同季节变化也不同。即使在同一个水库内，因静水作用以及矿化度与盐类的积累作用，在不同地段，变化也不一样。例如，在同一个水库内，靠近坝段的矿化度与盐类比在上游段明显大。

8.1.6.2 营养元素

水利水电工程用途不同，对水质的要求也不同。如果为了灌溉，希望水中含有丰富的营养元素；如果为了饮用，希望含有的营养元素越少越好。水库中的营养元素随着季节的变化而变化，这种变化与生物生长过程息息相关。就温度分层型水库而言，这种变化尤为明显。

因水库表面动荡层光合作用强烈、温度梯度大、水体交换频繁，再加上跃温层中库水的密度阻碍着悬浮物潜入库底静水层，因而库面动荡层生物生长量很大，使原水体的水质产生了"质"的变化。

营养元素及其有机物质的变化与水流速度有密切关系。若流速减小，一部分沉积于底层，形成富集现象；另一部分则在水体中转化。

8.1.6.3   微量元素

由于水库的建设会影响天然河流的水文状况，从而间接影响河流自身的水体稀释和自净能力，进一步导致天然河流中的微量元素含量的变化。而水库内微量元素也有常年累积作用。

库水微量元素超过水质标准的要求时，对人体与生物的危害相当大。像砷、铬、汞、苯、氟、锌、镍等都是有毒的。这些微量元素随水体在库内停留时间越长，积累越多，对人体与水生生物的危害就越严重。例如，过量的微量元素与恶性肿瘤的关系可分为三类：第一类是肯定致癌，有镍、铬、砷、铁（氧化铁）等；第二类为疑似致癌，有铍、钴、镉、硒、钛、锌等；第三类为促癌，有铜、锰等。

在水利水电工程中，除建筑物本身化学物质产生的微量元素外，大量的微量元素来自工矿、农业排水及城镇生活污水。如对这些污染源不采取限制措施和严格治理，必然导致库水内产生过量的微量元素。由此可见，对水库上游污染源进行治理是十分重要的。

8.2   水电站对生态环境的影响与保护

随着我国经济的快速发展和人民生活水平的提高，能源需求的缺口越来越大。现在我国电力年需求 6.4 万亿千瓦·时，预计 2020 年达 9 万亿千瓦·时；目前我国电力主要以化石燃料为动力，出现煤电油运输高度紧张的形势，例如石油年进口量已达 1 亿吨，对外依存度达 30% 以上，能源安全成为国家安全的大问题。我国是水电资源丰富的国家，但是大部分水电资源没有开发，开发度仅为 20%（国外达 60%）。水能是可再生能源，优先发展水电是我国能源发展战略，但是水电开发涉及生态保护的问题。

8.2.1   概述

水利工程在防洪、灌溉、供水和发电等方面起重要作用的同时，其建设和运行对河流生态系统结构和功能产生多种影响，河流形态多样性是生物群落多样性的基础。水利工程对于生态系统影响的主要原因，是由于水利工程在不同程度上造成河流形态的均一化和不连续化导致生物群落多样性的下降。水利工程对生态可能产生的消极影响归纳为以下六个主要方面：

（1）水坝阻隔的影响。水坝对河流的阻隔，使江河水的自然流态发生变化，打破了河流自然生态系统平衡。如洄游生物迁徙途径破坏、上游泥沙淤积、下游河道冲刷、河口后退、水体自净能力下降等。

（2）水库淹没的影响。水库蓄水对上游的淹没，导致的土地、自然文化遗产、景观、移民、动物栖息地、生物物种多样性等的损失和破坏。

（3）水库调蓄的影响。水库调蓄对库区及其周边地区的地质构造、地下水位、气候等产生影响，可能会诱发地震、山体滑坡、地下水位抬升，引起土地盐碱化和沼泽化、水质富营养化、水面蒸发量增加等。

（4）溃坝风险的影响。因洪水、地震、战争等可能导致溃（垮）坝，使下游地区的人民生命和财产安全的风险增加。

（5）调水工程的影响。跨流域调水，对调出流域的下游因水量减少产生的生态影响，如供水安全、河道断流、河口萎缩等；对调入流域的可能影响，主要有工程沿线的移民安置、水质污染、水生微生物传播疾病等。

（6）灌溉的影响。主要是灌区的过量引水，导致河道断流，河流生态退化，地下水位下降，以及不当的灌溉方式带来的土壤次生盐渍化等。

在这些影响之中，因大坝阻隔、淹没而导致的生物物种多样性破坏等问题，是水利工程生态影响中最为突出的问题。这些生物多样性破坏在微生物、植物、动物等方面都有不同程度的体现。

8.2.2 对微生物的影响

8.2.2.1 概述

世界上微生物有十几万种，主要为菌类。菌类包括细菌、黏菌、真菌、放线菌以及病菌、噬菌体、立克次体等。有时把单细胞的藻类与原生物也划入微生物。

微生物的活动对水质与水质化学成分的改变以及生物量的变化等起着重要作用。微生物的增减对鱼类的增减也有直接影响。例如，在富营养化的水体中，藻类大量繁殖，水表面形成"水华"。"水华"可能有恶臭，还可能产生有毒物质。"水华"呼吸释放出氧，可能使表层水的溶解氧过饱和。另外，"水华"遮蔽阳光，阻碍水生植物的光合作用，影响水生植物生命代谢过程。水生植物枯死后，沉积在水体底部被细菌分解消耗氧气，又使水体中的溶解氧减少。水生植物腐烂时，还会产生 H_2S 等气体。这样，使得富营养化水体的水质不断恶化。与此同时，"水华"的大量繁殖会减少鱼类生活空间，危害鱼类生存与繁殖。

8.2.2.2 影响原因

在自然环境内，水体中微生物的变化相对平衡。筑坝建库后，自然流动的水体变成了人为流动的水体，流量与流速都按照人的意志改变，导致微生物也产生相应变化。例如，在太阳热辐射下，库水温度升高，有利于微生物生存繁殖，特别是库岸周围表现得最为明显。若河流上游来水中含有大量氮、磷物质，水体内浮游生物及水生植物就会大量繁殖，使水体趋于营养化；若上游来水中含较多酸、碱、无机盐与无机悬浮物等，会对水生生物产生不良影响，抑制微生物的生长；若上游有热污染源，则使来水水温升高，水中溶解氧减少，除不利于水生物的生存外，还会加速细菌繁殖，助长水草丛生，从而影响河水流动；若上游来水中含有病原微生物的粪便、垃圾及生活污水，就会污染库水水体和危害人体健康。

水利水电工程对微生物的影响，还与库区周围的植被与底质有很大关系。例如，若蓄水之前淹没区与水位变幅区有大量植物存在，那么蓄水之后，这些植被就会成为微生物的饵料被微生物慢慢地吞噬，使微生物大量繁殖。而另外，不同的底质又对微生物的变化起抑制作用。

8.2.2.3　富营养化

水体的营养是指水生生物维持生存的基本物质含量。若营养物质少，水生生物的繁殖能力低，成为贫营养；反之，若水体中营养物质越来越多，水生生物大量繁殖，则成为富营养。所谓富营养化，是指营养富集的过程及其引起的后果。

富营养化的突出表现是藻类大量繁殖使水体中的溶解氧急剧减少，甚至使水体处于严重缺氧状态，且分解出的产物具有毒性，使水质严重破坏。氮、磷含量的高低与水体富营养化的程度密切相关，一般认为磷与氮的最大允许浓度分别为 $10mg/m^3$ 与 $300mg/m^3$。

必须注意，在水库蓄水过程中微生物量是有变化的。在水库蓄水的最初几年内，细菌浓度会很高。此后，在上游来水中的物质浓度不发生变化的情况下，细菌浓度会逐渐降低到河流的初始浓度或更低一些。按前苏联第聂泊河各水库的统计，在蓄水后的前三年，细菌总数及生物量增长 $1.5 \sim 2.0$ 倍，异养细菌增长 $3 \sim 10$ 倍，以后便逐渐降低。这与细菌进一步富集有关。这种富集导致蓝藻、绿藻繁殖而产生严重的"水华"。而另有些滤食性浮游动物不喜食的藻类在浮游植物群落中占据优势，引起对细菌碎屑食物更大的需求，使水体中细菌浓度降低。

8.2.3　对植物的影响

8.2.3.1　浮游植物

建库后，水环境将由河流相变为湖泊相，淹没区内营养物质不断释放，外源性营养物质随地表径流不断汇入水库，水温也比较稳定，这种环境的改变更有利于浮游植物的生长发育；水库蓄水后形成数量众多的库湾，其水域可能相对静止，营养盐类浓度较大，给浮游生物以生存和繁衍的必要条件。库区内浮游植物的数量及生物量将在每年的春季出现峰值；秋季气温、水温低，浮游植物的数量及生物量不会出现峰值。随着库龄增加，库区的底栖动物经初始阶段种类演变后，最终成为较稳定结构的类群；在库尾一带将出现河流—湖泊型底栖动物种群的过渡带。水库不同水域的不同浮游植物有不同的特点。上游段以河流浮游藻类复合体为主，生物量较低；中游段以蓝藻类较为明显，生物量逐渐增大。

在季节变化时，生物量也有较大变化。在温带区域，夏季浮游植物占优势，春、冬两季浮游植物数量明显减少。这不仅与水体水温和水文特性有关，也与浮游植物的生态特性有关。

水库的梯级效应是指浮游植物对河流上、下游的水库产生的影响。当水库调节库容大时，地表径流的汇集不能改变水库的水温特性，对浮游植物的影响不大；若上游水库下泄量变化频繁，且水位波动范围大，上游水库的浮游植物就有可能下泄到下游水库中，使下游水库出现不均匀性；上游水库下泄量越少，梯级效应的作用就越低。

浮游植物群落的年变化通常与水流速度、水温变化、淹没区的底质、人为影响及植物群落的本身特性等因素有关。年变化一般分为三个阶段：第一阶段是江河浮游植物复合体的破坏，此时浮游植物具有生态上种类不同的混合特征；第二阶段是蓝绿藻、甲藻等在数量上突然增多；第三阶段是形成湖泊型、单一化，使水库的浮游植物稳定下来。

另外浮游植物的年变化时间与达到水库库容蓄积量的时间有很大关系。水库充水时间长，则浮游植物达到单一化经历的时间也较长。例如，有的水库需 7 年，有的只需几个月。

8.2.3.2　高等水生植物

水库中常见的高等水生植物有空气水生植物、浮叶植物与潜水植物三大类。

（1）空气水生植物。这类水生植物在水库浅水区的植物覆盖中占主导地位，且到处可见。例如，芦苇群落就是浅水区的典型代表。

（2）浮叶植物。这类水生植物有百睡莲、黄萍蓬等，以叶子浮在水面上为特征，占据一片水面。

（3）潜水植物。这类水生植物在浅水区能够生长，有穿叶眼子菜、深绿色松藻等。

高等水生植物可吸收水体中的营养元素，因而可净化水体，同时还可与引起"水华"的各种藻类抗衡。但是，水生植物会因阻碍阳光照射，使水中缺氧，造成水质急剧恶化，影响渔业和航运业的发展。

影响水库水生植物生长的因素有水深、水体形态及特征、水位状况、淹没地的特征、库龄、浅水区的防浪程度、水库的地理位置、冲刷过程的衰减速度以及水体与土壤的物理、化学性质等。

观测资料表明，水库中的植物群落按水深呈带状分布，与水位消涨对植物的影响有关。植物在水库中所占据的面积一般为水体总面积的 $1\% \sim 30\%$，每年所产生的有机物质有数万吨。

在预测水库高等水生植物生长情况时，应充分注意以下两点：首先是水库的运行方式，高等水生植物的生长与水库的运行方式有密切关系，水位变化幅度大，高等水生植物的种群与生长都会受到一定限制；其次是人类活动因素，在库区周围，如人类活动影响强烈，将影响高等水生植物的生长。

8.2.4　对动物的影响

8.2.4.1　浮游动物

水库中的浮游动物种类很多，达数千种。尤其是地处热带与温带地区的水库，受气候的影响，众多的浮游动物繁殖迅速。这些浮游动物增加了水体中的生物量。

水库中浮游动物是从上至下逐渐增多，呈垂直分布。实测表明，水库浮游动物的分布与水位变化的关系很大。当水库水位变化时，有一些浮游生物还来不及完成自身生命的历程就灭亡了。特别是在水位涨落大的山谷型水库，因水流速度大、库底小，一些浮游生物将从库中泄出，留在库内的也因水位消落而失去生存条件。相反，在温带地区吞吐量大的水库内浮游动物的生存条件比较好。

水库浮游动物的分布与水质也有密切关系。当库底缺氧并有 CO_2 与 H_2 等气体时，只有水面才有浮游动物。

浮游动物受季节变化的影响相当明显。从春季库水增温开始，一些轮虫类与喜冷的浮游动物开始大量繁殖，很快达到高峰。当水温升至 $10 \sim 15℃$ 时，枝角类等浮游动物也迅速繁殖起来。到了夏季，除轮虫类外，甲壳类的浮游动物也大量出现，生物量持续增长。到了仲夏，水温达到最高，有些浮游动物会减少。夏末秋初库水与强烈的风力发生混合作用，使含氧状况得到改善，从而使细菌含量增多，又出现轮虫类的第二次高繁殖期。

蓝绿藻大量繁殖会抑制浮游甲壳动物生长。这是由于蓝绿藻与高等水生植物的细菌分解作用增强了水库的次生富营养化的缘故。

除水库的地理位置、水温、气候与水位的因素外，影响浮游动物繁殖还有下述人为因素：（1）工业与生活污水使浮游动物的种类与数量明显减少，特别是轮虫类与枝角类；（2）化肥与农药能使浮游动物的种类濒于灭绝；（3）火力发电厂或核电厂的冷却水排入水库将使水库浮游动物组成结构异变。

8.2.4.2　底栖动物

按照摄食方法分类，底栖动物可以分为滤食类、碎屑摄食类与食肉类三种。它们的生物量大小取决于营养物质丰富的程度。

由于水文情势对底栖动物的发育有较大影响，所以底栖动物在库内的分布是不均匀的。当水文情势变化较大时，因淤泥与库底的有机物质发生变化，给底栖动物的繁殖与发育带来一定影响。另外，水库的富营养化也将会对底栖动物产生不良的影响。

8.2.4.3　野生动物

水利水电工程改变了野生动物的生活环境。特别是一些陆生动物被迫迁移出原栖息地。水库能否有利于野生动物的生长，主要取决于水库地形、库区土质、食物来源及水库的运行方式。在进行水库设计时，应考虑野生动物的价值及野生动物原有的生活环境。

在水库施工过程中，应采取补救措施挽回人为因素给野生动物保护工作带来的不良影响。

8.2.5　对鱼类的影响

当前社会上极为关注的是大坝建设对洄游鱼类造成的影响。事实上，洄游鱼类由于种类不同，其生存的环境也各不相同，如鲟鱼，相当一部分是在北纬45°左右的日本北海道和我国乌苏里江、黑龙江、松花江等河、海之间洄游。而且，并不是每条河流都有洄游鱼类。世界各国在建坝时解决洄游鱼类问题通常采取两种办法：一种是采取工程措施，建鱼梯、鱼道等；另一种是对洄游鱼类进行人工繁殖。我国长江葛洲坝工程建设中，解决中华鲟洄游问题就选择了人工繁殖的办法，事实证明是比较成功的。需要强调的是，在不同的地区、不同的河流上建坝，对鱼类和生物物种的影响是不同的，要对具体的河流进行具体的分析，不能一概而论。

8.2.5.1　影响因素

A　氮气过饱和影响

所谓氮气过饱和是指水体中溶解的空气超过了在一定温度与压力条件下的正常含量，这会对鱼类产生危害。例如，过饱和的空气通过呼吸系统进入血液与组织，若此时鱼游水体表层压力变小与水温变高，鱼体内的一部分空气便从溶解状态恢复到气体状态而出现气泡，使鱼类产生气泡病致死。由于氮气是空气的主要成分，故称为氮气过饱和。氮气过饱和是水流通过溢洪道或泄水闸冲泻至消力池时产生巨大压力因而带入大量空气造成的。对梯级水电厂，通过多个溢洪道反复溶解空气，情况更为严重。

我国有较多重要经济鱼类也遇到氮气过饱和问题。例如，葛洲坝水利水电枢纽抬高水位后，从上游江河段漂流来的鱼苗都要随江水的泄流到达坝下江河段。这样，在枢纽下游附近捞起的鱼苗或幼苗，腹腔内（特别是肠道内）充满气泡，极易死亡。

三峡大坝在汛期蓄水，枯水期放水，改变了长江流态和季节变化规律。蓄水后，库区最大深度可达 175m，高坝流下的水溶解了空气中大量的氮气，而水体氮气过饱和对鱼类影响比较大。鱼类受氮气过饱影响，和潜水员不能从深水里一下子出来，而要渐渐出来的道理类似，在水库底下气体溶度比较高，鱼从水库底层出来可能会患气泡病，造成血液循环的障碍。

在库区下游也容易形成氮气过饱和。因为从水的高压到低压，鱼容易形成气泡病。在其他任何时候通过泄洪闸门出来的鱼，都有这种可能。

蓄水后大坝上游的流速变缓，引起了库区鱼类种群结构的变化。2006 年三峡大坝蓄水期间的监测发现，大坝上游蓄水前适应激流环境的鱼类占多数，蓄水后适应静水环境的鱼类占了多数，像鲤鱼等在静水里生存的鱼类明显增加了。而在坝下，以前长江水夹带了大量的泥沙，颜色浑黄。蓄水后长江上游来的一部分泥沙在库区沉积，从三峡大坝出来的水变清了。结果，坝下喜欢浑浊水的鱼减少，喜欢清水的鱼增加了。

B 水文条件影响

建造水库时，水文条件会因径流调节而改变，其中水流状态与涨水过程对鱼类的影响最为明显。

对比较大的河流，水流急，底多砾石，鱼类的食料主要是藻类和爬附于石上的无脊椎动物。在这种条件下生存的鱼类是适应于流水条件、摄食底栖生物的鱼种。水库建成后，库水流动显著减慢甚至静止。此时，泥沙沉积，水清、水深又使阳光不能透射到底层，使藻类与水草难以生长，使底栖无脊椎动物减少，因而使适应流水的鱼类难以生存。而浮游植物却大量滋生，浮游动物也相应增多。这为一些适应于静水和以浮游生物为食的鱼类（如鲢鱼与鳙鱼）提供了良好的生存环境。

在水库的坝下河段，一些在流水中繁殖的鱼类所要求的涨水条件，有可能因水库蓄洪而得不到满足。例如，多数鱼类的繁殖期在春末夏初（即 4 月上旬至 7 月上旬）。若此阶段只蓄洪而不溢洪，鱼类就难以繁殖。但是若支流洪水汇入，在坝下河段形成显著的涨水过程，鱼类仍可进行繁殖。例如，我国丹江口水库坝下的汉江家鱼产卵场，就是靠南河与唐白河等支流的汇入才造成鱼类产卵条件的。

C 水温影响

蓄水较深、水流极缓的水库内，春末至秋初时的水温是分层的。这种水库的表层水温随气温而变化，并随水深逐渐降低，达到一定深度（15~20m）时水温急剧降低，即形成跃温层。在跃温层以下，一直至库底，水温的变化很小，基本保持 10℃左右。

我国的鱼类以温水性鱼为主。这些鱼类常活动于水温较高的水域，即栖息于库水的上、中层或沿岸的水域。

在坝下的河段，发电厂进水涌管的开口常设在深水层，故从发电厂泄出的水体也保持了深水层的低温状态。因此，坝下河段的水温产生了明显变化。事实上，在春、夏、秋三季（3~10 月）都呈现月平均水温比建坝前降低的现象。越是在高水温的月份，水温降低值越大；反之，冬季水温比原来的有所升高，且越是在最冷月份水温升高值越大。水温与鱼类的生长密切相关，特别是在鱼类繁殖期，要求有一定的水温条件。若这一水温条件出现的时间推迟，鱼类就会推迟产卵，这对渔业资源发展是不利的。

D　洄游的阻碍作用

a　水电枢纽对鱼类洄游的阻隔作用

当水库蓄水抬高水位后，库水主要通过发电厂或泄流闸下泄。下泄的水流具有巨大的能量与很高的流速，因此，对鱼类洄游产生无法克服的阻力，即阻隔作用。

特别是对一些必须上溯到大坝上游或支流去繁殖的回归性很强的鱼类，阻隔作用对其资源开发会造成巨大损失。因此，在水利水电工程设计中必须考虑。

b　水闸对鱼类洄游的阻隔作用

在我国，特别是长江中下游，这也是一个比较严重的问题。许多鱼类需要在江、湖之间进进出出，才能繁殖、摄食与越冬。江河的深水河槽是多数鱼类的越冬场所；江河为流水中产卵的鱼类提供产卵场所；而湖泊不仅是鱼类良好的摄食增肥场所，也是静水产卵（特别是产粘草性鱼卵）鱼类的产卵场所。因此，若鱼类不能适时地到达这些场所，便很难生存、发展，种群量就会减少，即资源衰退。因此，在闸门启闭运用中，应考虑江与湖之间的隔绝问题。

8.2.5.2　保护措施

水电水利工程拦河建筑物使河流水生生境片断化，阻隔鱼类洄游通道，阻碍上下游鱼类种质交流。库区水深、流速等水文情势的变化会造成原有水生生境的改变甚至消失，致使鱼类区系组成发生变化，特别是珍稀物种、特有物种的消失。水电水利工程泄流消能可造成水体溶解气体过饱和，对部分鱼类特别是幼鱼造成严重影响。

针对水电水利工程对鱼类的影响特点，可采取以下保护措施。

（1）在珍稀、特有、具有重要经济价值的鱼类洄游通道建闸、筑坝，需采取过鱼措施。对于拦河闸和水头较低的大坝，宜修建鱼道、鱼梯、鱼闸等永久性的过鱼建筑物；对于高坝大库，宜设置升鱼机，配备鱼泵、过鱼船，以及采取人工网捕过坝措施。同时应重视掌握各种鱼类生态习性和水电水利工程对鱼类影响的研究，加强过鱼措施实际效果的监测，并据此不断修改过鱼设施设计，调整改建过鱼设施，优化运行管理。

（2）工程建成运行造成鱼类资源量减少，应实施人工增殖放流措施。对于大中型水电水利工程，应在截流前在工程管理区范围内适当的地点建立鱼类增殖站，长期运行，由工程业主承担费用，负责建设和管理；对于增殖鱼类苗种已市场化的，可定期购买鱼苗放流；对于流域梯级开发项目，可统筹考虑几个相互联系紧密的梯级联合修建增殖站，但其规模应满足全部梯级的增殖保护要求。重点增殖放流国家、地方保护及珍稀特有鱼类和重要经济鱼类。适当提高放流规模和规格。没有成熟繁殖技术的需开展鱼类保护关键技术研究。建立水生生态环境监测系统，长期监测鱼类增殖放流效果。

（3）工程建设使鱼类"三场"和重要栖息地遭到破坏和消失，应尽量选择适宜河段人工营造相应水生生境。

（4）工程建设造成珍稀、特有鱼类资源量下降，影响鱼类种群稳定，除了人工增殖措施外，可在社会和自然条件适宜河段设立鱼类保护区和禁渔区。

（5）对存在气体过饱和影响的水电水利工程，需采取对策措施，如调整泄流建筑物形式；在保证防洪安全的前提下，适当延长泄流时间，降低泄流量；多种设施合理组合泄流措施等。

8.2.6　土壤

水库蓄水可能引起库区土地浸没、沼泽化和盐碱化。

8.2.6.1　浸没

在浸没区，因土壤中的通气条件差，而造成土壤中的微生物活动减少，肥力下降，影响作物的生长。

8.2.6.2　沼泽化、潜育化

水位上升引起地下水位上升，土壤出现沼泽化、潜育化，过分湿润致使植物根系衰败，呼吸困难。

8.2.6.3　盐碱化

由库岸渗漏补给地下水经毛细管作用升至地表，在强烈蒸发作用下使水中盐分浓集于地表，形成盐碱化。土壤溶液渗透压过高，可引起植物生理干旱。

8.3　水库诱发地震及地震对坝体的影响与保护

在原来没有或很少地震的地方，由于水库蓄水引发的地震称水库地震。水库破坏了自然环境的稳定和平衡，可能诱发地震。水库诱发地震（或称水库地震）是因为水库蓄水改变了库区岩体的应力平衡状态，在一定条件下导致释放地壳应变能量而引发地震。

8.3.1　水库地震

水库地震大都发生在地质构造相对活动区，且均与断陷盆地及近期活动断层有关。水库蓄水是引起岩体中应力集中和能量释放而产生地震的直接原因。水体荷载产生的压应力和剪应力破坏地壳应力平衡，引起断层错动，产生地震。水库地震一般是在水库蓄水达一定时间后发生的，多分布在水库下游或水库区，有时在大坝附近。发生的趋势是最初地震小而少，以后逐渐增多，强度加大，出现大震，然后逐渐减弱。坝高、库容大的水库在建坝前的工程地质调查中，应研究水库诱发地震产生的可能性。

8.3.1.1　国外水库诱发地震实例

20 世纪 60 年代以后，随着一系列高坝大库的兴建，水库诱发地震的报道越来越多。目前，有 30 多个国家近百座水库发现了地震活动，其中 4 级以上的水库地震有 38 起。尽管在已建的水库总数中所占比例不大（全世界约 3‰，我国约 1.5‰），但有 4 座水库发生了大于 6 级的破坏性地震，即印度的柯依纳水库（6.5 级）、希腊的克里马斯塔水库（6.2 级）、赞比亚与津巴布韦的卡里巴水库（6.1 级）和我国的新丰江水库（6.1 级）。它们的坝高都大于 100m，库容大于 20 亿立方米。此外，尚有 13 座水库诱发了 5.0~5.7 级较强烈的地震，其中 8 座水库坝高大于 100m，库容大于 20 亿立方米。因此研究者认为，高坝大库易于诱发震级较高的地震。通常，6 级以上的地震对水工建筑物（如大坝、厂房和变电站等）会有一定程度的损坏，包括产生裂缝、变形、沉陷、地基液化或渗水等。有些地震则引起库水涌浪或山体滑坡，造成人员伤亡和财产损失。但也有些建于强地震区的水库蓄水后地震活动反而减弱或强度降低，如美国的格兰峡水库、土耳其的凯班水库、巴基

斯坦的曼格拉水库都属于高坝大库，但大坝建成蓄水后地震明显减少，最大震级仅为3.6级。

8.3.1.2 国内水库诱发地震情况

水库诱发地震具有较强的破坏性，不仅能直接造成破坏和伤亡，而且有可能导致坝溃水滥，引起次生灾害，使下游地区人民生命财产遭受灾难性的损失。这种双重灾难的特殊性，已引起国内外专家学者的广泛重视。我国是研究诱发地震较早的国家之一，早在1959年就开始集中地球物理、地质、工程地质、地震工程、水利工程等多方面的科技人员，对新丰江水库区的地震活动进行了研究，之后又对新丰江大坝进行了抗震加固，而且对1962年3月19日的6.1级破坏性地震取得了抗御效果，成为世界上抗震加固成功防御诱发地震的第一个实例。

自新丰江水库发生强烈地震以来，迄今已报道的水库诱发地震有18例，震例如表8-1所示，多分布在长江以南地区。诱发的地震约67%震级在4级以下。全国13000多座坝高大于15m的水库中，只有0.15%诱发地震。

表8-1 我国水库地震震例

水库	省（区）	坝高/m	坝型	库容/亿立方米	开始蓄水时间	初发地震时间	最大震级	最大震级时间
新丰江	广东	105	砼大头	115	1959.10	1959.11	6.1级	1962.03.19
参窝	辽宁	50.3	重力	5.47	1972.11	1973.02	4.8级	1974.12.22
丹江口	湖北	97	重力	162	1967.11	1970.01	4.7级	1973.11.29
佛子岭	安徽	74	连拱	4.7	1954.06	1954.12	4.5级	1973.03.11
大化	广西	74.5	重力	4.19	1982.05	1982.07	4.5级	1993.02.05
新店	四川	29	重力	0.29	1974.04	1974.07	4.2级	1979.09.15
拓林	江西	63.5	重力	79.2	1972.01	1972.10	3.2级	1972.10.14
前进	湖北	50	土坝	0.19	1970.05	1971.10	3.0级	1971.10.20

我国水库诱发地震有如下特点：

（1）位于少震区或弱震区。诱震水库大部分位于少震区或弱震区，坝址地震基本烈度≤6度的占78%。这是因为大多数水库不具备有利的诱发地震的构造条件，少震区或弱震区往往处于低应力状态，构造能积累速率缓慢，地震重复间隔时间长，水库蓄水作用易于打破库区应力平衡，提前释放构造能的机会较多。因此，相对来说，少震区或弱震区易于形成水库诱发地震。

（2）位于碳酸盐地区。诱震水库位于碳酸盐岩地区的比较多，计有13座，约占总数72%。湖南黄石水库95%以上的面积为志留系沙页岩，仅在两个库尾分布奥陶系石灰岩，岩溶发育，水库回水至石灰岩区而诱发地震，库水退出石灰岩区域地震停歇。

（3）多发生于高坝大库。全国约有25%的100m以上高坝曾诱发水库地震，高于全世界的统计值（12%）。其中库容大于50亿立方米的有4座，新丰江水库就是典型的案例。

8.3.1.3 水库地震的形成条件

随着众多大型水利枢纽的建设施工，在水利界逐步出现了"水库触发地震"之说。

"水库诱发地震"和"水库触发地震"虽只是一字之差，但涉及水库地震的成因机制、水库地震预测等根本问题。经过综合研究后人们认为，水库蓄水局部改变了自然环境和地震孕育环境，在自然环境、地震孕育环境和地震之间可能存在着一种相互作用的动力学反馈机制，导致大约数年后具有高震级的主震发生。因此，"水库诱发地震"是正确的，并非仅存在"水库触发地震"。

水库蓄水后引发微小地震的现象，是全世界普遍存在的问题。然而，科学研究和大量的观测事实表明，水库蓄水本质上是一种地应力的调整过程，总体上会有利于减小地震灾害。

地震对大型水坝、水电站安全性的影响一直是水库水坝建设最关注的问题之一。作为世界上水电资源最丰富的国家，水坝的抗震在我国是非常重要的研究领域。目前，我国已经制定了一系列的水坝工程抗震设计规范，每个大型水坝工程的修建都必须达到这方面的技术标准。另外，公众对于地震对大坝安全性的影响，也不必过分地担心。就人类现有对地震的研究水平来看，人们总能够通过已有的地震资料分析和地质勘探，让准备修建的水库坝址避开强烈的地震断裂带。同时，通过对坝址的地基处理和坝型选择，也可以大大降低地震对大坝工程的危害。

8.3.2 地震对坝体及环境的影响

8.3.2.1 地震对坝体的影响

根据 D. J. 奈特和 P. J. 梅森的统计，世界上受大于 6 级强烈地震（大部分是天然地震）影响的混凝土坝有 22 座，但受损的只占 30%。受损的程度取决于震中与大坝的距离，震中距大坝 10km 范围内，大坝都有可能受到损坏。唯一例外的是美国下克里斯特尔斯普林斯坝，1906 年该坝顶住了圣弗朗西斯科 8.3 级地震，震中距大坝只有 0.4km。后来检查其原因，是由于该坝为一座雄厚的宽梯弧形重力坝，原考虑后期加高，所以断面大大超过了原设计的尺寸，过大的安全系数使其免于崩溃。

地震时坝顶最易遭到破坏。这是由坝体振动，坝顶的加速度最大造成的。加速度仪记录到世界上一些大坝坝顶的峰值加速度值：奈川坝 0.25g，胡佛坝 0.20g，汤田坝 0.17g，大达尔顿坝 0.15g。虽然，这些大坝地基反应的最大加速度只有 0.08g。这说明，坝顶与坝基的加速度差别甚大。因此，坝顶上附加的非结构建筑物和过坝公路极易被破坏。

103m 高的印度戈依纳重力坝于 1967 年遭受 6.5 级地震破坏，其距震中只有 3km。当时，地面加速度峰值达 0.49g，坝体记录的水平加速度和垂直加速度分别为 0.68g 和 0.37g。在坝顶下 6m 断面变化处出现贯穿坝体的连续水平裂缝。后来，大坝改成支墩坝。

拱坝遭受地震破坏的有日本的丰捻池连拱坝和美国加利福尼亚州的帕科依马拱坝。后者距 1971 年圣费尔南 6.6 级地震造成的断层只有 5km；设置在左坝肩上的加速度仪记录到水平和垂直峰值加速度分别为 0.25g 和 0.70g，而坝内的加速度值仅为其 2/3。地震造成其坝体微倾斜及左坝肩一条 14m 长的裂缝，另外一些裂缝在震后愈合。在坝区还出现岩崩现象。

支墩坝遭受地震损坏的有我国的新丰江水坝和伊朗的塞非德卢德水坝。新丰江水坝由于在 6.1 级主震前进行了加固，受损程度较轻。塞非德卢德支墩坝于 1990 年 6 月 21 日在距坝极近的地区发生了 7.3~7.7 级地震，损失惨重。附近有 4 万人丧生，10 万座建筑物倒塌。在 40km 远的地区测得的水平和垂直加速度分别为 0.65g 和 0.23g。坝的顶部出现水平裂缝、错位和扭转，永久性位移达 10mm，支墩间出现顶部差动位移横贯坝体。后来用预应力锚索和灌浆修复。

相对而言，土坝较能适应地震，受损坏较小。但如果土坝建在松散的无凝聚性的地基上，地震时易于使地基液化而溃坝，特别是水力充填坝，受液化的危险性更大。

总之，地震对大坝的影响主要有两个方面：一是地震引起地基失效，包括不均匀沉陷、变位、裂缝、增大渗透压力、坝基渗漏及边坡失稳和断层错动；二是地震对结构的振动和影响等。

8.3.2.2　地震对环境的影响

地震对环境的影响主要是次生灾害。在斜坡陡峻的山区发生地震，极易引起滑坡、岩崩、泥石流等地质灾害，因而毁坏房屋、农田和矿井。而在水库地区发生地震，则由于滑坡可能引起涌浪危及大坝的安全。例如，意大利瓦依昂水库于 1963 年 9 月 16 日发生 4 级地震，时值暴雨，引起左侧库岸山体大滑坡，体积达 3 亿立方米，激起 70m 高的涌浪，使 3000 万立方米库水越过 271m 高的拱坝坝顶冲向下游，使大坝下游的郎加仑镇夷为平地，2000 多人丧生。

另外，一些岩溶地区发生水库诱发地震后，常引起地面塌陷，形成新的岩溶漏斗，并使库岸滑坡和蚕食农田；地震裂缝破坏道路并使房屋开裂而倾倒；地下河洞顶塌落，堵塞水流，使上游岩溶谷地被洪水淹没。在峡谷地区，由于重力能释放而发生浅源地震，可能导致谷坡岩体滑动和崩塌，甚至堵塞河道。

第4篇

新能源发电技术与环保

9 风力发电技术与环保

随着全球经济的快速增长，人类对于能源的需求也在不断地增加。人类的生存离不开能源的开发，充足的能源是经济发展的必要条件。科技的飞速发展导致以煤炭、石油、天然气为主的常规能源过度的消耗，能源短缺和环境污染成为限制各国发展的主要问题，只有大力开发新能源，才能实现可持续发展。新能源的开发与利用不仅能够作为常规能源的补充，而且也可以有效地降低环境的污染。在新能源发展进程中，风能凭借着其建设周期短，环境要求低，储量丰富，利用率较高等特点在世界各国得到了持续快速的发展。由于风力发电是低排放、低污染的低碳电力发展模式，因此将其作为电能可持续发展的重要战略选择之一。

9.1 风力机系统

9.1.1 风力机的基本部件

叶片是捕捉风动能并推动风力机旋转的主要组成部分。风轮是发电机与风力机的旋转部分直接或通过齿轮箱耦合的部件、桨距能够改变叶片迎风角，以在风速变化时使得风力机保持恒定的速度。通过不同的桨距角，可以调节叶片迎风方向的有效表面。对于额定速度，可以将桨距角设置为零，使得叶片能够充分迎风。超出额定速度，可以增加桨距角，并因此有效减小了叶片表面积，最终维持恒速。制动器是机械减速器，可以防止发电机转速超出最大值。尽管叶片桨距也有助于减速，但制动器要比桨距控制响应更快。

低速轴连接到具有高匝比的齿轮箱上，它可以在低风速条件下为发电机提供更高的转速。齿轮箱是使风力机轴与发电机轴相耦合的组件。发电机是系统的机械能转换到电能的转换单元，它是由风力机械动力所驱动的。发电机的电力输出通过电力电子变换器连接到电网或者负载。作为系统的大脑控制器负责控制发电机的转矩和速度，决定桨距角，控制偏航电动机以朝向风向，并控制电力电子接口。风速计是风速的测量设备，风向标为显示风向的高架设备，该仪器也可以与偏航机构一起使用来测量风向。机舱是系统的外壳，所有的发电部件（比如发电机、传动系统等）都放置在机舱内。高速轴驱动不带齿轮箱的发电机，其本质上是一个匝比小于低速轴的齿轮箱，在高风速条件下非常有效。偏航驱动确保了转子与风向一致，有助于风力机在任何时刻都朝向变化的风向，以产生最大的能量。偏航电动机设备为偏航机构的运行提供机械旋转动力。塔架支撑着风力机本体与其他部件。下面将详细介绍该系统的一些主要部件。

9.1.1.1　塔架

塔架的主要作用是支撑机舱和限制由于风速变化而引起的振动。连接发电机（塔架顶部、机舱内部）和输电线路（下部、塔架底部）的电缆就在塔架之内。塔架是支撑风力机、机舱、叶片和发电机等大部分部件的主要机构。

海上风力机和陆上风力机塔架的高度不同。较高的塔架更适合于风能采集，因为海拔越高，风中的湍流就越小。不过，塔架的稳定问题限制了它的高度。陆上风力机系统的塔架要比海上系统更高，因为地面要比水面具有更高的表面粗糙度。在水面上，几乎没有任何障碍，因此使用较低的塔架就足以捕获风能。在陆上的应用中，塔架周围的某些物体有可能会阻碍风速。在地表粗糙度较高的地区，就需要较高的风力机塔架来避免建筑物、山脉、丘陵、树木等风障物带来的影响。

9.1.1.2　偏航机构

偏航机构由偏航电动机和偏航驱动器组成，该机构转动整个机舱以对准风向。无论风向如何，偏航机构都能够通过改变机舱及叶片的方向，帮助风力机朝向风向。在机舱旋转时，塔架内部的电缆可能会扭曲。如果风力机保持向同一方向转动，电缆就会越来越扭曲，如果风力一直向同一个方向变化，就有可能出现这种情况。因此，风力机配有电缆扭曲计数器，它会通知控制器应该何时整理电缆。

9.1.1.3　机舱

齿轮箱、发电机、控制电子设备都位于机舱之内，机舱通过偏航机构与塔架连接。在机舱内，两根轴通过齿轮箱将风力机风轮与发电机转子连接起来。齿轮箱是连接风力机低速轴与电气机械高速轴的机械能转换器。

机舱内部的控制电子设备记录风速、风向数据、转子转速以及发电机负载，然后确定风力运行系统的控制参数。如果风向改变了，控制器就会给偏航系统发送一个指令，使得整个机舱和风力机朝向风向。

发电机是机舱的主要部分。这是最重的一部分，它产生电能并通过电缆传输到电网。风力机使用的发电机有多种不同的类型，根据发电机类型的不同，风力机可以恒速或者变速运行。恒速（FB）的风力机使用同步发电机，以电网频率决定的恒速运行。使用这些同步发电机并不是风力机的最佳解决方案，因为风速总在变化。变速风力机使用直流电机、无刷直流发电机和感应电机。直流电机因为存在电刷的维修问题而不常用。感应电机和无刷直流发电机更适合风能应用。

9.1.1.4　风轮

风轮，也称"低速转子"，通常有 2~6 个叶片。最常见的是 3 个叶片，因为它们可以被对称安装，保持系统轻便，并确保风力发电系统（WPS）的稳定性。双叶片风轮在切入速度时应力较高，因此风速和风力均不足以启动风轮的转动，而且最低起动风速值要求较高。叶片半径与从风中捕获的能量成正比，因此增大叶片半径就能够捕获更多的能量。

叶片作为空气动力学部件，由一种复合材料（比如碳或树脂玻璃等）制成，而且被设计得尽可能轻。叶片使用由风引起的升力和阻力，因此通过捕获这些力量，带动整个风力机旋转。叶片可以围绕其纵轴旋转来控制风能捕获量，这就是所谓的"桨距控制"。如果风速增大，桨距控制可以用于改变叶片的有效面积，从而使得风力机功率保持恒定。桨距角控制通常用于额定转速以上的风速。

9.1.2 风力机分类

风力机可以根据不同的标准来分类。一种分类方法是基于旋转轴的位置，而另一种方法是基于风力机的规模。

9.1.2.1 基于轴位置的风力机分类

根据轴的位置，可以将风力机分为水平轴风力机和垂直轴风力机，如图 9-1 和图 9-2 所示。

图 9-1　水平轴风力机

图 9-2　垂直轴风力机

水平轴风力机（HAWT）比垂直轴风力机（VAWT）更为常见。水平轴风力机有一根水平放置的轴，这有助于使风的线性能量转换成旋转能量。

与 HAWT 相比，VAWT 有几个优点。VAWT 的电机和齿轮箱可以放置在塔架的底部，安装在地面上，而 HAWT 的这些组件则必须安装在塔架上，这需要额外的系统稳定结构。VAWT 的另一个优点是不需要偏航机构，因为其发电机并不依赖于风向。最著名的 VAWT 是 Darrieus 式风力机。

VAWT 也有一些缺点限制了它的应用。由于叶片设计的原因，纵轴扫掠面积要小得多。VAWT 接近表面的风速较低，通常还带有湍流，因此这些风力机要比 HAWT 采集到的能量少。此外 VAWT 不能自启动机器，必须以拖动模式开始，然后再切换到发电模式。

9.1.2.2　基于功率容量的风力机分类

另一种风力机分类标准是基于其装机容量。基于装机容量，风力机可以分为小型、中型与大型三类。小型风力机的输出功率小于 20kW。小型风力机可以用于民用住宅，为家庭提供电力供应，它们是专门为低切入风速（一般为 3~4m/s）而设计的。它们还适用于远离电网难以输电的偏远地区。小型风力发电机可以为一个家庭负载提供独立的供电系统，而且它通常还会与电池相连，如图 9-3 所示。据预测，到 2020 年，小型风力机将会占到美国电力消耗 3% 的份额。

图 9-3　一个典型的小型风力机连接方案

中型风力机的装机容量通常为 20~300kW。它们通常用于为需要更多电力的远程负载或者商业楼宇提供电能。中型风力机的叶片直径通常为 7~20m，而且其塔架不高于 40m。它们几乎不会与电池系统相连接，而是通过 DC-AC 电力电子逆变器直接与负载连接。

大型风力机组功率范围可达到 MW 级。这些风力机能够组合成复杂的系统，而且这类风力发电场通常由数台到上百台大型风力机组成。世界上最大的风力机之一位于德国的埃姆登（Emden），它是由德国 Enercon 公司建造的一台海上风力机。大型风力机 1kW 装机功率的成本要明显低于 1kW 的小型风力机。目前，一个大型风力机的装机成本约为 500 美元/kW，而能源成本则为 30~40 美分/（kW·h），这要取决于发电场位置和风力机的大小。Enercon 风力机输出功率为 5MW，风轮叶片直径为 126m，扫掠面积超过 12000m²。

9.2　并网风力发电机组的设备

9.2.1　风力发电机组设备

9.2.1.1　风力发电机组结构

A　水平轴风力发电机

a　结构特点

水平轴风力发电机是目前国内外广泛采用的一种结构形式。主要的优点是风轮可以架设到离地面较高的地方，从而减少了地面扰动对风轮动态特性的影响。它的主要机械部件都在机舱中，如主轴、齿轮箱、发电机、液压系统及调向装置等。

水平轴风力发电机的优点是：

（1）由于风轮架设在离地面较高的地方，随着高度的增加发电量增高。

（2）叶片角度可以调节功率，直到顺桨（即变桨距）或采用失速调节。

（3）风轮叶片的叶型可以进行空气动力最佳设计，可达最高的风能利用效率。

（4）启动风速低，可自启动。

水平轴风力发电机的缺点是：

（1）主要机械部件在高空中安装，拆卸大型部件时不方便。

（2）与垂直轴风力机比较，叶型设计及风轮制造较为复杂。

（3）需要对风装置即调向装置，而垂直轴风力机不需要对风装置。

（4）质量大，材料消耗多，造价较高。

b 上风向与下风向

水平轴风力发电机组也可分为上风向和下风向两种结构形式。这两种结构的不同主要是风轮在塔架前方还是在后面。欧洲的丹麦、德国、荷兰、西班牙的一些风电机组制造厂家等都采用水平轴上风向的机组结构形式，有一些美国的厂家曾采用过下风向机组。顾名思义，对上风向机组，风先通过风轮，然后再到达塔架，因此气流在通过风轮时因受塔架的影响，要比下风向时受到的扰动小得多。上风向必须安装对风装置，因为上风向风轮在风向发生变化时无法自动跟随风向。在小型机组上多采用尾翼、尾轮等机构，人们常称这种方式为被动式对风偏航（passive yawing）。现代大型风电机组多采用在计算机控制下的偏航系统，采用液压马达或伺服电动机等通过齿轮传动系统实现风电机组机舱对风，称为主动对风偏航（active yawing）。上风向风电机组其测风点的布置是人们常感到困难的问题，如果布置在机舱的后面，风速、风向的测量准确性会受到风轮旋转的影响。有人曾把测风系统装在轮毂上，但实际上也会受到气流扰动而无法准确地测量风轮处的风速。下风向风轮，由于塔影效应（tower shadow effect），使得叶片受到周期性大的载荷变化的影响，又由于风轮被动自由对风而产生的陀螺力矩，这样风轮轮毂的设计变得复杂起来。此外，由于每一叶片在塔架外通过时气流扰动，从而引起噪声。

c 主轴、齿轮箱和发电机的相对位置

（1）紧凑型。这种结构是风轮直接与齿轮箱低速轴连接，齿轮箱高速轴输出端通过弹性联轴节与发电机连接，发电机与齿轮箱外壳连接。这种结构的齿轮箱是专门设计的。由于结构紧凑，可以节省材料和相应的费用。风轮上的力和发电机的力，都是通过齿轮箱壳体传递到主框架上的。这样的结构主轴与发电机轴将在同一平面内。这样的结构在齿轮箱损坏拆下时，需将风轮、发电机都拆下来，拆卸麻烦。紧凑型风力发电机示意图如图9-4所示。

（2）长轴布置型。风轮通过固定在机舱主框架的主轴，再与齿轮箱低速轴连接。这时的主轴是单独的，有单独的轴承支承。这种结构的优点是风轮不是作用在齿轮箱低速轴上，齿轮箱可采用标准的结构，减少了齿轮箱低速轴受到的复杂力矩，降低了费用，减少了齿轮箱受损坏的可能性。刹车安装在高速轴上，减少了由于低速轴刹车造成齿轮箱的损

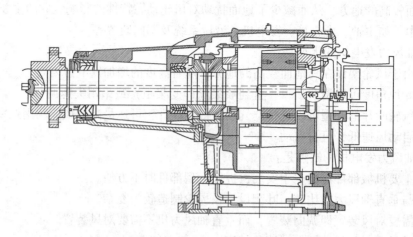

图 9-4　紧凑型风力发电机示意图

害。长轴布置型风电机组示意图如图 9-5 所示。

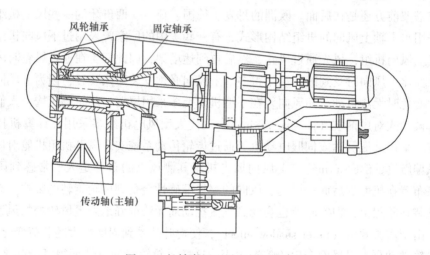

图 9-5　长轴布置型风电机组示意图

d　叶片数的选择

从理论上讲，减少叶片数提高风轮转速可以减小齿轮箱速比，减小齿轮箱的费用，叶片费用也有所降低，但采用 1~2 个叶片的，动态特性降低，产生振动，为避免结构的破坏，必须在结构上采取措施，如跷跷板机构等，而且另一个问题是当转速很高时，会产生很大的噪声。

B　垂直轴风力发电机

顾名思义，垂直轴风力发电机是一种风轮叶片绕垂直于地面的轴旋转较大的风力机械，通常见到的是达里厄型（Darrieus）和 H 型（可变几何式）。过去人们利用的古老的阻力型风轮，如 Savonius 风轮、Darrieus 风轮，代表着升力型垂直轴风力机的出现。

自 20 世纪 70 年代以来，有些国家又重新开始设计研制立轴式风力发电机，一些兆瓦级立轴式风力发电机在北美投入运行，但这种风轮的利用仍有一定的局限性，它的叶片多采用等截面的 NACA0012~NACAO018 系列的翼形，采用玻璃钢或铝材料，利用拉伸成型的办法制造而成，这种方法使一种叶片的成本相对较低，模具容易制造。由于在整个圆周运行范围内，当叶片运行在后半周时，它非但不产生升力反而产生阻力，使得这种风轮的风能利用率低于水平轴。虽然它质量小，容易安装，且大部件如齿轮箱、发电机等都在地面上，便于维护检修，但是它无法自启动，而且风轮离地面近，风能利用率低，气流受地面影响大。这种形式的风力发电机的主要制造者是美国的 FloWind 公司，在美国加州安装有近两千台这样的设备。FloWind 还设计了一种 EHD 型风轮，即将 Darrieus 叶片沿垂直方向拉长以增加驱动力矩，并使额定输出功率达到 300kW。另外还有可变几何式结构的垂直轴风力发电机，如德国的 Heideberg 和英国的 VAWT 机组。这种机组只是在实际样机阶段，还未投入大批量商业运行。尽管这种结构可以通过改变叶片的位置来调节功率，但造价昂贵。

C　其他形式

其他形式如风道式、龙卷风式、热力式等，目前这些系统仍处于开发阶段，在大型风电场机组选型中还无法考虑，因此不再详细说明。

9.2.1.2　风力发电机组部件

在选择机组部件时，应充分考虑部件的厂家、产地和质量等级要求，否则如果部件出现损坏，日后修理是个很大的问题。

A　风轮叶片

叶片是风力发电机组最关键的部件，它一般采用非金属材料（如玻璃钢、木材等）。风力发电机组中的叶片不像汽轮机叶片是在密封的壳体中，它的外界运行条件十分恶劣，它要承受高温、暴风雨（雪）、雷电、盐雾、阵风（飓风）、严寒、沙尘暴等的袭击。由于处于高空（水平轴），在旋转过程中，叶片要受重力变化的影响以及由于地形变化引起的气流扰动的影响，因此，叶片上的受力变化十分复杂。这种动态部件的结构材料的疲劳特性，在风力发电机选择时要格外慎重考虑。当风力达到风力发电机组设计的额定风速时，在风轮上就要采取措施以保证风力发电机的输出功率不会超过允许值。这里有两种常用的功率调节方式，即变桨距和失速调节。

（1）变桨距。变桨距风力机是指整个叶片绕叶片中心轴旋转，使叶片攻角在一定范围（一般为 0°~90°）内变化，以便调节输出功率不超过设计容许值。在机组出现故障时，需要紧急停机，一般应先使叶片顺桨，这样机组结构中受力小，可以保证机组运行的安全可靠性。变桨距叶片一般叶宽小，叶片轻，机头质量比失速机组小，不需要很大的刹车，启动性能好。在低空气密度地区仍可达到额定功率，在额定风速后，输出功率可保持相对稳定，保证较高的发电量。但由于增加了一套变桨距机构，增加了故障发生的概率，而且处理变距结构中叶片轴承故障难度大。变距机组比较合适高原空气密度低的地区运行，避免了当失速机安装角确定后，有可能夏季发电低，而冬季又超发的问题。变桨距机组适合于额定风速以上风速较多的地区，这样发电量的提高比较显著。上述特点应在机组选择时加以考虑。

（2）定桨距（带叶尖刹车）。定桨距确切地说应该是固定桨距失速调节式，即机组在安装时根据当地风资源情况，确定一个桨距角度（一般 -4°~4°），按照这个角度安装叶片。风轮在运行时叶片的角度就不再改变了，当然如果感到发电量明显减小或经常过功率，可随时进行叶片角度调整。定桨距风力机一般装有叶片刹车系统，当风力发电机需要停机时，叶尖刹车打开，当风轮在叶尖（气动）刹车的作用下转速低到一定程度时，再由机械刹车使风轮刹住到静止。当然也有极个别风力发电机没有叶尖刹车，但要求有较昂贵的低速刹车以保证机组的安全运行。定桨距失速式风力发电机的优点是轮毂和叶根部件没有结构运动部件，费用低，因此控制系统不必设置一套程序来判断控制变桨距过程。在失速的过程中功率的波动小；但这种结构也存在一些先天的问题，叶片设计制造中，由于定桨距失速叶宽大，机组动态载荷增加，要求一套叶尖刹车，在空气密度变化大的地区，在季节不同时输出功率变化很大。综合上述，两种功率调节方式各有优缺点，适合范围和地区不同，在风电场风电机组选择时，应充分考虑不同机组的特点以及当地风资源情况，以保证安装的机组达到最佳的出力效果。

　　B　齿轮箱

　　齿轮箱是联系风轮与发电机之间的桥梁。为减少使用更昂贵的齿轮箱，应提高风轮的转速，减小齿轮箱的增速比，但实际中叶片数受到结构限制，不能太少，从结构平衡等特性来考虑，还是选择三叶片比较好。目前风电机组齿轮箱的结构有如图 9-6 所示的几种。

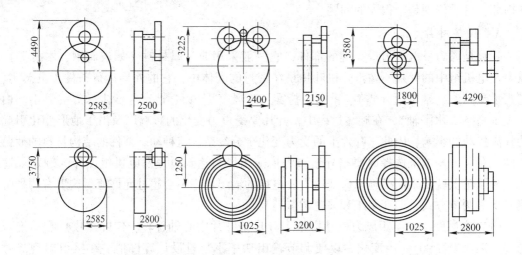

图 9-6　齿轮箱结构图

　　（1）二级斜齿。这是风电机组中常采用的齿轮箱结构之一，这种结构简单，可采用通用先进的齿轮箱，与专门设计的齿轮箱比，价格可以降低。在这种结构中，轴之间存在距离，与发电机轴是不同轴的。

　　（2）斜齿加行星轮结构。由于斜齿增速轴要平移一定距离，机舱由此而变宽。另一种结构是行星轮结构，行星轮结构紧凑，比相同变比的斜齿价格低一些，效率在变比相同时要高一些，在变距机组中常考虑液压轴（控制变距）的穿过，因此采用二级行星轮加一级斜齿增速，使变距轴从行星轮中心通过。

　　1）升速比。根据前面所述，为避免齿轮箱价格太高，因此升速比要尽量小，但实际上风轮转速在 20~30r/min 之间，发电机转速为 1500r/min，那么升速比应在 50~75 之间变化。风轮转速受到叶尖速度不能太高的限制，以避免太高的叶尖噪声。

2）润滑方式及各部件的监测。齿轮箱在运行中由于要承担动力的传递，会产生热量，这就需要良好的润滑和冷却系统以保证齿轮箱的良好运行。如果润滑方式和润滑剂选择不当时，润滑系统失效就会损坏齿面或轴承。润滑剂的选择问题在后面讨论运行维护时还将详细论述。冷却系统应能有效地将齿轮动力传输过程中发出的热量散发到空气中去。在运行中还应监视轴承的温度，一旦轴承的温度超过设定值，就应该及时报警停机，以避免更大的损坏。

当然在冬季如果天气长期处于0℃以下时，应考虑给齿轮箱的润滑油加热，以保证润滑油不至于在低温黏度变低时无法飞溅到高速轴轴承上进行润滑而造成高速轴轴承损坏。

C　发电机

风电场中可供风电机组选型时选择的发电机形式包括异步发电机、同步发电机、双馈异步发电机和低速永磁发电机。

D　电容补偿装置

由于异步发电机并网需要无功，如果全部由电网提供，无疑对风电场经济运行不利。因此目前绝大部分风电机组中带有电容补偿装置。一般电容器组由若干个几十千伏的电容器组成，并分成几个等级，根据风电机组容量大小来设计每级补偿多少。每级补偿切入和切出都要根据发电机功率的多少来增减，以便功率因数趋近1。

根据上面的论述可以看出，在风力机组选型时，发电机选择应考虑如下几个原则：

（1）考虑高效率、高性能的同时，应充分考虑结构简单和高可靠性。

（2）在选型时应充分考虑质量、性能、品牌，还要考虑价格，以便在发电机组损坏时修理以及机组国产化时减少费用。

E　塔架

塔架在风力发电机组中主要起支撑作用，同时吸收机组振动。塔架主要分为塔筒状和桁架式。

a　锥形圆筒状塔架

国外引进及国产机组绝大多数采用塔筒式结构。这种结构的优点是刚性好，冬季人员登塔安全，连接部分的螺栓与桁架式塔相比要少得多，维护工作量少，便于安装和调整。目前我国完全可以自行生产塔架，有些达到了国际先进水平。40m 塔筒主要分上下两段，安装方便。一般两者之间用法兰及螺栓连接。塔筒材料多采用 Q235D 板焊接而成，法兰要求采用 Q345 板（或 Q235D 冲压）以提高层间抗剪切力。从塔架底部到塔顶，壁厚逐渐减少，如 6m、8m、12mm。从上到下采用 5°的锥度，因此塔筒上每块钢板都要计算好尺寸再下料。在塔架的整个生产过程中，对焊接的要求很高，要保证法兰的平面度以及整个塔筒的同心。

b　桁架式塔架

桁架式是采用类似电力塔的结构形式。这种结构风阻小，便于运输。但组装复杂，并且需要每年对塔架上螺栓进行紧固，工作量很大。冬季爬塔条件恶劣。多采用 16Mn 钢材料的角钢结构（热镀锌），螺栓多采用高强型（10.9 级）。它更适于南方海岛使用，特别是阵风大、风向不稳定的风场使用，桁架塔更能吸收机组运行中产生的扭矩和振动。

c   塔架与地基的连接

塔架与地基的连接主要有两种方式：一种是地脚螺栓；另一种是地基环。地脚螺栓除要求塔架底法兰螺孔有良好的精度外，要求地脚螺栓强度高，在地基中需要良好定位，并且在底法兰与地基间还要打一层膨胀水泥。而地基环则要加工一个短段塔架并要求良好防腐放入地基，塔架底端与地基采用法兰直接对法兰连接，便于安装。

塔架的选型原则应充分考虑外形美观、刚性好、便于维护、冬季登塔条件好等特点（特别在中国北方）。当然在特定的环境下，还要考虑运输和价格等问题。

F   控制系统

a   控制系统的功能和要求

控制系统总的功能和要求是保证机组运行的安全可靠。通过测试各部分的状态和数据，来判断整个系统的状况是否良好，并通过显示和数据远传，将机组的各类信息及时准确地报告给运行人员帮助运行人员追忆现场，诊断故障原因。记录发电数据，实施远方复位，启停机组。

（1）控制系统的功能。控制系统的功能包括以下几方面：

1）运行功能。保证机组正常运行的一切要求，如启动、停机、偏航、刹车、变桨距等。

2）保护功能。超速保护、发电机超温、齿轮箱（油、轴承）超温、机组振动、大风停机、电网故障、外界温度太低、接地保护、操作保护等。

3）记录数据。记录动作过程（状态）、故障发生情况（时间、统计）、发电量（日、月、年）、闪烁文件记录（追忆）、功率曲线等。

4）显示功能。显示瞬间平均风速、瞬间风向、偏航方向、机舱方向，平均功率、累积发电量、发电机转子温度、主轴、齿轮箱发电机轴承温度、双速异步发电机、大小发电机状态、刹车状态、泵油、油压、通风状况、机组状态，功率因数、电网电压、输出电流（三相）、风轮转速、发电机转速、机组振动水平，外界温度、日期、时间、可用率等。

5）控制功能。偏航、机组启停、泵油控制、远传控制等。

6）试验功能。超速试验、停机试验、功率曲线试验等。

（2）控制系统的要求。要求计算机（或 PLC）工作可靠，抗干扰能力强，软件操作方便、可靠；控制系统简洁明了、检查方便，其图纸清晰、易于理解和查找并且操作方便。

b   远控系统

远方传输控制系统指的是风电机组到主控制室甚至全球任何一个地方的数据交换。该系统可使远方监控界面与风电机组的现场控制器界面保持一致，并具有完全相同的监视和操作功能。远控系统主要由上位机（主控系统）中通信板、通信程序、通信线路、下位机和 Modem 以及远控程序组成。远控系统应能控制尽可能多的机组，并尽量使远控画面与主控画面一致（相同）。有良好的显示速度，稳定的通信质量。远控程序应可靠，界面友好，操作方便。通信系统应加装防雷系统。具有支持文件输出、打印功能。具有图表生成系统，可显示功率曲线（如棒图、条形图和曲线图）。

9.2.1.3　风力发电机组选型的原则

A　对质量认证体系的要求

风力发电机组选型中最重要的一个方面是质量认证。这是保证风电场机组正常运行及维护最根本的保障体系。风电机组制造都必须具备 ISO9000 系列的质量保证体系的认证。

B　对机组功率曲线的要求

功率曲线是反映风力发电机组发电输出性能好坏的最主要的曲线之一，一般有两条功率曲线由厂家提供给用户，一条是理论（设计）功率曲线，另一条是实测功率曲线，通常是由公正的第三方即风电测试机构测得的，如 Lloyd、Risoe 等机构。国际电工组织（IEC）颁布实施了 IEC61400-12 功率性能试验的功率曲线的测试标准。这个标准对如何测试标准的功率曲线有明确的规定。

C　对机组制造厂家业绩考查

业绩是评判一个风电制造企业水平的重要指标之一。主要以其销售的风电机组数量来评价一个企业的业绩好坏。世界上某一种机型的风力发电机，用户的反映直接反映该厂家的业绩。当然人们还常常以风电制造公司所建立的年限来说明该厂家生产的经验，并作为评判该企业业绩的重要指标之一。当今世界上主要的几家风电机组制造厂的机型产品产量都已超过几百台甚至几千台，比如 600kW 机组。但各厂家都在不断开发更大容量的机型，如兆瓦级风电机组。新机型在采用了大量新技术的同时充分吸收了过去几种机型在运行中成功与失败的经验教训。应该说新机型在技术上更趋成熟，但从业绩上来看，生产产量很有限。该机型的发电特性好坏以及可利用率（即反映出该机型的故障情况）还无法在较短的时间内充分表现出来。因此业绩的考查是风电机组中重要的指标之一。

D　对特定条件的要求

a　低温要求

在中国北方地区，冬季气温很低，一些风场极端（短时）最低气温达到-40℃以下，而风力发电机组的设计最低运行气温在-20℃以上，个别低温型风力发电机组最低可达到-30℃。如果长时间在低温下运行，将损坏风力发电机组中的部件，如叶片等。叶片厂家尽管近几年推出特殊设计的耐低温叶片，但实际上仍不愿意这样做。主要原因是叶片复合材料在低温下其力学特性会发生变化，即变脆，这样很容易在机组正常振动条件下出现裂纹而产生破坏。其他部件如齿轮箱和发电机以及机舱、传感器都应采取措施。齿轮箱的加温是因为当风速较长时间很低或停风时，齿轮油会因气温太低而变得很稠，尤其是采取飞溅润滑部位的方式，部件无法得到充分的润滑，导致齿轮或轴承缺乏润滑而损坏。另外，当冬季低温运行时还会有其他一些问题，比如雾凇、结冰；这些雾凇、霜或结冰如果发生在叶片上，将会改变叶片气动外形，影响叶片上气流流动而产生畸变，影响失速特性，使出力难以达到相应风速时的功率而造成停机，甚至造成机械振动而停机。如果机舱稳定也很低，那么管路中润滑油也会发生流动不畅的问题，这样当齿轮箱油不能通过管路到达散热器时，齿轮箱油温度会不断上升直至停机。除了冬季在叶片上挂霜或结冰之外，有时传感器如风速计也会发生结冰现象。综上所述，在中国北方冬季寒冷地区，风电机组运行应

考虑如下几个方面:

(1) 应对齿轮箱油加热。

(2) 应对机舱内部加热。

(3) 传感器如风速计应采取加热措施。

(4) 叶片应采用低温型的。

(5) 控制柜内应加热。

(6) 所有润滑油、脂应考虑其低温特性。

中国北方地区冬季寒冷,但此期间风速很大,是一年四季中风速最高的时候,一般最寒冷季节是1月,−20℃以下温度的累计时间达1~3个月,−30℃以下温度累计日数可达几天到几十天,因此,在风电机组选型以及机组厂家供货时,应充分考虑上述几个方面的问题。

b　风力发电机组防雷

由于机组安装在野外,安装高度高,因此对雷电应采取防范措施,以便对风电机组加以保护。我国风电场特别是东南沿海风电场,经常遭受暴风雨及台风袭击,雷电日从几天到几十天不等。雷电放电电压高达几百千伏甚至到上亿伏,产生的电流从几十千安到几百千安。雷电主要划分为直击雷和感应雷。雷电主要会造成风电机组系统如电气、控制、通信系统及叶片的损坏。雷电直击会造成叶片开裂和孔洞,通信及控制系统芯片烧损。目前,国内外各风电机组厂家及部件生产厂,都在其产品上增加了雷电保护系统。如叶尖预埋导体网(铜),至少50mm² 铜导体向下传导通过机舱上高出测风仪的铜棒,起到避雷针的作用,保护测风仪不受雷击,通过机舱到塔架良好的导电性,雷电从叶片、轮毂到机舱塔架导入大地,避免其他机械设备如齿轮箱、轴承等损坏。

在基础施工中,沿地基安装铜导体,沿地基周围(放射10m)1m地下埋设,以降低接地电阻或者采用多点铜棒垂直打入深层地下的做法减少接地电阻,满足接地电阻小于10Ω的标准。此外还可采用降阻剂的方法,也可以有效降低接地电阻。应每年对接地电阻进行检测。应采用屏蔽系统以及光电转换系统对通信远传系统进行保护,电源采用隔离性,并在变压器周围同样采用防雷接地网及过电压保护。

c　电网条件的要求

中国风电场多数处于大电网的末端,接入到35kV或110kV线路。若三相电压不平衡、电压过低都会影响风电机组运行。风电机组厂家一般要求电网的三相不平衡误差不大于5%,电压上限+10%,下限不超过−15%(有的厂家为−10%~+6%)。否则经一定时间后,机组停止运行。

d　防腐

中国东南沿海风电场大多位于海滨或海岛上,海上的盐雾腐蚀相当严重,因此防腐十分重要。主要是电化学反应造成的腐蚀,这些部位包括法兰、螺栓、塔筒等。这些部件应采用热电镀锌或喷锌等办法保证金属表面不被腐蚀。

E　对技术服务与技术保障的要求

风力发电设备供应商向客户(风电场或个人购买者),除了提供设备之外,还应提供技术服务、技术培训和技术保障。

9.2.2　风电场升压变压器、配电线路及变电所设备

9.2.2.1　风电场升压变压器

风电机组发出的电量需输送到电力系统中去，为了减少线损应逐级升压送出。目前国际市场上的风电机组出口电压大部分是 0.69kV 或 0.4kV，因此要对风电机组配备升压变压器升压至 10kV 或 35kV 接入电网，升压变压器的容量根据风电机组的容量进行配置。升压变压器的接线方式可采用一台风电机组配备一台变压器，也可采用两台机组或以上配备一台变压器。一般情况下，一台风电机组配备一台变压器，简称一机一变，原因是风电机组之间的距离较远，若采用二机一变或几机一变的连接方式，使用 0.69kV 或 0.4kV 低压电缆太长，增加电能损耗，也使得变压器保护以及获得控制电源更加困难。

接入系统一般选用价格较便宜的油浸变压器或者是较贵的干式变压器，并将变压器高压断路器和低压断路器等设备安装在一个钢板焊接的箱式变电所内，目前也有将变压器设备安装在钢板焊接的箱体外，有利于变压器的散热和节约钢板材料，但需将原来变压器进出线套管从二次侧出线改为从一次侧出线。风电机组发出的电量先送到安装在机组附近的箱式变电所，升压后再通过电力电缆输送到与风电场配套的变电所或直接输送到当地电力系统离风电场最近的变电所。随着风电场规模的不断扩大，采用 10kV 或 35kV 箱式变压器升压后直接将电量输送到电力系统中去，回路数太多，不合理。一般都通过电力电缆输送到风电场自备的专用变电所，再经高压线路输送到电力系统中去。

9.2.2.2　风电场配电线路

各箱式变电所之间的接线方式是采用分组连接，每组箱式变电所由 3~8 台变压器组成，每组箱式变电所台数是由其布置的地形情况、箱式变电所引出的电力电缆载流量或架空导线以及技术经济等因素决定的。

风电场的配电线路可采用直埋电力电缆敷设或架空导线，架空导线投资低，由于风电场内的风电机组基本上是按梅花形布置的，因此，架空导线在风电场内条型或格型布置不利于设备运输和检修，也不美观。采用直埋电力电缆敷设，虽然投资较高但风电场内景观好。

9.2.2.3　风电场变电所设备

随着环保要求的提高和风电技术的发展，增大风电场的规模和单片容量，可获得容量效益，降低风电场建设工程千瓦投资额和上网电价。

风电场专用变电所的规模、电压等级是根据风电场的规划和分期建设容量以及风电机组的布置情况进行技术经济比较后确定的。

变电所的设计和相应的常规变电所设计是相同的，仅是在选用变压器时，如果风电场内配电设备选用电力电缆，由于电容电流较大，因此为补偿电容电流，需选用折线变压器，也即选用接地变压器。风电场接线图如图 9-7 所示。

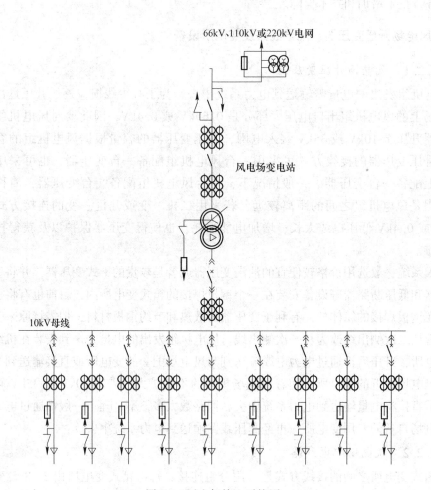

图 9-7　风电场接入系统图

9.3　风力发电环境保护

　　风能是一种清洁可再生能源，储量丰富；风力发电对环境友好，不会排放有害物质，对空气和水源没有污染，环保效益明显。大力发展风力发电，还可以避免对矿物燃料的过度依赖，也是对不可再生能源的保护。目前世界各国把利用风能发电作为开发可再生能源、改善环境的重要内容和途径，在中国的未来能源结构中也将占有重要地位。

　　但发展风力发电毕竟是人类对大自然的干预，对局部生态环境和自然景观会产生不利影响，这是风力发电的不足之处。风电场一旦建成运行，要消除或减轻不良影响困难大、代价大，应在风电场规划和设计阶段，对当地生态环境充分论证，预测风力发电场建设可能形成的不利影响，通过精心设计，合理布局，将负面影响降低到可以接受的最低限度。

　　风电发展的负环境效应主要体现在自然地表被破坏、鸟类安全、噪声、视觉景观干扰、电磁干扰等问题。风力发电项目污染物类别和来源见表 9-1。

表 9-1　风力发电项目污染物类别和环境危害

阶　　段	污染物类别	污染物来源	污染物及环境危害
施工期	生态	永久占地、场地平整、道路施工	植被破坏
	水土流失	场地平整、道路施工	水土流失
	固废	风电场施工	碎砖、废沙、废混凝土等
	废水	施工废水、设备清洗用水	废水中悬浮物、石油类
	噪声	施工设备、车辆运输	施工噪声、车辆噪声
	扬尘	施工挖掘、建材堆放、车辆运输	悬浮颗粒物
营运期	固废	检修管理	生活垃圾
	废水	检修管理	检修废水、生活废水
	噪声	风机运行	噪声
	电磁辐射	升压站、输电线路	电磁
	视觉污染	风机转动	光污染

9.3.1　风力发电对植被及水土的影响与保护措施

9.3.1.1　植被破坏、水土流失

风力发电厂的修建可造成植被破坏及水土流失等环境问题。风力发电厂水土流失类型以风力侵蚀为主，水力侵蚀为辅。施工期间挖土与回填土工程，如进行道路修建、土地平整、风机基础工程、箱式变电站工程、电缆沟工程等，将破坏地表形态和土层结构，导致地表裸露，损坏植被，损害土壤肥力，导致水土流失发生。

根据江西省气象科学研究所与电力公司联合调研结果，鄱阳湖仅沿岸陆地风能保守估算有 125 万千瓦，鄱阳湖中北部是风能开发最佳区域，技术可开发量 210 万千瓦，占全省可开发风能资源的 90% 以上。2010 年 9 月从九江市政府了解到，鄱阳湖区最大的风力发电项目都昌县老爷庙风电场已正式开工建设。该项目总投资 20 亿元，将安装 33 台 1500kW 的风电机组，总装机容量达 4.95 万千瓦。此外，鄱阳湖区的矶山湖风电场、长岭风电场已经上网供电，大岭风电项目于 2009 年开工建设。江西省鄱阳湖区风电场按规划为 93.1 万千瓦装机容量，假设全部安装 850kW 风机或全部安装 1500kW 风机，两种方案的土方工程量估算见表 9-2。

表 9-2　两种方案土方工程量估算

项　目	种　类	850kW 方案	1500kW 方案
风机基础	土方开挖/m³	473472	434700
	土方回填/m³	210432	236601
箱变基础	土方开挖/m³	28496	16146
	土方回填/m³	26304	14904
设备基础	弃土/m³	265232	199341
道路	进场道路/km	17	
	场内道路/km	100	
生活	生活垃圾/t·a⁻¹	16.06	

由表 9-2 可知，两种方案风机基础、箱变基础施工期工程等项目弃土量分别为 265232m³ 和 199341m³，弃土场分散在沿鄱阳湖区各个风电场，鄱阳湖区沿湖四周多为沙土地表，降雨丰沛，生态植被单一，处置不当将易于形成水土流失，淤积鄱阳湖区。在该风电场的建设过程中，风机、变电所和道路占地属于永久性占地，这些土地将失去生态功能。目前还在施工建设中的鄱阳湖区风电场永久占地 634.3hm²，必然会减少生物量和植被。

河西走廊的风电开发区域多位于荒漠地带，生态环境非常脆弱，戈壁上的砾石层及植被保护层容易遭破坏，而且恢复难度大，特别是大型机械对戈壁更容易造成破坏。

9.3.1.2　植被与水土的保护措施

对于这类环境危害问题主要应采取预防措施。工程在设计中通过合理选址，采用少占地、占劣地等措施，避免不可逆的影响。鄱阳湖区风电场区主要为杂灌木林和草甸，没有较珍稀的植物，生物量较小，在修建风电场和架空电线时，遇到乔木和灌丛要予以避让，尽量在其旁侧通过，减少因施工造成的植被破坏。

鄱阳湖区风电场等地施工期开挖填方要尽量避免在每年 4~7 月雨水充沛期进行，而且应将表层种植土单独存放，底层土可用于工程填方。在升压站基础开挖前剥离的表土应集中堆放于升压站内的一角，待升压站施工结束后覆土进行场区的绿化。表土堆放区的周围及临时弃土的周围用编织袋装土筑坎进行临时拦挡，为防止大风扬尘，需用苫布遮盖。全部工程挖填平衡后的弃土可用于道路加固建设，生活垃圾应集中起来，送往附近城镇垃圾处理中心。施工期间如果遇到大风天气应该做洒水处理，减少扬尘污染。

施工结束后，仍有部分土壤不可恢复而被永久占用，主要为风电机组基础等，一般为水泥硬覆盖，不会发生水土流失。没有水泥硬覆盖的地面，对场地进行覆土平整，采取异地植草进行生态补偿，降低工程对当地生态环境的不利影响。草坪周围种植绿篱，绿篱外设截流沟，将水引入通往风机道路的排水沟中。这样的布设措施既可以满足风电机组区防治水土流失的要求，又考虑到景观需要，营造一个错落有致的人造景观。道路两侧可布设防护林，防护林外侧设排水沟。在植被恢复初期，植物措施没有发挥功能，对这些区域进行覆盖，以减少风力对地表的侵蚀，同时提高植物的成活率。

9.3.2　风力发电厂的噪声污染与防治

9.3.2.1　噪声污染

风轮机在运行时产生的噪声包括源于轮毂中活动部件的机械噪声、风轮机叶片产生的气动噪声，都与风速具有相关性。发电机和齿轮箱是机械噪声的主要造成者，其中齿轮箱是主要噪声源，如果技术水平较高，也可以大量消除机械噪声。噪声通过风和风轮机结构部分向环境传递，距离风轮机越远，噪声越低。在一般情况下，风力发电机的噪声相当于夜间安静室内的噪声水平。

风轮机产生的噪声用它的声音功率水平来表示，用 L_{obs} 表示风电场周围的噪声水平，用 L_{back} 表示环境噪声，采用国际能源署专家组推荐的方程式，计算噪声的传播和各种声源的噪声水平。

表 9-3 为确定风电场开始噪声水平低于 40dB（A）的距离与风轮机台数之间的关系。

表 9-3　40dB(A) 噪声水平下风轮机台数与距离的关系

风机台数	低于 40dB(A) 的距离/m	风机台数	低于 40dB(A) 的距离/m
1	314	6	588
2	385	7	618
3	436	8	636
4	497	9	648
5	544	10	667

据测算，单台风轮机发出的声功率级通常在 90~100dB(A) 之间，风从风轮机吹向 500m 处，声功率级为 25~35dB(A)。如果风电场共有 10 台风轮机，500m 处噪声水平在 35~45dB(A)。如果风向相反，则 500m 处噪声水平仅为 10dB(A)。昼间因环境噪声较大，风力发电机的噪声影响相对较小，距风电场 140m 处可达到 GB 3096《城市区域环境噪声标准》1 类标准；但夜间距风电场约 600m 处才能达到 1 类标准，影响较大。

9.3.2.2　噪声防治

在进行风电场规划时，应把对当地居民噪声影响考虑进去。国外推荐在傍晚或夜间风轮机的噪声保持在 45dB(A) 的水平。厂商在制造时可以通过设计和制造技术的革新，降低叶片的气动噪声，减少齿轮箱等噪声源，也可以采用隔离技术屏蔽部分噪声。

因考虑风能资源功率密度的分布，我国风力发电场多数建设在沙漠、山口、海岛等地。在人迹罕至的荒漠戈壁中建造风电场，对居民的噪声影响甚微。河西走廊、青海省等区域地旷人稀，风电场建设在荒漠地带，附近居民极少，风电场又远在数公里之外。辽宁省的风电场多选在辽东半岛沿岸地带，距离附近居民区远，且沿岸地带风高浪急，风浪声基本盖过风机声。江苏的风电场主要选择在偏僻的沿海滩涂。

9.3.3　风力发电对鸟类的危害及保护措施

9.3.3.1　对鸟类的危害

建设大型风电场，风机的运转会对鸟类造成伤害，妨碍附近鸟类的繁殖和栖居，尤其会影响候鸟夜间迁徙。

A　对鸟类栖息和觅食的影响

鄱阳湖地处长江中下游南岸，是江西省第一个湿地自然保护区——鄱阳湖候鸟保护区。鄱阳湖区湖滩建设风电场直接影响鄱阳湖区鸟类栖息地 187km², 直接减少一定数量的鸟类栖息和觅食的场所。由于大多数珍禽对噪声具有较高的敏感性，在风电场噪声环境条件下，白鹤、中华秋沙鸭、白琵鹭、大鸨、野鸭特别容易受惊吓，会减少活动范围。鄱阳湖区风电场新型 1500kW 风机叶片旋转高度为 24~100m, 老式 850kW 风机叶片旋转高度为 26~84m, 运行时将直接影响鸟类的活动，所以规划中的湖滩风电场将会影响鸟类栖息觅食。

B　对鸟类迁徙的影响

美国加利福尼亚州的阿尔塔蒙特隘口风力发电站是世界著名的风能发电站，每年有多达 1766~4721 只飞鸟死于风车叶片，其中约 1300 只是受保护的猛禽，以至于政府不得不在冬天候鸟迁徙季节关闭电站。鄱阳湖有不少国际性保护的候鸟，如白鹤、东方白鹳、白枕鹤、白头鹤、大鸨、白琵鹭、白额雁、灰鹤、黑鹳、小天鹅等。鄱阳湖水域周边的沿海滩涂、草地和丘陵是这些候鸟的主要迁徙驿站。鄱阳湖区夏候鸟主要集中在每年的 4~9 月，冬候鸟主要集中在 9 月下旬至翌年 4 月上、中旬。鄱阳湖区风电场基本处于候鸟的迁徙驿站边缘。普通鸟类迁徙飞翔高度在 400m 以下，鹤类在 300~500m，雁的飞行高度可达 900m，均超过风机的高度（100m 以下），风电场风机一般情况下对鸟类迁徙影响不大。

9.3.3.2　鸟类的保护措施

风电场选址时，要尽量回避鸟类栖居地和鸟类迁徙路线，减少对鸟类生活的影响。甘肃的风能资源主要分布在河西走廊，在这一绵延 1000 多千米的狭长走廊内，瓜州县被称为"世界风库"，玉门市被称为"风口"。同时，河西走廊有 7 个国家级自然保护区，按照甘肃省规划，在保护区核心地域不允许建立风电场，在保护区也要充分考虑回避候鸟迁徙通道，防止对鸟类生活和迁徙造成影响。

青海湖是鸟类迁徙的重要"中转站"，同时又是风能资源丰富的地区，在此地建设风电场也要注意避开鸟类的迁徙路线。江苏盐城丹顶鹤自然保护区的核心区也不得建立风电场，在非核心区建风电站也应尽可能减少占地面积，输电线要建在地下。

一家受美国加利福尼亚州能源委员会委托的咨询公司在阿尔塔蒙特隘口风力发电站经过历时 4 年的研究表明，在各风轮机排的两端设置建筑物可使鸟类绕开风轮机飞行，可降低鸟类死亡率；通过施放毒饵，控制作为鸟类食物来源的啮齿动物在风轮机周围集结，也可减少对鸟类的伤害。

9.3.4　风力发电的电磁辐射危害与防治

9.3.4.1　电磁辐射危害

电力运行设备都或多或少会产生电磁辐射污染，风力发电机产生的电磁辐射主要来源于发电机、变电所、输电线路等 3 部分。

风轮机叶片反射电磁波，在附近的接收装置在接收直接信号的同时，也会收到反射信号。反射信号是一个滞后信号，对调幅（AM）无线电系统影响较大；由于叶片的转动使反射信号又成为一个移相信号，影响调频（FM）无线电系统。如果叶片由具有强反射能力的金属材料制作，则电磁干扰影响更大。此外架设的高压输电线路处于工作时，将相对地面产生静电感应，形成一个交变电磁辐射场，对无线电形成干扰。

风轮机能够干扰的通信频率较多，潜在受到风轮机干扰的通信类型主要有电视广播、微波通信、飞机导航无线通信等。只有当波长大于风轮机总高度的 4 倍以上时，通信信号才基本不受影响。

9.3.4.2　电磁辐射防治

风力发电机电磁辐射要控制在设计环节，设计和制造时要防磁、防辐射，选材是降低辐射的关键。在风电场建设过程中，必须考虑风轮机的参数及相关无线电系统参数。

输电线路设计要调查线路经过的居民点，了解当地通信线路的走势，还要避开重要电子设施，比如电视发射塔、移动通讯发射塔和基站、电话程控塔、机场导航台等。选用设备干扰水平要低，并与可以造成干扰的设备保持防护间距。采用架线方式，要适当抬高导线架设高度，减小下场强，优先选择三角形布置形式。

我国适合风场建设的区域和现在已建风电场，多数分布在生态环境没有受到人为干扰或干扰极少的偏远地区，如河西走廊、青海等地，所选风电场多在荒漠地区。

9.3.5 风力发电的视觉景观污染与防治

9.3.5.1 视觉景观污染的危害

在有风和阳光的条件下，风力发电机组会产生晃动的阴影，在清晨和傍晚时阴影效应最大。阴影随天气和季节的变换而变化，阴影的影响是用一个区域每年在阴影中的总小时数来计算的。

转动的风力机桨叶产生的阴影会使人产生眩晕，心烦意乱，正常生活受到打扰，是一种视觉污染。风轮机对视觉影响的相关参数有风轮机设计、风轮机尺寸、风轮机的布置、风轮机数量及背景景观类型等。

在风力发电机组选址时，要限制阴影实际发生时间，一般要求阴影影响时间每天不超过 10h，否则必须考虑风力发电机在特定时段关机。可以给风力发电机组安装传感器，在特定时段控制停止运行。

9.3.5.2 视觉景观污染的防治

危害的预防可从风轮机的设计、布局和风电场的选址 3 个方面考虑。

（1）风轮机的设计。风轮机的塔架、轮毂与叶片的设计要讲究协调，符合美学原理。风轮机叶片数量要以三叶片为主，减少两叶片风轮机，三叶片令人感觉更平衡，更协调。就大小而言，风轮机越大对景观影响越大，是安排大型风轮机还是小型风轮机，要更多地考虑背景因素。此外，风轮机的颜色对景观影响也很大，必须充分考虑景观特点。风轮机最常见的颜色有白色、灰白色和淡蓝色，一般情况下应首选白色。

（2）风轮机的布局。视野中风轮机越大，数量越多，对人的视觉影响就越大。如果要保持相同的发电能力，风轮机叶片小，就需要增加风轮机的数量。

如果景观规模大，可布置大型风轮机，以点缀景观之美。比如，一马平川的原野，直径达 50~60m 的大型风轮机是比较好的映衬。在自然风光秀丽的景区，或者小型风景区建造风轮机，往往会招致人们的反感。风轮机的布置通常有成群布置和直线布置模式。直线等距布置是一种常见的布置模式，多行布置感到不协调，令人迷乱。如果景观轮廓线不分明，最好成群布置，比如开阔的原野，从各个方向看去，风电场都是一个模样。风轮机之间的距离应均匀，讲究规范。

（3）风电场的选址。如果风轮机选择的位置恰当，可以使丑陋的风景增添美感，甚至形成一个协调的整体。比如偏僻的山区，安装几个风轮机在山头或山脊，人们远远看去，能感觉到大自然生命的气息。河西走廊旅游资源丰富，可以把风电开发与旅游结合起来，在开发新能源的同时，带动当地旅游经济的发展。

10　太阳能发电技术与环保

能源短缺是目前我国发电能源使用中遇到的最大难题，为了满足社会和经济发展对电的需求，我国一直在研发适合进行发电的新能源，在经过不断的研究和发展下，太阳能开始广泛应用于发电技术中。太阳能自开始进行研究和使用以来，一直被认为是21世纪最环保和利用效率高的新能源发电技术，其是一种可以再生的光发电技术，能够最大程度地将太阳能转化为电能，且其在进行实际发电技术应用时，也非常地环保和便捷。随着我国对太阳能发电技术的不断研究和深入，目前在我国太阳能发电技术使用中最为成熟的发电技术主要为太阳能光伏发电技术和太阳能热发电技术两种，这两种技术中包含了几种使用较为广泛的太阳能发电技术，且这些太阳能发电技术在发电利用中有着较大的发展前景。

10.1　太阳能光伏发电系统

10.1.1　太阳能光伏发电原理与组成

太阳光发电是指无须通过热力学过程直接将太阳光能转变成电能的发电方式。它包括光伏发电、光化学发电、光感应发电和光生物发电。光伏发电是利用太阳能电池这种半导体电子器件有效地吸收太阳光辐射能，并使之转变成电能的直接发电方式，是当今太阳能发电的主流。时下，人们通常所说太阳能发电就是指太阳能光伏发电。由于太阳能光伏发电系统是利用光生伏打效应制成的太阳能电池将太阳能直接转换成电能的，也叫做太阳能电池发电系统。它由太阳能电池方阵、控制器、蓄电池组、直流－交流逆变器等部分组成，其系统组成如图10-1所示。

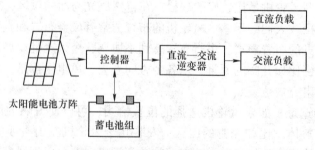

图10-1　太阳能发电系统示意图

10.1.1.1　太阳能电池方阵

太阳能电池单体是用来光电转换的最小单元，它的尺寸一般为4~100cm²。太阳能电池单体工作电压为0.45~0.50V，工作电流为20~25mA/cm²，一般不能单独作为电源使用。将太阳能电池单体进行串联、并联并封装后，就成为太阳能电池组件，其功率一般为几瓦至几十瓦、一百余瓦，是可以单独作为电源使用的最小单元。太阳能电池组件再经过串联、并联并装在支架上，就构成了太阳能电池方阵，它可以满足负载所要求的输出功率，如图 10-2 所示。

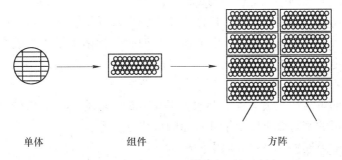

单体　　　　　　组件　　　　　　　方阵

图 10-2　太阳能电池的单体、组件和方阵

A　硅太阳能电池

常用的太阳能电池主要是硅太阳能电池。晶体硅太阳能电池由多个晶体硅片组成，在晶体硅片的上表面紧密排列着金属栅线，下表面是金属层。硅片本身是 P 型硅，表面扩散层是 N 区，在这两个区的连接处就是所谓的 PN 结。PN 结形成一个电场。太阳能电池的顶部被一层减反射膜所覆盖，以便减少太阳能的反射损失。

太阳能电池的工作原理如下。光是由光子组成的，而光子是含有一定能量的微粒，能量的大小由光的波长决定。光被晶体硅吸收后，在 PN 结中产生一对对的正、负电荷，由于在 PN 结区域的正、负电荷被分离，于是一个外电流场就产生了，电流从晶体硅片电池的底端经过负载流至电池的顶端。

将一个负载连接在太阳能电池的上、下两表面间时，将有电流流过负载，于是太阳能电池就产生了电流。太阳能电池吸收的光子越多，产生的电流也就越大。

光子的能量由波长决定，低于基能能量的光子不能产生自由电子，1 个高于基能能量的光子也仅产生 1 个自由电子，多余的能量将使电池发热，伴随电能损失的影响将使太阳能电池的效率下降。

B　硅太阳能电池的种类

目前世界上有三种已经商品化的硅太阳能电池，即单晶硅太阳能电池、多晶硅太阳能电池和非晶硅太阳能电池。由于单晶硅太阳能电池所使用的单晶硅材料与半导体工业所使用的材料具有相同的品质，所以材料成本比较昂贵。多晶硅太阳能电池晶体方向的无规则性，意味着正、负电荷对并不能全部被 PN 结电场所分离，因为电荷对在晶体与晶体之间的边界上可能因晶体的不规则性而损失，所以多晶硅太阳能电池的效率一般要比单晶硅太阳能电池稍低。所以它的成本比单晶硅太阳能电池要低。非晶硅太阳能电池属于薄膜电池，造价低廉，但光电转换效率比较低，稳定性也不如晶体硅。

C　太阳能电池组件

a　简介

一个太阳能电池只能产生大约 0.45V 的电压，远低于实际应用所需要的数值。为了满足实际应用的需要，须把太阳能电池连接成组件。太阳能电池组件包含一定数量的太阳能电池，这些太阳能电池通过导线连接。一个组件上，太阳能电池的标准数量是 36 个或 40 个（10cm×10cm），这意味着一个太阳能电池组件大约能产生 16V 的电压，它正好能为一个额定电压为 12V 的蓄电池进行有效的充电。

通过导线连接的太阳能电池被密封成的物理单元被称为太阳能电池组件。它具有一定的防腐、防风、防雹、防雨等能力，广泛应用于各个领域和系统。当应用领域需要较高的电压和电流而单个太阳能电池组件不能满足要求时，可把多个组件组成太阳能电池方阵，以获得所需要的电压和电流。

b　封装类型

太阳能电池的可靠性在很大程度上取决于其防腐、防风、防雹、防雨等能力。而潜在的质量问题是边沿的密封效果以及组件背面的接线盒质量。

太阳能电池的封装方式主要有以下两种：

（1）双面玻璃密封。太阳能电池组件的正、反两面均是玻璃板，太阳能电池被镶嵌在一层聚合物中。这种密封方式存在的一个主要问题是玻璃板与接线盒之间的连接。这种连接不得不通过玻璃板的边沿，因为在玻璃板上打孔是很昂贵的。

（2）玻璃合金层叠密封。这种组件的前面是玻璃板，背面是一层合金薄片。合金薄片的主要功能是防潮、防污。太阳能电池也是被镶嵌在一层聚合物中的。在这种太阳能电池组件中，电池与接线盒之间可直接用导线连接。

c　电气特性

太阳能电池组件的电气特性主要是指电流-电压特性，也称为 I-V 曲线，如图 10-3 所示。I-V 曲线显示了通过太阳能电池组件传送的电流 I 与电压 V 在特定的太阳辐照度下的关系。

如果太阳能电池组件电路短路，即 $V=0$，此时的电流称为短路电流 I_s；如果电路开路，即 $I=0$，此时的电压称为开路电压 V_{oc}。太阳能电池组件的输出功率等于流经该组件的电流与电压的乘积，即 $P=VI$。

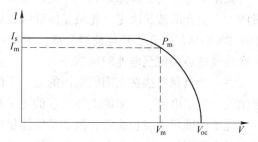

图 10-3　太阳能电池的 I-V 特性曲线

I—电流；I_s—短路电流；I_m—最大工作电流；V—电压；V_{oc}—开路电压；V_m—最大工作电压；P_m—最大功率

当太阳能电池组件的电压上升时，例如，通过增加负载的电阻或组件的电压从 0（短路条件下）开始增加时，组件的输出功率亦从 0 开始增加，当电压达到一定值时，功率可达到最大。而当电阻值继续增加时，功率将跃过最大点，并逐渐减少至 0，即电压达到开路电压 V。组件输出功率达到最大值的点，称为最大功率点；该点所对应的电压，称为最大功率点电压 V_m（又称为最大工作电压）；该点所对应的电流，称为最大功率点电流 I_m（又称为最大工作电流）；该点的功率，称为最大功率 P_m。

随着太阳能电池温度的增加，开路电压减小，大约温度每升高 1℃，每片电池的电压减少 5V，相当于在最大功率点的典型温度系数为 -0.4%/℃。也就是说，如果太阳能电池温度每升高 1℃，则最大功率减少 0.4%。

d　性能测试

由于太阳能电池组件的输出功率取决于太阳辐照度、太阳能光谱的分布和太阳能电池的温度，因此太阳能电池组件的测量须在标准条件下（STC）进行，测量条件被"欧洲委员会"定义为101号标准，其条件是：

光谱辐照度	$1000W/m^2$
光谱	AM1.5
电池温度	25℃

在这种条件下，太阳能电池组件所输出的最大功率被称为峰值功率，其单位为峰瓦（W_P）。在很多情况下，组件的峰值功率通常用太阳模拟器测定，并和国际认证机构的标准化的太阳能电池进行比较。

在户外测量太阳能电池组件的峰值功率是很困难的，因为太阳能电池组件所接受到的太阳光的实际光谱取决于大气条件及太阳的位置。此外，在测量的过程中，太阳能电池的温度也在不断变化。在户外测量的误差很容易达到10%或更大。

e　热斑效应和旁路二极管

在一定条件下，一串联支路中被遮蔽的太阳能电池组件，将被当做负载消耗其他有光照的太阳能电池组件所产生的能量。被遮蔽的太阳能电池组件此时将会发热，这就是热斑效应。这种效应能严重地破坏太阳能电池。有光照的太阳能电池所产生的部分能量或所有的能量，都可能被遮蔽的电池所消耗。为了防止太阳能电池由于热斑效应而遭受破坏，需要在太阳能电池组件的正、负极间并联一个旁路二极管，以避免光照组件所产生的能量被受遮蔽的组件所消耗。

f　连接盒

连接盒是一个很重要的元件，它的作用是保护电池与外界的交界面及各组件内部连接的导线和其他系统元件。连接盒包含1个接线盒和1只或2只旁路二极管。

g　可靠性和使用寿命

考察太阳能电池组件可靠性的最好方式是进行野外测试，但这种测试须经历很长的时间。为能用较低的费用在相似的工作条件下以较短的时间测出太阳能电池的可靠性，一种新型的测试方法正在发展之中，即加速使用寿命的测试方法。

这种测试方法，主要是依据野外测试和过去所执行的加速测试之间的关联度，并基于理论分析和参照其他电子测量技术以及国际电工技术委员会（IEC）的测试标准而设计的。

在IEC规范中描述了一整套可靠性的测试方法，这一规范包含如下测试内容：UV照明测试，高温暴露测试，高温-高湿测试，框架扭曲度测试，机械强度测试，冰雹测试和温度循环测试。对于太阳能电池发电系统中的太阳能电池组件来说，它的期望使用寿命至少是20年。实际的使用寿命取决于太阳能电池组件的结构性能和安装当地的环境条件。

h　特殊应用领域的太阳能电池组件

在某些实际应用领域，需要比峰值功率为$36\sim55W_P$的标准组件更小的太阳能电池组件。为了达到这个目的，太阳能电池组件可以被生产为电池数量相同，但电池的面积比较小的组件。例如一个由36个5cm×5cm电池封装成的太阳能电池组件，它的输出功率为20W，电压为16V。

在海洋中应用的太阳能电池组件，应采用特殊的设计方法和工艺，以承受海水和海风的侵蚀。在这样的太阳能电池组件中，它的背面有一块金属板，用以抵抗海啸冲击和海鸥袭击，而且组件中的所有材料都必须有较高的抗腐蚀能力。

在危险地区，太阳能电池组件应采用特殊的外表防护板。此外，太阳能电池组件还要能与其他装备连接为一个统一的整体。

10.1.1.2　防反充二极管

防反充二极管又称阻塞二极管，其作用是避免由于太阳能电池方阵在阴雨天和夜晚不发电时或出现短路故障时，蓄电池组通过太阳能电池方阵放电。防反充二极管串联在太阳能电池方阵电路中，起单向导通的作用。它必须能承受足够大的电流，而且正向电压降要小，反向饱和电流要小。一般可选用合适的整流二极管作为防反充二极管。

10.1.1.3　蓄电池组

蓄电池组的作用是储存太阳能电池方阵受光照时所发出的电能，并随时向负载供电。太阳能电池发电系统对所用蓄电池组的基本要求是：自放电率低，使用寿命长，深放电能力强，充电效率高，可以少维护或免维护，工作温度范围宽，价格低廉。目前我国与太阳能电池发电系统配套使用的蓄电池主要是铅酸蓄电池和镉镍蓄电池。配套 200A·h 以上的铅酸蓄电池，一般选用固定式或工业密封免维护型铅酸蓄电池；配套 200A·h 以下的铅酸蓄电池，一般选用小型密封免维护型铅酸蓄电池。

10.1.1.4　充放电控制器

充放电控制器是能自动防止蓄电池组过充电和过放电的设备，一般还具有简单的测量功能。蓄电池组经过过充电或过放电后会严重影响其性能和寿命，所以充放电控制器一般是不可缺少的。充放电控制器，按照其开关器件在电路中的位置，可分为串联控制型和分流控制型；按照其控制方式，可分为开关控制型（含单路和多路开关控制）和脉宽调制（PWM）控制型（含最大功率跟踪控制）。开关器件，可以是继电器，也可以是 MOS 晶体管，但脉宽调制（PWM）控制器只能用 MOS 晶体管作为开关器件。

10.1.1.5　逆变器

逆变器是将直流电变换成交流电的一种设备。由于太阳能电池和蓄电池发出的是直流电，当应用于交流负载时，逆变器是不可缺少的。逆变器运行方式，可分为独立运行逆变器和并网逆变器。独立运行逆变器用于独立运行的太阳能电池发电系统，可为独立负载供电；并网逆变器用于并网运行的太阳能电池发电系统，它可将发出的电能馈入电网。逆变器按输出波形又可分为方波逆变器和正弦波逆变器。方波逆变器的电路简单，造价低，但谐波分量大，一般用于几百瓦以下和对谐波要求不高的系统；正弦波逆变器的成本高，但可以适用于各种负载。从长远看，晶体管正弦波（或准正弦波）逆变器将成为太阳能发电用逆变器的发展主流。

10.1.1.6　测量设备

对于小型太阳能电池发电系统来说，一般情况下只需要进行简单的测量，如测量蓄电池电压和充、放电电流，这时，测量所用的电压表和电流表一般就装在控制器上。对于太阳能通信电源系统、管道阴极保护系统等工业电源系统和大型太阳能光伏电站，则往往要求对更多的参数进行测量，如测量太阳辐射能、环境温度和充、放电电量等，有时甚至要求具有远程数据传输、数据打印和遥控功能。为了进行这种较为复杂的测量，就必须为太阳能电池发电系统配备数据采集系统和微机监控系统了。

10.1.2 太阳能光伏发电系统的分类

　　光伏发电系统，也即太阳能电池应用系统，一般分为独立运行系统和并网运行系统两大类，如图 10-4 所示。独立运行系统如图 10-4a 所示，它由太阳能电池方阵、储能装置、直流—交流逆变装置、控制装置与连接装置等组成。并网运行系统如图 10-4b 所示。

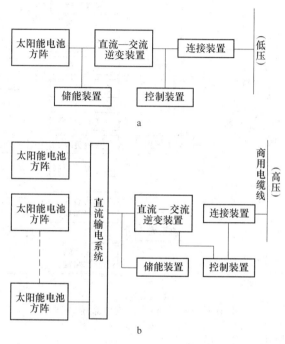

图 10-4　光伏系统的构成

a—独立运行系统；b—并网运行（集中式）系统

　　所谓独立运行光伏发电系统，是指与电力系统不发生任何关系的闭合系统。它通常用作便携式设备的电源，向远离现有电网的地区或设备供电，以及用于任何不想与电网发生联系的供电场合。独立运行系统的构成，按其用途和设备场所环境的不同而异。图 10-5 给出了独立运行系统的构成分类。

　　（1）带专用负载的光伏发电系统。带专用负载的光伏发电系统可能是仅仅按照其负载的要求来构成和设计的。因此，输出功率为直流，或者为任意频率的交流，是较为适用的。这种系统，使用变频调速运行在技术上可行。如在电机负载的情况下，由变频启动可以抑制冲击电流，同时可使变频器小型化。

　　（2）带一般负载的光伏发电系统。带一般负载的光伏发电系统是以某个范围内不特定的负载作为对象的供电系统，作为负载，通常是电器产品，以工频运行比较方便。如是直流负载，可以省掉逆变器。当然，实际情况可能是交流、直流负载都有。一般要配有蓄电池储能装置，以便把太阳能电池板白天发的电储存在蓄电池里，供夜间或阴雨天时使用，如果负载仅为农用机械也可以不用设置蓄电池。一般负载可用光伏发电系统，还可以分为就地负载系统和分离负载系统。前者作为边远地区的家庭或某些设备的电源，是一种在使用场地就地发电和用电的系统。而后者则需要设置小规模的配电线路，以便对光伏电

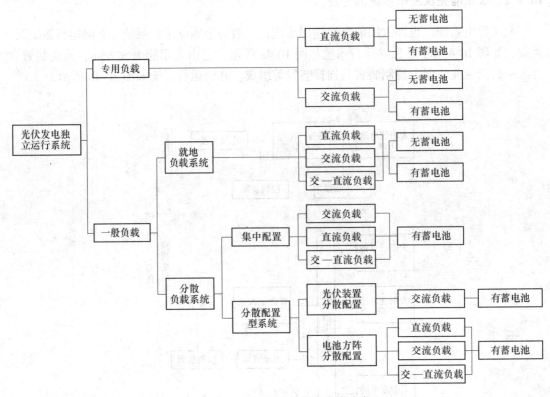

图 10-5　独立运行光伏发电系统分类

站所在地以外的负载也能供电。这种系统构成，可以设置一个集中型的光电场，以便于管理，如果建造集中型的光电场在用地上有困难，也可以沿配电线路分散设置多个单元光电场。

如图 10-4b 所示的并网运行光伏发电系统实际上与其他类型的发电站一样，可为整个电力系统提供电能。图 10-6 是光伏发电系统联网示意图，由图可知，光伏发电并网系统有集中光伏电站并网和屋顶光伏系统联网两种。前者功率容量通常在兆瓦级以上，后者则在千瓦级至百千瓦级之间。光伏系统的模块性结构等特点适合于发展这种分布的供电方式。

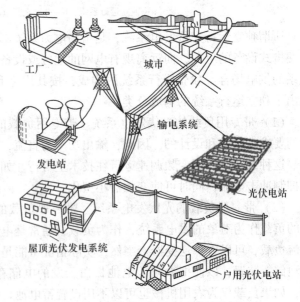

图 10-6　并网光伏发电系统示意图

10.2　太阳能光伏发电设备

10.2.1　太阳能电池及太阳能电池方阵

10.2.1.1　太阳能电池及其分类

如前所述，太阳能电池是一种利用光生伏打效应把光能转变为电能的器件，又称光伏器件。物质吸收光能产生电动势的现象，称为光生伏打效应。这种现象在液体和固体物质中都会发生。但是，只有在固体中，尤其是在半导体中，才有较高的能量转换效率。因此，人们又常把太阳能电池称为半导体太阳能电池。

半导体的主要特点，不仅仅在于其电阻率在数值上与导体和绝缘体不同，而且还在于它的导电性具有如下两个显著的特点：

（1）电阻率的变化受杂质含量的影响极大。例如，硅中只要含有一亿分之一的硼，电阻率就会下降到原来的1%。如果所含杂质的类型不同，导电类型也不同。

（2）电阻率受光和热等外界条件的影响很大。半导体在温度升高或受到光的照射时均可使电阻率迅速下降。一些特殊的半导体，在电场和磁场的作用下，电阻率也会发生变化。

半导体材料的种类很多，按其化学成分，可分为元素半导体和化合物半导体；按其是否含杂质，可分为本征半导体和杂质半导体；按其导电类型，可分为N型半导体和P型半导体。此外，根据其物理特性，还可分为磁性半导体、压电半导体、铁电半导体、有机半导体、玻璃半导体、气敏半导体等。目前获得广泛应用的半导体材料有锗、硅、硒、砷化镓、磷化镓、锑化铟等，其中以锗、硅材料的半导体生产技术最为成熟，应用也最为广泛。

太阳能电池按照结构的不同可分为如下三类：

（1）同质结太阳能电池。同质结太阳能电池是由同一种半导体材料构成一个或多个PN结的太阳能电池，如硅太阳能电池、砷化镓太阳能电池等。

（2）异质结太阳能电池。异质结太阳能电池是用两种不同禁带宽度的半导体材料在相接的界面上构成一个异质PN结的太阳能电池，如硅太阳能电池、硫化锡太阳能电池等。如果两种异质材料的晶格结构相近，界面处的晶格匹配较好，则称其为异质面太阳能电池，如砷化铝镓/砷化镓异质面太阳能电池等。

（3）肖特基结太阳能电池。肖特基结太阳能电池是用金属盒半导体接触组成一个"肖特基势垒"的太阳能电池，也叫做MS太阳能电池。其原理是基于在一定条件下金属半导体接触可产生整流接触的肖特基效应。目前，这种结构的电池已经发展成为金属-氧化物半导体太阳能电池，即MOS太阳能电池，如铂/硅肖特基结太阳能电池、铝/硅肖特基结太阳能电池等。

太阳能电池按照材料的不同可分为如下三类：

（1）硅太阳能电池。这种电池是以硅为基体材料的太阳能电池，如单晶硅太阳能电池、多晶硅太阳能电池、非晶硅太阳能电池等。制作多晶硅太阳能电池的材料，用纯度不太高的太阳级硅即可。而太阳级硅由冶金级硅用简单的工艺就可加工制成。多晶硅材料又有带状硅、铸造硅、薄膜多晶硅等多种。用它们制造的太阳能电池有薄膜和片状两种。

（2）硫化镉太阳能电池。这种电池是以硫化镉单晶或多晶为基体材料的太阳能电池，如硫化亚铜/硫化镉太阳能电池、碲化镉/硫化镉太阳能电池、铜铟硒/硫化镉太阳能电池等。

（3）砷化镓太阳能电池。这种电池是以砷化镓为基体材料的太阳能电池，如同质结砷化镓太阳能电池、异质结砷化镓太阳能电池等。按照太阳能电池的结构来分类，其物理意义比较明确，因而已被国家采用作为太阳能电池命名方法的依据。

10.2.1.2 太阳能电池的制造方法

太阳能电池的制造方法与太阳能电池的种类有很多，目前应用最多的是单晶硅和多晶硅太阳能电池。这种太阳能电池在技术上成熟，性能稳定可靠，转换效率较高，现已产业化大规模生产。单晶硅太阳能电池的结构如图 10-7 所示，实际上，它是一个大面积的半导体 PN 结。上表面为受光面，蒸镀有铝银材料做成的栅状电极；背面为镍锡层做成的底电极。上、下电极均焊接银丝作为引线。为了减少硅片表面对入射光的反射，在电池表面上蒸镀一层二氧化硅或其他材料的减反射膜。

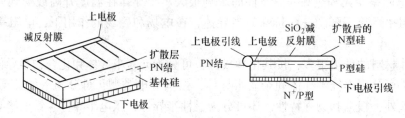

图 10-7 单晶硅太阳能电池结构示意图

下面简要地介绍一下单晶硅太阳能电池的一般制造方法。

（1）硅片的选择。硅片是制造单晶硅太阳能电池的基本材料，它可以由纯度很高的单晶硅棒切割而成。选择硅片时，要考虑硅材料的导电类型、电阻率、晶向、位错、寿命等。硅片通常加工成方形、长方形、圆形或半圆形，厚度约为 0.25~0.40mm。

（2）切好的硅片，表面脏且不平。因此，在制造太阳能电池之前，要先进行表面准备。表面准备一般分为三步：

1）用热浓硫酸做初步化学清洗。

2）在酸性或碱性腐蚀液中腐蚀硅片，每片蚀去 30~50pm 的厚度。

3）用王水或其他清洗液再进行化学清洗。

在化学清洗腐蚀后，要用高纯度的去离子水冲洗硅片。

（3）扩散制结。PN 结是单晶硅太阳能电池的核心部分。没有 PN 结，便不能产生光电流，也就不称其为太阳能电池了。因此，PN 结的制造是最重要的工序。通常采用高温扩散法制结。以 P 型硅片扩散磷为例，主要扩散步骤为：

1）扩散源的配制。将特纯的五氧化二磷溶于适量的乙醇或去离子水中，摇匀，再稀释即成。

2）涂源。从去离子水中取出经表面准备的硅片，在红外灯下烘干后，使扩散源均匀地分散在硅表面，再用红外灯稍微烘干一下，然后即可把硅片放入石英舟内。

3）扩散。将扩散炉预先升温到扩散温度，在 900~950℃ 的温度下，通氮气数分钟。然后，把装有硅片的石英舟推入炉内的石英管中，在炉口预热数分钟，再推入恒温区，经 10 余分钟的扩散，将石英舟拉至炉口，缓慢冷却数分钟，取出硅片，制结工序即告完成。

（4）除去背结。在高温扩散过程中，硅片的背面也形成 PN 结，必须把背结去掉。去背结时，用黑胶涂敷在硅片的正面上，掩蔽好正面的 PN 结，再把硅片置于腐蚀液中，蚀去背面扩散层，便得到背面平整光亮的硅片；然后，除去黑胶，将硅片洗净烘干后备用。

（5）制作上、下电极。为使电池转换所获得的电能能够输出，必须在电池上制作正负两个电极。电池光照面上的电极，称作上电极；电池背面的电极，称作下电极。上电极通常制成栅线状，这有利于对光生电流的搜集，并能使电池有较大的受光面积。下电极布满在电池的背面，以减小电池的串联电阻。制作电极时，把硅片置于真空镀膜机的钟罩内，真空度抽到足够高时，便凝结成一层铝薄膜，其厚度可控制在 30~100μm。然后，再在铝薄膜上蒸镀一层银，厚度为 2~5μm。

为便于电池的组合装配，电极上还需钎焊一层锡-铝-银合金焊料。此外，为得到线状的上电极，在蒸镀铝和银时，硅表面需放置一定形状的金属掩膜。上电极栅线密度一般为每平方厘米 4 条。

（6）腐蚀周边。扩散过程中，在硅片的四周表面也有扩散层形成，通常它在腐蚀背结时即已去除，所以这道工序可以省略。若钎焊时电池的周边沾有金属，则仍需腐蚀，以除去金属。这道工序对电池的性能影响很大，因为任何微小的局部短路，都会使电池变坏，甚至使之成为废品。腐蚀周边的方法比较简单，只要把硅片的两面涂上黑胶或用其他方法掩蔽好，再放入腐蚀液中腐蚀 30s 或 1min 即可。

（7）蒸镀减反射膜。光能在硅表面的反射损失率约为 1/3，为减少硅表面对光的反射，还要用真空镀膜法在硅表面蒸镀一层二氧化硅或二氧化钛或五氧化二钽的减反射膜。其中蒸镀二氧化硅膜的工艺是成熟的，而且制作简便，为目前生产上所常用。减反射膜可提高太阳能电池的光能利用率，增加电池的电流输出。

（8）检验测试。经过上述工序制得的电池，在作为成品电池入库前，均需测试，以检验其质量是否合格。在生产中主要测试的是电池的伏-安特性曲线。从这一曲线可以得知电池的短路电流、开路电压、最大输出功率以及串联电阻等参数。

（9）单晶硅太阳能电池组件的封装。在实际使用中，要把单片太阳能电池串联、并联起来，并密封在透明的外壳中，组装太阳能电池组件。这种密封成的组件，可防止大气侵蚀，延长电池的使用寿命。把组件再进行串联、并联，便组成了具有一定的输出功率的太阳能电池方阵。

上面介绍的仅是一种传统的单晶硅太阳能电池的制造方法。目前很多工厂已采用不少制作太阳能电池的新工艺、新技术。例如，在电池的表面采用选择性腐蚀，使表面反射率降低；采用丝网印刷化学镀镍或银浆烧结工艺，制备上、下电极；用喷涂法沉积减反射膜，并进而在太阳能电池的制作中免掉使用高真空镀膜机。这些，都可使太阳能电池的工艺成本大大降低，产量大幅度提高。其他如离子注入、激光退火、激光掺杂、分子束外延等新工艺也都已有不同程度的应用。

10.2.1.3　太阳能电池方阵

A　太阳能电池方阵的设计和安装

a　太阳能电池方阵的设计

单位太阳能电池不能直接作为电源使用。在实际应用时，是按照电性能的要求，将几片或几十片单体太阳能电池串联、并联连接起来，经过封装，组成一个可以单独作为电源使用的最小单元，即太阳能电池组件。太阳能电池方阵，则是由若干个太阳能电池组件串联、并联连接而排列的阵列。

太阳能电池方阵可分为平板式和聚光式两大类。平板式方阵，只需把一定数量的太阳能电池按照电性能的要求串联、并联起来即可，不需要加装汇聚阳光的装置，结构简单，多用于固定安装的场合。聚光式方阵，加有汇聚阳光的搜集器，通常采用平面反射镜、抛物面反射镜或菲涅尔透镜等装置来聚光，以提高入射光谱的辐照度。聚光式方阵，可比相同输出功率的平板式方阵少用一些单体太阳能电池，从而使成本下降，但通常需要装设向日跟踪装置，有了转动部件，这就降低了太阳能电池的可靠性。

太阳能电池方阵的设计，一般来说，就是按照用户的要求和负载的用电量及技术条件，计算太阳能电池组件的串联、并联数。串联数由太阳能电池的工作电压决定，应考虑蓄电池的浮充电压、线路损耗以及温度变化对太阳能电池的影响等因素。在太阳能电池组件串联数确定之后，即可按照气象台提供的太阳能总辐射量或年日照时数的 10 年平均值计算，确定太阳能电池组件的并联数。

b　太阳能电池方阵的安装

可将平板式地面太阳能电池方阵安在方阵支架上，支架被固定在水泥基础上。对于方阵支架和固定支架的水泥基础以及与控制器连接的电缆沟等加工与施工，均应按照设计规范进行。对太阳能电池方阵支架的基本要求主要有：

（1）应遵循用料省、造价低、坚固耐用、安装方便的原则进行太阳能电池方阵支架的设计和生产制造。

（2）光伏电站的太阳能电池方阵支架，可根据应用地区的实际情况和用户要求，设计成地面安装型或屋顶安装型。西藏千瓦级以上的光伏电站，以设计成地面安装型支架为主。

（3）太阳能电池方阵支架应选用钢材或铝合金材料制造，其强度应可承受 10 级大风。

（4）太阳能电池方阵支架的金属表面，应镀锌、镀铝或涂防锈漆，以防止生锈腐蚀。

（5）在设计太阳能电池方阵支架时，应考虑当地纬度和日照资源等因素。也可设计成能按照季节变化以手动方式调整太阳能电池方阵的向日倾角和方位角的结构，以更充分地接受太阳能辐射能，增加方阵的发电量。

（6）太阳能电池方阵支架的连接件，包括组件和支架的连接件、支架与螺栓的连接件以及螺栓与方阵场的连接件，均应用电镀钢材或不锈钢钢材制造。

太阳能电池方阵的发电量与其接受的太阳辐射能成正比。为使方阵更有效地接受太阳辐射能，方阵的安装方位和倾角很重要。好的方阵安装方式是跟踪太阳，使方阵表面始终与太阳光垂直，入射角为 0，其他入射角都将影响方阵对太阳的接受，造成较多的损失。对于固定安装方式来说，损耗总计可高达 8%，比较好的可供参考的电池板方位角 φ 为使用地的纬度。一年可调整两次方位角。一般可取：$\varphi_{春分}$＝使用的地纬度$-11°45'$；$\varphi_{秋分}$＝使用地的纬度$+11°45'$。这样，接受损耗就有可能控制在2%以下。方阵斜面取多大角度为好，是一个较复杂的问题。为减小设计误差，设计时应将从气象台获得的水平面上的太阳辐射能换算成方阵斜面上的相应值。换算方法是将方阵斜面接受的太阳辐射能作为使用地的纬度、倾角和太阳赤纬的函数。简单的办法是，把从气象台获得的方阵所在地平均太阳能总辐射量作为计算的φ值，电池板方位角采用每年调整两次的方案，与水平放置方阵相比，经计算，太阳能总辐射量增益均为6.5%左右。

B 太阳能电池方阵的使用和维护

可以将太阳能电池方阵的使用、维护方法概括为如下几条：

（1）太阳能电池方阵应安装在周围没有高大建筑物、树木、电杆等遮挡太阳光的处所，以便充分地获得太阳光。我国地处北半球，方阵的采光面应朝南放置，并与太阳光垂直。

（2）在太阳能电池方阵的安装和使用中，要轻拿轻放组件，严禁碰撞、敲击、划痕，以免损坏封装玻璃，影响其性能，缩短它的使用寿命。

（3）遇有大风、暴雨、冰雹、大雪等情况，应采取措施保护太阳能电池方阵，以免使它受到损坏。

（4）太阳能电池方阵的采光面应经常保持清洁，如采光面上落有灰尘或其他污物，应先用清水冲洗，再用干净纱布将水迹轻轻擦干，切勿用硬物擦拭或用腐蚀性溶剂冲洗。

（5）在连接太阳能电池方阵的输出端时，要注意正、负极性，切勿接反。

（6）对与太阳能电池方阵匹配的蓄电池组，应严格按照蓄电池的使用维护方法使用。

（7）对带有向日跟踪装置的太阳能电池方阵，应经常检查维护跟踪装置，以保证其正常工作。

（8）对可用手动方式调整角度的太阳能电池方阵，应按照季节的变化调整方阵支架的向日倾角和方位角，以更使它能充分地接受太阳辐射能。

（9）太阳能电池方阵的光电参数，在使用中应不定期地按照有关方法进行检测，发现问题要及时解决，以确保方阵不间断地正常供电。

（10）在太阳能电池方阵及其配套设备的周围应加护栏或围墙，以免遭动物侵袭或人为损坏；如果发电设备是安装在高山上的，则应安装避雷器，以防雷击。

10.2.2 充、放电控制器

为了最大限度地利用蓄电池的性能和使用寿命，必须对它的充、放电条件加以规定和控制。无论太阳能光伏发电系统是大还是小，是简单还是复杂，充、放电控制器都必不可少。一个好的充、放电控制器能够有效地防止蓄电池过充电和深度放电，并使蓄电池使用达到最佳状态。但是，光伏发电系统中的充、放电控制要比其他应用困难一些，因此光伏发电系统中输入能量很不稳定。在光伏发电系统中，所谓直流控制系统包含了充、放电控制，负载控制和系统控制三部分，并往往连成一体，通常称之为直流控制柜。

10.2.2.1 充电控制

蓄电池充电控制通常是由控制电压或控制电流来完成的。一般而言，蓄电池充电方法有三种：恒流充电、恒压充电和恒功率充电，每种方法具有不同的电压和电流充电特性。

364

光伏发电系统中，一般采用充电控制器来控制充电条件，并对过充电进行保护。最常用的充电控制器有：完全匹配系统，并联调节器，部分并联调节器，串联调节器，齐纳二极管（硅稳压管）次级方阵开关调节器，脉冲宽度调制（PWM）开关，脉冲充电电路。针对不同的光伏发电系统可以选用不同的充电控制器，主要考虑的因素是要尽可能地可靠、控制精度高及低成本。所用开关器件，可以是继电器，也可是 MOS 晶体管。但采用脉冲宽度调制型控制器，往往包含最大功率的跟踪功能，只能用 MOS 晶体管作为开关器件。此外，控制蓄电池的充电过程往往是通过控制蓄电池的端电压来实现的，因而光伏发电系统中的充电控制器又称为电压调节器。下面具体介绍几类充电控制系统。

A　完全匹配系统

这是一个串联二极管的系统，如图10-8所示。该二极管常用硅 PN 结或肖特基二极管，以阻止蓄电池在太阳低辐射期间向光伏方阵放电。

蓄电池充电电压在蓄电池接收电荷期间是增加的。光伏方阵的工作点如图 10-9所示。随着电流的减少，工作点从 a 点移向 b 点。

图 10-8　完全匹配系统电路图

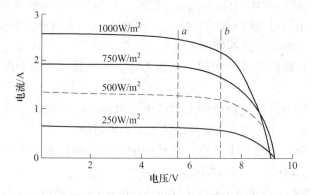

图 10-9　光伏方阵供给蓄电池的电流随蓄电池电压的变化

必须先选好 a 点和 b 点之间的工作电压范围，以确保光伏方阵和蓄电池的最佳匹配。

这种充电控制系统的问题是，光伏方阵在变化的太阳辐射条件下，其工作曲线是不确定的，采用这种系统设计，蓄电池只能在太阳高辐照度时达到满充电，而在低辐照度时将减少方阵的工作效率。

B　并联调节器

这是目前用于光伏发电系统的最普遍的充电调节电路一般是使用一台并联调节器以使充电电流保持如图 10-10 所示。

调节器根据电压、电流和温度来调节蓄电池的充电。它是通过并联电阻把晶体管连到蓄电池的并联电路上实现对过充电保护的。通常调节器用固定的电压门限去控制晶体管开关的接通或切断。

通过并联分流的电能可用于辅助负载的供电，以充分利用光伏方阵的输出电能。

C 部分并联调节器

如图 10-11 所示，使用部分并联调节器的目的在于降低光伏方阵的电压，从而实现两阶段电压特性。并联调节器的优点是降低了晶体管的开路电压，但其缺点是附加了对线路连接的要求，一般很少使用。

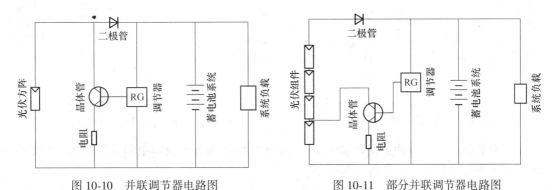

图 10-10 并联调节器电路图   图 10-11 部分并联调节器电路图

D 串联调节器

如图 10-12 所示，在串联调节器中，蓄电池两端电压是恒定的，而其电流随串联晶体管调节器变化着。这种晶体管调节器通常是一个两阶段调节器。串联晶体管代替了所需的串联二极管。

E 齐纳二极管调节器

齐纳二极管调节器使用一个齐纳二极管电压稳定器，如图 10-13 所示。这种系统很简单，但存在着串联电阻消耗功率的缺点，因而未能广泛应用。

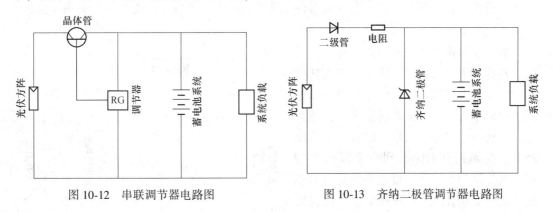

图 10-12 串联调节器电路图   图 10-13 齐纳二极管调节器电路图

F 次级方阵开关调节器

次级方阵开关调节器的电路，如图 10-14 所示。

当蓄电池电压达到某个预先确定的数值时，光伏方阵的组件或某几行组件将被断开。次级方阵开关调节器的主要问题是开关安排的复杂性，这种调节器多用在大型光伏发电系统中，以提供一个准锥形的充电电流。

G 脉冲宽度调制开关

脉冲宽度调制开关用于 DC-DC 转换的充电控制电路，它的电路如图 10-15 所示，由于这种调制开关的复杂性和高成本，在小型光伏发电系统中难以普遍使用。

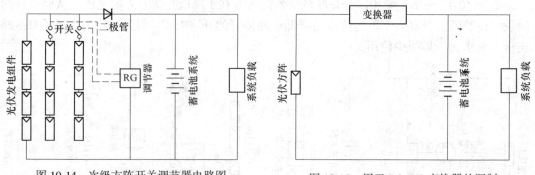

图 10-14　次级方阵开关调节器电路图　　　　图 10-15　用于 DC-DC 变换器的调制

无论如何，采用脉冲宽度调制的 DC-DC 转换原理表现出很多吸引人的特点，特别在大型系统中更是如此。这些特点包括：

（1）输给 DC—DC 变换器的光伏方阵电压能够随着可能使用的升高的或降低的变换器而改变。这对于在那些光伏方阵和蓄电池分置间隔较大的地方特别有用。光伏方阵电压在一个中心点上能被提高或降低到蓄电池的电压值，以减少电缆中的功率损失。

（2）能向蓄电池提供良好控制的充电特性。

（3）能用于追踪光伏方阵的最大功率点。

这种 DC—DC 变换器普遍用于大型光伏发电系统，然而，它们却以 90%~95% 的低效率抵消了本身的许多优点。电流的脉冲宽度（通常在 100Hz~20kHz 范围内）将随着电压的升高而减少，直到充电电压达到额定值，电流的脉冲宽度为 0。这种方法目前之所以更普通地被采用，是因为它用固态开关器件来取代继电器，可以达到更高的开关频率范围。

H　脉冲充电

脉冲充电像脉冲宽度调制一样，现在已日益普遍地被采用了，这是由于其低成本的固态开关技术所致。脉冲充电电路如图 10-16 所示。蓄电池被恒流充电，使其电压达到一个较高的门限。然后，调节器断开，直到其电压降低到一个降低的门限。选择这两个门限，可以确保蓄电池在达到满充电条件时，能在高电压下以较低的输入电流运行。

典型的滞后为每单元电池 50mV，所以一个铅酸蓄电池循环在 2.45~2.50V 之间（当其达到满充电条件时）。为了使这

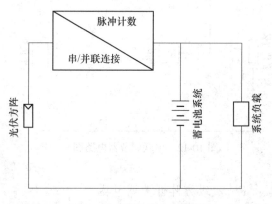

图 10-16　脉冲充电电路图

个系统工作得更好，这些门限值应该至少每月达到一次，而每周不应该多于一次。

采用脉冲充电电路时，并入一个真实的限压器是必不可少的。因为限压器可以防止继电器的过度通断，在蓄电池电压大大超过其设计限度时，引起的这种现象会长时间存在。

在这里展现的各种充电曲线中，除了完全匹配的系统以外，蓄电池的工作电压都被限

定在如图10-9所示曲线的 a、b 区间之内。基于这个假定，流通的电流应接近于短路电流 I_{sc}。

　　还假定太阳处于连续的高辐射强度的状态。在一个被变化着的云量覆盖的实际光伏发电系统中，通常实际的充电曲线变化很大，如图10-17所示。在低云量覆盖状态的光伏发电系统中，日辐射曲线可以考虑为正弦曲线。

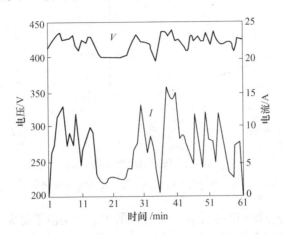

图 10-17　光伏发电系统的实际充电特性

10.2.2.2　放电保护

　　应该使用一种针对完全放电状态的保护方法，特别对铅酸蓄电池更应如此，对镉镍蓄电池只是在一个较小的范围内使用放电保护就可以了。为了确保满意的蓄电池使用寿命，防止单个电池反向或失效，以及确保关键负载总能处在被供电的状态，这种保护是必要的。如果系统估算是正确的话，这种保护在正常的蓄电池使用期间不会经常操作。

　　理想情况下，确保蓄电池在放电条件下正确使用的关键，是精确测量蓄电池的充电状态。不幸的是，铅酸蓄电池和镉镍蓄电池都难以确定给出其充电状态下的可测量特性。

　　A　限定放电容量到 C_{100}

　　图10-18显示出了一个典型的铅酸蓄电池以不同负载电流放电时的放电特性。图中清楚地表明，蓄电池容量随放电率的减少而增加。初始电压和最终放电电压（在这里，负载必须断开）取决于放电电流。

　　在大多数光伏发电系统中，蓄电池被估计为可连续运行几天，其负载电流通常是100h电流，表示为 I_{100}。在这种情况下，通过限定最终放电电压为 I_{100} 的限制条件，可以保护蓄电池系统。

　　在那些负载电流变化大的系统中（如像一个独立的为民用事业供电的光伏发电系统），

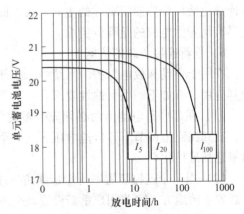

图 10-18　各种放电率下的蓄电池容量

（标称容量为 100A·h）

放电容量必须不超过 C_{100} 的安时容量。如果超过，蓄电池就能完全放电，从而导致蓄电池寿命的大幅度减少。如图 10-19a 所示，在放电率小于 I_{100} 的情况下，全部的蓄电池放电是可能的。如图 10-19b 所示，通过限定放电容量 C_{100} 常常能避免这种情况发生。

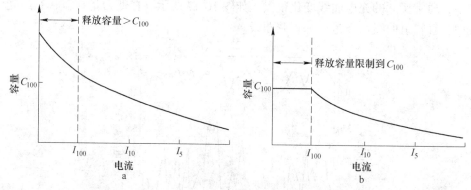

图 10-19　限定放电容量到 C_{100}

a—低于 I_{100} 时，容量大于 C_{100}；b—低于 I_{100} 时，容量限定为 C_{100}

很多小型光伏发电系统用的蓄电池，在它们的 C_{100} 额定值下是完全放电的。在这种状态下，它们的电解液密度大约等于 1.03kg/L，这一数值已低到足以使铅溶解，随之造成永久性损坏。因此，这种蓄电池一定不能放电到它们的 C_{100} 额定值，当蓄电池电解液密度达到 1.10kg/L 时，就必须停止放电。

　　B　自动放电保护

　　a　自动放电的常用保护方法

自动放电保护可由下列方法之一完成：

（1）在小型光伏发电系统中的最简单最普遍的保护方法是在一个预定的电压值将负载从蓄电池上断开，并将这种情况通过发光二极管或蜂鸣器提示给用户。某些这类设备能提供小量的备用功率。这种方法的主要优点是简单和低成本。

（2）另一种方法是在调节器控制下被连接到若干负载输出上。采用这种配置，用户能连续地使用如像照明那样的主要负载，而非主要负载将被断开。当然，用户必须适当确定具有优先供电权的是哪些负载。

　　b　重新连接负载的依据

在用于自动深放电保护的系统中，必须清楚地确定对负载进行重新连接的依据，以适应其应用。有如下一些普遍性要求：

（1）在那些蓄电池寿命必须充分重视、而负载又是非关键的地方，负载可以保持断开，直到在充电调节下蓄电池电压升到一个高电平时为止。这个电平应使回到蓄电池的电荷量达到最佳化。

（2）当一个遥控装置不可能定期访问或是只有该装置被占有时（例如隔离间）才有负载要求的地方，除非用户重新设置一个外部开关，否则，负载不应重新连接。这样就减少了无人看管期间蓄电池循环的可能性。

（3）在那些负载供电是关键性的系统中，当蓄电池重新存储小量电荷之后，可能出现重新连接。在这种情况下，指示器应告诉用户蓄电池处于低充电状态，以便使负载耗电维持在最小值。

户用光伏发电系统主要由太阳能电池组件、蓄电池和负载三部分组成，其充、放电控制比较简单，市场已有成熟的定型产品出售，用户可以酌情选用。对于光伏电站，其充、放电控制设备还包含系统控制盒负载控制等功能，往往需要根据用户要求进行专门设计。

10.2.3　直流—交流逆变器

如前所述，所谓逆变器就是把直流电能转变成交流电能供给负载的一种电能转换装置，它正好是整流装置的逆向变换功能器件，因而被称之为逆变器。

在光伏发电系统中，太阳能电池板在阳光照射下产生直流电，然而以直流电形式供电的系统有着很大的局限性。例如，日光灯、电视机、电冰箱、电风扇等大多数家用电器均不能直接用直流电源供电，绝大多数动力机械也是如此。此外，当供电系统需要升高电压或降低电压时，交流系统只需加一个变压器即可，而直流系统中的升、降压技术与装置则要复杂得多。因此，除特殊用户外，在光伏发电系统中都需要配备逆变器。逆变器一般还配备有自动稳频稳压功能，可保障光伏发电系统的供电质量。因此，逆变器已成为光伏发电系统中不可缺少的重要设备。

10.2.3.1　逆变器基本工作原理及电路系统构成

逆变器的种类很多，各有各自的原理，其过程不尽相同，但是最基本的逆变过程是相同的。下面以最基本的逆变器——单相桥式逆变为例，具体说明逆变器的"逆变"过程。单相桥式逆变器电路如图 10-20a 所示。输入直流电压为 E，R 代表逆变器的纯电阻性负载。当开关 K_1、K_3 接通时，电流流过 K_1、R、K_3，负载上的电压极性是左正右负；当开关 K_1、K_3 断开时，K_2、K_4 接通时，电流流过 K_2、R、K_4，负载上的电压极性反向。若

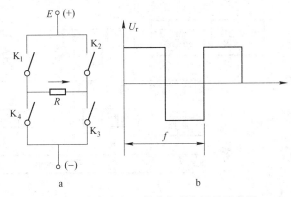

图 10-20　直流电—交流电逆变原理示意图
a—单向桥式逆变器电路；b—波形图

两组开关 K_1 及 K_3、K_2 及 K_4 以频率 f 交替切换工作时，负载 R 上便可得到频率 f 的交变电压 U_r，其波形如图 10-20b 所示。该波形为一方波，其周期为 $T=1/f$。

图 10-20a 电路中的开关 $K_1 \sim K_4$，实际是各种半导体开关器件的一种理想模型。逆变器电路中常用的功率开关器件有功率晶体管（GTR）、功率场效应管（POWER MONSFET）、可关断晶闸管（GTO）及快速晶闸管（SCR）等，近年来又研制出功耗更低，开关速度更快的绝缘栅双极晶体管（IGBT）。

如图 10-20a 所示电路是逆变器的逆变过程示意图。实际上要构成一台实用性逆变器，尚需增加许多重要的功能电路及辅助电路。输出为正弦波电压，并具有一定保护功能的逆变器电路原理框图如图 10-21 所示。其工作过程简述如下：由太阳能电池方阵（或蓄电池）送来的直流电进入逆变器主回路，经逆变器转换成为交流方波，再经滤波器滤波后成为正弦波电压，最后由变压器升压后送至用电负载。逆变器主回路中功率开关管的开关

过程，是由系统控制单元通过驱动回路进行控制的。逆变器电路各部分的工作状态及工作参量，经由不同功能的传感器变换为可识别的电信号后，通过检测回路将信息送入系统控制单元进行比较、分析与处理。根据判断结果，系统控制单元对逆变器各回路的工作状况进行控制。例如，通过电压调节回路可调节逆变器的输出电压值。当检测回路送来的是短路信息时，系统控制单元通过保护回路，立即关断逆变器主回路的功率开关管，从而起到保护逆变器的作用。逆变器工作的主要状态信息及故障情况，通过系统控制单元可以送至显示及报警回路。根据逆变器的功率大小、功能多少的不同，图 10-21 中的系统控制单元，简单地可以是由一块组件构成的逻辑电路或专业芯片，复杂的可以是单片微处理器或16 位微处理器等。此外，如图 10-21 所示的是逆变器典型的电路系统原理，实际的逆变器电路系统可以比图 10-21 所示的简单许多，也可以较之更为复杂。最好要说明的是，一台功率完善、性能良好的逆变器，除具有如图 10-21 所示的全部功能电路外，还要有二次电源（即控制检测电路用电源），该电源负责向逆变器所有的用电部件、元器件、仪表等提供不同等级的低压工作用电。

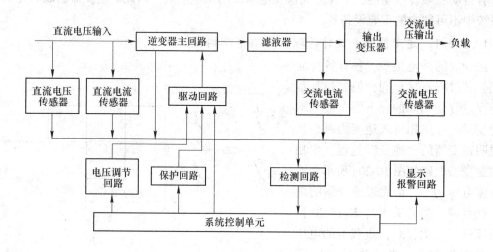

图 10-21　逆变器电路原理框图

10.2.3.2　光伏发电系统用逆变器的分类及特点

有关逆变器的分类原则很多，例如根据逆变器输出交流电压的相数，可分为单相逆变器和三相逆变器；根据逆变器使用的半导体器件类型不同，又可分为晶体管逆变器、晶闸管逆变器及可关断晶闸管逆变器等；根据逆变器线路原理的不同，还可分为自激振荡型逆变器、阶梯波叠加逆变器和脉宽调制型逆变器等。为了便于光伏电站选用逆变器，这里先以逆变器输出交流电压波形的不同进行分类，并对不同输出波形逆变器的特点做一简要说明。

（1）方波逆变器。方波逆变器输出的交流电压波形为方波，如图 10-22a 所示。此类逆变器所使用的逆变线路也不完全相同，但共同的特点是线路比较简单，使用的功率开关管数量很少。设计功率一般在几十瓦至几百瓦之间。方波逆变器的优点是，价格便宜，维修简单；缺点是，由于方波电压中含有大量高次谐波，在以变压器为负载的用电器件中将产生附加损耗，对收音机和某些通信设备也有干扰。此外，这类逆变器中有的调压范围不够宽，有的保护功能不够完善，噪声也比较大。

（2）阶梯逆变器。阶梯逆变器输出的交流电压波形为阶梯波，如图 10-22b 所示。逆变器实现阶梯波输出也有很多种不同的线路，输出波形的阶梯数目也不一样。阶梯逆变器的优点是，输出波形比方波有明显改善，高次谐波含量减少，当阶梯达到 17 个以上时，输出波形可实现准正弦波。当采用无变压器输出时，整机效率很高。缺点是，阶梯波叠加线路使用的功率开关管较多，其中有些线路形式还要求有多组直流电源输入。这给太阳能电池方阵的分组与接收以及蓄电池组的均衡充电均带来麻烦。此外，阶梯波电压对收音机和某些通信设备仍有一些高频干扰。

（3）正弦波逆变器。正弦波逆变器输出的交流电压波形为正弦波，如图 10-22c 所示。正弦波逆变器的综合技术性能好，功能完善，但线路复杂。正弦波逆变器的优点是，输出波形好，失真度低，对收音机及通信设备无干扰，噪声较小；缺点是，线路相对复杂，对维修技术要求较高，价格较贵。

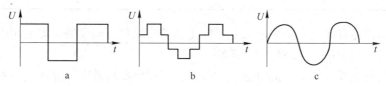

图 10-22 三种类型逆变器的输出电压波形
a—方波逆变器；b—阶梯逆变器；c—正弦波逆变器

上述三种逆变器的分类方法，仅供光伏发电系统开发人员和用户在对逆变器进行识别和选型时参考。实际上，波形相同的逆变器在线路原理、使用期间及控制方法等方面仍有很大的区别。此外，从高效率逆变电源的发展现状和前景来看，这里有必要着重介绍一下逆变电源按变换方式又可分为工频变换和高频变换的问题。目前市场上销售的逆变电源多为工频变换。它是利用分立器件或集成块产生 50Hz 方波信号，然后利用这一信号去推动功率开关管，利用工频升压器产生 220V 交流电。这种逆变电源的结构简单，工作可靠但由于电路结构本身的缺陷，不适合于带动感性负载，如电冰箱、电风扇、水泵、日光灯等。另外，这种逆变电源由于采用了工频变压器，因而体积大、笨重、价格高。

20 世纪 70 年代初期，20kHz PWM 型开关电源的应用在世界上引起了所谓的 "20kHz电源技术革命"。这种关于逆变电源变换方式的思想当时即被用在逆变电源系统中，由于当时的功率器件昂贵，且损害大，高频高效逆变电源的研究一直处于停滞状态。到了 80年代以后，随着功率场效应管工艺的日趋成熟及磁性材料质量的提高，高频变换逆变电源才走向市场。

高频变换逆变电源是提高高频 DC—DC 变换的技术，先将低压直流变为低压交流，经过脉冲变压器升压后再整流成高压直流。由于在 DC—DC 变换中采用了 PWM 技术，因而可得到稳定的直流电压，利用该电压可直接驱动交流节能灯、白炽灯、彩色电视机等负载。如对该高压直流进行类正弦变换或正弦变换，即可得到 220V 类正弦波交流电或220V、50Hz 正弦波交流电。这种逆变器由于采用高频变换（现多为 20~200kHz），因而体积小、质量轻；由于采用了二次调宽及二次稳压技术，因而输出电压非常稳定，负载能力强，性能价格比较高，是目前可再生能源发电系统中的首选品。随着谐振开关电源的发展，谐振变换的思想也被用在逆变电源系统中，即构成了谐振型高效逆变电源。这种逆变电源是在 DC—DC 变换中采用了零电压或零电流开关技术，因而基本上可以消除开关损耗，即使当开关频率超过 1MHz 后，电源的效率也不会明显降低。实验证明，在工作频率相同的情况下，谐振型变换的损耗可比非谐振型变换的损耗降低 30%～40%。目前，谐振型电源的工作频率可达到 500kHz～1MHz。表 10-1 列出了三种逆变电源的性能比较。

表 10-1　逆变电源性能的比较

参　数	工频变换型	高频变换型	谐振变换型
效率/%	≤85	≤90	≤95
负载能力	感性负载能力差	任何负载均可	任何负载均可
稳压精度/V	220±20	220±5	220±5
质量和体积	笨重，体积大	质量轻，体积小	质量轻，体积小
可靠性	高	高	高
成本	高	低	低

另外，值得注意的是，逆变电源的研究正朝着模块化方向发展，即采用不同的模块组合，就可构成不同的电压、波形变换系统。

由于光伏发电系统所提供的电能成本较高，因而研制高效而可靠的逆变电源就显得非常重要了。要提高逆变电源的效率，就必须减小其损耗。逆变电源中的损耗通常可分为两类：导通损耗和开关损耗。导通损耗是由于器件具有一定的导通电阻 R_{ds}，因此当有电流流过时将会产生一定的功耗。在器件开通和关断过程中，器件也将产生较大的损耗，这种损耗称为开关损耗。开关损耗可分为开通损耗、关断损耗和电容放电损耗。现代电源理论指出，要减小上述这些损耗，就必须对功率开关管实施零电压或零电流转换，即采用谐振型变换结构。

模块化具有调试简单、配制灵活等优点，因而在研制高效逆变电源的过程中，可以采用如图 10-23 所示的模块化结构。

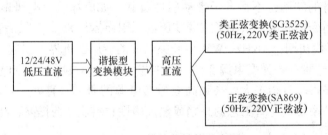

图 10-23　模块化结构示意图

用户可根据实际用电要求任意搭配各种模块，构成要求输入或输出的高效逆变电源。

10.3　太阳能热发电技术

利用大规模阵列抛物或碟形镜面收集太阳热能，通过换热装置提供蒸汽，结合传统汽轮发电机的工艺，从而达到发电的目的。采用太阳能热发电技术，避免了昂贵的硅晶光电转换工艺，可以大大降低太阳能发电的成本。而且，这种形式的太阳能利用还有一个其他形式的太阳能转换所无法比拟的优势，即太阳能所烧热的水可以储存在巨大的容器中，在太阳落山后几个小时仍然能够带动汽轮机发电。

一般来说，太阳能热发电形式有槽式、塔式和碟式三种系统。

10.3.1　槽式系统

槽式太阳能热发电系统全称为槽式抛物面反射镜太阳能热发电系统，是将多个槽型抛物面聚光集热器经过串并联的排列，加热工质，产生高温蒸汽，驱动汽轮机发电机组发电，见图10-24。

图 10-24　槽式太阳能热发电

10.3.1.1　国内发展情况

20世纪70年代，在槽式太阳能热发电技术方面，中国科学院和中国科技大学曾做过单元性试验研究。进入21世纪，联合攻关队伍，在太阳能热发电领域的太阳光方位传感器、自动跟踪系统、槽式抛物面反射镜、槽式太阳能接收器方面取得了突破性进展。目前正着手开展完全拥有自主知识产权的100kW槽式太阳能热发电试验装置。2009年华园新能源应用技术研究所与中国科学院电工所、清华大学等科研单位联手研制开发的太阳能中高温热利用系统，设备结构简单，而且安装方便，整体使用寿命可达20年。由于反射镜是固定在地上的，所以不仅能更有效地抵御风雨的侵蚀破坏，而且还大大降低了反射镜支架的造价。更为重要的是，该设备技术突破了以往一套控制装置只能控制一面反射镜的限制。其采用菲涅尔凸透镜技术可以对数百面反射镜进行同时跟踪，将数百或数千平方米的阳光聚焦到光能转换部件上（聚光度约50倍，可以产生三四百摄氏度的高温），采用菲涅尔线焦透镜系统，改变了以往整个工程造价大部分为跟踪控制系统成本的局面，使其在整个工程造价中只占很小的一部分。同时对集热核心部件镜面反射材料，以及太阳能中高温直通管采取国产化市场化生产，降低了成本，并且在运输安装费用上降低大量费用。这两项技术突破彻底克服了长期制约太阳能在中高温领域内大规模应用的技术障碍，为实现太阳能中高温设备制造标准化和产业化、规模化运作开辟了广阔的道路。

10.3.1.2　国外发展情况

美国20世纪已经建成354MW槽式太阳能热发电系统，西班牙已经建成50MW槽式太阳能热发电系统。

10.3.2　塔式系统

太阳能塔式发电是应用的塔式系统，塔式系统又称集中式系统（见图10-25）。它是在很大面积的场地上装有许多台大型太阳能反射镜，通常称为定日镜，每台都各自配有跟踪机构准确地将太阳光反射集中到一个高塔顶部的接收器上。接收器上的聚光倍率可超过1000倍。在这里把吸收的太阳光能转化成热能，再将热能传给工质，经过蓄热环节，再输入热动力机，膨胀做工，带动发电机，最后以电能的形式输出。主要由聚光子系统、集热子系统、蓄热子系统、发电子系统等部分组成。1982年4月，美国在加州南部巴斯托附近的沙漠地区建成一座称为"太阳1号"的塔式太阳能热发电系统。该系统的反射镜阵列，由1818面反射镜环包括接收器高达85.5m的高塔排列组成。1992年装置经过改装，用于示范熔盐接收器和蓄热装置。以后，又开始建设"太阳2号"系统，并于1996年并网发电。

图 10-25　塔式太阳能热发电

10.3.3　碟式系统

太阳能碟式发电也称盘式系统，主要特征是采用盘状抛物面聚光集热器，其结构从外形上看类似于大型抛物面雷达天线（见图10-26）。由于盘状抛物面镜是一种点聚焦集热器，其聚光比可以高达数百到数千倍，因而可产生非常高的温度。碟式热发电系统在20世纪70年代末到80年代初，首先由瑞典US-AB和美国Advanco Corporation、MDAC、NASA及DOE等开始研发，大都采用镀银玻璃聚光镜、管状直接照射式集热管及USAB4-95型热机。进入20世纪90年代以来，美国和德国的某些企业和研究机构，在政府有关部门的资助下，用项目或计划的方式加速碟式系统的研发步伐，以推动其商业化进程。

图 10-26　碟式太阳能热发电

10.4　太阳能发电环境影响与保护

太阳能发电技术的不利方面通常较小，并且它们能够通过合适的替代措施降低到最小。太阳能发电技术的潜在环境影响通常与设备的损失有关（例如视觉影响或噪声——在运营期和更换阶段）。光伏发电一般是良性的环境影响，在使用中不产生噪声、火灾、化学污染。它是城市环境中最多可再生能源技术用于使用中的一种，可替代现存建筑覆膜物质；也是自然景区和国家公园中使用中的一种，能避开电缆塔和电线。光伏发电的环境影响主要包括：土地使用、常规和意外污染物的释放、视觉影响、消耗自然资源、空气污染、噪声干扰、废弃物管理等方面。

10.4.1　土地使用

自然生态系统土地使用的影响取决于特定因素，例如风景的地貌，光伏发电系统覆盖的土地地区，土地类型，自然景区或者与敏感生态系统的距离，以及生物多样性。风景区的影响和缓和在施工阶段因施工活动会上升，例如地表移动和运输移动。

10.4.2　常规和意外污染物质

在光伏发电系统的正常运行期不排放气体或者液态污染物，没有放射性物质。至于CIS（铜铟硒）和CdTe（碲化镉）单体包括少量有毒物质，潜在轻微的风险是太阳能方阵电池火灾可能导致这些少量化学品释放到环境中。

在大规模中心电池板中，这些有毒物质的释放可能由于发电站的反常操作发生，并且可能对公众和职业健康造成小风险。因此万一意外的火灾或者加热暴露必须有紧急准备和紧急反应。对土地和地下水的排放可能存在物质的不足够储备。

10.4.3　视觉影响

视觉干扰很高程度上取决于项目的类型和光伏发电系统的周围环境。很明显，假如在自然景区附近申请一个光伏发电系统，视觉影响将会很大。假设单体融合到建筑物的正面，与历史建筑或有文化价值的建筑比较，对现代建筑可能有积极的美学影响。

将潜在的视觉干扰降到最低影响的最优建筑解决方法是设备和建筑美学（例如光伏融合到建筑和其他安装）。光伏正面的多种有用性的发展优势，表现了美学和实用功能例如遮阴和热去除。

城市环境中，现代光伏发电系统在建筑上融合到建筑，能够提供一种清洁电力的直接供应，很好地匹配建筑的需要，但也能贡献给白天光线，以及控制遮阴和通风。同时，光伏电池板能够直接替代建筑正面的镜子。光伏发电系统也能帮助创造一个积极的环境，鼓励建筑承包人、物主和用户使用其他节能方法。光伏能源设备特别明显，只需要低水平的能量，例如在农村电气化应用，并且在这儿用户能够从他们拥有的高可靠性光伏发电站直接受益。在以前的实例中，安装一台光伏发电机常常比主要输电网的长距离延伸便宜。

10.4.4　消耗自然资源

光伏发电电池的生产需要很多能源（尤其聚乙烯晶体和单晶体单体），并需要大规模块物质（薄膜单体每瓦比一个硅单体有更少的最初能量要求，这是由于电池效率的不同）。同时使用更少的稀有物质（In/Te/Ga），限制有毒物 Cd 的数量。

总的来说，归因于 CdTe 薄膜电池生产的 Cd 排放达到 Cd 使用的 0.001%（相应 $0.01g/GW \cdot h$）。而且 Cd 是作为 Zn 生产中的一种副产品生产并能进行有益使用或者流入环境中。

10.4.5　废弃物污染

光伏发电系统废弃物对环境具有很强的破坏性。光伏发电系统使用的蓄电池大部分都是铅酸蓄电池，该电池内含有大量的铅、锑、镉、硫酸等有毒物质会对土壤、地下水、草原等造成污染。边远地区很重要的一个用电设备就是节能灯，由于灯管多采用稀土三基色荧光粉和液体汞，破碎后对环境也会造成非常严重的污染。由于这些蓄电池和灯管的寿命都不长，更换的频率比较高，如果不能妥善处理将会污染当地的环境。

光伏发电站是由专业人员负责运营维护，具有很好的环保意识，可以很好地处理发电废弃物；但对于家用型光伏发电系统，情况就没这么理想。青海省的抽样调查结果显示，绝大多数家庭用户在调查前，基本没有考虑过光伏废弃物的污染及如何处理这些废物的问题，只是在调查人员提醒后，才有 62% 的用户表示应重视这种污染，有 74% 的用户随处乱扔，6% 的用户随生活垃圾堆放，20% 的用户出售。同时由于目前国内光伏发电系统多在边远地区，居住高度分散，大规模、常态的收购光伏废弃部件很不方便且交易成本较高，也导致了废弃物随意丢弃严重的现象。

10.4.6　光污染

城市中的光伏电池表面玻璃和太阳能热水器集热器在阳光下反射强光，形成光污染，给生活在周围人群的生活带来影响。专家研究发现，长时间在白色光亮污染环境下工作和生活的人，视网膜和虹膜都会受到程度不同的损害，视力急剧下降，白内障的发病率高达 45%。还可能会使人头昏心烦，发生失眠、食欲下降、情绪低落、身体乏力等类似神经衰弱的症状。

10.4.7　工频电磁场污染

当箱式变压器、集电线路、升压站配电装置、主变压器等电气设备带电时，将会在其周围分布有电荷，形成工频电场；当箱式变压器、集电线路、升压站配电装置、主变压器等电气设备有电流通过成为载流体时，在其周围将产生工频磁场，但光伏站场内的电气设备及集电线路电压等级均小于 100kV 以下，产生的电磁环境影响小，属于电磁环境影响豁免范围。光伏电站产生电磁环境影响主要为升压站，升压站设计中考虑电气设备均安装接地装置、对平行导线的相序排列要避免减少相同布置、配电装置采用 GIS 等方案。通过类比分析，站界电场强度满足不大于公众曝露控制限值 4000V/m 的要求，磁感应强度满足不大于公众曝露控制限值 100μT 的要求。

生物质能发电技术与环保

11.1　生物质资源

生物质能资源指源自动植物的、积累至一定量的有机类资源，不仅包括农作物、木材、海藻等农林水产资源，还包括纸浆废物、造纸黑液、酒精发酵残渣等工业有机废弃物，厨房垃圾、纸屑等一般城市垃圾以及污水处理厂剩余污泥等。生物质能是人类赖以生存的重要能源，目前仅次于煤炭、石油和天然气，位居世界能源消费总量的第4位。目前主要用于发电的生物质能包括农作物秸秆、禽畜粪便和生活垃圾等。

11.1.1　农作物秸秆

农作物秸秆是农业生产的副产品，也是我国农村的传统燃料。秸秆资源与农业（主要是种植业生产）关系十分密切，除了作为饲料、工业原料之外，其余大部分作为农户炊事、取暖燃料。目前全国农村作为能源的秸秆消费量约 $2.862 \times 10^8 t$，但大多处于低效利用方式，即直接在柴灶上燃烧，其转换效率仅为 $10\% \sim 20\%$。随着农村经济的发展，农民收入的增加，地区差异正在逐步扩大，农村生活用商品能源的比例正以较快的速度增加。在较为接近商品能源产区的农村地区或富裕的农村地区，商品能源（如煤、液化石油气等）已成为其主要的炊事用能。以传统方式利用的秸秆首先成为被替代的对象，致使被弃于地头田间直接燃烧的秸秆量逐年增大，许多地区废弃秸秆量已占总秸秆量的60%以上，既危害环境又浪费资源。因此，加快秸秆的优质化转换利用势在必行。

11.1.2　禽畜粪便

禽畜粪便也是一种重要的生物质能源。除在牧区有少量的直接燃烧外，禽畜粪便主要是作为沼气的发酵原料。中国主要的禽畜是鸡、猪和牛，根据这些禽畜品种、体重、粪便排泄量等因素，可以估算出粪便资源量。根据计算，目前我国禽畜粪便资源总量约 $8.5 \times 10^8 t$，折合约 $2.298 \times 10^9 GJ$（相当 78400000 多吨标准煤），其中牛粪 $5.78 \times 10^8 t$、$1.43 \times 10^9 GJ$（相当于 4890000t 标准煤），猪粪 $2.59 \times 10^8 t$、$6.54 \times 10^9 GJ$（相当于 22300000t 标准煤），鸡粪 $0.14 \times 10^8 t$、$2.10 \times 10^9 GJ$（相当于 11575000t 标准煤）。在粪便资源中，大中型养殖场的粪便更易于集中开发、规模化利用。

11.1.3　生活垃圾

随着城市规模的扩大和城市化进程的加速，中国城镇垃圾的产生量和堆积量逐年增加。城镇生活垃圾主要是由居民生活垃圾、商业与服务业垃圾、少量建筑垃圾等废弃物所构成的混合物，成分比较复杂，其构成主要受居民生活水平、能源结构、城市建设、绿化面积及季节变化的影响。中国大城市的垃圾构成已呈现向现代化城市过渡的趋势，有以下特点：一是垃圾中有机物含量接近 1/3 甚至更高；二是食品类废弃物是有机物的主要组成部分；三是易降解有机物含量高。

城市垃圾主要成分包括：纸屑（占 40%）、纺织废料（占 20%）和废弃食物（占 20%）等。将城市垃圾直接燃烧可产生热能，或者经过热分解处理制成燃料使用。

一般城市的城市污水含有 0.02%～0.03% 的固体与 99% 以上的水分，其中下水道污泥有望成为厌氧消化槽的主要原料。

11.2　生物质能发电技术

11.2.1　直接燃烧发电技术

生物质直接燃烧发电就是利用生物质代替煤炭直接燃烧产生热和水蒸气进行火力发电。

生物质直接燃烧主要分为炉灶燃烧和锅炉燃烧。炉灶燃烧操作简便、投资较省，但燃烧效率普遍偏低，从而造成生物质资源的严重浪费；锅炉燃烧采用先进的燃烧技术，把生物质作为锅炉的燃料燃烧，以提高生物质的利用效率，适用于相对集中、大规模地利用生物质资源。生物质燃料锅炉的种类很多，按照锅炉燃用生物质品种的不同，可分为木材炉、薪柴炉、秸秆炉、垃圾焚烧炉等；按照锅炉燃烧方式的不同，可分为流化床锅炉、层燃炉等。

11.2.1.1　传统的层燃技术

传统的锅炉层燃技术是指生物质燃料铺在炉排上形成层状，与一次配风相混合，逐步地进行干燥、热解、燃烧及还原过程，可燃气体与二次配风在炉排上方的空间充分混合燃烧。这种锅炉又可分为炉排式和下饲式。

炉排式锅炉形式种类较多，包括固定床、移动炉排、旋转炉排和振动炉排等，可适于含水率较高、颗粒尺寸变化较大及水分含量较高的生物质燃料，具有较低的投资和操作成本，一般额定功率小于 20MW。下饲式锅炉将燃料通过螺旋给料器从下部送至燃烧室，简单、易于操作控制，适用于含灰量较低和颗粒尺寸较小的生物质燃料，作为一种简单廉价的技术，广泛地应用于中、小型系统。

11.2.1.2　流化床燃烧技术

流化床燃烧是固体燃料颗粒在炉床内经气体流化后进行燃烧的技术。生物质流化床锅炉是大规模高效利用生物废料最有前途的技术之一。自 1921 年 Fritz Winkler 建立第一台流化床试验装置以来，流化床燃烧技术在能源、化工、建材、制药和食品行业得到了广泛的推广应用。在能源领域，流化床燃烧技术以燃料种类适应性好、低温燃烧和污染排放低等独特的优点，在近 30 年中得到了广泛的重视和商业化应用，并且由早期的鼓泡流化床（见图 11-1）发展为现在不同形式的循环流化床。流化床燃烧技术适合于燃烧含水率较高的生物质燃料。

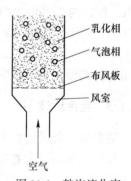

图 11-1　鼓泡流化床

A 流化床的流化过程

当流化介质（空气）从风室通过布风板进入流化床时，随着风速的不断增加，流化床内的燃料先后出现固定床、流化床和气流输送三种情况。当空气的流速（以按整个风室截面积计算的空截面气流速度为基准）较低时，燃料颗粒的重力大于气流的向上浮力，使燃料颗粒处于静止状态，燃料层在布风板上保持静止不动，称为固定床，与层燃方式相同。在这种状态下，只存在空气与燃料颗粒间的相对运动，燃料颗粒间相对静止，燃料层高度基本不变，空气通过燃料层的阻力（压差 Δp）与速度的平方成正比，如图 11-2 所示。逐渐增加气流速度，当气流速度超过某一临界值时，气流产生的浮力等于燃料颗粒的重力。燃料颗粒由气流托起上下翻腾，呈现不规则运动。燃

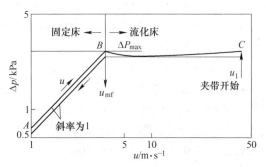

图 11-2　流化床的流化过程

料颗粒间的空隙度增加，整个燃料层发生膨胀，体积增加，处于松散的沸腾状态燃料层表现出流体特性，称为流化床，此种燃烧方式称为流化床燃烧。燃料层开始膨胀时，称为临界流化点，此时的气流速度为临界流化速度。试验结果表明，临界流化速度与燃料颗粒的大小、粒度分布、颗粒密度和气流物理性质有关。如果气流速度继续提高，燃料颗粒间的空隙随之增加，此时通过燃料层的实际风速趋于常数，故气流通过燃料层的阻力也基本维持定值，如图 11-2 中 BC 段所示。当气流速度进一步增加，超过携带速度时，燃料颗粒将被气流携带离开燃烧室，燃料颗粒的流化状态遭到破坏，如图 11-2 中 C 点所示。此种状态称为气流输送。此时，燃料层已不存在，气流阻力下降，携带燃料颗粒离开流化床床体的空截面速度称为携带速度，它在数值上等于燃料颗粒在气流中的沉降速度。因此，要保证燃料颗粒处于正常的流化状态，就要使流化床内的气流速度大于临界流化速度，小于携带速度。

为了保证流化床内稳定的燃烧，流化床内常加入大量的石英砂（SiO_2）作为床料的一部分（占床料的 90%～98%）来蓄存热量。炽热的床料具有很大的热容量，仅占床料 5% 的新鲜燃料进入流化床后，燃料颗粒与气流的强烈混合，不仅使燃料颗粒迅速升温和着火燃烧，而且可以在较低的过量空气系数（$\alpha = 1.1$）下保证燃料充分燃烧。流化床燃烧过程中，燃料层的温度一般控制在 800～900℃，属于低温燃烧，可显著减少 NO_x 的排放。流化床还便于在燃烧过程中直接加入脱硫剂，如石灰石（$CaCO_3$）和白云石（$CaCO_3 \cdot MgCO_3$），完成燃烧过程中的脱硫。

受热分解产生的 CaO 与烟气中的 SO_2 反应生成 $CaSO_4$，主要反应过程如下。

燃烧反应：$\qquad\qquad\qquad S + O_2 \longrightarrow SO_2$

煅烧反应：$\qquad\qquad\qquad CaCO_3 \longrightarrow CaO + CO_2$

固硫反应：$\qquad\qquad CaO + SO_2 + 1/2 O_2 \longrightarrow CaSO_4$

其中，固硫反应是吸热反应，且反应速度较慢，脱硫反应的速度取决于 CaO 的生成速度。脱硫效果通常用烟气中 SO_2 被石灰石吸收的百分比表示，称为脱硫率。影响脱硫率的主要因素有 Ca/S 摩尔比、脱硫剂特性、温度、流化速度和分级燃烧等。当农作物秸秆

采用流化床燃烧时，秸秆灰中的 Na_2CO_3 或 K_2CO_3 可与床料中的石英砂（熔点为 1450℃）发生如下反应：

$$2SiO_2 + Na_2CO_3 \longrightarrow Na_2O \cdot 2SiO_2 + CO_2$$

$$4SiO_2 + K_2CO_3 \longrightarrow K_2O \cdot 4SiO_2 + CO_2$$

上述反应生成了熔点为 874℃ 和 764℃ 的低温共熔混合物，并与床料相互黏结，导致流化床温度和压力波动，影响了流化床的安全性和经济性，可用长石、白云石、氧化铝等取代石英砂作为床料，以缓解上述情况的发生。

根据生物质原料的不同特点，流化床燃烧技术分为鼓泡流化床技术（BFB）和循环流化床技术（CFB）。循环流化床燃烧技术具有燃烧效率高、有害气体排放易控制、热容量大等一系列优点。流化床锅炉适合燃用各种水分大、热值低的生物质，具有较广的燃料适应性。相比较而言，循环流化床技术较鼓泡流化床技术有相对较高的燃烧效率，CO_2、CO 排放较鼓泡流化床技术低 5%~10%。

B　循环床技术的发展历程

主循环回路是循环流化床锅炉的关键，其主要作用是将大量的高温固体物料从气流中分离出来，送回燃烧室，以维持燃烧室稳定的流态化状态，保证燃料和脱硫剂多次循环、反复燃烧和反应，以提高燃烧效率和脱硫效率。

分离器是主循环回路的关键部件，其作用是完成含尘气流的气固分离，并把收集下来的物料回送至炉膛，实现灰平衡及热平衡，保证炉内燃烧的稳定与高效。从某种意义上讲 CFB 锅炉的性能取决于分离器的性能，所以循环床技术的分离器研制经历了三代发展，而分离器设计上的差异标志了 CFB 燃烧技术的发展历程。

a　采用绝热旋风筒分离器的第一代循环流化床锅炉

德国 Lurgi 公司较早地开发出了采用保温、耐火及防磨材料砌装成筒身的高温绝热式旋风分离器的循环流化床锅炉。分离器入口烟温在 850℃ 左右。应用绝热旋风筒作为分离器的循环流化床锅炉称为第一代循环流化床锅炉，目前已经商业化。Lurgi 公司、Ahlstrom 公司以及由其技术转移的 Stein、ABB-CE、AFE、EVT 等设计制造的循环流化床锅炉均采用了此种形式。

绝热旋风筒分离器具有相当好的分离性能，使用这种分离器的循环流化床锅炉具有较高的性能。但这种分离器也存在一些问题：旋风筒体积庞大，因而钢耗较高、锅炉造价高、占地较大；旋风筒内衬厚，耐火材料及砌筑要求高、用量大、费用高，启动时间长，运行中易出现故障；密封和膨胀系统复杂；尤其是在燃用挥发性较低或活性较差的强后燃性煤种时旋风筒内的燃烧导致分离下的物料温度上升，引起旋风筒内或回料阀内的超高温。

Circofluid 的中温分离技术在一定程度上缓解了高温旋风筒的问题，炉膛上部布置较多数量的受热面，降低了旋风筒入口烟气温度和体积，旋风筒的体积和质量有所减小，因此相当程度上克服了绝热旋风筒技术的缺陷，使其运行可靠性提高。但炉膛上部布置有过热器和高温省煤器等，需要采用塔式布置，炉膛较高，钢耗量大，锅炉造价提高；同时采用该技术的 CO_2 排放及检修问题在一定程度上限制了该技术的发展。

b　采用水（汽）冷旋风筒分离器的第二代循环流化床锅炉

为保持绝热旋风筒循环流化床锅炉的优点，同时有效地克服该炉型的缺陷，波兰 FosterWheeler 公司设计出了水（汽）冷旋风分离器（简称 FW 分离器）。应用水（汽）冷分离器的循环流化床锅炉被称为第二代循环流化床锅炉。

FW 分离器外壳由水冷或汽冷管弯制、焊装而成，取消绝热旋风筒的高温绝热层，代之以受热面制成的曲面及其内侧布满销钉，并涂一层较薄的高温耐磨浇注料，壳外侧覆以一定厚度的保温层。水（汽）冷旋风筒可吸收一部分热量，分离器内物料温度不会上升，甚至略有下降，同时较好地解决了旋风筒内侧防磨问题。该公司投运的循环流化床锅炉从未发生回料系统结焦的问题，也未发生旋风筒内磨损问题，充分显示了其优越性。这样，高温绝热型旋风分离循环床的优点得以继续发挥，缺点则基本被克服。

FW 式水（汽）冷旋风分离器的问题是制造工艺及生产成本，这使其商业竞争力下降，通用性和推广价值受到了限制。同时该分离器的结构形式与高温绝热旋风筒并无本质差异，因此锅炉结构仍未恢复到传统锅炉完美的形式。为了各部件的热膨胀而设置的大型膨胀节成为该炉型最薄弱的环节，损坏事故频繁发生。因此调整分离器的形状，进一步提高紧凑性和可靠性问题成为循环流化床燃烧技术发展的关键。

c　采用方形水冷分离器的第三代循环流化床锅炉

为克服汽冷旋风筒锅炉的结构及制造成本高的问题，芬兰的 Ahlstrom 公司研制出了采用其独特专利技术的方形分离器的 PyroflowCompact 循环流化床锅炉，即第三代循环流化床锅炉。方形分离器的分离机理与圆形旋风筒本质上无差别，壳体仍采用 FW 式水（汽）冷管壁式，但因筒体为平面结构而别具一格，分离器的壁面作为炉膛壁面水循环系统的一部分，与炉膛之间免除热膨胀环节；同时方形分离器可紧贴炉膛布置从而使整个循环床锅炉的体积大为减少；借鉴汽冷旋风筒成功的防磨耐火经验，方形分离器水冷表面敷设了一层薄的耐火层，分离器成为受热面的一部分，为锅炉快速启停提供了条件。

C　悬浮燃烧技术

在悬浮燃烧系统中，首先要对生物质进行粉碎，颗粒尺寸要小于 2mm，含水率要低于 15%。经过粉碎的生物质与空气混合后喷入燃烧室，呈悬浮燃烧状态，通过精确控制燃烧温度，可使悬浮燃烧系统在较低的过量空气系数下进行充分燃烧；采用分段送风以及燃料颗粒与空气的良好混合，可以降低 CO_2 的排放。

D　生物质与煤混烧技术

由于生物质中含有大量的水分（有时高达 60%~70%），在燃烧过程中大量的热量以汽化潜热的形式被烟气带走排入大气，燃烧效率低，浪费了大量的能量。为了克服单燃生物质发电的缺点，当今使用较多的是利用大型电站的设备将生物质与煤混燃发电。大型电站混燃发电能够克服生物质原料供应波动的影响，在原料供应充足时进行混燃，在原料供应不足时单燃煤。利用大型电站混燃发电，无需或只需对设备进行很小的改造，能够利用大型电站的规模，经济效率高。现在欧美一些国家都基本使用热电联合生产技术（CHP），锅炉设计基本全部采用流化床技术。CHP 工艺中发电效率为 30%~40%，但是它有 80% 的潜力可控。

在生物质燃烧过程中，因生物质含有较多的水分和碱性金属物质（尤其是农作物秸秆），燃烧时易引起积灰结渣损坏燃烧床，还可能发生烧结现象，为防止积灰结渣，烧结腐蚀问题发生，可以考虑采用后者比例不小于 30% 与煤炭或泥炭混合燃烧技术，使用具有抗蚀功能的富铬钢材或者镀铬管道；尽可能使用较低的蒸汽温度；在条件允许时，可使农作物收割后置于田间，经过雨淋和风干降低碱含量后再使用。

必须指出的是，在煤炭紧缺且价格上涨的今天，我国发电企业走混燃发电道路是企业可持续发展的需要。

11.2.2　生物质气化发电

11.2.2.1　发电原理

生物质气来自生物质的气化、裂解或生物厌氧发酵过程，它包括 H、CH_4、CO、CO_2 和其他多元混合气体。

生物质气化发电包括两种：沼气发电；将生物质在气化炉内转换成可燃气体，再将可燃气体供给内燃机或是燃气轮机发电。通常所说的生物质气化发电主要指后者。

生物质气化发电需要三个过程：

（1）固气转化。生物质气化是把固体生物质转化为气体燃料。气化过程和常见的燃烧过程的区别是：1）燃烧过程中供给充足的氧气，使原料充分燃烧，目的是直接获取热量，燃烧后的产物是二氧化碳和水蒸气等不可再燃烧的烟气；2）气化过程则只供给热化学反应所需的那部分氧气，而尽可能将能量保留在反应后得到的可燃气体中，气化后的产物是含氢、一氧化碳和低分子烃类的可燃气体。

从气化形式上，生物质气化过程可以分为固定床气化和流化床气化两大类。固定床气化包括上吸式气化、下吸式气化和开心层下式气化三种，这三种形式的气化发电系统都有代表性的产品。流化床气化包括鼓泡床气化、循环流化床气化及双流化床气化三种。国际上为了实现更大规模的气化发电方式，提高气化发电效率，正在积极开发高压流化床气化发电工艺。

（2）除杂、气体净化。气化出来的燃气都含有一定的杂质（包括灰分、炭和焦油等），需经过净化系统把杂质除去，以保证燃气发电设备的正常运行。

（3）燃气发电。利用汽轮机或燃气内燃机进行发电。有的工艺为了提高发电效率，发电过程可以增加余热锅炉和蒸汽轮机。

生物质气化发电可通过三种途径实现：1）生物质气化产生燃气作为燃料直接进入燃气锅炉生产蒸汽，再驱动蒸汽轮机发电；2）将净化后的燃气送给燃气轮机燃烧发电；3）将净化后的燃气送入内燃机直接发电。图 11-3 为生物质气化发电原理图。

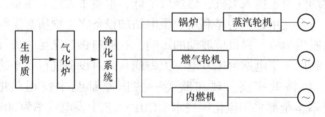

图 11-3　生物质气化发电原理图

目前在商业上最为成功的生物质发电技术是生物质气化内燃发电技术，由于其具有装机容量小、布置灵活、投资少、结构紧凑、技术可靠、运行费用低廉、经济效益显著、操作维护简单和对燃气质量要求较低等特点，得到广泛的推广与应用。

从燃气发电过程上分类，通常气化发电可分为内燃机发电系统、燃气轮机发电系统及燃气—蒸汽联合循环发电系统。

（1）内燃机发电系统以简单的燃气内燃机组为主，可单独燃用低热值燃气，也可以燃气、油两用。它的特点是设备紧凑、系统简单、技术较成熟可靠。

（2）燃气轮机发电系统采用低热值燃气轮机，燃气需增压，否则发电系统效率较低。由于燃气轮机对燃气质量要求高，并且需有较高的自动化控制水平和燃气轮机改造技术，所以一般单独采用燃气轮机的生物质气化发电系统较少。

（3）燃气—蒸汽联合循环发电系统是在内燃机、燃气轮机发电的基础上增加余热蒸汽的联合循环，该种系统可以有效地提高发电效率。一般来说，燃气—蒸汽联合循环生物质气化发电系统采用的是燃气轮机发电设备，而且最好的气化方式是高压气化，所构成的系统称为生物质整体气化联合循环系统（B/IGCC）。它的一般系统效率可以达40%以上，是目前发达国家重点研究的内容。

在发电和投资规模上，将生物质气化发电系统分为小型、中型、大型三种，见表11-1。

表11-1　生物质气化发电分类

规　　模	气化过程	发电过程	主要用途
小型系统（功率＜200kW）	固定床气化、流化床气化	内燃机 微型燃气轮机	农村用电、中小企业用电
中型系统（500kW＜功率＜3000kW）	常压流化床气化	内燃机	大中企业自备电站、小型上网电站
大型系统（功率＞5000kW）	常压流化床气化、高压流化床气化、双流化床气化	内燃机+蒸汽轮机 燃气轮机+蒸汽轮机	上网电站、独立能源系统

小型气化发电系统一般发电功率在200kW之下，系统简单灵活，主要功能为农村照明或作为中小企业的自备发电机组。它所需的生物质数量较少、种类单一，可以根据不同生物质形状选用合适的气化设备。

中型生物质气化发电系统功率规模一般在500～3000kW之间，主要作为大中型企业的自备电站或小型上网电站。它可以适用于一种或多种不同的生物质，所需的生物质数量较多，需要粉碎、烘干等预处理，所采用的气化方式主要以流化床气化为主。中型生物质气化发电系统用途广泛、适用性强，是当前生物质气化技术的主要方式。

大型生物质气化发电系统功率一般在5000kW以上，虽然与常规能源比仍显得非常小，但在生物质气化发电技术发展成熟后，将是今后替代常规能源电力的主要方式之一。

针对目前我国具体实际，采用气体内燃机代替燃气轮机，其他部分基本相同的生物质气化发电过程，不失为解决我国生物质气化发电规模化发展的有效手段。一方面，采用气体内燃机可降低对燃气杂质的要求［焦油与杂质含量（标准状态）＜100mg/m³］，可以大大减少技术难度；另一方面，避免了调控相当复杂的燃气轮机系统，大大降低系统的成本。从技术性能上看，这种气化及联合循环发电在常压气化下整体发电效率可达28%～30%，只比传统的低压B/IGCC降低3%～5%；系统简单，技术难度小，单位投资和造价大大降低（约5000元/kW）；更重要的是，这种技术方案更适合于我国目前的工业水平，设备可以全部国产化，适合于发展分散的、独立的生物质能源利用体系，可以形成我国自己的产业，在发展中国家大范围处理生物质中有更广阔的应用前景。

11.2.2.2　气化发电技术的应用

A　小型生物质气化发电系统

小型生物质气化发电系统一般指采用固定床气化设备、发电规模在 200kW 以下的气化发电系统。小型生物质气化发电系统主要集中在发展中国家。虽然美国、欧洲等发达国家或地区的小型生物质气化发电技术非常成熟，但由于发达国家中生物质能源相对较贵，而能源供应系统完善，对劳动强度大、使用不方便的小型生物质气化发电技术应用等非常少，只有少数供研究用的实验装置。

我国有着良好的生物质气化发电基础，早在 20 世纪 60 年代初就开展该方面工作，研制了样机并做了初步推广，还曾出口到其他发展中国家，一度取得了较大的进展。但由于当时经济环境的限制，谷壳气化发电很难在经济上取得较好收益，在很长一段时间上没有新的改进。近年来，我国的经济状况发生了明显的变化，因而利用谷壳气化发电的外部经济环境有了明显的改善：首先是中国能源供应持续紧张，电力价格居高不下，气化发电可以取得显著的效益；其次是粮食加工厂趋向于大型化，谷壳比较集中，便于大规模处理，气化发电的成本大大降低；最后是环境问题，丢弃或燃烧谷壳会产生环境污染，处理谷壳已成为一种环保要求。目前 160kW 和 200kW 的生物质气化发电设备在我国已得到小规模应用，显示出一定的经济效益。

B　中型生物质气化发电系统

中型生物质气化发电系统一般指采用流化床气化工艺、发电规模在 500～3000kW 的气化发电系统。中型气化发电系统在发达国家应用较早，所以技术较成熟，但由于设备造价很高，发电成本居高不下，所以在发达国家应用极少。目前在欧洲有少量的几个项目在试用中。近年我国开发出了循环流化床气化发电系统，由于该系统有较好的经济性，在我国推广很快，已经是国际上应用中型生物质气化发电系统最多的国家。

a　中型气化发电系统的技术性能

以 1000kW 的生物质气化发电系统为例，在正常状态运行下，生物质循环流化床气化发电系统气化效率大约在 75%，系统发电效率在 15%～18% 之间，单位电量对原料的需求量为 1.5～1.8kg/(kW·h)（谷壳）或 1.25～1.35kg/(kW·h)（木屑）。但由于气化工艺的影响，在不同的温度下进行气化，气化生成的燃气质量和气化效率有明显的变化，见表 11-2～表 11-4。

表 11-2　温度对木粉气化发电系统技术参数的影响

影响因素	温度/℃		
	620	750	820
产气率/m³·kg⁻¹	1.5	1.9	2.4
气化效率/%	44	57.79	67.96
气体热值/MJ·m⁻³	7.06	5.83	4.3
碳的转化率/%	57.2	79.56	81.4

注：产气率为单位质量的原料气化后所产生的气体燃料在标准状态下的体积。气化效率为生物质气化后生成的气体总热量与气化原料的总热量之比。气体热值为单位体积气体燃烧所产生的热能。碳转化率为生物质燃料中的碳转化为气体热燃料中碳的份额，即气体中含碳量与原料中含碳量之比。

表 11-3　谷壳气化炉在不同操作温度下的气体成分及热值

操作温度/℃		730	730	750	760	760	790	820	820	830	830	830
气体成分（体积分数）/%	CO_2	15.4	16.2	16.0	15.5	15.3	15.7	14.6	15.3	15.1	14.5	15.3
	CO	19	18.6	17.4	18.7	15.4	15.9	15.8	16.5	16.5	15.6	16.1
	CH_4	6.8	7.3	7.99	7.3	8.78	6.8	5.01	6.71	7.54	8.42	4.06
	C_nH_m	1.7	1.6	1.6	1.6	1.5	1.5	1.4	1.3	1.5	1.0	1.2
	H_2	3.7	1.39	1.63	1.39	0.44	2.3	7.12	3.17	2.51	1.5	7.68
	N_2	51.7	53.5	54.3	54.3	56.9	56.5	54.5	56.3	55.6	57.5	53.9
	O_2	1.7	1.4	1.1	1.2	1.7	1.3	1.6	2.0	1.2	1.5	1.6
气体热值（标准状态）/kJ·m⁻³		6152	6113	6234	6235	6082	4669	5449	5667	5991	5772	5061

表 11-4　温度对气体质量的影响

温度/℃	气体质量							
	H_2	CO	CO_2	CH_4	C_2H_6	C_2H_2	N_2	LHV（低热值）
620	9.4	29.8	7.2	7.1	0.83	0.21	45.5	8
750	7.7	23.5	10.7	5.3	0.25	0.11	52.4	6.2
820	6.4	19.9	8.7	4.7	0.09	0.28	59.9	5.1

从表 11-2~表 11-4 可见，气化工况对运行效果影响很大，所以中型生物质气化发电系统的运行控制是生物质气化发电技术的关键。

（1）气化炉的运行控制。气化炉点火成功后，即进入运行状态，在循环流化床谷壳气化反应中，谷壳对温度反应非常敏感，当温度超过 860℃时谷壳灰便会发生软化结渣现象，堵住炉内排渣口，影响气化炉的正常运行，因此，炉内温度的控制十分关键。正常情况下，气化炉的反应温度应稳定在 700~800℃之间，当炉内温度显示低于 600℃并继续下降或高于 800℃并继续上升时，都需及时调节，具体方法是，当温度小于 600℃时，适当减少进料量或稍微加大进风量，使温度回升至正常范围，当温度高于 800℃时，加大进料量或减少进风量。

同其他生物质相比，谷壳的灰分含量高达 12%以上，气化后仍残余大量灰分，这些灰分必须及时排出炉外，可以采用螺旋干式排灰设备，排灰连续而均匀，使得谷壳进料量和排灰量形成一种相对稳定的平衡状态，保证气化炉顺利运行。当螺旋排灰出现不均现象或无灰排出时，应及时排除故障；否则，炉内灰分越积越多，气化炉反应层逐渐上移，最终将导致加料口堵塞而停机。此外，由于排灰不均匀，炉内灰分时多时少，谷壳气化的稳定状态受到干扰，其结果是炉内温度不均，局部温度过高并出现结渣现象，也会使气化炉无法正常工作。

从气化效率的角度看，气化炉温度的控制对气化效率有显著的影响，不同气化形式及不同的原料对最佳的气化温度都有影响。

（2）净化装置的运行管理。由于净化装置中文氏管除尘器及喷淋洗气塔都采用水封结构，因此气化炉点火启动前必须先启动水泵以确保水封设备有充足的水起密封作用，防止燃气通过水封口外窜引起意外事故；同时，应定期清除文氏管喇叭口处的灰垢，一般每星期清理一次较为合理。

（3）发电量大小的调节。1000kW 循环流化床谷壳气化发电系统可根据生产负荷的需要对发电量进行调节，调节范围为 200～1000kW。调节方法是控制谷壳进料量及相应的进风量，先缓慢加大进料量，同时加大进风量，使炉内温度稳定在 700～800℃之间，加料量的多少可由加料螺旋电磁调速电机的转速来确定。

　　b　中型气化发电系统的经济性

气化发电系统的投资成本和经济效益是影响用户应用积极性的关键因素，规模小于 200kW 的气化发电系统国内目前采用固定床气化装置，总的经济效益较差。循环流化床谷壳气化发电对于处理大规模生物质具有显著的经济效益，表 11-5 为 600kW、800kW、1000kW 流化床谷壳气化发电的投资成本和运行费用估算表。

表 11-5　流化床谷壳气化发电投资成本及运行费用估算表

项　目		发电规模/kW		
		600	800	1000
投资成本	总投资/万元	195	262	290
	设备投资/万元	133	170	207
	基建投资/万元	10	12	15
	安装测试费用/万元	10	12	15
	谷壳输送设备/万元	8	8	8
	污水处理/万元	35	40	45
运行费用	运行天数	250（开工率 70%）	250	250
	运行人数	4 人/班×3 班=12	12	12
	总发电量/万度·年$^{-1}$	360	480	600
	原料费用/万元·年$^{-1}$	49	65	82
	人工费用/万元·年$^{-1}$	21.6	21.6	21.6
	维修费/万元·年$^{-1}$	20	25.5	31
	办公费/万元·年$^{-1}$	9.6	11.2	13.5
	总开支/万元·年$^{-1}$	100.2	123.3	148.1
资金成本（利率按 6%计）/万元·年$^{-1}$		11.7	15.72	17.4
发电费用成本/元·(kW·h)$^{-1}$		0.31	0.29	0.276
年毛利/万元·年$^{-1}$		176[1]、104[2]	245[1]、149[2]	315[1]、195[2]
投资回收期		13.3 个月[1] 22.5 个月[2]	12.8 个月[1] 21 个月[2]	11 个月[1] 17.8 个月[2]

注：人工费用以人均月工资 1500 元计算。

[1]毛利以店家 0.80 元/(kW·h) 计算；

[2]毛利以店家 0.6 元/(kW·h) 计算。

表 11-5 的结果表明，在开工率 70%、电价 0.8 元/（kW·h）条件下，气化发电的投资回收期约为 1 年；若开工率不变，而电价降为 0.6 元/（kW·h），则 600kW、800kW、1000kW 三种规模的投资回收期分别是 22.5 个月、21 个月和 17.8 个月。在实际应用过程中，由于各地的人工成本和电价差异很大，这两种因素将对投资回收期构成重大影响，但无论如何，流化床谷壳气化发电的经济效益是显著的。需要指出的是，流化床谷壳气化发电设备的气化原料不仅局限于谷壳，还可用于处理木屑，对木料加工厂而言，木粉、木屑是一种废料，有时不但没有任何价值，还需花费一笔不小的处理费，因此，对有废料的加工厂，木粉气化发电的运行成本明显比谷壳低，投资回收期将大大缩短。

C   大型生物质气化发电技术的应用

即使目前世界上最大的生物质气化发电系统，相对于常规能源系统，仍是非常小规模的，所以大型生物质气化发电系统只是相对的，考虑到生物质资源分散的特点，一般把大于 5000kW，而且采用了联合循环发电方式的气化发电系统归入"大型"的行列，特别对于发展中国家 5000kW 以上的气化发电系统每天需生物质超过 100t，所以应用的客户已很少。

11.3   垃 圾 发 电

垃圾发电是把各种垃圾收集后，进行分类处理：一是对燃烧值较高的进行高温焚烧（也彻底消灭了病原性生物和腐蚀性有机物），在高温焚烧（产生的烟雾经过处理）中产生的热能转化为高温蒸汽，推动涡轮机转动，使发电机产生电能；二是对不能燃烧的有机物进行发酵、厌氧处理，最后干燥脱硫，产生一种气体叫甲烷（也叫沼气），再经燃烧，把热能转化为蒸汽，推动涡轮机转动，带动发电机产生电能。

从 20 世纪 70 年代起，一些发达国家便着手运用焚烧垃圾产生的热量进行发电。欧美一些国家建起了垃圾发电站，美国某垃圾发电站的发电能力高达 100MW，每天处理垃圾 60 万吨。现在，德国的垃圾发电站每年要花费巨资从国外进口垃圾。据统计，目前全球共有 2000 多座垃圾焚烧厂，其主要分布在欧洲、日本、美国等发达国家和地区。科学家测算，垃圾中的二次能源（如有机可燃物等）所含的热值高，焚烧 2t 垃圾产生的热量大约相当于 1t 煤。如果我国能将垃圾充分有效地用于发电，每年将节省煤炭 5000 万~6000 万吨，其资源效益极为可观。

11.3.1   国内外发展现状

工业发达国家最常用的垃圾发电模式有两种：一是将垃圾卫生填埋，回收填埋场沼气，以沼气为燃料燃烧发电；二是直接以垃圾为燃料，焚烧垃圾发电。前者由于在填埋场内经过厌氧消化（发酵），故称生化法；后者利用垃圾燃烧将化学能转变成热能，故称焚烧法。

焚烧发电作为一种处理生活垃圾的专用技术，大致经历了三个发展阶段，即萌芽阶段、发展阶段和成熟阶段。1874~1885 年英国诺丁汉和美国纽约先后建造了处理生活垃圾的焚烧炉，代表了生活垃圾焚烧技术的兴起。从 20 世纪初到 60 年代末是垃圾焚烧技术的发展阶段。第一次世界大战后，发达国家的经济发展很快，给垃圾焚烧创造了条件，欧洲、北美及日本都陆续建起了一些生活垃圾焚烧厂。第二次世界大战以后，各种先进技术在垃圾焚烧炉上得到了应用，使垃圾焚烧技术进一步完善。从20世纪70年代初到90年代中期，是生活垃圾焚烧技术快速发展时期，几乎所有的发达国家、中等发达国家都建设了不同规模、不同数量的垃圾焚烧厂。

日本现有大小垃圾焚烧厂超过1200座。2007年韩国全国43处大型生活废弃物焚烧设施运行所取得的成果，相当于节约了价值4010亿韩元的原油。垃圾焚烧设施所回收热能的75.8%供给韩国地区供暖公司等企业，除增加了销售收入301亿韩元外，作为取暖和建筑设施、附属设施的热源等直接使用，则相当于节省了1384亿韩元的取暖费；其余24.2%的热能转换为电力后供给韩国电力公司，除增加了16亿韩元的销售收入外，转换为动力又相当于节约了624亿韩元的电力费。从这类废弃物回收再利用所产生的能源量，占韩国生产的可再生能源总量的76%。

瑞士、比利时、丹麦、法国、卢森堡、瑞典、新加坡等国焚烧垃圾的比例都接近或超过填埋处理。垃圾焚烧技术得到迅速发展应用的原因除了经济、技术、环境保护观念等因素外，首先是生活垃圾数量的快速增长，使垃圾填埋场日趋饱和；其次是生活垃圾中可燃物、易燃物的含量大幅度增长，为垃圾焚烧技术应用提供了先决条件。

我国垃圾发电起步比较晚。1988年我国第1座垃圾电站在深圳建成，引进3台150t/h的三菱重工马丁式焚烧炉、3台蒸发量为13t/h的双锅筒自然循环锅炉，另配杭州汽轮机厂的400kW汽轮发电机组。我国为建立垃圾电站而从国外引进的垃圾锅炉基本上都是炉排炉，价格昂贵，而且在燃用低热值、高水分垃圾时，为了保证锅炉的正常燃烧，必须加入燃料油，运行成本较高，经济效益较差。发展适合我国国情的焚烧炉，实现设备国产化，达到低污染和高效燃烧是目前许多科技人员正在研究开发的课题。其中流化床技术是一种综合性能比较优越的焚烧技术。1998年浙江大学热能研究所与杭州锦江集团联合开发将此项技术应用于余杭发电站，把原有一台35t/h链条炉改造成流化床焚烧炉，单炉日处理垃圾150~200t，取得了较好的经济效益和社会效益，目前我国已有28个省、直辖市和自治区建成了垃圾发电站。

有关专家预计，到2020年我国将新增垃圾发电装机容量330万千瓦·时左右，按4500元/（kW·h）的设备造价计算，中国垃圾发电市场容量为149亿元人民币，许多民营企业也十分看好垃圾发电行业。

11.3.2　垃圾发电方式

11.3.2.1　焚烧法垃圾发电

一般垃圾的燃烧过程可分为干燥阶段（垃圾一般含水率都高于30%，着火困难，需加入辅助燃料燃烧，以提高炉温，改善干燥着火条件）、焚烧阶段，燃尽阶段，如图11-4所示。

废物当垃圾进行焚烧时，炉内温度一般为800~900℃，最高温度可达1100℃。经过焚烧垃圾中的病原菌彻底被杀灭，从而达到无害化处理的目的。垃圾焚烧后，体积减少90%，质量减轻75%，减容减量明显。

A　几种常见的焚烧技术

常见的焚烧技术有气化焚烧法、流化床焚烧法、回转窑焚烧法和炉排型焚烧法。

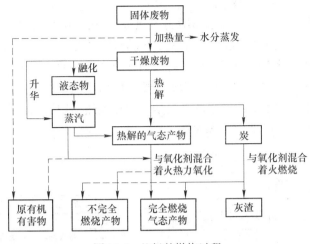

图 11-4 垃圾的燃烧过程

（1）气化焚烧法。气化焚烧炉又称为空气氧化控制装置，其燃烧过程可分为热解、气化和燃尽。此项技术以德国诺尔公司的 NOELL 热解气化技术和加拿大瑞威公司的 TOPS 垃圾气化处理系统为代表。

（2）流化床焚烧法。该方法床料热容量大，适用热值范围广，但垃圾需预处理，预处理设备投资费用高，且预处理中容易造成臭气外逸，造成环境污染。流化床的主要形式为循环流化床、内旋流流化床和鼓泡流化床等。

（3）回转窑焚烧法。该方法可处理各类垃圾、有毒工业废物和高热值废料。它对废物颗粒要求不高，简化了垃圾的预处理；但设备运行噪声大、年运行小时数较短限制了该方法的应用。

（4）炉排型焚烧法。例如采用滚动炉排、水平往复推饲炉排和倾斜往复炉排（包括顺推和逆推倾斜往复炉排等），其主要特点是垃圾无须进行严格的预处理，滚动炉排和往复炉排的拨火作用强，比较适用于低热值、高灰分的城市垃圾焚烧。

焚烧烟气中主要成分 CO_2、H_2、O_2、N_2 占烟气容积的 99%，有害气体主要是 CO、NO_x、SO_x、H_2S、HCl 及一些有特殊气味的有害气体。净化内容主要是除臭、除酸和除尘。除臭方法有吸收法、稀释法，最好是通过高温炉体。除酸主要是采用水洗法。除尘可以通过除尘器（如布袋除尘器）。大量的炉渣特别是含重金属化合物的炉渣，对环境会造成很大的危害，必须经过填埋或固化处理。但残渣中还含有可利用的物质，可以回收利用，用于建筑材料、铺路、改良土壤等。

同时，焚烧法垃圾发电产生的烟气带来两个难题，一是高温时腐蚀性气体对受热面腐蚀严重，二是存在剧毒物质二噁英。城市垃圾中混有大量塑料制品，在炉内燃烧会产生大量的 Cl_2、HCl 等，使管子及受热面腐蚀严重，这使得垃圾锅炉过热蒸汽一般采用中压参数（即 4MPa、400℃），以避免有害气体对受热面高温腐蚀，但也使得锅炉效率较低。目前一般是在炉内或尾部洗涤器喷入生石灰生料去除氯化物。二噁英在烟气中含量虽然很低，但毒性却是很大的，可致癌，可蓄积，具有持久性，是目前发现最有毒的化学物质。该物质形成于 300~500℃ 的低温环境，700℃ 以上分解，900℃ 以上可消除。

B　垃圾发电焚烧工艺流程

图11-5 为垃圾发电焚烧工艺流程。将低位热值高于 3350kJ/kg 的垃圾经给料机送至焚烧炉内，与炉内 650℃ 左右沙子混合，在 850~950℃ 的高温下焚烧。当垃圾热值低导致炉内温度偏低时，可补充辅助燃料煤助燃。垃圾储存池内排出的垃圾水可喷入焚烧炉中，在高温下分解。当炉床温度过高时，这种渗沥水用于降低床温，垃圾池上空的臭气被焚烧炉送风机送入炉内助燃，垃圾焚烧产生的高温烟气加热余热锅炉给水，产生蒸汽发电供热或回收。烟气净化处理后，经烟囱排入大气。

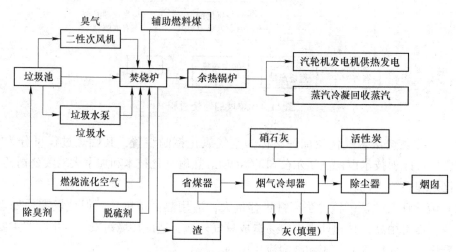

图 11-5　垃圾发电焚烧工艺流程

针对垃圾直接焚烧所带来的二次污染等问题，美国 EPI（Energy Product of Idaho）公司研究开发了技术更为先进的阶台式垃圾热解气化流化床技术。这种处理工艺的技术原理是，将一般垃圾在缺氧还原性气氛中气化后，热分解气和碳分等被送到后燃烧室内燃烧。该技术具有的优点是烟气中二噁英浓度极低，极大降低处理后的二次污染；燃烧空气少，烟气排放少，发电效率较高，辅机耗电较少，处理垃圾的容量更大；处理成本降低，提高了垃圾的利用率。

美国 EPI 公司拥有多项将垃圾综合利用转变成能源的技术。在采用最新的阶台式气化流化床技术后，燃烧效率提高，气化发电过程更容易控制，能达到最大地处理城市生活垃圾垃圾的利用率。并利用热能发电的目的。采用阶台式气化流化床技术工艺超前，优于垃圾焚烧发电，特别在二次污染问题上有不可比拟的优势；在无氧热分解过程中，因缺乏氧气且相对低温的气化处理，加上高温燃烧，将使得多键联苯无法产生含剧毒的二噁英、呋喃等致命物质甚至氮氧化物（NO_x）、硫氧化物（SO_x）的产生机会都大大地降低了，其中二噁英排放浓度远低于 $1ng/m^3$；烟气排放浓度远远低于北美现今的排放标准。

11.3.2.2　填埋法垃圾发电

填埋法垃圾发电，又称为生化法垃圾发电。通过垃圾填埋将生物转化过程中产生的大量气体（包括甲烷、二氧化碳和少量的氮、氧等）收集起来，就形成一种可以利用的新能源。填埋法垃圾发电系统一般由填埋气体收集系统、气体处理系统、气体发电系统几个部分组成。

　　沼气发电有两种方法：一是沼气在燃气锅炉中燃烧，由单一蒸汽轮机发电；二是沼气燃烧后在燃气轮机中发电，燃气轮机中排出的废气进余热锅炉产生蒸汽，再由蒸汽轮机发电，即实现燃气—蒸汽联合循环。

　　填埋法垃圾发电存在两个问题：一是渗透液泄露会污染地下水，二是积累的沼气有爆炸的危险。表 11-6 为填埋法和焚烧法垃圾发电的比较。

表 11-6　填埋法和焚烧法垃圾发电的比较

项　目	填埋法	焚　烧　法
适用条件	对成分、热值无要求	要求可燃物释放热量≥3350kJ/kg
技术可靠性	沼气易燃易爆	技术安全可靠
无害化	填埋后封闭可防止一次污染	高温下消除病原体
减量化	速度慢，程度小	可减容 50%
二次污染	须防止渗透污染地下水	须防止烟气污染大气
占地	远离市区，面积大	市郊，面积小
投资	小	较大
运行费	每吨垃圾 15~20 元	每吨垃圾 25~30 元
腐蚀	不腐蚀设备	过热器易产生高温腐蚀

11.4　生物质发电对环境的影响与保护

　　尽管生物质燃料本身具有低灰、低硫特性，但是在发电过程中或多或少对环境会产生一些不利影响。

11.4.1　直接燃烧发电和混合发电技术产生的问题

　　以秸秆燃烧类发电项目为例，运营期主要污染因素为：（1）大气污染物，包括烟尘、SO_2 和 NO_x 的排放，灰场的环境影响，秸秆运输储存过程中的环境影响；（2）生产废水，主要包括化学酸碱废水、锅炉排污水、堆场初期雨水、循环水冷却系统排水等；（3）固体废弃物，主要固体废弃物为秸秆燃烧后产生的灰渣；（4）工程噪声对环境的影响，建设项目噪声源主要是汽轮机、发电机、引风机、送风机、循环水泵和锅炉排汽装置，噪声处理不当可能会产生一定的影响。生物质直燃发电系统产生的环境污染物量如表 11-7 所示。

表 11-7　生物质直燃发电系统产生的环境污染物量　　　　　　　　　　（kg）

污染物	生物质获取	运输	电厂建设	电厂运行	合计
烟粉尘	15868	8523	38334	8514	98609
SO_2	6845	3676	84990	0	124548
NO_x	6804	3654	16062	0	39292
CO_2	3198883	1718190	5290520	31259600	61679527
废水	8311748	4464422	303127829	44180000	371900487
废渣	1316420	707078	13323109.1	0	17619553
高炉渣	0	0	875504.589	8340000	9215505

11.4.2　生物质气化联合循环发电产生的环境问题

目前，国内外在生物质气化方面仍然存在两大难题需要解决：一是气化过程中产出大量焦油无法处理，会排放一定量的化学污染物，造成光化学臭氧形成潜质和水体富营养化潜质的增大，给环境带来二次污染；二是可燃气净化技术不过关，可燃气体中仍然含有焦油、微尘和烟灰，在应用上受到严重制约。气化发电产生主要污染源排放量见表 11-8。

表 11-8　三种发电排放主要污染物量

排放量	直燃发电	火电	气化发电
CO_2/t	4.6	10	7.70
SO_2/kg	9.3	80	2.58
NO_x/kg	2.9	50	1.11

11.4.3　生物质发电的环境保护

生物质发电对环境以及资源的影响相对较为严重，且影响方面较广，其中对不可再生资源、光化学烟雾、烟尘和灰尘的影响较大。由于工艺技术等原因，秸秆在直燃发电过程中会产生较多的烟尘，对此国家应积极制定相应的环境标准，促使生物质发电厂提高除尘设备的技术水平，减少烟尘的排放量。生物质发电的发电阶段对环境的影响在其整个生命周期中所占比例最高，因此这个问题的关键就在于减少秸秆燃烧发电过程中污染物的排放，主要方法就是改进生物质发电技术，提高生物质发电的发电效率，减轻生物质发电对环境的影响。

12 海洋能、地热能发电技术与环保

12.1 海洋能发电技术与环保

海洋能包括潮汐能、波浪能、海流能、潮流能、海水温差能和海水盐差能等不同的能源形态。

海洋中存在巨大的各种形式的能量，这里所研究的不包括海洋的矿物资源具有的能源，如石油、天然气、煤等。海洋中存在的最大能量莫过于占地球表面71%的广阔海水表面被太阳照射而生成的海洋热能。海水是热的非导体，由于受到太阳光不均匀的照射引起海水在全球范围内对流，并使海水表层和深层产生温差，利用这种温差可使海洋热能转换成电能加以利用，这种发电方式就叫做海水温差发电。

被大气吸收的0.2%左右的太阳能可转换成风的运动能，风与海面相互作用产生波浪，利用这一力学能转换成电能称之为波力发电。

由于海水表层和深层的温差，海水从赤道向两极方向流动，由地球自转产生的离心力，由风力而产生的海面高低差，以及由于陆地对海水运动的限制而形成海流。将这种海流能转换成电能的方式叫做海流发电。

自地球生成以来，由于太阳热使地表的水分以雨水的形式反复蒸发、凝结，致使陆地和海水之间有3%左右的盐分浓度差，利用这种化学能量实现电能转换称之为盐分浓度差发电。

由于太阳、月球引力，使海水表面每天有两次高低差，即存在潮汐现象，利用这种潮汐差能发电称作潮汐发电。

透照在海内的阳光产生的光合作用，用海水和二氧化碳可培育出浮游生物及一系列海洋生物。人类已将其作为宝贵食物能源加以利用，最近又开始以另一种称作海洋生物能的形式加以利用。

上述六种海洋能全都属于再生能源，其中，除了潮汐发电业已实际应用以外，其他海洋能的利用尚处于技术开发或研究试验阶段。

12.1.1 海水温差发电

海洋表层0~50m水的温度介于24~28℃，而500~1000m深处的海水介于4~7℃。利用表层和深层海水20℃左右的温差能进行发电就叫做海水温差发电。其发电原理如图12-1所示。

用水泵将氨或氟利昂等低沸点工作介质打入蒸发器内，利用表层的温海水将蒸发器中的工质加热蒸发，被蒸发了的工质蒸汽进入汽轮机，驱动汽轮发电机发电，利用深层的冷海水将从汽轮机排出的工质蒸汽冷凝成液体，再用泵打入蒸发器再蒸发，如此反复循环。

工质是在闭合的系统中循环的，所以称作闭式循环，海水温差发电功率 P 的表达式如下：

$$P = \eta_c c G \delta T$$

式中，η_c 为卡诺循环热效率；c 为海水比热；G 为流量；δT 为发电设备的进口温度与出口温度的差值。

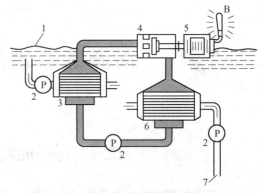

图 12-1　海水温差发电原理

1—海面温度；2—水泵；3—蒸发器；4—汽轮机；
5—发电机；6—凝汽器；7—深层海水

这种发电方式的原理很简单，与火电或核电的循环大体相同，只是不需要任何燃料，是一种无任何公害的可再生的能源。可以在海边建厂，也可以设在驳船上或悬浮在海中。

这一技术是 1881 年法国的达尔松巴尔发明的。20 世纪 70 年代以前在南美、北非等地做过许多试验，但由于技术水平较低，没有获得成功。真正的试验研究工作还是从 70 年代开始，美国的能源部、日本的阳光计划及法国的海洋开发中心等都投入了巨额投资相继建设起海水温差试验电厂，为今后进一步开发这一发电方式提供了许多宝贵的经验。

12.1.2　波力发电

海面由风力吹动产生的上下前后振动的波浪，这种波浪具有的能量可在 $8 \sim 10 kW/m$ 的广大范围内变化，高 H、周期 T 的有规律的波浪 1m 宽所具有的功率为 HT（kW/m），这种能量在时间上是极不稳定的。据观测，日本海岸和太平洋沿岸的波浪能为 $10 \sim 15 kW/m$，西北太平洋具有 $80 \sim 100 kW/m$ 的能量。由于这种能源变化大，质量差，日本、英国、美国等国虽已有几百个方案，但已经实用的还不太多。

波力发电方式有三类，如图 12-2 和图 12-3 所示。空气压力式是通过波浪上下运动使气缸内的空气流产生往复运动驱动空气涡轮机发电；油压式为使铰接的相对运动驱动油压泵；水位落差式系通过波浪运动使水库两处的逆止阀交替动作借以使水库获得落差驱动水轮机发电。

图 12-2　波力发电方式的分类

日本为波力发电实用化的先驱，在空气室内靠波浪造成的压力变化进行发电，早在 1965 年就已研制输出功率 10W 级的浮标灯，也已投入实际应用，现在已有 600 多台这种浮标在运行中。

此外，日本、挪威、英国等国还在试验在海岸筑设固定式波力发电试验装置。试验装置采用英国威尔斯无阀式涡轮机（图 12-4）。上下对称的翼型排列在圆周上，气流无论来自何方均能使叶轮朝着一个方向产生旋转力，因此无须装设整流阀，简化了设备，易于维护，颇有发展前途。该装置在岸边筑设情况如图 12-5 所示，装置额定功率为 40kW，年平均发电量为 $10 \sim 16 kW \cdot h$。

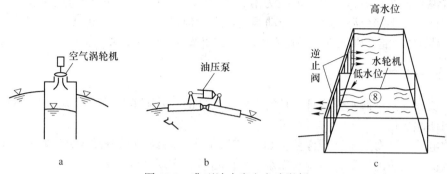

图 12-3　典型波力发电方式举例

a—空气压力式；b—油压式；c—水位落差式

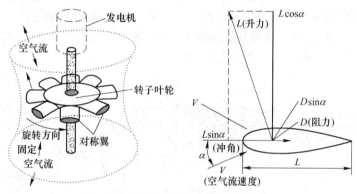

图 12-4　威尔斯无阀式涡轮机原理图

　　今后有待改善的课题是采纳英国的研究成果，提高空气室的效率，采用鲸式涡轮和飞轮等，以缓和输出功率的变动。

　　英国在波力发电方面的投资超过日本，共开发了八种发电方式，最突出的两种方式如图 12-6 所示，图 12-6a 为用铰链连接的木筏式波力发电装置，依靠波浪的相对运动转换成电能，图 12-6b 称之为鸭嘴式，在圆筒形轴上装数个偏心轮，由波浪造成偏心轮的端部原动转换成油压，利用旋转机的电能。但两种方式目前仍属大型模型试验阶段。

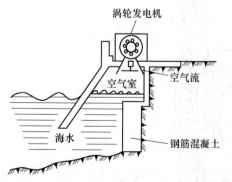

图 12-5　岸边建筑的固定式波力发电装置

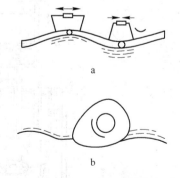

图 12-6　英国两个波力发电装置实例图

a—筏式发电装置（依靠铰接部件的运动驱动油压泵活塞）；

b—鸭嘴式发电装置（使用鸭嘴状的复式偏心轮的旋转力转换成油压，驱动发电机发电）

大致说来，适合波力发电的海域为南北纬30°以上的海域，正好与海水温差发电呈互补关系，日本北半部分海域良好，变动幅度虽大，但平均可有10~30kW的波力能，假定利用海岸线1%的能，则推算年平均发电率为210kW。

12.1.3 潮汐发电

潮汐现象是由于海水受到日、月的引力而产生的，并随着地球、月球和太阳对位的不同发生周期性变化。

潮汐电厂是在海湾中（或潮汐河口）建造堤坝，将海湾与海洋隔开，形成水库，利用每日两次的潮汐的涨落，控制水库水位形成落差，实现潮汐发电。

潮汐电厂主要有三种方式：第一种是单库单向发电（图12-7），在涨潮时开启闸门将水库充满，落潮时水库水位与外海潮位保持一定落差用于发电；第二种是单库双向发电（图12-8），用可以双向发电的水轮发电机组，这样，在海水涨落潮时均可发电；第三种是双库双向发电（图12-9），建造高低水库各一个，电厂厂房布置在高低水库之间，高低水库保持一定的落差，电厂可以全日连续发电。

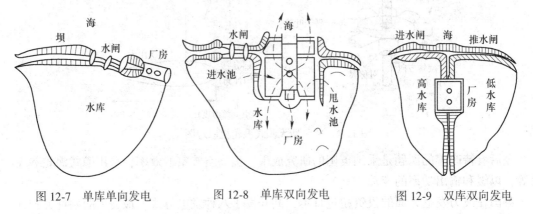

图12-7 单库单向发电　　　　　图12-8 单库双向发电　　　　　图12-9 双库双向发电

潮汐电站的枢纽建筑包括坝、水闸和厂房，在较大型的潮汐电厂中，一般采用卧式布置的贯流式机组。厂房下部结构布置如图12-10所示。

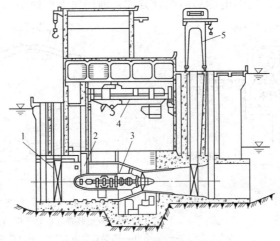

图12-10 潮汐电站厂房布置图

1—进气阀门；2—进入机组通道；3—贯流式机组；4—天车；5—尾水阀门

潮差究竟有多大才值得开发，目前国内外还没有一个统一的标准，公认最少平均潮差要在 3m 以上，有的提出 5m 是经济开发界限，固然利用水泵来增大库容可以增大落差能，但这就要增大设备投资，而且消耗大量厂用电，所以，目前考虑水库的建设投资，应尽可能将电厂筑设在潮差大的地点（世界范围内平均潮差超过 3m 的地区），同时应尽可能以较短的堤坝形成较宽阔的水库，而且海底岩基要坚实。

国外最早建成的潮汐电厂是法国 1966 年投入运行的朗斯潮汐电厂。英吉利海峡的平均潮差超过 10m，在该海峡朗斯河口修筑一个大坝，在堰上装设 24 台 10MW 卡普兰水轮发电机，年发电量达 $544×10^9$ kW·h，相当于当时法国发电量的 1%，目前的发电成本处于与火电等同水平。

我国浙江、福建等省沿海潮汐能源比较丰富，浙闽两省平均潮差 4~5m，钱塘江的平均潮差为 7m，总开发量为 10GW，自 20 世纪 50 年代以来，已建造过 40 多座小潮汐电厂，规模由数十千瓦到数百千瓦，现在留下来的已为数不多。70 年代又建起一些小电厂，比 50 年代大大进步。其中有一座由国家投资的位于浙江乐清湾内温岭县的装机容量 3MW 江夏潮汐电厂，已投入运行，为我国建造更大的潮汐电站积累了经验。

潮汐电厂目前的造价还较高，介于 2000~3000 元/kW 之间。目前机组造价比重较大，大部分都属试制的单机，随着今后批量生产，造价还可以降低。潮汐电厂筑坝后可以搞综合经营，如将发电养殖、海涂种植结合在一起经营管理，有条件的地方还可以将旅游变成经营项目，也可以将水产品加工以及可能发展的其他行业结合起来，增加经济效益。

12.1.4　海流发电

在日本周围存在世界第二大海流——黑潮。资源调查显示，估算海流总能量有 $1.5×10^8$ MW 以上，能源密度稀薄，流向处于变化状态。海流能量与流速的三次方成正比，因此，除流速特大的海域以外，欲实现经济利用是困难的。海流发电方式除在海流中沉设螺旋桨式水轮机等机械方式外，还有采用超导磁铁的磁流体发电方式（MHD）等。

在为数不多的设计方案中，1979 年美国研制的"柯里奥伊 1 号"可作为典型实例（图 12-11）。

根据佛罗里达海面墨西哥湾内的设计条件，以流体力学和飞机构造知识为基础设计

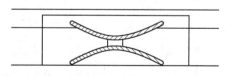

图 12-11　"柯里奥伊 1 号"海流发电原理图

成如图 12-11 所示的构造水轮机做成自行车轮同轴双重轮体，在轮辐悬链索上装设叶片，以消除外侧圆筒的转矩。发电机靠轮圈驱动。带副翼的圆筒为铝制品，入口部分装有锚索，从前方张拉，用重力锚系于海底。流速 3.7 海里（1.8m/s）时的输出功率为 83MW，每千米造价为 1230 美元，发电成本为 5 美分/kW。

全球海洋能的可再生量很大。根据联合国教科文组织 1981 年出版物的估计数字，五种海洋能理论上可再生的总量为 766 亿千瓦。其中温差能为 400 亿千瓦，盐差能为 300 亿千瓦，潮汐和波浪能各为 30 亿千瓦，海流能为 6 亿千瓦。但如上所述是难以实现把上述全部能量取出，设想只能利用较强的海流、潮汐和波浪；利用大降雨量地域的盐度差，而温差利用则受热机卡诺效率的限制。因此，估计技术上允许利用功率为 64 亿千瓦，其中盐差能 30 亿千瓦，温差能 20 亿千瓦，波浪能 10 亿千瓦，海流能 3 亿千瓦，潮汐能 1 亿

千瓦（估计数字）。

海洋能的强度较常规能源为低。海水温差小，海面与 500~1000m 深层水之间的较大温差仅为 20℃ 左右；潮汐、波浪水位差小，较大潮差仅 7~10m，较大波高仅 3m；潮流、海流速度小，较大流速仅 2~3.5m/s。即使这样，在可再生能源中，海洋能仍具有可观的能流密度。以波浪能为例，每米海岸线平均波功率在最丰富的海域是 50kW，一般的有 5~6kW；后者相当于太阳能流密度 1kW/m²。又如潮流能，最高流速为 3m/s 的舟山群岛潮流，在一个潮流周期的平均潮流功率达 4.5kW/m²。海洋能作为自然能源是随时变化着的。但海洋是个庞大的蓄能库，将太阳能以及派生的风能等以热能、机械能等形式蓄在海水里，不像在陆地和空中那样容易散失。海水温差、盐度差和海流都是较稳定的，24h 不间断，昼夜波动小，只稍有季节性的变化。潮汐、潮流则做恒定的周期性变化，对大潮、小潮、涨潮、落潮、潮位、潮速、方向都可以准确预测。海浪是海洋中最不稳定的，有季节性、周期性，而且相邻周期也是变化的。但海浪是风浪和涌浪的总和，而涌浪源自辽阔海域持续时日的风能，不像当地太阳和风那样容易骤起骤止和受局部气象的影响。

海洋能的利用目前还很昂贵，以法国的朗斯潮汐电站为例，其单位千瓦装机投资合 1500 美元，高出常规火电站。但在目前严重缺乏能源的沿海地区（包括岛屿），把海洋能作为一种补充能源加以利用还是可取的。

12.1.5 海洋能发电环境保护

海洋能发电装置对海洋环境的影响如表 12-1 所示。海洋能开发利用的影响的复杂性可见一斑。同时，很多研究者不仅关注了海洋能装置所引起的负面环境效应，也注意到其所能带来的正面效应，例如水下装置的人工鱼礁作用、鱼群聚集与保护作用等。

表 12-1 海洋能环境影响

层次	类别名称	主 要 内 容
1	海洋能的种类	风能、潮汐能、波浪能、海流能、温差能等
2	影响来源	海洋能装置本身、海洋能装置引起的动力环境变化、海洋能能量转化效应、化学、声学和电磁场等
3	环境受体	物理环境、生物栖息地、生物种类、鱼类及渔业资源、海鸟、海洋哺乳动物、生物系统和食物链等
4	环境影响效力	单一/短期影响、复合/短期影响、单一/短期影响、复合/长期影响
5	环境改变方式	数量变化、群落变化、生物过程变化、物理结构/过程变化
6	累积影响	空间范围、时间范围、其他人类活动等

海洋能发电装置主要是将潮汐、潮流、海流、波浪等海水运动所产生的巨大能量转化为电能加以利用。能量转换首先影响的就是流速、流量、波高、波长、潮差等水动力要素，发电装置所在海域的水动力环境也随之发生改变。例如，夏军强等在 Severn 河口的定量研究表明，潮汐电站大坝的建设使得最大流量减少 30%~50%，水位高度降低 0.5~1.5m。Ahmadian 和 Falconer 也发现，潮流能装置阵列两侧海域的流速增大，而阵列上下游的流速减小。这种影响不仅会影响海洋能发电装置所在海域，甚至会影响到更远的海域。

水动力环境的改变，势必会影响海洋能发电装置周边海域的水质环境。Falconer 等发现 Severn 潮汐电站的建设使得英国 Severn 河口的流速减慢，从而引起水体中悬浮颗粒物浓度减小，水体透明度增加。不仅如此，悬浮颗粒物浓度的变化也会引起水体中的溶解氧、盐度、营养盐浓度、金属浓度以及病原体的含量发生改变。水动力条件同样会影响水体泥沙的沉积，不仅会改变河口的冲淤环境和海底的沉积环境，还能够改造海岸带的地形地貌。

无论是水动力环境的变化、还是水质和沉积环境的变化，对海洋生物来讲，都意味着原有栖息环境的改变，这些改变无疑会影响海洋生物的生存繁衍。Van Deurs 等研究了离岸风场对沙鳗的短期（2 年）和长期（8 年）影响发现，短期内，离岸风电装置的建设导致海底沉积中泥质成分减少，使得幼年和成年沙鳗的生物量增加；而长期来看却出现了沙鳗幼仔减少的现象。具有较强水动力条件的河口区在建设潮汐发电装置后，由于水动力减弱，引起悬浮颗粒物浓度减小，水体透明度增加，会使得底栖生物多样性和生物量增加。

此外，海洋能发电装置产生的噪声、环境振动和电磁场也会影响海洋生物，特别是哺乳动物。有研究表明，海上风场水下基础设施建设和电缆铺设分别会产生高达 260dB 和 178dB 的噪声，会破坏 100m 范围内的海洋生物的声学系统。在较大的噪声环境中（如大于 150dB）鱼群会出现惊吓而警觉的反应，其迁徙活动也会受到影响。Simmonds 和 Brown 研究了 28 种鲸鱼的行为，虽然数据有限，但足以证明海洋能装置噪声已影响到鲸鱼的生存。

海洋能装置不仅会直接影响某种或某些海洋生物，还会通过食物链影响其他海洋生物，甚至区域生态系统。例如，波浪能和潮流能发电装置会引起鱼群的聚集或者迁移，而发电装置海域的海鸟数量则也会随之增加或减小。

12. 2　地热能发电技术与环保

12. 2. 1　地热发电概况

地热发电是 20 世纪新兴的能源工业，它是在地质学、地球物理、地球化学、钻探技术、材料科学以及发电工程等现代科学技术取得辉煌成就的基础上迅速发展起来的。地热电站的装机容量和经济性主要取决于地热资源的类型和品位。

12. 2. 2　地热发电技术原理

地热能实质上是一种以流体为载体的热能，地热发电属于热能发电，所有一切可以把热能转化为电能的技术和方法理论上都可以用于地热发电。由于地热资源种类繁多，按温度可分为高温、中温和低温地热资源；按形态分有干蒸汽型、湿蒸汽型、热水型和干热岩型；按热流体成分则有碳酸盐型、硅酸盐型、盐水型和卤水型。另外，地热水还普遍含有不凝结气体，如二氧化碳、硫化氢和氮气等，有的含量还非常高。这说明地热作为一种发电热源是十分复杂的。针对不同的地热资源，人们开发了若干种把热能转化为电能的方法。最简单的方法是利用半导体材料的塞贝克效应，也就是利用半导体的温差电效应直接把热转化为电能。这种方法的优点是没有运动部件，不需要任何工质，安全可靠。缺点是换热效率比较低，设备难以大型化，成本高。除了一些特殊的场合，这种方法的商业化前景并不乐观。

另一种把热能转化为电能的方法是使用形状记忆合金发动机。形状记忆合金在较低温度下受到较小的外力即可产生变形，而在较高的温度下将会以较大的力量恢复原来的形状从而对外做功。但目前形状记忆合金发动机仅是一种理论上正在探索的技术，是否具有实用价值尚无定论。热能转化成机械功再转化为电能的最实用的方法只有通过热力循环，用热机来实现这种转化。利用不同的工质，或不同的热力过程，可以组成各种不同的热力循环。理论上效率最高的热力循环是卡诺循环。

在工程实践中，当使用理想气体作工质时，很难实现等温吸热和等温放热过程。但若使用水蒸气作工质则情况就完全不同了，由图 12-12 理想水蒸气卡诺循环的温-熵图可以看出，在两相区中，水蒸气的吸热和放热过程都是等温过程。因此，使用水蒸气为工质可以较方便地实现卡诺循环。从图中描述可以得出，等温放热过程的终点离饱和水线（曲线的左侧）不远，在实际过程中可以从水蒸气的放热过程进行到饱和水线，这样带来的好处是在随后的绝热压缩过程中压缩的是液态水而不是汽水混合物。汽水混合物的压缩功耗大，压缩机工作不稳定，而水的压缩功耗小，工作稳定。经过这样的改动，饱和水蒸气区的卡诺循环就变成朗肯循环（图 12-13）。

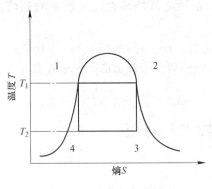

图 12-12　水蒸气卡诺循环

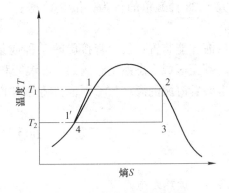

图 12-13　朗肯循环温-熵图

朗肯循环是以水为工质的实用性热力循环。过程 1—2 为工质的等温吸热过程，也就是工质吸收热量变成干饱和蒸汽的过程。过程 2—3 是工质绝热膨胀做功过程。过程 3—4 是工质等温放热过程，也就是工质由气态冷凝成液态的过程。过程 4—1 是液态工质升压和吸热过程（由绝热压缩过程 4—1 和等压吸热过程 1′—1 组成）。

由于朗肯循环是由卡诺循环转化而来，两者非常之相似。过程 1—2、2—3 完全相同，过程 3—4 也基本相同，都是等温放热过程，只有过程 4—1 有一些差别。卡诺循环的过程 4—1 是绝热压缩过程，而朗肯循环的 4—1 过程是绝热压缩加上等压吸热过程。在温-熵图中，这两个循环的过程线所围成的面积中，朗肯循环的面积要大一点，这说明朗肯循环可输出稍大一点的功。但朗肯循环存在水的等压吸热过程 1′—1，因此平均吸热的温度稍低于卡诺循环的平均吸热温度，说明朗肯循环的热效率比卡诺循环稍低一点，但差别很小。因此，在近似计算时，可以用卡诺循环的效率代替朗肯循环效率。众所周知，在相同的温度条件下，卡诺循环具有最高的热效率，也可以认为朗肯循环基本上达到了热力学所允许的最高效率,它是一个把热能转化为电能的十分优越的循环。这也是热力发电普遍使用朗肯循环的原因之一。

12.2.3 地热发电的热力学特点

对于一个常规能源发电厂来说,其首要的是追求在经济和技术许可的条件下具有最高效率。电站的效率越高,则消耗一定量的燃料就可得到更多的电能。根据热力学第二定律,温差越大,则循环的热效率就越高。但对于地热发电来说,热流体的温度和流量都受到很大限制。因此地热发电是如何从这些有限量的地热水中获取最大的发电量,而不是追求电站具有最高的热效率。实际上效率和最大发电量并不是同一回事,从下面的分析就可以看出来。采用朗肯循环来发电,工质水首先要变成蒸汽,才能膨胀做功。如何从地热水中取得蒸汽,最简单的办法就是降低热水的压力,当压力低于地热水初始温度所对应的饱和压力时,就会有一部分热水变成蒸汽。这个过程叫做闪蒸过程。闪蒸出来的蒸汽就可以进入汽轮机膨胀做功。如果闪蒸压力取得比较高,则闪蒸出来的饱和蒸汽也具有较高的压力,其做功的能力就比较强,相应的热效率就比较高,但此时所产生的蒸汽量却比较少。相反,如果闪蒸压力取得低一点,则闪蒸出来的蒸汽的做功能力将下降,但是蒸汽的产值将增加。蒸汽量乘以其做功量才是这股热水的发电量。很明显,当闪蒸压力近似于地热水初始温度所对应的饱和压力时,闪蒸出来的蒸汽具有最大的做功能力,但此时的蒸汽量接近于零,从而发电量也接近于零。相反,当闪蒸压力近似于冷却水温度所对应的饱和压力时,蒸汽量达到最大值,但此时蒸汽的做功能力接近于零,从而发电量也接近于零。因此,在上述这两个极端的压力之间,应该存在一个最佳的闪蒸压力,在这个压力下,地热水闪蒸出来的蒸汽具有最大的发电量。图12-14 的曲线可以使我们对上述的分析有一个清楚的概念,该图横坐标为闪蒸温度,纵坐标为做功量Δh、产汽量 D 及发电量 $D \times \Delta h$。从图中可以看出,最大发电的热效率并不是最大热效率。

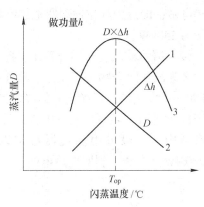

图 12-14　最佳闪蒸温度 T_{op} 的确定

1—热效率曲线;2—产汽量曲线;3—发电量曲线

而且按上述方法求出的最大发电量并不是工程设计时应该取的最佳值,因为追求的应该是最大的净发电量,也就是电站的发电量减去维持电站运行所消耗的电量,如向电站输送冷却水时消耗的电量等。一般耗电量和电站的蒸汽量成正比,因此最佳发电量应小于最大值的发电量(最佳的闪蒸温度 T_{op} 对应的最大发电量)。该点的发电量虽稍有减少,但蒸汽量也较少,这意味着等温放热过程中放出的热量较少,所需的冷却水也较少,输送冷却水的耗功也较少,通过比较,可以得到放大净发电量的工作点。

但在上面的分析中,还忽略另一个重要的参数——循环放热温度的选取。循环放热温度高,蒸汽膨胀做功的能力下降,发电量减少,但所需的冷却水温度升高,水量减少,因此耗电量也相应减少,所以循环放热温度的确定必须通过分析对比,找出输出净功为最大值时的温度作为设计温度。

对于大多数地热(包括蒸汽型、干蒸汽型)资源来说,实际上在井底都有一定温度的高压热水，都可以按热水型地热资源的发电过程加以分析。但有时从一些高温地热井井口出来的流体都含有一定压力的汽水混合，如果简单地按井口参数进行汽水分离，分离出来的热水再进行一次或二次扩容来设计发电系统的话，这个系统不一定是最佳的。而应该根据井底热水的温度及地面冷却水的温度来决定采取什么样的热力系统和参数。如果采用深井热水泵的话，就可以保证对井口的压力的要求。

12.2.4　地热发电方式

对温度不同的地热资源，有四种基本地热发电方式，即直接蒸汽发电法、扩容（闪蒸式）发电法、中间介质（双循环式）发电法和全流循环式发电法。

12.2.4.1　直接蒸汽发电法

直接蒸汽发电站主要用于高温蒸汽热田。高温蒸汽首先经过净化分离器，脱除井下带来的各种杂质后推动汽轮机做功，并使发电机发电。所用发电设备基本上同常规火电设备一样。直接蒸汽发电又分为两种系统。

（1）背压式汽轮机循环系统。该系统适用于超过 0.1MPa 压力的干蒸汽田。天然蒸汽经过净化分离器除去夹带的固体杂质后进入汽轮机中膨胀做功，废气直接排入大气（图12-15），这种发电方式最简单，投资费用较低，但电站容量较小。1913 年世界上第一座地热电站，即意大利拉德瑞罗地热电站中的第一台机组就是采用背压式汽轮机循环系统，容量为 250kW。

（2）凝汽式汽轮机循环系统，此发电方式适用于低于 0.1MPa 压力的蒸汽田，地热流体大多为汽水混合物。事实上，很多大容量地热电站中，有 50%～60% 的出力是在低于0.1MPa 下发出的。经净化后的湿蒸汽进入汽水分离器后，分离出的蒸汽再进入汽轮机中膨胀做功（图 12-16）。蒸汽中所夹带的许多不凝结气体随蒸汽经过汽轮机时往往积聚在凝汽器中，一般可用抽气器排走以保持凝汽器内的真空度。美国盖瑟斯地热电站（1780MW）和意大利罗地热电站（25MW）就是采用这种循环系统。

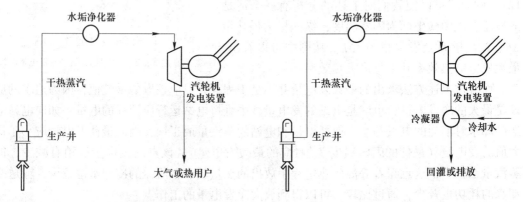

图 12-15　背压式地热蒸汽发电系统示意　　　　图 12-16　凝汽式地热蒸汽发电系统示意

12.2.4.2　扩容（闪蒸式）发电法

扩容法是目前地热发电最常用的方法，扩容法是采用降压扩容的方法从地热水中产生蒸汽。当地热水的压力降到低于它的温度所对应的饱和压力时，地热水就会沸腾。一部分地热水将转换成蒸汽，直到温度下降到等于该压力下所对应的饱和温度时为止。这个过程进行得很迅速，所以又形象地称为闪蒸过程。

扩容法发电系统的原理如图 12-17 所示。地热水进入扩容器降压扩容后所转换的蒸汽通过扩容器上部的除湿装置，除去所夹带的水滴变成干度是 99% 以上的饱和蒸汽，饱和蒸汽进入汽轮机膨胀做功将蒸汽的热能转化成汽轮机转子的机械能，汽轮机再带动发电机发出电来。汽轮机排出的蒸汽习惯上称为乏汽，乏汽进入冷凝器重新冷凝成水，冷凝水再被冷凝水泵抽出以维持不断的循环。冷凝器中的压力远远低于扩容器中的压力，通常只有 0.004~0.01MPa，这个压力所对应的饱和温度就是乏汽的冷凝温度。冷凝器的压力取决于冷凝的蒸汽量、冷却水的温度及流量、冷凝器的换热面积等。由于地热水中不可避免地有一些在常温下不凝结的气体在闪蒸器中释放出来进入蒸汽中，同时管路系统和汽轮机的轴也会有气体泄漏进来。这些不凝结气体最后都会进入冷凝器，因此还必须有一个抽真空系统把它们不断从冷凝器中排除。

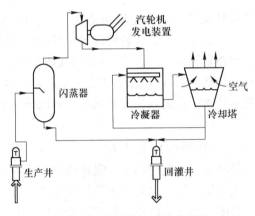

图 12-17　扩容发电系统的原理

扩容法地热电站设计的关键是确定扩容温度和冷凝温度，这两个参数直接影响发电量。在设计时，应该取一系列不同的扩容温度和冷凝温度进行热力计算，求出净发电量最大时所对应的扩容温度和冷凝温度。最佳扩容温度还可以用以下理论公式估算，作为进行设计时的参考：

$$T_1 = T_d T_f$$

式中，T_d 为地热水的温度，℃；T_f 为乏汽冷凝温度，℃。

上式的推导过程中做了一些理想化的假定，如循环是可逆的卡诺循环，没有热损失、管道压力损失和电站工作耗电等，因而所得的结果总是略微低于真正的最佳扩容温度，但仍可作为扩容温度的试算值。

为了增加每吨地热水的发电量，可以采用两级扩容以至三级扩容的方法，如图 12-18 所示为两级扩容地热发电系统原理。设计的关键仍是一、二级扩容温度和冷凝温度的确定。最佳扩容温度也可以用下列公式进行估算，即

$$T_{j1} = (T_d^2 T_f)^{1/3}$$
$$T_{j2} = (T_d T_f^2)^{1/3}$$

式中，T_{j1}、T_{j2} 为第一级和第二级扩容最佳温度。

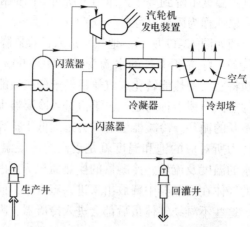

图 12-18　两级扩容地热发电系统原理

　　采用两级扩容可以使每吨地热水发电量增加 20%左右，但蒸汽增加的同时所需的冷却水量也有较大的增长，从而实际上二级扩容后净发电量的增加低于 20%。

　　在减压扩容汽化过程中溶解在地热水中的不凝结气体几乎全部进入扩容蒸汽中，因此，真空抽气系统的负荷比较大，其系统的耗电往往要占其总发电量的 10%以上。对于不凝结气体含量特别大的地热水，在进入扩容器之前要采取排除不凝结气体的措施或改用其他的发电方法。

12.2.4.3　中间介质（双循环式）发电法

　　中间介质法，又叫双循环法。一般应用于中温地热水，其特点是采用一种低沸点的流体，如正丁烷、异丁烷、氯乙烷、氨和二氧化碳等作为循环工质。由于这些工质多半是易燃易爆的物质，必须形成封闭的循环，以免泄漏到周围的环境中去，所以有时也称为封闭式循环系统。在这种发电方式中，地热水仅作为热源使用，本身并不直接参与到热力循环中去。

　　如图 12-19 所示为中间介质法地热发电系统原理。首先，从井中泵上的地热水流过面式蒸发器，以加热蒸发器中的工质，工质在定压条件下吸热汽化。产生的饱和工质蒸汽进入汽轮机做功，汽轮机再带动发电机发电。然后做完功的工质乏汽再进入冷凝器被冷凝成液态工质，液态工质由工质泵升压打进蒸发器中而完成工质的封闭式循环。

　　这种最基本的中间介质法的循环热效率和扩容法基本相同。但中间介质法的蒸发器是表面式换热器，其传热温差明显大于扩容法中的闪蒸器，这将使地热水热量的损失增加，循环热效率下降。特别是运行较长时间，换热面地热水侧面产生结垢以后，问题将更为严重，必须引起足够的重视。当然，中间介质法也有明显的优点，当工质的选用十分合适时，其热力循环系统可以一直工作在正压状态下，运行过程中不需要再抽真空，从而可以减少生产用电，使电站净发电量增加 10%~20%。同时由于中间介质法系统工作在正压下，工质的比体积远小于负压下水蒸气的比体积，从而蒸汽管径和汽轮机的通流面积可以大为缩小，这对低品位大容量的电站来说特别可贵。

　　中间介质法的最佳蒸发汽化温度和冷凝温度也要按照净发电量最大的原则来确定。其他方法和扩容法类似，这里就不赘述。中间介质法也可以利用二级蒸发以及三级蒸发等措

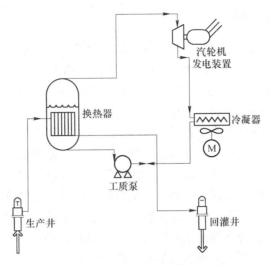

图 12-19　中间介质法地热发电系统

施来增加发电量。

如果选用的工质临界温度低于地热水温度，就可以实现中间介质法的超临界循环。这种循环相当于蒸发次数无限多的多级蒸发循环，可以使单位流量地热水的发电量增加30%左右，这是中间介质法潜在的最重要的优点。但是，目前还没有找到适合做超临界循环的理想工质。

由于中间介质地热发电法系统中，地热水回路与中间工质回路是分开互不混溶的，因此特别适合不凝结气体含量过高的地热水。

12.2.4.4　全流循环式发电法

全流循环式发电法是针对汽水混合型热水而提出的一种新颖的热力循环系统（图12-20）。核心技术是一个全流膨胀机，地热水进入全流膨胀机进行绝热膨胀，膨胀结束后汽水跟合流体进入冷凝器冷凝成水，然后再由水泵将其抽出冷凝器而完成整个热力循环。从理论上看，在全流后再由地热水从初始状态一直膨胀到冷凝温度，其全部热量最大限度地被用来做功，因而全流循环具有最大的做功能力。但实际上全流循环的膨胀过程是汽水两相流的膨胀过程，而汽水两相膨胀的速度相差很大，没有哪一种叶轮式的全流膨胀机能够有效地把这种汽水两相流的能量转化为叶轮转子的动能。目前容积式的膨胀机，如活塞式、柱塞式及螺旋转子膨胀机等的效果较好，但膨胀比较小，难以满足实用的要求。地热

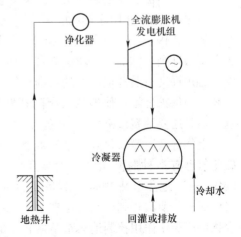

图 12-20　全流循环式发电原理

水如果不能完全膨胀，功率难以提高，只能做成小功率的设备，全流循环的优点就体现不出来。

12.2.5　地热发电环境保护

一处地热田的开发与利用过程会对局部地域环境造成重大影响。有许多文献报道了地热田开发利用的环境影响和寻求经济治理的研究。Joseph Kestin 主编的《地热和地热发电技术指南》的环境研究一章，根据各种文献对所造成的环境影响、污染物种类与危害、治理与监测等做了较全面的介绍和讨论。

目前开发利用的地热资源大多数是含液体为主的水热型资源，钻井取出大量地热流体供利用。地热田开发与生产过程可能带来的环境影响可以粗略描述如下。在勘探、钻井和地面设施建设活动中清理与修筑道路、钻井泥浆流失、管道敷设、建筑材料堆放、机械设备运行等使地面和植被受到干扰和破坏，产生尘埃、淤泥、固体废弃物、植物碎屑、排烟和噪声，也可能散发一些污染物质。在生产井和发电设备运行活动中井口定期排放、分离器排出液体、管路泄漏、凝汽器排放不凝气体和凝结水，冷却塔排出雾状空气和排污水，空气或废水处理排出物等都可能排出污染物。排出的 H_2S 污染环境空气，排出的卤水和废热污染地表水、土壤和地下水，也可能产生噪声（闪蒸和放空）。地面管网、高耸的厂房与构筑物以及排放的汽水影响景观（天然风景和名胜古迹）。过分开采地热流体引起水位下降和地面沉降也时有所见。

勘探、钻井与地面设施建造活动产生的影响是暂时性的，通过加强管理，它们在地热开发总过程中造成的后果极其微小。不断完善管理和改进技术与设计可以使生产井和发电设备运行产生（包括一部分钻井活动）的环境影响得到最经济的治理和控制。

各国环境方面的法规有许多条款都涉及地热的开发利用活动。例如，日本涉及地热开发的法规有自然环境保护法、自然公园法、森林法、地面滑动防止法、关于防止急倾斜地崩坏灾害的法规、砂防法、有关鸟兽保护及狩猎的法规、文化资源保护法、温泉法、都市规划法、关于农业振兴地域保养的法规、工业用水法、水产资源保护法、公害对策基本法、噪声限制法、振动限制法、恶臭防止法、关于防止农用地土壤污染的法规等。

美国有 1969 年国家环境政策法案、1970 年地热蒸汽法案、1974 年联邦非核能研究和开发法案，1974 年地热能研究和开发法案等，美国能源部也颁发了地热开发项目环境报告书编写准则。冰岛的环境法规定，凡地热开发毛产量超过 25MW，或净产量超过 10MW 者都必须提交有关环境影响的详细评估。各国立法和制定相关法规旨在扶持地热资源的开发和全面保护环境，使地热资源的开发利用有序化。无序开发不仅不能控制对环境的影响，而且还要浪费或破坏地热资源。

空气含低浓度硫化氢时已产生令人不舒服的恶臭味。地热流体排放出的不凝气体所含硫化氢已有多种脱除工艺，大多采用 Stretford 工艺把硫化氢转换为元素硫产品。美国 CalEergy's 地热电站 1994 年装备了 LO-CATI 系统达到 H_2S 排放量高标准管理，并且生产农用级硫。前面提到的燃烧法把 H_2S 转换为 H_2SO_4 的新工艺更为经济，K. Hirowatari 等用生物反应酸化作用控制地热水结垢和对钢材腐蚀的方法中报告了应用喜温嗜酸菌把地热流体排放出的 H_2S 氧化转化成 H 和 O_2 的基本试验和放大试验。不凝气体中的 CO_2 也受到关注。物理吸收和化学吸收两种工艺可以脱除不凝气体中的 CO_2 和 H_2 已提纯了的 CO_2（脱除 H_2），可以代替购买瓶装 CO_2 用于提高温室内的 CO_2 浓度，有效刺激温室作物增产。新西兰 Kawerau 一处总面积 $5250m^2$ 地热温室利用地热流体中的 CO_2（提纯后）种植辣椒。

目前多数地热田把利用后的废水（分离后浓度较高的卤水和蒸汽凝结水）经过处理后回注地下热储层，使废水和地表环境隔绝，阻止对地表植物、土壤和水体产生化学污染和热污染。废水回灌也缓解了已观察到的地面沉降和动水位下降增大现象。动水位下降增大会造成不同水层的水混合。冰岛不断注意到大量抽水或蒸汽引起冷水侵入，供应的地热水温度和化学成分都有变化。冰岛 Hrisey 地热田 5 号生产井由于地表冷水混入导致碳酸钙高度过饱和而沉积。

菲律宾 Upper Mahiao 蒸汽循环与双循环联合 125MW 地热电站的设计，为使电站融合于环境，电站采用如下工艺：维持地热流体高于大气压力，不必使用真空泵和抽气器引出不凝气体；使用空气凝汽器，使发电设备的安装高度降低，不必另外消耗水（冷却），不必使用化学药物，没有冷却塔顶冒水汽；用过的地热流体全部回灌。意大利 1991 年开始陆续投入运行单机容量 60MW 的 Valle Secolo。地热电站注意改善建筑外形，恢复乡村环境。美国加州北端 Meedicine 湖地区将兴建 Fourmile Hill 和 Telephone Flet 两处二级闪蒸地热电站，附近为国家森林公园，透平、发电机及控制室都用金属结构厂房屏蔽以减轻噪声，并且涂成和周围森林相配的颜色，冷却塔分成 7~10 组，与厂房（约 21m）差不多高；计划运行 10 年之后退役，场地恢复原貌；两工程分别由一家环境咨询公司和环境管理协会进行环境评估。

综合利用加废水回灌可以把地热资源开发利用对环境的不良影响降到最小。根据地热流体的焓值和温度，把发电结合采暖、干燥、温室、沐浴及水产养殖等加热利用组合起来，把排放的废热减至最小；利用废气中的 H_2S 生产元素硫或硫酸，生产提纯的 CO_2；从废水中提取有价值的物质；最后，废水回灌热储层。生物化学技术可以用于清除、浓缩和回收地热废水中的有毒物质和有价值金属，以及把残渣变为有商业价值的产品。美国 Salton Sea 地热田新装了一套由发电后的高含盐地热流体提取锌的试验设备，还有可能提取其他金属，如试验成功，这一地热田将扩大至 100MW 以上，综合利用将增大地热发电工程的投资，但是综合利用的收益将分摊发电的成本。

地热能应用于各类生产时排放污染物质和温室气体的排放量比燃用煤和石油时少得多，容易达到高效率治理。因此，地热能替代矿物燃料是达到经济与环境协调发展的重要选择之一。发展中国家迅速实现工业化对能源的需求持续大幅度增长，而能源问题受到环境方面问题严重困扰，选择地热能等可再生能源替代矿物燃料的方案可以缓解类似工业发达国家已经遇到过的麻烦。

参 考 文 献

[1] 谢诞梅，戴义平，王建梅，等．汽轮机原理［M］．北京：中国电力出版社，2012.

[2] 王加璇，姚文达．电厂热力设备及其运行［M］．北京：中国电力出版社，1997.

[3] 谢诞梅，刘勇，戴义平．发电厂热力设备及系统［M］．北京：高等教育出版社，2008.

[4] 王灵梅．电厂锅炉［M］．北京：中国电力出版社，2013.

[5] 朱永利．锅炉设备系统及运行［M］．北京：中国电力出版社，2010.

[6] 简安刚．锅炉运行300问［M］．北京：中国电力出版社，2014.

[7] 李慧君，李卫华．火电厂热力设备及运行——汽轮机部分［M］．北京：中国电力出版社，2012.

[8] 黄树红．汽轮机原理［M］．北京：中国电力出版社，2008.

[9] 沈士一，庄贺庆，康松，等．汽轮机原理［M］．北京：中国电力出版社，1992.

[10] 代云修，程翠萍，刘玉文．汽轮机设备及运行［M］．北京：中国电力出版社，2005.

[11] 牛卫东，丁翠兰，齐砚东．汽轮机设备及其系统［M］．北京：中国电力出版社，2014.

[12] 王新军，李亮，宋立明．汽轮机原理［M］．西安：西安交通大学出版社，2014.

[13] 谢延梅，戴义平，王建梅，等．汽轮机原理［M］．北京：中国电力出版社，2012.

[14] 胡念苏，刘先斐，樊天竞，等．汽轮机设备系统及运行［M］．北京：中国电力出版社，2010.

[15] 许世诚．汽轮机［M］．北京：中国电力出版社，2015.

[16] 郑体宽．热力发电厂［M］.2版．北京：中国电力出版社，2008.

[17] 孙奉仲．大型汽轮机运行［M］．北京：中国电力出版社，2006.

[18] 张灿勇，张洪明．火电厂热力系统［M］.2版．北京：中国电力出版社，2013.

[19] 孙玉民．电厂热力系统与辅助设备［M］．北京：中国电力出版社，2000.

[20] 田金玉．热力发电厂［M］．北京：水利电力出版社，1994.

[21] 叶涛．热力发电厂［M］．北京：中国电力出版社，2004.

[22] 蔡锡琮，蔡文钢．火电厂除氧器［M］．北京：中国电力出版社，2007.

[23] 曹长武．燃煤电厂环境保护［M］．北京：中国标准出版社，2011.

[24] 吴怀兆．火力发电厂环境保护［M］．北京：中国电力出版社，1996.

[25] 郝艳红．火电厂环境保护［M］．北京：中国电力出版社，2008.

[26] 赵毅，胡志光，等．电力环境保护实用技术及应用［M］．北京：中国水利水电出版社，2006.

[27] 钟秦．燃煤烟气脱硫脱硝技术及工程实例［M］．北京：化学工业出版社，2004.

[28] 杨飚．二氧化硫减排技术与烟气脱硫工程［M］．北京：冶金工业出版社，2004.

[29] 郝吉明，马广大．大气污染控制工程［M］.2版．北京：高等教育出版社，2002.

[30] 阎维平．洁净煤发电技术［M］．北京：中国电力出版社，2002.

[31] 蒋文举．烟气脱硫脱硝技术手册［M］．北京：化学工业出版社，2007.

[32] 庄正宁．环境工程基础［M］．北京：中国电力出版社，2006.

[33] 杨宝红，汪德亮，王正江．火力发电厂废水处理与回用［M］．北京：化学工业出版社，2006.

[34] 马进，王兵树，马永光，等．核能发电原理［M］．北京：中国电力出版社，2011.

[35] 臧希年．核电厂系统及设备［M］．北京：清华大学出版社，2010.

[36] 陈锡芳．水力发电技术与工程［M］．北京：中国水利水电出版社，2010.

[37] 钱显毅，钱显忠．新能源与发电技术［M］．西安：西安电子科技大学出版社，2015.

[38] Alireza Khaligh，Omer C. Onar. 环境能源发电：太阳能、风能和海洋能［M］．北京：机械工业出版社，2013.

[39] 钱爱玲．新能源及其发电技术［M］．北京：中国水利水电出版社，2013.

[40] 孙云连．新能源及分布式发电技术［M］．北京：中国电力出版社，2009.

［41］ 王罗春，张萍，赵由才，等．电力工业环境保护［M］．北京：化学工业出版社，2008．

［42］ 周艳芬，耿玉杰，吕红转．风电场对环境的影响及控制［J］．湖北农业科学，2011，50（13）：2642-2646．

［43］ 谷朝君．风力发电项目主要环境问题及可能的解决对策［J］．环境保护科学，2010，36（2）：89-91．

［44］ Joseph Kestin．地热的成本、环境影响和可持续性［J］．中国科技信息，2004（8）：18-21．

［45］ 于灏，徐焕志，张震，等．海洋能开发利用的环境影响研究进展［J］．海洋开发与管理，2014，（4）：69-74．

［46］ 汪琼，姚美香．浅谈我国生物质能发电的现状及其产生的环境问题［J］．环境科学导刊，2011，30（2）：30-32．

［47］ 李梁杰，杨伯元．生物质能直燃发电项目的环境影响经济损益分析［J］．工业技术经济，2009，28（12）：29-30．

［48］ 朱林，吴菲，李健．国内外光伏发电站环境影响评价方法简析［J］．环境科学与管理，2012，37（1）：173-178．

［49］ 胡荫平．电站锅炉手册［M］．北京：中国电力出版社，2005．